新工科·普通高等教育机电类系列教材

机器人机构学基础

Fundamental of Robotic Mechanisms

主编　于靖军　刘辛军

参编　谢福贵　孟齐志　宫　昭

沈铖玮　刘　凯　李守忠

机械工业出版社

本书以典型的串、并联机器人机构为对象，沿袭传统机构学研究的三大经典主题——结构学、运动学、动力学，展开有关“型”“性”“度”分析与设计方面的阐述。

全书共10章。第1章为绪论。第2、3章为全书提供数理基础。第4章介绍常见的机器人机构，为其他各章提供对象。第5章是串联机器人的运动学基础理论，主要介绍两种常用的位移求解方法：一种是基于D-H参数法的代数法，另一种是基于指数积公式的几何法。第6章主要介绍串联机器人速度雅可比的概念与求解方法，以及几种典型的基于速度雅可比的性能评价指标。第7章简单介绍少许与并联机器人运动学相关的基础知识。第5~7章内容均属于机器人运动学的研究范畴。第8、9章分别简要介绍机器人静力学与动力学的基础知识，其中也涉及少许刚性、柔性机器人静刚度建模的方法。第10章则结合一个典型案例，给出机器人机构设计过程中遵循的一般过程。

本书可作为机器人工程专业的高年级本科生教材或研究生教材，也可作为相关科研人员与工程技术人员的参考用书。本书配有精美课件，请选用本书的教师登录机械工业出版社教育服务网（www. cmpedu. com）下载。

图书在版编目（CIP）数据

机器人机构学基础/于靖军，刘辛军主编. —北京：机械工业出版社，2022. 4（2023. 6重印）

新工科·普通高等教育机电类系列教材

ISBN 978-7-111-61888-1

Ⅰ. ①机…　Ⅱ. ①于…　②刘…　Ⅲ. ①机器人机构-高等学校-教材　Ⅳ. ①TP24

中国版本图书馆CIP数据核字（2022）第024394号

机械工业出版社（北京市百万庄大街22号　邮政编码100037）
策划编辑：徐鲁融　舒　恬　责任编辑：徐鲁融　舒　恬　戴　琳
责任校对：郑　婕　张　薇　封面设计：张　静
责任印制：李　昂
北京中科印刷有限公司印刷
2023年6月第1版第2次印刷
184mm×260mm · 21. 25印张 · 527千字
标准书号：ISBN 978-7-111-61888-1
定价：68. 00元

电话服务　　网络服务
客服电话：010-88361066　　机　工　官　网：www. cmpbook. com
010-88379833　　机　工　官　博：weibo. com/cmp1952
010-68326294　　金　书　网：www. golden-book. com
封底无防伪标均为盗版　　机工教育服务网：www. cmpedu. com

前言

21 世纪以来，机器人学的迅猛发展给传统机构学带来了新的动力，机器人机构学已成为机构学及机器人领域的重要分支。特别是在我国努力推动科技进步、大力发展自主创新的今天，机器人机构学正面临着一个空前的机遇。国内外对机器人机构学的研究进展可以用日新月异来形容，涉及范围已不再局限于科研院所，更逐渐向制造业、服务业等技术及应用领域拓展，从业人员日益增加。

2013 年，在国家自然科学基金委员会工程与材料科学部主办首届中国机构学中青年学者论坛期间，我们决定编写一本有关机器人机构学方面的研究生教材，以支撑相关学科的研究生教育和教学。当时，我们注意到市面上尚缺少一本符合下述特征的教材：①站在学科的角度规划这一主题，既要保留经典又要反映前沿；②从教材而非专著的视角构建知识体系，涉及的先修知识不宜过深、过泛，可读性较强，便于研究生甚至高年级本科生自学。

经过 7 年间的多次交流、研讨，最终形成了本书的整体框架：以经典串、并联机器人为主要对象，以“设计”为主线，沿袭经典机构学研究的三大主题——结构学、运动学、动力学，展开对机构“型”“性”“度”三个主题的系统阐述。从知识层面上，本书既注重与机械原理等课程的衔接，也注意区分与机器人学知识体系的差异。就内容而言，本书既涵盖了机器人机构学领域的经典理论，也融入了有关自由度与运动模式分析、构型综合、性能评价与优化设计、柔性及连续体机器人运动学等最新的学科成果。

2015 年，随着国内首个机器人工程本科新工科专业获批，构建与机器人工程专业相关的课程资源变得越来越迫切。其中，机器人机构学（基础）作为支撑机器人结构设计的重要内容被很多高校列入专业核心课程系列中，而相关教材异常紧缺。这便成了将上述研究生用教材下行，精编为这本本科生教材的主要缘由。

相比我们之前编写的《机器人机构学》，本书保留了其中的经典内容（涵盖《机器人机构学》的第 1~3 章、第 7 和第 8 章、第 11 和第 12 章，以及第 4 章和第 14 章的部分内容），去掉了有关运动模式分析、构型综合、运动/力交互性能评价与优化设计、柔性及连续体机器人运动学等专、深的内容，所依托的主要数理基础为线性代数、理论力学及少许的材料力学知识。这样，本科高年级学生通过课程学习或自学可以掌握机器人机构学的精髓。不过，为了帮助学有余力的读者深入理解机器人学中的一些基本概念和方法，本书仍提供了旋量等现代数学工具以及相关问题求解的内容，分散在各章节中（用“ * ”号标识）。

为了帮助读者梳理所学到的知识，每章开始均设有“本章内容导读”模块，除第 1 章外，各章最后包含“本章小结”，对章内出现的重要概念和公式进行了高度概括；同时，各章末尾还提供了扩展阅读文献，以及丰富的习题，以便于读者对所学知识做进一步消化和巩固。

本书由于靖军和刘辛军担任主编，负责全书主体内容的编写和统稿，谢福贵、孟齐志、宫昭、沈铖玮、刘凯、李守忠参与部分例题及课后习题答案的编写和核对工作。

在编写本书过程中，我们参考了国内外大量经典的教材与专著，这里对其作者表示最诚挚的敬意！特别是已产生广泛影响力的克雷格教授所著《机器人学导论》、蔡伦文教授所著《机器人分析：串并联机器人机构学》、熊有伦院士等所著《机器人学》、黄真教授等所著《高等空间机构学》等，为本书编写提供了绝佳的创意和素材。

本书所涉及的研究工作得到了国家自然科学基金项目（U1813221，91748205）的资助，在此表示特别的感谢！

由于编者水平有限，书中难免有疏漏和错误之处，敬请读者批评指正。

本书以二维码的形式引入“科普之窗”“我们的征途”“精神的追寻”模块，将党的二十大精神融入其中，树立学生的科技自立自强意识，助力培养德才兼备的高素质人才。

编者

符号表

数学符号

$\{.\}$	坐标系
$\{0\}$ 或 $\{A\}$ 或 $\{S\}$	基座坐标系、惯性坐标系
$\{n\}$ 或 $\{T\}$	末端坐标系、工具坐标系
$\{B\}$	物体坐标系
$\{L\}$	连杆坐标系
$\boldsymbol{x}, \boldsymbol{y}, \boldsymbol{z}$	笛卡儿坐标系中的三个坐标轴
$\boldsymbol{x}_A, \boldsymbol{y}_A, \boldsymbol{z}_A$	坐标系 $\{A\}$ 的三个坐标轴
$\boldsymbol{i}, \boldsymbol{j}, \boldsymbol{k}$	单位正矢量
P	点
$\boldsymbol{p}$ 或 $\overrightarrow{OP}$	矢量或向量
$\boldsymbol{A}$	矩阵
$\boldsymbol{\Lambda}$	对角矩阵
$\boldsymbol{O}$	零矩阵或空向量
$\boldsymbol{I}_3$	3×3 阶单位矩阵
$\boldsymbol{I}$	惯量张量
$\tilde{\boldsymbol{q}}$	四元数
$\tilde{\boldsymbol{\varepsilon}}$	单位四元数
$\mathbb{R}$	实数域
$\mathbb{R}^n$	n 维实数（欧氏）空间
$\mathbb{S}^n$	n 维球面空间
$\mathbb{P}^n$	n 维射影空间
$\boldsymbol{V}$	向量空间
$\boldsymbol{A}^{\mathrm{T}}$	矩阵 $\boldsymbol{A}$ 的转置矩阵

$\boldsymbol{A}^{*}$	矩阵 $\boldsymbol{A}$ 的伴随矩阵
$\boldsymbol{A}^{-1}$	方阵 $\boldsymbol{A}$ 的逆
$\boldsymbol{A}^{-\mathrm{T}}$	方阵 $\boldsymbol{A}$ 逆的转置矩阵
$\lvert\boldsymbol{A}\rvert$ 或 $\det(\boldsymbol{A})$	方阵 $\boldsymbol{A}$ 的行列式
$\mathrm{tr}(\boldsymbol{A})$	方阵 A 的迹
$\mathrm{rank}(\boldsymbol{A})$	矩阵 $\boldsymbol{A}$ 的秩
$\dot{\boldsymbol{A}}$	矩阵 $\boldsymbol{A}$ 的一阶导数
e^{A}	矩阵 $\boldsymbol{A}$ 的指数函数（以 e 为底）
$\boldsymbol{a}^{\mathrm{T}}$	列向量 $\boldsymbol{a}$ 的转置
$[\boldsymbol{a}]$	准向量 $\boldsymbol{a}$ 对应的反对称矩阵
$\dot{\boldsymbol{a}}$	向量 $\boldsymbol{a}$ 的一阶导数
$\ddot{\boldsymbol{a}}$	向量 $\boldsymbol{a}$ 的二阶导数
$\delta\boldsymbol{a}$	向量 $\boldsymbol{a}$ 的变分
$\boldsymbol{a}\cdot\boldsymbol{b}$	向量的标量积运算
$\boldsymbol{a}\times\boldsymbol{b}$	向量的矢量积运算
$\lvert\boldsymbol{a}\rvert$	向量 $\boldsymbol{a}$ 的模或长度
$\lVert\boldsymbol{A}\rVert$	矩阵 $\boldsymbol{A}$ 的范数
$\tilde{\boldsymbol{q}}^{*}$	四元数 $\tilde{\boldsymbol{q}}$ 的共轭
Δ	用于计算互易积的算子
Ad_{T}	伴随矩阵
$\dfrac{\mathrm{d}}{\mathrm{d}}$	导数
$\dfrac{\partial}{\partial}$	偏导数
θ_{ij}	$\theta_i+\theta_j$ 的符号
$\cos\theta_{12}$	$\cos(\theta_1+\theta_2)$ 的符号
$\sin\theta_{12}$	$\sin(\theta_1+\theta_2)$ 的符号
$\mathrm{Atan2}(x, y)$	反正切函数

物理量

$\boldsymbol{p}$ 或 $\overrightarrow{OP}$	点 P 对应的位置矢量或向量
$\boldsymbol{p}_0$ 或 $\boldsymbol{p}(0)$	初始位置矢量

${}^{B}\boldsymbol{p}=({}^{B}p_x, {}^{B}p_y, {}^{B}p_z)^{\mathrm{T}}$	点 P 在坐标系 $\{B\}$ 中的表示
${}^{A}\boldsymbol{p}_{BORG}$	坐标系 $\{B\}$ 原点相对坐标系 $\{A\}$ 的位置矢量
θ,φ	角度
(ϕ,θ,ψ)	欧拉角
$\boldsymbol{v}$	线速度
$\boldsymbol{v}_C$	刚体质心处的线速度
v	线速度的大小
$\boldsymbol{\omega}$ 或 $\boldsymbol{\Omega}$	角速度
${}^{A}\boldsymbol{\Omega}_B$	坐标系 $\{B\}$ 相对坐标系 $\{A\}$ 的角速度
ω	角速度的大小
$\hat{\boldsymbol{\omega}}$ 或 $\hat{\boldsymbol{s}}$	表示转轴的单位方向矢量（或单位角速度）
$\hat{\boldsymbol{\xi}}=(\hat{\boldsymbol{\omega}},\boldsymbol{v})^{\mathrm{T}}$	单位速度旋量的向量表示
$[\hat{\boldsymbol{\xi}}]=\begin{pmatrix}[\hat{\boldsymbol{\omega}}] & \boldsymbol{v}\\ \boldsymbol{0} & 0\end{pmatrix}$	单位速度旋量的矩阵表示
$\boldsymbol{V}^{\mathrm{s}}$	空间速度
$\boldsymbol{V}^{\mathrm{b}}$	物体速度
$\hat{\boldsymbol{\$}}$	单位旋量
$\boldsymbol{\$}$	旋量
$\boldsymbol{\$}^{\mathrm{r}}$	反旋量
h	节距
$\boldsymbol{S}$	集合或旋量系
$\boldsymbol{S}^{\mathrm{r}}$	反旋量系
$\dim(\boldsymbol{S})$	集合或旋量系的维数
$\boldsymbol{f}$	力矢量
f	力的大小
$\boldsymbol{m}$	力矩矢量或力偶矩矢量
m	力矩的大小
$\boldsymbol{F}=(\boldsymbol{f},\boldsymbol{m})^{\mathrm{T}}$或$\boldsymbol{W}=(\boldsymbol{m},\boldsymbol{f})^{\mathrm{T}}$	力旋量的向量表示
$\boldsymbol{\tau}$	关节力/力矩矢量
τ_i	第 i 个关节力/力矩的大小
ς	变形旋量

$\boldsymbol{C}$	柔度矩阵
$\boldsymbol{K}$	刚度矩阵
I_{xx}（或 I_x）	刚体相对 x 轴的惯性矩
I_{xy}	刚体相对 x、y 轴的惯性积
I_p	极惯性矩
m	质量
W	功
T	动能
U	势能
$\boldsymbol{Q}$	广义力
V	体积
$\boldsymbol{L}$	动量矩
$\boldsymbol{I}$	刚体惯性矩阵（或惯性张量）
${}^{C}\boldsymbol{I}$	刚体相对质心的惯性矩阵（或惯性张量）
$\boldsymbol{M}$	刚体广义质量矩阵
$\boldsymbol{q}$ 或 $\boldsymbol{q}=(q_1,\cdots,q_n)^{\mathrm{T}}$	关节位置（角度）变量
$\dot{\boldsymbol{q}}=(\dot{q}_1,\cdots,\dot{q}_n)^{\mathrm{T}}$	关节速度变量
$\boldsymbol{X}$	末端位姿矢量
$\dot{\boldsymbol{X}}=(\boldsymbol{\omega}_n,\boldsymbol{v}_n)^{\mathrm{T}}$	末端速度矢量
$\boldsymbol{R}$	姿态矩阵或旋转矩阵
${}_{B}^{A}\boldsymbol{R}$	坐标系｛B｝相对坐标系｛A｝的姿态矩阵或旋转矩阵
$\boldsymbol{R}_{\hat{\omega}}(\theta)$	用转轴 $\hat{\boldsymbol{\omega}}$ 和转角 θ 描述的姿态矩阵或旋转矩阵
$\boldsymbol{R}_{\tilde{\varepsilon}}(\theta)$	用单位四元数 $\tilde{\boldsymbol{\varepsilon}}$ 和转角 θ 描述的姿态矩阵或旋转矩阵
$\boldsymbol{R}_{zyz}(\phi,\theta,\psi)$	用 Z-Y-Z 欧拉角描述的姿态矩阵或旋转矩阵
$\boldsymbol{R}_{XYZ}(\phi,\theta,\psi)$	用 R-P-Y 角描述的姿态矩阵或旋转矩阵
$\mathrm{Rot}(z,\theta)$	4×4 阶旋转算子
$\mathrm{Trans}(\boldsymbol{x},d)$ 或 $\mathrm{Trans}(d_x,d_y,d_z)$	4×4 阶平移算子
$SO(3)$	三维旋转群
$SO(2)$	二维旋转群
$SE(3)$	特殊欧氏群（刚体运动群）

$T(3)$	三维移动群
$\boldsymbol{T}$	位姿矩阵或齐次变换矩阵
${}_B^A\boldsymbol{T}$	坐标系 $\{B\}$ 相对坐标系 $\{A\}$ 的位姿矩阵或齐次变换矩阵
$\boldsymbol{T}_0$ 或 $\boldsymbol{T}(\boldsymbol{0})$	初始位姿或初始位形
$\boldsymbol{J}$	速度雅可比矩阵
$\boldsymbol{J}_{\mathrm{F}}$	静力雅可比矩阵
${}^0\boldsymbol{J}$	速度雅可比矩阵在基坐标系 $\{0\}$ 中的表示

一般情况下：小写的希腊字母表示纯数，小写的黑斜体表示矢量（或向量），大写的黑斜体表示矩阵或集合。

目录

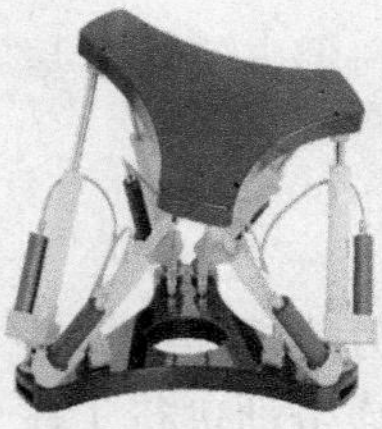

刚性并联机器人

第1章 绪论

【本章内容导读】

人类赖以生存的大千世界如此多姿多彩，不仅是因为大自然创造了千姿百态的生灵，还由于这些生灵中最具有智慧的人类创造了丰富多彩的“人造机械”。机器人便是人造机械的典型代表。那么，机器人是以什么原理构造而成的？它们具有什么样的形态、功能和特性？人们应如何根据性能要求来设计机器人？这些都属于机器人机构学的研究范畴。机器人机构学研究的最高任务是揭示自然和人造机械的机构组成原理，创造新构型，研究基于特定功能及性能的机构分析与设计理论，为机器人的设计、创新和发明提供系统的基础理论和有效实用的方法。

本章主要介绍机器人以及机器人机构学的起源与发展，并对各章进行概述。

1.1 机器人的起源与发展

机器人（robot）的概念在人类的想象中已存在三千多年了。早在我国西周时期，就流传有关巧匠偃师献给周穆王一个歌舞机器人的故事。作为第一批“自动化动物”之一的能够飞翔的木鸟是在公元前400—公元前350年间制成的。公元前3世纪，古希腊发明家戴达罗斯用青铜为克里特岛国王迈诺斯制造了一个守卫宝岛的青铜卫士塔罗斯。在公元前2世纪出现的书籍中，描写过一个具有类似机器人角色的机械化剧院，这些角色能够在宫廷仪式上进行舞蹈和列队表演。我国东汉时期，马钧发明的指南车（图1-1a）和张衡发明的记里鼓车（图1-1b）是世界上最早的移动机器人雏形。

a) 指南车

b) 记里鼓车

图1-1 指南车与记里鼓车模型

“机器人”一词是1920年由捷克斯洛伐克作家卡佩克（Capek）在他的剧作《罗萨姆的万能机器人》中首先提出来的。在剧中，他构思了一个名叫“Robot”的机器人，它能够不知疲劳地进行工作。后来，由该书派生出大量的科幻小说、话剧和电影，如阿西莫夫（Asimov）的科幻小说《我，机器人》、好莱坞电影《摩登时代》等，从而形成了人们对机器人的一种共识：像人，富有知识，甚至还有个性；同时也体现了人类长期以来的一个愿望：创造出一种机器，能够代替人完成各种工作。

机器人真正的发展始于20世纪中期，其技术背景是计算机和自动化的出现与快速发展，以及原子能的开发利用。自1946年第一台数字电子计算机问世以来，计算机取得了惊人的进步，并不断向高速度、大容量、低价格的方向发展。大批量生产的迫切需求推动了自动化技术的进展，其成果之一便是1952年数控机床的诞生。与数控机床相关的控制、机械零件的研究又为机器人的开发奠定了基础。另一方面，原子能实验室的恶劣环境要求使用某些操作机械代替人处理放射性物质。在这一需求背景下，美国原子能委员会的阿尔贡研究所于1947年开发了遥控式机械手（tele-manipulator），1948年又开发了机械式的主从机械手（master-slave manipulator）。1954年，美国的戴沃尔（Devol）最早提出了工业机器人（industrial robot）的概念，并申请了专利。该专利的要点是借助伺服技术控制机器人的关节，利用人手对机器人进行动作示教，机器人能实现动作的记录和再现。这就是所谓的示教再现型机器人（teaching and playback robot），也是第一代机器人的雏形。20世纪70年代，美国Unimation公司成功研制出通用示教再现型（programmable universal machine for assembly，PUMA）机器人，并将其应用到通用电气公司的工业生产装配线上，标志着第一代机器人走向成熟。与此同时，从20世纪70年代到20世纪80年代初期，世界其他各地也相继成立了一些专业的机器人公司，如瑞士的ABB公司、德国的库卡（KUKA）机器人公司以及日本的发那科（FUNAC）公司、安川（Yaskawa）公司、莫托曼（Motorman）公司等，都在工业机器人方面大有作为，加速了示教再现型机器人的工业化进程。今天，已有数以百万计的工业机器人应用到了生产线中，大大提高了生产率和产品质量。

20世纪60年代中期开始，一些知名大学和研究机构相继成立了机器人实验室或研究所，如美国MIT的人工智能实验室、斯坦福研究所的人工智能研究室等。它们开始研究开发第二代机器人——具有一定感知能力的机器人，使之具有类似人的某种感觉，如力觉、触觉、滑觉、视觉、听觉等。第二代机器人的应用领域也在不断拓宽，已经从工业扩展到服务业。20世纪70年代，在一些特殊场合中应用的机器人，如步行机器人、太空机械臂、灵巧手、无人驾驶汽车、多传感器融合机器人和恶劣环境作业机器人等也得到迅猛发展。第二代机器人虽然具有了不同程度的感知能力，但依然具有局限性，如生产线上的机器人无法理解周边环境的变化，有可能会伤及操作人员或者损坏设备。另一方面，机器人结构本体的操作能力也相当有限。提升机器人的智能水平、机动性和操作能力，特别是使其具备识别、推理、规划和学习等智能机制，以及具有感知和做出相应行动的能力，便成为第三代机器人研究者的重要使命。

第三代机器人又称智能机器人（intelligent robot）。它不仅具有力觉、触觉、滑觉、视觉、听觉等感觉机能，而且具有逻辑思维、学习、判断及决策等功能，甚至可以根据要求自主地完成复杂任务。过去的近50年间，在众多从业人员的不断探索中，通过机构学、仿生学、智能材料、信息技术、传感技术、人工智能等多学科交叉融合，智能机器人得到了迅猛发展。目前典型的代表有美国 Boston Dynamics 公司推出的仿生机器人系列（大狗、猎豹等），以及人机协作机器人（图 1-2a）和双臂协作机器人（图 1-2b）等。

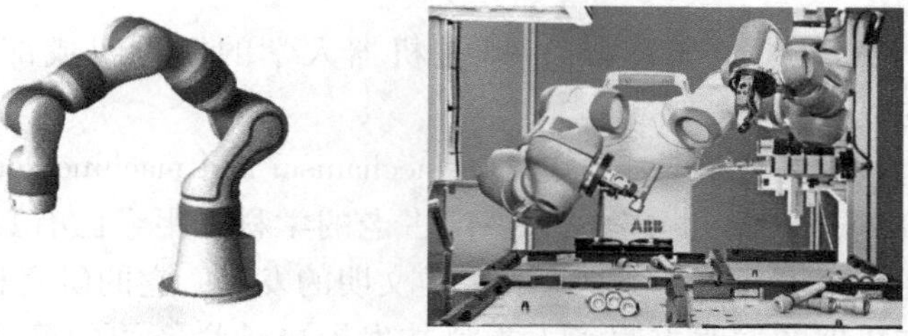

a) 人机协作机器人　　b) 双臂协作机器人

图 1-2　协作机器人样机

我国机器人的研究起步于 20 世纪 70 年代初，但因劳动力资源丰富和技术落后等原因发展缓慢。20 世纪 80 年代中期，随着改革开放开始大力发展机器人，“七五”计划中机器人被列为国家重点科研规划，科技部“863”计划启动时设立了“智能机器人”主题。近 30 年来，我国机器人研发取得了显著进步，各类机器人齐头并进。深海探测机器人（图 1-3a）、高压水切割机器人、机器人自动化汽车冲压线、激光加工机器人、重载锻造操作机器人、外科手术机器人、高速并联机器人、外骨骼机器人（图 1-3b）、月球车（图 1-3c）等领域取得了重要进展。

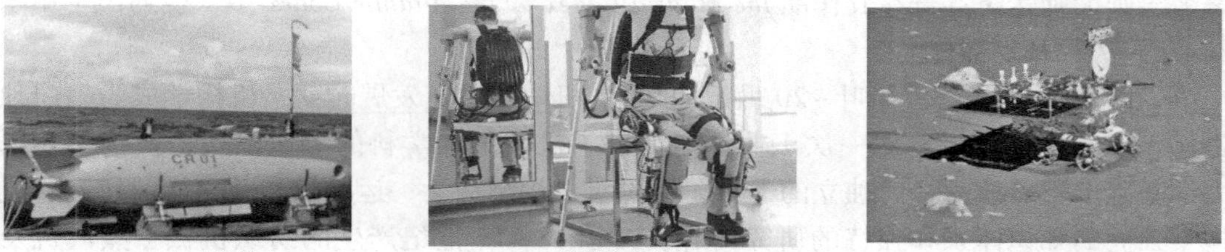

a) 6000m水下机器人　　b) 外骨骼机器人　　c) 月球车

图 1-3　我国自主研发的机器人代表（扫描下方二维码观看相关视频）

科普之窗 中国创造：蛟龙号　　科普之窗 中国创造：外骨骼机器人　　我们的征途 中国探月工程 1　　我们的征途 中国探月工程 2　　我们的征途 中国探月工程 3

现在，机器人学（robotics）已成为一门独立的学科，同时也是多学科交叉的产物，带动了多个学科的发展，主要包括数学、力学、电学等基础学科，以及机械工程、自动化与控制科学、计算机及信息科学、软件工程、仪器科学等专业学科。研究主题涉及系统架构、机构、控制、智能、传感、操作系统等，机器人也在工业、农业、商业、旅游业、空间和海洋以及国防等领域得到越来越普遍的应用。不仅如此，还衍生了更多的类似机器人化机器（robotized machines，最早由蒋新松院士提出，又称之为智能机器或智能机械）、机器人技术（robot technology）、共融机器人（3-Co robot）等专有名称，给机器人赋予了更加广阔的研究天地。

1.2 机器人机构学的诞生

机器人机构学（robotic mechanisms）既是机器人学的重要组成部分，同时也是机构学（mechanisms）的一个重要分支。

机构学在广义上被称为机构与机器科学（mechanism and machine science），是机械工程学科中重要基础研究的分支。机构学也是一门古老的学科，距今已有数千年的历史。机构从一出现就一直伴随甚至推动着人类社会和人类文明的发展，它的研究和应用更是有着悠久的历史沿革。机构与机器的发明书写了人类科技发展史灿烂辉煌的篇章。从远古的简单机械，宋、元时期的浑天仪到文艺复兴时期的计时装置和天文观测器，从文艺复兴时期达·芬奇的军事机械到工业革命时期瓦特的蒸汽机，从百年前莱特兄弟的飞机、奔驰的汽车到半个世纪前的模拟计算机和数控机床，从 20 世纪 60 年代的登月飞船到现代的航天飞机和星际探测器，再到信息时代的数据储存设备、消费电子设备和智能机器人，无一不说明了新机器的发明对社会发展和人类文明延续做出了重要贡献。即使在信息时代的今天，它仍是推动社会发展不可或缺的力量。

从纵向发展来看，机构学主要经历了三个阶段：

第一阶段（公元前 3000 年左右 ~ 18 世纪中叶）：机构的启蒙与发展时期。古埃及的赫伦（Heron）提出了组成机械的 5 个基本元件：轮与轮轴、杠杆、绞盘、楔子和螺杆。意大利著名绘画大师达·芬奇在其作品 *the Madrid Codex* 和 *the Atlantic Codex* 中，曾列出了用于机器制造的 22 种基本部件。

第二阶段（18 世纪下半叶 ~ 20 世纪中叶）：机构的快速发展时期，机构学成为一门独立的学科。18 世纪下半叶，第一次工业革命促进了机械工程学科的迅速发展，机构学在原来的力学基础上发展成为一门独立的学科，通过对机构结构学、运动学和动力学的研究形成了机构学独立的知识体系和独特的研究内容，对于 18 ~ 19 世纪产生的纺织机械、蒸汽机及内燃机等结构和性能的完善起到了巨大的推动作用。

第三阶段（20 世纪下半叶至今）：控制与信息技术的发展使机构学发展成为现代机构学。现代机构具有如下特点：①机构是现代机械系统的子系统，机构学与驱动、控制、信息等学科交叉融合，研究内容上相比传统机构学有明显的扩展（图 1-4）；②机构的结构学、运动学与动力学实现统一建模，创建三者融为一体且考虑驱动与控制技术的系统理论，为创新设计提供新的方法；③机构创新设计理论与计算机技术的结合，为机构创新设计的实用软件开发提供了技术基础。总之，数学、力学、控制与信息等技术的发展促成了机器人机构学的诞生。

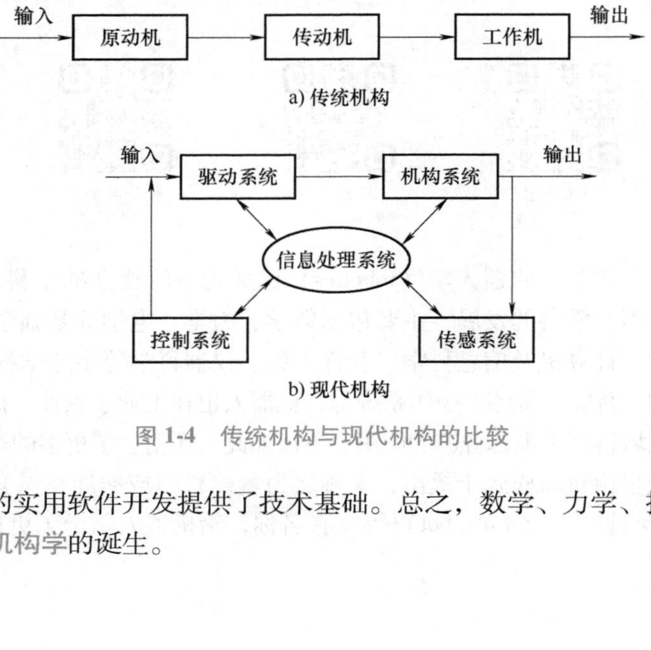

图 1-4 传统机构与现代机构的比较

机器人机构学的研究对象主要是机器人机械系统，以及机械与其他学科的交叉点。机器人机械系统主要包括构成机器人结构本体的机器人机构。它是机器人重要的和基本的组成部分，是机器人实现各类运动、完成各种指定任务的主体。

机器人机构的发展是现代机构学发展的一个重要标志和重要的组成部分。例如：由传统的串联关节型操作臂（工业机器人的典型机型）发展成多分支的并联机器人或混联机器人，由纯刚性机器人发展成关节柔性机器人再到软体机器人（图1-5），由全自由度机器人发展到少自由度机器人、欠驱动机器人、冗余度机器人，由宏尺度机器人发展到微型机器人、纳米机器人等。机器人机构学的发展给现代机构学带来了生机和活力，也形成了一些新的研究方向。

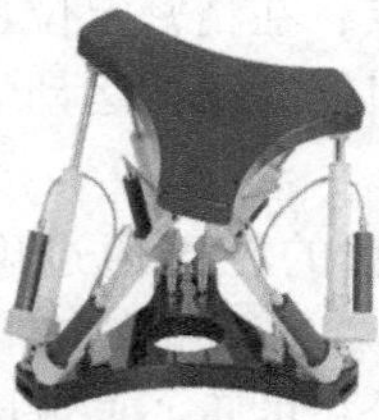

a) 刚性并联机器人

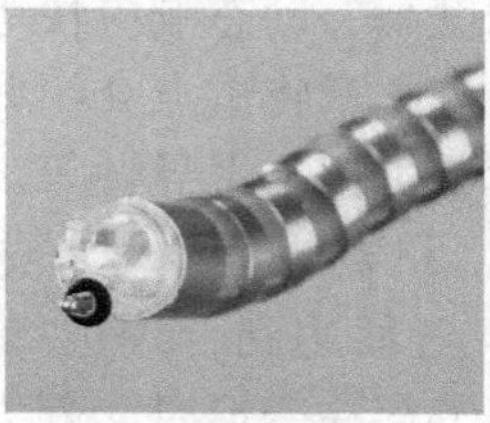

b) 柔性连续体机器人

c) 软体机器人

图1-5 刚、柔、软体机器人

1.3 章节安排与内容导读

除绪论外，本书正文部分共有9章内容，每章后有小结、扩展阅读文献和习题。

第2章 数学知识。主要介绍坐标系、向量、矩阵、线性变换等本书后续章节要用到的数学基础知识，同时介绍线几何、旋量理论等现代数学工具。整章内容主要为全书其他各章节提供数学基础。

第3章 位姿描述与刚体运动。首先介绍机器人的位姿描述方法，主要讨论如何通过数学来描述三维物理空间中的刚体运动，这也是本章乃至全书的重点。特别重点讨论的是：姿态（或刚体转动）描述中常用的旋转矩阵、欧拉角、R-P-Y角、等效轴-角、单位四元数，以及它们之间的相互映射关系。一般刚体运动则通过齐次坐标变换来实现。为更加清晰地说明刚体运动的几何意义，引入了集线速度与角速度于一体的运动旋量（也称为刚体速度），和同时表示三维力和三维力矩的力旋量（也称为广义力），以及它们之间的对偶关系。整章内容主要为全书其他各章节提供物理基础。

第4章 机器人机构。机器人虽然种类多样、形态各异，但就组成原理而言，通常会遵循一些共同的规律。本章主要介绍：①机器人机构的组成与机器人自由度计算公式；②机器人机构的分类与特点；③机器人中常用的驱动与传动机构；④典型机器人的自由度计算公式。整章内容主要为全书其他各章节提供对象。

第5章 串联机器人的位移分析。对于一个串联机器人而言，末端执行器的位置和姿态（简称位姿）可通过关节位置唯一确定。其正运动学问题就是当给定各关节位置时，求出末端执行器的位姿；逆运动学问题则是指达到理想末端位姿时，确定一组对应的关节位形。本章将重点介绍基于D-H参数法和基于指数积（POE）公式的运动学求解方法。通过对两种方法的对比，可以找到各自的优缺点。

第 6 章　串联机器人的速度雅可比与性能评价。速度雅可比矩阵是机器人性能评价的基础。通过分析雅可比矩阵的秩，可以探究机器人的奇异性。另外，许多有关设计的运动性能指标也都是基于雅可比矩阵来构造的，如工作空间、灵巧度、运动解耦性、各向同性、刚度等。在机器人机构设计中，性能指标是重要的研究内容之一，它是设计的依据和实现目标。本章将重点介绍速度雅可比的概念与求解方法，并基于雅可比矩阵对串联机器人进行奇异性、灵巧性等性能评价。

第 7 章　并联机器人运动学基础。并联机器人机构是一类与传统串联机器人机构互为补充的机构。并联机器人机构具有多闭环的结构特征，通过多个支链协同作用实现终端的运动输出。这种结构型式使其具有结构紧凑、刚度高、动态响应快等优点，在精密定位、运动模拟、复杂曲面加工等领域有广阔的应用前景。本章将重点介绍并联机器人机构运动学中的一些基础问题，包括正、逆运动学求解及速度雅可比与奇异性等。

第 8 章　机器人静力学与静刚度分析。机器人静力学分析的目的在于通过确定驱动力（力矩）经过机器人关节后的传动效果，进而达到合理选择驱动器或者有效进行机器人刚度控制等目的。当考虑机构中的构件或关节存在变形时，静力学分析的重心向静刚度分析偏移。机器人的静刚度与多种因素有关，如各组成构件的材料及几何特性、传动机构类型、驱动器与控制器等。无论刚性机器人还是柔性机器人，对其静刚度的研究都非常重要。本章重点介绍机器人运动学与静力学之间的对偶关系，以及如何通过空间映射建立刚、柔性机器人机构的静刚度矩阵。

第 9 章　机器人动力学基础。机器人动力学是指当考虑有力和力矩作用时，机器人的运动规律，它是机器人控制、结构设计与驱动器选型的基础。与机器人正运动学和逆运动学的概念类似，正动力学问题是指给定一组关节力和力矩，确定最终关节的加速度；逆动力学问题则是指给定所需的关节加速度条件，确定所需的输入关节力和力矩。目前，分析机器人动力学的常用方法主要有拉格朗日法、牛顿-欧拉法、凯恩方程等，其中最为经典的是前两种。本章主要以串联机器人为例，重点介绍两种经典的机器人动力学建模方法：拉格朗日法和牛顿-欧拉法。

第 10 章　机器人机构的设计。一个完整的机器人系统包括机器人结构本体（含驱动与传动系统）、末端执行器、内外部感测装置、控制器等。机器人机构的设计是实现机器人创新设计的关键。本章首先给出了机器人机构设计的一般流程，以及在构型、参数等各阶段的设计考虑，最后提供了一个设计实例（XY 精密定位平台）。

习题

1-1　制作一个年表，记录工业机器人发展的主要事件。

1-2　制作一个年表，记录并联机器人发展的主要事件。

1-3　查阅文献，试回答连续体机器人与软体机器人有何区别。

1-4　查阅文献，试给出在机器人机构创新方面做出重要贡献的 10 个重要人物。

1-5　查阅文献，试给出在机器人机构学理论方面做出重要贡献的 10 个重要人物。

1-6　查阅文献，试给出能代表目前机器人水平的 10 个机器人产品。

1-7　查阅文献，试给出能代表目前机器人机构学研究水平的 10 个实验室名称。

1-8　“机器人三原则”由谁提出？具体内容如何表述？

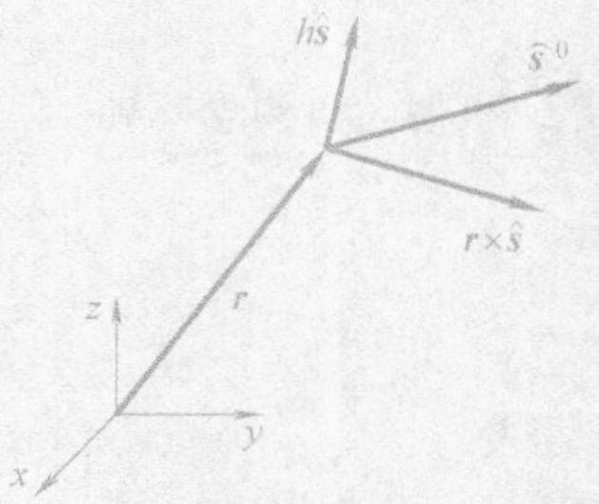

单位旋量的分解

第2章 数学知识

【本章内容导读】

无论哪一种几何，点、直线、平面都是其中最基本的元素。如何表征它们，进而描述其运动是不同运动几何理论研究的基础。目前比较典型的几何有欧氏几何（Euclidean geometry）、射影几何（projective geometry）等。鉴于欧氏几何和射影几何的共同数学工具都是线性代数，这里首先回顾其中的一些基本概念。在此基础上，了解部分有关线几何和旋量理论方面的基础知识。

本章主要为全书其他各章提供数学基础。

2.1 坐标系与三维向量的运算

2.1.1 坐标系与点的坐标表示

在机构学的研究过程中，总是离不开坐标系的。通过坐标系可以更好地描述机构及其各构件的运动，也使描述过程变得更加简单。其中有一类最简单也最重要的坐标系——直角坐标系，又称笛卡儿坐标系，以它的发明者——17 世纪法国数学家笛卡儿（Descartes）的名字命名。

建立图 2-1 所示的平面直角坐标系，点 P 的位置可以用坐标原点到该点的二维向量 $\boldsymbol{p}$ 来表示，即

$$\boldsymbol{p}=p_x\boldsymbol{i}+p_y\boldsymbol{j} \tag{2.1-1}$$

式中，$\boldsymbol{i}$、$\boldsymbol{j}$ 分别为平行于 x、y 轴的单位向量；p_x 和 p_y 分别为向量 $\boldsymbol{p}$ 在 x、y 轴方向的投影。

进一步将坐标系从平面扩展到空间可以得到类似的结果。建立图 2-2 所示的空间直角坐标系，点 P 的位置可以直接用向量 $\boldsymbol{p}$ 来表示，即

$$\boldsymbol{p}=p_x\boldsymbol{i}+p_y\boldsymbol{j}+p_z\boldsymbol{k} \tag{2.1-2}$$

式中，$\boldsymbol{i}$、$\boldsymbol{j}$、$\boldsymbol{k}$ 分别为平行于 x、y、z 轴的单位向量；p_x、p_y 和 p_z 分别为向量 $\boldsymbol{p}$ 在 x、y、z 轴方向的投影。

或者直接写成列向量的形式：

$$\boldsymbol{p}=\begin{pmatrix}p_x\\p_y\\p_z\end{pmatrix} \tag{2.1-3}$$

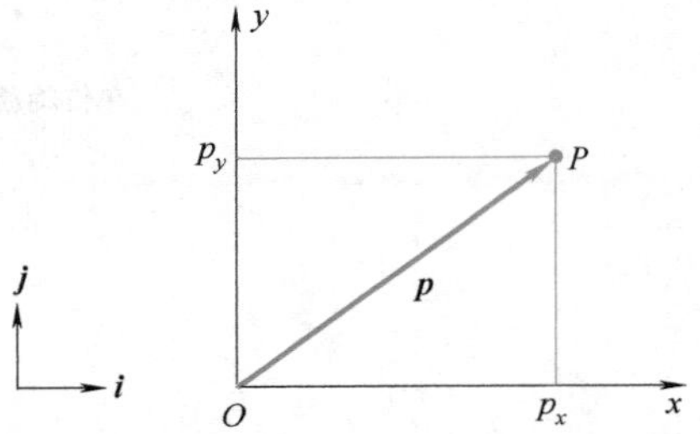

图 2-1 平面直角坐标系

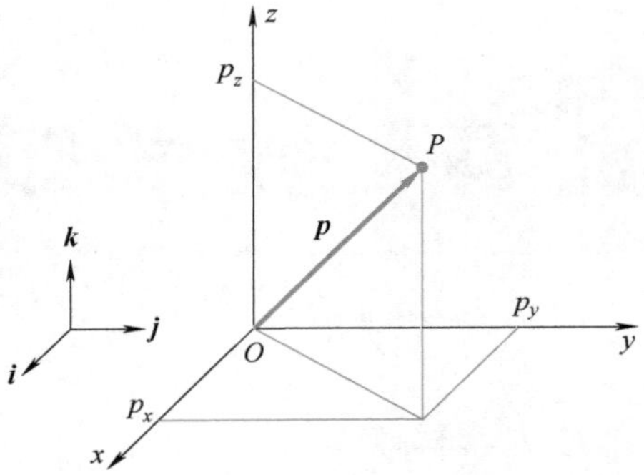

图 2-2 空间直角坐标系

2.1.2 三维向量及其运算

2.1.1 节中，无论 $\boldsymbol{p}$ 还是 $\boldsymbol{i}$、$\boldsymbol{j}$ 都是向量（vector），它们有别于一般的标量（scalar）。

根据定义，由 n 个有序的数 $a_1,a_2,\cdots,a_n$ 组成的数组称为 n 维向量。n 维向量写成一行，称为行向量，通常记作 $\boldsymbol{a}^{\mathrm{T}}=(a_1,a_2,\cdots,a_n)$；$n$ 维向量写成一列，称为列向量，通常记作 $\boldsymbol{a}=(a_1,a_2,\cdots,a_n)^{\mathrm{T}}$。

向量是一个既有大小又有方向的量。向量之间还可以进行加减计算，满足交换律和结合律，同时满足数乘的运算法则。

若有两个三维向量（若赋予物理意义，常称之为矢量），$\boldsymbol{u}=u_x\boldsymbol{i}+u_y\boldsymbol{j}+u_z\boldsymbol{k}$，$\boldsymbol{v}=v_x\boldsymbol{i}+v_y\boldsymbol{j}+v_z\boldsymbol{k}$，则满足

$$\boldsymbol{u}\pm\boldsymbol{v}=(u_x\pm v_x)\boldsymbol{i}+(u_y\pm v_y)\boldsymbol{j}+(u_z\pm v_z)\boldsymbol{k} \tag{2.1-4}$$

向量的加减法满足封闭性，即遵循所谓的平行四边形或三角形法则，形成封闭向量多边形（closed vector polygon），如图 2-3 所示。

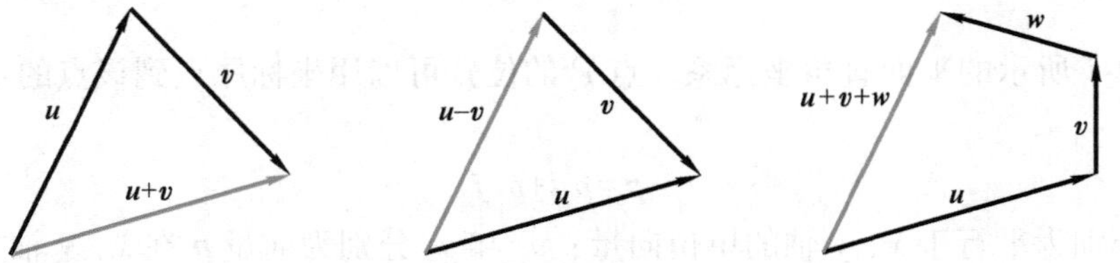

图 2-3 向量的加减法运算

向量之间可以进行点积（·）运算（也称为向量的内积），满足

$$\boldsymbol{u}\cdot\boldsymbol{v}=\boldsymbol{v}\cdot\boldsymbol{u}=\boldsymbol{u}^{\mathrm{T}}\boldsymbol{v}=u_xv_x+u_yv_y+u_zv_z \tag{2.1-5}$$

可以看出，两向量的点积满足交换律。

两向量点积的几何意义如图 2-4a 所示，即满足

$$\boldsymbol{u}\cdot\boldsymbol{v}=|\boldsymbol{u}||\boldsymbol{v}|\cos\theta \tag{2.1-6}$$

式中，$|\boldsymbol{u}|$ 为向量 $\boldsymbol{u}$ 的模或长度，且 $|\boldsymbol{u}|=\sqrt{u_x^2+u_y^2+u_z^2}$；$\theta$ 为两向量之间的夹角。当 $\boldsymbol{u}\cdot\boldsymbol{v}=0$ 时，称向量 $\boldsymbol{u}$ 与 $\boldsymbol{v}$ 相互正交。

考虑式（2.1-6）的特例情况，即其中一个向量为单位向量（如表示 x 轴的单位向量 $\boldsymbol{i}$），

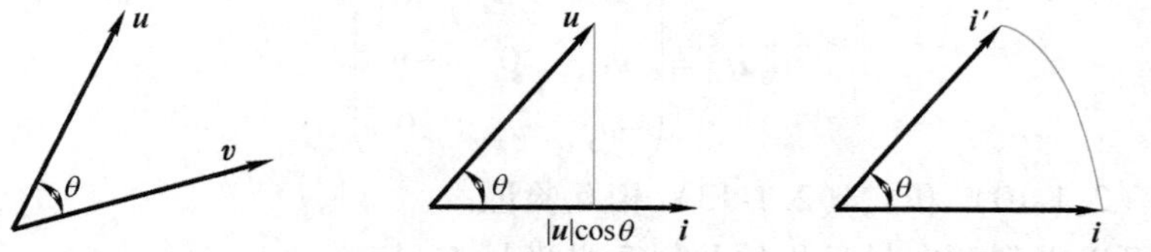

a) 两个一般向量　　b) 一个向量为单位向量　　c) 两个单位向量

图 2-4 向量的点积

式（2.1-6）变为

$$\boldsymbol{u}\cdot\boldsymbol{i}=|\boldsymbol{u}|\cos\theta \tag{2.1-7}$$

式（2.1-7）所表示的几何意义是向量 $\boldsymbol{u}$ 在 x 轴上的投影（图 2-4b）。如果 $\boldsymbol{u}$ 也是一个单位向量（用 $\boldsymbol{i}'$ 表示），则式（2.1-6）进一步简化为

$$\boldsymbol{i}'\cdot\boldsymbol{i}=\cos\theta \tag{2.1-8}$$

式（2.1-8）表明，两个单位向量的点积为两者夹角的余弦（图 2-4c）。由于均为单位向量，因此又称为方向余弦（directional cosine）。

如果 $\boldsymbol{i}'$ 换成与 $\boldsymbol{i}$ 正交的 $\boldsymbol{j}$ 或者 $\boldsymbol{k}$，式（2.1-8）变成

$$\boldsymbol{j}\cdot\boldsymbol{i}=\cos 90°=0,\quad \boldsymbol{k}\cdot\boldsymbol{i}=\cos 90°=0 \tag{2.1-9}$$

式（2.1-7）和式（2.1-9）正好可以起到相互验证的作用。

两个三维向量还可以进行叉积（×）运算。根据定义式，可得

$$\boldsymbol{u}\times\boldsymbol{v}=\begin{vmatrix}\boldsymbol{i} & \boldsymbol{j} & \boldsymbol{k}\\ u_x & u_y & u_z\\ v_x & v_y & v_z\end{vmatrix}=(u_yv_z-u_zv_y)\boldsymbol{i}+(u_zv_x-u_xv_z)\boldsymbol{j}+(u_xv_y-u_yv_x)\boldsymbol{k} \tag{2.1-10}$$

从式（2.1-10）可以看出，两个三维向量可以生成一个新的三维向量，具体如图 2-5 所示。新的向量垂直于 $\boldsymbol{u}$ 与 $\boldsymbol{v}$ 张成的平面，方向符合右手定则。

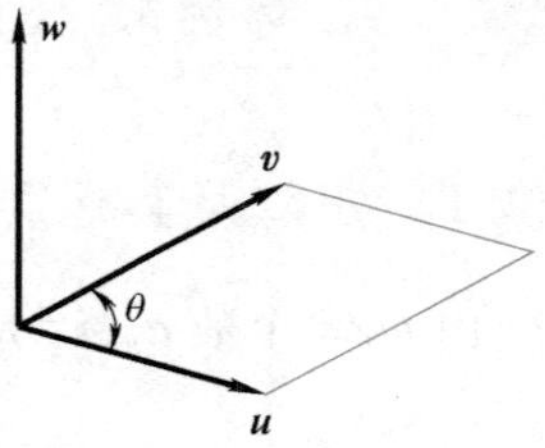

图 2-5 两向量的叉积

运动学中经常用到的一个关系式就是：角速度矢量与位置矢量叉乘生成一个速度矢量。具体而言，构件上某一点 $\boldsymbol{r}$ 绕固定转轴转动时的角速度 $\boldsymbol{\omega}$ 与线速度 $\boldsymbol{v}$ 之间满足关系式

$$\boldsymbol{v}=\boldsymbol{\omega}\times\boldsymbol{r}=\begin{vmatrix}\boldsymbol{i} & \boldsymbol{j} & \boldsymbol{k}\\ \omega_x & \omega_y & \omega_z\\ r_x & r_y & r_z\end{vmatrix} \tag{2.1-11}$$

式中，$\boldsymbol{\omega}=\omega_x\boldsymbol{i}+\omega_y\boldsymbol{j}+\omega_z\boldsymbol{k}$；$\boldsymbol{r}=r_x\boldsymbol{i}+r_y\boldsymbol{j}+r_z\boldsymbol{k}$。

类似地，力矢量 $\boldsymbol{f}$ 与位置矢量 $\boldsymbol{p}$ 叉乘可生成一个力偶矩矢量 $\boldsymbol{m}$，即

$$\boldsymbol{m}=\boldsymbol{f}\times\boldsymbol{p} \tag{2.1-12}$$

从数学上，式（2.1-10）还可以写成

$$\boldsymbol{u}\times\boldsymbol{v}=[\boldsymbol{u}]\boldsymbol{v}=\begin{pmatrix}0 & -u_z & u_y\\ u_z & 0 & -u_x\\ -u_y & u_x & 0\end{pmatrix}\begin{pmatrix}v_x\\ v_y\\ v_z\end{pmatrix} \tag{2.1-13}$$

式中，$[\boldsymbol{u}]$ 为与 $\boldsymbol{u}$ 对应的反对称矩阵（skew-symmetric matrix）形式，即

$$[\boldsymbol{u}]=\begin{pmatrix} 0 & -u_z & u_y \\ u_z & 0 & -u_x \\ -u_y & u_x & 0 \end{pmatrix} \tag{2.1-14}$$

读者可通过式（2.1-10）和式（2.1-13）相互验证。

此外，还可以得到两向量叉积的几何意义满足

$$|\boldsymbol{u}\times\boldsymbol{v}|=|\boldsymbol{u}||\boldsymbol{v}|\sin\theta \tag{2.1-15}$$

即新向量的模等于 $\boldsymbol{u}$ 与 $\boldsymbol{v}$ 围成的平行四边形面积。

当3个三维向量进行叉积运算时，可将其转变成点积的形式，即

$$\begin{aligned} \boldsymbol{u}\times(\boldsymbol{v}\times\boldsymbol{w})&=(\boldsymbol{u}\cdot\boldsymbol{w})\boldsymbol{v}-(\boldsymbol{u}\cdot\boldsymbol{v})\boldsymbol{w} \\ (\boldsymbol{u}\times\boldsymbol{v})\times\boldsymbol{w}&=(\boldsymbol{u}\cdot\boldsymbol{w})\boldsymbol{v}-(\boldsymbol{v}\cdot\boldsymbol{w})\boldsymbol{u} \end{aligned} \tag{2.1-16}$$

注意，向量的点积运算满足交换律和分配律，而向量的叉积运算不满足交换律和结合律，但满足分配律。例如，

$$\begin{aligned} \boldsymbol{u}\cdot\boldsymbol{v}&=\boldsymbol{v}\cdot\boldsymbol{u} \\ \boldsymbol{u}\times\boldsymbol{v}&=-\boldsymbol{v}\times\boldsymbol{u} \end{aligned} \tag{2.1-17}$$

$$\begin{aligned} \boldsymbol{u}\cdot(\boldsymbol{v}+\boldsymbol{w})&=\boldsymbol{u}\cdot\boldsymbol{v}+\boldsymbol{u}\cdot\boldsymbol{w} \\ \boldsymbol{u}\times(\boldsymbol{v}+\boldsymbol{w})&=\boldsymbol{u}\times\boldsymbol{v}+\boldsymbol{u}\times\boldsymbol{w} \end{aligned} \tag{2.1-18}$$

因此，三维向量点积与叉积的混合运算满足

$$\boldsymbol{u}\cdot(\boldsymbol{v}\times\boldsymbol{w})=\boldsymbol{v}\cdot(\boldsymbol{w}\times\boldsymbol{u})=\boldsymbol{w}\cdot(\boldsymbol{u}\times\boldsymbol{v})=\det(\boldsymbol{u}\ \boldsymbol{v}\ \boldsymbol{w}) \tag{2.1-19}$$

det（$\boldsymbol{u}\ \boldsymbol{v}\ \boldsymbol{w}$）表示3个列向量 $\boldsymbol{u}$、$\boldsymbol{v}$、$\boldsymbol{w}$ 组成的行列式的值。特殊情况下，满足

$$\boldsymbol{u}\cdot(\boldsymbol{u}\times\boldsymbol{v})=\boldsymbol{v}\cdot(\boldsymbol{u}\times\boldsymbol{v})=0 \tag{2.1-20}$$

2.2 矩阵与线性空间

2.2.1 矩阵及其运算

由 $m\times n$ 个数 $a_{ij}(i=1,2,\cdots,m;\ j=1,2,\cdots,n)$ 排成的 m 行 n 列的数表称为矩阵（matrix）。

$$\boldsymbol{A}=\begin{pmatrix} a_{11} & a_{12} & \cdots & a_{1n} \\ a_{21} & a_{22} & \cdots & a_{2n} \\ \vdots & \vdots & & \vdots \\ a_{m1} & a_{m2} & \cdots & a_{mn} \end{pmatrix}_{m\times n} \tag{2.2-1}$$

矩阵 $\boldsymbol{A}$ 可看作由 m 个 n 维行向量所组成，记作 $\boldsymbol{A}=\begin{pmatrix} \boldsymbol{a}_1^{\mathrm{T}} \\ \boldsymbol{a}_2^{\mathrm{T}} \\ \vdots \\ \boldsymbol{a}_m^{\mathrm{T}} \end{pmatrix}$；或者看作 n 个 m 维列向量所组成，记作 $\boldsymbol{A}=(\boldsymbol{a}_1,\boldsymbol{a}_2,\cdots,\boldsymbol{a}_n)$。

矩阵有很多种特殊类型，其中常见的矩阵包括：

1）方阵：行数与列数相等的矩阵，如 $\boldsymbol{A}_{n\times n}$。

2）对角阵：只有在主对角线上存在非零元素的方阵，记作 $\boldsymbol{A}=\mathrm{diag}(a_{11},a_{22},\cdots,a_{nn})$。

3）零矩阵：元素全为零的矩阵，记作 $\boldsymbol{O}$。

4）单位阵：元素均为1的对角阵，记作 $\boldsymbol{I}$。

5）对称矩阵与反对称矩阵：满足 $\boldsymbol{A}=\boldsymbol{A}^{\mathrm{T}}$ 的矩阵为对称矩阵，满足 $\boldsymbol{A}=-\boldsymbol{A}^{\mathrm{T}}$ 的矩阵为反对称矩阵。

6）奇异矩阵与非奇异矩阵：$\det(\boldsymbol{A})=0$ 时，方阵 $\boldsymbol{A}$ 为奇异矩阵，反之，为非奇异矩阵。

典型的矩阵运算包括：

1）加法满足交换率与结合率：①$\boldsymbol{A}+\boldsymbol{B}=\boldsymbol{B}+\boldsymbol{A}$；②$(\boldsymbol{A}+\boldsymbol{B})+\boldsymbol{C}=\boldsymbol{A}+(\boldsymbol{B}+\boldsymbol{C})$。

2）数乘：①$(\lambda\mu)\boldsymbol{A}=\lambda(\mu\boldsymbol{A})$；②$(\lambda+\mu)\boldsymbol{A}=\lambda\boldsymbol{A}+\mu\boldsymbol{A}$；③$\lambda(\boldsymbol{A}+\boldsymbol{B})=\lambda\boldsymbol{A}+\lambda\boldsymbol{B}$。

3）乘法满足结合率与分配率，但一般不满足交换率：①$(\boldsymbol{AB})\boldsymbol{C}=\boldsymbol{A}(\boldsymbol{BC})$；②$\boldsymbol{A}(\boldsymbol{B}+\boldsymbol{C})=\boldsymbol{AB}+\boldsymbol{AC}$；③$\boldsymbol{AB}\neq\boldsymbol{BA}$。

4）转置：$(\boldsymbol{AB})^{\mathrm{T}}=\boldsymbol{B}^{\mathrm{T}}\boldsymbol{A}^{\mathrm{T}}$。

5）行列式：①$|\boldsymbol{A}^{\mathrm{T}}|=|\boldsymbol{A}|$；②$|\lambda\boldsymbol{A}|=\lambda^{n}|\boldsymbol{A}|$；③$|\boldsymbol{AB}|=|\boldsymbol{A}||\boldsymbol{B}|$。

6）逆运算：①$(\boldsymbol{AB})^{-1}=\boldsymbol{B}^{-1}\boldsymbol{A}^{-1}$；②$(\boldsymbol{A}^{\mathrm{T}})^{-1}=(\boldsymbol{A}^{-1})^{\mathrm{T}}$；③$|\boldsymbol{A}^{-1}|=|\boldsymbol{A}|^{-1}$。

7）矩阵的秩：记作 $\mathrm{rank}(\boldsymbol{A})$。

8）矩阵的特征值与特征向量。设 $\boldsymbol{A}$ 为 n 阶方阵，如果存在纯数 λ 和非零列向量 $\boldsymbol{u}$，满足关系式

$$\boldsymbol{Au}=\lambda\boldsymbol{u} \tag{2.2-2}$$

则称数 λ 为矩阵 $\boldsymbol{A}$ 的特征值（eigenvalue），非零列向量 $\boldsymbol{u}$ 为矩阵 $\boldsymbol{A}$ 中对应特征值 λ 的特征向量（eigenvector）。$|\boldsymbol{A}-\lambda\boldsymbol{I}|=0$ 称为 $\boldsymbol{A}$ 的特征方程，$f(\lambda)=|\boldsymbol{A}-\lambda\boldsymbol{I}|$ 称为 $\boldsymbol{A}$ 的特征多项式。

设 n 阶方阵 $\boldsymbol{A}$ 的特征值为 $\lambda_1,\lambda_2,\cdots,\lambda_n$，则①$\lambda_1+\lambda_2+\cdots+\lambda_n=\mathrm{tr}(\boldsymbol{A})$；②$\lambda_1\lambda_2\cdots\lambda_n=\det(\boldsymbol{A})$。其中，$\mathrm{tr}(\boldsymbol{A})$ 表示矩阵 $\boldsymbol{A}$ 的迹。

9）对称矩阵：若 n 阶方阵 $\boldsymbol{A}$ 满足 $\boldsymbol{A}=\boldsymbol{A}^{\mathrm{T}}$，则称 $\boldsymbol{A}$ 为对称矩阵（symmetric matrix）。

10）正交矩阵与正定矩阵：若 n 阶方阵 $\boldsymbol{A}$ 满足 $\boldsymbol{AA}^{\mathrm{T}}=\boldsymbol{A}^{\mathrm{T}}\boldsymbol{A}=\boldsymbol{I}$，则称 $\boldsymbol{A}$ 为正交矩阵（orthogonal matrix）。$\boldsymbol{A}$ 为正交矩阵的充要条件是 $\boldsymbol{A}$ 的列向量都是单位向量且两两正交。若实对称矩阵 $\boldsymbol{A}$ 的特征值全为正数，该矩阵为对称正定矩阵（positive definite matrix）。

11）相似矩阵与相似变换。设 $\boldsymbol{A}$ 和 $\boldsymbol{B}$ 都为 n 阶方阵，若存在可逆矩阵 $\boldsymbol{P}$，使得

$$\boldsymbol{B}=\boldsymbol{PAP}^{-1} \tag{2.2-3}$$

则称 $\boldsymbol{B}$ 是 $\boldsymbol{A}$ 的相似矩阵，相应的运算称为相似变换（similar transformation）。

若 $\boldsymbol{A}$ 与 $\boldsymbol{B}$ 是相似矩阵，则 $\boldsymbol{A}$ 与 $\boldsymbol{B}$ 的特征多项式相同，特征值也相同。若 $\boldsymbol{A}$ 为对称阵，其特征值为实数，而且必存在正交阵 $\boldsymbol{P}$，满足 $\boldsymbol{\Lambda}=\boldsymbol{PAP}^{-1}$，其中 $\boldsymbol{\Lambda}$ 是以 $\boldsymbol{A}$ 的 n 个特征值为主对角元素的对角阵。

12）矩阵指数。矩阵 $\boldsymbol{A}$ 的指数用级数表示为

$$\mathrm{e}^{A}=\sum_{n=0}^{\infty}\frac{\boldsymbol{A}^{n}}{n!}=\boldsymbol{I}+\boldsymbol{A}+\frac{1}{2!}\boldsymbol{A}^{2}+\cdots+\frac{1}{n!}\boldsymbol{A}^{n}+\cdots \tag{2.2-4}$$

矩阵指数（matrix power）具有如下特性：①只有 $\boldsymbol{AB}=\boldsymbol{BA}$ 时，$\mathrm{e}^{A+B}=\mathrm{e}^{A}\mathrm{e}^{B}$；②若 $\boldsymbol{A}$ 可逆，$\mathrm{e}^{PAP^{-1}}=\boldsymbol{P}\mathrm{e}^{A}\boldsymbol{P}^{-1}$。

2.2.2　线性空间与线性变换

设 $\boldsymbol{V}$ 是一个非空集合，$\mathbb{R}$ 为实数域。令向量 $\boldsymbol{a},\boldsymbol{b},\boldsymbol{c}\in\boldsymbol{V}$，纯数 $\lambda,\mu=\mathbb{R}$，若加法 $\boldsymbol{a}+\boldsymbol{b}$ 与数

乘 $\lambda\boldsymbol{a}$ 两种运算封闭（即 $\boldsymbol{a},\boldsymbol{b},\boldsymbol{c}\in\boldsymbol{V}$，$\lambda\boldsymbol{a}\in\boldsymbol{V}$），则 $\boldsymbol{V}$ 称为在 $\mathbb{R}$ 上的向量空间（vector space）。如果还满足以下 8 种线性运算，则 $\boldsymbol{V}$ 就是线性空间（linear space）。

1）交换律：$\boldsymbol{a}+\boldsymbol{b}=\boldsymbol{b}+\boldsymbol{a}$。

2）结合律：$(\boldsymbol{a}+\boldsymbol{b})+\boldsymbol{c}=\boldsymbol{a}+(\boldsymbol{b}+\boldsymbol{c})$。

3）存在唯一的零元素，满足 $\boldsymbol{a}+\boldsymbol{0}=\boldsymbol{a}$。

4）存在唯一的负元素，满足 $\boldsymbol{a}+\boldsymbol{b}=\boldsymbol{0}$。

5）存在唯一的单位元素 1，满足 $1\boldsymbol{a}=\boldsymbol{a}$。

6）$\lambda(\mu\boldsymbol{a})=(\lambda\mu)\boldsymbol{a}$。

7）$(\lambda+\mu)\boldsymbol{a}=\lambda\boldsymbol{a}+\mu\boldsymbol{a}$。

8）$\lambda(\boldsymbol{a}+\boldsymbol{b})=\lambda\boldsymbol{a}+\lambda\boldsymbol{b}$。

线性空间 $\boldsymbol{V}$ 中，如果存在 n 个元素 $\boldsymbol{a}_1,\boldsymbol{a}_2,\cdots,\boldsymbol{a}_n$，满足①$\boldsymbol{a}_1,\boldsymbol{a}_2,\cdots,\boldsymbol{a}_n$ 线性无关；②$\boldsymbol{V}$ 中任一元素 $\boldsymbol{a}$ 可由 $\boldsymbol{a}_1,\boldsymbol{a}_2,\cdots,\boldsymbol{a}_n$ 线性表示，即

$$\boldsymbol{V}=\{\boldsymbol{a}=x_1\boldsymbol{a}_1+x_2\boldsymbol{a}_2+\cdots+x_n\boldsymbol{a}_n \mid x_1,x_2,\cdots,x_n\in\mathbb{R}\} \tag{2.2-5}$$

$$\pi=\{x=(x_1,x_2,\cdots,x_n)^{\mathrm{T}} \mid \boldsymbol{a}_1x_1+\boldsymbol{a}_2x_2+\cdots+\boldsymbol{a}_nx_n=\boldsymbol{b}\} \tag{2.2-6}$$

则 $\boldsymbol{a}_1,\boldsymbol{a}_2,\cdots,\boldsymbol{a}_n$ 称为线性空间 $\boldsymbol{V}$ 中的一组基（basis），n 为线性空间 $\boldsymbol{V}$ 的维数，$x_1,x_2,\cdots,x_n$ 称为元素 $\boldsymbol{a}$ 在基 $\boldsymbol{a}_1,\boldsymbol{a}_2,\cdots,\boldsymbol{a}_n$ 下的坐标，记作 $(x_1,x_2,\cdots,x_n)^{\mathrm{T}}$。$n>3$ 时，n 维向量没有直观的几何表示。

线性空间中向量之间的联系是通过线性空间到线性空间的映射（mapping）来实现的。

设 $\boldsymbol{U}$ 和 $\boldsymbol{V}$ 是两个线性空间，T 是一个从 $\boldsymbol{V}$ 到 $\boldsymbol{U}$ 的映射，且满足①对于任意给定的 $\boldsymbol{a}_1,\boldsymbol{a}_2\in\boldsymbol{V}$，都有 $T(\boldsymbol{a}_1+\boldsymbol{a}_2)=T(\boldsymbol{a}_1)+T(\boldsymbol{a}_2)$；②对于任意给定的 $\boldsymbol{a}\in\boldsymbol{V}$ 和 $\mu\in\mathbb{R}$，都有 $T(\mu\boldsymbol{a})=\mu T(\boldsymbol{a})$。则称 T 为从 $\boldsymbol{V}$ 到 $\boldsymbol{U}$ 的线性变换（linear transformation）。如果 T 为从 $\boldsymbol{V}$ 到其自身的映射，则称其为在线性空间 $\boldsymbol{V}$ 中的线性变换。简单地说，线性变换就是保持线性组合的一种变换。

若 $\boldsymbol{P}$ 为正交阵，则线性变换 $\boldsymbol{y}=\boldsymbol{P}\boldsymbol{x}$ 称为正交变换（orthogonal transformation）。正交变换可保持向量的长度不变。

2.2.3 雅可比的概念

线性变换的一个重要应用就是雅可比（Jacobi）。

假设存在 $x_i(i=1,2,\cdots,n)$，且它们都是参数 $q_i(i=1,2,\cdots,n)$ 的函数，n 为广义坐标数。用函数形式表示成

$$x_i=f_i(q_1,q_2,\cdots,q_n) \quad (i=1,2,\cdots,n) \tag{2.2-7}$$

写成列向量的形式：

$$\begin{pmatrix} x_1 \\ \vdots \\ x_n \end{pmatrix}=\begin{pmatrix} f_1(q_1,q_2,\cdots,q_n) \\ \vdots \\ f_n(q_1,q_2,\cdots,q_n) \end{pmatrix} \tag{2.2-8}$$

利用多元函数求导法则，可得到上述函数关于 $q_i(i=1,2,\cdots,n)$ 的微分（或变分），即

$$\delta x_i=\sum_{i=1}^{n}\frac{\partial f_i(q_1,q_2,\cdots,q_n)}{\partial q_i}\delta q_i=\sum_{i=1}^{n}\frac{\partial f_i}{\partial q_i}\delta q_i \tag{2.2-9}$$

若用矩阵表达，上式可以写成

$$\begin{pmatrix}\delta x_1\\ \vdots\\ \delta x_n\end{pmatrix}=\begin{pmatrix}\dfrac{\partial f_1}{\partial q_1} & \cdots & \dfrac{\partial f_1}{\partial q_n}\\ \vdots & & \vdots\\ \dfrac{\partial f_n}{\partial q_1} & \cdots & \dfrac{\partial f_n}{\partial q_n}\end{pmatrix}\begin{pmatrix}\delta q_1\\ \vdots\\ \delta q_n\end{pmatrix} \tag{2.2-10}$$

令

$$\delta \boldsymbol{X}=\begin{pmatrix}\delta x_1\\ \vdots\\ \delta x_n\end{pmatrix},\quad \boldsymbol{J}=\begin{pmatrix}\dfrac{\partial f_1}{\partial q_1} & \cdots & \dfrac{\partial f_1}{\partial q_n}\\ \vdots & & \vdots\\ \dfrac{\partial f_n}{\partial q_1} & \cdots & \dfrac{\partial f_n}{\partial q_n}\end{pmatrix}=\frac{\partial \boldsymbol{X}}{\partial \boldsymbol{q}},\quad \delta \boldsymbol{q}=\begin{pmatrix}\delta q_1\\ \vdots\\ \delta q_n\end{pmatrix} \tag{2.2-11}$$

式（2.2-10）可以简写成矩阵表达的通式形式：

$$\delta \boldsymbol{X}=\boldsymbol{J}(\boldsymbol{q})\delta \boldsymbol{q} \tag{2.2-12}$$

式中，$\boldsymbol{J}$ 称为雅可比矩阵，以普鲁士数学家卡尔·雅可比（Carl Jacobi）命名。

进一步将式（2.2-12）两端同时除以 δt，公式演化为

$$\dot{\boldsymbol{X}}=\boldsymbol{J}(\boldsymbol{q})\dot{\boldsymbol{q}} \tag{2.2-13}$$

若 $\boldsymbol{X}$ 表示的是位置矢量，式（2.2-13）则反映了速度之间的映射。这种映射现在已广泛用于机器人学领域。

2.3* 线几何

2.3.1 欧氏几何、射影几何与齐次坐标

欧氏几何（Euclidian geometry）中，通常用向量和标量来描述三维空间中的点、直线、平面等几何元素。其中的运算法则保证在三维实数（欧氏）空间 $\mathbb{R}^3$ 内来研究各种几何特性，如距离、长度、角度、面积、体积等。不过，为描述方便，通常情况下需要引入一个坐标系，最典型的是采用直角坐标系，此外还有圆柱坐标系及球面坐标系等。在欧氏几何中，点在实数空间的位置通常用相对于参考坐标系的位置矢量 $\boldsymbol{p}$ 来描述。

有关三维几何的研究，除了欧氏几何外，还有一个十分重要的分支——射影几何（projective geometry）。在射影几何中，将无穷远点看作“理想点”。如果两条直线平行，射影几何中，这两条直线可看作相交于这两条直线共有的无穷远点。同样，将无穷远直线看作“理想直线”。若两平面平行，这两个平面可看作相交于这两个平面共有的无穷远直线。添加了无穷远直线后的平面就成为一个射影平面，扩展到三维，就变成了三维射影空间 $\mathbb{P}^3$。

射影空间 $\mathbb{P}^3$ 中，点与平面都可以写成齐次坐标（homogeneous coordinate）的形式。其中，点的齐次坐标一般表示为 $(\boldsymbol{p};p_0)$ 或 $(p_x,p_y,p_z,1)$。平面的齐次坐标一般表示为 $(\boldsymbol{u};u_0)$ 或 $(u_x,u_y,u_z,1)$。两者在形式上完全一样，但意义不同：其中的 $\boldsymbol{u}$ 表示平面的法向量。

相应地，在射影空间 $\mathbb{P}^3$ 中，直线的表示方法有两种：一种是两点的连线（对两点进行“并”运算），另一种是两个平面的交线（对两平面进行“交”运算）。

$$\bar{\boldsymbol{p}} \cup \bar{\boldsymbol{q}} = (p_0\boldsymbol{q} - q_0\boldsymbol{p}; \boldsymbol{p}\times\boldsymbol{q}) = (\boldsymbol{l}; \boldsymbol{l}_0) \in \mathbb{R}^6 \tag{2.3-1}$$

$$\bar{\boldsymbol{u}} \cap \bar{\boldsymbol{v}} = (\boldsymbol{u}\times\boldsymbol{v}; u_0\boldsymbol{v} - v_0\boldsymbol{u}) = (\boldsymbol{l}_0; \boldsymbol{l}) \in \mathbb{R}^6 \tag{2.3-2}$$

为此，德国数学家 Plücker 定义了直线的两种坐标：射线坐标和轴线坐标。

1）射线坐标（ray coordinate）：通过两点连接而形成的直线，其 Plücker 坐标为 $(\mathcal{L},\mathcal{M},\mathcal{N};\mathcal{P},\mathcal{Q},\mathcal{R})$。

2）轴线坐标（axis coordinate）：通过两个平面相交而形成的直线，其 Plücker 坐标为 $(\mathcal{P},\mathcal{Q},\mathcal{R};\mathcal{L},\mathcal{M},\mathcal{N})$。

很容易验证，$\boldsymbol{l}\cdot\boldsymbol{l}_0=0$。特别地，当 $\boldsymbol{l}=\boldsymbol{0}$ 时，对应的是无穷远直线；这时，$\boldsymbol{u}$、$\boldsymbol{v}$ 两平面平行，法线为 $\boldsymbol{l}_0$。

2.3.2 线矢量

如图 2-6 所示，直线 $\boldsymbol{L}$ 经过两个不同的点 $\boldsymbol{p}(p_x,p_y,p_z)$ 和 $\boldsymbol{q}(q_x,q_y,q_z)$。用矢量 $\boldsymbol{s}(\mathcal{L},\mathcal{M},\mathcal{N})$ 表示该有向直线的方向，则得到

$$\mathcal{L}=q_x-p_x=\begin{vmatrix}1 & p_x\\ 1 & q_x\end{vmatrix},\quad \mathcal{M}=q_y-p_y=\begin{vmatrix}1 & p_y\\ 1 & q_y\end{vmatrix},\quad \mathcal{N}=q_z-p_z=\begin{vmatrix}1 & p_z\\ 1 & q_z\end{vmatrix} \tag{2.3-3}$$

而直线在空间的位置可通过直线上任一点的位置矢量（不妨取点 $\boldsymbol{r}$）间接给定（可以看出：$\boldsymbol{r}$ 用直线上其他点 $\boldsymbol{r}'$（$\boldsymbol{r}'=\boldsymbol{r}+\lambda\boldsymbol{s}$）代替时，式（2.3-4）的结果不变，即 $\boldsymbol{r}$ 在直线上可以任意选定）。如点 $\boldsymbol{r}$ 在 $\boldsymbol{L}$ 上，它一定与 $\boldsymbol{p}$、$\boldsymbol{q}$ 共线，从而有表达式

$$(\boldsymbol{p}-\boldsymbol{r})\times\boldsymbol{s}=\boldsymbol{0} \tag{2.3-4}$$

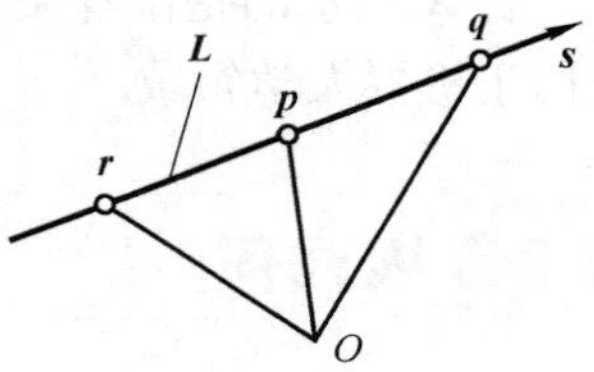

图 2-6 线矢量

写成标准形式：

$$\boldsymbol{r}\times\boldsymbol{s}=\boldsymbol{p}\times\boldsymbol{s} \tag{2.3-5}$$

令矢量 $\boldsymbol{s}_0(\mathcal{P},\mathcal{Q},\mathcal{R})=\boldsymbol{r}\times\boldsymbol{s}=\boldsymbol{p}\times\boldsymbol{s}$，则

$$\mathcal{P}=\begin{vmatrix}p_y & p_z\\ \mathcal{M} & \mathcal{N}\end{vmatrix}=\begin{vmatrix}p_y & p_z\\ q_y-p_y & q_z-p_z\end{vmatrix}=\begin{vmatrix}p_y & p_z\\ q_y & q_z\end{vmatrix}=p_yq_z-q_yp_z$$

$$\mathcal{Q}=\begin{vmatrix}p_z & p_x\\ \mathcal{N} & \mathcal{L}\end{vmatrix}=\begin{vmatrix}p_z & p_x\\ q_z-p_z & q_x-p_x\end{vmatrix}=\begin{vmatrix}p_z & p_x\\ q_z & q_x\end{vmatrix}=p_zq_x-q_zp_x$$

$$\mathcal{R}=\begin{vmatrix}p_x & p_y\\ \mathcal{L} & \mathcal{M}\end{vmatrix}=\begin{vmatrix}p_x & p_y\\ q_x-p_x & q_y-p_y\end{vmatrix}=\begin{vmatrix}p_x & p_y\\ q_x & q_y\end{vmatrix}=p_xq_y-q_xp_y$$

写成矩阵的形式：

$$\begin{pmatrix}\mathcal{P}\\ \mathcal{Q}\\ \mathcal{R}\end{pmatrix}=\begin{pmatrix}0 & -p_z & p_y\\ p_z & 0 & -p_x\\ -p_y & p_x & 0\end{pmatrix}\begin{pmatrix}\mathcal{L}\\ \mathcal{M}\\ \mathcal{N}\end{pmatrix} \tag{2.3-6}$$

令 $[\boldsymbol{p}]=\begin{pmatrix} 0 & -p_z & p_y \\ p_z & 0 & -p_x \\ -p_y & p_x & 0 \end{pmatrix}$，很显然它是一个反对称矩阵。因此，根据反对称矩阵的特性很容易得到，$[\boldsymbol{p}]\boldsymbol{s}=\boldsymbol{p}\times\boldsymbol{s}$。正好验证了前面的推导。

另外，考虑到 $\boldsymbol{s}\cdot\boldsymbol{s}_0=\boldsymbol{s}\cdot(\boldsymbol{r}\times\boldsymbol{s})=0$，则

$$\mathcal{LP}+\mathcal{MQ}+\mathcal{NR}=0 \tag{2.3-7}$$

由此可知，空间任意一条直线完全可由两个矢量唯一确定。因此，定义一个包含上述两个三维向量的6维向量 $\$$，将此直线称为线矢量（line vector），即

$$\$=\begin{pmatrix}\boldsymbol{s}\\ \boldsymbol{s}_0\end{pmatrix}=\begin{pmatrix}\boldsymbol{s}\\ \boldsymbol{r}\times\boldsymbol{s}\end{pmatrix} \tag{2.3-8}$$

令 $\hat{\boldsymbol{s}}=\boldsymbol{s}/|\boldsymbol{s}|$，$\hat{\boldsymbol{s}}_0=\boldsymbol{r}\times\hat{\boldsymbol{s}}$，经过正则变换后，得到

$$\$=|\boldsymbol{s}|\begin{pmatrix}\hat{\boldsymbol{s}}\\ \hat{\boldsymbol{s}}_0\end{pmatrix} \tag{2.3-9}$$

再令 $\rho=|\boldsymbol{s}|$，则

$$\$=\rho\hat{\$} \tag{2.3-10}$$

式中，$\hat{\$}$ 为单位线矢量；ρ 表示该线矢量的幅值。因此，线矢量可以写成单位线矢量与幅值数乘的形式，用Plücker坐标表示为

$$\$=(\mathcal{L},\mathcal{M},\mathcal{N};\mathcal{P},\mathcal{Q},\mathcal{R}) \tag{2.3-11}$$

由此可知，$\mathcal{L}^2+\mathcal{M}^2+\mathcal{N}^2=\rho^2$。进一步定义

$$\hat{\$}=(\hat{\boldsymbol{s}};\hat{\boldsymbol{s}}_0)=(\hat{\boldsymbol{s}};\boldsymbol{r}\times\hat{\boldsymbol{s}})=(L,M,N;P,Q,R) \tag{2.3-12a}$$

或者

$$\hat{\$}=\begin{pmatrix}\hat{\boldsymbol{s}}\\ \hat{\boldsymbol{s}}_0\end{pmatrix}=\begin{pmatrix}\hat{\boldsymbol{s}}\\ \boldsymbol{r}\times\hat{\boldsymbol{s}}\end{pmatrix} \tag{2.3-12b}$$

式中，$\hat{\boldsymbol{s}}$ 为线矢量轴线方向的单位向量，即 $\hat{\boldsymbol{s}}=(L,M,N)^{\mathrm{T}}$，$L^2+M^2+N^2=1$；$\hat{\boldsymbol{s}}_0$ 称作线矩（line moment），记为 $\hat{\boldsymbol{s}}_0=(P,Q,R)^{\mathrm{T}}$。

其中，式（2.3-12a）是线矢量的Plücker坐标表示形式，L，M，N，P，Q，R 称为单位线矢量 $\$$ 的Plücker坐标；式（2.3-12b）是线矢量的列向量表示形式。

很显然，由于单位线矢量满足归一化条件 $\hat{\boldsymbol{s}}\cdot\hat{\boldsymbol{s}}=1$ 和正交条件 $\hat{\boldsymbol{s}}\cdot\hat{\boldsymbol{s}}_0=0$，这样，它的6个Plücker坐标中只有4个独立的参数。

注意：向量 $\boldsymbol{s}$ 表示的是直线方向，它与原点的位置无关；而线矩 $\hat{\boldsymbol{s}}_0$ 却与原点的位置选择有关。

【例2-1】 经过坐标原点任意一条直线的Plücker坐标。此时，$\boldsymbol{s}_0=\boldsymbol{0}$，该直线的Plücker坐标可以写为 $\$=(\boldsymbol{s};\boldsymbol{0})$ 或者

$$\$=\begin{pmatrix}\boldsymbol{s}\\ \boldsymbol{0}\end{pmatrix}$$

【例 2-2】 求图 2-7 所示两条直线的 Plücker 坐标。

解：观察两直线在坐标系中所处的方位，很容易找到

$$\boldsymbol{s}_1=(1,0,0)^{\mathrm{T}},\quad \boldsymbol{s}_2=(0,0,1)^{\mathrm{T}}$$

$$\boldsymbol{r}_1=(0,0,1)^{\mathrm{T}},\quad \boldsymbol{r}_2=(1,0,0)^{\mathrm{T}}$$

由式（2.3-8）可直接计算得到

$$\$_1=(\boldsymbol{s}_1;\boldsymbol{r}_1\times\boldsymbol{s}_1)=(1,0,0;0,1,0)$$

$$\$_2=(\boldsymbol{s}_2;\boldsymbol{r}_2\times\boldsymbol{s}_2)=(0,0,1;0,-1,0)$$

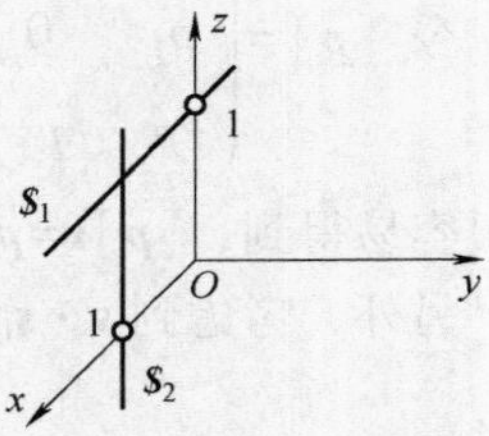

图 2-7 例 2-2 图示

2.3.3 Grassmann 线几何

法国数学家 Grassmann 在 19 世纪时就开始研究由线矢量组成集合（统称为线簇，line variety）的几何特性，后人称之为 **Grassmann 线几何**。如表 2-1 所列，法国学者 Merlet 所给的 Grassmann 线几何包括以下内容：

1）由 1 条直线所组成的线簇，其维数为 1（1a）。

2）线簇的维数为 2 时包括两种情况：①平面汇交于一点的任意多条直线（平面平行可以看作相交于平面无穷远点）组成平面线列（line pencil），但其中只有 2 条直线线性无关（2a）；②异面（空间交错）的两条直线（2b）。

3）线簇的维数为 3 时包括四种情况：①空间汇交于一点的任意多条直线（空间平行可以看作相交于空间无穷远点）组成空间共点线束（line bundle），但其中只有 3 条直线线性无关（3a）；②共面的任意多条直线组成共面线域（line field），其中也只有 3 条直线线性无关（3b）；③汇交点在两平面交线上的两个平面线列，其中也只有 3 条直线线性无关（3c）；④空间既不平行也不相交的 3 条直线组成二次线列（regulus），它们线性无关，而它们的线性组合可构成一个单叶双曲面（3d）。

4）线簇的维数为 4 时称为线汇（line congruence），它包括四种情况：①由空间既不平行也不相交的 4 条直线组成，它们线性无关（4a）；②由空间共点及共面两组线束组成，且汇交点在平面上，这时只有 4 条直线线性无关（4b）；③由有 1 条公共交线的 3 个平面线列组成，这种情况下，有 4 条直线线性无关（4c）；④能同时与另两条直线相交的 4 条直线，它们线性无关（4d）。

5）线簇的维数为 5 时称为线丛（linear complex），它包括两种情况：①由空间既不平行也不相交的 5 条直线组成一般线性丛，也称非奇异线丛，这 5 条直线线性无关（5a）；②当所有直线同时与一条直线相交时构成特殊线性丛或称奇异线丛，这时只有 5 条直线线性无关（5b）。

表 2-1 Grassmann 线几何

维 数	种 类
1	 同轴线矢量

（续）

维　数	种　类
2	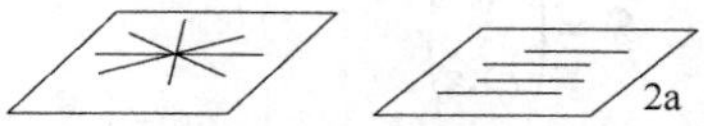 2a 平面线列(平面汇交或共面平行)　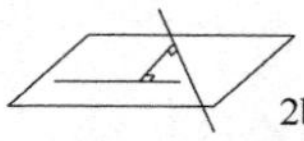 2b 异面(空间交错)的两个线矢量
3	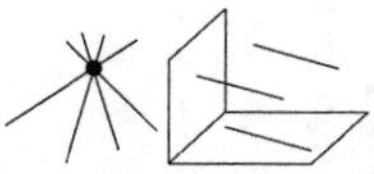 3a 空间共点线束(包括平行)　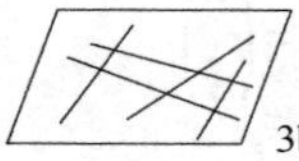 3b 共面　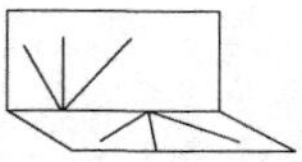 3c 两平面汇交线束　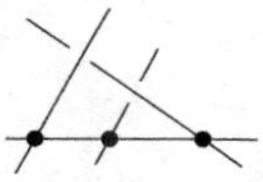 3d 二次线列
4	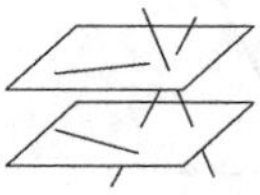 4a 空间不平行不相交的4条直线　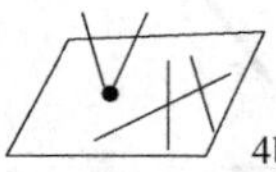 4b 共面共点　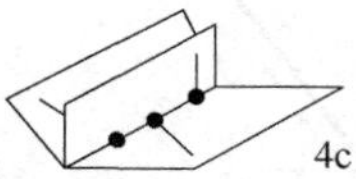 4c 交1条公共直线，且交角一定　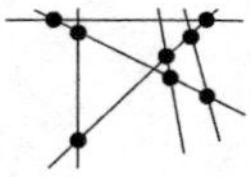 4d 交2条公共直线
5	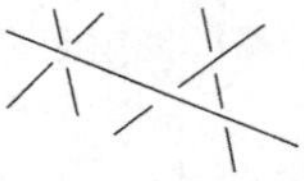 5a 非奇异线丛　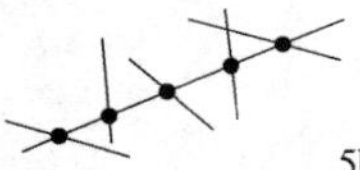 5b 交1条公共直线

2.4* 旋量与旋量系

2.4.1 旋量、线矢量与偶量

对直线进一步引申，可引出旋量（screw）的概念。有些书中也将旋量称为螺旋，如图 2-8a 所示。根据 Ball 的定义，旋量是一条具有节距的直线。旋量同样可用双矢量（bi-vector）来表示，单位旋量（unitary screw）记作

$$\hat{\$}=(\hat{s};\hat{s}^0)=(\hat{s};r\times\hat{s}+h\hat{s})=(L,M,N;P^*,Q^*,R^*) \tag{2.4-1a}$$

或者

$$\hat{\$}=\begin{pmatrix}\hat{s}\\ \hat{s}^0\end{pmatrix}=\begin{pmatrix}\hat{s}\\ r\times\hat{s}+h\hat{s}\end{pmatrix} \tag{2.4-1b}$$

或者

$$\hat{\$}=\hat{s}+\in\hat{s}^0 \tag{2.4-1c}$$

式中，$\hat{s}$ 为旋量轴线方向的单位矢量，$\hat{s}=(L,M,N)^{\mathrm{T}}$，$L^2+M^2+N^2=1$；$\hat{s}^0$ 为旋量轴线位置的矢量，$\hat{s}^0=(P^*,Q^*,R^*)^{\mathrm{T}}$；$\boldsymbol{r}$ 为旋量轴线上的任意一点；h 为节距（pitch），$h=\hat{s}\cdot\hat{s}^0/\hat{s}\cdot\hat{s}$。

式（2.4-1a）是旋量的 Plücker 坐标表示形式；式（2.4-1b）为旋量的向量表示形式；式（2.4-1c）是旋量的对偶数（dual number）表示形式，其中，$\hat{s}$ 称为原部矢量，$\hat{s}^0$ 称为对偶部矢量。

当节距 h 为零（即 $\hat{s}\cdot\hat{s}^0=0$）时，单位旋量就退化为单位线矢量（unitary line vector，如图 2-8b 所示，为区分与一般旋量的差异，线矢量在本书中用无箭头的线条表示），记作

$$\hat{\$}=\begin{pmatrix}\hat{s}\\ r\times\hat{s}\end{pmatrix} \tag{2.4-2}$$

当节距 h 为∞时，单位旋量就退化为单位偶量（unitary couple，如图 2-8c 所示，为区分与一般旋量的差别，线矢量在本书中用两端带单箭头的线条表示），记作

$$\hat{\$}=\begin{pmatrix}\mathbf{0}\\ \hat{s}\end{pmatrix} \tag{2.4-3}$$

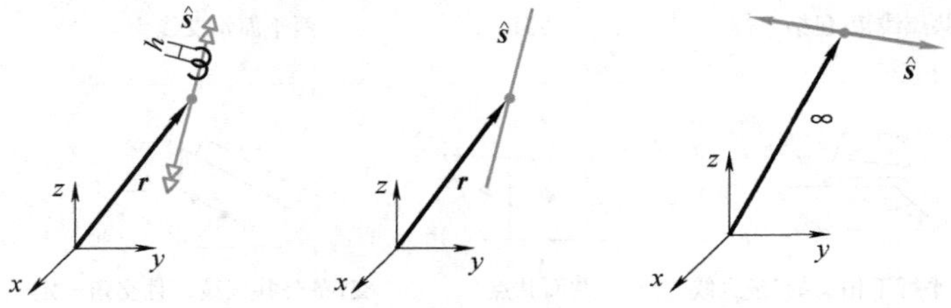

a) 一般旋量　　b) 线矢量　　c) 偶量

图 2-8　单位旋量的图解示意

定义

$$\$=\rho\hat{\$}=(s;s^0)=(\mathcal{L},\mathcal{M},\mathcal{N};\mathcal{P}^*,\mathcal{Q}^*,\mathcal{R}^*) \tag{2.4-4}$$

式中，ρ 为旋量的大小。

单位旋量在空间对应有一条确定的轴线。为此可将 $\hat{s}^0$ 分解成平行和垂直于 $\hat{s}$ 的两个分量 $h\hat{s}$ 和 $\hat{s}^0-h\hat{s}$（图 2-9），即

$$\hat{\$}=(\hat{s};\hat{s}^0)=(\hat{s};\hat{s}^0-h\hat{s})+(\mathbf{0};h\hat{s})=(\hat{s};\hat{s}_0)+(\mathbf{0};h\hat{s}) \tag{2.4-5}$$

式（2.4-5）表明，一个线矢量和一个偶量可以合成一个旋量，而一个旋量可以看作是一个线矢量与一个偶量的同轴叠加（图 2-9）。

另外，根据式（2.4-1）和式（2.4-4）可以导出任一（单位）旋量的节距和轴线位置。

$$h=\hat{s}\cdot\hat{s}^0,\quad r=\hat{s}\times\hat{s}^0\quad（适合于单位旋量）\tag{2.4-6}$$

$$h=\frac{s\cdot s^0}{s\cdot s},\quad r=\frac{s\times s^0}{s\cdot s}\quad（适合于单位线矢量）\tag{2.4-7}$$

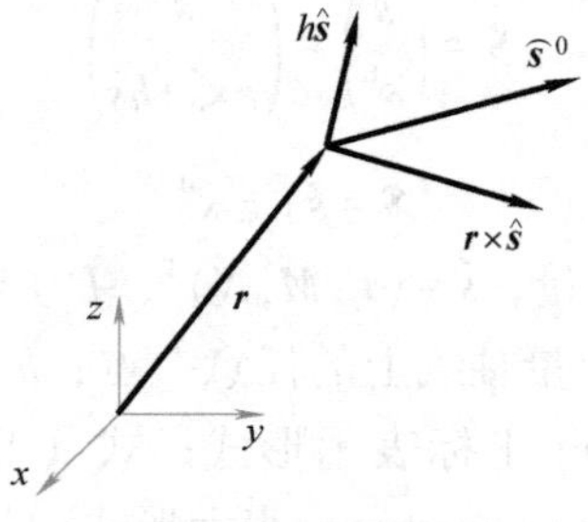

图 2-9　单位旋量的分解

【例 2-3】 求单位旋量 $\hat{\$}=(1,0,0;1,0,1)$ 的轴线与节距，并图示之。

解：首先计算旋量 $\hat{\$}$ 的节距：

$$h=LP^*+MQ^*+NR^*=1$$

轴线方程可由式（2.4-1b）求得，即

$$\boldsymbol{r}\times\hat{\boldsymbol{s}}=\hat{\boldsymbol{s}}^0-h\hat{\boldsymbol{s}}=(0,0,1)^{\mathrm{T}}$$

再由式（2.4-6）可得

$$\boldsymbol{r}=\hat{\boldsymbol{s}}\times\hat{\boldsymbol{s}}^0=(0,-1,0)^{\mathrm{T}}$$

由此可确定该旋量，如图 2-10 所示。

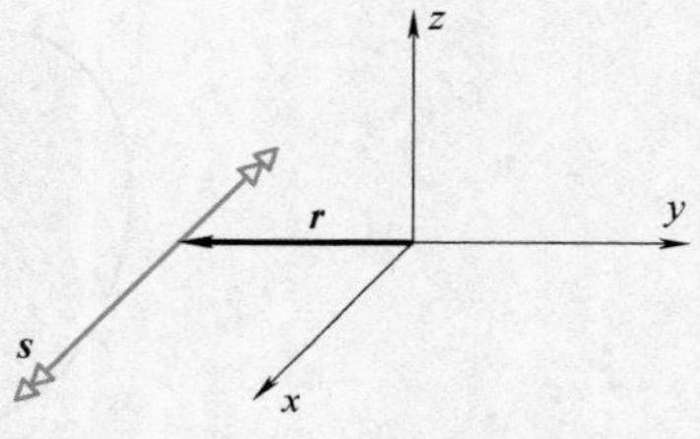

图 2-10 例 2-3 图示

2.4.2 旋量的基本运算

1. 旋量的加法

两旋量 $\$_1$ 和 $\$_2$ 的代数和可表示如下：

$$\$_\Sigma=\$_1+\$_2=(\boldsymbol{s}_1+\boldsymbol{s}_2)+\in(\boldsymbol{s}^{01}+\boldsymbol{s}^{02}) \qquad (2.4\text{-}8)$$

旋量的加法满足交换律和结合律。

2. 旋量的互易积

两旋量的互易积（reciprocal product）指将两旋量 $\$_1$ 和 $\$_2$ 的原部矢量与对偶部矢量交换后作点积之和，记作

$$\$_1\circ\$_2=\$_1^{\mathrm{T}}\boldsymbol{\Delta}\,\$_2=\boldsymbol{s}_1\cdot\boldsymbol{s}^{02}+\boldsymbol{s}_2\cdot\boldsymbol{s}^{01} \qquad (2.4\text{-}9)$$

式中，$\circ$ 和 $\boldsymbol{\Delta}$ 均为算子，后者满足

$$\boldsymbol{\Delta}=\begin{pmatrix}\boldsymbol{O} & \boldsymbol{I}_{3\times3}\\ \boldsymbol{I}_{3\times3} & \boldsymbol{O}\end{pmatrix} \qquad (2.4\text{-}10)$$

$\boldsymbol{\Delta}$ 实质上是一个反对称单位矩阵，它具有以下特性：

$$\boldsymbol{\Delta\Delta}=\boldsymbol{I},\quad \boldsymbol{\Delta}^{-1}=\boldsymbol{\Delta},\quad \boldsymbol{\Delta}^{\mathrm{T}}=\boldsymbol{\Delta} \qquad (2.4\text{-}11)$$

将两旋量进行分解，写成 $\$_1=\rho_1\hat{\$}_1=(\boldsymbol{s}_1;\boldsymbol{s}^{01})=\rho_1(\hat{\boldsymbol{s}}_1;\hat{\boldsymbol{s}}^{01})$，$\$_2=\rho_2\hat{\$}_2=(\boldsymbol{s}_2;\boldsymbol{s}^{02})=\rho_2(\hat{\boldsymbol{s}}_2;\hat{\boldsymbol{s}}^{02})$ 的形式，并假定点 $\boldsymbol{r}_1$、$\boldsymbol{r}_2$ 分别位于 $\$_1$ 和 $\$_2$ 的两轴线上，且 $\boldsymbol{r}_2=\boldsymbol{r}_1+a_{12}\hat{\boldsymbol{n}}$（图 2-11），其中 $\hat{\boldsymbol{n}}$ 是垂直于两轴线（即公法线）的单位矢量。由此可得

$$\begin{aligned}\$_1^{\mathrm{T}}\boldsymbol{\Delta}\,\$_2&=\rho_1\rho_2[\hat{\boldsymbol{s}}_1\cdot(\boldsymbol{r}_2\times\hat{\boldsymbol{s}}_2+h_2\hat{\boldsymbol{s}}_2)+\hat{\boldsymbol{s}}_2\cdot(\boldsymbol{r}_1\times\hat{\boldsymbol{s}}_1+h_1\hat{\boldsymbol{s}}_1)]\\&=\rho_1\rho_2[(h_1+h_2)(\hat{\boldsymbol{s}}_1\cdot\hat{\boldsymbol{s}}_2)+(\boldsymbol{r}_2-\boldsymbol{r}_1)\cdot(\hat{\boldsymbol{s}}_2\times\hat{\boldsymbol{s}}_1)]\\&=\rho_1\rho_2[(h_1+h_2)\cos\alpha_{12}-a_{12}\sin\alpha_{12}]\end{aligned} \qquad (2.4\text{-}12)$$

式中，α_{12} 为两旋量的轴线夹角；a_{12} 为两旋量所在轴线的公法线长度。

或者直接根据定义式，可得

$$\$_1^{\mathrm{T}}\boldsymbol{\Delta}\,\$_2=\rho_1\rho_2(L_1P_2^*+M_1Q_2^*+N_1R_2^*+L_2P_1^*+M_2Q_1^*+N_2R_1^*) \qquad (2.4\text{-}13)$$

若两旋量 $\$_1$ 和 $\$_2$ 的互易积为零，则称旋量 $\$_1$ 和 $\$_2$ 互为反旋量（也称互易旋量，reciprocal screw）。一般情况下，旋量 $\$$ 的反旋量用 $\$^{r}$ 表示。

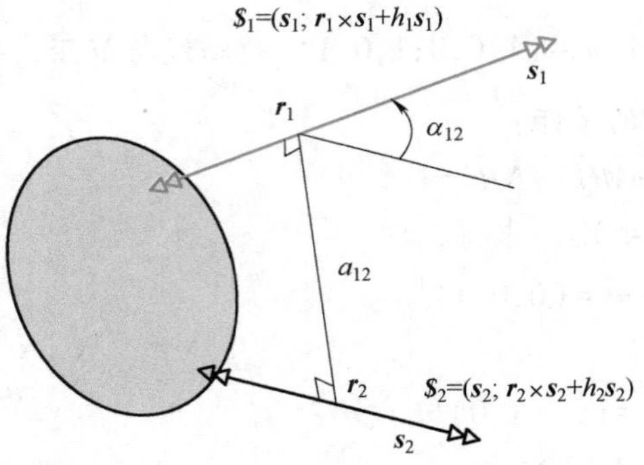

图 2-11　两个旋量的互易积

由式（2.4-12）可知，旋量 $\$$ 与其对应的反旋量 $\$^r$ 满足如下关系式：

$$a_{12}\sin\alpha_{12}=(h+h_r)\cos\alpha_{12} \tag{2.4-14}$$

式中，h_r 为反旋量 $\$^r$ 的节距。

从式（2.4-12）还可以看出，两个旋量的互易积与坐标系的选择无关。为此，可得到以下几个重要结论：

1）两个线矢量互易的充要条件是共面。

2）两个偶量必然互易。

3）一个线矢量与一个偶量只有当相互垂直时才互易。

4）任何垂直相交的两个旋量必然互易，且与其节距大小无关。

2.4.3　旋量系

m 个旋量 $\$_1, \$_2, \cdots, \$_m$ 可以组成一个旋量集合，记为 $\boldsymbol{S}=\{\$_1, \$_2, \cdots, \$_m\}$。如果在 $\boldsymbol{S}$ 中，存在一组线性无关的旋量 $\$_1, \$_2, \cdots, \$_n (n\leqslant m)$，且 $\boldsymbol{S}$ 中的其他所有旋量都是这 n 个旋量的线性组合，则称该 n 个旋量为旋量集 $\boldsymbol{S}$ 的一组基，即组成所谓的一个旋量系（screw system）。n 为该旋量系的阶数或维数，记作 $n=\mathrm{rank}(\boldsymbol{S})$。

如前所述，旋量是两个三维矢量的对偶组合，可写为 Plücker 坐标形式，含有 6 个分量。于是，旋量集 $\boldsymbol{S}$ 的线性相关性（为简化起见，其中元素均取单位旋量）可由 Plücker 坐标表示的矩阵的秩来判断，该矩阵可表示为

$$\boldsymbol{S}=\begin{pmatrix} L_1 & M_1 & N_1 & ; & P_1^* & Q_1^* & R_1^* \\ L_2 & M_2 & N_2 & ; & P_2^* & Q_2^* & R_2^* \\ \vdots & \vdots & \vdots & & \vdots & \vdots & \vdots \\ L_n & M_n & N_n & ; & P_n^* & Q_n^* & R_n^* \end{pmatrix} \tag{2.4-15}$$

若该矩阵的秩为 n，则称该旋量集为 n 阶旋量系。显然，该矩阵的秩最大为 6。因此，三维空间中线性无关的旋量数最多为 6。根据旋量系的阶数可将旋量系分为 1~6 阶旋量系，简称旋量一系、旋量二系、旋量三系、旋量四系、旋量五系和旋量六系。任何一种旋量系都可以看作一组基的表达。例如下面的 6 阶旋量系就可以看作是由 6 个线性无关的单位线矢量组成的一组基。

$$\begin{cases}\hat{\$}_1=(1,0,0;0,0,0)\\ \hat{\$}_2=(0,1,0;0,0,0)\\ \hat{\$}_3=(0,0,1;0,0,0)\\ \hat{\$}_4=(0,0,0;1,0,0)\\ \hat{\$}_5=(0,0,0;0,1,0)\\ \hat{\$}_6=(0,0,0;0,0,1)\end{cases} \tag{2.4-16}$$

需要特别指出的是：若 n 阶旋量系中，由 n 个线性无关的单位线矢量组成一组基，则可以形成许多种具有不同几何特性的特殊旋量系。事实上，不仅仅是线几何，一般旋量系都具有代数和几何的双重特性及表达。

表 2-1 和表 2-2 分别列出了由线矢量和偶量组成的特殊旋量系在不同几何条件下的维数。

表 2-2　偶量系（一种特殊的旋量系）在不同几何条件下的维数

维　数	种　类
1	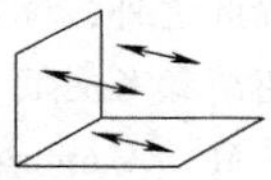
2	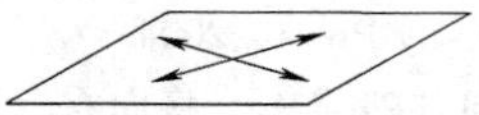
3	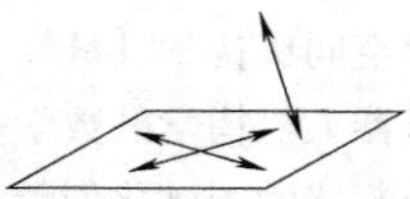

注意到，旋量的 Plücker 坐标有 6 个分量，显然三维空间线性无关的旋量最多有 6 个。而线矢量是旋量的特例，当旋量退化为直线时，由于直线的 Plücker 坐标最多有 6 个非零分量，因此三维空间线性无关的直线最多有 6 条。当旋量退化为偶量时，由于直线的 Plücker 坐标最多只有 3 个非零分量，因此三维空间线性无关的偶量最多有 3 个。因此，纯线矢量组成的旋量系其最高阶数为 6，纯偶量组成的旋量系其最高阶数为 3。

对于一个 n 阶旋量系 $\boldsymbol{S}=\{\$_1,\$_2,\cdots,\$_n\}$，必然存在一个（$6-n$）阶反旋量系 $\boldsymbol{S}^r=\{\$_1^r,\$_2^r,\cdots,\$_{6-n}^r\}$ 与之互易，该反旋量系由（$6-n$）个与 $\boldsymbol{S}$ 中各个旋量都互易（简称与 $\boldsymbol{S}$ 互易）的旋量组成。设 n 阶运动旋量系 $\boldsymbol{S}$ 的矩阵表示形式为 $\boldsymbol{A}=(\$_1,\$_2,\cdots,\$_n)^{\mathrm{T}}$，（$6-n$）阶反旋量系 $\boldsymbol{S}^r$ 的矩阵表示形式为 $\boldsymbol{J}^r=(\$_1^r,\$_2^r,\cdots,\$_{6-n}^r)$，则有

$$\boldsymbol{A\Delta J}^r=\boldsymbol{0} \tag{2.4-17}$$

令 $\boldsymbol{\Delta J}^r=\boldsymbol{B}$，则

$$\boldsymbol{AB}=\boldsymbol{0} \tag{2.4-18}$$

利用式（2.4-18）可求得反旋量系 $\boldsymbol{S}^r$，其求解过程可归结为线性代数中求解齐次线性方

程的零空间（null space）问题。此外，还有其他通用的方法可以用于求解互易旋量系，如 Gram-Schmidt 方法等。

本章小结

1）刚体运动与变换往往都在欧氏空间进行描述。同时，通常还借助笛卡儿坐标系、向量代数和矩阵运算来辅助揭示各类物理量的特性，如几何不变量等。

2）射影几何是对欧氏几何的延伸，所形成的射影空间中，直线（又称线矢量）是基本几何要素，特殊直线集群（简称线簇）的特性构成了 Grassmann 线几何的主要内容。Grassmann 线几何对研究机器人学有关结构特性非常有实用价值。

3）以旋量为主要元素的旋量理论已成为机构学与机器人学研究中一种非常重要的数学工具，涉及的核心概念包括运动旋量、力旋量、反旋量、旋量系等。在分析复杂的空间机器人机构时，运用旋量理论可以将问题描述变得十分简洁统一，而且易于和其他方法如向量法、矩阵法等进行相互转换。

扩展阅读文献

本章主要为全书提供数学基础。除此之外，读者还可阅读其他文献补充有关线几何与旋量理论相关的知识。有关线矢量与线几何更详细的介绍请参考文献［4-7］，而有关旋量理论的系统介绍可参考文献［1-5］。

［1］BALL R S. The Theory of Screws［M］. Cambridge：Cambridge University Press，1998.

［2］DAVIDSON J K，HUNT K H. Robots and Screw Theory：Applications of Kinematics and Statics to Robotics［M］. London：Oxford University Press，2004.

［3］SELIG J M. 机器人学的几何基础［M］. 杨向东，译. 北京：清华大学出版社，2008.

［4］戴建生. 机构学与机器人学的几何基础与旋量代数［M］. 北京：高等教育出版社，2014.

［5］黄真，赵永生，赵铁石. 高等空间机构学［M］. 北京：高等教育出版社，2005.

［6］于靖军，刘辛军，丁希仑. 机器人机构学的数学基础［M］. 2 版. 北京：机械工业出版社，2016.

［7］于靖军，裴旭，宗光华. 机械装置的图谱化创新设计［M］. 北京：科学出版社，2014.

习题

2-1　证明所有经过坐标原点 O 的线矢量必然满足 $\mathcal{P}=\mathcal{Q}=\mathcal{R}=0$。

2-2　计算经过点 $\boldsymbol{r}_1(1,1,0)$ 和点 $\boldsymbol{r}_2(-1,1,2)$ 的直线的 Plücker 坐标，并正则化该线矢量。

2-3　计算经过点 $\boldsymbol{r}(1,1,0)$ 且直线轴线的方向余弦为 $(-1,1,2)$ 的直线 Plücker 坐标，并正则化该线矢量。

2-4　填空：补充空格处的数值，使之表示一条直线（或线矢量）。

1）$(1,2,\_\_;0,-1,-2)$。

2）$(2,0,2;0,\_\_,0)$。

3）$(1,\_\_,0;0,0,0)$。

4）$(1,\_\_,0;0,0,1)$。

2-5　确定以下两条直线之间公法线的长度与夹角。

1）$\boldsymbol{L}_1=(1,0,-1;0,1/\sqrt{2},0)$，$\boldsymbol{L}_2=(0,0,1;b,0,0)$。

2）$\boldsymbol{L}_1=(-1,0,1;0,-1/\sqrt{2},0)$，$\boldsymbol{L}_2=(0,0,1;b,0,0)$。

2-6 填空：补充空格处的数值，使之表示一个满足特定节距的旋量。

1）(1,0,0;__,0,0)，$h=1$。

2）(1,0,0;1,__,0)，$h=1$。

3）(1,0,0;1,__,0)，$h=10$。

4）(1,__,0;1,0,0)，$h=1$。

2-7 证明旋量的节距是原点不变量。

2-8 当旋量与其自身互为反旋量时称为自互易旋量（self-reciprocal screw）。试证明自互易旋量有且只有线矢量和偶量两种类型。

2-9 从射影几何的角度来看，偶量可看作是处于无穷远处的线矢量。试从极限的角度证明之。

2-10 填空：补充空格处的数值，使之表示一个单位旋量，并确定该旋量的节距和轴线坐标。

1）$(1/\sqrt{2},0,$__$;1,0,1)$。

2）$(3/5\sqrt{2},4/5\sqrt{2},$__$;0,-5/4,1)$。

2-11 试给出图2-12所示单位正方体中12条边所对应单位线矢量的旋量坐标表达，参考坐标系如图2-12中所示。

2-12 试给出单位正方体中12条边所对应单位偶量的旋量坐标表达，参考坐标系如图2-12所示。

2-13 旋量系的互易性满足坐标系无关性（frame invariant）。试证明：旋量系的互易积与坐标系的选择无关。

2-14 旋量系的阶数满足坐标系无关性。试证明：旋量系的阶数与坐标系的选择无关。

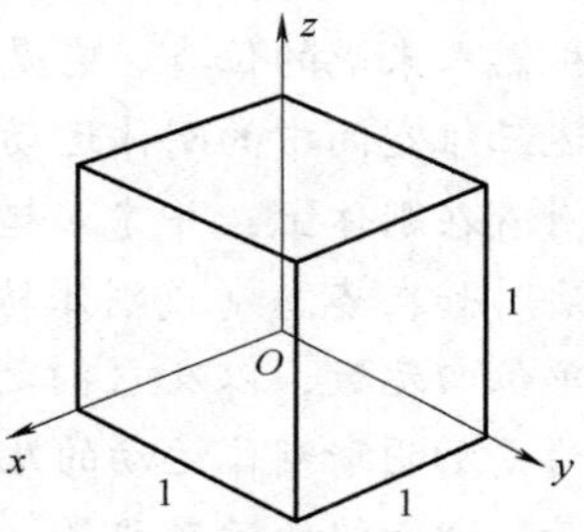

图2-12 单位正方体

第 3 章 位姿描述与刚体运动

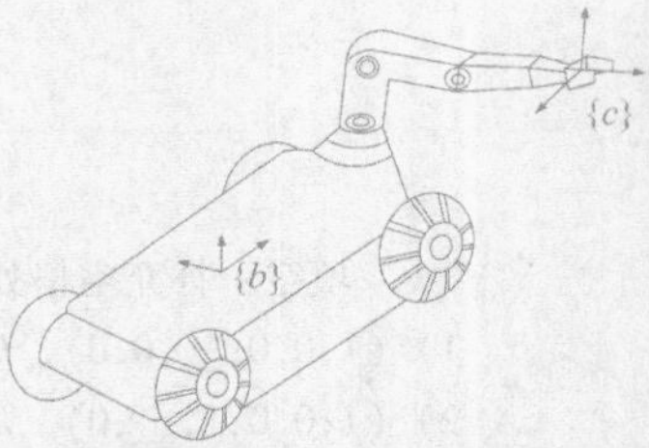

轮式移动机器人中的坐标变换

【本章内容导读】

刚体运动学是研究机器人结构学与运动学的基础，其核心在于描述刚体的位姿（位置和姿态的统称）、杆件之间或杆与操作对象之间的相对运动等。本章首先介绍如何表示一个机器人末端的位姿，它是描述机器人各点位置的重要指标，其次讨论如何通过数学来描述三维空间中的刚体运动，这也是本章乃至全书的重点。一种方便的做法是将参考坐标系附着在刚体上，并建立起一种当刚体运动时，可以定量描述该参考坐标系位置与姿态的方法。如在姿态（或刚体转动）描述中常用的有旋转矩阵、欧拉角、R-P-Y 角、等效轴-角、单位四元数，以及它们之间的相互映射关系。一般刚体运动则通过齐次坐标变换来实现。为更加明晰刚体运动的几何意义，引入了旋量理论：包括集线速度与角速度于一体的物理量，即六维的运动旋量（也称为刚体速度），和与之类似的一个物理量，即同时表示三维力和三维力矩的六维力旋量（也称为广义力），以及它们之间的互易关系。

本章内容主要为全书其他各章节提供物理基础。

3.1 刚体的位姿描述

在经典机器人运动学研究中，首先遇到的一个问题就是如何对机器人末端（可视为刚体）运动进行描述。具体分为三个层次：位移（displacement）包括刚体的位置（position）和姿态（orientation），简称刚体位姿（pose）；速度（velocity）包括刚体的线速度（linear velocity）和角速度（angular velocity）；加速度包括刚体的线加速度（linear acceleration）和角加速度（angular acceleration）。其中，刚体位姿的描述是基础。

在机器人的位姿描述与运动学（kinematics）研究过程中，总离不开坐标系（coordinate frame）。为描述机器人的位姿（图 3-1a），至少有两个坐标系不可或缺：一个参考坐标系是与地（或机架）固连的坐标系，即我们常说的惯性坐标系（inertial coordinate frame），或称固定坐标系（fixed coordinate frame），或称全局坐标系（global coordinate frame），一般用$\{A\}$或者O_A-$x_A y_A z_A$表示。其中，用$\boldsymbol{x}_A$，$\boldsymbol{y}_A$，$\boldsymbol{z}_A$表示惯性坐标系三个坐标轴方向的单位矢量。通常情况下，将惯性坐标系选在机器人的基座处，因此，该坐标系也常称为基坐标系。还有一类是与机器人末端固连且随之一起运动的参考坐标系⊖，这里称为物体坐标系（body coordinate

⊖ 注意：物体坐标系本身并不是动坐标系，而是与运动刚体随动，每一瞬时相对固定坐标系都是静止的。千万不要将其与理论力学中所学的非惯性运动坐标系相混淆。

frame)，或称相对坐标系，或称局部坐标系（local coordinate frame），一般用$\{B\}$或者 O_B-$x_By_Bz_B$表示。其中，用$\boldsymbol{x}_B$，$\boldsymbol{y}_B$，$\boldsymbol{z}_B$表示物体坐标系三个坐标轴方向的单位矢量，具体如图 3-1b 所示。通常情况下，$\{B\}$系原点选在末端执行器的某些重要标志点处，如质心处，有时用工具坐标系$\{T\}$来表示。无论惯性坐标系还是物体坐标系均满足右手定则。

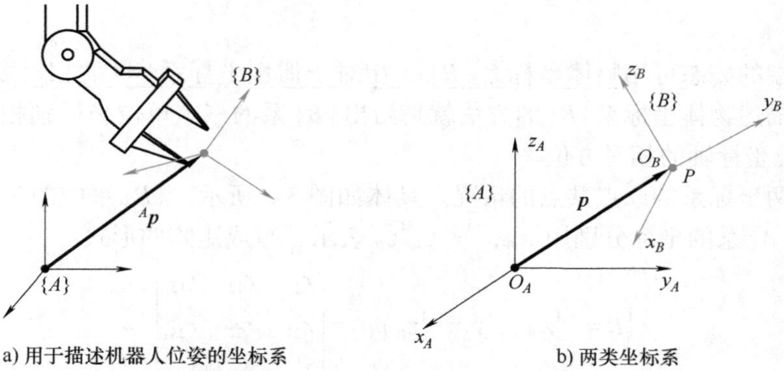

a) 用于描述机器人位姿的坐标系　　b) 两类坐标系

图 3-1　描述刚体运动的两类坐标系

1. 位置描述

如图 3-2 所示，用$^A\boldsymbol{p}$ 表示空间一点 P 在惯性坐标系$\{A\}$的位置，其坐标可以描述成三维向量（矢量）的形式，即

$$^A\boldsymbol{p}=\begin{pmatrix}^Ap_x\\ ^Ap_y\\ ^Ap_z\end{pmatrix} \tag{3.1-1}$$

根据矢量（与坐标轴）点积的几何投影意义，$^A\boldsymbol{p}$ 三个分量的几何意义为该点在三个坐标轴上的投影，即

$$\begin{cases}^Ap_x={}^A\boldsymbol{p}\cdot\boldsymbol{x}_A\\ ^Ap_y={}^A\boldsymbol{p}\cdot\boldsymbol{y}_A\\ ^Ap_z={}^A\boldsymbol{p}\cdot\boldsymbol{z}_A\end{cases} \tag{3.1-2}$$

式中，

$$\boldsymbol{x}_A=\begin{pmatrix}1\\0\\0\end{pmatrix},\quad \boldsymbol{y}_A=\begin{pmatrix}0\\1\\0\end{pmatrix},\quad \boldsymbol{z}_A=\begin{pmatrix}0\\0\\1\end{pmatrix} \tag{3.1-3}$$

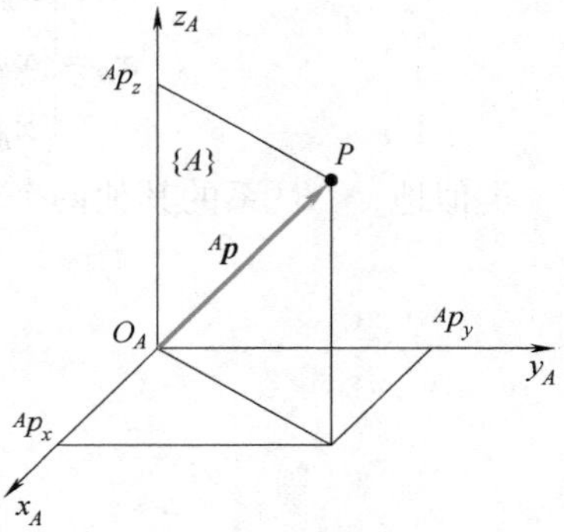

图 3-2　空间点的位置表示

由此可知，矢量与某坐标系各坐标轴单位矢量的点积，就得到矢量在该坐标系中的位置表示。类似地，若点 P 在物体坐标系$\{B\}$的位置用$^B\boldsymbol{p}$ 表示，即

$$^B\boldsymbol{p}=\begin{pmatrix}^Bp_x\\ ^Bp_y\\ ^Bp_z\end{pmatrix} \tag{3.1-4}$$

同样，${}^{B}\boldsymbol{p}$ 三个分量的几何意义为该点在物体坐标系$\{B\}$的三个坐标轴上的投影，即

$$\begin{cases} {}^{B}p_x = {}^{B}\boldsymbol{p} \cdot \boldsymbol{x}_B \\ {}^{B}p_y = {}^{B}\boldsymbol{p} \cdot \boldsymbol{y}_B \\ {}^{B}p_z = {}^{B}\boldsymbol{p} \cdot \boldsymbol{z}_B \end{cases} \tag{3.1-5}$$

2. 姿态描述

机器人末端的姿态可用物体坐标系$\{B\}$（相对于惯性坐标系$\{A\}$的相对姿态）来描述。其中一种简单描述物体坐标系$\{B\}$的方法就是给出$\{B\}$系的三个单位坐标轴相对惯性坐标系$\{A\}$的三个单位坐标轴的相对方位。

首先考虑两坐标系的原点共点的情况。具体如图 3-3 所示，$\{B\}$系中的三个单位坐标轴方向矢量相对$\{A\}$系的坐标分别用${}^{A}\boldsymbol{x}_B$，${}^{A}\boldsymbol{y}_B$，${}^{A}\boldsymbol{z}_B$ 表示，写成矩阵的形式：

$${}_{B}^{A}\boldsymbol{R} = ({}^{A}\boldsymbol{x}_B \quad {}^{A}\boldsymbol{y}_B \quad {}^{A}\boldsymbol{z}_B)_{3\times3} = \begin{pmatrix} r_{11} & r_{12} & r_{13} \\ r_{21} & r_{22} & r_{23} \\ r_{31} & r_{32} & r_{33} \end{pmatrix} \tag{3.1-6}$$

式中，${}_{B}^{A}\boldsymbol{R}$ 称为姿态矩阵，表示物体坐标系$\{B\}$相对惯性坐标系$\{A\}$的姿态；$r_{ij}(i,j=1,2,3)$为姿态矩阵中的各组成元素。

根据定义式（2.1-7）可知，$\{B\}$系的三个单位坐标轴相对$\{A\}$系的坐标就是其在$\{A\}$系三个坐标轴上的投影。下面给出详细推导过程。

参考式（3.1-2），将$\{B\}$系的单位坐标轴$\boldsymbol{x}_B$看作一个特殊矢量，其在$\{A\}$系中的表示可写成该矢量在$\{A\}$系三个单位坐标轴上的投影，即

$${}^{A}\boldsymbol{x}_B = \begin{pmatrix} \boldsymbol{x}_B \cdot \boldsymbol{x}_A \\ \boldsymbol{x}_B \cdot \boldsymbol{y}_A \\ \boldsymbol{x}_B \cdot \boldsymbol{z}_A \end{pmatrix} \tag{3.1-7}$$

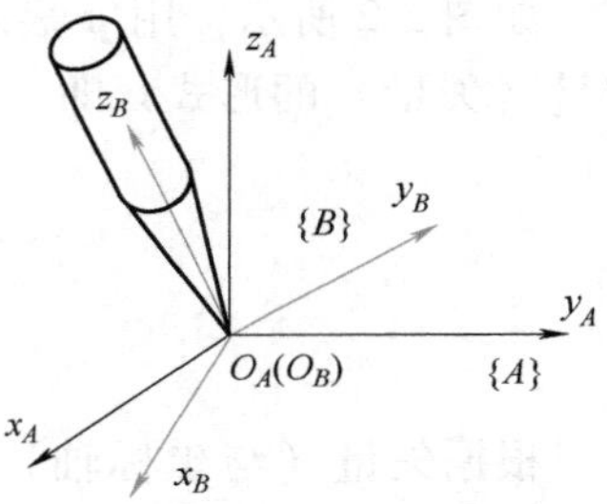

图 3-3　姿态矩阵

类似地，$\{B\}$系的其他两个单位坐标轴$\boldsymbol{y}_B$、$\boldsymbol{z}_B$在$\{A\}$系中的表示可写成

$${}^{A}\boldsymbol{y}_B = \begin{pmatrix} \boldsymbol{y}_B \cdot \boldsymbol{x}_A \\ \boldsymbol{y}_B \cdot \boldsymbol{y}_A \\ \boldsymbol{y}_B \cdot \boldsymbol{z}_A \end{pmatrix} \tag{3.1-8}$$

$${}^{A}\boldsymbol{z}_B = \begin{pmatrix} \boldsymbol{z}_B \cdot \boldsymbol{x}_A \\ \boldsymbol{z}_B \cdot \boldsymbol{y}_A \\ \boldsymbol{z}_B \cdot \boldsymbol{z}_A \end{pmatrix} \tag{3.1-9}$$

合并式（3.1-7）~式（3.1-9），可得

$$({}^{A}\boldsymbol{x}_B \quad {}^{A}\boldsymbol{y}_B \quad {}^{A}\boldsymbol{z}_B) = \begin{pmatrix} \boldsymbol{x}_B \cdot \boldsymbol{x}_A & \boldsymbol{y}_B \cdot \boldsymbol{x}_A & \boldsymbol{z}_B \cdot \boldsymbol{x}_A \\ \boldsymbol{x}_B \cdot \boldsymbol{y}_A & \boldsymbol{y}_B \cdot \boldsymbol{y}_A & \boldsymbol{z}_B \cdot \boldsymbol{y}_A \\ \boldsymbol{x}_B \cdot \boldsymbol{z}_A & \boldsymbol{y}_B \cdot \boldsymbol{z}_A & \boldsymbol{z}_B \cdot \boldsymbol{z}_A \end{pmatrix} \tag{3.1-10}$$

注意到，对于单位矢量，满足式（2.1-8），即$\boldsymbol{i} \cdot \boldsymbol{j} = \cos(\boldsymbol{i},\boldsymbol{j})$，因此有

$$\begin{pmatrix} \boldsymbol{x}_B\cdot\boldsymbol{x}_A & \boldsymbol{y}_B\cdot\boldsymbol{x}_A & \boldsymbol{z}_B\cdot\boldsymbol{x}_A \\ \boldsymbol{x}_B\cdot\boldsymbol{y}_A & \boldsymbol{y}_B\cdot\boldsymbol{y}_A & \boldsymbol{z}_B\cdot\boldsymbol{y}_A \\ \boldsymbol{x}_B\cdot\boldsymbol{z}_A & \boldsymbol{y}_B\cdot\boldsymbol{z}_A & \boldsymbol{z}_B\cdot\boldsymbol{z}_A \end{pmatrix} = \begin{pmatrix} \cos(\boldsymbol{x}_B\cdot\boldsymbol{x}_A) & \cos(\boldsymbol{y}_B\cdot\boldsymbol{x}_A) & \cos(\boldsymbol{z}_B\cdot\boldsymbol{x}_A) \\ \cos(\boldsymbol{x}_B\cdot\boldsymbol{y}_A) & \cos(\boldsymbol{y}_B\cdot\boldsymbol{y}_A) & \cos(\boldsymbol{z}_B\cdot\boldsymbol{y}_A) \\ \cos(\boldsymbol{x}_B\cdot\boldsymbol{z}_A) & \cos(\boldsymbol{y}_B\cdot\boldsymbol{z}_A) & \cos(\boldsymbol{z}_B\cdot\boldsymbol{z}_A) \end{pmatrix} \tag{3.1-11}$$

结合式（3.1-6），可得

$$ {}_B^A\boldsymbol{R} = \begin{pmatrix} r_{11} & r_{12} & r_{13} \\ r_{21} & r_{22} & r_{23} \\ r_{31} & r_{32} & r_{33} \end{pmatrix} = \begin{pmatrix} \cos(\boldsymbol{x}_B\cdot\boldsymbol{x}_A) & \cos(\boldsymbol{y}_B\cdot\boldsymbol{x}_A) & \cos(\boldsymbol{z}_B\cdot\boldsymbol{x}_A) \\ \cos(\boldsymbol{x}_B\cdot\boldsymbol{y}_A) & \cos(\boldsymbol{y}_B\cdot\boldsymbol{y}_A) & \cos(\boldsymbol{z}_B\cdot\boldsymbol{y}_A) \\ \cos(\boldsymbol{x}_B\cdot\boldsymbol{z}_A) & \cos(\boldsymbol{y}_B\cdot\boldsymbol{z}_A) & \cos(\boldsymbol{z}_B\cdot\boldsymbol{z}_A) \end{pmatrix} \tag{3.1-12}$$

由式（3.1-12）可知，${}_B^A\boldsymbol{R}$ 中各元素均是$\{A\}$、$\{B\}$两系各坐标轴夹角的余弦，因此，姿态矩阵${}_B^A\boldsymbol{R}$ 又称为方向余弦矩阵（direction cosine matrix）。

再来看一下 $\boldsymbol{R}$ 中各元素在$\{B\}$系中的表达。类似地，$\{A\}$系的三个坐标轴相对$\{B\}$系的坐标就是其在$\{B\}$系三个坐标轴上的投影。由此可以得到

$$ {}_A^B\boldsymbol{R} = ({}^B\boldsymbol{x}_A \quad {}^B\boldsymbol{y}_A \quad {}^B\boldsymbol{z}_A) = \begin{pmatrix} \cos(\boldsymbol{x}_A\cdot\boldsymbol{x}_B) & \cos(\boldsymbol{y}_A\cdot\boldsymbol{x}_B) & \cos(\boldsymbol{z}_A\cdot\boldsymbol{x}_B) \\ \cos(\boldsymbol{x}_A\cdot\boldsymbol{y}_B) & \cos(\boldsymbol{y}_A\cdot\boldsymbol{y}_B) & \cos(\boldsymbol{z}_A\cdot\boldsymbol{y}_B) \\ \cos(\boldsymbol{x}_A\cdot\boldsymbol{z}_B) & \cos(\boldsymbol{y}_A\cdot\boldsymbol{z}_B) & \cos(\boldsymbol{z}_A\cdot\boldsymbol{z}_B) \end{pmatrix} \tag{3.1-13}$$

而${}_B^A\boldsymbol{R}$ 的转置可以写成

$$ {}_B^A\boldsymbol{R}^{\mathrm{T}} = \begin{pmatrix} \cos(\boldsymbol{x}_B\cdot\boldsymbol{x}_A) & \cos(\boldsymbol{x}_B\cdot\boldsymbol{y}_A) & \cos(\boldsymbol{x}_B\cdot\boldsymbol{z}_A) \\ \cos(\boldsymbol{y}_B\cdot\boldsymbol{x}_A) & \cos(\boldsymbol{y}_B\cdot\boldsymbol{y}_A) & \cos(\boldsymbol{y}_B\cdot\boldsymbol{z}_A) \\ \cos(\boldsymbol{z}_B\cdot\boldsymbol{x}_A) & \cos(\boldsymbol{z}_B\cdot\boldsymbol{y}_A) & \cos(\boldsymbol{z}_B\cdot\boldsymbol{z}_A) \end{pmatrix} = \begin{pmatrix} \cos(\boldsymbol{x}_A\cdot\boldsymbol{x}_B) & \cos(\boldsymbol{y}_A\cdot\boldsymbol{x}_B) & \cos(\boldsymbol{z}_A\cdot\boldsymbol{x}_B) \\ \cos(\boldsymbol{x}_A\cdot\boldsymbol{y}_B) & \cos(\boldsymbol{y}_A\cdot\boldsymbol{y}_B) & \cos(\boldsymbol{z}_A\cdot\boldsymbol{y}_B) \\ \cos(\boldsymbol{x}_A\cdot\boldsymbol{z}_B) & \cos(\boldsymbol{y}_A\cdot\boldsymbol{z}_B) & \cos(\boldsymbol{z}_A\cdot\boldsymbol{z}_B) \end{pmatrix} \tag{3.1-14}$$

对比式（3.1-13）与式（3.1-14），可以得出

$$ {}_A^B\boldsymbol{R} = {}_B^A\boldsymbol{R}^{\mathrm{T}} \tag{3.1-15}$$

此外，联立式（3.1-12）和式（3.1-13），可以导出关系式

$$ {}_A^B\boldsymbol{R}\,{}_B^A\boldsymbol{R} = {}_B^A\boldsymbol{R}^{\mathrm{T}}\,{}_B^A\boldsymbol{R} = \begin{pmatrix} {}^A\boldsymbol{x}_B^{\mathrm{T}} \\ {}^A\boldsymbol{y}_B^{\mathrm{T}} \\ {}^A\boldsymbol{z}_B^{\mathrm{T}} \end{pmatrix} ({}^A\boldsymbol{x}_B \quad {}^A\boldsymbol{y}_B \quad {}^A\boldsymbol{z}_B) = \boldsymbol{I}_{3\times3} \tag{3.1-16}$$

式（3.1-16）表明，${}_B^A\boldsymbol{R}$ 是一单位正交阵。根据线性代数的相关知识（详见 2.2 节），单位正交阵${}_B^A\boldsymbol{R}$ 具有如下特性：

$$ {}_B^A\boldsymbol{R}^{-1} = {}_B^A\boldsymbol{R}^{\mathrm{T}} \tag{3.1-17}$$

$$ \det({}_B^A\boldsymbol{R}) = 1 \tag{3.1-18}$$

它满足以下 6 个约束方程：

$$ |{}^A\boldsymbol{x}_B| = |{}^A\boldsymbol{y}_B| = |{}^A\boldsymbol{z}_B| = 1,\quad {}^A\boldsymbol{x}_B\cdot{}^A\boldsymbol{y}_B = {}^A\boldsymbol{y}_B\cdot{}^A\boldsymbol{z}_B = {}^A\boldsymbol{z}_B\cdot{}^A\boldsymbol{x}_B = 0 \tag{3.1-19}$$

因此，${}_B^A\boldsymbol{R}$ 中的 9 个元素中只有 3 个参数是独立的。

【小知识】机械手爪的姿态描述

在工业机器人领域，为了形象地描述机器人（俗称机械手、机械臂、操作臂等，manipulator）的姿态，姿态矩阵一般写成如下形式：

$$ {}_B^A\boldsymbol{R}=(\hat{\boldsymbol{n}}\quad \hat{\boldsymbol{o}}\quad \hat{\boldsymbol{a}})_{3\times 3}=\begin{pmatrix} n_1 & o_1 & a_1 \\ n_2 & o_2 & a_2 \\ n_3 & o_3 & a_3 \end{pmatrix} \tag{3.1-20} $$

式中，$\hat{\boldsymbol{a}}$ 为接近矢量（approach vector），表示手爪接近物体的单位方向矢量；$\hat{\boldsymbol{o}}$ 为方位矢量（orientation vector），表示手爪中的一个手指指向另一个手指的单位方向矢量；$\hat{\boldsymbol{n}}$ 为单位法向矢量（normal vector），$\hat{\boldsymbol{n}}=\hat{\boldsymbol{o}}\times\hat{\boldsymbol{a}}$，通过右手定则来确定方向（图 3-4）。

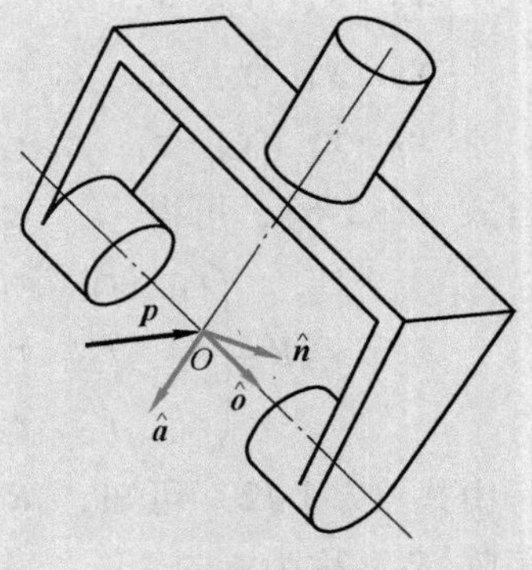

图 3-4　机械手爪的姿态描述

3. 位姿描述

有了前面介绍的位置与姿态描述，便可描述机器人的位姿了。具体而言，就是利用物体坐标系{B}相对惯性坐标系{A}的位置和姿态来描述（图 3-5）。写成集合的形式：

$$ \{{}_B^A\boldsymbol{R},{}^A\boldsymbol{p}_{BORG}\} \tag{3.1-21} $$

式中，${}^A\boldsymbol{p}_{BORG}$ 为{B}系原点相对惯性坐标系{A}的坐标。或者写成矩阵的形式：

$$ {}_B^A\boldsymbol{T}=\begin{pmatrix} {}_B^A\boldsymbol{R} & {}^A\boldsymbol{p}_{BORG} \\ \boldsymbol{0} & 1 \end{pmatrix} \tag{3.1-22} $$

式中，${}_B^A\boldsymbol{T}$ 为刚体相对惯性坐标系的位姿矩阵。

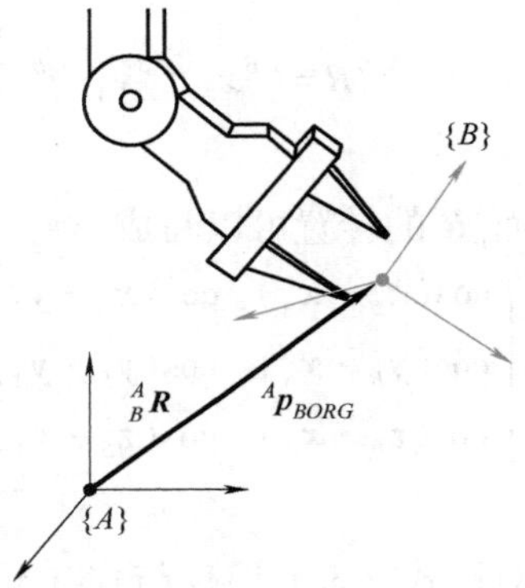

图 3-5　点在两类坐标系中的坐标表示

例如，传统工业机器人的位姿描述一般可以写成如下的矩阵形式：

$$ {}_B^A\boldsymbol{T}=\begin{pmatrix} {}_B^A\boldsymbol{R} & {}^A\boldsymbol{p}_{BORG} \\ \boldsymbol{0} & 1 \end{pmatrix}=\begin{pmatrix} \hat{\boldsymbol{n}} & \hat{\boldsymbol{o}} & \hat{\boldsymbol{a}} & \boldsymbol{p} \\ 0 & 0 & 0 & 1 \end{pmatrix}_{4\times 4}=\begin{pmatrix} n_1 & o_1 & a_1 & p_x \\ n_2 & o_2 & a_2 & p_y \\ n_3 & o_3 & a_3 & p_z \\ 0 & 0 & 0 & 1 \end{pmatrix} \tag{3.1-23} $$

在机器人学中，机器人末端的位姿（矩阵）通常也用来表示机器人的位形（configuration）。

3.2 刚体运动与刚体变换

3.2.1 坐标（系）映射

在机器人学研究中，经常需要在不同的坐标系中表示同一个量，或者将一个或多个矢量在其各自物体坐标系中的表达转换到同一参考坐标系（如惯性坐标系{A}）中。而要实现上述这些过程，都需要进行坐标（系）之间的变换，即坐标映射（frame mapping）。

【小知识】工业机器人中的特殊坐标系

在传统工业机器人中，总要命名一些具有特殊含义的坐标系（图 3-6）。

1）基（座）坐标系{0}或{B}：与机器人基座固连的坐标系。

2）腕部坐标系{W}：与机器人末端杆固连，原点位于手腕中心（法兰盘中心）位置。

3）工具坐标系{T}：与机器人末端工具固连，通常根据腕部坐标系来确定。

4）目标坐标系{G}：用于描述机器人执行某一任务结束时工具的位置，通过工作台坐标系确定。

5）任务坐标系{S}：与机器人执行的任务相关，一般位于工作台上，又称为工作台坐标系。

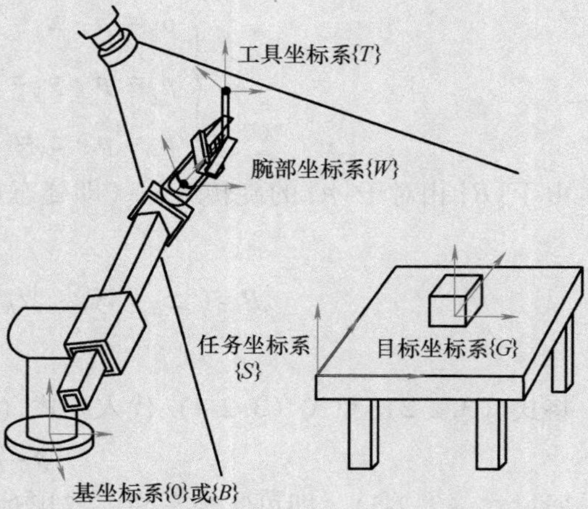

图 3-6　工业机器人中的特殊坐标系示意

1. 平移映射

如图 3-7 所示，用 ${}^B\boldsymbol{p}$ 表示 P 点相对物体坐标系{B}的位置矢量，惯性坐标系{A}与{B}姿态相同，希望在{A}系中描述 P 点。这种情况下，{A}与{B}之间的差异只有平移，由此可用矢量 ${}^A\boldsymbol{p}_{BORG}$ 表示{B}的原点相对{A}的位置，P 点相对系{A}的位置矢量满足矢量运算法则，即

$$ {}^A\boldsymbol{p} = {}^B\boldsymbol{p} + {}^A\boldsymbol{p}_{BORG} \tag{3.2-1} $$

从上面这个例子可以看出，在平移映射过程中，P 点本身并没有发生任何改变，只是对它的描述发生了变化。这也充分反映了坐标映射的本质所在，即描述的是坐标系之间的变换而不是对象本身。

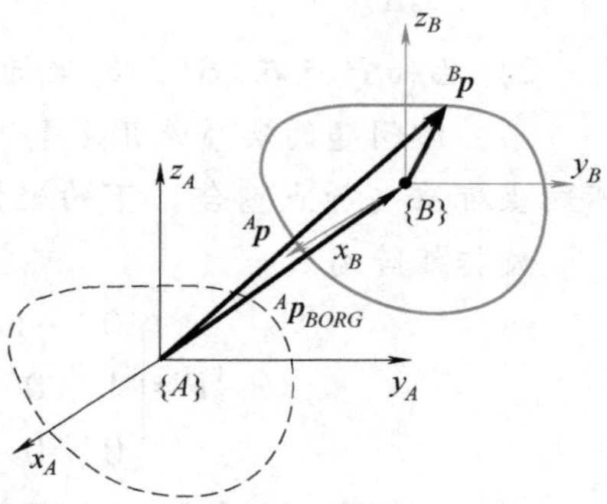

图 3-7　平移映射

2. 旋转映射

如图 3-8 所示，用 ${}^B\boldsymbol{p}$ 表示 P 点相对物体坐标系{B}的位置矢量，惯性坐标系{A}与{B}具有相同的坐标原点 O，希望在系{A}中描述 P 点。这种情况下，{A}与{B}之间的差异在于各坐标轴之间的方位，由此可采用前面介绍的姿态矩阵来描述两个坐标系之间的变换，推导过程如下：

$$ {}^A\boldsymbol{p} = \begin{pmatrix} {}^A p_x \\ {}^A p_y \\ {}^A p_z \end{pmatrix} \tag{3.2-2} $$

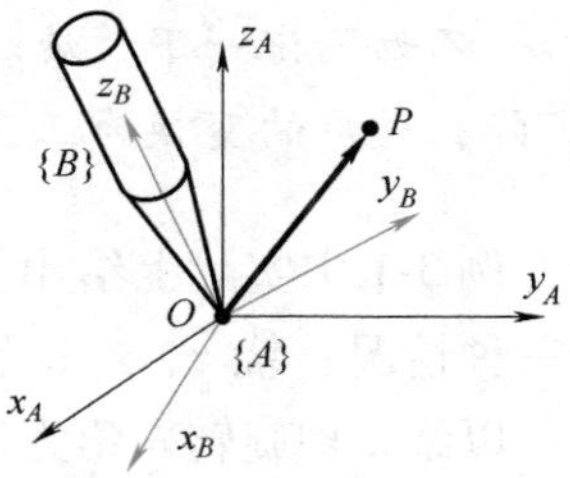

图 3-8　共原点的旋转映射

根据矢量（与坐标轴）点积的几何投影意义，${}^{A}\boldsymbol{p}$ 三个分量的几何意义为该点在三个单位坐标轴上的投影（由于点积的结果是标量，与该矢量在哪个坐标系表达无关，因此，既可以在系$\{A\}$中投影，也可以在系$\{B\}$中投影），即

$$\begin{cases} {}^{A}p_x = {}^{A}\boldsymbol{p}\cdot\boldsymbol{x}_A = {}^{B}\boldsymbol{p}\cdot{}^{B}\boldsymbol{x}_A = {}^{B}\boldsymbol{x}_A^{\mathrm{T}}\,{}^{B}\boldsymbol{p} \\ {}^{A}p_y = {}^{A}\boldsymbol{p}\cdot\boldsymbol{y}_A = {}^{B}\boldsymbol{p}\cdot{}^{B}\boldsymbol{y}_A = {}^{B}\boldsymbol{y}_A^{\mathrm{T}}\,{}^{B}\boldsymbol{p} \\ {}^{A}p_z = {}^{A}\boldsymbol{p}\cdot\boldsymbol{z}_A = {}^{B}\boldsymbol{p}\cdot{}^{B}\boldsymbol{z}_A = {}^{B}\boldsymbol{z}_A^{\mathrm{T}}\,{}^{B}\boldsymbol{p} \end{cases} \tag{3.2-3}$$

由于$\{B\}$相对于$\{A\}$的旋转矩阵（即姿态矩阵）满足

$${}_{B}^{A}\boldsymbol{R} = ({}^{A}\boldsymbol{x}_B \quad {}^{A}\boldsymbol{y}_B \quad {}^{A}\boldsymbol{z}_B) = {}_{A}^{B}\boldsymbol{R}^{-1} = {}_{A}^{B}\boldsymbol{R}^{\mathrm{T}} = \begin{pmatrix} {}^{B}\boldsymbol{x}_A^{\mathrm{T}} \\ {}^{B}\boldsymbol{y}_A^{\mathrm{T}} \\ {}^{B}\boldsymbol{z}_A^{\mathrm{T}} \end{pmatrix} \tag{3.2-4}$$

将式（3.2-2）和式（3.2-4）代入到式（3.2-3）中，可得

$${}^{A}\boldsymbol{p} = {}_{B}^{A}\boldsymbol{R}\,{}^{B}\boldsymbol{p} \tag{3.2-5}$$

通过式（3.2-5），即可实现空间一点相对不同坐标系的旋转变换。

【例 3-1】 如图 3-9 所示，在初始状态下物体坐标系$\{B\}$与惯性坐标系$\{A\}$重合，令$\{B\}$绕$\{A\}$的 z 轴逆时针旋转 90°。

1）求${}_{B}^{A}\boldsymbol{R}$。

2）已知 P 点在$\{B\}$系的坐标为 $(0,1,0)^{\mathrm{T}}$，求 P 点在$\{A\}$系的坐标。

解：该问题的实质是用旋转映射来描述同一点在两个不同坐标系（原点重合）下的坐标变换问题。

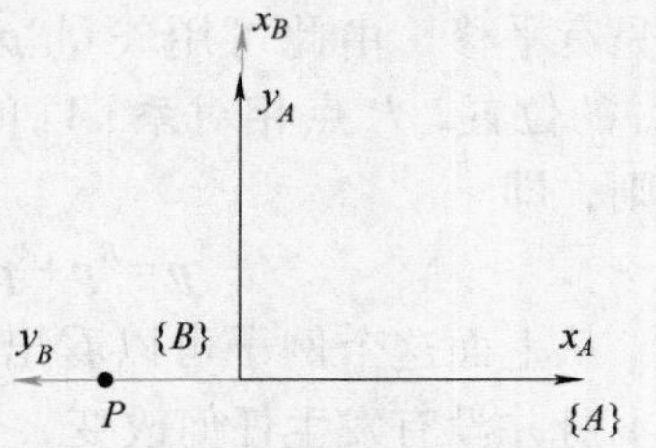

图 3-9 例 3-1 图

旋转矩阵为

$${}_{B}^{A}\boldsymbol{R} = \begin{pmatrix} 0 & -1 & 0 \\ 1 & 0 & 0 \\ 0 & 0 & 1 \end{pmatrix}$$

因此根据式（3.2-5），可得新矢量为

$${}^{A}\boldsymbol{p} = {}_{B}^{A}\boldsymbol{R}\,{}^{B}\boldsymbol{p} = \begin{pmatrix} 0 & -1 & 0 \\ 1 & 0 & 0 \\ 0 & 0 & 1 \end{pmatrix}\begin{pmatrix} 0 \\ 1 \\ 0 \end{pmatrix} = \begin{pmatrix} -1 \\ 0 \\ 0 \end{pmatrix}$$

不妨验证一下，旋转变换前后，P 点位置矢量的长度没有变化（由于姿态矩阵为正交阵，相应的变换为正交变换）。

例 3-1 中实际上给出了旋转映射的一种特例：绕某一固定坐标轴的旋转。这类情形包含三种情况：绕 x、y、z 轴的旋转（图 3-10）。

以绕 z 轴旋转 θ 角为例。如图 3-10a 所示，将相应的角度值代入定义式（3.1-12），得到

$${}_{B}^{A}\boldsymbol{R} = \boldsymbol{R}_z(\theta) = \begin{pmatrix} \cos\theta & -\sin\theta & 0 \\ \sin\theta & \cos\theta & 0 \\ 0 & 0 & 1 \end{pmatrix} \tag{3.2-6}$$

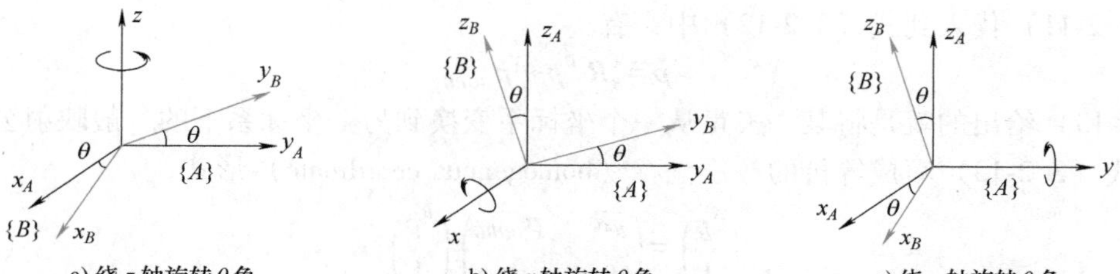

图 3-10　绕固定坐标系三个坐标轴的旋转

式中，$\boldsymbol{R}_z(\theta)$ 为绕固定坐标轴 z 轴旋转的变换矩阵。

类似地，可以写出分别绕 x、y 坐标轴旋转的变换矩阵（图 3-10b 和图 3-10c），即

$$\boldsymbol{R}_x(\theta)=\begin{pmatrix}1 & 0 & 0\\ 0 & \cos\theta & -\sin\theta\\ 0 & \sin\theta & \cos\theta\end{pmatrix} \tag{3.2-7}$$

$$\boldsymbol{R}_y(\theta)=\begin{pmatrix}\cos\theta & 0 & \sin\theta\\ 0 & 1 & 0\\ -\sin\theta & 0 & \cos\theta\end{pmatrix} \tag{3.2-8}$$

3. 一般映射

再考虑更一般的情况：惯性坐标系{A}与物体坐标系{B}的姿态并不相同；二者的原点也不重合，而是有个偏移量，如图 3-11a 所示。这种情况下，如何在已知 $^{B}\boldsymbol{p}$ 的情况下求 $^{A}\boldsymbol{p}$？

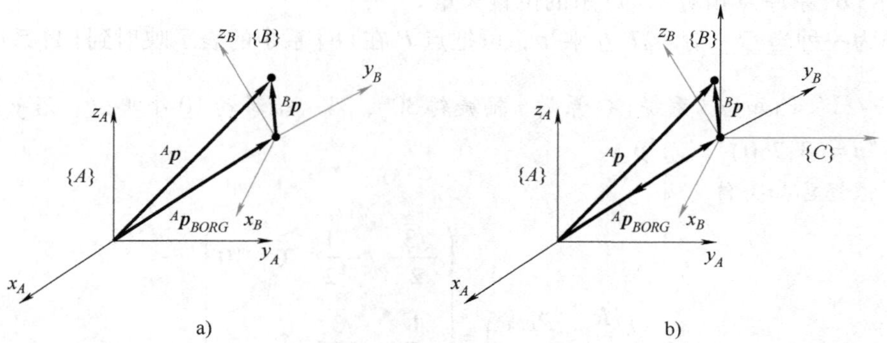

图 3-11　一般映射

如图 3-11b 所示，不妨建立一个中间坐标系{C}，它与{A}系的姿态相同，同时与{B}的原点重合。首先将 $^{B}\boldsymbol{p}$ 通过旋转变换，映射到{C}系中，即

$$^{C}\boldsymbol{p}={}^{C}_{B}\boldsymbol{R}\ {}^{B}\boldsymbol{p} \tag{3.2-9}$$

由于{C}系与{A}系的姿态相同，因此有

$$^{A}_{B}\boldsymbol{R}={}^{C}_{B}\boldsymbol{R} \tag{3.2-10}$$

将式（3.2-10）代入到式（3.2-9）中，有

$$^{C}\boldsymbol{p}={}^{A}_{B}\boldsymbol{R}\ {}^{B}\boldsymbol{p} \tag{3.2-11}$$

由于{C}系与{A}系之间仅存在着平移关系，因此满足平移映射条件［式（3.2-1）］，即

$$^{A}\boldsymbol{p}={}^{C}\boldsymbol{p}+{}^{A}\boldsymbol{p}_{BORG} \tag{3.2-12}$$

将式（3.2-11）代入到式（3.2-12）中，有

$$ {}^{A}\boldsymbol{p} = {}_{B}^{A}\boldsymbol{R}\ {}^{B}\boldsymbol{p} + {}^{A}\boldsymbol{p}_{BORG} \tag{3.2-13} $$

式（3.2-13）给出的就是将某一矢量从一个坐标系变换到另一坐标系下的一般映射公式。

将式（3.2-13）写成等价的齐次坐标（homogenous coordinate）形式：

$$ \begin{pmatrix} {}^{A}\boldsymbol{p} \\ 1 \end{pmatrix} = \begin{pmatrix} {}_{B}^{A}\boldsymbol{R} & {}^{A}\boldsymbol{p}_{BORG} \\ \boldsymbol{0} & 1 \end{pmatrix} \begin{pmatrix} {}^{B}\boldsymbol{p} \\ 1 \end{pmatrix} \tag{3.2-14} $$

或者

$$ {}^{A}\overline{\boldsymbol{p}} = {}_{B}^{A}\boldsymbol{T}\ {}^{B}\overline{\boldsymbol{p}} \tag{3.2-15} $$

式中，${}^{A}\overline{\boldsymbol{p}}$ 为 P 点在 $\{A\}$ 系中的齐次坐标表示；${}^{B}\overline{\boldsymbol{p}}$ 为 P 点在 $\{B\}$ 系中的齐次坐标表示；${}_{B}^{A}\boldsymbol{T}$ 为齐次变换矩阵（homogeneous transformation matrix），且

$$ {}_{B}^{A}\boldsymbol{T} = \begin{pmatrix} {}_{B}^{A}\boldsymbol{R} & {}^{A}\boldsymbol{p}_{BORG} \\ \boldsymbol{0} & 1 \end{pmatrix}_{4\times 4} \tag{3.2-16} $$

不过，为了后面章节的表示方便，将不再区分点的齐次表达与其普通形式表达的区别，而将 $\overline{\boldsymbol{p}}$ 写成 $\boldsymbol{p}$，即

$$ {}^{A}\boldsymbol{p} = {}_{B}^{A}\boldsymbol{T}\ {}^{B}\boldsymbol{p} \tag{3.2-17} $$

对比式（3.1-22），齐次变换矩阵${}_{B}^{A}\boldsymbol{T}$ 同时也可以作为机器人的位姿矩阵。为此，不妨再来总结一下齐次变换矩阵的性质及用途。

1）齐次变换矩阵${}_{B}^{A}\boldsymbol{T}$ 可作为一种位姿表示，描述 $\{B\}$ 系相对于 $\{A\}$ 系的位姿。其中，该矩阵的左上角为 3×3 旋转矩阵，表示 $\{B\}$ 系相对于 $\{A\}$ 系的姿态；该矩阵的右上角为 3×1 列向量，表示 $\{B\}$ 系原点相对于 $\{A\}$ 系的位置矢量。

2）作为一种坐标映射，${}_{B}^{A}\boldsymbol{T}$ 左乘${}^{B}\boldsymbol{p}$，可把点 P 在 $\{B\}$ 系中的表示映射到 $\{A\}$ 系中。

【例 3-2】 已知 $\{B\}$ 系绕 $\{A\}$ 系的 z 轴旋转 30°、沿 x 轴移动 10 个单位、沿 y 轴移动 5 个单位，${}^{B}\boldsymbol{p} = (3,7,0)^{\mathrm{T}}$，求${}^{A}\boldsymbol{p}$。

解：根据已知条件可知，

$$ {}_{B}^{A}\boldsymbol{T} = \begin{pmatrix} {}_{B}^{A}\boldsymbol{R} & {}^{A}\boldsymbol{p}_{BORG} \\ \boldsymbol{0} & 1 \end{pmatrix} = \begin{pmatrix} \frac{\sqrt{3}}{2} & -\frac{1}{2} & 0 & 10 \\ \frac{1}{2} & \frac{\sqrt{3}}{2} & 0 & 5 \\ 0 & 0 & 1 & 0 \\ 0 & 0 & 0 & 1 \end{pmatrix} $$

将上式代入式（3.2-17），可得

$$ {}^{A}\boldsymbol{p} = {}_{B}^{A}\boldsymbol{T}\ {}^{B}\boldsymbol{p} = \begin{pmatrix} \frac{\sqrt{3}}{2} & -\frac{1}{2} & 0 & 10 \\ \frac{1}{2} & \frac{\sqrt{3}}{2} & 0 & 5 \\ 0 & 0 & 1 & 0 \\ 0 & 0 & 0 & 1 \end{pmatrix} \begin{pmatrix} 3 \\ 7 \\ 0 \\ 1 \end{pmatrix} = \begin{pmatrix} 9.098 \\ 12.562 \\ 0 \\ 1 \end{pmatrix} $$

【例 3-3】 如图 3-12 所示，已知刚体绕 z 轴方向的轴线转动角度 θ，且轴线经过点 $(0,l,0)$，求当前位形下物体坐标系 $\{B\}$ 相对固定坐标系 $\{A\}$ 的齐次变换矩阵。

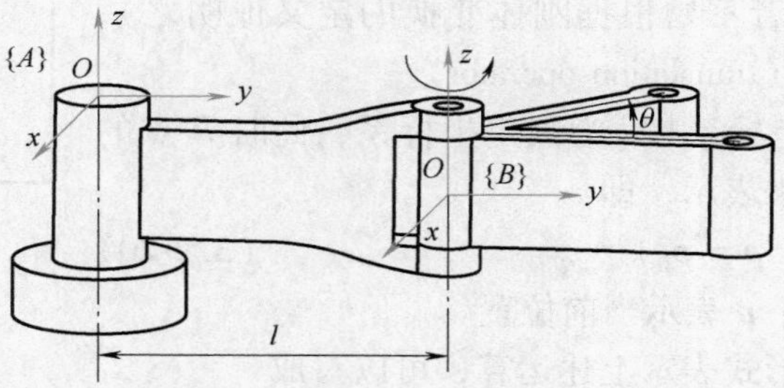

图 3-12　例 3-3 图

解：由式（3.2-16）直接得到物体坐标系 $\{B\}$ 相对固定坐标系 $\{A\}$ 的齐次变换矩阵。

$$ {}_B^A\boldsymbol{T}=\begin{pmatrix} {}_B^A\boldsymbol{R} & {}^A\boldsymbol{p}_{BORG} \\ \boldsymbol{0} & 1 \end{pmatrix}=\begin{pmatrix} \cos\theta & -\sin\theta & 0 & 0 \\ \sin\theta & \cos\theta & 0 & l \\ 0 & 0 & 1 & 0 \\ 0 & 0 & 0 & 1 \end{pmatrix} $$

3.2.2　典型的刚体运动与刚体变换

刚体运动（rigid motion）是指刚体上任意两点之间距离始终保持不变的连续运动。对于刚体而言，从一个位形到达另一个位形的刚体运动称为刚体位移（rigid displacement）。最简单的刚体位移类型主要有两种：平动（translation）和转动（rotation）。

刚体位移可以用一系列的连续运动来描述，即将刚体上的特征点相对于参考坐标系的运动描述为时间的函数。这时，就可以用反映刚体从初始位形（initial configuration）到终止位形（final configuration）的单一映射来表示这一运动变换，记作 $\boldsymbol{T}$。

【定义】满足下列条件的变换称为刚体变换（rigid body transformation），即

1）保持刚体上任意两点间的距离不变（等距特性）：对于任意的点 $\boldsymbol{p}$、$\boldsymbol{q}$，均有

$$ \|\boldsymbol{T}(\boldsymbol{q})-\boldsymbol{T}(\boldsymbol{p})\|=\|\boldsymbol{q}-\boldsymbol{p}\| \tag{3.2-18} $$

2）保持刚体上任意两矢量间的夹角不变（保角特性）：对于任意的矢量 $\boldsymbol{v}$、$\boldsymbol{w}$，均有

$$ \boldsymbol{T}_*(\boldsymbol{v}\times\boldsymbol{w})=\boldsymbol{T}_*(\boldsymbol{v})\times\boldsymbol{T}_*(\boldsymbol{w}) \tag{3.2-19} $$

典型的刚体运动包括平动、定轴转动、平面运动、空间一般刚体运动等，相应的刚体变换有平移变换、旋转变换、平面变换、一般刚体变换（齐次变换）等，具体的变换则是通过算子（operator）来实现的。何谓算子呢？简单来说，算子就是在同一坐标系内对点（或矢量）进行的某种运算操作。典型的算子包括平移算子、旋转算子、齐次变换算子及复合算子等。例如，机器人各关节运动引起的末端位姿变化就可以认为是一种复合算子。

1. 平动与平移变换

平动是指刚体运动过程中，刚体上的所有点沿平行线方向移动相同距离的一种刚体运动形式。刚体平动过程中，姿态始终不发生变化（图 3-13）。

对于机器人而言，直角坐标机器人（图 4-15a）是实现空间平移运动最简单、有效的一种机器人类型。

平移变换（translation transformation）是一种非常典型而特殊的刚体变换形式（读者不妨根据刚体变换的定义证明之），对应的算子为平移算子（translation operator）。

如图 3-14a 所示，坐标系$\{A\}$为固定坐标系，此时 P 点的平动可以用矢量的偏移来表示，即

$$^{A}\boldsymbol{p}={}^{A}\boldsymbol{p}_0+{}^{A}\boldsymbol{p}_{BORG} \tag{3.2-20}$$

式中，$\boldsymbol{p}_0$ 表示初始位置；$\boldsymbol{p}$ 表示当前位置。

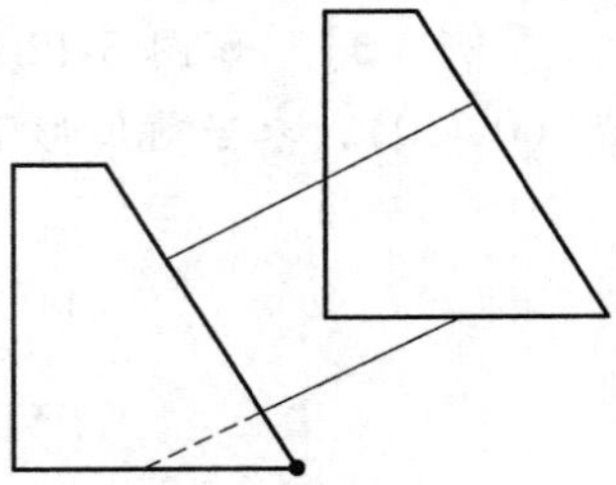

图 3-13　平动

用齐次变换矩阵的形式表示上述运算，可以写成

$$^{A}\boldsymbol{p}=\mathrm{Trans}({}^{A}\boldsymbol{p}_{BORG})\,{}^{A}\boldsymbol{p}_0 \tag{3.2-21}$$

式中，平移算子

$$\mathrm{Trans}({}^{A}\boldsymbol{p}_{BORG})=\begin{pmatrix}\boldsymbol{I}_{3\times3} & {}^{A}\boldsymbol{p}_{BORG}\\ \boldsymbol{0} & 1\end{pmatrix} \tag{3.2-22}$$

从形式上看，平移算子是一个旋转矩阵为单位阵的特殊齐次变换矩阵。

更为特殊的情况：沿 x 轴的平动可记为

$$\mathrm{Trans}(\boldsymbol{x},d)=\begin{pmatrix} & d\\ \boldsymbol{I}_{3\times3} & 0\\ & 0\\ \boldsymbol{0} & 1\end{pmatrix} \tag{3.2-23}$$

假设在图 3-14b 中的 O_B处定义一个与$\{A\}$系姿态相同的$\{B\}$系，则根据前面介绍的平移映射知识可得，$\{B\}$系相对于$\{A\}$系的齐次变换矩阵为

$$^{A}_{B}\boldsymbol{T}=\begin{pmatrix}\boldsymbol{I}_{3\times3} & {}^{A}\boldsymbol{p}_{BORG}\\ \boldsymbol{0} & 1\end{pmatrix} \tag{3.2-24}$$

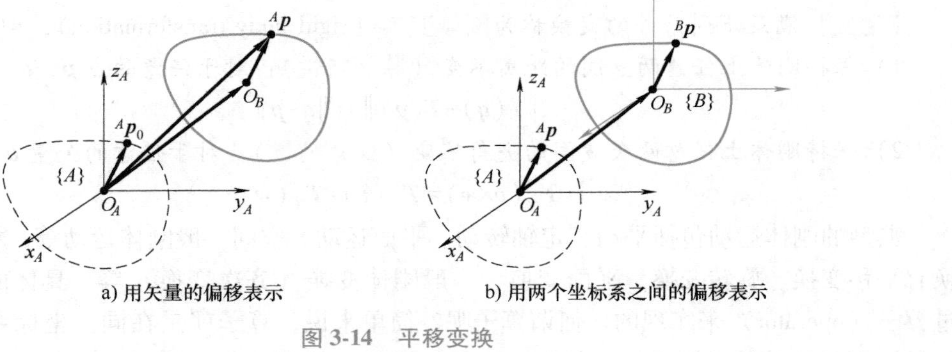

a) 用矢量的偏移表示　　b) 用两个坐标系之间的偏移表示

图 3-14　平移变换

【例 3-4】　给出一个矢量$^{A}\boldsymbol{p}_0=(5,10,2)^{\mathrm{T}}$，将其沿 x 轴平移 10 个单位，沿 y 轴平移 5 个单位，沿$-z$ 轴方向平移 2 个单位，求得到的新矢量。

解：新矢量的原点相对惯性坐标系$\{A\}$的位置矢量可以写成

$$ {}^{A}\boldsymbol{p}_{BORG}=\begin{pmatrix}10\\5\\-2\end{pmatrix} $$

因此，根据式（3.2-20），可得新矢量为

$$ {}^{A}\boldsymbol{p}={}^{A}\boldsymbol{p}_0+{}^{A}\boldsymbol{p}_{BORG}=\begin{pmatrix}5\\10\\2\end{pmatrix}+\begin{pmatrix}10\\5\\-2\end{pmatrix}=\begin{pmatrix}15\\15\\0\end{pmatrix} $$

很容易导出平移变换（矩阵）具有如下特性：

【性质 1】两个平移矩阵的乘积仍然是平移矩阵（即满足封闭性）。

【性质 2】平移矩阵的乘积既满足结合律，也满足交换律。

平移矩阵的第二个性质反映出平移与顺序无关的特性。

2. 转动与旋转变换

转动是指刚体运动过程中，始终保持一点固定的刚体位移形式。刚体转动过程中，某一点的位置始终不发生变化（图 3-15）。

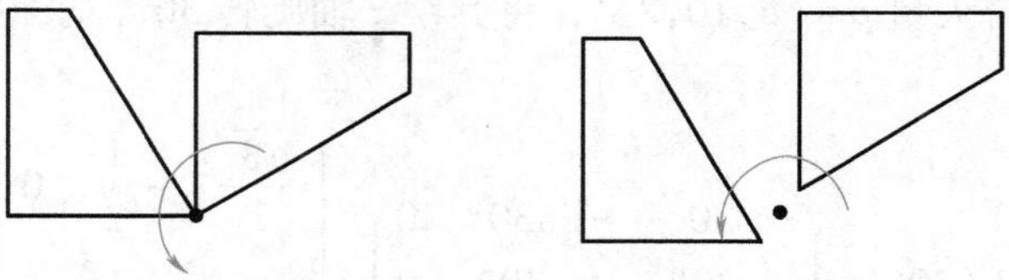

a) 绕刚体上一点的转动　　b) 绕刚体外一点的转动

图 3-15　刚体转动

旋转变换（rotation transformation）也是一种特殊的刚体变换形式。

与平移算子类似，也可以定义旋转算子，利用它可实现空间一点绕某一固定轴的旋转变换。

如图 3-16a 所示，坐标系$\{A\}$为固定坐标系，此时 P 点的旋转可以用矢量的偏转（过旋转中心）来表示，即

$$ {}^{A}\boldsymbol{p}=\boldsymbol{R}\,{}^{A}\boldsymbol{p}_0 \tag{3.2-25} $$

式中，$\boldsymbol{R}$ 为前面提到的旋转矩阵。由于不涉及坐标系变换，因此省略掉角标。

事实上，本章后面会介绍一个重要的定理——欧拉定理：任一旋转矩阵 $\boldsymbol{R}$ 总可以等效为绕某一固定轴 $\hat{\boldsymbol{\omega}}$ 的旋转运动（图 3-16b）。因此，式（3.2-25）还可以写成

$$ {}^{A}\boldsymbol{p}=\boldsymbol{R}_{\hat{\omega}}(\theta)\,{}^{A}\boldsymbol{p}_0 \tag{3.2-26} $$

式中，旋转算子 $\boldsymbol{R}_{\hat{\omega}}(\theta)$ 表示绕 $\hat{\boldsymbol{\omega}}$ 轴旋转 θ 角。本章 3.3.3 节将会介绍如何计算 $\boldsymbol{R}_{\hat{\omega}}(\theta)$。

用齐次变换矩阵的形式表示上述运算，可以写成

$$ {}^{A}\boldsymbol{p}=\mathrm{Rot}(\hat{\boldsymbol{\omega}},\theta)\,{}^{A}\boldsymbol{p}_0 \tag{3.2-27} $$

式中，

$$ \mathrm{Rot}(\hat{\boldsymbol{\omega}},\theta)=\begin{pmatrix}\boldsymbol{R}_{\hat{\omega}}(\theta) & 0\\ \boldsymbol{0} & 1\end{pmatrix} \tag{3.2-28} $$

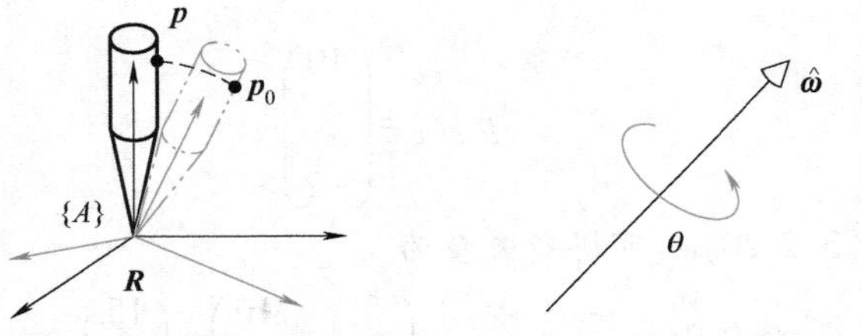

a) 利用旋转矩阵描述一点的位置变化　　b) 等效转轴与等效转角

图 3-16　旋转算子

从形式上看，旋转算子是一种零偏移的特殊齐次变换矩阵。更为特殊的旋转算子要算绕固定坐标轴的旋转，如绕 z 轴的旋转算子为

$$\mathrm{Rot}(z,\theta)=\begin{pmatrix}\cos\theta & -\sin\theta & 0 & 0\\ \sin\theta & \cos\theta & 0 & 0\\ 0 & 0 & 1 & 0\\ 0 & 0 & 0 & 1\end{pmatrix} \tag{3.2-29}$$

【例 3-5】　用旋转变换来描述一个矢量的定轴转动（即某一刚体相对参考坐标系旋转后的位形）。给定一个矢量 $\boldsymbol{p}=(5,10,2)^{\mathrm{T}}$，将其绕 z 轴旋转 30°，求得到的新矢量。

解：旋转矩阵为

$$\boldsymbol{R}_z(30°)=\begin{pmatrix}\cos30° & -\sin30° & 0\\ \sin30° & \cos30° & 0\\ 0 & 0 & 1\end{pmatrix}=\begin{pmatrix}\frac{\sqrt{3}}{2} & -\frac{1}{2} & 0\\ \frac{1}{2} & \frac{\sqrt{3}}{2} & 0\\ 0 & 0 & 1\end{pmatrix}$$

因此根据式（3.2-26），可得新矢量为

$$\boldsymbol{p}=\boldsymbol{R}_z(\theta)\boldsymbol{p}_0=\begin{pmatrix}\frac{\sqrt{3}}{2} & -\frac{1}{2} & 0\\ \frac{1}{2} & \frac{\sqrt{3}}{2} & 0\\ 0 & 0 & 1\end{pmatrix}\begin{pmatrix}5\\ 10\\ 2\end{pmatrix}=\begin{pmatrix}\frac{5\sqrt{3}-10}{2}\\ \frac{5+10\sqrt{3}}{2}\\ 2\end{pmatrix}$$

旋转算子实质上反映的是一种**旋转变换**（rotation transformation）[⊖]。因此，旋转变换也可以用矩阵表达［即旋转矩阵表达式（3.1-12）或旋转算子的齐次矩阵表达式（3.2-28）］。很容易导出旋转变换（矩阵）具有如下特性：

【性质 1】旋转矩阵 $\boldsymbol{R}$ 的逆也是旋转矩阵，且等于它的转置，即 $\boldsymbol{R}^{-1}=\boldsymbol{R}^{\mathrm{T}}$。

【性质 2】两个旋转矩阵的乘积仍然是旋转矩阵。

【性质 3】旋转矩阵的乘积满足结合律，但一般情况下不满足交换律。

【性质 4】对于任一矢量 $x\in\mathbb{R}^3$ 和旋转矩阵 $\boldsymbol{R}$，矢量 $\boldsymbol{y}=\boldsymbol{R}\boldsymbol{x}$ 与 $\boldsymbol{x}$ 有相等的长度。换句话说，矢量经旋转变换不会改变其原长。

⊖ 旋转映射是一种旋转变换，反映的是坐标系之间的变换。

以上四个特性请读者自行证明。

【例 3-6】　验证两个旋转矩阵相乘不满足交换律，如

$$\boldsymbol{R}_x(\theta)\boldsymbol{R}_z(\varphi)\neq\boldsymbol{R}_z(\varphi)\boldsymbol{R}_x(\theta)$$

$$\boldsymbol{R}_x(\theta)\boldsymbol{R}_z(\varphi)=\begin{pmatrix}1&0&0\\0&\cos\theta&-\sin\theta\\0&\sin\theta&\cos\theta\end{pmatrix}\begin{pmatrix}\cos\varphi&-\sin\varphi&0\\\sin\varphi&\cos\varphi&0\\0&0&1\end{pmatrix}=\begin{pmatrix}\cos\varphi&-\sin\varphi&0\\\cos\theta\sin\varphi&\cos\theta\cos\varphi&-\sin\theta\\\sin\theta\sin\varphi&\sin\theta\cos\varphi&\cos\theta\end{pmatrix}$$

$$\boldsymbol{R}_z(\varphi)\boldsymbol{R}_x(\theta)=\begin{pmatrix}\cos\varphi&-\sin\varphi&0\\\sin\varphi&\cos\varphi&0\\0&0&1\end{pmatrix}\begin{pmatrix}1&0&0\\0&\cos\theta&-\sin\theta\\0&\sin\theta&\cos\theta\end{pmatrix}=\begin{pmatrix}\cos\varphi&-\cos\theta\sin\varphi&\sin\varphi\sin\theta\\\sin\varphi&\cos\theta\cos\varphi&-\cos\varphi\sin\theta\\0&\sin\theta&\cos\theta\end{pmatrix}$$

用参数化的旋转矩阵 $\boldsymbol{R}$ 表示相应的运动轨迹（图 3-17），可以写成

$$\boldsymbol{p}(t)=\boldsymbol{R}\boldsymbol{p}(0),\quad t\in[0,T] \tag{3.2-30}$$

结合前面的知识，再来重新认识一下旋转矩阵 $\boldsymbol{R}$ 的主要用途，主要包括以下三类：

1）描述姿态。

2）同一点在原点重合的两个不同坐标系之间进行旋转映射。

3）某一矢量（在同一坐标系下）做旋转变换。

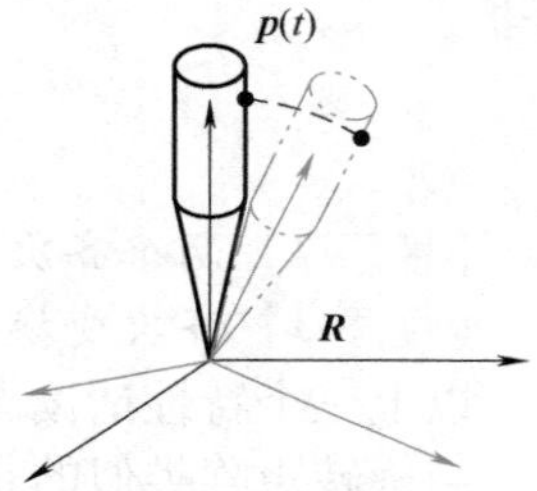

图 3-17　点的旋转变换

3. 一般刚体运动与齐次变换

相对平动和转动而言，描述一般刚体运动要复杂些。相应的刚体变换通过齐次变换矩阵来实现，即满足

$${}^A\boldsymbol{p}=\boldsymbol{T}\,{}^A\boldsymbol{p}_0 \tag{3.2-31}$$

式中，

$$\boldsymbol{T}=\begin{pmatrix}\boldsymbol{R}&\boldsymbol{p}\\\boldsymbol{0}&1\end{pmatrix} \tag{3.2-32}$$

式（3.2-32）中的 $\boldsymbol{T}$ 就是前面提到的齐次变换矩阵。由于不涉及坐标系变换，因此省略掉角标。与平移算子与旋转算子类似，式（3.2-16）与式（3.2-32）的数学表示形式相同，但物理意义不同。

事实上，本章后面会介绍一个重要的定理——查尔斯定理（**Chalse theorem**）：任一齐次变换矩阵 $\boldsymbol{T}$ 总可以等效为螺旋运动。因此，式（3.2-31）还可以写成

$${}^A\boldsymbol{p}=\mathrm{e}^{\theta[\hat{\boldsymbol{\xi}}]}\,{}^A\boldsymbol{p}_0 \tag{3.2-33}$$

式中，$\hat{\boldsymbol{\xi}}$ 为单位螺旋轴。本章 3.4 节将会介绍相关概念以及如何计算 $\mathrm{e}^{\theta[\hat{\boldsymbol{\xi}}]}$。

【例 3-7】　给出一个矢量 $\boldsymbol{p}=(5,10,2)^{\mathrm{T}}$，先将其绕 z 轴旋转 30°，再将其沿 x 轴平移 10 个单位，沿 y 轴平移 5 个单位，沿 $-z$ 轴方向平移 2 个单位，求得到的新矢量。

解：直接写出齐次变换矩阵，再利用齐次变换公式求得新矢量。具体而言，

$$\boldsymbol{T}=\begin{pmatrix}\boldsymbol{R}&\boldsymbol{p}\\\boldsymbol{0}&1\end{pmatrix}=\begin{pmatrix}\boldsymbol{R}_z(30°)&\boldsymbol{p}\\\boldsymbol{0}&1\end{pmatrix}=\begin{pmatrix}\dfrac{\sqrt{3}}{2}&-\dfrac{1}{2}&0&10\\\dfrac{1}{2}&\dfrac{\sqrt{3}}{2}&0&5\\0&0&1&-2\\0&0&0&1\end{pmatrix}$$

因此根据式（3.2-31），可得

$$\boldsymbol{p}=\boldsymbol{T}\boldsymbol{p}_0=\begin{pmatrix}\frac{\sqrt{3}}{2} & -\frac{1}{2} & 0 & 10\\ \frac{1}{2} & \frac{\sqrt{3}}{2} & 0 & 5\\ 0 & 0 & 1 & -2\\ 0 & 0 & 0 & 1\end{pmatrix}\begin{pmatrix}5\\10\\2\\1\end{pmatrix}=\begin{pmatrix}\frac{5\sqrt{3}+10}{2}\\ \frac{15+10\sqrt{3}}{2}\\ 0\\ 1\end{pmatrix}$$

一般算子实质上反映的是一种齐次变换（homogeneous transformation）㊀。因此，齐次变换也可以用矩阵表达（即齐次变换矩阵 $\boldsymbol{T}$）。很容易导出齐次变换（矩阵）具有如下特性：

【性质 1】 齐次变换矩阵 $\boldsymbol{T}$ 的逆也是齐次变换矩阵，且可以写成

$$\boldsymbol{T}^{-1}=\begin{pmatrix}\boldsymbol{R}^{\mathrm{T}} & -\boldsymbol{R}^{\mathrm{T}}\boldsymbol{p}\\ \boldsymbol{0} & 1\end{pmatrix}_{4\times 4} \tag{3.2-34}$$

或者

$$ {}_{B}^{A}\boldsymbol{T}^{-1}={}_{A}^{B}\boldsymbol{T}=\begin{pmatrix}{}_{B}^{A}\boldsymbol{R}^{\mathrm{T}} & -{}_{B}^{A}\boldsymbol{R}^{\mathrm{T}}\,{}^{A}\boldsymbol{p}_{BORG}\\ \boldsymbol{0} & 1\end{pmatrix} \tag{3.2-35}$$

【性质 2】 两个齐次变换矩阵的乘积也是齐次变换矩阵。

【性质 3】 齐次变换矩阵的乘积满足结合律，但一般情况下不满足交换律。

以上三个特性请读者自行证明。

与旋转矩阵类似的是，齐次变换矩阵也可以表示机器人从初始位形到终止或当前位形的变换，即

$$ {}^{A}\boldsymbol{p}=\boldsymbol{T}\,{}^{A}\boldsymbol{p}_0 \tag{3.2-36}$$

结合前面的知识，再来重新认识一下齐次变换矩阵 $\boldsymbol{T}$ 的主要用途，主要包括以下三类：

1）描述机器人末端的位形（或位姿）。

2）同一点在两个不同坐标系之间的映射。

3）某一点或矢量在同一坐标系内做刚体运动（齐次变换）。

【小知识】 刚体变换群

以上介绍的平移算子、旋转算子、平面变换及齐次变换都可以作为描述机器人特殊运动的算子，而每个算子都有其共性。正是由于这些共性的存在，可以将其与数学中的李群（Lie group）有机联系起来。

例如，将所有旋转矩阵 $\boldsymbol{R}$ 的集合统称为三维旋转群（3D rotation group），记作 $SO(3)$，且满足

$$SO(3)=\{\boldsymbol{R}\in\mathbb{R}^{3\times 3}:\boldsymbol{R}\boldsymbol{R}^{\mathrm{T}}=\boldsymbol{I},\det(\boldsymbol{R})=1\} \tag{3.2-37}$$

将所有三维矢量 $\boldsymbol{p}$（或对应的反对称矩阵 $[\boldsymbol{p}]$）的集合统称为三维移动群，记作 $T3$。而将所有齐次变换矩阵 $\boldsymbol{T}$ 的集合统称为特殊欧氏群（special Euclid group），又称作一般刚体运动群，记作 $SE(3)$，满足

$$SE(3)=\{(\boldsymbol{R},\boldsymbol{p}):\boldsymbol{R}\in SO(3),\boldsymbol{p}\in\mathbb{R}^3\}=SO(3)\times\mathbb{R}^3 \tag{3.2-38}$$

㊀ 一般映射也是一种齐次变换，反映的是坐标系之间的变换（简称坐标变换）。

显然，无论旋转变换还是平移变换，都是齐次变换的特例。数学上，将它们都称作 $SE(3)$ 的子群。

3.2.3　复合变换与连续变换

首先看一下纯转动的情况。

假设用 ${}_B^A\boldsymbol{R}$ 表示坐标系 $\{B\}$ 相对于 $\{A\}$ 的姿态，${}_C^B\boldsymbol{R}$ 表示坐标系 $\{C\}$ 相对于 $\{B\}$ 的姿态，如何求 $\{C\}$ 系相对于 $\{A\}$ 系的姿态？

${}_C^B\boldsymbol{R}$ 可看作 $\{C\}$ 系（相对于 $\{B\}$ 系）的姿态，而 ${}_B^A\boldsymbol{R}$ 则作为将 $\{B\}$ 系映射到 $\{A\}$ 系中的旋转矩阵，这样可将参考坐标系从 $\{B\}$ 变到 $\{A\}$，结果可变成 $\{C\}$ 系（相对于 $\{A\}$ 系）的姿态。因此，上述过程可写成

$$ {}_C^A\boldsymbol{R} = {}_B^A\boldsymbol{R}\,{}_C^B\boldsymbol{R} \tag{3.2-39}$$

式（3.2-39）表明，连续旋转可通过矩阵相乘得到，即满足旋转矩阵的合成法则。注意，熟练使用上下标可使运算简化。

再重新思考一下齐次变换的情况。

任一齐次变换都可通过旋转算子与平移算子复合而成（相对固定坐标系，因此应遵照左乘的运算规则），即

$$\boldsymbol{T}=\begin{pmatrix}\boldsymbol{I} & \boldsymbol{p}\\ \boldsymbol{0} & 1\end{pmatrix}\begin{pmatrix}\boldsymbol{R} & \boldsymbol{0}\\ \boldsymbol{0} & 1\end{pmatrix}=\begin{pmatrix}\boldsymbol{R} & \boldsymbol{p}\\ \boldsymbol{0} & 1\end{pmatrix} \tag{3.2-40}$$

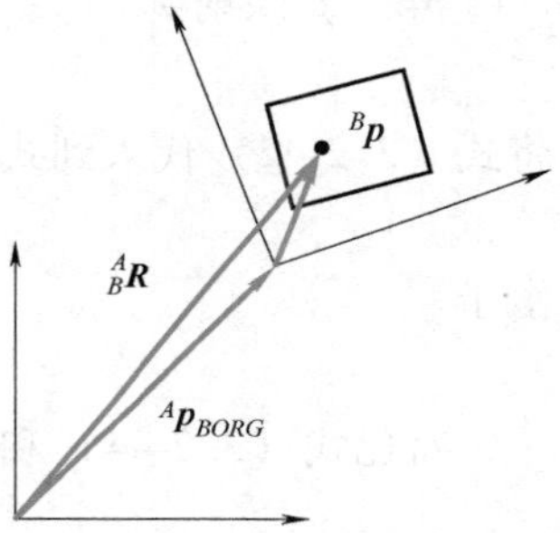

图 3-18　平面变换

再简单介绍一下齐次变换的另一个特例：平面变换（图 3-18）。这种情况下，很容易导出对应的齐次变换矩阵为

$$\boldsymbol{T}=\mathrm{Trans}(d_x,d_y,0)\,\mathrm{Rot}(z,\theta)=\begin{pmatrix}\boldsymbol{I}_3 & \begin{matrix}d_x\\ d_y\\ 0\end{matrix}\\ \boldsymbol{0} & 1\end{pmatrix}\begin{pmatrix}\boldsymbol{R}_z(\theta) & \boldsymbol{0}\\ \boldsymbol{0} & 1\end{pmatrix}=\begin{pmatrix}\boldsymbol{R}_z(\theta) & \begin{pmatrix}d_x\\ d_y\\ 0\end{pmatrix}\\ \boldsymbol{0} & 1\end{pmatrix}_{4\times 4} \tag{3.2-41}$$

【例 3-8】　给出一个矢量 $\boldsymbol{p}=(5,10,2)^{\mathrm{T}}$，先将其绕 z 轴旋转 30°，再将其沿 x 轴平移 10 个单位，沿 y 轴平移 5 个单位，沿 $-z$ 轴方向平移 2 个单位，求得到的新矢量。

解：整个变换可以看作是旋转与平移的复合运动。具体而言，代入式（3.2-40）可得

$$\boldsymbol{p}=[\mathrm{Trans}(10,5,-2)\,\mathrm{Rot}(z,30°)]\boldsymbol{p}_0=\begin{pmatrix}1&0&0&10\\0&1&0&5\\0&0&1&-2\\0&0&0&1\end{pmatrix}\begin{pmatrix}\frac{\sqrt{3}}{2}&-\frac{1}{2}&0&0\\ \frac{1}{2}&\frac{\sqrt{3}}{2}&0&0\\0&0&1&0\\0&0&0&1\end{pmatrix}\begin{pmatrix}5\\10\\2\\1\end{pmatrix}=\begin{pmatrix}\frac{5\sqrt{3}+10}{2}\\ \frac{15+10\sqrt{3}}{2}\\0\\1\end{pmatrix}$$

最后来看一下一般情况。如图 3-19 所示，已知 ${}^C\boldsymbol{p}$，求 ${}^A\boldsymbol{p}$。

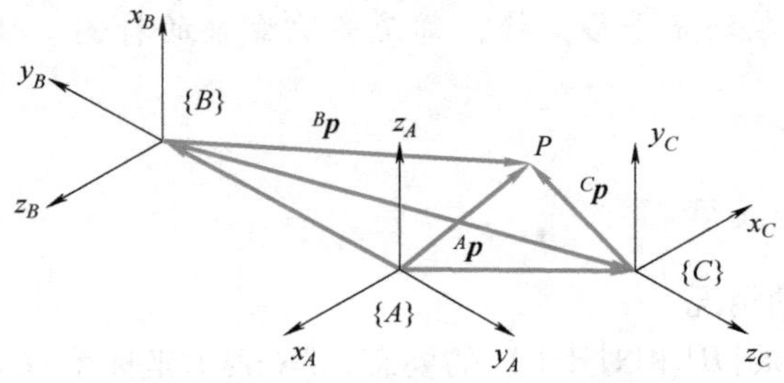

图 3-19 空间中的三个参考坐标系

假设用${}_{B}^{A}\boldsymbol{T}$表示坐标系$\{B\}$相对$\{A\}$系的位形，${}_{C}^{B}\boldsymbol{T}$表示坐标系$\{C\}$相对$\{B\}$系的位形，${}_{C}^{A}\boldsymbol{T}$表示坐标系$\{C\}$相对$\{A\}$系的位形。首先将${}^{C}\boldsymbol{p}$映射到$\{B\}$系中的表示，由式（3.2-17）得

$${}^{B}\boldsymbol{p}={}_{C}^{B}\boldsymbol{T}\,{}^{C}\boldsymbol{p} \tag{3.2-42}$$

再将${}^{B}\boldsymbol{p}$映射到$\{A\}$系中的表示，由式（3.2-17）得

$${}^{A}\boldsymbol{p}={}_{B}^{A}\boldsymbol{T}\,{}^{B}\boldsymbol{p} \tag{3.2-43}$$

将式（3.2-42）代入到式（3.2-43）中，可得

$${}^{A}\boldsymbol{p}={}_{B}^{A}\boldsymbol{T}\,{}_{C}^{B}\boldsymbol{T}\,{}^{C}\boldsymbol{p} \tag{3.2-44}$$

由于

$${}^{A}\boldsymbol{p}={}_{C}^{A}\boldsymbol{T}\,{}^{C}\boldsymbol{p} \tag{3.2-45}$$

对比式（3.2-44）和（3.2-45），可得

$${}_{C}^{A}\boldsymbol{T}={}_{B}^{A}\boldsymbol{T}\,{}_{C}^{B}\boldsymbol{T} \tag{3.2-46}$$

将式（3.2-46）展开，得

$${}_{C}^{A}\boldsymbol{T}=\begin{pmatrix} {}_{B}^{A}\boldsymbol{R}\,{}_{C}^{B}\boldsymbol{R} & {}_{B}^{A}\boldsymbol{R}\,{}^{B}\boldsymbol{p}_{CORG}+{}^{A}\boldsymbol{p}_{BORG} \\ \boldsymbol{0} & 1 \end{pmatrix}=\begin{pmatrix} {}_{C}^{A}\boldsymbol{R} & {}_{B}^{A}\boldsymbol{R}\,{}^{B}\boldsymbol{p}_{CORG}+{}^{A}\boldsymbol{p}_{BORG} \\ \boldsymbol{0} & 1 \end{pmatrix} \tag{3.2-47}$$

由式（3.2-39）和式（3.2-47）可以看出，无论旋转变换还是齐次变换，都具有递推（recursive）特性。因此可利用这种递推特性来建立含多个坐标系的连续变换方程（successive transform equation），如图 3-20a 所示。

根据图中黑色（粗）链路（$\{U\}\to\{B\}\to\{C\}\to\{D\}$）可得$\{U\}$系$\to\{D\}$系的第一个递推方程：

$${}_{D}^{U}\boldsymbol{T}={}_{B}^{U}\boldsymbol{T}\,{}_{C}^{B}\boldsymbol{T}\,{}_{D}^{C}\boldsymbol{T} \tag{3.2-48}$$

根据图中蓝（粗）色链路（$\{U\}\to\{A\}\to\{D\}$）可得$\{U\}$系$\to\{D\}$系的第二个递推方程：

$${}_{D}^{U}\boldsymbol{T}={}_{A}^{U}\boldsymbol{T}\,{}_{D}^{A}\boldsymbol{T} \tag{3.2-49}$$

将上述两个递推关系式联立，构造成一个连续变换方程：

$${}_{A}^{U}\boldsymbol{T}\,{}_{D}^{A}\boldsymbol{T}={}_{B}^{U}\boldsymbol{T}\,{}_{C}^{B}\boldsymbol{T}\,{}_{D}^{C}\boldsymbol{T} \tag{3.2-50}$$

假设上述方程中只有${}_{C}^{B}\boldsymbol{T}$未知，很容易导出

$${}_{C}^{B}\boldsymbol{T}={}_{B}^{U}\boldsymbol{T}^{-1}\,{}_{A}^{U}\boldsymbol{T}\,{}_{D}^{A}\boldsymbol{T}\,{}_{D}^{C}\boldsymbol{T}^{-1}={}_{U}^{B}\boldsymbol{T}\,{}_{A}^{U}\boldsymbol{T}\,{}_{D}^{A}\boldsymbol{T}\,{}_{C}^{D}\boldsymbol{T} \tag{3.2-51}$$

式（3.2-51）的图形示意如图 3-20b 所示。

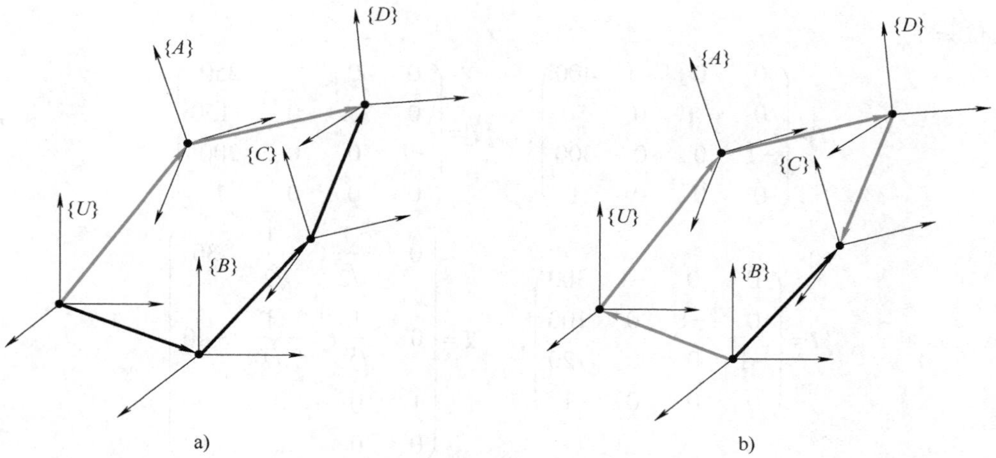

图 3-20　利用闭环建立齐次变换方程

【例 3-9】　图 3-21a 所示的工业机器人系统中，假设已知机器人末端手爪坐标系 {T} 到基座坐标系 {B} 的变换 ${}^B_T\boldsymbol{T}$，又已知工作台 {S} 相对基座的坐标变换 ${}^B_S\boldsymbol{T}$，以及螺栓 {G} 相对工作台的坐标变换 ${}^S_G\boldsymbol{T}$，求螺栓相对于手爪的坐标变换 ${}^T_G\boldsymbol{T}$。

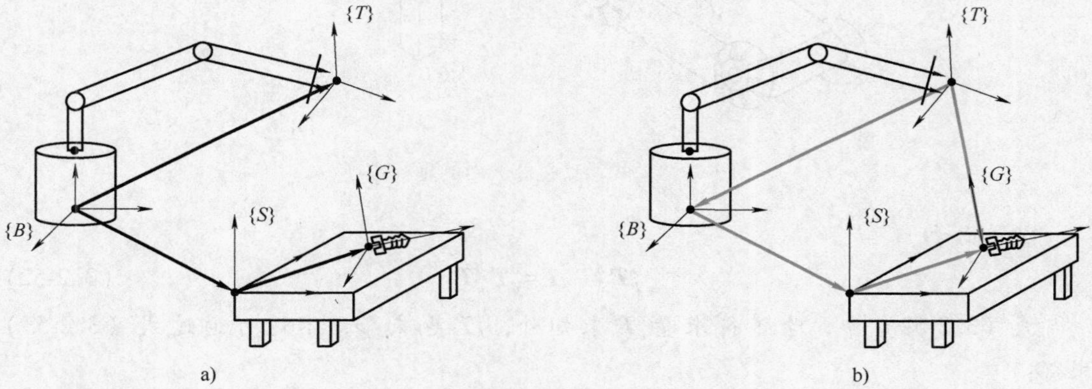

图 3-21　拧螺栓的机械手爪

解： 根据图 3-21b 中的变换路径，可得螺栓相对于手爪的坐标变换 ${}^T_G\boldsymbol{T}$ 计算公式：

$${}^T_G\boldsymbol{T}={}^T_B\boldsymbol{T}\,{}^B_S\boldsymbol{T}\,{}^S_G\boldsymbol{T}={}^B_T\boldsymbol{T}^{-1}\,{}^B_S\boldsymbol{T}\,{}^S_G\boldsymbol{T}$$

【例 3-10】　如图 3-22 所示，一轮式移动机器人上搭载机械手在房间内进行拾取木块的作业，天花板上安放一摄像头用作机器人的视觉反馈系统。各坐标系如图中所示，其中，{a} 为参考坐标系，{b} 和 {c} 分别为附着在轮式移动机器人和机械手末端上的物体坐标系，{d} 为摄像头坐标系，{e} 为附着在木块上的物体坐标系。假设 ${}^d_b\boldsymbol{T}$ 和 ${}^d_e\boldsymbol{T}$ 能通过视觉传感器测量得到，${}^b_c\boldsymbol{T}$ 能通过关节角度测量装置标定得到，而 ${}^a_d\boldsymbol{T}$ 也预先已知。具体矩阵参数值如下：

$$
{}_{d}^{a}\boldsymbol{T}=\begin{pmatrix}0&0&-1&400\\0&-1&0&50\\-1&0&0&300\\0&0&0&1\end{pmatrix},\quad {}_{b}^{d}\boldsymbol{T}=\begin{pmatrix}0&0&-1&250\\0&-1&0&-150\\-1&0&0&200\\0&0&0&1\end{pmatrix},
$$

$$
{}_{e}^{d}\boldsymbol{T}=\begin{pmatrix}0&0&-1&300\\0&-1&0&100\\-1&0&0&120\\0&0&0&1\end{pmatrix},\quad {}_{c}^{b}\boldsymbol{T}=\begin{pmatrix}0&-\frac{1}{\sqrt{2}}&-\frac{1}{\sqrt{2}}&30\\0&\frac{1}{\sqrt{2}}&-\frac{1}{\sqrt{2}}&-40\\1&0&0&25\\0&0&0&1\end{pmatrix}
$$

试求：木块相对机械手的位姿${}_{e}^{c}\boldsymbol{T}$。

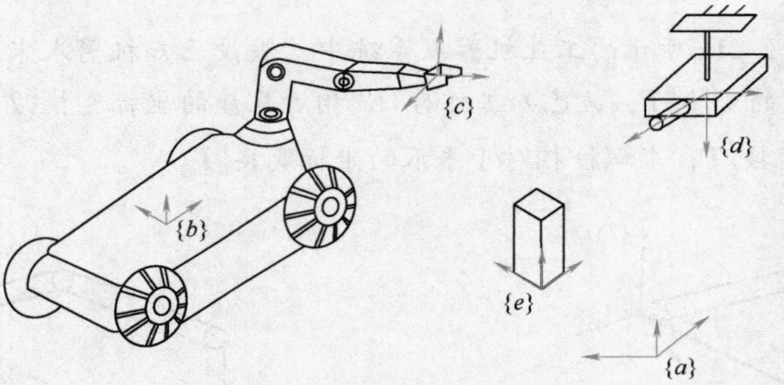

图 3-22　轮式移动机器人中的坐标变换

解：由于

$$
{}_{b}^{a}\boldsymbol{T}\,{}_{c}^{b}\boldsymbol{T}\,{}_{e}^{c}\boldsymbol{T}={}_{d}^{a}\boldsymbol{T}\,{}_{e}^{d}\boldsymbol{T} \tag{3.2-52}
$$

式（3.2-52）中，除了待求量${}_{e}^{c}\boldsymbol{T}$未知外，${}_{b}^{a}\boldsymbol{T}$也未知，不过可通过式（3.2-53）求得：

$$
{}_{b}^{a}\boldsymbol{T}={}_{d}^{a}\boldsymbol{T}\,{}_{b}^{d}\boldsymbol{T} \tag{3.2-53}
$$

将式（3.2-53）代入式（3.2-52）中，可得

$$
{}_{e}^{c}\boldsymbol{T}=({}_{b}^{d}\boldsymbol{T}\,{}_{c}^{b}\boldsymbol{T})^{-1}\,{}_{e}^{d}\boldsymbol{T} \tag{3.2-54}
$$

代入相关矩阵参数可得

$$
{}_{e}^{c}\boldsymbol{T}=\begin{pmatrix}0&0&1&-75\\-\frac{1}{\sqrt{2}}&\frac{1}{\sqrt{2}}&0&-260\sqrt{2}\\-\frac{1}{\sqrt{2}}&-\frac{1}{\sqrt{2}}&0&130\sqrt{2}\\0&0&0&1\end{pmatrix}
$$

3.2.4 自由矢量的变换

在机器人研究中，除了前面提到的位置矢量之外，还有四个重要的物理量经常涉及：力、力偶、线速度和角速度。

力学中，如果两个矢量大小、方向及维数相同，可称之为这两个矢量相等。两个相等的矢量如果作用线不同，作用效果可能相同，也可能不同。对于前者，即与作用线无关的矢量，物理上定义为自由矢量（free vector）；而对于后者，即与作用线有关的矢量，物理上定义为线矢量（line vector）。按照这个定义，力与角速度为线矢量，而力矩和线速度则为自由矢量。

下面尝试从一般情况入手，推导一下自由矢量的变换。

假定刚体上有两点 $\boldsymbol{p}$、$\boldsymbol{q}$，连接两点得到新的矢量 $\boldsymbol{v}=\boldsymbol{q}-\boldsymbol{p}$。注意到，在同一刚体上还可以存在其他两点 $\boldsymbol{r}$、$\boldsymbol{s}$，也满足 $\boldsymbol{v}=\boldsymbol{s}-\boldsymbol{r}$（图 3-23）。这个矢量的特点是只具有长度和方向，无须附着在任何固定位置。因此，这里的 $\boldsymbol{v}$ 就是自由矢量。

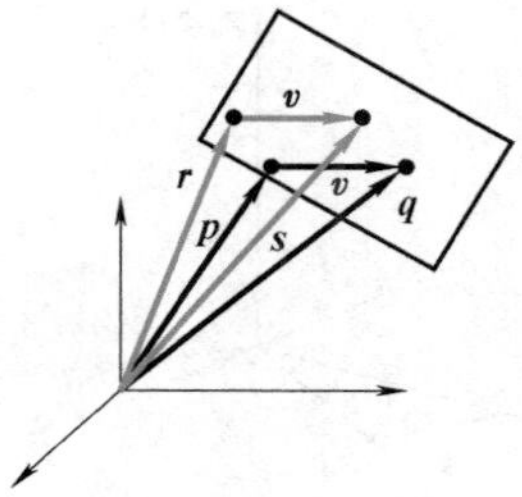

图 3-23　自由矢量及其变换

定义物体坐标系 $\{B\}$ 上的两点 ${}^{B}\boldsymbol{p}$、${}^{B}\boldsymbol{q}$，连接两点的矢量为 ${}^{B}\boldsymbol{v}={}^{B}\boldsymbol{q}-{}^{B}\boldsymbol{p}$。则满足

$$ {}_{B}^{A}\boldsymbol{R}\,{}^{B}\boldsymbol{v}={}_{B}^{A}\boldsymbol{R}({}^{B}\boldsymbol{q}-{}^{B}\boldsymbol{p})={}^{A}\boldsymbol{q}-{}^{A}\boldsymbol{p}={}^{A}\boldsymbol{v} \tag{3.2-55}$$

因此对于任意的自由矢量，都满足

$$ {}^{A}\boldsymbol{v}={}_{B}^{A}\boldsymbol{R}\,{}^{B}\boldsymbol{v} \tag{3.2-56}$$

如果将式（3.2-56）赋予物理意义，如对于线速度矢量即可沿用式（3.2-56）；若对于力矩，则满足

$$ {}^{A}\boldsymbol{m}={}_{B}^{A}\boldsymbol{R}\,{}^{B}\boldsymbol{m} \tag{3.2-57}$$

3.3 姿态的其他描述方法

用方向余弦矩阵描述刚体的姿态有不足的地方：需要用 9 个参数来描述姿态，尽管存在 6 个约束方程限制了这 9 个参数的独立性，即只有 3 个参数是独立的，所给的信息具有冗余性。虽然便于矩阵运算，但每次都需要输入含 9 个元素的矩阵。另外，几何上也不够直观。

可否采用更为简单直接的姿态描述方法，如直接采用 3 个独立的姿态角来描述？答案是肯定的。根据线性代数中的凯莱（Cayley）公式可知，对于任何一个姿态矩阵 $\boldsymbol{R}$，总存在一个反对称矩阵 $[\boldsymbol{s}]$，满足

$$\boldsymbol{R}=(\boldsymbol{I}_3-[\boldsymbol{s}])^{-1}(\boldsymbol{I}_3+[\boldsymbol{s}]) \tag{3.3-1}$$

由式（3.3-1），总可以找到由 3 个独立参数组成的反对称矩阵 $[\boldsymbol{s}]$，与 $\boldsymbol{R}$ 对应。

为描述物体坐标系 $\{B\}$ 相对惯性坐标系 $\{A\}$ 的姿态，最简单、直观的方法莫过于直接采用 3 个角度的集合来描述。理论上讲，3 个姿态角的任意组合有 27 种形式，即 27 种姿态角描述方法。但实际上，为了保持 3 个姿态角的独立性，需要保证两个连续旋转轴的轴线不能平行，这样，就只有 12 种（$3\times2\times2=12$）可行的姿态角描述方法（*X-Y-Z*、*X-Z-Y*、*Y-X-Z*、*Y-Z-X*、*Z-X-Y*、*Z-Y-X*、*Z-Y-Z*、*Z-X-Z*、*Y-Z-Y*、*Y-X-Y*、*X-Y-X*、*X-Z-X*）。

3.3.1 欧拉角

欧拉角（Euler angle）是瑞士数学家欧拉（Euler，1707—1783）提出来的一种通过相对动坐标系的坐标轴连续旋转三次得到的旋转矩阵，来描述刚体姿态的方法。根据上面的分析，欧拉角有12种组合方式，下面重点对其中常用的两种进行分析。

1. *Z-Y-X* 欧拉角

为描述$\{B\}$系相对于$\{A\}$系的姿态，假设$\{B\}$系在初始状态下与$\{A\}$系重合，将$\{B\}$系绕其z_B轴旋转ϕ角（图3-24a），得到中间坐标系$\{B'\}$；再绕新的$\boldsymbol{y}_{B'}$轴旋转θ角（图3-24b），得到另一中间坐标系$\{B''\}$；最后绕新的$\boldsymbol{x}_{B''}$轴旋转ψ角，得到$\{B\}$系的最终姿态（图3-24c）。

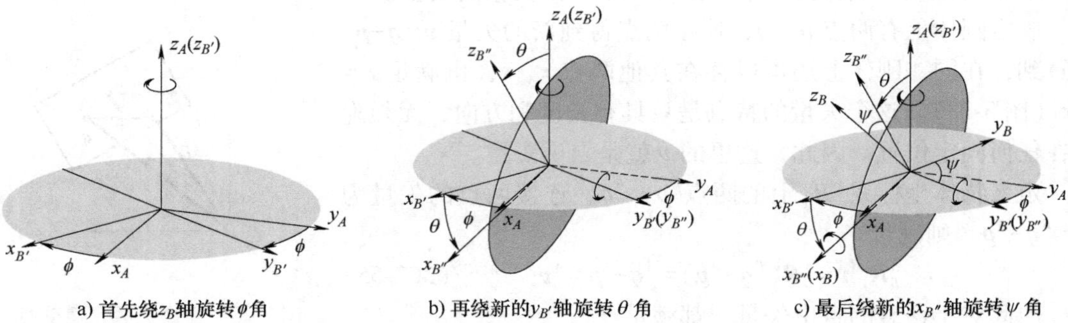

图3-24　*Z-Y-X* 变换

注意到，上面的连续旋转过程中，每次始终都是绕动坐标系的坐标轴进行旋转，即每次旋转轴的方位取决于上一次的旋转结果。这时，若将每次旋转用旋转矩阵来描述，新姿态可写成三个旋转矩阵按从左到右顺序连乘的形式：

$$
\begin{aligned}
{}_B^A\boldsymbol{R}=\boldsymbol{R}_{zyx}(\phi,\theta,\psi)&={}_{B'}^{A}\boldsymbol{R}\,{}_{B''}^{B'}\boldsymbol{R}\,{}_{B}^{B''}\boldsymbol{R}=\boldsymbol{R}_z(\phi)\boldsymbol{R}_{y'}(\theta)\boldsymbol{R}_{x''}(\psi)\\
&=\begin{pmatrix}\cos\phi & -\sin\phi & 0\\ \sin\phi & \cos\phi & 0\\ 0 & 0 & 1\end{pmatrix}\begin{pmatrix}\cos\theta & 0 & \sin\theta\\ 0 & 1 & 0\\ -\sin\theta & 0 & \cos\theta\end{pmatrix}\begin{pmatrix}1 & 0 & 0\\ 0 & \cos\psi & -\sin\psi\\ 0 & \sin\psi & \cos\psi\end{pmatrix}\\
&=\begin{pmatrix}\cos\theta\cos\phi & \sin\psi\sin\theta\cos\phi-\cos\psi\sin\phi & \cos\psi\sin\theta\cos\phi+\sin\psi\sin\phi\\ \cos\theta\sin\phi & \sin\psi\sin\theta\sin\phi+\cos\psi\cos\phi & \cos\psi\sin\theta\sin\phi-\sin\psi\cos\phi\\ -\sin\theta & \sin\psi\cos\theta & \cos\psi\cos\theta\end{pmatrix}
\end{aligned}
\tag{3.3-2}
$$

注意，以上的旋转顺序不能随意调换（旋转矩阵的乘积运算不满足交换律）。

对比式（3.1-6）和式（3.3-2），可得

$$
\begin{pmatrix}r_{11} & r_{12} & r_{13}\\ r_{21} & r_{22} & r_{23}\\ r_{31} & r_{32} & r_{33}\end{pmatrix}=\begin{pmatrix}\cos\theta\cos\phi & \sin\psi\sin\theta\cos\phi-\cos\psi\sin\phi & \cos\psi\sin\theta\cos\phi+\sin\psi\sin\phi\\ \cos\theta\sin\phi & \sin\psi\sin\theta\sin\phi+\cos\psi\cos\phi & \cos\psi\sin\theta\sin\phi-\sin\psi\cos\phi\\ -\sin\theta & \sin\psi\cos\theta & \cos\psi\cos\theta\end{pmatrix}\tag{3.3-3}
$$

事实上，对式（3.3-3）逆问题的求解，即如何在已知旋转矩阵的前提下求出三个姿态角，更有意义。具体可以解出两种姿态角之间的映射关系如下：

1）若$\cos\theta\neq0$，即$\theta\neq\pm\pi/2$，存在两组解：

$$\begin{cases}\theta=\mathrm{Atan2}(-r_{31},\sqrt{r_{11}^2+r_{21}^2})\\ \phi=\mathrm{Atan2}(r_{21},r_{11})\\ \psi=\mathrm{Atan2}(r_{32},r_{33})\end{cases},\quad \theta\in(-\pi/2,\pi/2) \tag{3.3-4}$$

$$\begin{cases}\theta=\mathrm{Atan2}(-r_{31},-\sqrt{r_{11}^2+r_{21}^2})\\ \phi=\mathrm{Atan2}(-r_{21},-r_{11})\\ \psi=\mathrm{Atan2}(-r_{32},-r_{33})\end{cases},\quad \theta\in(\pi/2,3\pi/2) \tag{3.3-5}$$

式中，$\mathrm{Atan2}(x,y)$ 为“四象限反正切函数”形式的表达，内置于大多数编程语言中，其优点在于可根据 x、y 的符号给出不同的角度值。例如，$\mathrm{Atan2}(1,1)=45°$，$\mathrm{Atan2}(-1,-1)=135°$。

2）若 $\cos\theta=0$，即 $\theta=\pm\pi/2$，式（3.3-2）发生退化，出现了所谓的运动学奇异（singularity）。这时仅能求出 ϕ 与 ψ 的和或差。这时，一般取 $\phi=0°$，即

$$\begin{cases}\phi=0°\\ \theta=90°\\ \psi=\mathrm{Atan2}(r_{12},r_{22})\end{cases}\quad 或\quad \begin{cases}\phi=0°\\ \theta=270°\\ \psi=-\mathrm{Atan2}(r_{12},r_{22})\end{cases} \tag{3.3-6}$$

可以看出，欧拉角都是相对物体坐标系的描述。而这种相对物体坐标系的 3 个欧拉角旋转还可以看作是具有公共汇交点的串联三杆开式链的运动（图 3-25a）。当第一次和最后一次旋转的转轴重合（即中间轴的转角 $\theta=\pm90°$）时，导致绕第一、第三轴的转角无法计算，欧拉角描述的姿态发生奇异，对应的位形或位姿称为奇异位形（singular configuration，图 3-25b）。

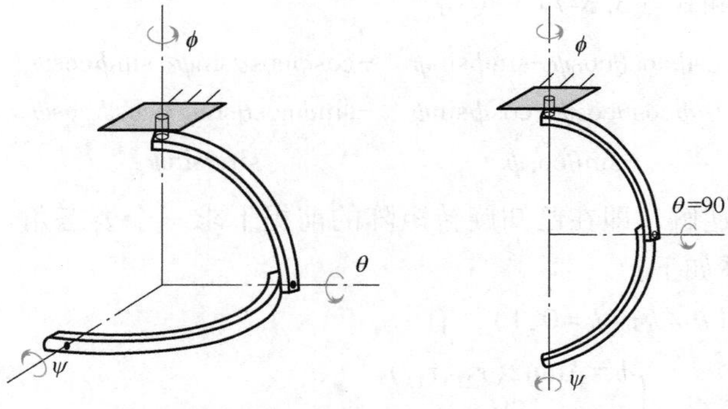

a) 用 *Z-Y-X* 欧拉角描述的一般位形　　b) 奇异位形

图 3-25　具有公共汇交点的串联三杆开式链

2. *Z-Y-Z* 欧拉角

如图 3-26 所示，假设 $\{B\}$ 系在初始状态下与 $\{A\}$ 系重合，将 $\{B\}$ 系绕其 z_B 轴旋转 ϕ 角（俗称进动角，precession angle，图 3-26a），得到中间坐标系 $\{B'\}$；再绕新的 $y_{B'}$ 轴旋转 θ 角（俗称章动角，nutation angle，图 3-26b），得到另一中间坐标系 $\{B''\}$；最后绕新的 $z_{B''}$ 轴旋转 ψ 角（俗称自旋角，spin angle，图 3-26c），得到 $\{B\}$ 系的最终姿态。

与 *Z-Y-X* 欧拉角一样，上面的连续旋转过程中，每次始终都是绕新的动坐标系的坐标轴进行旋转，即每次旋转轴的方位取决于上一次的旋转结果。这时，若将每次旋转都用旋转矩阵来描述，最终姿态写成三个旋转矩阵按从左到右顺序连乘的形式：

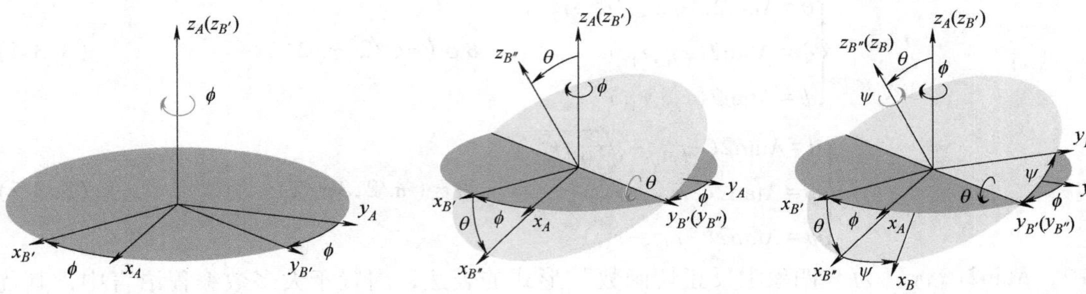

a) 首先绕z_B轴旋转ϕ角　　b) 再绕新的$y_{B'}$轴旋转θ角　　c) 最后绕新的$z_{B''}$轴旋转ψ角

图 3-26　***Z-Y-Z*** 变换

$$
\begin{aligned}
{}_B^A\boldsymbol{R} &= \boldsymbol{R}_{zyz}(\phi,\theta,\psi) = \boldsymbol{R}_z(\phi)\boldsymbol{R}_{y'}(\theta)\boldsymbol{R}_{z''}(\psi) \\
&= \begin{pmatrix} \cos\phi & -\sin\phi & 0 \\ \sin\phi & \cos\phi & 0 \\ 0 & 0 & 1 \end{pmatrix}\begin{pmatrix} \cos\theta & 0 & \sin\theta \\ 0 & 1 & 0 \\ -\sin\theta & 0 & \cos\theta \end{pmatrix}\begin{pmatrix} \cos\psi & -\sin\psi & 0 \\ \sin\psi & \cos\psi & 0 \\ 0 & 0 & 1 \end{pmatrix} \\
&= \begin{pmatrix} \cos\phi\cos\theta\cos\psi-\sin\phi\sin\psi & -\cos\phi\cos\theta\sin\psi-\sin\phi\cos\psi & \cos\phi\sin\theta \\ \sin\phi\cos\theta\cos\psi+\cos\phi\sin\psi & -\sin\phi\cos\theta\sin\psi+\cos\phi\cos\psi & \sin\phi\sin\theta \\ -\sin\theta\cos\psi & \sin\theta\sin\psi & \cos\theta \end{pmatrix}
\end{aligned} \tag{3.3-7}
$$

注意，以上的旋转顺序不能随意调换（旋转矩阵的乘积运算不满足交换律）。

对比式（3.1-6）和式（3.3-7），可得

$$
\begin{pmatrix} r_{11} & r_{12} & r_{13} \\ r_{21} & r_{22} & r_{23} \\ r_{31} & r_{32} & r_{33} \end{pmatrix} = \begin{pmatrix} \cos\phi\cos\theta\cos\psi-\sin\phi\sin\psi & -\cos\phi\cos\theta\sin\psi-\sin\phi\cos\psi & \cos\phi\sin\theta \\ \sin\phi\cos\theta\cos\psi+\cos\phi\sin\psi & -\sin\phi\cos\theta\sin\psi+\cos\phi\cos\psi & \sin\phi\sin\theta \\ -\sin\theta\cos\psi & \sin\theta\sin\psi & \cos\theta \end{pmatrix} \tag{3.3-8}
$$

对式（3.3-8）求逆解，即在已知旋转矩阵的前提下求三个姿态角。具体可以解出两种姿态角之间的映射关系如下：

1）若 $\sin\theta\neq 0$，即 $\theta\neq k\pi(k=0,1)$，有

$$
\begin{cases} \phi = \text{Atan2}(r_{23}, r_{13}) \\ \theta = \text{Atan2}(\sqrt{r_{31}^2+r_{32}^2}, r_{33}), \quad \theta\in(0,\pi) \\ \psi = \text{Atan2}(r_{32}, -r_{31}) \end{cases} \tag{3.3-9}
$$

$$
\begin{cases} \phi = \text{Atan2}(-r_{23}, -r_{13}) \\ \theta = \text{Atan2}(-\sqrt{r_{31}^2+r_{32}^2}, r_{33}), \quad \theta\in(\pi,2\pi) \\ \psi = \text{Atan2}(-r_{32}, r_{31}) \end{cases} \tag{3.3-10}
$$

2）若 $\sin\theta=0$，即 $\theta=k\pi(k=0,1)$，式（3.3-7）会发生退化，出现奇异。这时仅能求出 ϕ 与 ψ 的和或差。这时，一般取 $\phi=0°$，即

$$
\begin{cases} \phi = 0° \\ \theta = 0° \\ \psi = \text{Atan2}(-r_{12}, r_{11}) \end{cases} \quad \text{或} \quad \begin{cases} \phi = 0° \\ \theta = 180° \\ \psi = \text{Atan2}(r_{12}, -r_{11}) \end{cases} \tag{3.3-11}
$$

从物理上，这种奇异发生在了第二次转动轴的转角 $\theta=k\pi(k=0,1)$ 的位置处。

类似的方法还可以推导 Z-X-Z 欧拉角表示的姿态矩阵（自行推导，本书从略），这里直接给出姿态矩阵的一般表示形式。

$$
\begin{aligned}
{}_B^A\boldsymbol{R}&=\boldsymbol{R}_{zxz}(\phi,\theta,\psi)=\boldsymbol{R}_z(\phi)\boldsymbol{R}_{x'}(\theta)\boldsymbol{R}_{z''}(\psi)\\
&=\begin{pmatrix}\cos\phi\cos\psi-\sin\phi\cos\theta\sin\psi & -\cos\phi\sin\psi-\sin\phi\cos\theta\cos\psi & \sin\phi\sin\theta\\ \sin\phi\cos\psi+\cos\phi\cos\theta\sin\psi & -\sin\phi\sin\psi+\cos\phi\cos\theta\cos\psi & -\cos\phi\sin\theta\\ \sin\phi\sin\psi & \sin\phi\cos\psi & \cos\theta\end{pmatrix}
\end{aligned}
\tag{3.3-12}
$$

欧拉角的 12 种组合中，Z-Y-Z 和 Z-X-Z 组合相对更常用些。例如，工业机器人末端姿态的描述就经常采用 Z-Y-Z 欧拉角描述，这样可与腕部三个垂直正交旋转关节的转角直接对应。

3.3.2　R-P-Y 角

工程实践中还广泛采用 R-P-Y［Roll，Pitch，Yaw——翻滚（横滚）、俯仰、偏航（偏转）的英文首字母缩写］来描述空间姿态或三维旋转。事实上，R-P-Y 角源于对船舶在海中航行时的姿态描述方式（图 3-27）：以船行进的方向为 z 轴（做翻滚运动），以垂直于甲板的法线方向为 x 轴（做偏航运动），y 轴依据右手定则确定。

与欧拉角相对动坐标系旋转不同，R-P-Y 角采用的是基于固定坐标轴的旋转。为描述 $\{B\}$ 系相对于 $\{A\}$ 系的姿态，假设 $\{B\}$ 系在初始状态下与 $\{A\}$ 系重合，然后在三个旋转算子的作用下，使 $\{B\}$ 系依次绕 $\{A\}$ 系的三个坐标轴 $\boldsymbol{x}_A$、$\boldsymbol{y}_A$、z_A 旋转 ψ、θ、ϕ 角，得到 $\{B\}$ 系的最终姿态（图 3-28）。将绕固定坐标系三个轴的三次转动，得到的三个转角（ψ、θ、ϕ）称为 X-Y-Z 固定角。

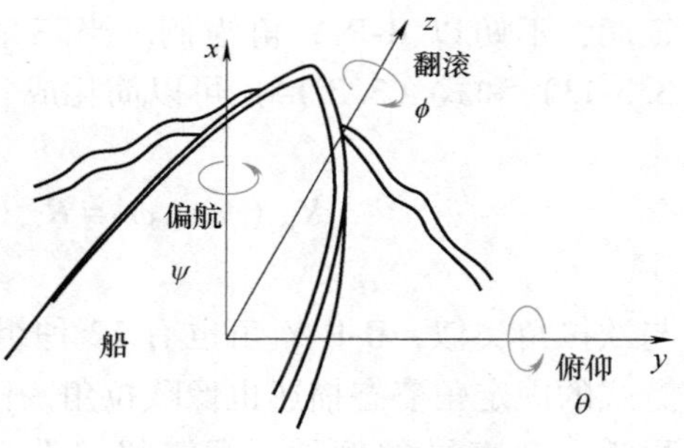

图 3-27　船舶的 R-P-Y 描述

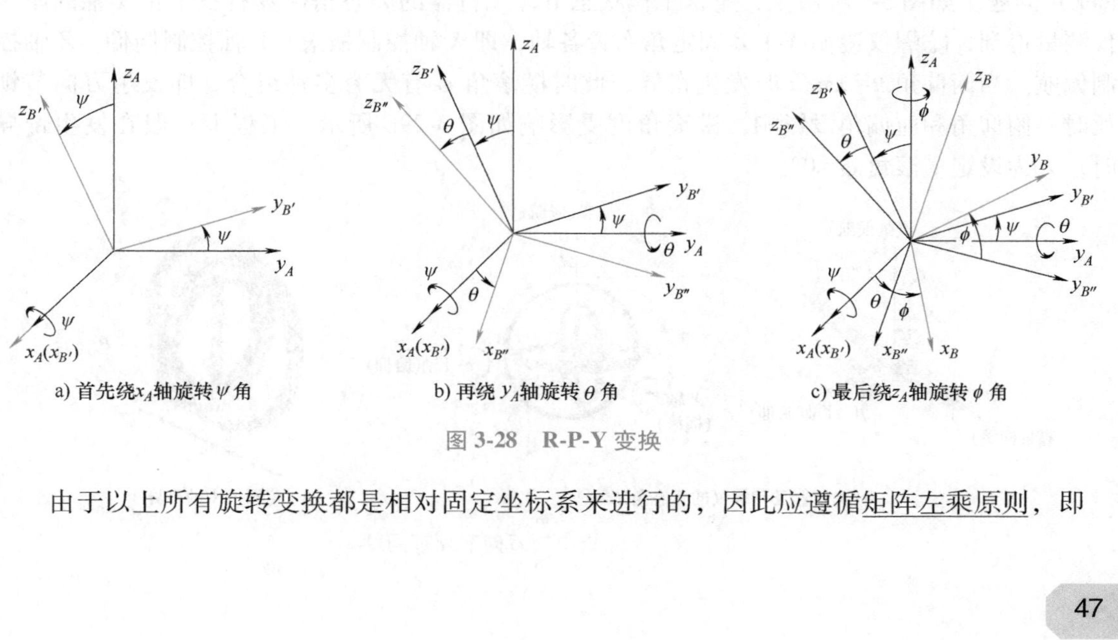
a) 首先绕x_A轴旋转 ψ 角
b) 再绕 y_A轴旋转 θ 角
c) 最后绕z_A轴旋转 φ 角

图 3-28　R-P-Y 变换

由于以上所有旋转变换都是相对固定坐标系来进行的，因此应遵循矩阵左乘原则，即

$$
{}^A_B\boldsymbol{R}=\boldsymbol{R}_{XYZ}(\psi,\theta,\phi)=\boldsymbol{R}_{z_A}(\phi)\boldsymbol{R}_{y_A}(\theta)\boldsymbol{R}_{x_A}(\psi)
=\begin{pmatrix}\cos\theta\cos\phi & \sin\psi\sin\theta\cos\phi-\cos\psi\sin\phi & \cos\psi\sin\theta\cos\phi+\sin\psi\sin\phi\\ \cos\theta\sin\phi & \sin\psi\sin\theta\sin\phi+\cos\psi\cos\phi & \cos\psi\sin\theta\sin\phi-\sin\psi\cos\phi\\ -\sin\theta & \sin\psi\cos\theta & \cos\psi\cos\theta\end{pmatrix} \tag{3.3-13}
$$

对比式（3.3-2）和式（3.3-13），可以看出，两者完全相同。即三次绕固定轴旋转的姿态与以相反顺序三次绕动轴旋转的姿态等价。（请思考为什么。）

【例 3-11】 R-P-Y 角的旋转顺序不能颠倒。

R-P-Y 角右乘结果如下：

$$
\boldsymbol{R}_{ZYX}(\phi,\theta,\psi)=\boldsymbol{R}_{x_A}(\psi)\boldsymbol{R}_{y_A}(\theta)\boldsymbol{R}_{z_A}(\phi)
=\begin{pmatrix}\cos\phi\cos\theta & -\sin\phi\cos\theta & \sin\theta\\ \sin\phi\cos\psi+\cos\theta\cos\phi\cos\psi & \cos\phi\cos\psi-\sin\theta\sin\phi\sin\psi & -\cos\theta\sin\psi\\ \sin\phi\sin\psi-\sin\theta\cos\phi\cos\psi & \cos\phi\sin\psi+\sin\theta\sin\phi\cos\psi & \cos\theta\cos\psi\end{pmatrix} \tag{3.3-14}
$$

对比式（3.3-13）和式（3.3-14），很显然两者不同。

不过，无论欧拉角还是 R-P-Y 角，当三个姿态角变化很小（即旋转角度足够小）时，结果与转动顺序无关。下面给出简单证明过程。

证明：不妨以 R-P-Y 角为例。当三个姿态角变化很小时，$\cos\theta\doteq 1$，$\sin\theta\doteq\theta$，因此，式（3.3-13）和式（3.3-14）可以简化成

$$
\boldsymbol{R}_{xyz}(\psi,\theta,\phi)=\boldsymbol{R}_{zyx}(\phi,\theta,\psi)=\begin{pmatrix}1 & -\phi & \theta\\ \phi & 1 & -\psi\\ -\theta & \psi & 1\end{pmatrix} \tag{3.3-15}
$$

与欧拉角类似，R-P-Y 角也有 12 种组合形式，只是这些角通常被称为固定角。同样，所有方式的固定角姿态描述也像欧拉角一样，存在奇异问题。

再举一个奇异的例子，即飞机、无人机、航天器等飞行器中的万向节死锁（gimbal lock）问题。如图 3-29a 所示，正常工作状态下，飞行器的姿态角由具有三个正交轴的陀螺仪测量得到，陀螺仪遵循 X-Y-Z 固定角布置各轴，即 X 轴控制横滚，Y 轴控制俯仰，Z 轴控制偏航。当俯仰角 $\theta=\pm\pi/2$ 时发生奇异，此时横滚角 ϕ 有无穷多种组合，即发生万向节锁死时，俯仰角和航偏角没影响，横滚角度受影响如图 3-29b 所示。工程上一般在发生奇异时，人为设定横滚角 $\phi=0°$。

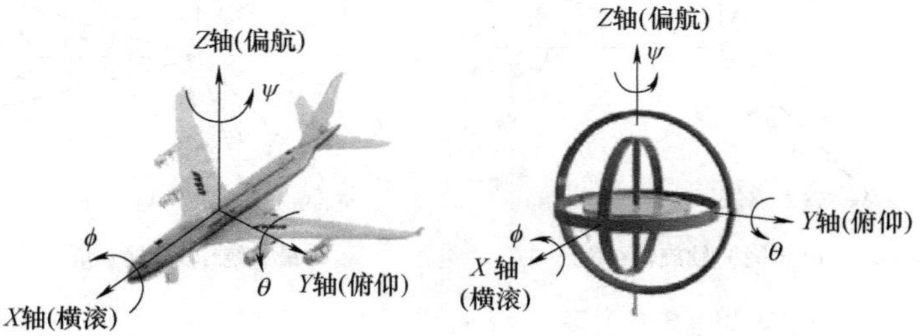

a) 飞行器及陀螺仪的姿态角(测量)

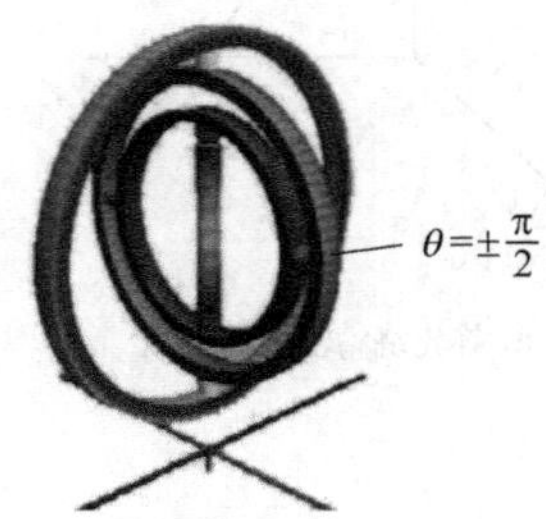

b) 陀螺仪中的奇异

图 3-29　无人机中的万向节死锁问题

3.3.3　等效轴-角

如图 3-30a 所示，假设存在一个通过原点的单位矢量 $\hat{\boldsymbol{\omega}}=(\omega_x,\omega_y,\omega_z)^{\mathrm{T}}$，能使坐标系$\{B\}$从坐标系$\{A\}$的姿态绕该矢量旋转 θ 角之后，与图中所示的坐标系$\{B\}$的姿态重合。换言之，若定义该旋转变换矩阵为 $\boldsymbol{R}_{\hat{\omega}}(\theta)$，核心问题就是要找到可满足关系式 $\boldsymbol{R}_{\hat{\omega}}(\theta)={}^A_B\boldsymbol{R}$ 的矩阵 $\boldsymbol{R}_{\hat{\omega}}(\theta)$。

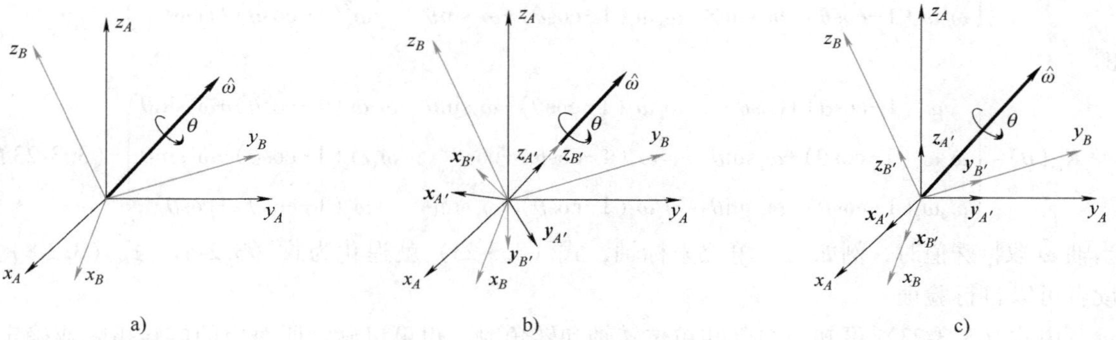

图 3-30　绕等效轴-角的旋转变换

首先定义两个中间坐标系$\{A'\}$和$\{B'\}$，令$\{A'\}$系与$\{A\}$系固连、$\{B'\}$系与$\{B\}$系固连，且$\{A'\}$系与$\{B'\}$系的 z 轴与旋转轴 $\hat{\boldsymbol{\omega}}$ 重合（图 3-30b）。

旋转之前，令$\{A\}$系与$\{B\}$系重合、$\{A'\}$系与$\{B'\}$系重合（图 3-30c），因此，若坐标系$\{B\}$绕旋转轴 $\hat{\boldsymbol{\omega}}$ 相对于坐标系$\{A\}$旋转 θ 角，即意味着$\{B'\}$系绕旋转轴 $\hat{\boldsymbol{\omega}}$ 相对于$\{A'\}$系旋转 θ 角。根据上述假设可知，旋转后$\{A'\}$系相对$\{A\}$系、$\{B'\}$系相对$\{B\}$系的旋转矩阵为

$$
{}^A_{A'}\boldsymbol{R}={}^B_{B'}\boldsymbol{R}=(\hat{\boldsymbol{n}}\quad\hat{\boldsymbol{o}}\quad\hat{\boldsymbol{\omega}})=\begin{pmatrix} n_x & o_x & \omega_x \\ n_y & o_y & \omega_y \\ n_z & o_z & \omega_z \end{pmatrix} \tag{3.3-16}
$$

对于共原点的$\{A\}$、$\{B\}$、$\{A'\}$、$\{B'\}$四个坐标系，可以建立如图 3-31 所示的旋转变换关系图。由此进一步建立如下连续变换方程：

$$
{}^A_B\boldsymbol{R}={}^A_{A'}\boldsymbol{R}\,{}^{A'}_{B'}\boldsymbol{R}\,{}^{B'}_{B}\boldsymbol{R} \tag{3.3-17}
$$

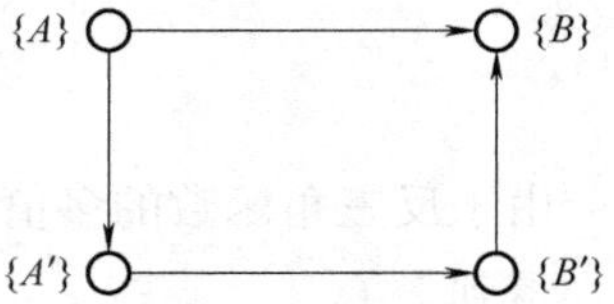

图 3-31　旋转变换关系图

由于${}^{A'}_{B'}\boldsymbol{R}$ 是绕 $z_{A'}$ 轴的旋转，因此有

$$
{}^{A'}_{B'}\boldsymbol{R}=\boldsymbol{R}_z(\theta) \tag{3.3-18}
$$

根据旋转矩阵的正交特性，可得

$$
{}^{B'}_{B}\boldsymbol{R}={}^B_{B'}\boldsymbol{R}^{-1}={}^B_{B'}\boldsymbol{R}^{\mathrm{T}} \tag{3.3-19}
$$

将式（3.3-16）、式（3.3-18）和式（3.3-19）代入式（3.3-17）中，可得

$$
{}^A_B\boldsymbol{R}={}^A_{A'}\boldsymbol{R}\boldsymbol{R}_z(\theta)\,{}^B_{B'}\boldsymbol{R}^{\mathrm{T}} \tag{3.3-20}
$$

将式（3.3-20）展开，得

$$ {}^{A}_{B}\boldsymbol{R}={}^{A}_{A'}\boldsymbol{R}\boldsymbol{R}_z(\theta){}^{B}_{B'}\boldsymbol{R}^{\mathrm{T}}=\begin{pmatrix} n_x & o_x & \omega_x \\ n_y & o_y & \omega_y \\ n_z & o_z & \omega_z \end{pmatrix}\begin{pmatrix} \cos\theta & -\sin\theta & 0 \\ \sin\theta & \cos\theta & 0 \\ 0 & 0 & 1 \end{pmatrix}\begin{pmatrix} n_x & n_y & n_z \\ o_x & o_y & o_z \\ \omega_x & \omega_y & \omega_z \end{pmatrix} \tag{3.3-21} $$

再根据 $\hat{\boldsymbol{n}}$，$\hat{\boldsymbol{o}}$，$\hat{\boldsymbol{\omega}}$ 相互正交的特性，将式（3.3-21）整理简化得到

$$ {}^{A}_{B}\boldsymbol{R}=\begin{pmatrix} \omega_x^2(1-\cos\theta)+\cos\theta & \omega_x\omega_y(1-\cos\theta)-\omega_z\sin\theta & \omega_x\omega_z(1-\cos\theta)+\omega_y\sin\theta \\ \omega_x\omega_y(1-\cos\theta)+\omega_z\sin\theta & \omega_y^2(1-\cos\theta)+\cos\theta & \omega_y\omega_z(1-\cos\theta)-\omega_x\sin\theta \\ \omega_x\omega_z(1-\cos\theta)-\omega_y\sin\theta & \omega_y\omega_z(1-\cos\theta)+\omega_x\sin\theta & \omega_z^2(1-\cos\theta)+\cos\theta \end{pmatrix} \tag{3.3-22} $$

即

$$ \boldsymbol{R}_{\hat{\omega}}(\theta)=\begin{pmatrix} \omega_x^2(1-\cos\theta)+\cos\theta & \omega_x\omega_y(1-\cos\theta)-\omega_z\sin\theta & \omega_x\omega_z(1-\cos\theta)+\omega_y\sin\theta \\ \omega_x\omega_y(1-\cos\theta)+\omega_z\sin\theta & \omega_y^2(1-\cos\theta)+\cos\theta & \omega_y\omega_z(1-\cos\theta)-\omega_x\sin\theta \\ \omega_x\omega_z(1-\cos\theta)-\omega_y\sin\theta & \omega_y\omega_z(1-\cos\theta)+\omega_x\sin\theta & \omega_z^2(1-\cos\theta)+\cos\theta \end{pmatrix} \tag{3.3-23} $$

当轴 $\hat{\boldsymbol{\omega}}$ 取特殊值时，例如三个单位坐标轴，式（3.3-23）就退化为式（3.2-6）~式（3.2-8）。读者可以自行验证。

由式（3.3-23）可知，当已知单位转轴和转角时，也可以确定所对应的旋转矩阵或确定刚体的当前姿态。换句话说，**刚体姿态也可用单位转轴和转角组成的 3 个参数来描述**，这就是**等效轴-角**（angle-axis）的姿态描述方法。

若将该问题反过来，即已知某一姿态矩阵，如何求得对应的等效转轴和转角？这个问题其实也不难求解。

若给定姿态矩阵 $\boldsymbol{R}$，根据定义有

$$ \boldsymbol{R}=\begin{pmatrix} r_{11} & r_{12} & r_{13} \\ r_{21} & r_{22} & r_{23} \\ r_{31} & r_{32} & r_{33} \end{pmatrix} \tag{3.3-24} $$

下面来构造相应的等效转轴和转角。对比式（3.3-23）和式（3.3-24），得到

$$ \mathrm{tr}(\boldsymbol{R})=r_{11}+r_{22}+r_{33}=1+2\cos\theta \tag{3.3-25} $$

$$ \theta=\arccos\frac{r_{11}+r_{22}+r_{33}-1}{2} \tag{3.3-26} $$

由于反三角函数的多值性，其值可选为 $2k\pi\pm\theta$ 中的任何一个。再将 $\boldsymbol{R}$ 的非对角元素相减，得到

$$ \begin{cases} r_{32}-r_{23}=2\omega_x\sin\theta \\ r_{13}-r_{31}=2\omega_y\sin\theta \\ r_{21}-r_{12}=2\omega_z\sin\theta \end{cases} \tag{3.3-27} $$

当 $\theta\neq 0$ 时，转轴

$$ \hat{\boldsymbol{\omega}}=\begin{pmatrix} \omega_x \\ \omega_y \\ \omega_z \end{pmatrix}=\frac{1}{2\sin\theta}\begin{pmatrix} r_{32}-r_{23} \\ r_{13}-r_{31} \\ r_{21}-r_{12} \end{pmatrix} \tag{3.3-28} $$

由此可以得出结论：任一旋转矩阵 $\boldsymbol{R}$ 总可以等效为绕某一固定轴 $\hat{\omega}$ 的旋转运动（图 3-32），这也是欧拉定理（Euler theorem）所阐述的内容。

等效轴-角特别适合于指向机构（pointing mechanism）的姿态描述和轨迹规划。

不过，从式（3.3-28）可以看出，等效轴-角法描述刚体运动姿态也存在有奇异的问题。

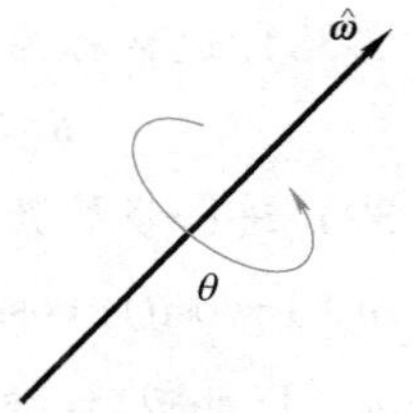

图 3-32　姿态矩阵的等效转轴与等效转角

【小知识】罗德里格斯公式

事实上，基于等效轴-角的姿态矩阵公式有多种推导方法，除了上面介绍的旋转变换法之外，还可以利用罗德里格斯（Rodrigues）公式得到。

考察如图 3-33 所示的刚体绕某一固定轴做旋转运动。设 $\hat{\boldsymbol{\omega}}$ 是表示旋转轴方向的单位矢量，θ 为转角。

在转动刚体上取任意一点 P，如果刚体以单位角速度绕轴 $\hat{\boldsymbol{\omega}}$ 匀速转动，根据理论力学的知识，P 点的速度可以表示为

$$\dot{\boldsymbol{p}}(t)=\hat{\boldsymbol{\omega}}\times\boldsymbol{p}(t) \tag{3.3-29}$$

由于，对于任意两个矢量，都满足如下运算式：

$$\hat{\boldsymbol{\omega}}\times\boldsymbol{r}=[\hat{\boldsymbol{\omega}}]\boldsymbol{r} \tag{3.3-30}$$

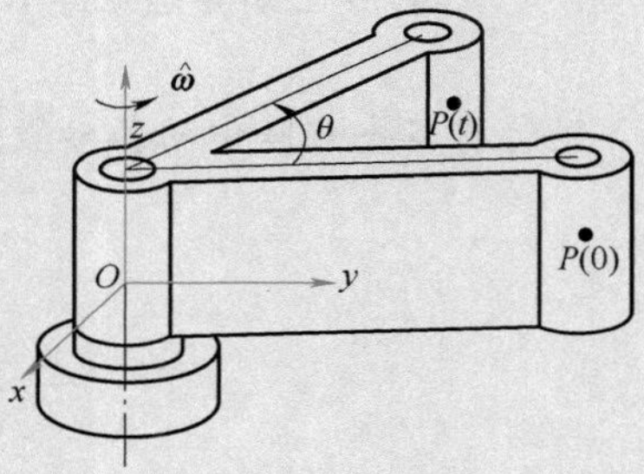

图 3-33　刚体绕定轴旋转

因此有

$$\dot{\boldsymbol{p}}(t)=[\hat{\boldsymbol{\omega}}]\boldsymbol{p}(t) \tag{3.3-31}$$

式（3.3-31）是一个以时间为变量的一阶线性微分方程，其解为

$$\boldsymbol{p}(t)=\mathrm{e}^{t[\hat{\boldsymbol{\omega}}]}\boldsymbol{p}(0) \tag{3.3-32}$$

式中，$\boldsymbol{p}(0)$ 为该点的初始位置，$\mathrm{e}^{t[\hat{\boldsymbol{\omega}}]}$ 为矩阵指数。进行泰勒（Taylor）级数展开，得

$$\mathrm{e}^{t[\hat{\boldsymbol{\omega}}]}=\boldsymbol{I}+t[\hat{\boldsymbol{\omega}}]+\frac{(t[\hat{\boldsymbol{\omega}}])^2}{2!}+\frac{(t[\hat{\boldsymbol{\omega}}])^3}{3!}\cdots \tag{3.3-33}$$

如果刚体绕轴 $\hat{\boldsymbol{\omega}}$ 在 t 时间内旋转角度 θ，此时，可将变量由 t 变成 θ，式（3.3-32）和式（3.3-33）分别写成

$$\boldsymbol{p}(\theta)=\mathrm{e}^{\theta[\hat{\boldsymbol{\omega}}]}\boldsymbol{p}(0) \tag{3.3-34}$$

$$\mathrm{e}^{\theta[\hat{\boldsymbol{\omega}}]}=\boldsymbol{I}+\theta[\hat{\boldsymbol{\omega}}]+\frac{\theta^2}{2!}[\hat{\boldsymbol{\omega}}]^2+\frac{\theta^3}{3!}[\hat{\boldsymbol{\omega}}]^3+\cdots \tag{3.3-35}$$

注意到单位反对称矩阵 $[\hat{\boldsymbol{\omega}}]$ 满足以下关系（读者可自行证明）：

$$[\hat{\boldsymbol{\omega}}]^{\mathrm{T}}=[\hat{\boldsymbol{\omega}}]^{-1}=-[\hat{\boldsymbol{\omega}}],\quad [\hat{\boldsymbol{\omega}}]^2=\hat{\boldsymbol{\omega}}\hat{\boldsymbol{\omega}}^{\mathrm{T}}-\boldsymbol{I},\quad [\hat{\boldsymbol{\omega}}]^3=-[\hat{\boldsymbol{\omega}}] \tag{3.3-36}$$

这样，式（3.3-35）可以写成

$$\mathrm{e}^{\theta[\hat{\boldsymbol{\omega}}]}=\boldsymbol{I}+\left(\theta-\frac{\theta^3}{3!}+\frac{\theta^5}{5!}-\cdots\right)[\hat{\boldsymbol{\omega}}]+\left(\frac{\theta^2}{2!}-\frac{\theta^4}{4!}+\frac{\theta^6}{6!}-\cdots\right)[\hat{\boldsymbol{\omega}}]^2 \tag{3.3-37}$$

由此得到

$$\mathrm{e}^{\theta[\hat{\boldsymbol{\omega}}]}=\boldsymbol{I}+[\hat{\boldsymbol{\omega}}]\sin\theta+[\hat{\boldsymbol{\omega}}]^2(1-\cos\theta) \tag{3.3-38}$$

式（3.3-38）通常称为罗德里格斯公式，记作

$$R_{\hat{\omega}}(\theta)=e^{\theta[\hat{\omega}]}=I+[\hat{\omega}]\sin\theta+[\hat{\omega}]^2(1-\cos\theta) \tag{3.3-39}$$

对式（3.3-39）进一步展开，可得

$$R_{\hat{\omega}}(\theta)=\begin{pmatrix}\omega_x^2(1-\cos\theta)+\cos\theta & \omega_x\omega_y(1-\cos\theta)-\omega_z\sin\theta & \omega_x\omega_z(1-\cos\theta)+\omega_y\sin\theta\\ \omega_x\omega_y(1-\cos\theta)+\omega_z\sin\theta & \omega_y^2(1-\cos\theta)+\cos\theta & \omega_y\omega_z(1-\cos\theta)-\omega_x\sin\theta\\ \omega_x\omega_z(1-\cos\theta)-\omega_y\sin\theta & \omega_y\omega_z(1-\cos\theta)+\omega_x\sin\theta & \omega_z^2(1-\cos\theta)+\cos\theta\end{pmatrix} \tag{3.3-40}$$

可以看出，式（3.3-40）与式（3.3-23）完全一致。

【例 3-12】 已知姿态矩阵 $R=\begin{pmatrix}0&0&1\\1&0&0\\0&1&0\end{pmatrix}$，求对应的等效转轴和转角。

解：将姿态矩阵中的各参数代入式（3.3-25）、式（3.3-26）和式（3.3-28），可得

$$1+2\cos\theta=0$$

$$\theta=120°$$

$$\hat{\omega}=\frac{1}{2\sin\theta}\begin{pmatrix}r_{32}-r_{23}\\r_{13}-r_{31}\\r_{21}-r_{12}\end{pmatrix}=\frac{1}{\sqrt{3}}\begin{pmatrix}1\\1\\1\end{pmatrix}$$

【例 3-13】 物体坐标系$\{B\}$最初与固定坐标系$\{A\}$重合。令$\{B\}$绕过坐标原点的单位矢量 $\hat{\omega}=\left(\frac{1}{\sqrt{3}},\frac{1}{\sqrt{3}},\frac{1}{\sqrt{3}}\right)^{\mathrm{T}}$ 转动 120°，求当前坐标系$\{B\}$相对固定坐标系的姿态矩阵。

解：将单位转轴和转角值直接代入式（3.3-40），即可得到与坐标系$\{B\}$对应的姿态矩阵。

$$R_{\hat{\omega}}(\theta)=I+[\hat{\omega}]\sin\theta+[\hat{\omega}]^2(1-\cos\theta)=\begin{pmatrix}0&0&1\\1&0&0\\0&1&0\end{pmatrix}$$

例 3-12 与例 3-13 可以相互验证。

3.3.4 单位四元数

需要指出的是，无论等效轴-角法还是欧拉角描述刚体姿态都存在有奇异的问题。虽然采用方向余弦矩阵描述刚体姿态没有奇异，但参数过多。因此，为了避免这种奇异性，同时使描述相对简单，引入了单位四元数（unit quaternion）的姿态描述方法。值得说明的是，四元数最早的提出者是爱尔兰数学家哈密尔顿（Hamilton，1805—1865），后经 Gibbs 和 Grassmann 改进为更简单的表示形式。

1843 年，哈密尔顿在研究将复数从二维空间扩展到高维空间时，提出了一种超复数，即四元数（quaternion）。具体可表示成一个实数与一个三维向量组合的形式，即

$$\tilde{q}=q_0+q=q_0+q_1 i+q_2 j+q_3 k \tag{3.3-41}$$

式中，$\boldsymbol{i}$、$\boldsymbol{j}$、$\boldsymbol{k}$ 为算子，且满足如下运算规则：

$$\begin{aligned} &\boldsymbol{i}^2=\boldsymbol{j}^2=\boldsymbol{k}^2=\boldsymbol{ijk}=-1\\ &\boldsymbol{ij}=\boldsymbol{k}=-\boldsymbol{ji}\\ &\boldsymbol{jk}=\boldsymbol{i}=-\boldsymbol{kj}\\ &\boldsymbol{ki}=\boldsymbol{j}=-\boldsymbol{ik} \end{aligned} \tag{3.3-42}$$

为表达简单，四元数可写成 $\tilde{\boldsymbol{q}}=(q_0,\boldsymbol{q})=(q_0,q_1,q_2,q_3)^{\mathrm{T}}$的形式。

哈密尔顿同时给出了四元数的加法、乘法、逆、模以及共轭等运算法则。

令 $\tilde{\boldsymbol{p}}=(p_0,\boldsymbol{p})$，$\tilde{\boldsymbol{q}}=(q_0,\boldsymbol{q})$，即有

1）四元数的加法：

$$\tilde{\boldsymbol{p}}+\tilde{\boldsymbol{q}}=(p_0+q_0,\boldsymbol{p}+\boldsymbol{q}) \tag{3.3-43}$$

2）四元数的乘法：

$$\tilde{\boldsymbol{p}}\,\tilde{\boldsymbol{q}}=(p_0q_0-\boldsymbol{p}\cdot\boldsymbol{q},q_0\boldsymbol{p}+p_0\boldsymbol{q}+\boldsymbol{p}\times\boldsymbol{q}) \tag{3.3-44}$$

3）共轭四元数：

$$\tilde{\boldsymbol{q}}^*=(q_0,-\boldsymbol{q}) \tag{3.3-45}$$

4）四元数的逆：

$$\tilde{\boldsymbol{q}}^{-1}=\frac{\tilde{\boldsymbol{q}}^*}{\tilde{\boldsymbol{q}}\cdot\tilde{\boldsymbol{q}}} \tag{3.3-46}$$

5）四元数的模：

$$|\tilde{\boldsymbol{q}}|=\sqrt{\tilde{\boldsymbol{q}}\cdot\tilde{\boldsymbol{q}}}=\sqrt{\tilde{\boldsymbol{q}}\,\tilde{\boldsymbol{q}}^*}=\sqrt{q_0^2+q_1^2+q_2^2+q_3^2} \tag{3.3-47}$$

模为 1 的四元数称为单位四元数。将 $|\tilde{\boldsymbol{q}}|=1$ 代入式（3.3-47）可得

$$\tilde{\boldsymbol{q}}^{-1}=\tilde{\boldsymbol{q}}^* \tag{3.3-48}$$

本节主要讨论单位四元数在姿态描述中的应用。为描述方便，定义单位四元数

$$\tilde{\boldsymbol{\varepsilon}}=\varepsilon_0+\varepsilon_1\boldsymbol{i}+\varepsilon_2\boldsymbol{j}+\varepsilon_3\boldsymbol{k} \tag{3.3-49}$$

式（3.3-49）中的 4 个参数 ε_0、ε_1、ε_2、ε_3 称为欧拉参数（Euler parameters），以纪念欧拉最早将其用于姿态描述。它满足

$$\varepsilon_0^2+\varepsilon_1^2+\varepsilon_2^2+\varepsilon_3^2=1 \tag{3.3-50}$$

$\tilde{\boldsymbol{\varepsilon}}$ 的共轭（conjugate）形式：

$$\tilde{\boldsymbol{\varepsilon}}^*=\varepsilon_0-\varepsilon_1\boldsymbol{i}-\varepsilon_2\boldsymbol{j}-\varepsilon_3\boldsymbol{k} \tag{3.3-51}$$

且满足

$$\tilde{\boldsymbol{\varepsilon}}\,\tilde{\boldsymbol{\varepsilon}}^*=1 \tag{3.3-52}$$

现在考虑用单位四元数来描述刚体的姿态。假设刚体的姿态通过等效轴-角来描述，即绕某一固定的单位轴 $\hat{\boldsymbol{\omega}}=(\omega_x,\omega_y,\omega_z)^{\mathrm{T}}$转动角 θ 得到的姿态，用单位四元数可以表示为

$$\tilde{\boldsymbol{\varepsilon}}=\varepsilon_0+\varepsilon_1\boldsymbol{i}+\varepsilon_2\boldsymbol{j}+\varepsilon_3\boldsymbol{k}=\cos(\theta/2)+\hat{\boldsymbol{\omega}}\sin(\theta/2) \tag{3.3-53}$$

式中，

$$\begin{cases}\varepsilon_0=\cos(\theta/2)\\ \varepsilon_1=\omega_x\sin(\theta/2)\\ \varepsilon_2=\omega_y\sin(\theta/2)\\ \varepsilon_3=\omega_z\sin(\theta/2)\end{cases} \tag{3.3-54}$$

由式（3.3-54），可将单位四元数 $(\varepsilon_0,\varepsilon_1,\varepsilon_2,\varepsilon_3)^{\mathrm{T}}$ 转换到等效轴-角表示：

$$\begin{cases}\theta=2\arccos\varepsilon_0\\ \omega_x=\dfrac{\varepsilon_1}{\sin(\theta/2)}\\ \omega_y=\dfrac{\varepsilon_2}{\sin(\theta/2)}\\ \omega_z=\dfrac{\varepsilon_3}{\sin(\theta/2)}\end{cases} \tag{3.3-55}$$

另外，共轭单位四元数为

$$\tilde{\boldsymbol{\varepsilon}}^*=\varepsilon_0-\varepsilon_1\boldsymbol{i}-\varepsilon_2\boldsymbol{j}-\varepsilon_3\boldsymbol{k}=\cos(\theta/2)-\hat{\boldsymbol{\omega}}\sin(\theta/2) \tag{3.3-56}$$

根据哈密尔顿的单位四元数理论，将矢量 $\boldsymbol{p}=(p_x,p_y,p_z)^{\mathrm{T}}$ 绕轴线 $\hat{\boldsymbol{\omega}}=(\hat{\omega}_x,\hat{\omega}_y,\hat{\omega}_z)^{\mathrm{T}}$ 旋转 θ 角后，其坐标可以写成

$$\boldsymbol{p}'=\tilde{\boldsymbol{\varepsilon}}\boldsymbol{p}\tilde{\boldsymbol{\varepsilon}}^* \tag{3.3-57}$$

式中，$\boldsymbol{p}'$ 为绕轴线 $\hat{\boldsymbol{\omega}}$ 旋转后相对于固定坐标系的新坐标。代入式（3.3-53）和式（3.3-56）得

$$\begin{aligned}\boldsymbol{p}'&=\boldsymbol{p}+\sin\theta[\hat{\boldsymbol{\omega}}]\boldsymbol{p}+(1-\cos\theta)[\hat{\boldsymbol{\omega}}]^2\boldsymbol{p}\\&=(\boldsymbol{I}+\sin\theta[\hat{\boldsymbol{\omega}}]+(1-\cos\theta)[\hat{\boldsymbol{\omega}}]^2)\boldsymbol{p}\\&=\boldsymbol{R}_{\tilde{\varepsilon}}\boldsymbol{p}\end{aligned} \tag{3.3-58}$$

可以看出，式（3.3-58）与式（3.3-39）完全一致。

再将式（3.3-55）代入式（3.3-40），可导出用单位四元数表示的姿态表达，具体推导过程从略，直接给出结果。

$$\boldsymbol{R}_{\tilde{\varepsilon}}=\begin{pmatrix}1-2(\varepsilon_2^2+\varepsilon_3^2) & 2(\varepsilon_1\varepsilon_2-\varepsilon_0\varepsilon_3) & 2(\varepsilon_1\varepsilon_3-\varepsilon_0\varepsilon_2)\\ 2(\varepsilon_1\varepsilon_2-\varepsilon_0\varepsilon_3) & 1-2(\varepsilon_1^2+\varepsilon_3^2) & 2(\varepsilon_2\varepsilon_3-\varepsilon_0\varepsilon_1)\\ 2(\varepsilon_1\varepsilon_3-\varepsilon_0\varepsilon_2) & 2(\varepsilon_2\varepsilon_3-\varepsilon_0\varepsilon_1) & 1-2(\varepsilon_1^2+\varepsilon_2^2)\end{pmatrix} \tag{3.3-59}$$

可通过类似求解等效轴-角与一般姿态矩阵之间映射关系的方法得到单位四元数与一般姿态矩阵之间的映射关系，具体推导过程从略，直接给出结果。

$$\boldsymbol{R}=\begin{pmatrix}r_{11} & r_{12} & r_{13}\\ r_{21} & r_{22} & r_{23}\\ r_{31} & r_{32} & r_{33}\end{pmatrix}=\begin{pmatrix}1-2(\varepsilon_2^2+\varepsilon_3^2) & 2(\varepsilon_1\varepsilon_2-\varepsilon_0\varepsilon_3) & 2(\varepsilon_1\varepsilon_3-\varepsilon_0\varepsilon_2)\\ 2(\varepsilon_1\varepsilon_2-\varepsilon_0\varepsilon_3) & 1-2(\varepsilon_1^2+\varepsilon_3^2) & 2(\varepsilon_2\varepsilon_3-\varepsilon_0\varepsilon_1)\\ 2(\varepsilon_1\varepsilon_3-\varepsilon_0\varepsilon_2) & 2(\varepsilon_2\varepsilon_3-\varepsilon_0\varepsilon_1) & 1-2(\varepsilon_1^2+\varepsilon_2^2)\end{pmatrix} \tag{3.3-60}$$

已知一旋转矩阵，所对应的欧拉参数是

$$\begin{cases}\varepsilon_0=\dfrac{1}{2}\sqrt{1+r_{11}+r_{22}+r_{33}}\\ \varepsilon_1=\dfrac{r_{32}-r_{23}}{4\varepsilon_0}\\ \varepsilon_2=\dfrac{r_{13}-r_{31}}{4\varepsilon_0}\\ \varepsilon_3=\dfrac{r_{21}-r_{12}}{4\varepsilon_0}\end{cases} \tag{3.3-61}$$

由式（3.3-61）可以看出，不存在奇异现象（分母永不为零）。因此又称单位四元数表示的旋转矩阵具有全局特性，称欧拉参数为全局参数。

【例 3-14】　给定一个点，用矢量 $\boldsymbol{p}=(0,1,1)^{\mathrm{T}}$ 来表示，求该点绕轴线 $\hat{\boldsymbol{\omega}}=(0,0,1)^{\mathrm{T}}$ 旋转 90°后的坐标。

解：直接将单位转轴和转角以及点的坐标 $\boldsymbol{p}$ 代入式（3.3-58），可得

$$\boldsymbol{p}'=(\boldsymbol{I}+\sin\theta[\hat{\boldsymbol{\omega}}]+(1-\cos\theta)[\hat{\boldsymbol{\omega}}]^2)\boldsymbol{p}=(\boldsymbol{I}+[\hat{\boldsymbol{\omega}}]+[\hat{\boldsymbol{\omega}}]^2)\boldsymbol{p}$$

$$=\left[\begin{pmatrix}1&0&0\\0&1&0\\0&0&1\end{pmatrix}+\begin{pmatrix}0&-1&0\\1&0&0\\0&0&0\end{pmatrix}+\begin{pmatrix}-1&0&0\\0&-1&0\\0&0&0\end{pmatrix}\right]\begin{pmatrix}0\\1\\1\end{pmatrix}=\begin{pmatrix}-1\\0\\1\end{pmatrix}$$

【例 3-15】　已知姿态矩阵 $\boldsymbol{R}=\begin{pmatrix}0&0&1\\1&0&0\\0&1&0\end{pmatrix}$，求对应的等效欧拉参数。

解：将姿态矩阵中的参数值直接代入式（3.3-61），即可得到对应的等效欧拉参数。

$$\varepsilon_0=\frac{1}{2},\quad \varepsilon_1=\frac{1}{2},\quad \varepsilon_2=\frac{1}{2},\quad \varepsilon_3=\frac{1}{2}$$

因此，该姿态矩阵对应的单位四元数为

$$\tilde{\boldsymbol{\varepsilon}}=\frac{1}{2}+\frac{1}{2}\boldsymbol{i}+\frac{1}{2}\boldsymbol{j}+\frac{1}{2}\boldsymbol{k}$$

【例 3-16】　已知单位四元数为

$$\tilde{\boldsymbol{\varepsilon}}=\boldsymbol{i}$$

求对应的旋转矩阵和等效转轴。

解：由于单位四元数为 $\tilde{\boldsymbol{\varepsilon}}=\boldsymbol{i}$，因此有

$$\varepsilon_0=0,\quad \varepsilon_1=1,\quad \varepsilon_2=0,\quad \varepsilon_3=0$$

将该单位四元数代入式（3.3-60）可得

$$\boldsymbol{R}=\begin{pmatrix}1&0&0\\0&-1&0\\0&0&-1\end{pmatrix}$$

再将上式值代入式（3.3-26）和式（3.3-28）中，可得

$$\theta=\arccos\frac{r_{11}+r_{22}+r_{33}-1}{2}=\arccos(-1)=180°$$

$$\hat{\boldsymbol{\omega}}=\boldsymbol{i}$$

该四元数的物理意义是绕 $\boldsymbol{x}$ 轴旋转半周，因此，该单位四元数的等效轴为 $\boldsymbol{x}$ 轴。

【例 3-17】 已知单位四元数为

$$\tilde{\boldsymbol{\varepsilon}}=\frac{1}{2}+\frac{\sqrt{3}}{2}\boldsymbol{k}$$

求对应的旋转矩阵和等效转轴。

解：由于单位四元数为 $\tilde{\boldsymbol{\varepsilon}}=\boldsymbol{i}$，因此有

$$\varepsilon_0=\frac{1}{2},\quad \varepsilon_1=0,\quad \varepsilon_2=0,\quad \varepsilon_3=\frac{\sqrt{3}}{2}$$

将该单位四元数代入式（3.3-60）可得

$$\boldsymbol{R}=\begin{pmatrix}-\frac{1}{2} & -\frac{\sqrt{3}}{2} & 0\\ \frac{\sqrt{3}}{2} & -\frac{1}{2} & 0\\ 0 & 0 & 1\end{pmatrix}$$

再将上式的值代入式（3.3-26）和式（3.3-28）中，可得

$$\theta=\arccos\frac{r_{11}+r_{22}+r_{33}-1}{2}=\arccos\left(-\frac{1}{2}\right)=120°$$

$$\hat{\boldsymbol{\omega}}=\frac{1}{2\sin\theta}\begin{pmatrix}r_{32}-r_{23}\\ r_{13}-r_{31}\\ r_{21}-r_{12}\end{pmatrix}=\begin{pmatrix}0\\0\\1\end{pmatrix}$$

表示该等效轴为 z 轴，该四元数的物理意义是绕 z 轴旋转 120°。

利用单位四元数也可实现连续旋转。例如，用单位四元数实现连续两次旋转，可以先计算单位四元数的乘积（复合旋转），再与被旋转的矢量相乘，即

$$\boldsymbol{p}''=\tilde{\boldsymbol{\varepsilon}}_2\boldsymbol{p}'\tilde{\boldsymbol{\varepsilon}}_2^*=\tilde{\boldsymbol{\varepsilon}}_2(\tilde{\boldsymbol{\varepsilon}}_1\boldsymbol{p}\tilde{\boldsymbol{\varepsilon}}_1^*)\tilde{\boldsymbol{\varepsilon}}_2^*=(\tilde{\boldsymbol{\varepsilon}}_2\tilde{\boldsymbol{\varepsilon}}_1)\boldsymbol{p}(\tilde{\boldsymbol{\varepsilon}}_1^*\tilde{\boldsymbol{\varepsilon}}_2^*)=(\tilde{\boldsymbol{\varepsilon}}_2\tilde{\boldsymbol{\varepsilon}}_1)\boldsymbol{p}(\tilde{\boldsymbol{\varepsilon}}_2\tilde{\boldsymbol{\varepsilon}}_1)^*=\tilde{\boldsymbol{\varepsilon}}\boldsymbol{p}\tilde{\boldsymbol{\varepsilon}}^* \tag{3.3-62}$$

由式（3.3-58）可得

$$\boldsymbol{p}''=\boldsymbol{R}_{\tilde{\varepsilon}2}(\theta_2)\boldsymbol{p}'=\boldsymbol{R}_{\tilde{\varepsilon}2}(\theta_2)\boldsymbol{R}_{\tilde{\varepsilon}1}(\theta_1)\boldsymbol{p} \tag{3.3-63}$$

式中，$\boldsymbol{R}_{\tilde{\varepsilon}1}(\theta_1)$ 与 $\boldsymbol{R}_{\tilde{\varepsilon}2}(\theta_2)$ 分别为绕 $\tilde{\boldsymbol{\varepsilon}}_1$ 和 $\tilde{\boldsymbol{\varepsilon}}_2$ 轴旋转 θ_1、θ_2 的旋转矩阵。

式（3.3-62）与式（3.3-63）是等价的。

【例 3-18】 已知单位四元数为

$$\tilde{\boldsymbol{\varepsilon}}=\frac{1}{2}\boldsymbol{i}+\frac{\sqrt{3}}{2}\boldsymbol{j}$$

求对应的旋转矩阵和等效转轴。

解：由于单位四元数为 $\tilde{\boldsymbol{\varepsilon}}=\frac{1}{2}\boldsymbol{i}+\frac{\sqrt{3}}{2}\boldsymbol{j}$，因此欧拉参数为

$$\varepsilon_0=0,\quad \varepsilon_1=\frac{1}{2},\quad \varepsilon_2=\frac{\sqrt{3}}{2},\quad \varepsilon_3=0$$

将该单位四元数代入式（3.3-60）可得

$$R=\begin{pmatrix} -\frac{1}{2} & \frac{\sqrt{3}}{2} & 0 \\ \frac{\sqrt{3}}{2} & \frac{1}{2} & 0 \\ 0 & 0 & -1 \end{pmatrix}$$

再将上式的值代入式（3.3-26），可得

$$\theta=\arccos\frac{r_{11}+r_{22}+r_{33}-1}{2}=\arccos(-1)=180°$$

$\sin\theta=0$，出现奇异。因此，无法直接给出其等效转轴，不过可看作是两个连续转动的复合运动。不妨做下述变换：

$$\tilde{\boldsymbol{\varepsilon}}=\frac{1}{2}\boldsymbol{i}+\frac{\sqrt{3}}{2}\boldsymbol{j}=\left(\frac{1}{2}+\frac{\sqrt{3}}{2}\boldsymbol{k}\right)\boldsymbol{i}$$

由前面的两个例子可知，这两个分解的运动分别为绕 z 轴转动和绕 $\boldsymbol{x}$ 轴转动。因此该转动可看作是先绕 $\boldsymbol{x}$ 轴旋转半周，再绕 z 轴旋转 120°。

不妨测算一下：两个旋转矩阵的乘积运算涉及 27 次乘法和 18 次加法；而两个单位四元数的乘积运算仅需要 16 次乘法和 12 次加法，显然后者的计算效率更高。这也是单位四元数在姿态描述中得到广泛应用的另一重要因素。

3.3.5　不同姿态描述之间的对比及映射关系总结

综上所述，前文所述的不同姿态描述之间的转换关系如图 3-34 所示。表 3-1 将四种姿态描述方法的特点进行了对比。

表 3-1　四种姿态描述方法特点的对比

特　　点	旋转矩阵	三姿态角（欧拉角或 R-P-Y 角）	等效轴-角	单位四元数
姿态描述	√	√	√	√
姿态变换	√	×（需转换为旋转矩阵）	×（需转换为旋转矩阵或单位四元数）	√
奇异性	无	有	有	无
复合变换计算量	27 次乘法，18 次加法	—	—	16 次乘法，12 次加法
能否连续插值	×	√（可能插值到奇异姿态）	√（可能插值到奇异姿态）	√
几何意义	两坐标系各坐标轴之间的相互投影关系	以绕坐标轴依次旋转三次对应的角度表示姿态，三维姿态点	以空间任意轴及绕此轴旋转的角度表示姿态，三维姿态点	四维超球面上的点，以及该点对应的单位矢量绕球心的转动

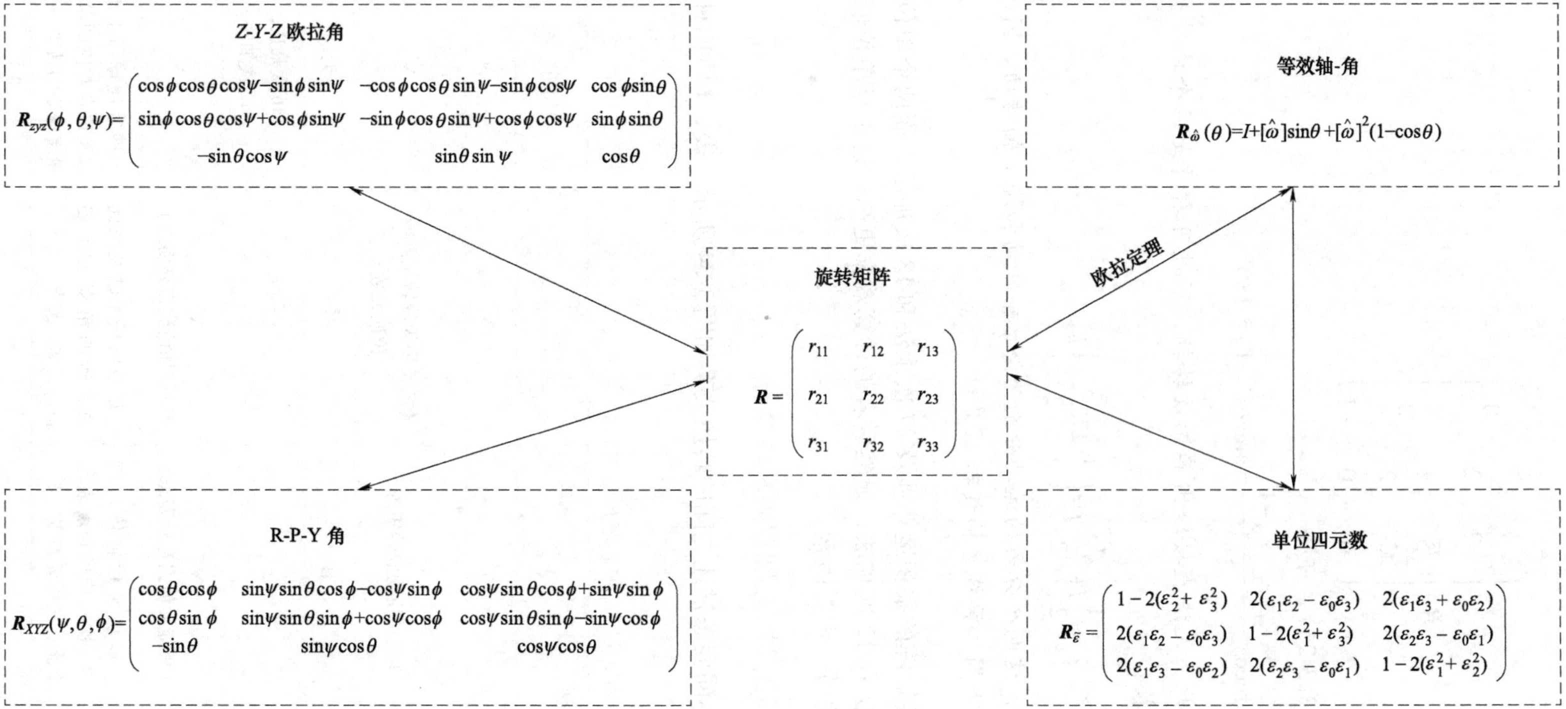

图 3-34　描述刚体姿态的几种数学工具之间的转换关系

3.4* 运动旋量与刚体运动

3.4.1 基于等效轴-角表示的齐次变换推导

事实上，对 3.3.3 节所给的等效轴-角的姿态描述法进行推广，同样适用于对一般空间位姿的描述。下面就采用 3.3.3 节类似的方法推导。

如图 3-35a 所示，假设存在一个通过空间 P 点（非原点）的单位矢量 $\hat{\boldsymbol{\omega}}=(\hat{\omega}_x,\hat{\omega}_y,\hat{\omega}_z)^{\mathrm{T}}$，可使坐标系$\{B\}$从坐标系$\{A\}$的姿态绕该矢量旋转 θ 角之后，与图中所示的坐标系$\{B\}$的姿态重合。这种情况下，单独用旋转矩阵就难以实现了，而需要采用齐次变换矩阵${}_B^A\boldsymbol{T}$。

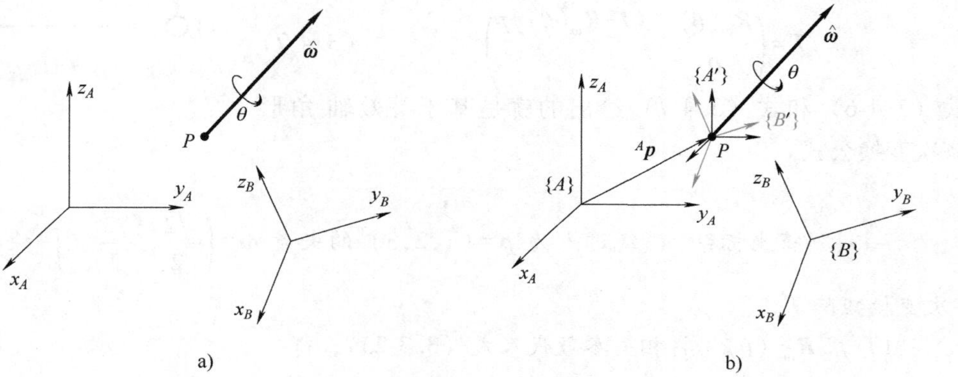

图 3-35　绕等效轴-角的旋转变换

首先定义两个中间坐标系$\{A'\}$和$\{B'\}$，它们的原点在 P 点；令$\{A'\}$系与$\{A\}$系固连、$\{B'\}$系与$\{B\}$系固连；且$\{A'\}$系与$\{B'\}$系的姿态分别与$\{A\}$系和$\{B\}$系相同（图 3-35b）。

旋转之前，令$\{B\}$系与$\{A\}$系重合、$\{B'\}$系与$\{A'\}$系重合，因此可建立如下映射关系：

$$
{}_{A'}^{A}\boldsymbol{T}=\begin{pmatrix} {}_{A'}^{A}\boldsymbol{I} & {}^{A}\boldsymbol{p}_{A'ORG} \\ \boldsymbol{0} & 1 \end{pmatrix} \tag{3.4-1}
$$

$$
{}_{B}^{B'}\boldsymbol{T}=\begin{pmatrix} {}_{B}^{B'}\boldsymbol{I} & {}^{B'}\boldsymbol{p}_{BORG} \\ \boldsymbol{0} & 1 \end{pmatrix} \tag{3.4-2}
$$

令$\{B'\}$系绕单位轴 $\hat{\boldsymbol{\omega}}$ 旋转，由于轴 $\hat{\boldsymbol{\omega}}$ 也过$\{A'\}$系的原点，因此，可通过等效轴-角的旋转矩阵

$$
\boldsymbol{R}_{\hat{\boldsymbol{\omega}}}(\theta)=\begin{pmatrix} \omega_x^2(1-\cos\theta)+\cos\theta & \omega_x\omega_y(1-\cos\theta)-\omega_z\sin\theta & \omega_x\omega_z(1-\cos\theta)+\omega_y\sin\theta \\ \omega_x\omega_y(1-\cos\theta)+\omega_z\sin\theta & \omega_y^2(1-\cos\theta)+\cos\theta & \omega_y\omega_z(1-\cos\theta)-\omega_x\sin\theta \\ \omega_x\omega_z(1-\cos\theta)-\omega_y\sin\theta & \omega_y\omega_z(1-\cos\theta)+\omega_x\sin\theta & \omega_z^2(1-\cos\theta)+\cos\theta \end{pmatrix}
$$

计算出旋转后$\{B'\}$系相对于$\{A'\}$系的旋转矩阵${}_{B'}^{A'}\boldsymbol{R}=\boldsymbol{R}_{\hat{\boldsymbol{\omega}}}(\theta)$。由此进一步得到$\{B'\}$系相对于$\{A'\}$系的齐次变换矩阵

$$
{}_{B'}^{A'}\boldsymbol{T}=\begin{pmatrix} {}_{B'}^{A'}\boldsymbol{R} & \boldsymbol{0} \\ \boldsymbol{0} & 1 \end{pmatrix} \tag{3.4-3}
$$

同时，由于 $\{B'\}$ 系与 $\{B\}$ 系固连，$\{B\}$ 系随同 $\{B'\}$ 系绕 $\hat{\boldsymbol{\omega}}$ 旋转，因此 ${}^{B'}_{B}\boldsymbol{T}$ 保持不变。由此根据图 3-36 所示的齐次变换关系图建立变换方程：

$$ {}^{A}_{B}\boldsymbol{T}={}^{A}_{A'}\boldsymbol{T}\,{}^{A'}_{B'}\boldsymbol{T}\,{}^{B'}_{B}\boldsymbol{T} \tag{3.4-4}$$

将式（3.4-1）~式（3.4-3）代入式（3.4-4）中，展开可得

$$ {}^{A}_{B}\boldsymbol{T}=\begin{pmatrix} {}^{A}_{A'}\boldsymbol{I} & {}^{A}\boldsymbol{p}_{A'ORG} \\ \boldsymbol{0} & 1 \end{pmatrix}\begin{pmatrix} {}^{A'}_{B'}\boldsymbol{R} & \boldsymbol{0} \\ \boldsymbol{0} & 1 \end{pmatrix}\begin{pmatrix} {}^{B'}_{B}\boldsymbol{I} & {}^{B'}\boldsymbol{p}_{BORG} \\ \boldsymbol{0} & 1 \end{pmatrix}=\begin{pmatrix} {}^{A}_{B}\boldsymbol{R} & {}^{A}_{B'}\boldsymbol{R}\,{}^{B'}\boldsymbol{p}_{BORG}+{}^{A}\boldsymbol{p}_{A'ORG} \\ \boldsymbol{0} & 1 \end{pmatrix} \tag{3.4-5}$$

注意到，${}^{B'}\boldsymbol{p}_{BORG}={}^{B}\boldsymbol{p}_{B'ORG}={}^{A}\boldsymbol{p}_{A'ORG}=-{}^{A}\boldsymbol{p}_{BORG}$，${}^{A'}_{B'}\boldsymbol{R}={}^{A}_{B}\boldsymbol{R}={}^{A}_{B'}\boldsymbol{R}=\boldsymbol{R}_{\hat{\omega}}(\theta)$，式（3.4-5）简化成

$$ {}^{A}_{B}\boldsymbol{T}=\begin{pmatrix} {}^{A}_{B}\boldsymbol{R} & (\boldsymbol{I}-{}^{A}_{B}\boldsymbol{R})\,{}^{A}\boldsymbol{p}_{BORG} \\ \boldsymbol{0} & 1 \end{pmatrix} \tag{3.4-6}$$

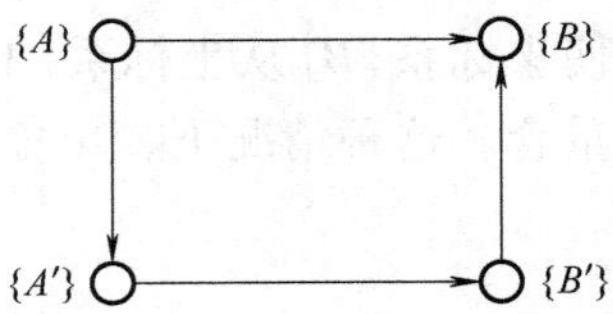

图 3-36　齐次变换关系图

简写为

$$ \boldsymbol{T}=\begin{pmatrix} \boldsymbol{R}_{\hat{\omega}}(\theta) & (\boldsymbol{I}-\boldsymbol{R}_{\hat{\omega}}(\theta))\boldsymbol{p} \\ \boldsymbol{0} & 1 \end{pmatrix} \tag{3.4-7}$$

式（3.4-6）和式（3.4-7）给出的就是基于等效轴-角形式的齐次变换公式。

【例 3-19】　将坐标系 $\{A\}$ 绕过点为 ${}^{A}\boldsymbol{p}=(1,2,3)^{\mathrm{T}}$ 的矢量 $\hat{\boldsymbol{\omega}}=\left(\frac{\sqrt{2}}{2},\frac{\sqrt{2}}{2},0\right)^{\mathrm{T}}$ 旋转 30°，求齐次变换矩阵 $\boldsymbol{T}$。

解：1）求 $\boldsymbol{R}_{\hat{\omega}}$（$\theta$）。将相关参数代入式（3.3-23），得

$$ \boldsymbol{R}_{\hat{\omega}}(\theta)=\boldsymbol{R}_{\hat{\omega}}(30°)=\begin{pmatrix} 0.933 & 0.067 & 0.354 \\ 0.067 & 0.933 & -0.354 \\ -0.354 & 0.354 & 0.866 \end{pmatrix}$$

2）求 $\boldsymbol{T}$。将相关参数代入式（3.4-7），得

$$ \boldsymbol{T}=\begin{pmatrix} \boldsymbol{R}_{\hat{\omega}}(\theta) & (\boldsymbol{I}-\boldsymbol{R}_{\hat{\omega}}(\theta))\boldsymbol{p} \\ \boldsymbol{0} & 1 \end{pmatrix}=\begin{pmatrix} 0.933 & 0.067 & 0.354 & -1.13 \\ 0.067 & 0.933 & -0.354 & 1.13 \\ -0.354 & 0.354 & 0.866 & 0.05 \\ 0 & 0 & 0 & 1 \end{pmatrix}$$

事实上，采用类似 3.3.3 节罗德里格斯公式推导的方法也能导出式（3.4-7）。下面给出推导过程。

不妨回顾一下 3.3.3 节中所讨论的旋转算子的指数坐标描述形式。

$$ \boldsymbol{p}(\theta)=\mathrm{e}^{\theta[\hat{\omega}]}\boldsymbol{p}(0) \tag{3.4-8}$$

$$ \boldsymbol{R}_{\hat{\omega}}(\theta)=\mathrm{e}^{\theta[\hat{\omega}]}=\boldsymbol{I}+[\hat{\boldsymbol{\omega}}]\sin\theta+[\hat{\boldsymbol{\omega}}]^{2}(1-\cos\theta) \tag{3.4-9}$$

事实上，齐次矩阵与旋转矩阵一样，也可以用指数坐标来表示。例如，图 3-37a 所示为一个旋转关节，设 $\hat{\boldsymbol{\omega}}(\hat{\boldsymbol{\omega}}\in\mathbb{R}^{3})$ 是表示其旋转轴方向的单位矢量，$\boldsymbol{r}$ 为轴上一点。如果物体以单位角速度绕轴线 $\hat{\boldsymbol{\omega}}$ 匀速转动，那么物体上一点 $\boldsymbol{p}$ 的速度 $\dot{\boldsymbol{p}}$ 可以表示为

$$ \dot{\boldsymbol{p}}(t)=\hat{\boldsymbol{\omega}}\times(\boldsymbol{p}(t)-\boldsymbol{r}) \tag{3.4-10}$$

引入 4×4 矩阵 $[\hat{\boldsymbol{\xi}}]$，即

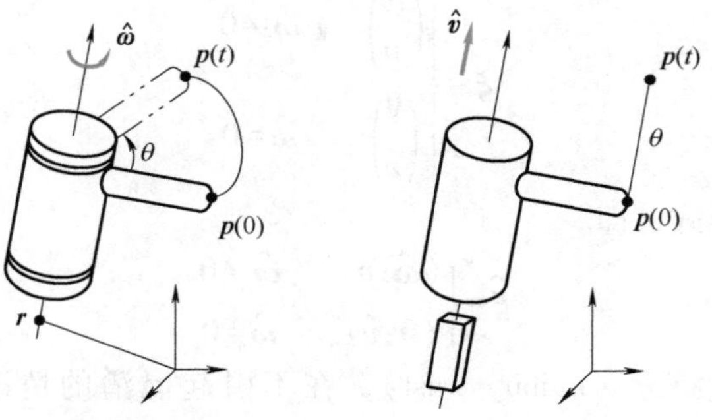

a) 旋转　　　b) 平移

图 3-37　刚体运动

$$[\hat{\xi}]=\begin{pmatrix}[\hat{\boldsymbol{\omega}}] & \boldsymbol{v}\\ \boldsymbol{0} & 0\end{pmatrix} \tag{3.4-11}$$

式中，$\boldsymbol{v}=\boldsymbol{r}\times\hat{\boldsymbol{\omega}}$。式（3.4-10）可写成

$$\begin{pmatrix}\dot{\boldsymbol{p}}\\ 0\end{pmatrix}=\begin{pmatrix}[\hat{\boldsymbol{\omega}}] & \boldsymbol{r}\times\hat{\boldsymbol{\omega}}\\ \boldsymbol{0} & 0\end{pmatrix}\begin{pmatrix}\boldsymbol{p}\\ 1\end{pmatrix}=\begin{pmatrix}[\hat{\boldsymbol{\omega}}] & \boldsymbol{v}\\ \boldsymbol{0} & 0\end{pmatrix}\begin{pmatrix}\boldsymbol{p}\\ 1\end{pmatrix}=[\hat{\xi}]\begin{pmatrix}\boldsymbol{p}\\ 1\end{pmatrix} \tag{3.4-12}$$

也可以写成

$$\dot{\boldsymbol{p}}=[\hat{\xi}]\boldsymbol{p} \tag{3.4-13}$$

式（3.4-13）是一个以 θ（代替时间参数 t）为自变量的一阶线性微分方程，其解为

$$\boldsymbol{p}(\theta)=\mathrm{e}^{\theta[\hat{\xi}]}\boldsymbol{p}(0) \tag{3.4-14}$$

式中，$\boldsymbol{p}(0)$ 为该点的初始位置；$\mathrm{e}^{\theta[\hat{\xi}]}$ 为矩阵指数。进行泰勒级数展开，得

$$\mathrm{e}^{\theta[\hat{\xi}]}=\boldsymbol{I}+\theta[\hat{\xi}]+\frac{(\theta[\hat{\xi}])^2}{2!}+\frac{(\theta[\hat{\xi}])^3}{3!}\cdots \tag{3.4-15}$$

同样，当刚体以单位速度 $\hat{\boldsymbol{v}}$ 平移（图 3-37b）时，点 $\boldsymbol{p}$ 的速度为

$$\dot{\boldsymbol{p}}(\theta)=\hat{\boldsymbol{v}} \tag{3.4-16}$$

求解以上微分方程，得

$$\boldsymbol{p}(\theta)=\mathrm{e}^{\theta[\hat{\xi}]}\boldsymbol{p}(0) \tag{3.4-17}$$

式中，θ 为移动量（由于是匀速移动），而

$$[\hat{\xi}]=\begin{pmatrix}\boldsymbol{0} & \hat{\boldsymbol{v}}\\ \boldsymbol{0} & 0\end{pmatrix} \tag{3.4-18}$$

以上各式中的 4×4 矩阵 $[\hat{\xi}]$ 可以认为是对反对称矩阵 $[\hat{\boldsymbol{\omega}}]$ 的推广。给出一个类似 $[\hat{\boldsymbol{\omega}}]$ 的表达，即

$$[\hat{\xi}]=\begin{cases}\begin{pmatrix}[\hat{\boldsymbol{\omega}}] & \boldsymbol{v}\\ \boldsymbol{0} & 0\end{pmatrix}, & \hat{\boldsymbol{\omega}}\neq 0\\ \begin{pmatrix}\boldsymbol{0} & \hat{\boldsymbol{v}}\\ \boldsymbol{0} & 0\end{pmatrix}, & \hat{\boldsymbol{\omega}}=0\end{cases} \tag{3.4-19}$$

或者写成 6 维列矢量的形式，即

$$\hat{\boldsymbol{\xi}}=\begin{cases}\begin{pmatrix}\hat{\boldsymbol{\omega}}\\ \boldsymbol{v}\end{pmatrix}, & \hat{\boldsymbol{\omega}}\neq 0\\ \begin{pmatrix}\boldsymbol{0}\\ \hat{\boldsymbol{v}}\end{pmatrix}, & \hat{\boldsymbol{\omega}}=0\end{cases} \tag{3.4-20}$$

或者写成 Plücker 坐标形式，即

$$\hat{\boldsymbol{\xi}}=\begin{cases}(\hat{\boldsymbol{\omega}};\boldsymbol{v}), & \hat{\boldsymbol{\omega}}\neq 0\\ (\boldsymbol{0};\hat{\boldsymbol{v}}), & \hat{\boldsymbol{\omega}}=0\end{cases} \tag{3.4-21}$$

式中，$\hat{\boldsymbol{\xi}}$ 称为单位运动旋量（unitary twist），在不引起混淆的情况下，可简称运动旋量（twist）。

【定理】$\hat{\boldsymbol{\xi}}$ 与齐次变换矩阵 $\boldsymbol{T}$ 之间存在一一映射的关系：①给定任一 $\hat{\boldsymbol{\xi}}$ 和 θ，$\theta[\hat{\boldsymbol{\xi}}]$ 的矩阵指数满足 $e^{\theta[\hat{\boldsymbol{\xi}}]}=\boldsymbol{T}$；②给定任一 $\boldsymbol{T}$，则必存在 $\hat{\boldsymbol{\xi}}$ 和 θ，使得 $\boldsymbol{T}=e^{\theta[\hat{\boldsymbol{\xi}}]}$。

证明：1）分两种情况直接计算 $e^{\theta[\hat{\boldsymbol{\xi}}]}$，以证明 $e^{\theta[\hat{\boldsymbol{\xi}}]}=\boldsymbol{T}$。

① 当 $\hat{\boldsymbol{\omega}}=\boldsymbol{0}$ 时，有

$$[\hat{\boldsymbol{\xi}}]^2=[\hat{\boldsymbol{\xi}}]^3=\cdots=[\hat{\boldsymbol{\xi}}]^n=\boldsymbol{0} \tag{3.4-22}$$

因此，由式（3.4-15）得，$e^{\theta[\hat{\boldsymbol{\xi}}]}=\boldsymbol{I}+\theta[\hat{\boldsymbol{\xi}}]$，则

$$e^{\theta[\hat{\boldsymbol{\xi}}]}=\begin{pmatrix}\boldsymbol{I} & \theta\boldsymbol{v}\\ \boldsymbol{0} & 1\end{pmatrix} \tag{3.4-23}$$

显然，$e^{\theta[\hat{\boldsymbol{\xi}}]}=\boldsymbol{T}$。

② 当 $\hat{\boldsymbol{\omega}}\neq\boldsymbol{0}$ 时，假设 $\|\hat{\boldsymbol{\omega}}\|=1$（可通过改变 θ 值使其归一化）。引入一平移算子：

$$\boldsymbol{T}=\begin{pmatrix}\boldsymbol{I} & \boldsymbol{\omega}\times\boldsymbol{v}\\ \boldsymbol{0} & 1\end{pmatrix} \tag{3.4-24}$$

计算与 $[\hat{\boldsymbol{\xi}}]$ 对应的相似变换（$[\hat{\boldsymbol{\xi}}]=\boldsymbol{T}[\hat{\boldsymbol{\xi}}']\boldsymbol{T}^{-1}$），即

$$[\hat{\boldsymbol{\xi}}']=\boldsymbol{T}^{-1}[\hat{\boldsymbol{\xi}}]\boldsymbol{T}=\begin{pmatrix}\boldsymbol{I} & -\hat{\boldsymbol{\omega}}\times\boldsymbol{v}\\ \boldsymbol{0} & 1\end{pmatrix}\begin{pmatrix}[\hat{\boldsymbol{\omega}}] & \boldsymbol{v}\\ \boldsymbol{0} & 0\end{pmatrix}\begin{pmatrix}\boldsymbol{I} & \hat{\boldsymbol{\omega}}\times\boldsymbol{v}\\ \boldsymbol{0} & 1\end{pmatrix}=\begin{pmatrix}[\hat{\boldsymbol{\omega}}] & \hat{\boldsymbol{\omega}}\hat{\boldsymbol{\omega}}^{\mathrm{T}}\boldsymbol{v}\\ \boldsymbol{0} & 0\end{pmatrix} \tag{3.4-25}$$

利用 $[\hat{\boldsymbol{\omega}}]\hat{\boldsymbol{\omega}}=\hat{\boldsymbol{\omega}}\times\hat{\boldsymbol{\omega}}=\boldsymbol{0}$，可以得到

$$[\hat{\boldsymbol{\xi}}']^2=\begin{pmatrix}[\hat{\boldsymbol{\omega}}]^2 & \boldsymbol{0}\\ \boldsymbol{0} & 0\end{pmatrix},\quad [\hat{\boldsymbol{\xi}}']^3=\begin{pmatrix}[\hat{\boldsymbol{\omega}}]^3 & \boldsymbol{0}\\ \boldsymbol{0} & 0\end{pmatrix}, \tag{3.4-26}$$

因此，根据泰勒级数展开可得

$$e^{\theta[\hat{\boldsymbol{\xi}}']}=\boldsymbol{I}+\theta[\hat{\boldsymbol{\xi}}']+\frac{(\theta[\hat{\boldsymbol{\xi}}'])^2}{2!}+\frac{(\theta[\hat{\boldsymbol{\xi}}'])^3}{3!}\cdots=\begin{pmatrix}e^{\theta[\hat{\boldsymbol{\omega}}]} & \theta\hat{\boldsymbol{\omega}}\hat{\boldsymbol{\omega}}^{\mathrm{T}}\boldsymbol{v}\\ \boldsymbol{0} & 1\end{pmatrix} \tag{3.4-27}$$

再利用矩阵指数的性质 $e^{\boldsymbol{T}(\theta[\hat{\boldsymbol{\xi}}'])\boldsymbol{T}^{-1}}=\boldsymbol{T}e^{\theta[\hat{\boldsymbol{\xi}}']}\boldsymbol{T}^{-1}$，可得

$$e^{\theta[\hat{\boldsymbol{\xi}}]}=e^{\boldsymbol{T}(\theta[\hat{\boldsymbol{\xi}}'])\boldsymbol{T}^{-1}}=\boldsymbol{T}e^{\theta[\hat{\boldsymbol{\xi}}']}\boldsymbol{T}^{-1} \tag{3.4-28}$$

将式（3.4-24）和式（3.4-27）代入式（3.4-28），得

$$e^{\theta[\hat{\boldsymbol{\xi}}]}=\begin{pmatrix}e^{\theta[\hat{\boldsymbol{\omega}}]} & (\boldsymbol{I}-e^{\theta[\hat{\boldsymbol{\omega}}]})(\hat{\boldsymbol{\omega}}\times\boldsymbol{v})+\theta\hat{\boldsymbol{\omega}}\hat{\boldsymbol{\omega}}^{\mathrm{T}}\boldsymbol{v}\\ \boldsymbol{0} & 1\end{pmatrix}\doteq\begin{pmatrix}\boldsymbol{R} & \boldsymbol{p}\\ \boldsymbol{0} & 1\end{pmatrix} \tag{3.4-29}$$

2）采用构造方法。

① 当 $\boldsymbol{R}=\boldsymbol{I}$ 时，不存在转动，令

$$[\hat{\boldsymbol{\xi}}]=\begin{pmatrix}\boldsymbol{0} & \boldsymbol{p}/\|\boldsymbol{p}\|\\ \boldsymbol{0} & 0\end{pmatrix},\quad \theta=\|\boldsymbol{p}\| \tag{3.4-30}$$

由式（3.4-27）可以证明

$$\boldsymbol{T}=\mathrm{e}^{[\theta\hat{\xi}]}=\begin{pmatrix}\boldsymbol{I} & \boldsymbol{p}\\ \boldsymbol{0} & 1\end{pmatrix} \tag{3.4-31}$$

② 当 $\boldsymbol{R}\neq\boldsymbol{I}$ 时，令

$$\boldsymbol{T}=\begin{pmatrix}\mathrm{e}^{\theta[\hat{\boldsymbol{\omega}}]} & (\boldsymbol{I}-\mathrm{e}^{\theta[\hat{\boldsymbol{\omega}}]})(\hat{\boldsymbol{\omega}}\times\boldsymbol{v})+\theta\hat{\boldsymbol{\omega}}\hat{\boldsymbol{\omega}}^{\mathrm{T}}\boldsymbol{v}\\ \boldsymbol{0} & 1\end{pmatrix}=\begin{pmatrix}\boldsymbol{R} & \boldsymbol{p}\\ \boldsymbol{0} & 1\end{pmatrix}$$

考虑相对应的元素，可分解成

$$\boldsymbol{R}=\mathrm{e}^{\theta[\hat{\boldsymbol{\omega}}]} \tag{3.4-32}$$

$$\boldsymbol{p}=(\boldsymbol{I}-\mathrm{e}^{\theta[\hat{\boldsymbol{\omega}}]})(\hat{\boldsymbol{\omega}}\times\boldsymbol{v})+\theta\hat{\boldsymbol{\omega}}\hat{\boldsymbol{\omega}}^{\mathrm{T}}\boldsymbol{v} \tag{3.4-33}$$

利用 3.3.3 节介绍的等效轴-角法可求得转轴 $\hat{\boldsymbol{\omega}}$ 和转角 θ。剩下的问题是如何从式（3.4-33）中求得 $\boldsymbol{v}$。

注意到，式（3.4-33）可以写成

$$\boldsymbol{p}=[(\boldsymbol{I}-\mathrm{e}^{\theta[\hat{\boldsymbol{\omega}}]})[\hat{\boldsymbol{\omega}}]+\theta\hat{\boldsymbol{\omega}}\hat{\boldsymbol{\omega}}^{\mathrm{T}}]\boldsymbol{v}=\boldsymbol{A}\boldsymbol{v} \tag{3.4-34}$$

的形式。可以证明，矩阵 $\boldsymbol{A}=(\boldsymbol{I}-\mathrm{e}^{\theta[\hat{\boldsymbol{\omega}}]})[\hat{\boldsymbol{\omega}}]+\theta\hat{\boldsymbol{\omega}}\hat{\boldsymbol{\omega}}^{\mathrm{T}}$ 对于所有的 $\theta\in(0,2\pi)$ 都是非奇异的。因此，由 $\boldsymbol{A}\boldsymbol{v}=\boldsymbol{p}$，可以计算出 $\boldsymbol{v}$。

$$\boldsymbol{v}=\boldsymbol{A}^{-1}\boldsymbol{p} \tag{3.4-35}$$

【例 3-20】 图 3-38 所示为绕某一空间固定轴旋转角度 θ 后所产生的刚体位移。其中，物体坐标系 $\{B\}$ 相对参考坐标系 $\{A\}$ 的位形已知，即

$$\boldsymbol{T}=\begin{pmatrix}\cos\theta & -\sin\theta & 0 & -l_2\sin\theta\\ \sin\theta & \cos\theta & 0 & l_1+l_2\cos\theta\\ 0 & 0 & 1 & 0\\ 0 & 0 & 0 & 1\end{pmatrix}$$

计算相对应的单位运动旋量坐标。

解：满足 $\boldsymbol{R}=\mathrm{e}^{\theta[\hat{\boldsymbol{\omega}}]}$ 的转轴 $\hat{\boldsymbol{\omega}}$ 和转角 θ 可通过观察得到：$\hat{\boldsymbol{\omega}}=(0,0,1)^{\mathrm{T}}$，即绕 z 轴转动。

下面求 $\boldsymbol{v}$。由式（3.4-33）得

$$\boldsymbol{p}=[(\boldsymbol{I}-\mathrm{e}^{\theta[\hat{\boldsymbol{\omega}}]})[\hat{\boldsymbol{\omega}}]+\theta\hat{\boldsymbol{\omega}}\hat{\boldsymbol{\omega}}^{\mathrm{T}}]\boldsymbol{v}$$

对上式进行展开，得

$$\begin{pmatrix}\sin\theta & \cos\theta-1 & 0\\ \cos\theta-1 & \sin\theta & 0\\ 0 & 0 & \theta\end{pmatrix}\boldsymbol{v}=\begin{pmatrix}-l_2\sin\theta\\ l_1+l_2\cos\theta\\ 0\end{pmatrix}$$

求解得到

$$\boldsymbol{v}=\begin{pmatrix}\dfrac{l_1-l_2}{2}\\ \dfrac{(l_1+l_2)\sin\theta}{2(1-\cos\theta)}\\ 0\end{pmatrix}$$

由此导出与 $\boldsymbol{T}$ 对应的单位运动旋量为

$$\hat{\boldsymbol{\xi}}=\begin{pmatrix}\hat{\boldsymbol{\omega}}\\ \boldsymbol{v}\end{pmatrix}=\begin{pmatrix}0\\0\\1\\ \dfrac{l_1-l_2}{2}\\ \dfrac{(l_1+l_2)\sin\theta}{2(1-\cos\theta)}\\0\end{pmatrix}$$

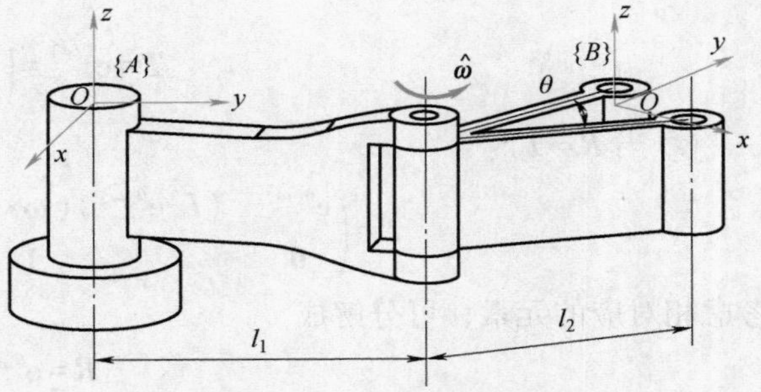

图 3-38　例 3-20 图

3.4.2　螺旋运动与螺旋变换

本节主要讨论一种特殊的刚体运动形式：螺旋运动，以及与之对应的运动算子。

螺旋运动（screw motion）是一种刚体绕空间轴 $\boldsymbol{l}$ 旋转 θ 角再沿该轴平移距离 d 的复合运动，类似于螺母沿螺纹做进给运动的情形。当 $\theta\neq0$ 时，将移动量与旋转量的比值 $h=d/\theta$ 定义为螺旋的节距（简称螺距），因此，旋转 θ 角后的纯移动量为 $h\theta$。当 $h=0$ 时为纯转动，$h=\infty$（$\theta=0$）时为纯移动。

若用 $\hat{\boldsymbol{\omega}}$ 表示旋转轴方向的单位矢量，$\boldsymbol{r}$ 为轴上任一点。如图 3-39a 所示，刚体上任一点 P 旋转 θ 角后的坐标为 $\boldsymbol{p}=\boldsymbol{r}+\boldsymbol{R}_{\hat{\omega}}(\boldsymbol{p}(\boldsymbol{0})-\boldsymbol{r})$，再沿轴线方向移动 $h\theta$ 后的最终坐标为 $\boldsymbol{p}=\boldsymbol{r}+\boldsymbol{R}_{\hat{\omega}}(\boldsymbol{p}(\boldsymbol{0})-\boldsymbol{r})+h\theta\hat{\boldsymbol{\omega}}$。对于纯移动的情况（图 3-39b），可将螺旋运动的轴线重新进行规定：将过原点方向为 $\hat{\boldsymbol{\omega}}$ 的有向直线作为轴线方向，$\hat{\boldsymbol{\omega}}$ 为单位矢量。这时，螺距为∞，螺旋大小为沿 $\hat{\boldsymbol{\omega}}$ 方向的移动量 θ，刚体上任一点 P 沿轴线方向移动 θ 的最终坐标为 $\boldsymbol{p}=\boldsymbol{p}(\boldsymbol{0})+\theta\hat{\boldsymbol{\omega}}$。

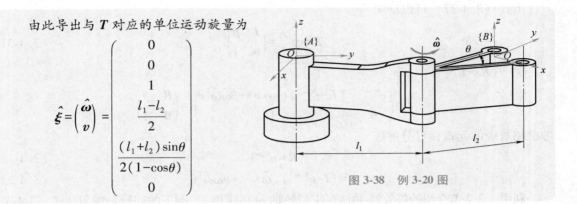

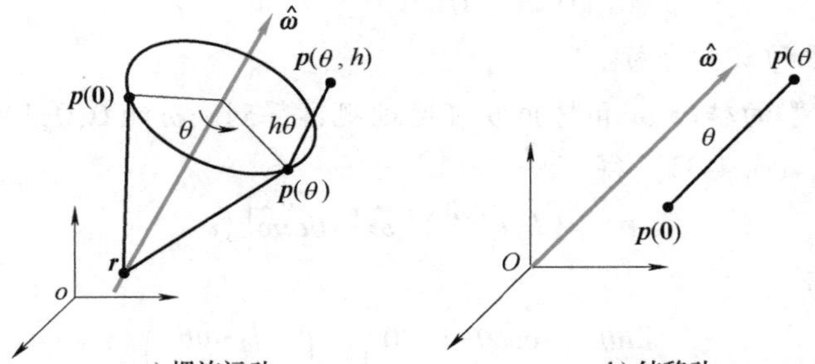

a) 螺旋运动　　b) 纯移动

图 3-39　螺旋运动

为计算与螺旋运动相对应的螺旋变换（screw transformation），先分析 P 点由起始坐标变换到最终坐标的运动，如图 3-39a 所示。P 点的最终坐标为

$$\boldsymbol{p}=\boldsymbol{r}+\boldsymbol{R}_{\hat{\omega}}[\boldsymbol{p}(\boldsymbol{0})-\boldsymbol{r}]+h\theta\hat{\boldsymbol{\omega}},\quad \hat{\boldsymbol{\omega}}\neq\boldsymbol{0} \tag{3.4-36}$$

写成齐次坐标的形式：

$$\boldsymbol{p}=\boldsymbol{T}\boldsymbol{p}(\boldsymbol{0})=\begin{pmatrix}\boldsymbol{R}_{\hat{\omega}} & (\boldsymbol{I}-\boldsymbol{R}_{\hat{\omega}})\boldsymbol{r}+h\theta\hat{\boldsymbol{\omega}}\\ \boldsymbol{0} & 1\end{pmatrix}\boldsymbol{p}(\boldsymbol{0}) \tag{3.4-37}$$

故有

$$T=\begin{pmatrix} R_{\hat{\omega}} & (I-R_{\hat{\omega}})r+h\theta\hat{\omega} \\ 0 & 1 \end{pmatrix},\quad \hat{\omega}\neq 0 \tag{3.4-38}$$

对于平移的情况，$\hat{\omega}=0$。因此有

$$T=\begin{pmatrix} I & \theta v \\ 0 & 1 \end{pmatrix},\quad \hat{\omega}=0 \tag{3.4-39}$$

因此有

$$T=\begin{cases} \begin{pmatrix} R_{\hat{\omega}} & (I-R_{\hat{\omega}})r+h\theta\hat{\omega} \\ 0 & 1 \end{pmatrix}, & \hat{\omega}\neq 0 \\ \begin{pmatrix} I & \theta v \\ 0 & 1 \end{pmatrix}, & \hat{\omega}=0 \end{cases} \tag{3.4-40}$$

注意到当 $\hat{\omega}\neq 0$ 时，$r=\hat{\omega}\times v$，$h=\hat{\omega}^{\mathrm{T}}v$。将其代入式（3.4-40），可得

$$T=\begin{pmatrix} R_{\hat{\omega}} & (I-R_{\hat{\omega}})(\hat{\omega}\times v)+\theta\hat{\omega}\hat{\omega}^{\mathrm{T}}v \\ 0 & 1 \end{pmatrix},\quad \hat{\omega}\neq 0 \tag{3.4-41}$$

对比式（3.4-41）和式（3.4-29），发现两者具有相同的表达形式。这是为什么呢？事实上，法国数学家 Chalse 早就给出了这个问题的解答。

【Chalse 定理】一般刚体运动可通过螺旋运动实现。也就是说，一般刚体运动与螺旋运动具有等价性。

该定理包含两层含义：①对于给定的螺旋运动 $S(l,h,\rho)$，必存在一单位运动旋量 $\hat{\xi}=(\hat{\omega};v)$，使得螺旋运动 $S(l,h,\rho)$ 由运动旋量 $\rho\hat{\xi}$ 生成；②对于给定的单位运动旋量 $\hat{\xi}$，总可以找到与之相对应的螺旋运动 $S(l,h,\rho)$。

证明：1）采用构造法。

由给定的螺旋运动 $S(l,h,\rho)$，构造形如 $\theta\hat{\xi}$ 的旋量，其中 $\theta=\rho$，假定点 r 为旋量轴线上的任意一点。具体分成两种情况（纯移动及移动加转动）来讨论。

① 纯移动。

设 $l=\{r+\lambda\hat{v}: |\hat{v}|=1,\lambda\in\mathbb{R}\}$，并定义

$$[\hat{\xi}]=\begin{pmatrix} 0 & \hat{v} \\ 0 & 0 \end{pmatrix} \tag{3.4-42}$$

这时，$\hat{\xi}=(0;\hat{v})$，显然，存在刚体运动 $e^{\theta[\hat{\xi}]}$，它对应于沿旋转轴 l 移动 θ 的纯移动。

② 一般螺旋运动（含纯转动）。

设 $l=\{r+\lambda\hat{\omega}: |\hat{\omega}|=1,\lambda\in\mathbb{R}\}$，并定义

$$[\hat{\xi}]=\begin{pmatrix} [\hat{\omega}] & r\times\hat{\omega}+h\hat{\omega} \\ 0 & 0 \end{pmatrix} \tag{3.4-43}$$

这时，$\hat{\xi}=(\hat{\omega};r\times\hat{\omega}+h\hat{\omega}$，则通过直接计算即可证明刚体运动 $e^{\theta[\hat{\xi}]}$ 就是所给定的螺旋运动（前面已给出证明）。

2）对于给定的运动旋量坐标 $\xi=(\omega;v)$（这里不假定 $|\omega|=1$），相应的螺旋运动 $S(l,h,\rho)$ 为

① 轴线 l：

$$l=\begin{cases}\left\{\dfrac{\boldsymbol{\omega}^{\mathrm{T}}\boldsymbol{v}}{|\boldsymbol{\omega}|^{2}}\lambda\boldsymbol{\omega}:\lambda\in\mathbb{R}\right\}, & \boldsymbol{\omega}\neq\mathbf{0}\\ \{\mathbf{0}+\lambda\boldsymbol{v}:\lambda\in\mathbb{R}\}, & \boldsymbol{\omega}=\mathbf{0}\end{cases}\tag{3.4-44}$$

② 螺距 h：

$$h=\begin{cases}\dfrac{\boldsymbol{\omega}^{\mathrm{T}}\boldsymbol{v}}{|\boldsymbol{\omega}|^{2}}, & \boldsymbol{\omega}\neq\mathbf{0}\\ \infty, & \boldsymbol{\omega}=\mathbf{0}\end{cases}\tag{3.4-45}$$

③ 螺旋运动的大小 ρ：

$$\rho=\begin{cases}|\boldsymbol{\omega}|, & \boldsymbol{\omega}\neq\mathbf{0}\\ |\boldsymbol{v}|, & \boldsymbol{\omega}=\mathbf{0}\end{cases}\tag{3.4-46}$$

根据 Chalse 定理，可以给出螺旋变换与齐次变换之间的映射关系。

首先由螺旋变换映射到齐次变换，满足

$$\boldsymbol{R}=\boldsymbol{R}_{\hat{\omega}}(\theta)=\boldsymbol{I}+[\hat{\boldsymbol{\omega}}]\sin\theta+[\hat{\boldsymbol{\omega}}]^{2}(1-\cos\theta)\tag{3.4-47}$$

$$\boldsymbol{p}=(\boldsymbol{I}-\boldsymbol{R}_{\hat{\omega}}(\theta))\boldsymbol{r}+h\theta\hat{\boldsymbol{\omega}}\tag{3.4-48}$$

再由齐次变换映射到螺旋变换。根据式（3.4-48），得

$$\theta=\arccos\frac{r_{11}+r_{22}+r_{33}-1}{2}\tag{3.4-49}$$

当 $\theta\neq0$ 时，转轴

$$\hat{\boldsymbol{\omega}}=\frac{\boldsymbol{l}}{2\sin\theta}\tag{3.4-50}$$

式中，

$$\boldsymbol{l}=\begin{pmatrix}r_{32}-r_{23}\\ r_{13}-r_{31}\\ r_{21}-r_{12}\end{pmatrix}\tag{3.4-51}$$

$$h=\frac{\boldsymbol{l}^{\mathrm{T}}\boldsymbol{p}}{2\theta\sin\theta}\tag{3.4-52}$$

$$\rho=\frac{(\boldsymbol{I}-\boldsymbol{R}^{\mathrm{T}})\boldsymbol{p}}{2(1-\cos\theta)}\tag{3.4-53}$$

物体坐标系 $\{B\}$ 经螺旋运动后，$\{B\}$ 相对参考坐标系 $\{A\}$ 的瞬时位形为

$${}_{B}^{A}\boldsymbol{T}=\mathrm{e}^{\theta[\hat{\xi}]}\,{}_{B}^{A}\boldsymbol{T}_{0}\tag{3.4-54}$$

或者简写为

$$\boldsymbol{T}=\mathrm{e}^{\theta[\hat{\xi}]}\boldsymbol{T}_{0}\tag{3.4-55}$$

螺旋变换的意义在于：可通过螺旋变换 $\mathrm{e}^{\theta[\hat{\xi}]}$ 将刚体的初始位形变换到最终位形。换句话说，可通过 $\mathrm{e}^{\theta[\hat{\xi}]}$ 将点由起始坐标 $\boldsymbol{p}(\mathbf{0})$ 变换到经刚体运动后的坐标，即

$$\boldsymbol{p}(\boldsymbol{\theta})=\mathrm{e}^{\theta[\hat{\xi}]}\boldsymbol{p}(\mathbf{0})\tag{3.4-56}$$

式中，$\boldsymbol{p}(\boldsymbol{\theta})$ 和 $\boldsymbol{p}(\mathbf{0})$ 都是相对同一坐标系来表示的。

【例 3-21】 考察一个绕空间固定轴旋转的刚体运动（图 3-40）。已知该运动的旋转轴方向 $\hat{\boldsymbol{\omega}}=(0,0,1)^{\mathrm{T}}$，且经过点 $\boldsymbol{r}=(0,l,0)^{\mathrm{T}}$，节距为 0。求该运动刚体的当前形位。

解：该刚体运动对应的单位运动旋量坐标为

$$\hat{\boldsymbol{\xi}}=\begin{pmatrix}\hat{\boldsymbol{\omega}}\\ \boldsymbol{v}\end{pmatrix}=\begin{pmatrix}\hat{\boldsymbol{\omega}}\\ \boldsymbol{r}\times\hat{\boldsymbol{\omega}}\end{pmatrix}=\begin{pmatrix}0\\0\\1\\l\\0\\0\end{pmatrix}$$

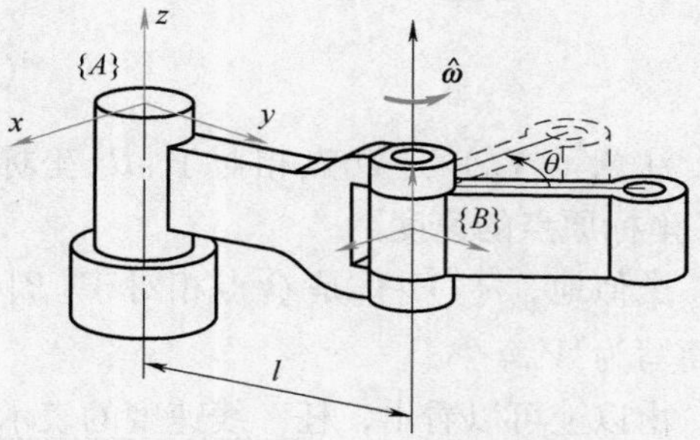

图 3-40　例 3-21 图

由式（3.4-41），对应的齐次变换为

$$\boldsymbol{T}=\mathrm{e}^{\theta[\hat{\xi}]}=\begin{pmatrix}\mathrm{e}^{\theta[\hat{\omega}]} & (\boldsymbol{I}-\mathrm{e}^{\theta[\hat{\omega}]})(\hat{\boldsymbol{\omega}}\times\boldsymbol{v})+\theta\hat{\boldsymbol{\omega}}\hat{\boldsymbol{\omega}}^{\mathrm{T}}\boldsymbol{v}\\ \boldsymbol{0} & 1\end{pmatrix}=\begin{pmatrix}\cos\theta & -\sin\theta & 0 & l\sin\theta\\ \sin\theta & \cos\theta & 0 & l(1-\cos\theta)\\ 0 & 0 & 1 & 0\\ 0 & 0 & 0 & 1\end{pmatrix}$$

由于刚体的初始位形为

$${}_B^A\boldsymbol{T}_0=\begin{pmatrix}\boldsymbol{I}_3 & (0,l,0)^{\mathrm{T}}\\ \boldsymbol{0} & 1\end{pmatrix}$$

因此，由式（3.4-54），得到该运动刚体的当前位形为

$${}_B^A\boldsymbol{T}=\mathrm{e}^{\theta[\hat{\xi}]}\,{}_B^A\boldsymbol{T}_0=\begin{pmatrix}\cos\theta & -\sin\theta & 0 & 0\\ \sin\theta & \cos\theta & 0 & l\\ 0 & 0 & 1 & 0\\ 0 & 0 & 0 & 1\end{pmatrix}$$

3.5 刚体速度

3.5.1 线速度、角速度的表示及物理意义

首先来考察一下线速度，具体可看作用位置矢量描述的空间某一点的线速度，如图 3-41 所示。假设存在两个坐标系：$\{A\}$ 和 $\{B\}$，Q 点相对 $\{B\}$ 系（严格意义上讲，是相对 $\{B\}$ 系的原点）的速度可表示成其所对应的位置矢量相对 $\{B\}$ 的导数，即

$$^B\boldsymbol{V}_Q=\frac{\mathrm{d}}{\mathrm{d}t}{}^B\boldsymbol{q}=\lim_{\Delta t\to 0}\frac{^B\boldsymbol{q}(t+\Delta t)-{}^B\boldsymbol{q}(t)}{\Delta t} \tag{3.5-1}$$

若 Q 点相对 $\{B\}$ 系不随时间发生变化，那么速度即为零，但并不意味着该点相对其他坐标系（如 $\{A\}$ 系）也不发生变化。因此，表示线速度时必须要明确所参照的坐标系。

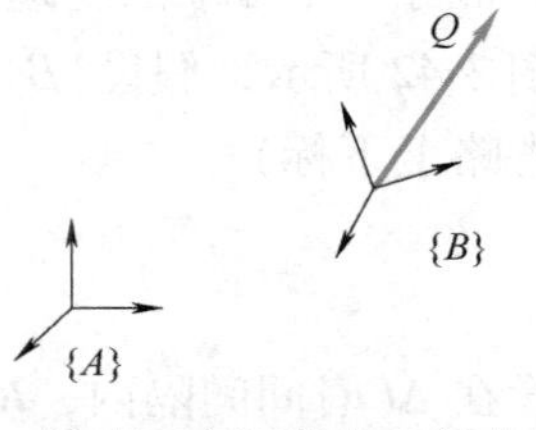

图 3-41　线速度在不同坐标系中的描述

此外，速度矢量可以在任意坐标系中来描述，其参考坐标系用左上角标注。例如，若在 $\{A\}$ 系中表示

式（3.5-1）的速度矢量，可以写成

$$^{A}(^{B}\boldsymbol{V}_{Q})=\frac{^{A}\mathrm{d}}{\mathrm{d}t}{}^{B}\boldsymbol{q} \tag{3.5-2}$$

注意$^{A}(^{B}\boldsymbol{V}_{Q})$ 是 Q 点相对于$\{B\}$坐标原点的线速度在$\{A\}$中的表达，而非 Q 点相对于$\{A\}$坐标原点的速度。

类似地，$^{B}(^{B}\boldsymbol{V}_{Q})$ 是 Q 点相对于$\{B\}$坐标原点的线速度在$\{B\}$中的表达，这种情况下，可简写为$^{B}\boldsymbol{V}_{Q}$。

由以上可以看出，任一线速度的表示需要明确两个要点：①相对谁运动；②在哪个坐标系中来描述。不过，作为自由矢量，速度矢量总是满足

$$^{A}(^{B}\boldsymbol{V}_{Q})={}^{A}_{B}\boldsymbol{R}\,{}^{B}\boldsymbol{V}_{Q} \tag{3.5-3}$$

应用式（3.5-3）可以省略掉外层左上标。

实际应用中，经常讨论的是某个坐标系原点的线速度，往往是这个坐标系相对惯性坐标系（原点），而不是针对任意坐标系（原点）的速度。对于这种情况，可以定义一种缩略符号：

$$\boldsymbol{v}_{C}={}^{A}\boldsymbol{V}_{CORG} \tag{3.5-4}$$

式中，下角标 C 表示坐标系$\{C\}$的原点，参考坐标系为惯性坐标系$\{A\}$。$\boldsymbol{v}_{C}$ 表示的是坐标系$\{C\}$原点的线速度。$^{B}\boldsymbol{v}_{C}$ 为坐标系$\{C\}$原点的线速度在坐标系$\{B\}$中的描述（尽管求导是相对于坐标系$\{A\}$进行的）。

再来考察一下（刚体）角速度。

由于点的运动只有线速度，而没有角速度，但刚体运动既有线速度又有角速度，因此，角速度需要在刚体层面来考量。其中便捷的方法是度量坐标系的旋转运动。

如图 3-42 所示，假设存在两个坐标系$\{A\}$和$\{B\}$，它们的原点重合，仅有相对转动，它们之间的角速度写成$^{A}\boldsymbol{\Omega}_{B}$。角速度也可以在不同坐标系中描述，如：$^{C}(^{A}\boldsymbol{\Omega}_{B})$ 为$\{B\}$相对于$\{A\}$的角速度在$\{C\}$中的描述。同样，特殊情况下也可以用简化符号表示。当参考坐标系已知时，可简化为

$$\boldsymbol{\omega}_{C}={}^{A}\boldsymbol{\Omega}_{C} \tag{3.5-5}$$

式中，$\boldsymbol{\omega}_{C}$ 为坐标系$\{C\}$（相对惯性坐标系$\{A\}$）的角速度。$^{B}\boldsymbol{\omega}_{C}$ 为坐标系$\{C\}$的角速度在坐标系$\{B\}$中的描述（尽管该角速度是相对于坐标系$\{A\}$的）。

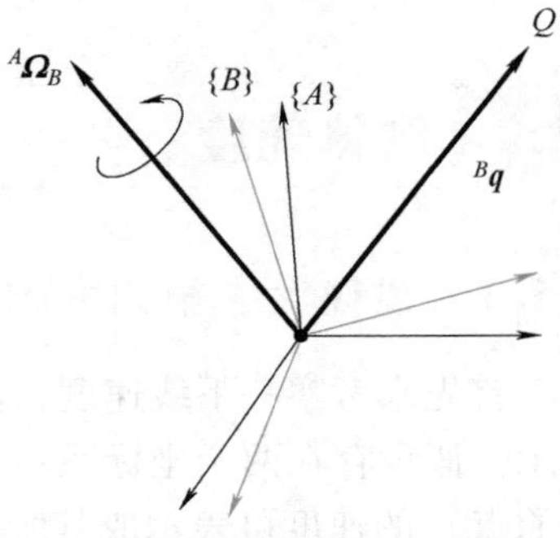

图 3-42　角速度在不同坐标系中的描述

注意以上公式中，符号大小写的区分。

下面推导一下$^{A}\boldsymbol{\Omega}_{B}$ 的物理意义。

如图 3-42 所示，假设$\{B\}$系相对于$\{A\}$系的旋转矩阵为$^{A}_{B}\boldsymbol{R}$。其对时间的导数为（简洁起见，省略上下标）

$$\dot{\boldsymbol{R}}=\lim_{\Delta t\to 0}\frac{\boldsymbol{R}(t+\Delta t)-\boldsymbol{R}(t)}{\Delta t} \tag{3.5-6}$$

假设在 Δt 时间间隔内，$\boldsymbol{R}(t)$ 绕旋转轴 $\hat{\boldsymbol{\omega}}$ 旋转一个微小角度 $\Delta\theta$ 变换到 $\boldsymbol{R}(t+\Delta t)$，则根据欧拉定理可知

$$\boldsymbol{R}(t+\Delta t)=\boldsymbol{R}_{\hat{\omega}}(\Delta\theta)\boldsymbol{R}(t) \tag{3.5-7}$$

代入式（3.5-6），可得

$$\dot{\boldsymbol{R}}=\lim_{\Delta t\to 0}\left(\frac{\boldsymbol{R}_{\hat{\omega}}(\Delta\theta)-\boldsymbol{I}_3}{\Delta t}\boldsymbol{R}(t)\right)=\lim_{\Delta t\to 0}\left(\frac{\boldsymbol{R}_{\hat{\omega}}(\Delta\theta)-\boldsymbol{I}_3}{\Delta t}\right)\boldsymbol{R}(t) \tag{3.5-8}$$

回顾本章 3.3.3 节导出的等效轴-角公式：

$$\boldsymbol{R}_{\hat{\omega}}(\theta)=\begin{pmatrix} \omega_x^2(1-\cos\theta)+\cos\theta & \omega_x\omega_y(1-\cos\theta)-\omega_z\sin\theta & \omega_x\omega_z(1-\cos\theta)+\omega_y\sin\theta \\ \omega_x\omega_y(1-\cos\theta)+\omega_z\sin\theta & \omega_y^2(1-\cos\theta)+\cos\theta & \omega_y\omega_z(1-\cos\theta)-\omega_x\sin\theta \\ \omega_x\omega_z(1-\cos\theta)-\omega_y\sin\theta & \omega_y\omega_z(1-\cos\theta)+\omega_x\sin\theta & \omega_z^2(1-\cos\theta)+\cos\theta \end{pmatrix} \tag{3.5-9}$$

考虑小角度情况下，三角函数可以等效成

$$\sin(\Delta\theta)=\Delta\theta,\quad 1-\cos(\Delta\theta)=0 \tag{3.5-10}$$

代入式（3.5-9）可得

$$\boldsymbol{R}_{\hat{\omega}}(\Delta\theta)=\begin{pmatrix} 1 & -\omega_z\Delta\theta & \omega_y\Delta\theta \\ \omega_z\Delta\theta & 1 & -\omega_x\Delta\theta \\ -\omega_y\Delta\theta & \omega_x\Delta\theta & 1 \end{pmatrix} \tag{3.5-11}$$

进一步代入式（3.5-8），得

$$\dot{\boldsymbol{R}}=\lim_{\Delta t\to 0}\left(\frac{\boldsymbol{R}_{\hat{\omega}}(\Delta\theta)-\boldsymbol{I}_3}{\Delta t}\right)\boldsymbol{R}(t)=\lim_{\Delta t\to 0}\left(\frac{\begin{pmatrix} 0 & -\omega_z\Delta\theta & \omega_y\Delta\theta \\ \omega_z\Delta\theta & 0 & -\omega_x\Delta\theta \\ -\omega_y\Delta\theta & \omega_x\Delta\theta & 0 \end{pmatrix}}{\Delta t}\right)\boldsymbol{R}(t) \tag{3.5-12}$$

对式（3.5-12）取极限，有

$$\dot{\boldsymbol{R}}=\begin{pmatrix} 0 & -\omega_z\dot{\theta} & \omega_y\dot{\theta} \\ \omega_z\dot{\theta} & 0 & -\omega_x\dot{\theta} \\ -\omega_y\dot{\theta} & \omega_x\dot{\theta} & 0 \end{pmatrix}\boldsymbol{R}(t) \tag{3.5-13}$$

因此有

$$\dot{\boldsymbol{R}}\boldsymbol{R}^{-1}=\begin{pmatrix} 0 & -\Omega_z & \Omega_y \\ \Omega_z & 0 & -\Omega_x \\ -\Omega_y & \Omega_x & 0 \end{pmatrix}=[\boldsymbol{\Omega}] \tag{3.5-14}$$

显然，$\dot{\boldsymbol{R}}\boldsymbol{R}^{-1}$为反对称矩阵。其中，

$$\boldsymbol{\Omega}=\begin{pmatrix} \Omega_x \\ \Omega_y \\ \Omega_z \end{pmatrix}=\begin{pmatrix} \dot{\theta}\omega_x \\ \dot{\theta}\omega_y \\ \dot{\theta}\omega_z \end{pmatrix}=\dot{\theta}\hat{\boldsymbol{\omega}} \tag{3.5-15}$$

因此，可定义角速度矢量

$$\boldsymbol{\Omega}=\lim_{\Delta t\to 0}\left(\frac{\Delta\theta}{\Delta t}\right)\hat{\boldsymbol{\omega}}=\dot{\theta}\hat{\boldsymbol{\omega}} \tag{3.5-16}$$

由以上推导可知，角速度${}^{A}\boldsymbol{\Omega}_{B}$为一矢量，其方向表示{B}系相对于{A}系旋转的瞬时旋转轴，其大小为旋转速率。

3.5.2* 刚体速度的描述与速度旋量

1. 刚体速度的一般描述

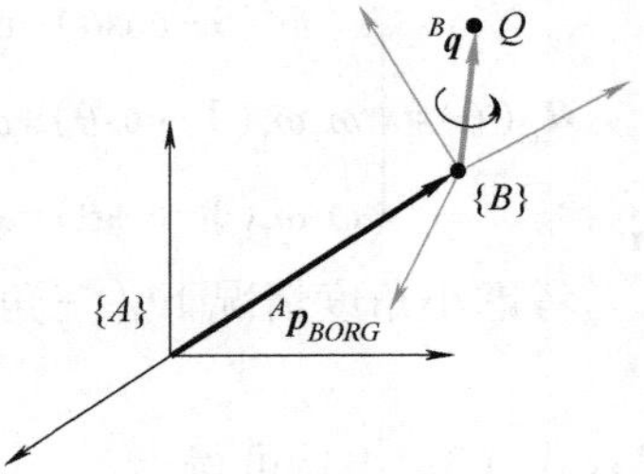

图 3-43 刚体运动在不同坐标系中的描述

如图 3-43 所示，存在两个坐标系：{A}和{B}，其中，{B}原点相对于{A}系的位置矢量为${}^{A}\boldsymbol{p}_{BORG}$；{B}相对于{A}的旋转矩阵为${}^{A}_{B}\boldsymbol{R}$且不随时间变化；{B}中有一矢量${}^{B}\boldsymbol{q}$，相对于{B}系原点的线速度为${}^{B}\boldsymbol{V}_{Q}$。考察 Q 相对于{A}的线速度${}^{A}\boldsymbol{V}_{Q}$。

若描述点 Q 的位移，由 3.3 节的知识可知，

$$ {}^{A}\boldsymbol{q}={}^{A}\boldsymbol{p}_{BORG}+{}^{A}_{B}\boldsymbol{R}\,{}^{B}\boldsymbol{q} \tag{3.5-17}$$

对式（3.5-17）求导，由于${}^{A}_{B}\boldsymbol{R}$不随时间变化，因此可得

$$ {}^{A}\boldsymbol{V}_{Q}={}^{A}\boldsymbol{V}_{BORG}+{}^{A}_{B}\boldsymbol{R}\,{}^{B}\boldsymbol{V}_{Q} \tag{3.5-18}$$

式中，${}^{A}\boldsymbol{V}_{BORG}$为坐标系之间的相对平动速度；${}^{A}_{B}\boldsymbol{R}\,{}^{B}\boldsymbol{V}_{Q}$为点 Q 相对参考坐标系{A}的速度。

再如图 3-42 所示，存在两个坐标系：{A}和{B}，它们的原点共点，{B}相对于{A}的旋转矩阵为${}^{A}_{B}\boldsymbol{R}$，由前面的讨论可知，其旋转角速度为 $[{}^{A}\boldsymbol{\Omega}_{B}]={}^{A}_{B}\dot{\boldsymbol{R}}\,{}^{A}_{B}\boldsymbol{R}^{-1}$。

若描述点 Q 的位移，由 3.2.1 节的知识可知，

$$ {}^{A}\boldsymbol{q}={}^{A}_{B}\boldsymbol{R}\,{}^{B}\boldsymbol{q} \quad 或 \quad {}^{B}\boldsymbol{q}={}^{A}_{B}\boldsymbol{R}^{-1}\,{}^{A}\boldsymbol{q} \tag{3.5-19}$$

对式（3.5-19）求导，由于${}^{A}_{B}\boldsymbol{R}$不随时间变化，因此可得

$$ {}^{A}\boldsymbol{V}_{Q}={}^{A}_{B}\dot{\boldsymbol{R}}\,{}^{B}\boldsymbol{q}+{}^{A}_{B}\boldsymbol{R}\,{}^{B}\boldsymbol{V}_{Q} \tag{3.5-20}$$

首先假设点 Q 在{B}系中固定不动，即${}^{B}\boldsymbol{V}_{Q}=0$，式（3.5-20）简化为

$$ {}^{A}\boldsymbol{V}_{Q}={}^{A}_{B}\dot{\boldsymbol{R}}\,{}^{B}\boldsymbol{q} \tag{3.5-21}$$

由于${}^{B}\boldsymbol{q}={}^{A}_{B}\boldsymbol{R}^{-1}\,{}^{A}\boldsymbol{q}$，将其代入式（3.5-21），并考虑 $[{}^{A}\boldsymbol{\Omega}_{B}]={}^{A}_{B}\dot{\boldsymbol{R}}\,{}^{A}_{B}\boldsymbol{R}^{-1}$，可得

$$ {}^{A}\boldsymbol{V}_{Q}={}^{A}_{B}\dot{\boldsymbol{R}}\,{}^{A}_{B}\boldsymbol{R}^{-1}\,{}^{A}\boldsymbol{q}=[{}^{A}\boldsymbol{\Omega}_{B}]\,{}^{A}\boldsymbol{q}={}^{A}\boldsymbol{\Omega}_{B}\times{}^{A}\boldsymbol{q} \tag{3.5-22}$$

如果考虑点 Q 相对于{B}系的变化，即${}^{B}\boldsymbol{V}_{Q}\neq0$，式（3.5-20）可以写成

$$ {}^{A}\boldsymbol{V}_{Q}={}^{A}\boldsymbol{\Omega}_{B}\times{}^{A}\boldsymbol{q}+{}^{A}_{B}\boldsymbol{R}\,{}^{B}\boldsymbol{V}_{Q} \tag{3.5-23}$$

利用旋转变换，将已知变量变换到坐标系{A}中，得

$$ {}^{A}\boldsymbol{V}_{Q}={}^{A}_{B}\boldsymbol{R}\,{}^{B}\boldsymbol{V}_{Q}+{}^{A}\boldsymbol{\Omega}_{B}\times({}^{A}_{B}\boldsymbol{R}\,{}^{B}\boldsymbol{q}) \tag{3.5-24}$$

式中，${}^{A}_{B}\boldsymbol{R}\,{}^{B}\boldsymbol{V}_{Q}$为点相对参考坐标系原点的速度；${}^{A}\boldsymbol{\Omega}_{B}\times({}^{A}_{B}\boldsymbol{R}\,{}^{B}\boldsymbol{q})$为坐标系之间的相对旋转角速度。

最后再考虑一般情况：两坐标系{A}和{B}之间既有平动，也有转动，且点 Q 相对于{B}系有相对运动，写成公式的形式为

$$ {}^{B}\boldsymbol{V}_{Q}\neq0,\quad {}^{A}\boldsymbol{\Omega}_{B}\neq0,\quad {}^{A}\boldsymbol{V}_{BORG}\neq0 \tag{3.5-25}$$

综合以上各式，或直接对式（3.5-17）求导，可得

$$ {}^{A}\boldsymbol{V}_{Q}={}^{A}\boldsymbol{V}_{BORG}+{}^{A}_{B}\boldsymbol{R}\,{}^{B}\boldsymbol{V}_{Q}+{}^{A}\boldsymbol{\Omega}_{B}\times({}^{A}_{B}\boldsymbol{R}\,{}^{B}\boldsymbol{q}) \tag{3.5-26}$$

式（3.5-26）就是做一般刚体运动的情况下，刚体速度基于两个参考坐标系的通用表

达式。

2. 速度旋量：空间速度与物体速度

注意到式（3.5-22）可以写成

$$ {}^{A}\boldsymbol{V}_{Q}=({}_{B}^{A}\dot{\boldsymbol{R}}\,{}_{B}^{A}\boldsymbol{R}^{-1})\,{}_{B}^{A}\boldsymbol{R}\,{}^{B}\boldsymbol{q}={}_{B}^{A}\boldsymbol{R}({}_{B}^{A}\boldsymbol{R}^{-1}{}_{B}^{A}\dot{\boldsymbol{R}})\,{}^{B}\boldsymbol{q} \tag{3.5-27} $$

由式（3.5-14）可知，$\dot{\boldsymbol{R}}\boldsymbol{R}^{-1}$是反对称矩阵，同样可以证明 $\boldsymbol{R}^{-1}\dot{\boldsymbol{R}}$ 也是反对称矩阵。而反对称矩阵中只含有 3 个参数，从而可以简化计算。为此给出如下两个定义：

【定义】在惯性坐标系中描述的刚体瞬时角速度为空间角速度（spatial angular velocity），记作

$$ [{}_{B}^{A}\boldsymbol{\omega}^{s}]={}_{B}^{A}\dot{\boldsymbol{R}}\,{}_{B}^{A}\boldsymbol{R}^{-1}\text{或}\ [\boldsymbol{\omega}^{s}]=\dot{\boldsymbol{R}}\boldsymbol{R}^{-1}(\text{简写形式}) \tag{3.5-28} $$

【定义】在物体坐标系中描述的刚体瞬时角速度为物体角速度（body angular velocity），记作

$$ [{}_{B}^{A}\boldsymbol{\omega}^{b}]={}_{B}^{A}\boldsymbol{R}^{-1}{}_{B}^{A}\dot{\boldsymbol{R}}\text{或}\ [\boldsymbol{\omega}^{b}]=\boldsymbol{R}^{-1}\dot{\boldsymbol{R}}(\text{简写形式}) \tag{3.5-29} $$

这样，式（3.5-27）就可以变换成

$$ {}^{A}\boldsymbol{V}_{Q}=[{}_{B}^{A}\boldsymbol{\omega}^{s}]\,{}_{B}^{A}\boldsymbol{R}\,{}^{B}\boldsymbol{q}=[{}_{B}^{A}\boldsymbol{\omega}^{s}]\,{}^{A}\boldsymbol{q}={}_{B}^{A}\boldsymbol{\omega}^{s}\times{}^{A}\boldsymbol{q} \tag{3.5-30} $$

或者

$$ {}^{B}\boldsymbol{V}_{Q}={}_{B}^{A}\boldsymbol{R}^{-1}\,{}^{A}\boldsymbol{V}_{Q}={}_{B}^{A}\boldsymbol{R}^{-1}{}_{B}^{A}\boldsymbol{R}({}_{B}^{A}\boldsymbol{R}^{-1}{}_{B}^{A}\dot{\boldsymbol{R}})\,{}^{B}\boldsymbol{q}=[{}_{B}^{A}\boldsymbol{\omega}^{b}]\,{}^{B}\boldsymbol{q}={}_{B}^{A}\boldsymbol{\omega}^{b}\times{}^{B}\boldsymbol{q} \tag{3.5-31} $$

式（3.5-30）和式（3.5-31）分别给出了空间上某一刚体做旋转运动时的速度表达。

由式（3.5-28）和式（3.5-29），还可以导出空间角速度与物体角速度之间的映射关系，即满足

$$ [\boldsymbol{\omega}^{s}]=\boldsymbol{R}[\boldsymbol{\omega}^{b}]\boldsymbol{R}^{-1}=\boldsymbol{R}[\boldsymbol{\omega}^{b}]\boldsymbol{R}^{\mathrm{T}}\quad\text{或}\quad[\boldsymbol{\omega}^{b}]=\boldsymbol{R}^{-1}[\boldsymbol{\omega}^{s}]\boldsymbol{R}=\boldsymbol{R}^{\mathrm{T}}[\boldsymbol{\omega}^{s}]\boldsymbol{R} \tag{3.5-32} $$

式（3.5-32）表明，空间角速度（矩阵）与物体角速度（矩阵）之间存在着相似变换关系。还可以证明，$(\boldsymbol{R}[\boldsymbol{\omega}]\boldsymbol{R}^{-1})^{\vee}=\boldsymbol{R}\boldsymbol{\omega}$（$(\ )^{\vee}$表示将反对称矩阵转化为对应的三维列向量形式），因此式（3.5-32）还可以写成另外一种形式：

$$ \boldsymbol{\omega}^{s}=\boldsymbol{R}\boldsymbol{\omega}^{b}\quad\text{或}\quad\boldsymbol{\omega}^{b}=\boldsymbol{R}^{-1}\boldsymbol{\omega}^{s} \tag{3.5-33} $$

实际上，式（3.5-32）和式（3.5-33）可以推广到任意两个坐标系之间角速度的映射关系，即

$$ {}^{A}\boldsymbol{\omega}={}_{B}^{A}\boldsymbol{R}\,{}^{B}\boldsymbol{\omega} \tag{3.5-34} $$

进一步将上述思想扩展到对一般刚体速度的描述上。由齐次变换矩阵及其逆矩阵的表达式，即

$$ \boldsymbol{T}=\begin{pmatrix}\boldsymbol{R} & \boldsymbol{p}\\ \boldsymbol{0} & 1\end{pmatrix},\boldsymbol{T}^{-1}=\begin{pmatrix}\boldsymbol{R}^{\mathrm{T}} & -\boldsymbol{R}^{\mathrm{T}}\boldsymbol{p}\\ \boldsymbol{0} & 1\end{pmatrix} \tag{3.5-35} $$

得

$$ \dot{\boldsymbol{T}}\boldsymbol{T}^{-1}=\begin{pmatrix}\dot{\boldsymbol{R}} & \dot{\boldsymbol{p}}\\ \boldsymbol{0} & 0\end{pmatrix}\begin{pmatrix}\boldsymbol{R}^{\mathrm{T}} & -\boldsymbol{R}^{\mathrm{T}}\boldsymbol{p}\\ \boldsymbol{0} & 1\end{pmatrix}=\begin{pmatrix}\dot{\boldsymbol{R}}\boldsymbol{R}^{\mathrm{T}} & -\dot{\boldsymbol{R}}\boldsymbol{R}^{\mathrm{T}}\boldsymbol{p}+\dot{\boldsymbol{p}}\\ \boldsymbol{0} & 0\end{pmatrix}=\begin{pmatrix}[\boldsymbol{\omega}^{s}] & \boldsymbol{v}^{s}\\ \boldsymbol{0} & 0\end{pmatrix} \tag{3.5-36} $$

$$ \boldsymbol{T}^{-1}\dot{\boldsymbol{T}}=\begin{pmatrix}\boldsymbol{R}^{\mathrm{T}} & -\boldsymbol{R}^{\mathrm{T}}\boldsymbol{p}\\ \boldsymbol{0} & 1\end{pmatrix}\begin{pmatrix}\dot{\boldsymbol{R}} & \dot{\boldsymbol{p}}\\ \boldsymbol{0} & 0\end{pmatrix}=\begin{pmatrix}\boldsymbol{R}^{\mathrm{T}}\dot{\boldsymbol{R}} & \boldsymbol{R}^{\mathrm{T}}\dot{\boldsymbol{p}}\\ \boldsymbol{0} & 0\end{pmatrix}=\begin{pmatrix}[\boldsymbol{\omega}^{b}] & \boldsymbol{v}^{b}\\ \boldsymbol{0} & 0\end{pmatrix} \tag{3.5-37} $$

注意，$\boldsymbol{v}^{s}=-\dot{\boldsymbol{R}}\boldsymbol{R}^{\mathrm{T}}\boldsymbol{p}+\dot{\boldsymbol{p}}=\boldsymbol{p}\times\boldsymbol{\omega}^{s}+\dot{\boldsymbol{p}}$，并不是物体坐标系原点的绝对线速度（即 $\boldsymbol{v}^{s}\neq\dot{\boldsymbol{p}}$）。其物理意义是：假想刚体足够大，可将惯性坐标系的原点包含其中（图 3-44），$\boldsymbol{v}^{s}$是指刚体上与惯性

坐标系原点相重合点的瞬时线速度，因此，经常写成 $\boldsymbol{v}_o$（即 $\boldsymbol{v}^s=\boldsymbol{v}_o$）。

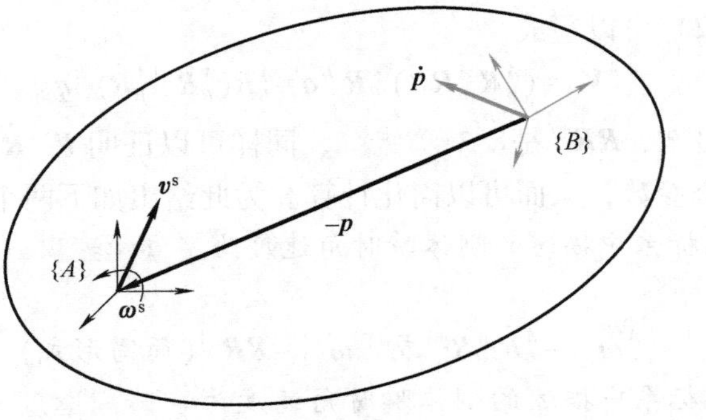

图 3-44　v^s的物理解释

由此可以给出与物体角速度和空间角速度相类似的定义：

【定义】在惯性坐标系中描述的刚体速度旋量称为空间速度（spatial velocity），记作

$$[\boldsymbol{V}^s]=\begin{pmatrix}[\boldsymbol{\omega}^s] & \boldsymbol{v}^s\\ \boldsymbol{0} & 0\end{pmatrix}=\dot{\boldsymbol{T}}\boldsymbol{T}^{-1}=\begin{pmatrix}\dot{\boldsymbol{R}}\boldsymbol{R}^{\mathrm{T}} & -\dot{\boldsymbol{R}}\boldsymbol{R}^{\mathrm{T}}\boldsymbol{p}+\dot{\boldsymbol{p}}\\ \boldsymbol{0} & 0\end{pmatrix} \tag{3.5-38}$$

写成 6 维列向量的形式：

$$\boldsymbol{V}^s=\begin{pmatrix}\boldsymbol{\omega}^s\\ \boldsymbol{v}^s\end{pmatrix}=\begin{pmatrix}(\dot{\boldsymbol{R}}\boldsymbol{R}^{\mathrm{T}})^{\vee}\\ -\dot{\boldsymbol{R}}\boldsymbol{R}^{\mathrm{T}}\boldsymbol{p}+\dot{\boldsymbol{p}}\end{pmatrix} \tag{3.5-39}$$

【定义】在物体坐标系中描述的刚体速度旋量称为物体速度（body velocity），记作

$$[\boldsymbol{V}^b]=\begin{pmatrix}[\boldsymbol{\omega}^b] & \boldsymbol{v}^b\\ \boldsymbol{0} & 0\end{pmatrix}=\boldsymbol{T}^{-1}\dot{\boldsymbol{T}}=\begin{pmatrix}\boldsymbol{R}^{\mathrm{T}}\dot{\boldsymbol{R}} & \boldsymbol{R}^{\mathrm{T}}\dot{\boldsymbol{p}}\\ \boldsymbol{0} & 0\end{pmatrix} \tag{3.5-40}$$

写成 6 维列向量的形式：

$$\boldsymbol{V}^b=\begin{pmatrix}\boldsymbol{\omega}^b\\ \boldsymbol{v}^b\end{pmatrix}=\begin{pmatrix}(\boldsymbol{R}^{\mathrm{T}}\dot{\boldsymbol{R}})^{\vee}\\ \boldsymbol{R}^{\mathrm{T}}\dot{\boldsymbol{p}}\end{pmatrix} \tag{3.5-41}$$

再来解释一下空间速度和物体速度各元素的物理意义。其中，物体速度两元素的物理意义比较直观：$\boldsymbol{\omega}^b$表示的是惯性坐标系相对物体坐标系的角速度，$\boldsymbol{v}^b$表示的是物体坐标系的原点相对惯性坐标系的线速度，两者均在物体坐标系中表示。相对而言，空间速度两元素的物理意义就不是很直观了：$\boldsymbol{\omega}^s$表示的是物体坐标系相对惯性坐标系的角速度，$\boldsymbol{v}^s$表示的是刚体上与惯性坐标系原点相重合点的瞬时线速度，两者均在惯性坐标系中表示。

【例 3-22】　分别用空间速度和物体速度来描述一个单自由度机器人的刚体运动（图 3-45）。其中，物体坐标系{B}相对惯性坐标系{A}的位形已知。

$$\boldsymbol{T}=\begin{pmatrix}\cos\theta & -\sin\theta & 0 & -l_2\sin\theta\\ \sin\theta & \cos\theta & 0 & l_1+l_2\cos\theta\\ 0 & 0 & 1 & 0\\ 0 & 0 & 0 & 1\end{pmatrix}$$

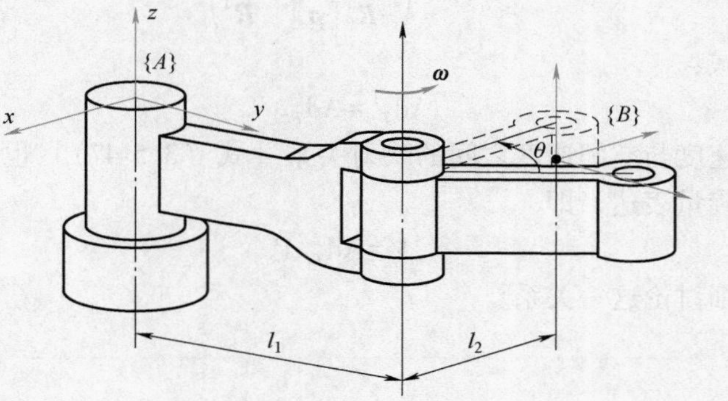

图 3-45　例 3-22 图

解：由式（3.5-40）可得

$$\boldsymbol{v}^{\mathrm{b}}=\boldsymbol{R}^{\mathrm{T}}\dot{\boldsymbol{t}},\quad \boldsymbol{\omega}^{\mathrm{b}}=(\boldsymbol{R}^{\mathrm{T}}\dot{\boldsymbol{R}})^{\vee}$$

由式（3.5-38）可得

$$\boldsymbol{v}^{\mathrm{s}}=-\dot{\boldsymbol{R}}\boldsymbol{R}^{\mathrm{T}}\boldsymbol{t}+\dot{\boldsymbol{t}},\quad \boldsymbol{\omega}^{\mathrm{s}}=(\dot{\boldsymbol{R}}\boldsymbol{R}^{\mathrm{T}})^{\vee}$$

因此，有

$$\boldsymbol{v}^{\mathrm{b}}=\begin{pmatrix}-l_2\dot{\theta}\\0\\0\end{pmatrix},\quad \boldsymbol{\omega}^{\mathrm{b}}=\begin{pmatrix}0\\0\\\dot{\theta}\end{pmatrix},\quad \boldsymbol{v}^{\mathrm{s}}=\begin{pmatrix}l_1\dot{\theta}\\0\\0\end{pmatrix},\quad \boldsymbol{\omega}^{\mathrm{s}}=\begin{pmatrix}0\\0\\\dot{\theta}\end{pmatrix}$$

3. 空间速度与物体速度之间的变换

空间速度（矩阵）与物体速度（矩阵）之间也存在着相似变换关系，即

$$[\boldsymbol{V}^{\mathrm{s}}]=\dot{\boldsymbol{T}}\boldsymbol{T}^{-1}=\boldsymbol{T}(\boldsymbol{T}^{-1}\dot{\boldsymbol{T}})\boldsymbol{T}^{-1}=\boldsymbol{T}[\boldsymbol{V}^{\mathrm{b}}]\boldsymbol{T}^{-1} \tag{3.5-42}$$

若将式（3.5-42）写成矢量表达形式，需要用到式（3.5-33）、式（3.5-37）和式（3.5-39），具体如下：

$$\boldsymbol{\omega}^{\mathrm{s}}=\boldsymbol{R}\boldsymbol{\omega}^{\mathrm{b}} \tag{3.5-43}$$

$$\boldsymbol{v}^{\mathrm{s}}=-\dot{\boldsymbol{R}}\boldsymbol{R}^{\mathrm{T}}\boldsymbol{p}+\dot{\boldsymbol{p}}=\boldsymbol{p}\times\boldsymbol{\omega}^{\mathrm{s}}+\dot{\boldsymbol{p}}=\boldsymbol{p}\times(\boldsymbol{R}\boldsymbol{\omega}^{\mathrm{b}})+\boldsymbol{R}\boldsymbol{v}^{\mathrm{b}}=[\boldsymbol{p}]\boldsymbol{R}\boldsymbol{\omega}^{\mathrm{b}}+\boldsymbol{R}\boldsymbol{v}^{\mathrm{b}} \tag{3.5-44}$$

合并在一起，得

$$\boldsymbol{V}^{\mathrm{s}}=\begin{pmatrix}\boldsymbol{\omega}^{\mathrm{s}}\\\boldsymbol{v}^{\mathrm{s}}\end{pmatrix}=\begin{pmatrix}\boldsymbol{R}&\boldsymbol{0}\\ [\boldsymbol{p}]\boldsymbol{R}&\boldsymbol{R}\end{pmatrix}\begin{pmatrix}\boldsymbol{\omega}^{\mathrm{b}}\\\boldsymbol{v}^{\mathrm{b}}\end{pmatrix}=\begin{pmatrix}\boldsymbol{R}&\boldsymbol{0}\\ [\boldsymbol{p}]\boldsymbol{R}&\boldsymbol{R}\end{pmatrix}\boldsymbol{V}^{\mathrm{b}} \tag{3.5-45}$$

定义伴随变换（adjoint transformation）为

$$\mathrm{Ad}_{\boldsymbol{T}}=\begin{pmatrix}\boldsymbol{R}&\boldsymbol{0}\\ [\boldsymbol{p}]\boldsymbol{R}&\boldsymbol{R}\end{pmatrix} \tag{3.5-46}$$

因此有

$$\boldsymbol{V}^{\mathrm{s}}=\mathrm{Ad}_{\boldsymbol{T}}\boldsymbol{V}^{\mathrm{b}} \tag{3.5-47}$$

由式（3.5-47）可以看出，用 $\mathrm{Ad}_{\boldsymbol{T}}$ 可以表示从物体速度到空间速度的映射。显然，$\mathrm{Ad}_{\boldsymbol{T}}$ 是可逆的，其逆矩阵计算公式为

$$\mathrm{Ad}_T^{-1}=\begin{pmatrix}\boldsymbol{R}^{\mathrm{T}} & \boldsymbol{0}\\ -\boldsymbol{R}^{\mathrm{T}}[\boldsymbol{p}] & \boldsymbol{R}^{\mathrm{T}}\end{pmatrix} \tag{3.5-48}$$

可以导出以下关系式：

$$\mathrm{Ad}_T^{-1}=\mathrm{Ad}_{T^{-1}} \tag{3.5-49}$$

事实上，物体速度与空间速度之间的映射关系［式（3.5-47）］也可以扩展到两个任意坐标系之间的速度旋量表达，即

$$^{A}\boldsymbol{V}=\mathrm{Ad}_T\,{}^{B}\boldsymbol{V} \tag{3.5-50}$$

本书第 8 章还会详细讨论这一关系。

3.6* 力旋量

3.6.1 力旋量的定义

与表示刚体瞬时运动相似，刚体上的作用力也可以表示成旋量的表达。与运动旋量相对应的物理概念是力旋量（wrench），这两个概念都是 Ball 最先提出来的。

如图 3-46 所示，若用 $\boldsymbol{f}$ 替换旋量中的 $\boldsymbol{s}$，用 $\boldsymbol{m}$ 替换 $\boldsymbol{s}^0$，则变成

$$\boldsymbol{F}=\begin{pmatrix}\boldsymbol{f}\\ \boldsymbol{m}\end{pmatrix}=\begin{pmatrix}\boldsymbol{f}\\ \boldsymbol{r}\times\boldsymbol{f}+h\boldsymbol{f}\end{pmatrix} \tag{3.6-1}$$

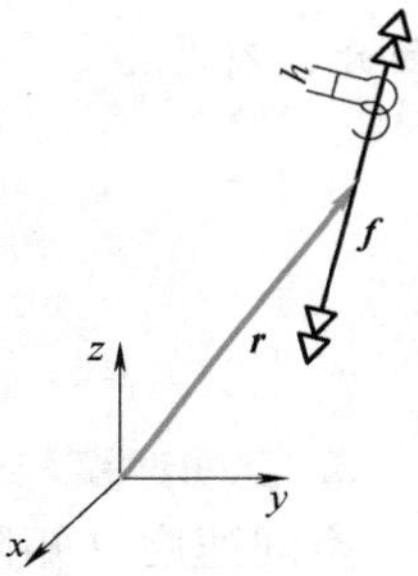

图 3-46　力旋量

式（3.6-1）正好表示作用在刚体上的单位力旋量或广义力。

考虑两种特殊的力旋量：

1）纯力（force，简称力线矢）：作用在刚体上的纯力可表示成 $f(\hat{\boldsymbol{f}};\boldsymbol{r}\times\hat{\boldsymbol{f}})$，其中，$f$ 为作用力的大小，$(\hat{\boldsymbol{f}};\boldsymbol{r}\times\hat{\boldsymbol{f}})$ 为单位力线矢。

2）纯力偶矩（couple）：在刚体上作用两个大小相等、方向相反的平行力构成一个力偶，同样也可用一个特殊的旋量——偶量来表示 $\tau(\boldsymbol{0};\hat{\boldsymbol{m}})$，其中，$\tau$ 为作用力偶的大小，$(\boldsymbol{0};\hat{\boldsymbol{m}})$ 为单位力偶。力偶是自由矢量，它可在刚体内自由地平行移动但并不改变对刚体的作用效果。

注意以上的表达均没有考虑幅值的存在，如果考虑幅值的存在，则式（3.6-1）变成

$$\boldsymbol{F}=\begin{pmatrix}\boldsymbol{f}\\ \boldsymbol{m}\end{pmatrix}=\begin{pmatrix}\boldsymbol{f}\\ \boldsymbol{r}\times\boldsymbol{f}+h\boldsymbol{f}\end{pmatrix}=(f_x,f_y,f_z,m_x,m_y,m_z)^{\mathrm{T}} \tag{3.6-2}$$

式中，$\boldsymbol{f}$ 为作用在刚体上的纯力；$\boldsymbol{m}$ 为对原点的矩。将力与力矩组合而成的 6 维矢量 $\boldsymbol{F}$ 称为力旋量。这样便形成了一对对偶的概念：运动旋量表示刚体速度，力旋量表示广义力。

与刚体速度（运动旋量）类似的是，力旋量 $\boldsymbol{F}$ 的值也与表示力和力矩的坐标系选取有关。例如，若 $\{B\}$ 为物体坐标系，相应的力旋量记为 $\boldsymbol{F}^{\mathrm{b}}=(\boldsymbol{f}^{\mathrm{b}};\boldsymbol{m}^{\mathrm{b}})$，其中，$\boldsymbol{f}^{\mathrm{b}}$ 和 $\boldsymbol{m}^{\mathrm{b}}$ 均在坐标系 $\{B\}$ 中描述。因此，作用在刚体上的力旋量通常有两种表示方法：一种是在物体坐标系 $\{B\}$ 中表示的物体力旋量（body wrench），记为 $\boldsymbol{F}^{\mathrm{b}}$，它表示力旋量作用在坐标系 $\{B\}$ 中的原点；另一种是在惯性坐标系 $\{A\}$ 中表示的空间力旋量（spatial wrench），记为 $\boldsymbol{F}^{\mathrm{s}}$。这些表示方法类似于刚体速度的惯性坐标系表示或物体坐标系表示。因此，借助前面的速度表示，可以很方便地给出力旋量在不同坐标系中的相互关系，具体也可通过伴随矩阵来表示，即

$$F^{s}=\mathrm{Ad}_{T}F^{b} \tag{3.6-3}$$

上述关系式可以扩展到两个任意坐标系之间的力旋量表达，即

$${}^{A}F=\mathrm{Ad}_{T}{}^{B}F \tag{3.6-4}$$

如果有任意多个力旋量同时作用在同一个刚体上（构成空间力系），那么都可以等效简化为一个力旋量即合力旋量的作用，而作用在刚体上的合力旋量可通过力旋量的叠加来确定。为使叠加有意义，所有力旋量应在同一坐标系中表示（详细运算法则见 2.4 节）。

Chalse 指出，每一运动旋量对应的刚体运动都可以由螺旋运动产生。潘索（Poinsot）得出了一个类似的结论：每一力旋量都等价于沿某轴线的力与绕此轴的力偶矩的复合。

表 3-2 中对几种常见物理量的旋量坐标及其图形表示进行了总结。

表 3-2　几种常见物理量的旋量坐标

类别	节距特点	运动学		静力学	
		物理量及旋量坐标	图形表示	物理量及旋量坐标	图形表示
线矢量	$h=0$	瞬时角速度 或转动副 $(\omega;r\times\omega)$	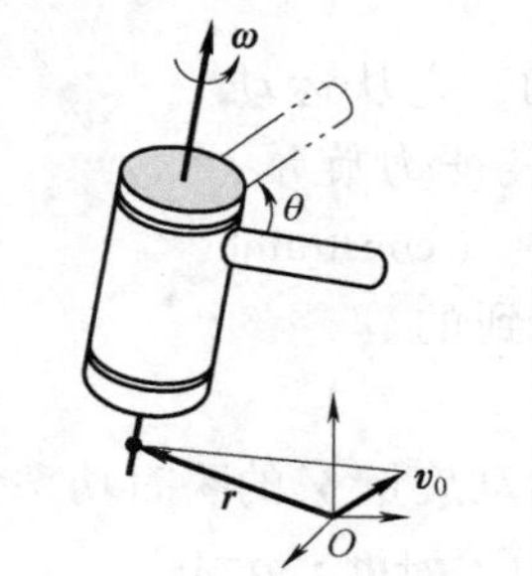	力 $(f;r\times f)$	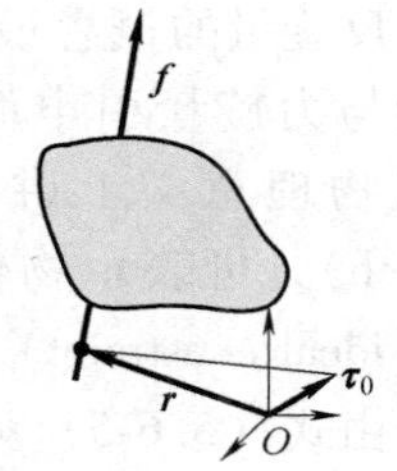
偶量	$h=\infty$	瞬时线速度 或移动副 $(0;v)$	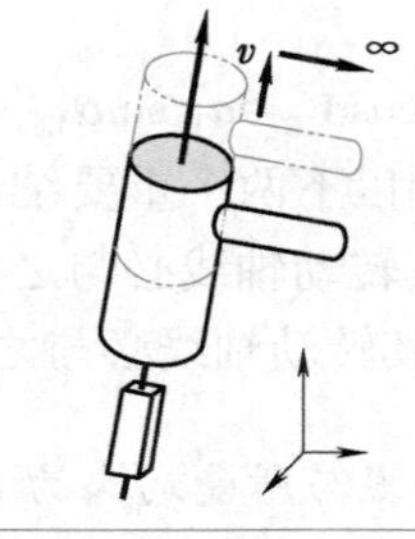	力偶矩 $(0;m)$	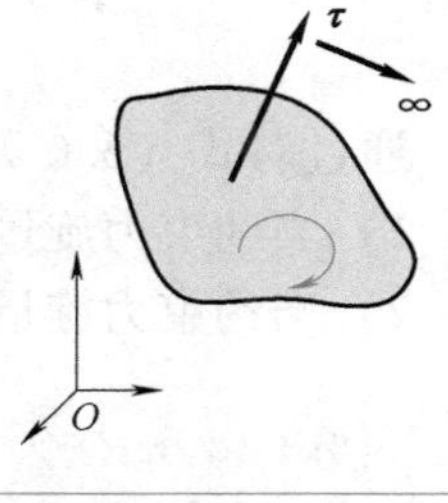
旋量	为有限值	螺旋速度或螺旋副 $(\omega;r\times\omega+h\omega)$ 或 $(\omega;v)$	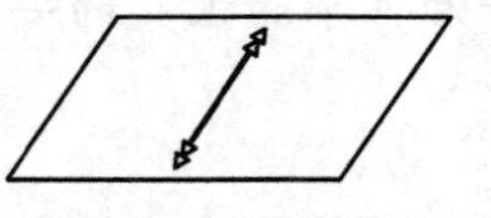	力旋量 $(f;r\times f+hf)$ 或 $(f;m)$	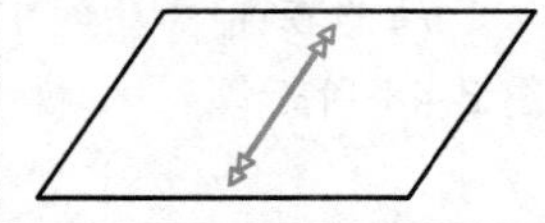

可以看出，旋量具有非常重要的物理意义，即可将速度（线速度和角速度）和力（纯力和力偶）在一个统一的框架中进行描述。例如，运动学中的转动（自由度）和移动（自由度）本质上是运动旋量的特例；静力学中的力和力偶是力旋量的特例。它们或写成线矢量的形式，或写成偶量的形式。

3.6.2　约束力旋量

一个运动刚体上作用一个力旋量 $F=(f;m)=\rho_2(\hat{f};r_2\times\hat{f}+h_2\hat{f})$，产生的刚体速度用运动旋量坐标表示成 $V=(\omega;v)=\rho_1(\hat{\omega};r_1\times\hat{\omega}+h_1\hat{\omega})$，如图 3-47 所示。

不失一般性，假定点 $\boldsymbol{r}_1$、$\boldsymbol{r}_2$ 分别位于距离最近的两轴线上，因此 $\boldsymbol{r}_2$ 可改写成 $\boldsymbol{r}_2=\boldsymbol{r}_1+a_{12}\boldsymbol{n}$，其中 $\hat{\boldsymbol{n}}$ 是垂直于两轴线的单位矢量。这时，$\boldsymbol{F}$ 与 $\boldsymbol{V}$ 的瞬时功率为

$$\begin{aligned}P&=\boldsymbol{F}^{\mathrm{T}}\boldsymbol{\Delta V}\\&=\boldsymbol{f}\cdot\boldsymbol{v}+\boldsymbol{m}\cdot\boldsymbol{\omega}\\&=\rho_1\rho_2\hat{\boldsymbol{f}}\cdot(\boldsymbol{r}_1\times\hat{\boldsymbol{\omega}}+h_1\hat{\boldsymbol{\omega}})+\hat{\boldsymbol{\omega}}\cdot(\boldsymbol{r}_2\times\hat{\boldsymbol{f}}+h_2\hat{\boldsymbol{f}})\\&=\rho_1\rho_2(h_1+h_2)(\hat{\boldsymbol{\omega}}\cdot\hat{\boldsymbol{f}})+(\boldsymbol{r}_2-\boldsymbol{r}_1)\cdot(\hat{\boldsymbol{f}}\times\hat{\boldsymbol{\omega}})\\&=\rho_1\rho_2(h_1+h_2)\cos\alpha_{12}-a_{12}\sin\alpha_{12}\end{aligned}\tag{3.6-5}$$

注意到式（3.6-5）中的一种特殊情况：力旋量与运动旋量的瞬时功率为零。在这种情况下，无论该力旋量中力或力矩有多大，都不会对刚体做功，也不能改变该约束作用下刚体的运动状态。在这种情况下，通常称力旋量 $\boldsymbol{F}$ 为运动旋量 $\boldsymbol{V}$ 的反旋量（reciprocal screw）。

反旋量的概念最初是 Ball 提出来的，它从运动旋量与力旋量引申而来，习惯上主要表征力旋量，而从物理意义上讲是一种约束力旋量（constraint wrench），可表示物体在三维空间内受到的理想约束（ideal constraint）。

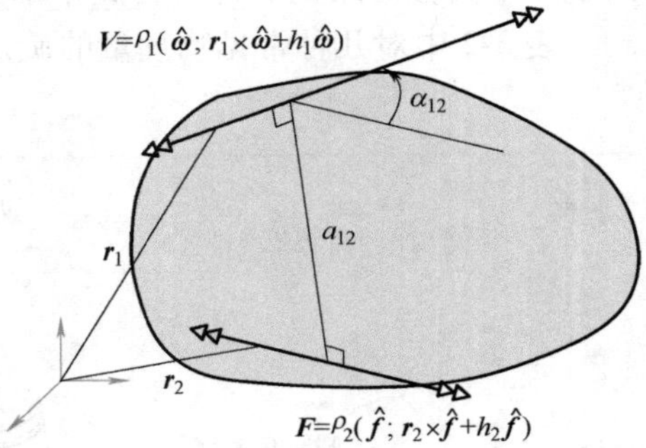

图 3-47　反旋量的概念

由式（3.6-5）可知，力旋量 $\boldsymbol{F}$ 与运动旋量 $\boldsymbol{V}$ 的瞬时功率为零，应满足如下关系式：

$$P=\boldsymbol{f}\cdot\boldsymbol{v}+\boldsymbol{m}\cdot\boldsymbol{\omega}=0\tag{3.6-6}$$

或者

$$\rho_1\rho_2(h_1+h_2)\cos\alpha_{12}=a_{12}\sin\alpha_{12}\tag{3.6-7}$$

通过对式（3.6-7）进一步讨论，可得到以下两个重要结论：

1）当约束力旋量为纯力时（$h_2=0$），其转动轴线必与之共面，移动方向与之垂直。

2）当约束力旋量为纯力偶时（$f=0$），其转动轴线必与之垂直，移动方向为任意方向。

【Blanding 法则】机构的转动自由度轴线与所受约束力作用线必然相交。

注意在射影几何中，可将平面平行看作平面汇交的一种特例（交于无穷远点），如图 3-48 所示。

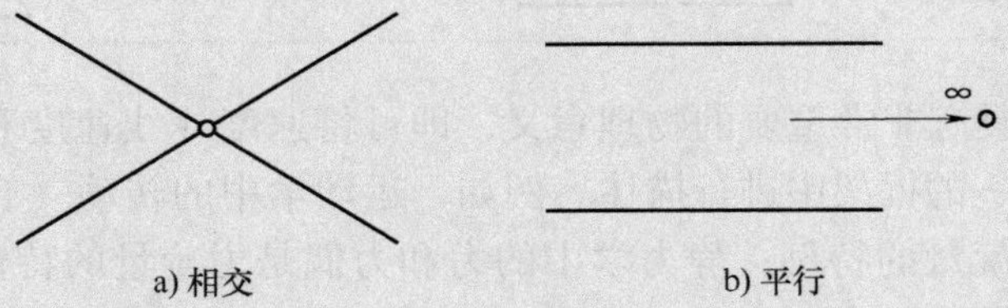

图 3-48　线矢量共面的两种情况

扩展到旋量系的层面。

根据旋量系的运动特性及约束特性可将旋量系分为运动旋量系（twist system）和约束旋量系（constraint wrench system）。两者之间同样互为反旋量系。有关反旋量系的求解方法详

见 2.4 节。

为后续分析方便、直观，可将运动旋量（系）和力旋量（系）表示成线图的形式。表 3-3对线图的基本元素及其物理意义进行了总结。

表 3-3　线图的基本元素及其物理意义

线图元素	数学意义	物理意义
	线矢量	转动自由度（转动副轴线）
	线矢量	约束力
	偶量	移动自由度（移动副作用线方向）
	偶量	约束力偶

例如，已知图 3-49 所示的一个运动旋量系 $S(\$_i, i=1,2,\cdots)$，根据上述法则，很容易找到与之互易的约束力旋量（一个与所有 $\$_i$ 相交的约束力 $\$^r$）。

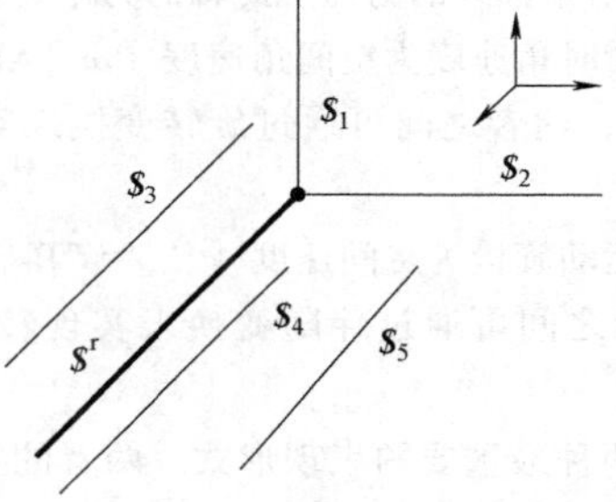

图 3-49　根据几何关系寻找与五维运动旋量系互易的约束力旋量

【例 3-23】　已知一运动旋量 $\$_1=(1,0,0;1,0,0)$，求过轴线外一点 P（0,1,0）而又与 $\$_1$ 互易的所有约束力（图 3-50）。

解：令 $\$_2=(\boldsymbol{s};\boldsymbol{r}\times\boldsymbol{s})$，$\boldsymbol{s}=(x,y,z)^{\mathrm{T}}$，$\boldsymbol{r}=(0,1,0)^{\mathrm{T}}$，$\boldsymbol{i}=(1,0,0)^{\mathrm{T}}$，则根据 $\$_2^{\mathrm{T}}\boldsymbol{\Delta}\,\$_1=0$ 得到

$$\boldsymbol{i}\cdot\boldsymbol{s}+\boldsymbol{i}\cdot\boldsymbol{r}\times\boldsymbol{s}=0$$

$$\boldsymbol{i}\cdot(\boldsymbol{I}+\hat{\boldsymbol{r}})\boldsymbol{s}=0$$

可导出

$$x=-z$$

上式表明，线矢量 $\$_2$（约束力）应是在 $x=-z$ 平面内且汇交点为 P 的一个径向圆盘。

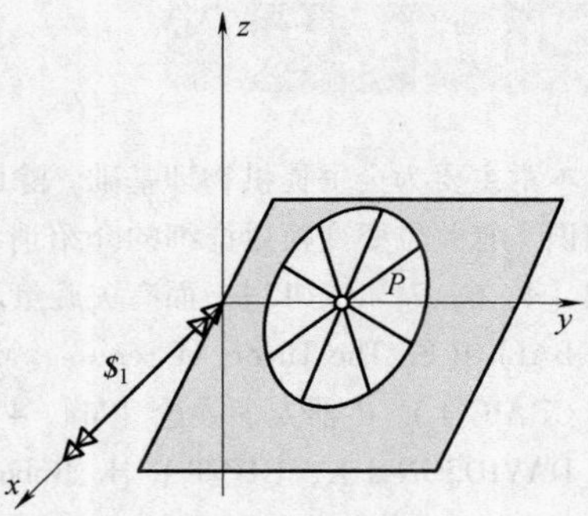

图 3-50　例 3-23 图

本章小结

1）机器人学中，机器人的位姿（包括位置和姿态）通常用于表示机器人的位形。

2）为描述刚体运动，通常借助两个坐标系：一个是与地（或机架）相固连的坐标系，即惯性坐标系$\{A\}$；另一个是物体坐标系$\{B\}$，即与运动刚体固连且随之一起运动的坐标系。这时，一种方便描述刚体运动的做法便是将物体坐标系附着在刚体上，进而定量描述物体坐标系相对惯性坐标系的位置和姿态。

3）刚体姿态（或刚体转动）的描述中，常用的方法有旋转矩阵、欧拉角、R-P-Y 角、等效轴-角、单位四元数等，它们之间彼此存在映射关系（图 3-34，表 3-1）。其中，旋转矩阵与四元数是全局参数，不存在奇异；其他均为局部参数，存在奇异。

4）刚体运动是指刚体上任意两点之间距离始终保持不变的连续运动，刚体变换是刚体运动的具体表征，既可反映刚体从初始位形到终止位形的映射，也可描述不同坐标系之间的映射。常见的刚体变换有刚体旋转、平移、平面变换、螺旋变换（一般刚体运动）等。

5）一般刚体运动可用齐次变换（矩阵）来实现，即${}^{A}\boldsymbol{p}={}_{B}^{A}\boldsymbol{T}\,{}^{B}\boldsymbol{p}$或${}^{A}\boldsymbol{p}={}_{B}^{A}\boldsymbol{T}\boldsymbol{p}_0$。

6）三个定理：

欧拉定理：任一旋转矩阵$\boldsymbol{R}$总可以等效为绕某一固定轴的旋转运动。

查尔斯定理：任意刚体运动都可以通过螺旋运动实现，即刚体运动与螺旋运动是等价的。

潘索定理：每一力旋量都等价于沿某轴线的力与绕此轴的力矩的复合。

7）在惯性坐标系中描述的刚体瞬时角速度为空间角速度$[\boldsymbol{\omega}^{s}]=\dot{\boldsymbol{R}}\boldsymbol{R}^{-1}$，在物体坐标系中描述的刚体瞬时角速度为物体角速度$[\boldsymbol{\omega}^{b}]=\boldsymbol{R}^{-1}\dot{\boldsymbol{R}}$，两者之间可通过旋转变换来实现转化，即$[\boldsymbol{\omega}^{s}]=\boldsymbol{R}[\boldsymbol{\omega}^{b}]\boldsymbol{R}^{-1}$或者$\boldsymbol{\omega}^{s}=\boldsymbol{R}\boldsymbol{\omega}^{b}$。

8）在惯性坐标系中描述的刚体运动旋量为空间速度$[\boldsymbol{V}^{s}]=\dot{\boldsymbol{T}}\boldsymbol{T}^{-1}$；在物体坐标系中描述的刚体运动旋量为物体角速度$[\boldsymbol{V}^{b}]=\boldsymbol{T}^{-1}\dot{\boldsymbol{T}}$，两者之间可通过伴随变换来实现转化，即$[\boldsymbol{V}^{s}]=\boldsymbol{T}[\boldsymbol{V}^{b}]\boldsymbol{T}^{-1}$或者$\boldsymbol{V}^{s}=\mathrm{Ad}_{\boldsymbol{T}}\boldsymbol{V}^{b}$。

9）运动旋量和力旋量是旋量的两种最重要的表现形式。两者的互易积表示瞬时功率，当互易积为零时，运动旋量与力旋量互为反旋量，力旋量转化为约束。

10）可用旋量系描述各类刚体运动。任一运动旋量（系）与其对应的约束旋量（系）之间存在互易关系。

扩展阅读文献

本章主要为全书提供物理基础。除此之外，读者还可阅读其他文献补充有关位姿变换与刚体运动方面的知识。有关位姿变换更详细的介绍请参考文献［2，5，11］，基于旋量理论的刚体运动建模内容可参考文献［4，6，7，10，12］，而有关旋量理论的系统介绍可参考文献［1，3，8，9］。

［1］BALL R S. The Theory of Screws［M］. Cambridge：Cambridge University Press，1998.

［2］CRAIG J J. 机器人学导论［M］. 4 版. 负超，王伟，译. 北京：机械工业出版社，2018.

［3］DAVIDSON J K，HUNT K H. Robots and Screw theory：Applications of Kinematics and Statics to Robotics［M］. London：Oxford University Press，2004.

［4］DUFFY J. Statics and Kinematics with Applications to Robotics［M］. Cambridge：Cambridge University Press，1996.

［5］JAZAR R N. 应用机器人学：运动学、动力学与控制技术［M］. 2 版. 周高峰，等译. 北京：机械工业

出版社，2018.

[6] LYNCH K M，PARK F C. 现代机器人学机构、规划与控制［M］. 于靖军，贾振中，译. 北京：机械工业出版社，2019.

[7] MURRAY R，LI Z X，SASTRY S. 机器人操作的数学导论［M］. 徐卫良，钱瑞明，译. 北京：机械工业出版社，1998.

[8] SELIG J M. 机器人学的几何基础［M］. 杨向东，译. 北京：清华大学出版社，2008.

[9] 戴建生. 机构学与机器人学的几何基础与旋量代数［M］. 北京：高等教育出版社，2014.

[10] 黄真，赵永生，赵铁石. 高等空间机构学［M］. 北京：高等教育出版社，2005.

[11] 熊有伦，李文龙，陈文斌，等. 机器人学：建模、控制与视觉［M］. 武汉：华中科技大学出版社，2018.

[12] 于靖军，刘辛军，丁希仑. 机器人机构学的数学基础［M］. 2 版. 北京：机械工业出版社，2016.

习题

3-1　一矢量 $\boldsymbol{p}$ 绕 z_A 轴旋转 30°，然后绕 x_A 轴旋转 45°，求按上述顺序旋转后得到的旋转矩阵。

3-2　物体坐标系$\{B\}$最初与惯性坐标系$\{A\}$重合，将坐标系$\{B\}$绕 z_B 轴旋转 30°，再绕新坐标系的 x_B 轴旋转 45°，求按上述顺序旋转后得到的旋转矩阵。

3-3　在什么条件下，两个旋转矩阵可以交换顺序？

3-4　如果旋转角度足够小，任意两个旋转矩阵是否可以交换？

3-5　假设一个刚体内嵌有两个单位矢量，试证明，无论刚体如何旋转，两个矢量的夹角保持不变。

3-6　证明任何旋转矩阵行列式的值恒等于 1。

3-7　证明 $\dot{\boldsymbol{R}}\boldsymbol{R}^{-1}$ 和 $\boldsymbol{R}^{-1}\dot{\boldsymbol{R}}$ 都是反对称矩阵。

3-8　求解姿态矩阵 $\boldsymbol{R}$ 的特性：

1）求解姿态矩阵 $\boldsymbol{R}$ 的特征值，并求与特征值为 1 对应的特征向量。

2）令姿态矩阵 $\boldsymbol{R}=(\boldsymbol{r}_1,\boldsymbol{r}_2,\boldsymbol{r}_3)$，试证明 $\det(\boldsymbol{R})=\boldsymbol{r}_1^{\mathrm{T}}(\boldsymbol{r}_2\times\boldsymbol{r}_3)$。

3）证明姿态矩阵 $\boldsymbol{R}$ 满足 $\boldsymbol{R}\boldsymbol{u}=(\boldsymbol{R}[\boldsymbol{u}]\boldsymbol{R}^{\mathrm{T}})^{\vee}$。

3-9　已知一刚体的齐次变换矩阵

$$\boldsymbol{T}=\begin{pmatrix}\frac{\sqrt{3}}{2} & -\frac{1}{2} & 0 & 2\\ \frac{1}{2} & \frac{\sqrt{3}}{2} & 0 & 4\\ 0 & 0 & 1 & 0\\ 0 & 0 & 0 & 1\end{pmatrix}$$

试求解该变换的逆变换 $\boldsymbol{T}^{-1}$。

3-10　证明平面齐次变换矩阵（planar homogenous transformation matrix）满足

$$\boldsymbol{D}=\begin{pmatrix}\cos\alpha & -\sin\alpha & x_Q-x_P\cos\alpha+y_P\sin\alpha\\ \sin\alpha & \cos\alpha & y_Q-y_P\sin\alpha-y_P\cos\alpha\\ 0 & 0 & 1\end{pmatrix}$$

3-11　已知刚体绕 z 轴方向的轴线旋转 30°，且轴线经过点 $(1,1,0)^{\mathrm{T}}$，求物体坐标系$\{B\}$相对惯性坐标系$\{A\}$的位形。

3-12　已知刚体绕 x 轴方向的轴线旋转 30°，且轴线经过点 $(1,0,1)$，求物体坐标系$\{B\}$相对惯性坐标系$\{A\}$的齐次变换矩阵。

3-13　已知一机器人末端工具中心点为 $\boldsymbol{p}_0$，求：经过机器人的一般运动变换（旋转 $\boldsymbol{R}_{3\times3}$ 和平移 $\boldsymbol{p}_{3\times1}$）以后点 $\boldsymbol{p}$ 的表达，并写出其逆变换矩阵表达。

3-14　当前工业机器人领域经常要定义四种坐标系：惯性坐标系{A}、末端或工具坐标系{T}、图像坐标系{C}和工件坐标系{W}，如图 3-51 所示。

1）基于图中所给尺寸，试确定 ${}^A_W\boldsymbol{T}$ 和 ${}^C_W\boldsymbol{T}$。

2）若 ${}^T_C\boldsymbol{T}=\begin{pmatrix}1&0&0&4\\0&1&0&0\\0&0&1&0\\0&0&0&1\end{pmatrix}$，试求 ${}^A_T\boldsymbol{T}$。

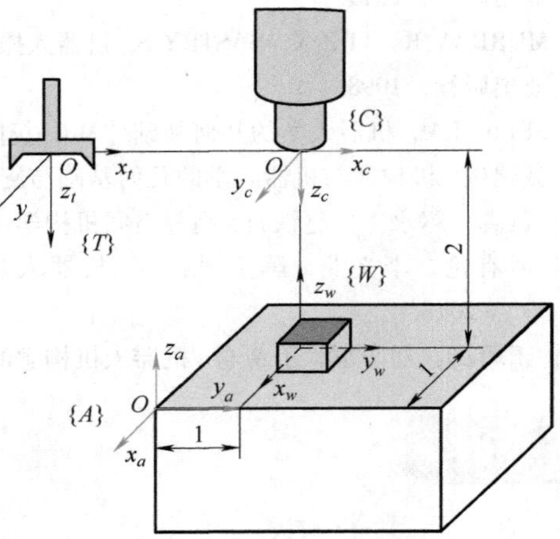

图 3-51　工业机器人的坐标系

3-15　试证明三次绕固定坐标轴 X-Y-Z 旋转的最终姿态与以相反顺序三次绕运动坐标轴 x-y-z 旋转的最终姿态相同，即 $\boldsymbol{R}_{ZYX}(\alpha,\beta,\gamma)=\boldsymbol{R}_{zyx}(\gamma,\beta,\alpha)$。

3-16　在描述空间刚体姿态的各种方法中，欧拉角描述被称为是一种局部参数的描述方法。以 Z-X-Z 欧拉角（ϕ，θ，ψ）为例，试证明当 $\phi=0$ 时，姿态矩阵奇异。

3-17　在欧拉角的定义中，连续旋转总是基于正交（坐标）轴来进行的，这种限制是否是必须的？

3-18　已知姿态矩阵

$$\boldsymbol{R}=\begin{pmatrix}\frac{\sqrt{3}}{2}&-\frac{1}{2}&0\\\frac{\sqrt{3}}{4}&\frac{3}{4}&-\frac{1}{2}\\\frac{1}{4}&\frac{\sqrt{3}}{4}&\frac{\sqrt{3}}{2}\end{pmatrix}$$

求与之等效的 Z-X-Z 欧拉角。

3-19　已知姿态矩阵

$$\boldsymbol{R}=\begin{pmatrix}1&0&0\\0&\frac{\sqrt{3}}{2}&-\frac{1}{2}\\0&\frac{1}{2}&\frac{\sqrt{3}}{2}\end{pmatrix}$$

求与之等效的 R-P-Y 角。

3-20　已知姿态矩阵

$$\boldsymbol{R}=\begin{pmatrix}0&1&0\\0&0&-1\\-1&0&0\end{pmatrix}$$

求与之对应的等效轴-角及相应的欧拉参数。

3-21　T&T（Tilt & Torsion）是加拿大学者 Benev 提出的一种描述刚体姿态的方法，它实质上是一种修正的 Z-Y-Z 欧拉角。如果某类机构在运动过程中始终满足 Torsion 角为零，该机构称为零扭角机构（zero-torsion mechanism）。试通过查阅文献，找出 3~5 种零扭角机构的例子。

3-22　试证明相似变换

$$\boldsymbol{R}_a(\theta)=\boldsymbol{R}_z(\phi)\boldsymbol{R}_y(\theta)\boldsymbol{R}_z^{-1}(\phi)=\boldsymbol{R}_{zyz}(\phi,\theta,-\phi)$$

3-23　若姿态矩阵

$$\boldsymbol{R}=\begin{pmatrix} r_{11} & r_{12} & 0 \\ r_{21} & r_{22} & r_{23} \\ r_{31} & r_{32} & r_{33} \end{pmatrix}$$

能用只具有两个参数的欧拉角来描述，即

$$\boldsymbol{R}=\begin{pmatrix} \cos\theta & -\sin\theta & 0 \\ \sin\theta\cos\phi & \cos\theta\cos\phi & -\sin\phi \\ \sin\theta\sin\phi & \cos\theta\sin\phi & \cos\phi \end{pmatrix}$$

试确定这两个欧拉角的取值范围。

3-24　已知一速度矢量 ${}^{B}\boldsymbol{v}$ 和齐次变换矩阵 ${}^{A}_{B}\boldsymbol{T}$。

$${}^{B}\boldsymbol{v}=\begin{pmatrix} 1 \\ 2 \\ 3 \end{pmatrix},\quad {}^{A}_{B}\boldsymbol{T}=\begin{pmatrix} \frac{\sqrt{3}}{2} & -\frac{1}{2} & 0 & 5 \\ \frac{1}{2} & \frac{\sqrt{3}}{2} & 0 & -2 \\ 0 & 0 & 1 & 3 \\ 0 & 0 & 0 & 1 \end{pmatrix}$$

试计算 ${}^{A}\boldsymbol{v}$。

3-25　对于由移动 $\boldsymbol{p}$ 和 2×2 旋转矩阵 $\boldsymbol{R}$ 组成的平面刚体变换（$\boldsymbol{R},\boldsymbol{p}$），可以用齐次坐标将其表示为 3×3 矩阵

$$\boldsymbol{T}=\begin{pmatrix} \boldsymbol{R} & \boldsymbol{p} \\ \boldsymbol{0} & 1 \end{pmatrix}$$

对应的单位运动旋量 $\hat{\boldsymbol{\xi}}$ 可以表示成

$$[\hat{\boldsymbol{\xi}}]=\begin{pmatrix} [\hat{\boldsymbol{\omega}}] & \boldsymbol{v} \\ \boldsymbol{0} & 0 \end{pmatrix},\quad [\hat{\boldsymbol{\omega}}]=\begin{pmatrix} 0 & -\omega \\ \omega & 0 \end{pmatrix},\quad \boldsymbol{v}\in\mathbb{R}^2,\quad \omega\in\mathbb{R}$$

1）证明任意平面刚体运动可以描述为关于某点的纯移动或纯转动。

2）证明绕点 $\boldsymbol{q}$ 的纯转动平面运动旋量和沿 $\boldsymbol{v}$ 方向的纯移动平面运动旋量为

$$\boldsymbol{\xi}=(1;q_y,-q_x)\,(\text{纯转动}),\quad \boldsymbol{\xi}=(0;v_x,v_y)\,(\text{纯移动})$$

3-26　证明伴随矩阵的特性：$\mathrm{Ad}_{\boldsymbol{T}}^{-1}=\mathrm{Ad}_{\boldsymbol{T}^{-1}}$。

3-27　证明 ${}^{A}_{C}\boldsymbol{V}^{s}={}^{A}_{B}\boldsymbol{V}^{s}+{}^{A}_{B}\mathrm{Ad}_{\boldsymbol{T}}{}^{B}_{C}\boldsymbol{V}^{s}$。

3-28　证明平面刚体运动的伴随变换可由下式给出：

$$\mathrm{Ad}_{\boldsymbol{T}}=\begin{pmatrix} \boldsymbol{R}_{2\times2} & \begin{matrix} p_y \\ -p_x \end{matrix} \\ \boldsymbol{0} & 1 \end{pmatrix}$$

3-29　就旋量的物理意义而言，除了运动旋量和力旋量之外，还能举出其他具有物理意义的旋量类型吗？

3-30　无论空间速度还是物体速度，它们都可以旋量来表达。试问，空间加速度或物体加速度也可表示成旋量的形式吗？

3-31　已知某一刚体相对惯性坐标系 $\{A\}$ 的空间速度 $\boldsymbol{V}^{s}$ 和齐次变换矩阵 ${}^{A}_{B}\boldsymbol{T}$。

$$
{}^{A}\boldsymbol{V}=\begin{pmatrix}\frac{\sqrt{2}}{2}\\ \frac{\sqrt{2}}{2}\\ 0\\ 0\\ 1\\ 1\end{pmatrix},\quad {}^{A}_{B}\boldsymbol{T}=\begin{pmatrix}\frac{\sqrt{3}}{2} & -\frac{1}{2} & 0 & 10\\ \frac{1}{2} & \frac{\sqrt{3}}{2} & 0 & 0\\ 0 & 0 & 1 & 5\\ 0 & 0 & 0 & 1\end{pmatrix}
$$

试计算物体速度 $\boldsymbol{V}^{b}$。

3-32　求图 3-52 所示 2 自由度机器人末端执行器相对惯性坐标系 $\{A\}$ 的空间速度 $\boldsymbol{V}^{s}$。

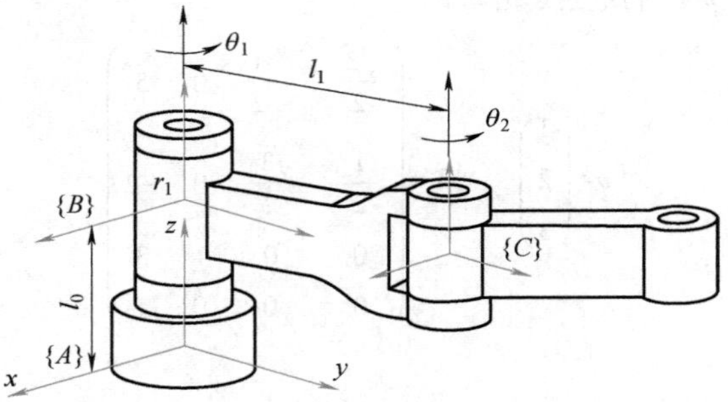

图 3-52　题 3-32 图

3-33　已知某一单位运动旋量为 $\hat{\boldsymbol{\xi}}=(1,0,0;0,0,1)$：

1）求 $\hat{\boldsymbol{\omega}}$，$\boldsymbol{r}$，$h$。

2）绘制出该运动旋量的轴线位置。

3-34　运动旋量与约束旋量是一对互易旋量。能否给出其中的物理意义？如果刚体受到了纯力约束的作用，该刚体什么运动受到了约束？如果刚体受到了纯力偶约束的作用，该物体什么运动又受到了约束？

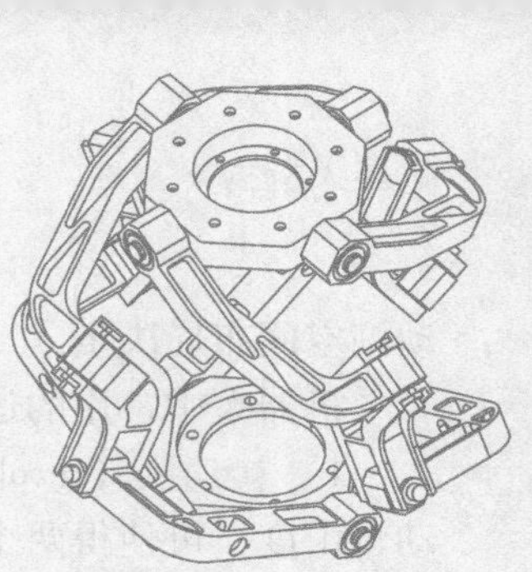

Omni Wrist Ⅲ并联机构

第 4 章 机器人机构

【本章内容导读】

机构是机器人的骨架。机器人机构既可以作为机器人的结构本体，也可以成为机器人驱动、传动，乃至执行系统的重要组成部分。

本章学习的重点内容包括：机器人机构的基本组成元素与机器人自由度计算公式，串联机器人机构、并/混联机器人机构、移动机器人机构等分类及特点，机器人中常用的驱动与传动机构，与机器人机构相关的性能指标。

4.1 机器人机构的基本组成

首先回顾一下机械原理课程中曾讲过的，也是本书中沿用的一些基本概念。

4.1.1 机构的基本组成元素：构件与运动副

构件（link）：机械系统中能够进行独立运动的单元体。机器人中的构件多为刚性连杆，因此，多数情况下简称为杆。但在某些特定应用中，构件的弹性或柔性不可忽视，或者本身即为弹性或柔性构件。不过，本书主要研究刚性杆。

图 4-1 所示为机器人机构的基本组成示意：左图中的所有构件都可以看作是刚性杆，而右图中连接两平台的四根杆为柔性杆。两个机器人机构中都有一个固定不动的构件，称之为机架（base）或基座（frame）。

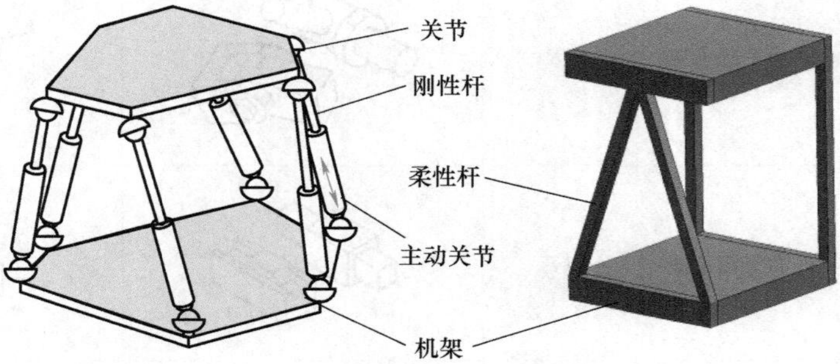

图 4-1　机器人机构的基本组成：构件（杆）与运动副（关节）

运动副（kinematic pair）：两构件既保持接触又有相对运动的活动连接。在机器人学领域，运动副通常又称为铰链或者关节（joint）。机器人的运动学特性主要由运动副类型和运动副空间布局决定。

机器人中常用的运动副类型如下：

1）**转动副**（revolute joint）是一种使两构件间发生相对转动的连接形式，它具有一个转动自由度，可使得两个构件绕同一轴线转动。

2）**移动副**（prismatic joint）是一种使两构件间发生相对移动的连接形式，它具有一个移动自由度，约束了刚体的其他五类运动，并使得两个构件沿同一方向运动。

3）**螺旋副**（screw joint）是一种使两构件间发生螺旋运动的连接形式，它同样只具有1个自由度，约束了刚体的其他五类运动，并使得两个构件在空间某一范围内运动。

4）**圆柱副**（cylindrical joint）是一种使两构件间发生同轴转动和同方向移动的连接形式，通常由共轴的转动副和移动副组合而成。它具有两个独立的自由度，约束了刚体的其他四类运动，并使得两个构件在空间内运动，因此，圆柱副是一种空间Ⅳ级低副。

5）**虎克铰**（universal joint）是一种使两构件间发生绕同一点二维转动的连接形式，通常采用轴线正交的连接形式，有时也称作万向铰。它具有两个相对转动的自由度，相当于轴线相交的两个转动副。它约束了刚体的其他四类运动，并使得两个构件在空间内运动，因此，虎克铰是一种空间Ⅳ级低副。

6）**平面副**（planar joint）是一种允许两构件间在平面内任意移动和转动的连接形式，可以看作由两个独立的移动副和一个转动副组成。它约束了刚体的其他三个运动，只允许两个构件在平面内运动，因此，平面副是一种平面Ⅲ级低副。由于没有物理结构与之相对应，工程中并不常用。

7）**球面副**（spherical joint），多数情况下简称为“球副”，是一种能使两个构件间在三维空间内绕同一点做任意相对转动的运动副，可以看作是由轴线汇交一点的三个转动副组成。它约束了刚体的三维移动，因此球面副是一种空间Ⅲ级低副。

表4-1对以上七种常用运动副进行了总结，包括其图形示意及常用的符号表示。注意，表中乃至全书中的“R”表示转动，“T”表示移动，前面的数字表示数目。

表4-1 机器人中常见运动副的类型及其代表符号

名称	符号	类　型	自由度	图　形	基本符号
转动副	R	平面Ⅴ级低副	$1R$		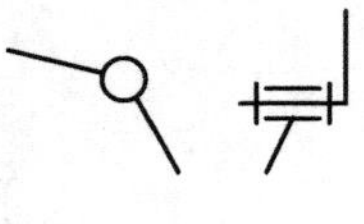
移动副	P	平面Ⅴ级低副	$1T$	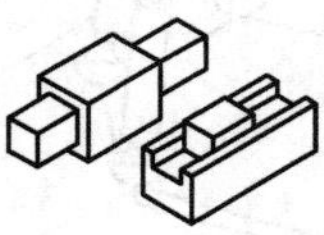	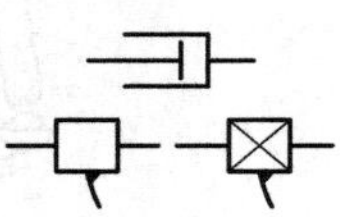
螺旋副	H	空间Ⅴ级低副	$1R$ 或 $1T$	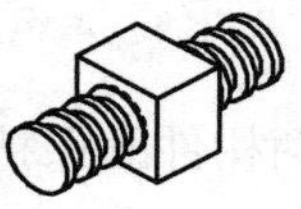	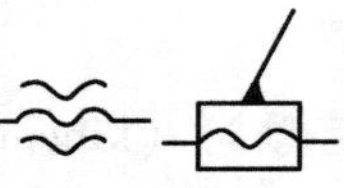

（续）

名称	符号	类　型	自由度	图　形	基本符号
虎克铰	U	空间Ⅳ级低副	$2R$		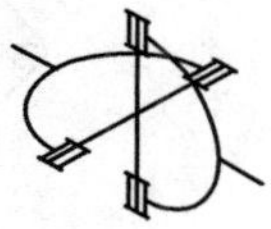
圆柱副	C	空间Ⅳ级低副	$1R1P$	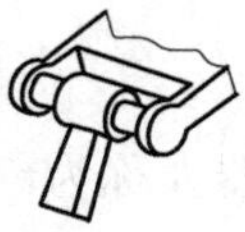	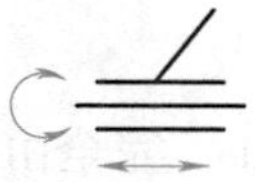
平面副	E	平面Ⅲ级低副	$1R2P$		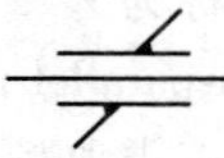
球面副	S	空间Ⅲ级低副	$3R$	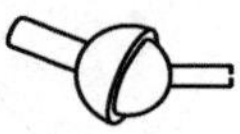	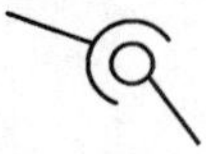

实际应用的机器人可能用到上述所提到的任何一类运动副，但最常用的还是转动副和移动副。虽然连杆可以用任何类型的运动副进行连接，包括齿轮副、凸轮副等高副（点或线接触），但机器人中通常只选用低副（面接触），如转动副 R、移动副 P、螺旋副 H、圆柱副 C、虎克铰 U、平面副 E 以及球面副 S 等。图 4-2 所示为 R、P、C、U、S 五种铰链的真实物理表现形式。

根据在机器人运动过程中的作用，运动副可分为主动副（驱动副，actuated joint）和被动副（或消极副，passive joint）。例如，在并联机器人中就广泛存在被动副。

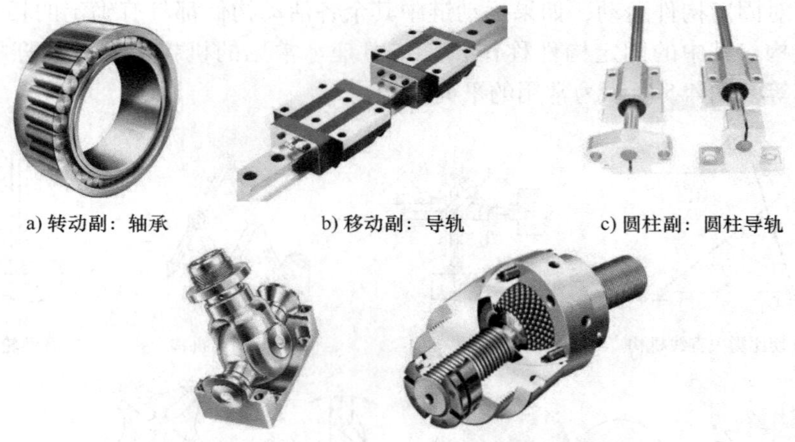

a) 转动副：轴承　b) 移动副：导轨　c) 圆柱副：圆柱导轨

d) 虎克铰　e) 球面副：球轴承

图 4-2　铰链的真实物理表现形式

4.1.2　运动链、机构与机器人

运动链（kinematic chain）：两个或两个以上的构件通过运动副连接而成的可动系统。组成运动链的各构件构成首末封闭系统的运动链称为闭链（或闭环，closed-loop）；反之，为开链（或开环，open-loop）；既含有闭链又含有开链的运动链称为混链。图 4-3 所示为典型开链、闭链和混链的结构示意。

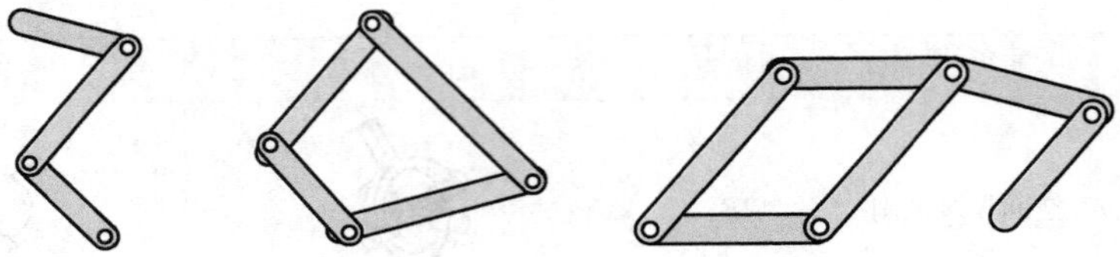

a) 开链　　b) 闭链　　c) 混链

图 4-3　运动链的类型

例如，完全由开链组成的机器人称为串联机器人（serial manipulator），完全由闭链组成的机器人称为并联机器人（parallel manipulator），开链中含有闭链的机器人称为串并联机器人（serial-parallel manipulator）或混联机器人（hybrid manipulator）。图 4-4 所示为串联、并联、混联三类典型机器人的结构示意。

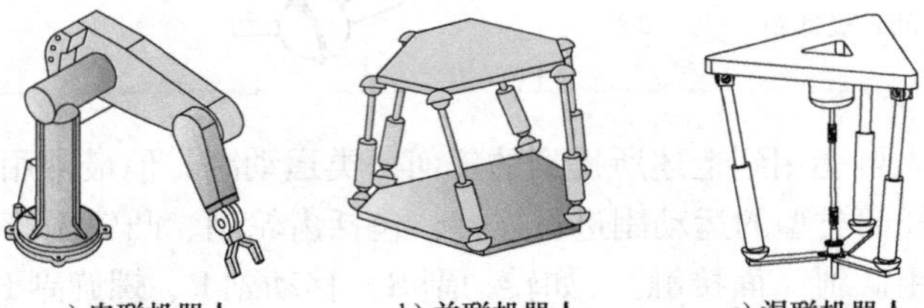

a) 串联机器人　　b) 并联机器人　　c) 混联机器人

图 4-4　串联、并联与混联机器人

机构（mechanism）：将运动链中的某一个构件加以固定，而让另一个或几个构件按给定运动规律相对固定构件运动，如果运动链中其余各活动构件都具有确定的相对运动，则此运动链称为机构，其中的固定构件称作机架或基座。常见的机构类型有连杆机构、凸轮机构、齿轮机构等。图 4-5 所示为常用的平面机构。

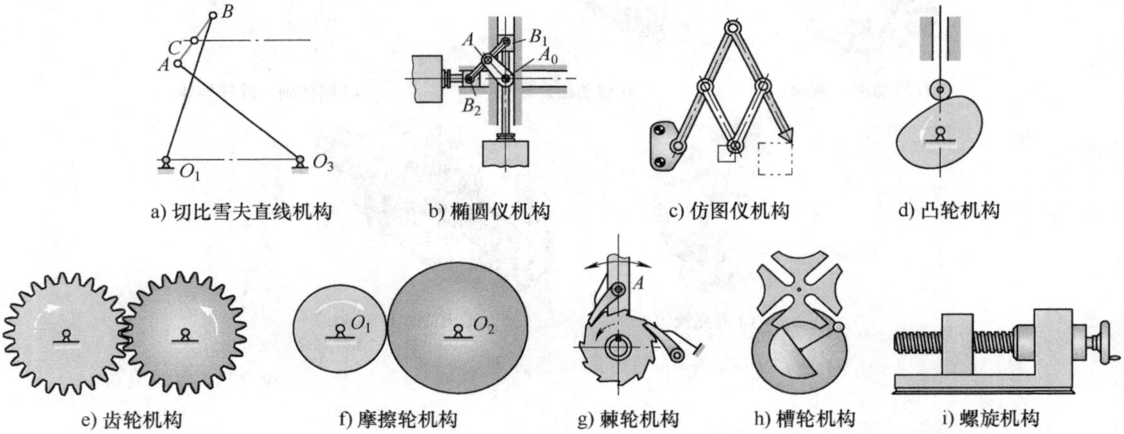

a) 切比雪夫直线机构　　b) 椭圆仪机构　　c) 仿图仪机构　　d) 凸轮机构

e) 齿轮机构　　f) 摩擦轮机构　　g) 棘轮机构　　h) 槽轮机构　　i) 螺旋机构

图 4-5　常用的平面机构

根据机构中各构件间的相对运动可将其分为平面机构（planar mechanism）、球面机构（spherical mechanism）和空间机构（spatial mechanism）。此外，根据构件或运动副的变形程度，还可以将机构分成刚性机构（rigid mechanism）、弹性机构（flexible mechanism）及柔性机构（compliant mechanism）。刚性机构中，假定构件为刚体，运动副为理想柔度，而真实的机构往往无法实现，从而影响机构的性能（如刚度、精度等）。弹性机构及柔性机构则考虑了这一点，它们均是指构件或运动副为非理想柔度，但前者偏重考虑的是如何消除柔性带来的负面影响，而后者则充分利用了构件或运动副的柔性。

机器人（manipulator 或 robot）：很难从机构的角度给出一个明确的定义，不过，从机构学角度看，大多数机器人都是由一组通过运动副连接而成的刚性连杆（即机构中的构件）构成的特殊机构。机器人的驱动器（actuator）安装在驱动副处，而在机器人的末端安装有末端执行器（end-effector）。图 4-6 所示为一种典型机器人的组成，包括驱动器、机构本体和末端执行器（手爪）。

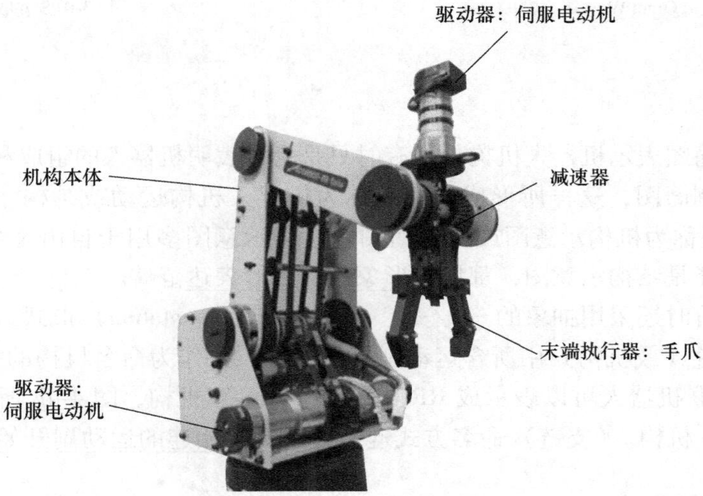

图 4-6　机器人的组成

4.1.3　机器人机构的表示

机械原理课程中曾学到机构运动简图（kinematic diagram of mechanisms）的概念，以简化机构的实体表示。机器人机构作为特殊的机构类型，同样可以采用机构运动简图的形式表示。其详细绘制过程可参考相关《机械原理》教材，这里不再赘述。下面举两个例子：

【例 4-1】　两种串联机器人及其机构运动简图（图 4-7）。

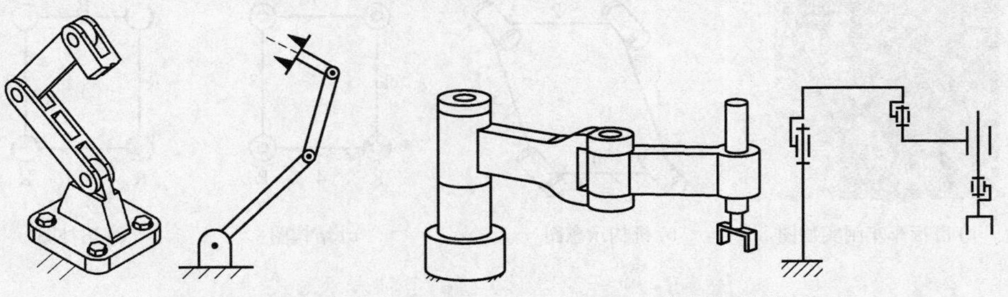

图 4-7　两种串联机器人及其机构运动简图

【例 4-2】 两种并联机器人及其机构运动简图（图 4-8）。

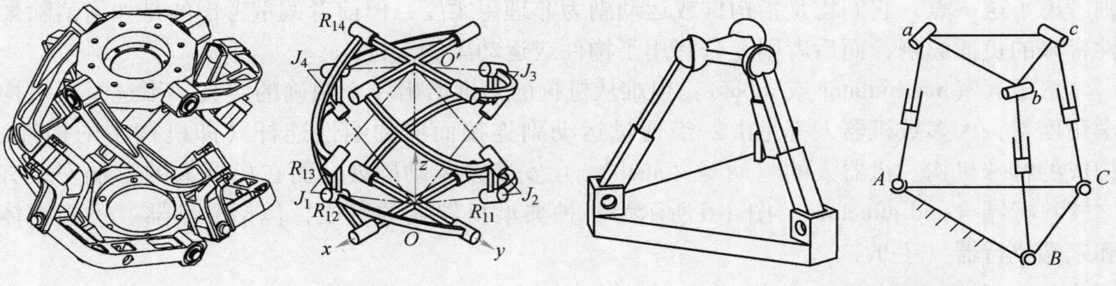

a) Omni Wrist Ⅲ　　b) 3-RPS 并联机器人

图 4-8　两种并联机器人及其机构运动简图

除了用运动简图表示机器人机构外，有时只是为了表明机器人的组成和结构特征，而不严格按照比例绘制简图，这样所形成的简图称为机器人机构运动或结构示意图（schematic diagram），有时简称为机构示意图或机构简图。这类示意图多用于自由度分析与构型综合。无论是运动简图还是结构示意图，都属于形象化的图形表达范畴。

除此之外，有时还采用抽象的符号表示（symbol representation）形式。比较简单的方法是直接采用运动链（或机构）中所含运动副符号表征，并作为命名机构的一种方式。例如，图 4-4a 所示的串联机器人可以表示成 RRRRRR（或 6R）机构，图 4-4b 所示的并联机器人可以表示成 6-SPS 机构。（支链）命名方式遵循：由机架相连的运动副开始到与机架相连的另一运动副结束。

符号表示还有其他方式，比较典型的如结构图或拓扑图（topology graph）。结构图中，用特定的符号或标识表示运动副（如用◎表示转动副），用简单的线条表示构件，再按运动简图或结构简图的顺序对构件和运动副进行排列、标号；而拓扑图的表示正好相反，用线条表示运动副，用圆圈表示构件。拓扑表示主要基于图论（graph theory），具有很强的数学支撑，常用于构型综合。目前，无论平面机构还是空间机构，连杆机构还是其他类型机构，应用图表达形式都非常普遍。图 4-9 所示为平行四边形机构的各种表示形式，如符号表示为 RRRR（或 P_a）。

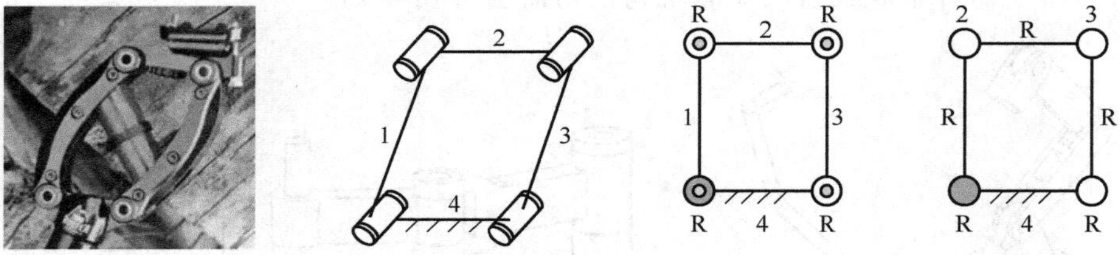

a) 自行车车闸实物图　　b) 机构示意图　　c) 结构图　　d) 拓扑图

图 4-9　平行四边形机构的各种表示形式

图 4-10 所示为 Stewart 平台的结构图示意。

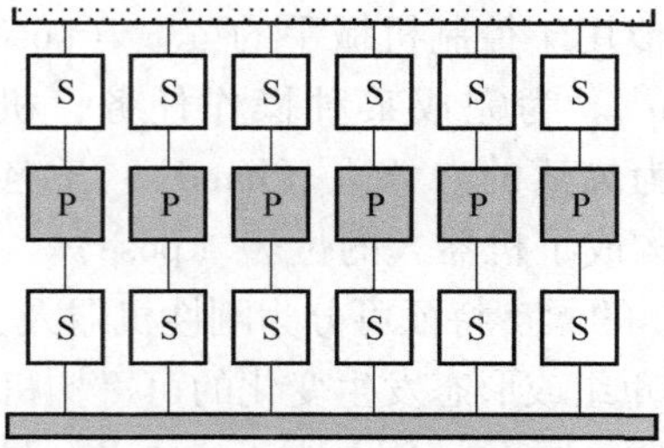

图 4-10 Stewart 平台的结构图

4.2 机器人机构的简单分类

本书讨论的对象是机器人机构，因此，有必要先简单介绍一下机器人的分类。

机器人根据结构特征可分为串联机构、并联机构、混联机构等，这些概念在前面已经提过。早期的工业机器人，如 PUMA 机器人、SCARA（由日本山梨大学牧野洋教授于 1980 年发明，是 selective compliance assembly robot arm 的缩写）机器人等，实质上都是串联机构，而 Delta 机器人（由瑞士 EPFL 的 Clavel 教授于 1986 年发明）、Z3 主轴头（德国 DS Technology 公司开发）等则属于并联机构的范畴。相比串联机构，并联机构具有高刚度、高负载惯性比等优点，但工作空间相对较小，结构较为复杂。这正好同串联机构形成互补，从而拓展了机器人的选择及应用范围。Tricept 机器人（Neumann 博士于 1988 年发明）则是一种典型的混联机构，它正好中和了串联机构与并联机构两者的特点。各类机器人如图 4-11 所示。

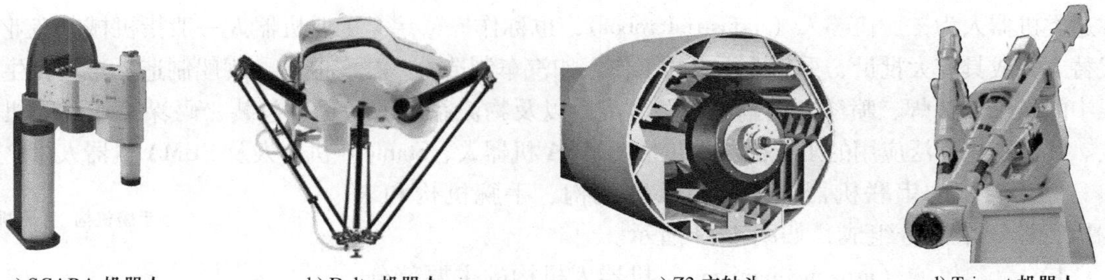

a) SCARA 机器人　b) Delta 机器人　c) Z3 主轴头　d) Tricept 机器人

图 4-11 已成功应用的商用串、并、混联机器人

机器人根据运动（或自由度）特性可分为平面机器人机构（实现平面运动）、球面机器人机构（实现球面运动）与空间机器人机构（实现空间运动）。平面机器人机构多为连杆机构（linkage），运动副多为转动副和移动副，而球面机器人机构由球面机构组成，除此之外的机器人机构都为空间机器人机构。

不过，更为普遍的分类方法是按照自由度类型来划分，如 1～3 自由度（degree-of-freedom，DOF）平动（translational）机构，1～3DOF 转动（rotational）机构和 2～6DOF 混合运动（mixed-motion）机构。

机器人按照结构组成与运动功能可分为：有定位（positioning）机器人和指向（pointing）机器人。传统意义上，前者通常称为机械臂或手臂（arm），而后者通常称为手腕（wrist）。

像 PUMA 机器人中，前 3 个关节用于控制机械手的位置（position），而剩下的 3 个关节用于控制机械手的姿态（orientation）。为完成某种操作任务，机器人末端还要安装机器人手爪（或夹持器，gripper）或更为灵活的机器人（hand），学名为末端执行器（end-effector）。机器人末端的位置与姿态共同构成了机器人的位姿（pose）。

机器人根据构件（或关节）的柔度特征可分为刚性机器人、柔性机器人和软体机器人等。

此外，还有一类可实现结构重组或形态发生变化的可重构机器人机构（reconfigurable robotic mechanism），例如图 4-12 所示的折展机构（foldable and deployable mechanism）。这一新型机构除了具有折叠或展开特性外，还可通过改变杆件数量或者运动副的类型等方式使自由度发生变化。

a) 折叠状态　　b) 展开状态

图 4-12　基于 Bennett 机构单元的折展机构

下面结合机器人的结构或功能特征，详细介绍几种常用的机器人机构。

4.3 串联机器人机构

在机器人发展史上，串联机器人扮演了先驱者的角色，广泛应用在工业生产线中，因此，又称这类机器人为工业机器人（industrial robot），也称作操作手。工业机器人一般指机械制造业中代替人完成具有大批量、重复性要求的工作，如汽车制造，摩托车制造，舰船制造，自动化生产线中的点焊、弧焊、喷漆、切割、电子装配，以及物流系统的搬运、包装、码垛等作业的机器人。其中得到广泛应用的工业机器人包括 SCARA 机器人、Stanford 机器人及 PUMA 机器人等。

一个典型的串联机器人通常由手臂机构、手腕机构和末端执行器 3 个部分组成，如图 4-13 所示。

1）手臂机构（arm mechanism）：机器人机构的主要部分，其作用是支承腕部和末端执行器，并确定腕部中心点 P 在空间中的位置坐标，通常具有 3 个自由度，个别为 4 个自由度。

2）手腕机构（wrist mechanism）：连接手臂和末端执行器的部件，其作用主要是改变和调整末端执行器在空间中的方位，即姿态，一般具有 3 个旋转自由度，个别为 2 个旋转自由度。

3）末端执行器（end-effector）：机器人作业时安装在腕部的工具，根据任务选装。

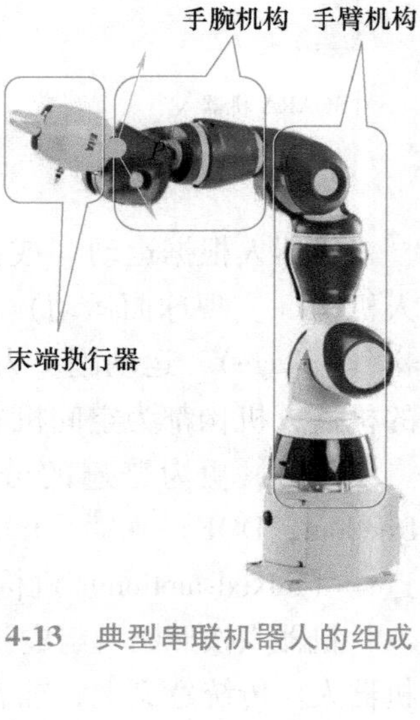

图 4-13　典型串联机器人的组成

串联机器人本质上是由一系列连杆和运动副依次连接组成的开链机构，一般从基座开始，到末端执行器结束。图 4-14a 所示为某空间关节型机器人的执行部分，由多个连杆所组成，设计者的初衷是用来模仿人手臂（图 4-14b）的基本运动。

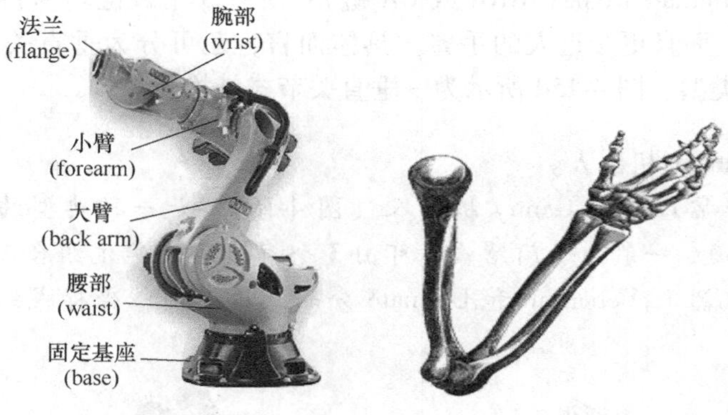

a) ABB机器人样机　　b) 人的手臂结构

图 4-14　空间关节型工业机器人产品与其对应的仿生对象

可以看出，它是一个装在固定基座上的开式运动链。各杆之间用运动副连接，在机器人学中习惯将这些运动副称为关节（joint）。在该运动链的末端固连一个手爪，通常称为末端执行器。为使串联机器人实现复杂、灵活的运动，也为了方便调整和控制机器人运动，机器人机构中的运动副大多采用单自由度的运动副——转动副和移动副。这样只需在每个关节处输入各个独立运动即可，如电动机的转动或液压缸、气缸输出的相对移动。

4.3.1　手臂机构

就机器人结构而言，臂部（包括小臂和大臂）是机器人机构的主要部分，其作用是支承腕部和手部，并带动它们使手部中心点 P 按一定的运动轨迹，由某一位置运动到达另一指定位置。机器人手臂的主体机构一般为 3 自由度机构，主要包括直角坐标式、圆柱坐标式、球面坐标式、关节式四种基本结构型式。

1）直角坐标式（Cartesian coordinate type，PPP 链）：由 3 个相互垂直的移动副构成，每个关节独立分布在直角坐标的 3 个坐标轴上（图 4-15a）。其结构简单、控制简单、精度较高。

2）圆柱坐标式（cylindrical coordinate type，RPP 或 CP 链）：将直角坐标机器人中某一个移动副用转动副代替（图 4-15b）。该结构运动范围较大。

3）球面坐标式（polar coordinate type，RRP 或 UP 链）：前 2 个铰链为相互汇交的转动副而第 3 个为移动副（图 4-15c）。该结构运动范围较大。

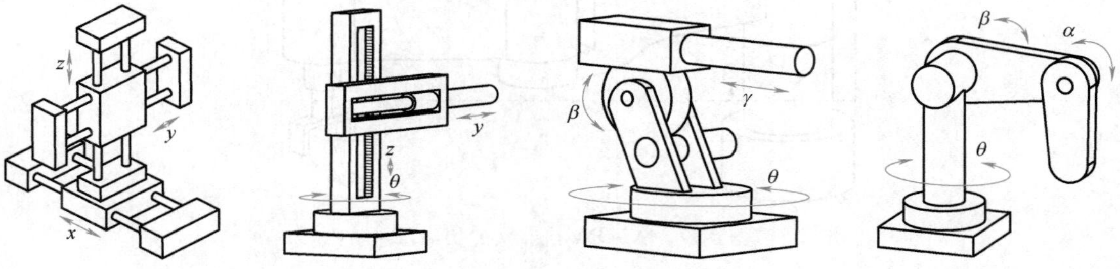

a) PPP　　b) RPP　　c) RRP　　d) RRR

图 4-15　手臂机构的四种基本类型

4）关节式（articulated type，RRR 或 UR 链）：所有 3 个铰链均为转动副。这种结构对作业的适应性较好，而且更接近人的手臂。具体而言，还可分为垂直关节式和水平（或平面）关节式两种子类型。图 4-15d 所示为一垂直关节式结构。

【例 4-3】 **Gantry 机器人。**

有一种应用非常广泛的 Gantry 机器人（图 4-16），是一种典型的直角坐标式机器人（Cartesian robot），一般为龙门结构，可由 3 个直线运动单元组合而成。而世界上最早实用化的工业机器人 Versatran 和 Unimate 分别采用了圆柱坐标式结构和球面坐标式结构。

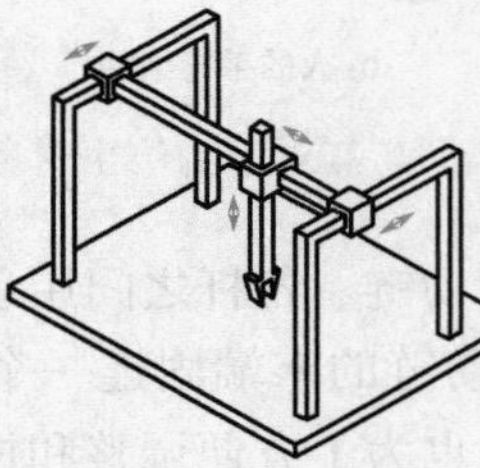
a) 结构示意图

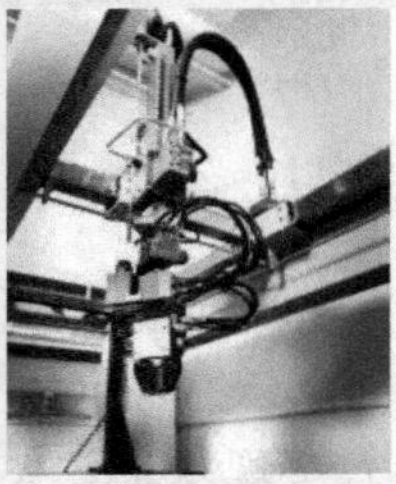
b) 实物样机(IBM 7650)

图 4-16 Gantry 机器人

【例 4-4】 **SCARA 机器人。**

随着 20 世纪 60 年代半导体及轻工业的快速发展，工业界对可实现拾取作业的机器人有极大需求，SCARA 机器人应运而生。其结构示意如图 4-17 所示，机器人由 3 个相互平行的转动轴和 1 个与转动轴线平行的移动轴组成。其中，前 3 个关节构成水平关节式手臂机构。由于该机器人可实现水平面内的任意移动，因此，其突出特征是在水平面内刚度低（柔顺性好），而在垂直方向上刚度高，非常适合用于装配作业。机器人由此得名。

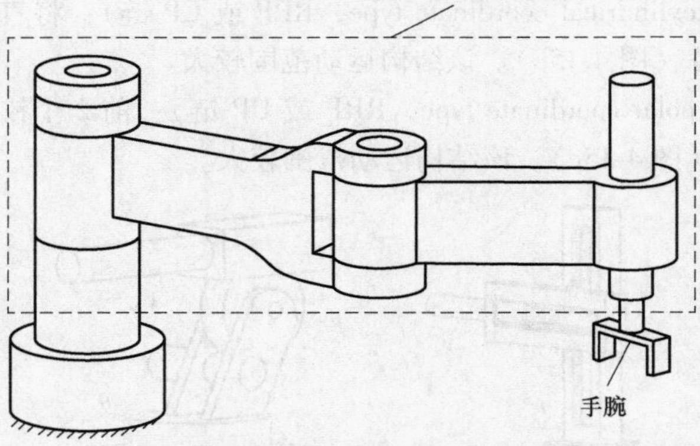

图 4-17 SCARA 机器人的结构示意

以上介绍的手臂机构通常都是由一系列刚性连杆通过刚性关节连接而成，机构的运动完全通过这些离散关节的运动来实现。简单地说，关节和自由度具有离散分布特性。还有一类称为“连续体机器人（continuum robot）”的柔性手臂机构，它们的运动可通过结构的连续变形来实现，结构中通常不包含刚性连杆和离散的活动关节，其运动自由度呈现连续分布。最初的设计灵感源于自然生物系统，如蛇、象鼻、章鱼等（图 4-18），因此有时称连续体机器人为“蛇形臂”。因在受限空间中特殊的灵巧运动功能，这类机器人在医疗、康复、检测等领域中有重要的应用。

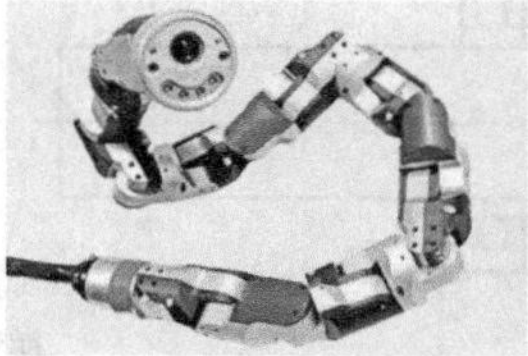

a) 仿蛇机器人

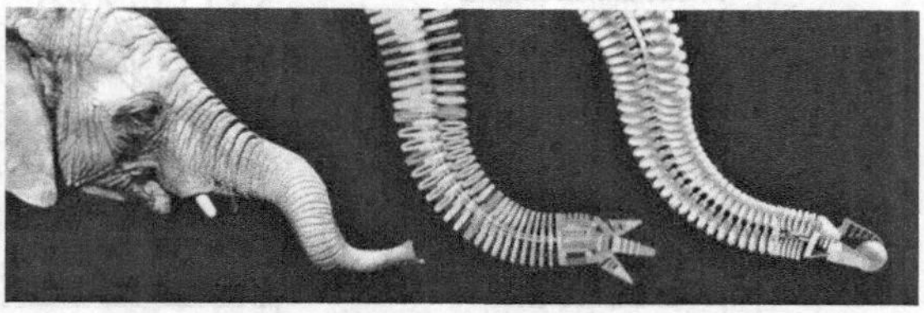

b) 仿象鼻机器人(Festo)

图 4-18　仿生连续体机器人

典型的连续体机构通常由骨架、弹性柱和驱动柔索等组成。根据骨架的刚度特征，现有连续体机构可归于刚性骨架机构和柔性骨架机构两种（图 4-19）。与柔性骨架机构相比，刚性骨架机构一般具有灵活性好、刚度高、运动学模型简单、精度及稳定性高等优点。反之，柔性骨架机构对复杂环境更容易适应，安全性也更高些。

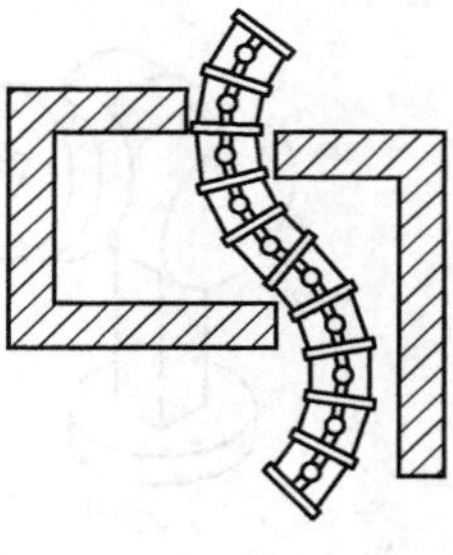

a) 刚性骨架

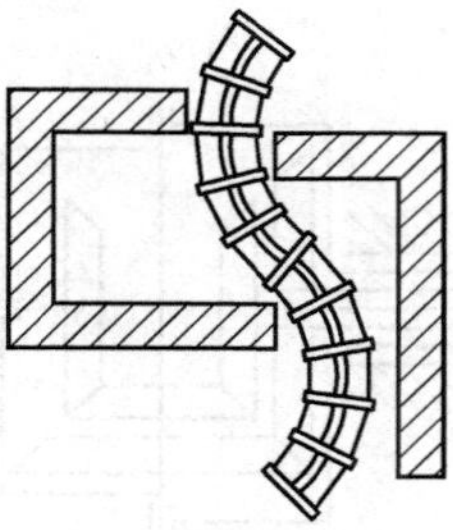

b) 柔性骨架

图 4-19　两类连续体机构

4.3.2　手腕机构

腕部是连接臂部和手爪的部件，其作用主要是改变和调整手爪在空间的方位，从而使手爪中所握持的工具或工件到达某一指定的姿态。因此，手腕机构通常也称为定向机构（orientation mechanism），或调姿机构（pointing mechanism）。最普遍的手腕机构是 2 自由度球面机构（图 4-20）或 3 自由度的球形机构（图 4-21），腕部机构的自由度视作用要求而定。

图 4-20 所示为 2 自由度球面手腕机构（Pitch-Roll 机构）。该机构由 3 个直齿锥齿轮组成差动轮系，其中齿轮 3 与工具轴 B 固接，而齿轮 1 和 2 分别通过链传动（或者同步带传动）与两个驱动电动机 M_1、M_2 相连，形成 2 个自由度的差动机构。当 M_1 与 M_2 同向等速旋转，则俯仰轴（θ_{a1}）独立转动；当 M_1 与 M_2 反向等速旋转，则横滚轴（θ_{a2}）独立转动；当 M_1 与 M_2 不等速，则俯仰轴与横滚轴同时转动。

图 4-21 所示为三个转轴相互正交为一点的 3 自由度球形手腕机构。该机构可由远距离驱动器带动几组锥齿轮旋转，进而实现三个独立的转动。基本原理如下：三个远端驱动器分别为输入 φ_1、φ_2、φ_3；其中，由输入 φ_1 直接驱动 θ_1 轴（偏航角），输入 φ_2 通过一对锥齿轮

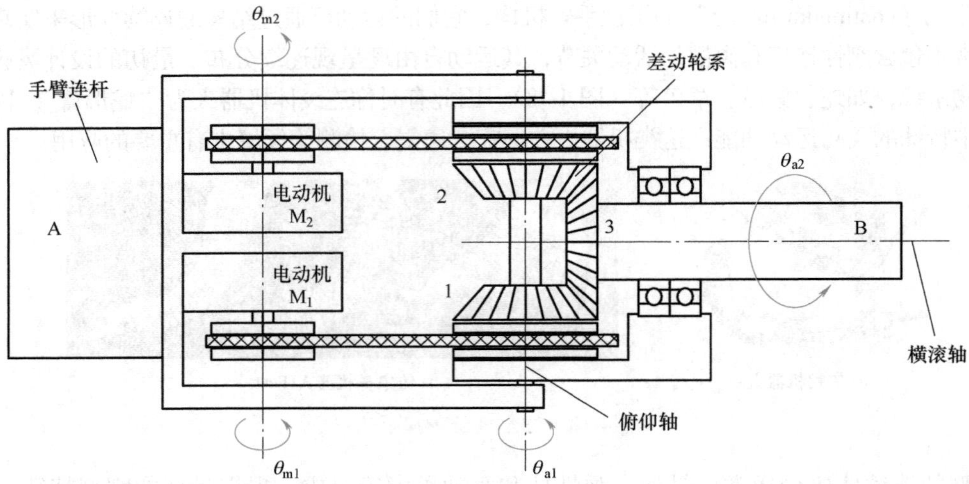

图 4-20 Pitch-Roll 球面手腕机构

驱动 θ_2 轴（俯仰角），输入 φ_2 和输入 φ_3 通过锥齿轮差动轮系共同驱动 θ_3 轴（横滚角）。理论上，该手腕可实现任意的姿态，但由于受到结构上的限制，实际上无法达到。

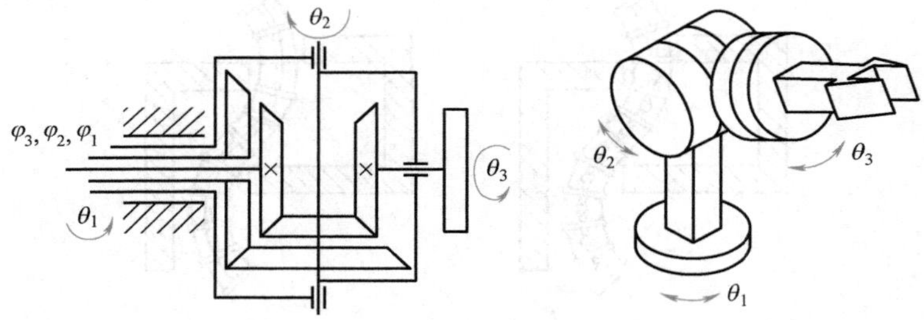

图 4-21 3 自由度球形手腕机构

【小知识】RCC 手腕

远程柔顺中心（remote center of compliance，RCC）装置是一种辅助机器人装配作业，在接触力作用下能自动调整装配零件相互位姿误差的多自由度弹性装置，简称 RCC 手腕。它最初是针对轴插孔装配作业而设计的，由美国麻省理工学院的 DRAPER 实验室于 20 世纪 70 年代初研制。

RCC 装置的设计应用了远程柔顺中心的概念。在 RCC 装置的末端存在一个柔顺中心，作用于柔顺中心点处的力只产生与力方向相同的纯平动变形；同理，作用于该点的外力矩只产生绕柔顺中心的转动变形，而不会使柔顺中心点发生平动。因此，RCC 装置具有轴向刚度大、侧向刚度小、轴向刚度与水平刚度及扭转刚度完全解耦等特点。因此，当将 RCC 装置安装于工业机器人末端执行自动装配作业时，待装配的零件通过夹具与 RCC 装置相连，并使柔顺中心点位于零件装配位置的末端。当由于微小的装配定位误差导致互配的零件相互接触产生装配阻力或阻力矩时，被装配零件可以自动进行位置和角度的调整，从而对位姿误差进行校正补偿，确保装配作业顺利进行。

图 4-22 所示即为一个具有水平和摆动浮动机构的 RCC 手腕。水平浮动机构由平面、钢球和弹簧组成，实现在两个方向上的浮动；摆动浮动机构由上、下球面和弹簧组成，实现两个方向的摆动。其动作过程如下：在插入装配过程中，工件局部被卡住时，将受到阻力，促使 RCC 装置发挥作用，使手爪有一个微小的修正量，工件能顺利插入。

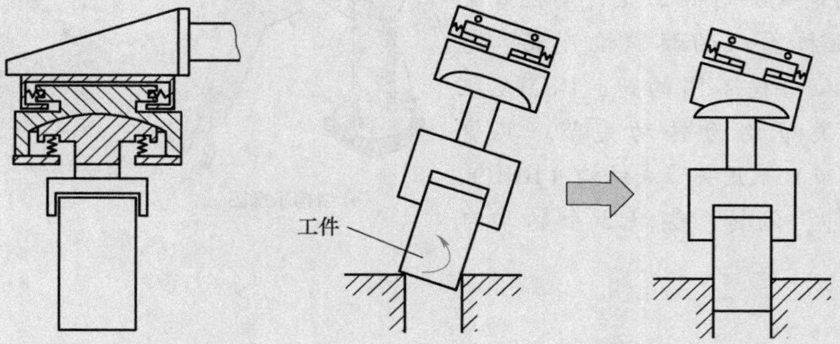

a) 结构简图　　b) 工作原理图

图 4-22　RCC 手腕

通常，将上述所讲的机器人手臂机构与手腕机构作为功能模块组合在一起使用，前者用于定位（positioning），后者用于定向或调姿（pointing）组成 6 自由度的串联操作手或串联机器人的本体。

【例 4-5】　**Stanford 机器人**。

1970 年，美国通用电气公司与斯坦福大学人工智能实验室合作，成功开发出 Stanford 机器人（图 4-23）。其臂部采用了球面坐标式结构（RRP），而腕部有俯仰、偏转、翻滚 3 个转动自由度。关节 1 和关节 2 是由直流电动机驱动，采用谐波减速并设有滑动离合器和电磁制动。移动关节 3 采用直流电动机驱动，通过蜗轮蜗杆和齿轮齿条减速将旋转运动变成直线运动。手腕部分的关节 4、5 和关节 1、2 为同样的驱动、传动方式，关节 6 负载轻而采用齿轮传动。

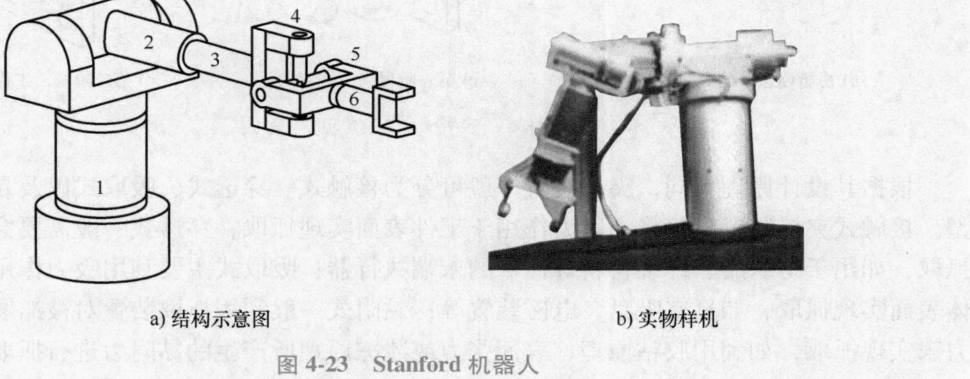

a) 结构示意图　　b) 实物样机

图 4-23　Stanford 机器人

【例 4-6】 **PUMA 机器人。**

1979 年，美国 Unimation 公司推出了一款新型的机器人 PUMA（又称通用示教再现型，即 programmable universal machine for assembly 首字母的缩写，图 4-24），并将其应用到通用电气公司的工业自动化装配线上，是工业机器人的旗帜性产品。与 Stanford 机器人结构不同的是，PUMA 机器人中所有关节均为转动关节。其臂部（前 3 个关节）采用关节式结构（RRR），而腕部有俯仰、偏转、翻滚 3 个转动自由度。

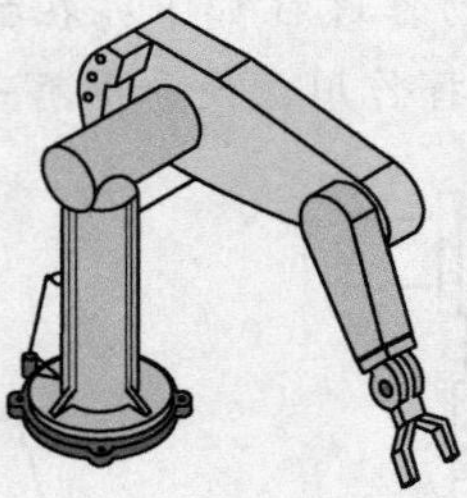
a) 结构示意图

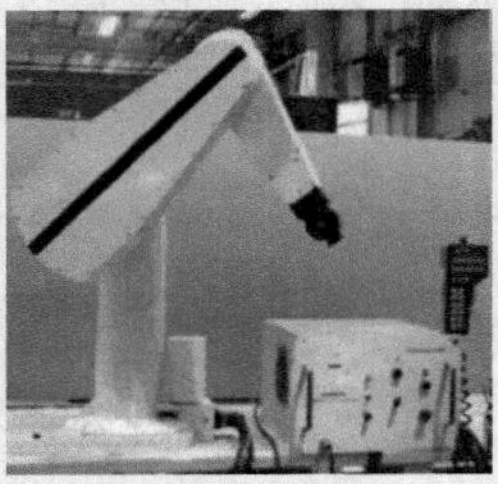
b) 实物样机

图 4-24 PUMA 机器人

4.3.3 机器人手爪

机器人手爪，学名为末端执行器，是指安装在机器人末端的执行装置，它直接与工件接触，用于实现对工件的处理、传输、夹持、放置和释放等作业。

末端执行器可以是一种单纯的机械装置，也可以是包含工具快速转换装置、传感器或柔顺装置等的集成执行装置。大多数末端执行器的功能、构型及结构尺寸都是根据具体的作业任务要求进行设计和集成的，其种类繁多、形式多样。结构紧凑、轻量化及模块化是末端执行器设计的主要目标。

根据作业任务的不同，末端执行器可以是夹持装置或专用工具。其中，夹持装置包括机械手爪、吸盘等，专用工具有气焊枪、电焊钳、研磨头、铣刀、钻头等。夹持装置是应用最为广泛的一类末端执行器。图 4-25 所示为一种夹持器（gripper）的工作过程。

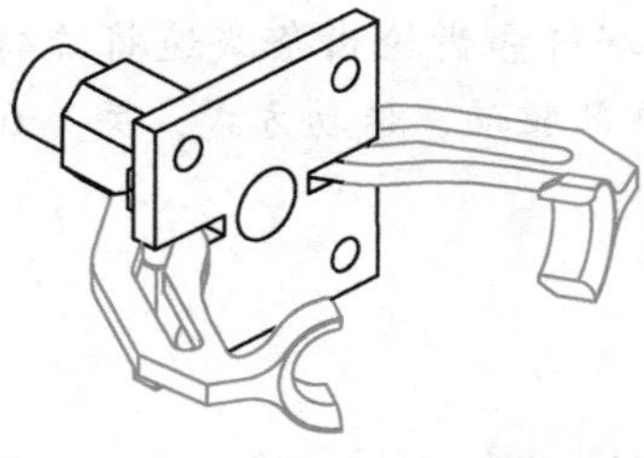
a) 初始姿态：最大张角姿态

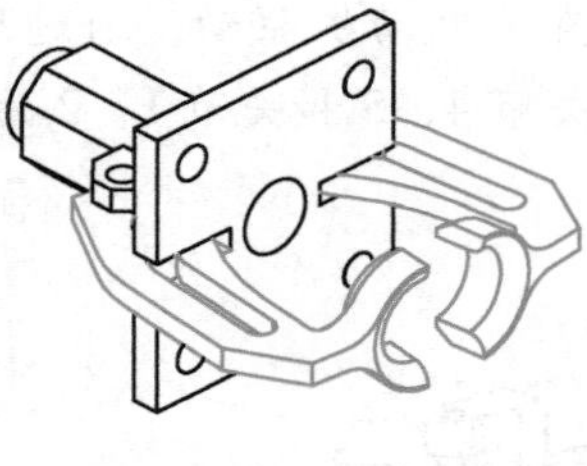
b) 第一阶段：工作在动区

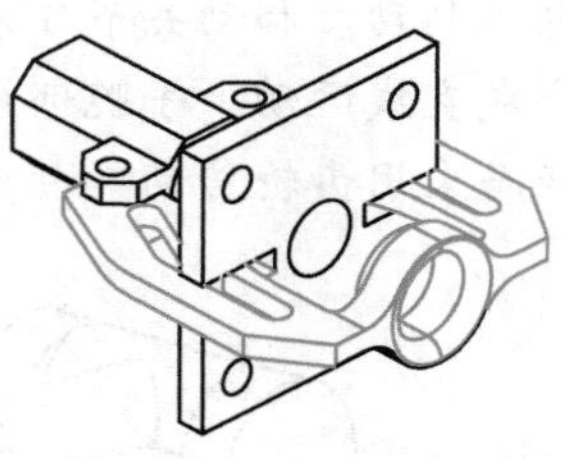
c) 第二阶段：工作在静区

图 4-25 夹持器的工作过程简图

根据其设计原理不同，夹持装置一般可分为接触式、穿透式、吸取式以及黏附式四种类型。接触式夹持装置直接将夹紧力作用于工件表面实现抓取；穿透式一般需要穿透物料进行抓取，如用于纺织品、纤维材料等抓取的末端执行器；吸取式主要利用吸力作用于被抓取物体表面实现抓取，如真空吸盘，电磁装置等；黏附式一般利用抓取装置对被抓取对象的黏附力来实现抓取，如利用胶粘原理、表面张力或冰冻原理所产生的黏附力进行抓取。

还有一类机器人手爪，其功能更具通用性，一般由 2~5 根手指组成，这类手爪称为多指手。多指灵巧手（multi-finger dexterous hand）是一种典型的多自由度仿人型末端执行器，它通常具有 3~5 个多关节手指，具备人手的运动学结构和灵巧运动特性，具有位置、力和触觉感知能力。从 20 世纪 70 年代开始出现模仿人手结构的多指灵巧手，最具代表性的多指灵巧手包括：美国研制的 Stanford/JPL 手、Utah/MIT 手和 Robonaut 手，德国研制的 DLR 系列手，日本研制的 GIFU 手，中国研制的 HIT/DLR 手和 BH 手等；英国的 Shadow 手则是目前世界上最成功的商品化灵巧手。

【例 4-7】 **Stanford/JPL 手。**

20 世纪 80 年代初，美国斯坦福大学 Salisbury 教授指出：灵巧手若要能够稳定抓持物体，并对物体施加任意的力和运动，至少需要 3 个手指，且每个手指有 3 个自由度。在此基础上，开发了 Stanford/JPL 手（图 4-26）。

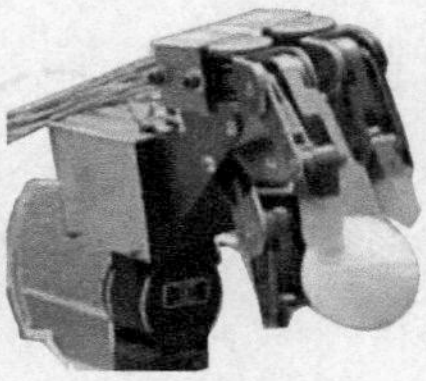

图 4-26　Stanford/JPL 手

【例 4-8】 **Utah/MIT 手。**

20 世纪 80 年代中期，美国犹他大学生物医学设计中心与麻省理工学院人工智能实验室联合开发了 Utah/MIT 手（图 4-27）。Utah/MIT 手的设计兼顾了仿人手和简单性的原则，每个手指有 4 个自由度，整手共 16 个自由度，是当时自由度最多的仿人灵巧手。

图 4-27　Utah/MIT 手

【例 4-9】 **DLR 手。**

20 世纪 90 年代，美国国家航空宇航局（NASA）和德国宇航中心（DLR）相继开发出功能更强的灵巧手 DLR（图 4-28）。DLR 手在驱动器小型化和多传感器集成两方面超越了前期研究水平，它的驱动电动机分布在手指和掌内，配备了位置、速度、力矩、触觉、视觉等传感器，传感电路也集成在手内。

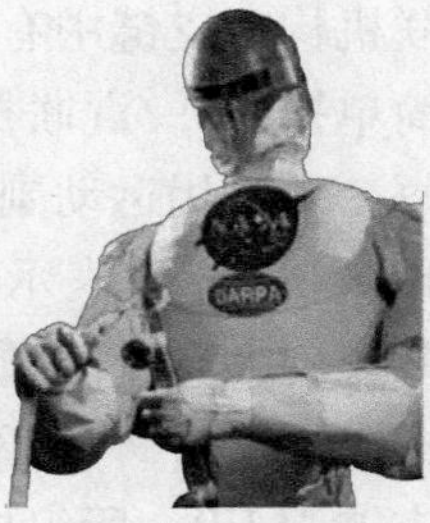

图 4-28　DLR 手

【例 4-10】 **BH 手。**

20 世纪 80 年代后期，北京航空航天大学张启先教授持续开展了对机器人仿生灵巧手的研究，于 20 世纪 90 年代初研制出 BH-1 3 指 9 自由度灵巧手，填补了国内空白。之后又陆续研制出 BH-2、BH-3（图 4-29）、BH-4 和 BH-985 灵巧手。其中自 BH-3 开始，以钢丝绳与齿轮相结合实现传动，各指端装有六维力传感器。

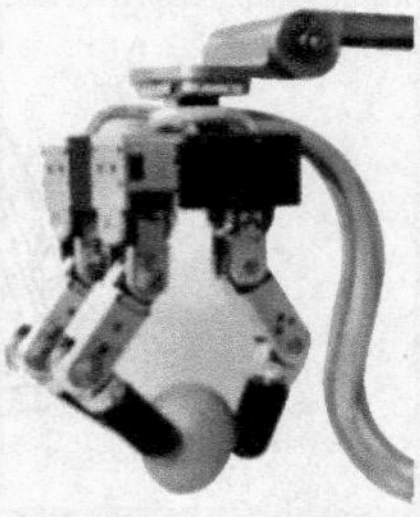

图 4-29　BH-3 手

近年来，欠驱动仿人手也得到了研究。这类手爪的外形与多指灵巧手类似，但各关节不是由电动机独立驱动，而是由少量的电动机以差动方式来驱动，电动机数量远远少于关节的数量。欠驱动通常意味着要与被抓持物的形状相适应，为此还需要引入弹性元件（如弹簧）和机械约束。图 4-30 所示为一种 2 自由度欠驱动手指的抓取过程示意，该手指由底部连杆驱动，弹簧确保了手指处于完全伸展状态。机械约束使弹簧作用下的各手指在没有外力时仍能保持平衡。

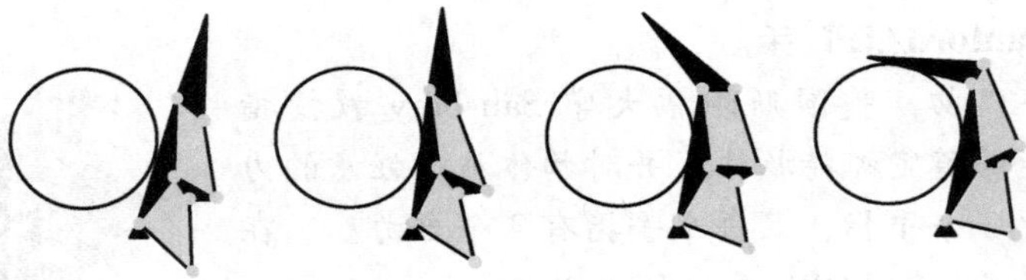

图 4-30　欠驱动手指的抓取过程示意

4.4　并/混联机器人机构

并联机构（多称为并联机器人机构）是一种多闭环机构（multi-closed-loop mechanisms），它由动平台（moving platform）、定平台和连接两平台的多个支链（limb，或分支，或腿）组成。如果支链数与动平台的自由度数相同，每个支链由一个驱动器驱动，并且所有驱动器均安放在或接近定平台的地方，这种并联机构称为完全并联机构。根据以上定义，完全并联机构具有以下几个特点：①动平台至少有两个支链连接；②电动机的数目与动平台自由度数相同；③当所有电动机锁定时，动平台的自由度为零。除了完全并联机构外，还有具有双动平台的并联机构、支链中有闭环支链的并联机构以及其他形式的并联机构。

为简单描述并/混联机器人机构，可采用数字与符号组合的命名方式。不妨以并联机构为例，每个支链用运动副符号组合来表示，并按照从基座到动平台的顺序。例如图 4-31 所示的 3-RPS 机构，3 表示该机构有三个相同的支链，RPS 表示每个支链含有 R、P、S 副，遵循从基座到动平台的顺序。有时为了区分运动副中哪个是驱动副，上面的机构还可表示成 3-R$\underline{P}$S 机构，表示 P 为驱动副。对于由不同支链组成的并联机构，如有 3 个支链为 UPS，另一个支链为 UP，所组成的并联机构即可表示成 3-UPS&1-UP。

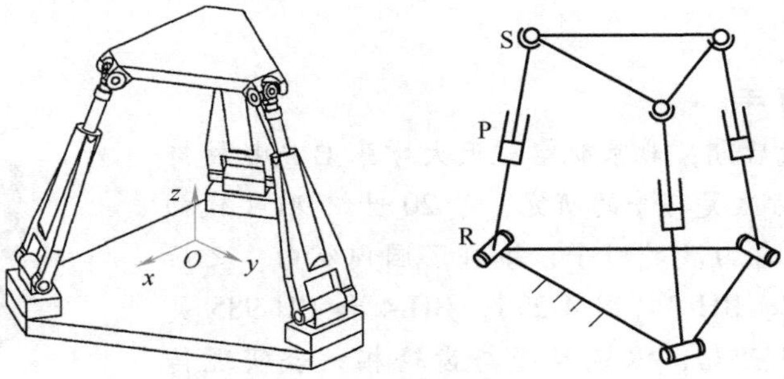

a) 3D图　　　　b) 机构简图

图 4-31　3-RPS 并联机构的组成与命名

根据并联机构的定义，目前的并联机构多具有 2~6 个自由度。据不完全统计，现已公开的并联机构有上千种，其中 3、6 自由度的占 70%，其他自由度的并联机构只占 30%。但经典并联机构（classic parallel robot）数量寥寥。这里介绍其中常用的几种。

1. Gough-Stewart 平台

并联机器人机构的概念设计可以追溯到 1947 年，Gough 建立了具有闭环结构的机构设计基本原理，这种机构可以控制动平台的位置和姿态，从而实现轮胎的检测。在该构型中，运动构件是一个六边形平台（Hexapod），平台的各个顶点通过球铰与可伸缩杆相连，杆件的另一端通过虎克铰与定平台连接，动平台的位置和姿态通过 6 个直线电动机改变杆件的长度来实现（图 4-32a）。Stewart 在 1965 年设计了用作飞行模拟器的执行机构。该机构的运动构件是一个三角平台（Tripod），其各顶点通过球铰链与连杆相连接，其机架也呈三角布置（图 4-32b）。这是两种最早出现的并联机构，后人称为 Gough-Stewart 平台，有时简称 Stewart 平台。这类机构共同的特征是：连接上、下平台的每个支链都由两段组成，两段之间通过移动副相连，可以伸长或缩短，支链的两端通过球副（或者一端是球副、另外一端是虎克铰）分别与上、下平台连接，都具有 6 个自由度。基于运动平台所展现的六边形和三角形特征，又可细分为 Hexapod 机器人和 Tripod 机器人两类。Stewart 平台应用非常广泛，如可作为飞行模拟器（图 4-32c）及精密定位平台（图 4-32d）。

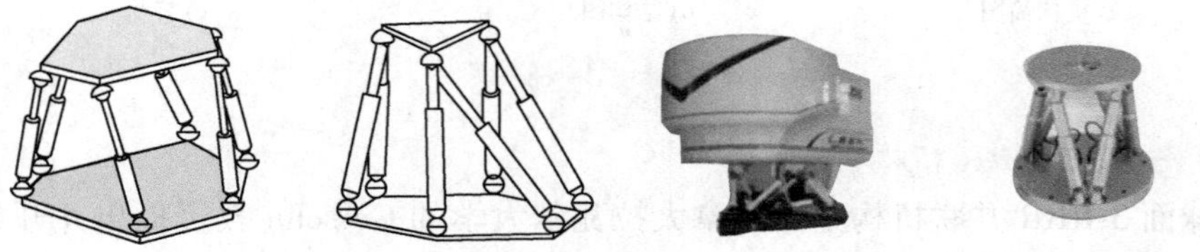

图 4-32　Gough-Stewart 平台及其应用

2. Delta 机器人

并联机构中最著名的当属 Delta 机器人机构。1986 年，瑞士洛桑联邦理工学院（EPFL）的 Clavel 教授创造性地提出了一种全新的并联机器人结构——Delta 机器人，其机构简图及拓扑结构图分别如图 4-33a 和 4-33b 所示。设计该机器人的基本思想在于巧妙地利用了一种开放式铰链和空间平行四边形机构（spatial parallelogram linkage）。平行四边形机构保证了末端执行器始终与基座保持平行，从而使该机器人只有 3 个移动自由度的运动输出；开放式铰链使其易于组装和拆卸，且运动灵活快速，极大地方便了工业应用。据称，其最大加速度在实验室可以达到 50g。现在，Delta 机器人涉及的国际专利多达 36 个，Delta 机器人在工业中也取得了迄今为止其他并联机器人所不可比拟的成功，例如被 ABB 公司设计成高速拾取机械手推向市场（图 4-33c）。

3. H4 机械手

H4 机械手由法国的 Pierrot 教授提出，如图 4-34 所示。这是一个 4 自由度（3 移动 1 转动）的机械手，由 4 个运动支链组成。机构末端的运动输出与 SCARA 机器人类似。每个支链由固定在基座的电动机驱动，通过各个支链杆传递给末端的协调运动，从而形成其末端执行器——运动平台的运动。与 Delta 机器人结构类型有些类似，该机器人也巧妙地利用了开

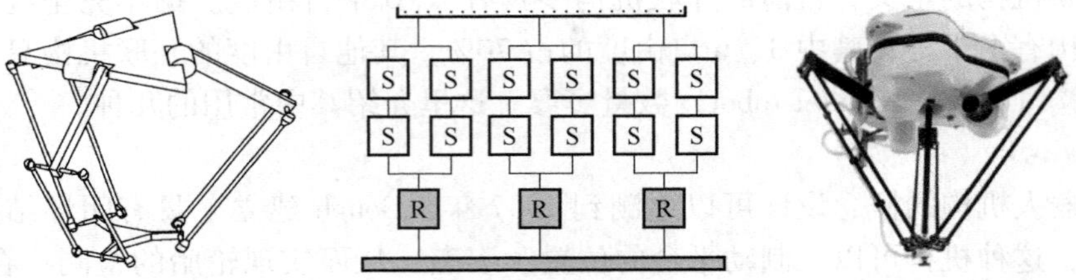

a) 机构简图　　b) 结构图　　c) 样机

图 4-33　Delta 机器人机构

放式铰链和空间平行四边形机构。该机器人也可以实现很高的加速度，因此被设计成高速拾取机械手推向市场。

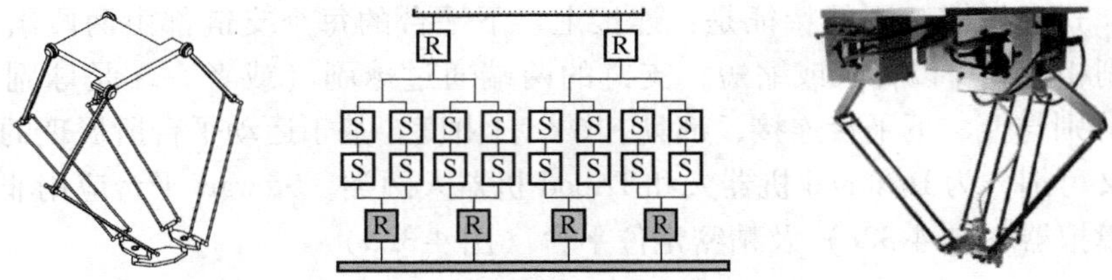

a) 机构简图　　b) 结构图　　c) 样机

图 4-34　H4 机械手

4. 平面/球面 3-RRR 机构

平面/球面 3-RRR 并联机构是由加拿大拉瓦尔大学的 Gosselin 教授提出并开始系统研究的，它们也是并联机构家族中应用较广的类型。

如图 4-35 所示，平面 3-RRR 机构的动平台相对固定平台具有 3 个平面自由度：两个平面内的移动和一个绕垂直于该平面轴线的转动，其运动类型与串联 3R 机器人完全一致。由于其平面特征，以及便于一体化加工，平面 3-RRR 机构多作为精密运动平台的机构本体（图 4-35 右）。

图 4-36 所示是球面 3-RRR 机构，该机构所有转动副的轴线交于空间一点，该点称为机构的转动中心，动平台可实现绕转动中心的 3 个转动，因此，该机构也称为调姿机构或指向机构。

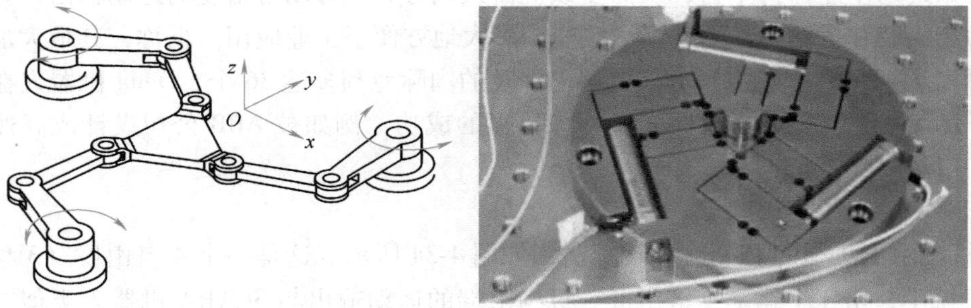

图 4-35　平面 3-RRR 机构

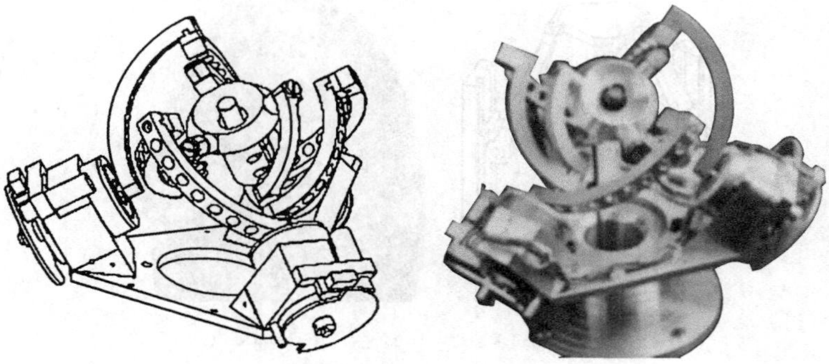

图 4-36　球面 3-RRR 机构

5. 欧氏并联机构

欧氏并联机构（Euclidian parallel mechanisms）又称［PP］S 类并联机构，是指在运动过程中，连接三角形运动平台的 3 个球铰链在 3 个不同平面内做平面运动的并联机构。由于没有绕垂直于动平台的轴线的转动运动，这类机构也被称为“零扭转”机构。3-RPS 机构、3-PRS 机构、3-PPS 机构等都属于［PP］S 类并联机构。［PP］S 类并联机构可以实现空间的 1 个移动和 2 个转动的可控自由度，是少自由度并联机构中具有典型工程应用背景的一类，常用作微操作机械手（图 4-37）、运动模拟器、望远镜聚焦装置、坐标测量机、加工中心的主轴头等。

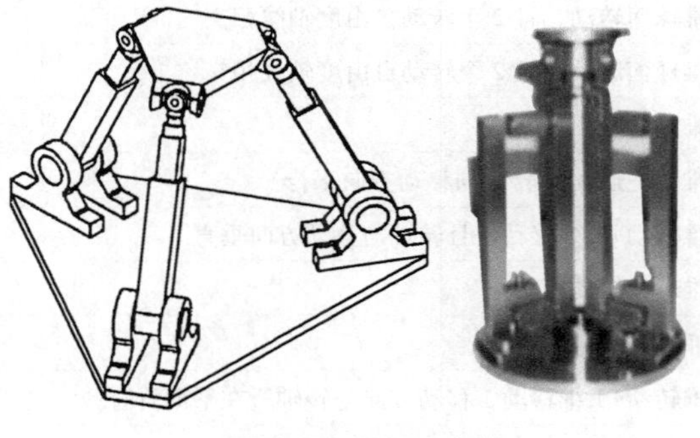

图 4-37　3-RPS 机构

这些应用中，最成功的当属德国 DS Technologie 公司推出的基于 3-PRS 并联机构的 Z3 主轴头（图 4-38），用于飞机结构件的加工。3 个伺服电动机通过滚珠丝杠驱动 3 个按 120°分布的导轨沿直线移动，然后导轨带动摆动杆，通过万向铰链驱动运动平台，使安装在动平台上的电动机轴可向任何方向做 40°偏转。偏转定位速度可达 80°/s，角加速度可达 685°/s^2。

由不同构型组成的并联机构，其自由度可能相同也可能不同，对其自由度的描述往往通过动平台的运动类型来实现。因此，对并联机构最简单的分类方法是按照动平台的自由度类型进行分类。对于并联机构而言，这意味着动平台在相同自由度类型下的运动类型可能不止一种。例如，3 自由度的并联机构，可能是三维移动、三维球面转动、3 自由度平面运动，还可能是其他类型。表 4-2 列出了常见的并联机构运动类型。

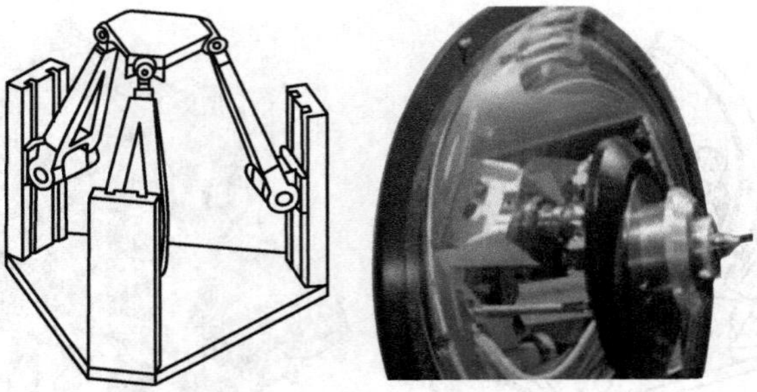

图 4-38　3-PRS 机构与 Z3 主轴头

常见的并联机构通常满足以下 4 个条件：①可以实现连续的运动；②分支运动链结构相同；③所有分支对称布置在定平台上；④各分支中驱动器数目相同且安装位置相同。

全部满足上述 4 个条件的是全对称并联机构；同时满足条件 1、2、3 的并联机构是对称并联机构；同时满足条件 1、2、4 的并联机构是输入对称并联机构；同时满足前 2 个条件的并联机构为分支对称机构；只满足第 1 个条件的并联机构为非对称并联机构。

表 4-2　常见的并联机构运动类型

自由度数	类型	运 动 类 型	典型机构实例
1	1*R*	1 维转动	
	1*T*	1 维移动	Sarrus 机构
2	2*R*	2 维球面转动，且 2 个转动自由度轴线相交	PantoScope 机构
		2 维球面滚动，且 2 个转动自由度轴线相交	Omni-Wrist Ⅲ
	2*T*	2 维移动	Part2 机构
	1*R*1*T*	2 维圆柱运动（转轴与移动方向平行）	
		1 维转动+1 维移动，且转轴与移动方向垂直	
3	3*R*	3 维球面转动	球面 3-RRR 机构
	3*T*	空间 3 维移动	Delta 机构
	2*R*1*T*	2 维转动+1 维移动，移动方向与转轴所在平面垂直	3-RPS 机构
	2*T*1*R*	平面 2 维移动+1 维转动，且转轴与移动平面垂直	平面 3-RRR 机构
4	3*R*1*T*	3 维球面转动+1 维移动	4-RRS 机构
	3*T*1*R*	3 维移动+1 维转动	H4 机器人
5	3*R*2*T*	空间 3 维球面转动+2 维移动	5-RRRRR 机构
	3*T*2*R*	空间 3 维移动+2 维球面转动	5-RPUR 机构
6	3*R*3*T*	3 维转动+3 维移动	Stewart 平台

注：表中的 *R* 表示转动自由度，*T* 表示移动自由度。

总之，与串联机器人机构相比，并联机器人的优缺点都比较突出其优点有：①结构紧凑，刚度高，承载能力大；②无累积误差，精度高；③驱动器可安装在基座上，惯量小，速度快，运动性能佳。其突出的缺点是工作空间相对较小。

混联机器人机构则中和了串联与并联机器人机构的特点，因此，近年来也越来越多地进入研究者的视线，并在工程中得以应用。这里只举一个典型的例子——Tricept 机械手。

并/混联机构除了在机器人领域有广泛应用之外，在制造业中也越来越受青睐，比较典型的是并联机床（PKM）。就可重构和多功能而言，目前 PKM 家族中最为成功的范例当属 Neumann 博士于 1988 年发明的 Tricept 混联机械手。该机械手（如 Tricept 605）为一种带有从动支链的 3 自由度并联机构与安装在其动平台上的 2 自由度转头串接而成的 5 自由度混联机械手（图 4-39）。由于具有工作空间/占地面积比大、刚度高、静动态特性好，特别是可重构性强等优点，Tricept 机械手已在航空航天和汽车工业中得到广泛应用，成为并联机构在 PKM 工程应用中的典型成功范例。目前，波音、空客、大众、宝马等国际著名飞机和汽车制造商均利用 Tricept 机械手实现大型铝合金结构件和大型模具的高速加工、车身激光焊接、发动机和汽车部件装配等。

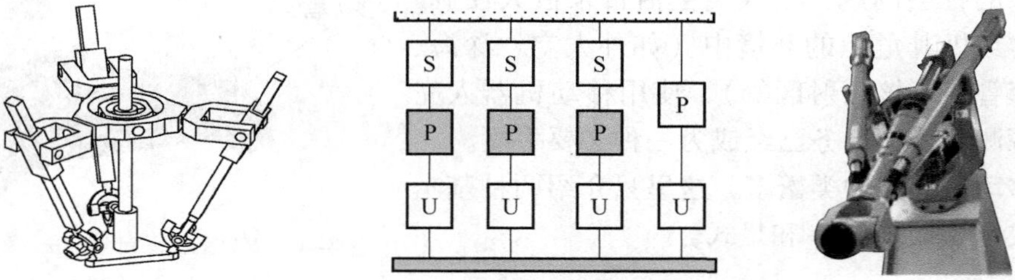

a) 机构简图　　b) 拓扑结构图　　c) 样机

图 4-39　Tricept 机械手

4.5 移动机器人机构

移动机器人（mobile robot）是指一类能够感知环境和自身状态，在结构、非结构化环境中自主运动，并能实现指定操作和任务的机器人。

移动机器人的运动载体也是机构。与平台型机器人机构类似的是，很多移动机器人的运动机构也来自于自然、仿生的启示，如行走类、跳跃类、攀爬类、飞行类、泳动类、蠕动类、摆动类、翻滚类等。但也有例外，轮式和履带式机器人是人类发明的以轮子（或履带）为载体的杰作。

移动机器人按照不同标准有不同的分类方法：按工作环境分为陆地机器人、水下机器人、飞行机器人、管道机器人等；按功能用途分为医疗机器人、服务机器人、灾难救援机器人、军用机器人等；按运动载体主要分为轮式、足式和履带式，表 4-3 列出了这三种方式在环境适应性、运动速度、传动效率等方面的性能比较。

表 4-3　三类运动载体的优缺点分析和比较

运动载体类型	环境适应性	运动速度	传动效率	运动稳定性	机构复杂性
轮式	差	快	高	一般	简单
足式	好	慢	差	差	复杂
履带式	一般	一般	一般	好	一般

不同类型的移动机器人有其各自的优势。例如：轮式机器人运动速度快、结构简单、可

靠性高；履带式机器人越障性能好、负载能力强、适合松软表面环境；足式机器人运动灵活、越障能力强、适合非结构化环境；蛇形机器人体积小、运动模式多样、适合受约束的狭小空间；滚动机器人运动速度快、效率高。另外，轮-履、轮-腿、履-腿等复合式移动机器人的出现，进一步提高了移动机器人的越障和机动性能，增强了其在非结构化复杂环境下的自适应能力。特别是近年来，将各类移动机器人作为辅助平台或载体，搭载形式各样的操作型机器人或机械手（图 4-40），大大扩展了机器人的作业范围，提高了作业能力。

图 4-40　KUKA 公司的移动操作臂系统

移动机器人正逐渐应用于医疗、服务、工业生产、灾难救援、军事侦察等领域，将人类从繁杂的体力劳动中解放出来，缓解了人口老龄化和劳动力成本增加等带来的社会问题，给人类生活带来极大便利。尤其在恶劣或极其危险的环境中（如外太空、深海、雷区、狭窄管道、核辐射区等），使用移动机器人完成侦察、探测和操作任务已经成为一种必要手段。

鉴于移动机器人种类繁多，这里只介绍两种基本类型：轮式（含履带式）和足式。

4.5.1　轮式移动机器人机构

轮式移动机器人按照轮子数量进一步可分为两轮、三轮、四轮、六轮等类型。图 4-41 所示为三种常用的轮式移动机器人实物样机。

a) 两轮移动机器人　　b) 带有三个全向轮的移动机器人　　c) 四轮移动机器人

图 4-41　轮式移动机器人的分类（按轮子的数量）

六轮移动机器人是行星探测车的首选。如图 4-42 所示，六轮摇臂探测机器人对地面的自适应和越障主要通过主摇臂相对车体和副摇臂的转动实现。前轮 I 遇到障碍物时，如图 4-42a 所示，水平方向的速度减小为零，此时中轮 II 的推进作用起决定性作用，它的推进力和前轮的摩擦力产生的力矩将使副摇臂发生逆时针方向转动，带动前轮完成越障。中轮遇到障碍物时，如图 4-42b 所示，后轮的推进作用起决定性作用，将促使副摇臂顺时针方向转动，中轮上升完成越障。后轮遇到障碍物时，如图 4-42c 所示，前面两组轮子的拉力将促使主摇臂绕着与副摇臂之间的铰接点顺时针方向转动，后轮上升完成越障。整个越障过程中，每一部分的越障是通过其他部分机构的作用实现的。采用这种结构最具有代表性的是美国 JPL 设计的火星车索杰纳（Sojourner，图 4-43a）。该机器人于 1999 年被送往火星执行探测任务，它是人类历史上第一台登上火星的探测机器人。此外，还有瑞士 EPFL 开发的 Shrimp 机器人（图 4-43b）。

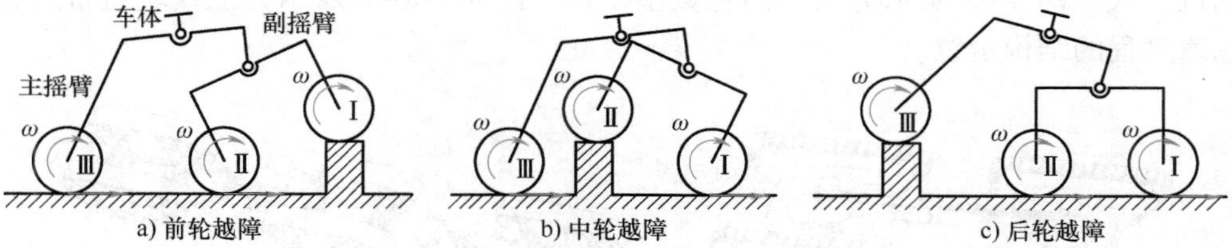

图 4-42 六轮摇臂探测机器人越障原理

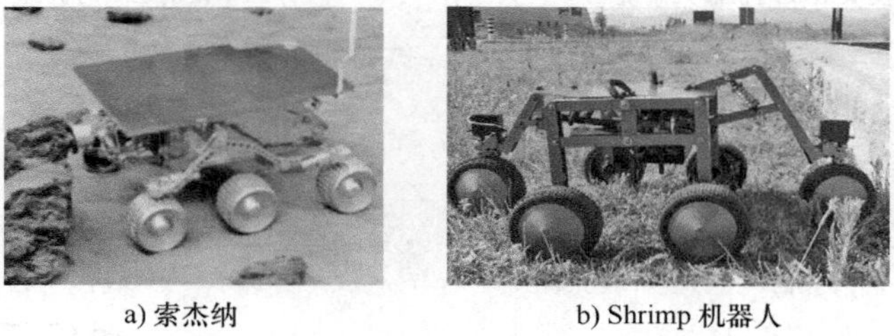

图 4-43 两种六轮移动摇臂探测机器人

同轮式移动机器人相比，履带式机器人更适合在室外环境下工作。因为履带可以缓冲路面的冲击，履带外圈凸起的履刺部分还可以减小与路面的滑动，增大驱动系统的推进力。

履带运动方向上履带轮的旋转中心到地面的距离为履带的越障中心高度，它很大程度上决定了履带运动载体所能跨越的障碍物高度。两种常用的履带外形如图 4-44 所示。相较于图 4-44a 的外形结构，图 4-44b 中的履带上端长、下端短，保证了履带单元具有一定的接近角和离去角，可有效地提高越障能力。图 4-45 所示为单个履带运动单元的结构。

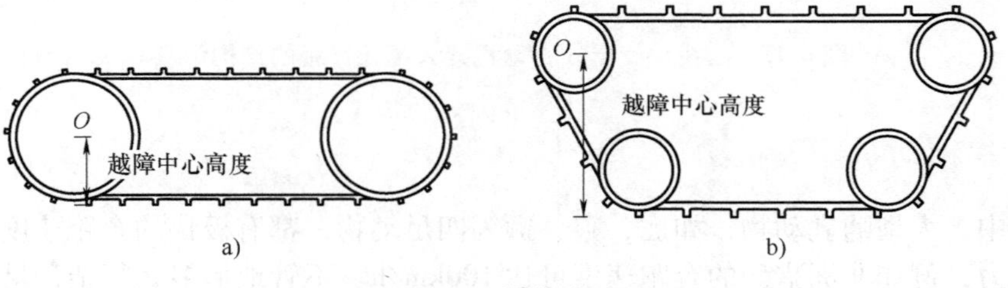

图 4-44 履带外形

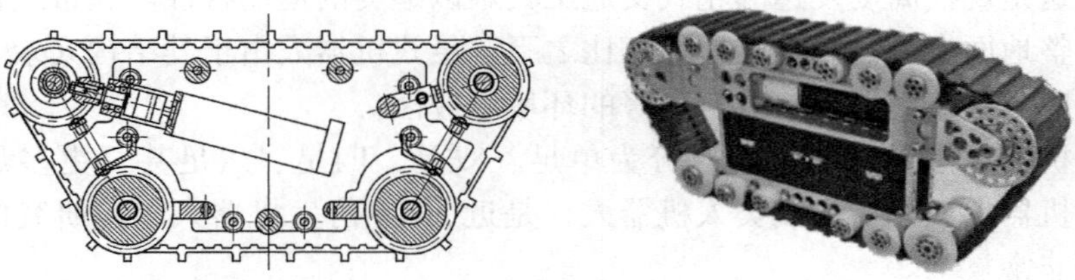

图 4-45 履带结构

通过对履带运动单元模块化，再通过对接（或连接）机构，可构成机动性更强的履带式移动机器人。图 4-46 所示为其中两种典型结构。图 4-47a～h 所示为三模块履带式移动机器人越障过程的结构示意。

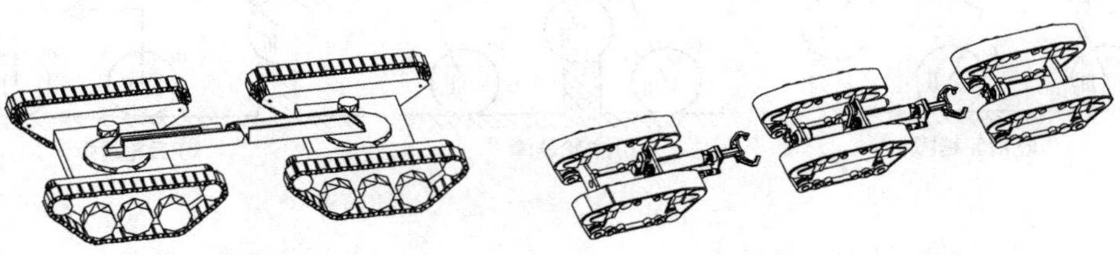

a) 两个模块组成的机器人系统　　b) 三个模块组成的机器人系统

图 4-46　两种履带式移动机器人

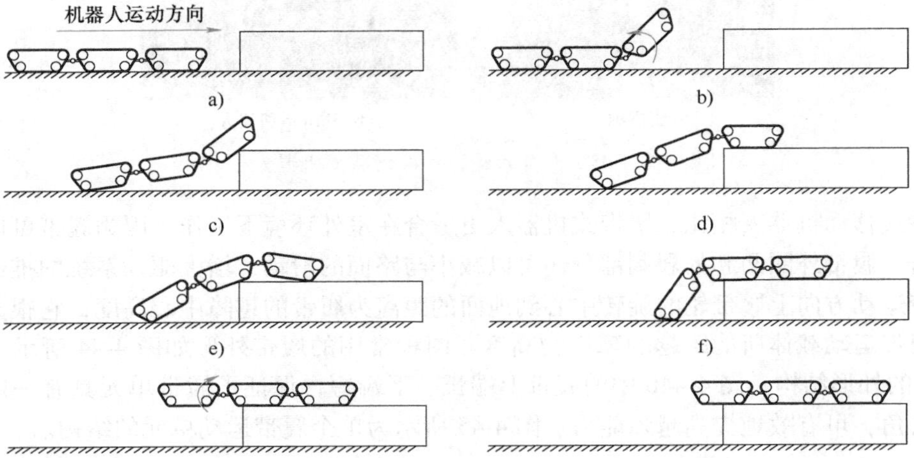

图 4-47　三模块履带式移动机器人越障过程的结构示意

4.5.2　足式移动机器人机构

自然界中，大型哺乳动物，如虎、狼、狮等四足动物，都有极快的奔跑速度和步态变换身体协调能力，例如非洲猎豹的奔跑速度可达 100km/h。不管地形多么复杂，足式动物的运动特性都能发挥得淋漓尽致，加速、跳跃、急停、漫步等无不显示大自然赋予足式动物运动的奇妙之处，这是现代高度发达的轮式交通工具难以媲美的运动特性。履带式机器人和轮式机器人在不平整地面上的运动性较差。相比之下，足式机器人由于其结构冗余、自由度大等特性，能够适应各种路面情况，具有良好的环境适应性。

足式移动机器人按足部数量可以分为单足、双足、四足、六足甚至更多足等类型。其中，双足步行机器人又称仿人或类人机器人，是近 30 年仿生机器人领域研究的热点，但其结构与控制都非常复杂。

相比较而言，四足仿生机器人应用更为广泛。按照关节结构，四足仿生机器人主要分为两类：哺乳动物骨骼结构机器人和爬行动物骨骼结构机器人，其结构如图 4-48 所示。这两种类型结构的主要区别在于：哺乳动物骨骼结构的髋关节轴线沿前进的 x 轴方向，爬行动物骨骼结构的髋关节轴线沿垂直地面的 z 轴方向。

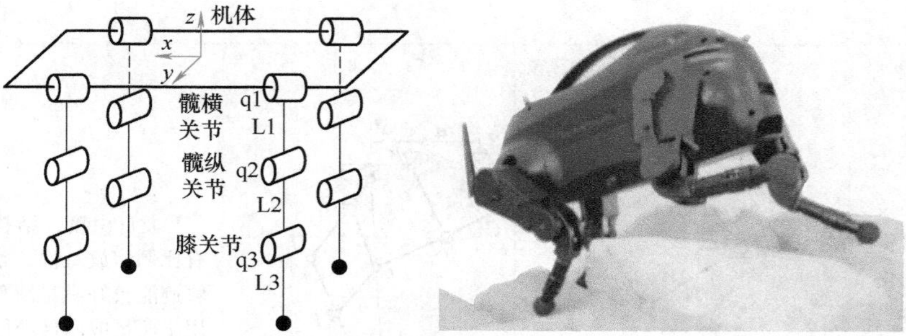

a) 哺乳动物骨骼结构

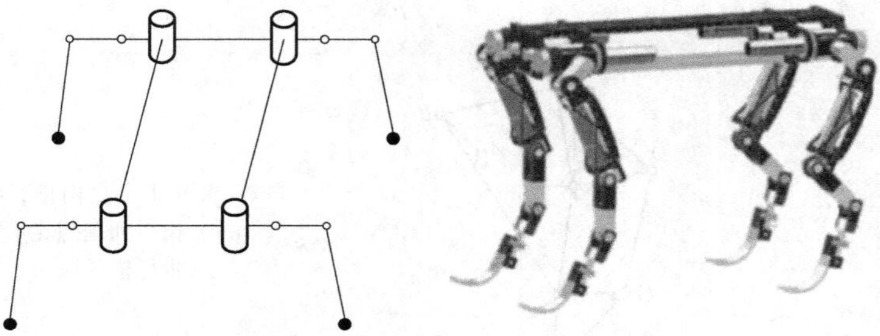

b) 爬行动物骨骼结构

图 4-48　两种四足仿生机器人

腿部机构是足式机器人的重要组成部分。在机器人的行走过程中，作为支承点的足端相对于机体的运动轨迹是直线或近似于直线，这样才能避免机体重心上下运动而消耗不必要消耗的能量。现有的腿部机构可分为闭链式和开链式，具体类型及特点见表 4-4。闭链式腿部机构关节驱动器一般安装在机架上，能有效减少腿部运动部件的转动惯量，同时它的刚性较好，但闭链式腿部机构结构较为复杂，足端运动轨迹范围有限。开链式腿部机构结构简单，足端运动范围大，但其对关节驱动器的性能和步态控制精度的要求比较高。

表 4-4　腿部机构的常用构型

类型	构型	构型示意图	特　　点
闭链机构	四杆机构	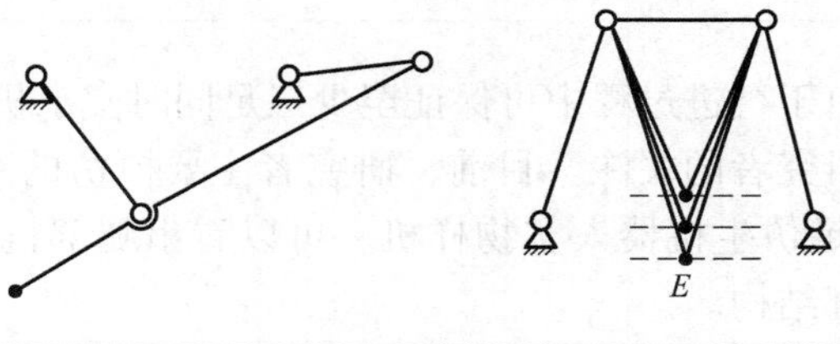	1 个自由度，结构简单，运动范围小，存在死点现象，可作为复杂腿机构的组成部分
	五杆机构	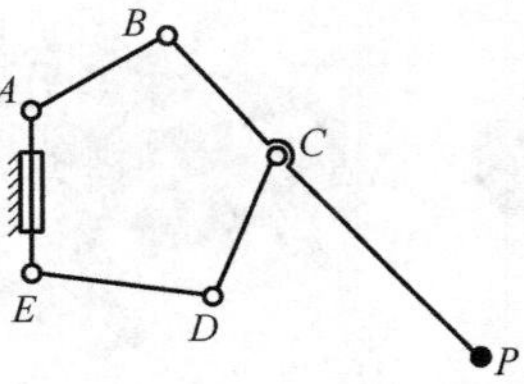	2 个自由度，结构相对简单，足端轨迹可调，可增添串联关节组成混联 3 自由度腿机构

（续）

类型	构型	构型示意图	特　点
闭链机构	缩放机构及其衍化组合	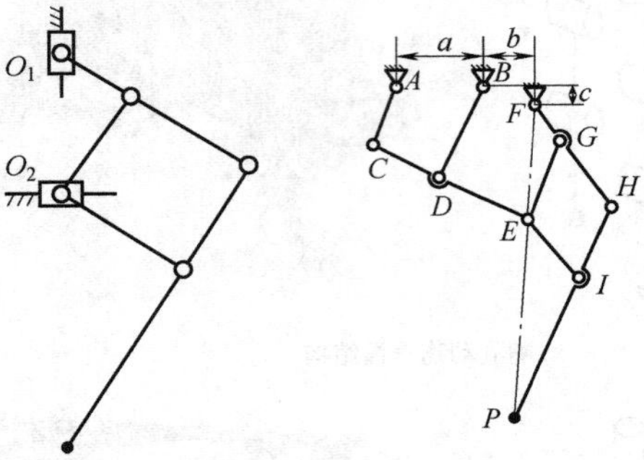	1个自由度，结构相对复杂，具有比例缩放特性，整体结构及足端轨迹能较好满足腿部机构要求，可用于两足或四足步行机器人
	多杆机构组合	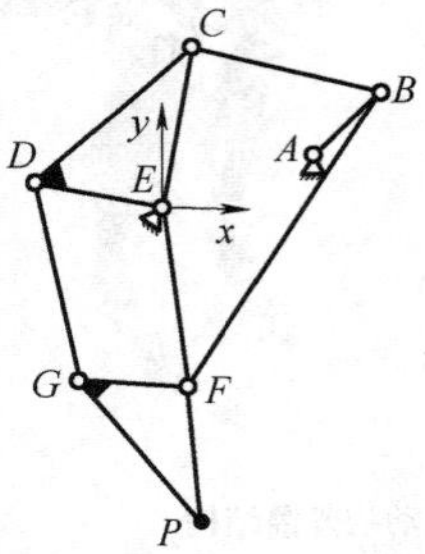	1个自由度，结构复杂，优化杆长得到理想足端轨迹，可用于多足步行机
开链机构	哺乳动物腿机构	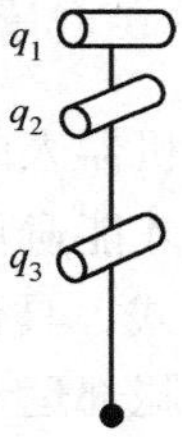	3个自由度，结构简单，刚性较差，运动速度快，运动范围大，足端轨迹可控，用于仿哺乳动物机器人
	爬行动物腿机构	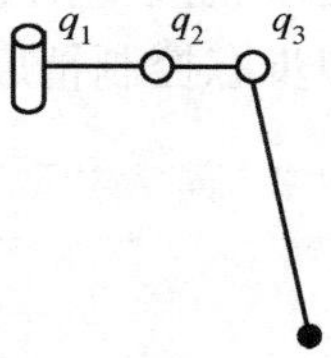	3个自由度，结构简单，运动稳定，运动速度相对较慢，足端轨迹可控，用于仿爬行动物机器人

六足及以上的足式机器人由于行进过程中可保证至少三足同时支承机体，进而保证有稳定的重心位置，因此也得到了研究者的关注。目前，研究者主要模仿的对象包括各类昆虫、螃蟹等。图4-49所示为四种多足仿生机器人实物样机。可以看出腿部机构的设计都比较特殊，并不同于四足机器人的腿部结构。

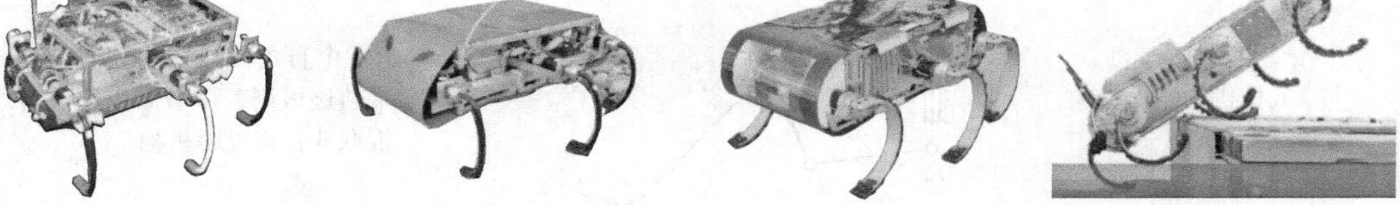

图4-49　四种多足仿生机器人实物样机

4.6 机器人的自由度

自由度是机构学与机器人研究中最为重要的概念之一，也是机构学研究中首先要关注的问题。

4.6.1 与自由度相关的几个基本概念

首先回顾一下机械原理课程中讲过的几个基本概念。

1. 自由度

自由度（degree of freedom，DOF）是指确定机械系统的位形（configuration）或位姿（pose）所需要的独立变量或广义坐标数。空间中的一个刚体最多具有 6 个自由度：沿笛卡儿坐标系（Cartesian frame，即直角坐标系）3 个坐标轴的 3 个移动和绕 3 条轴线的转动。相应地，空间中任何刚体的运动都可以用这 6 个基本运动的组合来描述。

2. 约束

当两构件通过运动副连接后，各自的运动都会受到一定程度的限制，这种限制就称为约束（constraint）。

无论质点还是刚体，如果受到约束的作用，其运动都会受到限制，其自由度相应变少。具体被约束的自由度数称为约束度（degree of constraint，DOC）。根据 Maxwell 理论，任何物体（无论刚性体还是柔性体）如果在空间运动，其自由度 f 和约束度 c 都满足如下的公式：

$$f+c=6 \tag{4.6-1}$$

如果在平面运动，则满足

$$f+c=3 \tag{4.6-2}$$

对刚性机构而言，约束在物理上通常表现为运动副的形式。同样，约束对机构的运动也会产生重要的影响，无论其构型设计还是运动设计以及动力学设计，都必然要考虑约束。对刚性机构而言，运动副的本质就是约束。

3. 局部自由度

机构中，某些构件中存在的局部的并不影响其他构件尤其输出构件运动的自由度为局部自由度（passive DOF 或 idle DOF）。

平面机构中，典型的局部自由度往往出现在滚子构件中；空间机构中，如运动副 S-S 等组成的运动链 SPS（图 4-50a）中就存在 1 个局部自由度。局部自由度的出现会导致机构的自由度数增加。以 S-S 连接形式（图 4-50b）为例，理论上它有 6 个自由度，但实际上通过构件的连接，导致了其中 1 个自由度（连接 S-S 轴线的自转自由度）冗余，实际上只有 5 个自由度。因此，S-S 在自由度上与 U-S（图 4-50c）等效。

注意到，Stewart 平台通常采用 6-SPS 形式，它在自由度上与 6-UPS（图 4-50d）等效。

4. 冗余约束（虚约束）

由于机构中一部分运动副（不是全部）之间满足某种特殊的几何条件，使其中的部分约束对机构的运动不产生作用，不起作用的约束称为冗余约束（redundant constraint）。

冗余约束都是在特定的几何条件下出现的，如果这些几何条件不被满足，则冗余约束就成为有效约束，机构将不能运动。值得指出的是，机械设计中冗余约束往往是根据某些实际

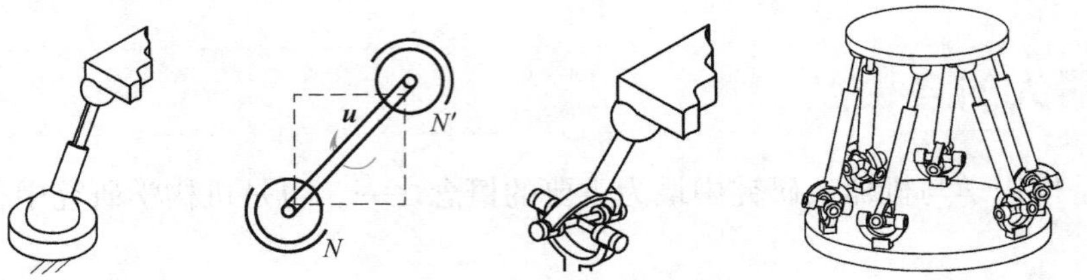

a) SPS　b) S-S　c) U-S　d) 6-UPS

图 4-50　局部自由度图示

需要采用的，如为了增大支承刚度，或为了改善受力，或为了传递较大功率等需要，只是在计算机构自由度时应去除冗余约束。

5. 公共约束与机构的阶数

通俗地讲，公共约束（common constraint）就是指机构中所有构件都受到的共同约束。例如，平面机构的公共约束是3个面外约束，球面机构的公共约束数也是3。由于公共约束的情况比较复杂，多出现在并联机构中，因此本书不做详细讨论。

机构的阶数是与公共约束相关的量。在数值上，机构的阶数等于（6-机构的公共约束数）。通常情况下，平面机构和球面机构的阶数均为3，空间机构的阶数为6。

严格意义上，可以用旋量系（第2、3章都有介绍）来解释：将机构所有的运动副均以运动旋量表示，并组成一个运动旋量系，若存在一个与该旋量系中每一个旋量均互易的反旋量，这个反旋量就是该机构的一个公共约束。

公共约束与冗余约束统称为过约束（overconstraint），相应的机构称为过约束机构（overconstraint mechanisms）。

6. 机器人的自由度

机器人的自由度是指确定机器人位形（或位姿）所需要的最小独立变量数目。显然，对于串联机器人而言，其各关节位置能唯一确定机器人的位形。因此，串联机器人的自由度数往往就等于关节数；而对并联机器人而言，其自由度相对复杂得多。不过，并联机器人的自由度一般等于末端（动平台）的输出自由度。需要注意的是，机器人的自由度一般不少于2。

7. 全自由度机器人/冗余自由度机器人/少自由度机器人

与普通机构类似，实用型机器人的驱动器数量通常等于其自由度，即机器人通常为全驱动的，而非欠驱动或冗余驱动。而且在通常情况下，机器人的自由度与其末端执行器的输出自由度（不超过6）相等。由此可定义全自由度机器人的概念：当机器人的自由度与其阶数相等时，就称为全自由度机器人。一般空间机器人的全自由度为6，平面/球面机器人的全自由度为3。因此，PUMA机器人、Stewart平台、平面3R机械手、平面/球面3-RRR机构等都为全自由度机器人机构。

图 4-51　冗余自由度机器人（ABB Yumi）

自由度小于6的空间机器人称为少自由度机器人，例如：平面2R机械手、SCARA机器人、Delta机构、H4机械手等都是少自由度机器人。当机器人的自由度大于末端执行器的输出自由度时，该类机器人称为冗余自由度机器人，简称冗余机器人（redundant robot），如ABB Yumi（图4-51）、KUKA IIWA等都是7自由度机器人，因此，它们都是冗余度机器人。若机器人的驱动数大于其自由度，则该机器人为冗余驱动机器人，如 4-RRR 平面机器人就是一种冗余驱动机器人。

【例 4-11】 试考察图 4-52 所示 Scott-Russell 机构的虚约束情况。

通过判断连杆（构件 2）的受力情况来确定该机构是否存在冗余约束。其受力情况如图 4-52 所示，它受到 3 个平面汇交力线矢作用，所组成的约束旋量系维数为 2。因此，该机构中存在 1 个冗余约束。

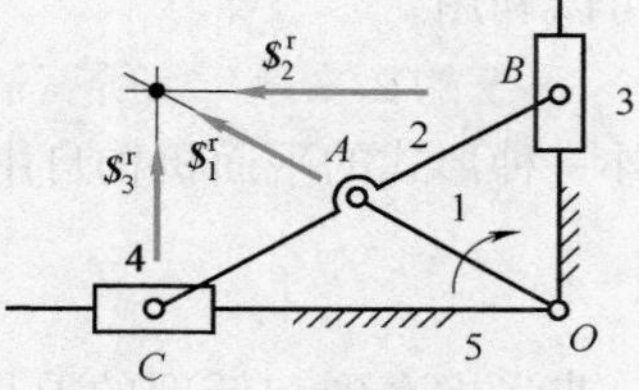

图 4-52 Scott-Russell 机构

【例 4-12】 试考察图 4-53 所示斜面机构的公共约束情况。

机构中 3 个移动副对应的单位运动旋量（简称运动副旋量）分别为

$$\begin{cases} \hat{\$}_1=(0,0,0;1,0,0) \\ \hat{\$}_2=(0,0,0;p_2,q_2,0) \\ \hat{\$}_3=(0,0,0;0,1,0) \end{cases}$$

可以看出上面的集合实际上是一个 2 阶运动旋量系，因此，它的反旋量系的阶数为 4，即机构的公共约束数为 4。

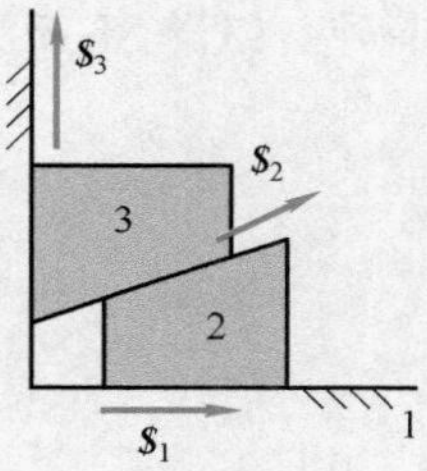

图 4-53 斜面机构

4.6.2 自由度计算公式

先回顾一下机械原理课程中的相关内容。先以平面机构为例。平面机构中各构件只能做平面运动。因此，一个构件在尚未与其他构件组成运动副之前为自由构件，它与一个自由运动的平面刚体一样，有 3 个自由度。但是，当这个构件与另一构件之间用运动副连接后，由于彼此接触就变得不“自由”了，即受到了一定程度的约束作用。因此，假设一个构件系统由 N 个自由构件组成，该系统有 $3N$ 个自由度。选定其中一个构件为机架后，该构件由于与基座相连接将丧失掉全部自由度；而剩下的活动构件数变成了 $N-1$，系统的自由度相应变为 $3(N-1)$。再用自由度为 f_i 的运动副连接某两个构件，这时，这两个构件之间相对运动的自由度为 3，系统的自由度由于所增加的约束减少了 $3-f_i$。继续增加运动副到 g 个，这时由于全部运动副的引入而使系统总共损失的自由度变为

$$(3-f_1)+(3-f_2)+\cdots+(3-f_i)+\cdots+(3-f_g)=\sum_{i=1}^{g}(3-f_i)=3g-\sum_{i=1}^{g}f_i \tag{4.6-3}$$

根据

系统的自由度 F = 所有活动构件的自由度之和 − 系统损失的所有自由度之和

系统总的自由度变为

$$F=3(N-1)-\left(3g-\sum_{i=1}^{g}f_i\right)=3(N-g-1)+\sum_{i=1}^{g}f_i \qquad (4.6\text{-}4)$$

式（4.6-4）可以作为计算平面机构自由度的通用公式。

还可以利用

系统的自由度 F=所有活动构件的自由度之和-所有运动副的约束度之和

得到另外一种形式的平面机构自由度计算公式，即

$$F=3(N-1)-\sum_{i=1}^{g}c_i \qquad (4.6\text{-}5)$$

进一步考虑高副和低副的差异（在平面中，低副引入 2 个约束，高副一般引入 1 个约束），为此可将式（4.6-5）简化为

$$F=3(N-1)-(2P_L+P_H)=3n-(2P_L+P_H) \qquad (4.6\text{-}6)$$

式中，$n=N-1$，为活动构件数；P_L 为低副数；P_H 为高副数。

【例 4-13】 平面 3R 开链机器人和平面 3-RRR 并联机器人的自由度计算（图 4-54）。

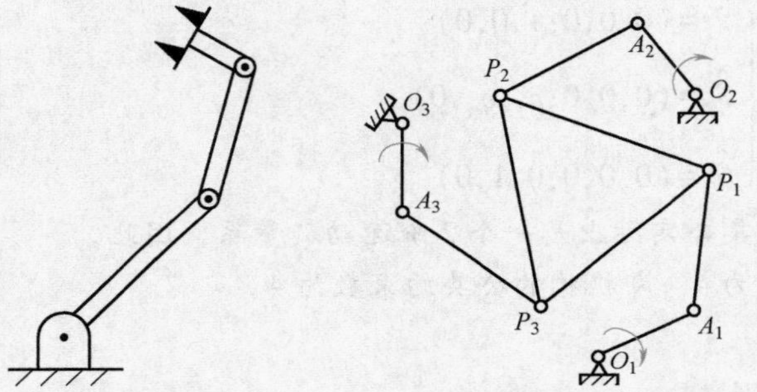

a) 平面3R机器人　　b) 平面3-RRR并联机器人

图 4-54　平面 3R 开链机器人和平面 3-RRR 并联机器人

解：由式（4.6-4）得

平面 3R 机器人：$F=3\times(4-3-1)+3=3$

平面 3-RRR 并联机器人：$F=3\times(8-9-1)+9=3$

将平面扩展到空间。

若在三维空间中有 N 个完全不受约束的物体，选中其中一个为固定参照物，这时，每个物体相对参照物都有 6 个自由度的运动。若将所有的物体之间用运动副连接起来，便构成了一个空间运动链。该运动链中含有 $N-1$ 个或 n 个活动构件，连接构件的运动副用来限制构件间的相对运动。采用类似于平面机构自由度计算方法，得到两种形式的公式：

$$F=6(N-1)-(5p_5+4p_4+3p_3+2p_2+p_1)=6(N-1)-\sum_{i=1}^{5}ip_i=6n-\sum_{i=1}^{5}ip_i \qquad (4.6\text{-}7)$$

式中，p_i 为各级运动副的数目。不过该公式更普遍的表达是 Grübler-Kutzbach（G-K）公式。

$$F = d(N-1) - \sum_{i=1}^{g}(d-f_i) = d(N-g-1) + \sum_{i=1}^{g} f_i \tag{4.6-8}$$

式中，F 为机构的自由度；g 为运动副数；f_i 为第 i 个运动副的自由度；d 为机构的阶数。一般情况下，当机构为空间机构时，式中的 $d=6$；为平面机构或球面机构时，式中的 $d=3$。

【例 4-14】　计算图 4-55 所示工业机器人的自由度。

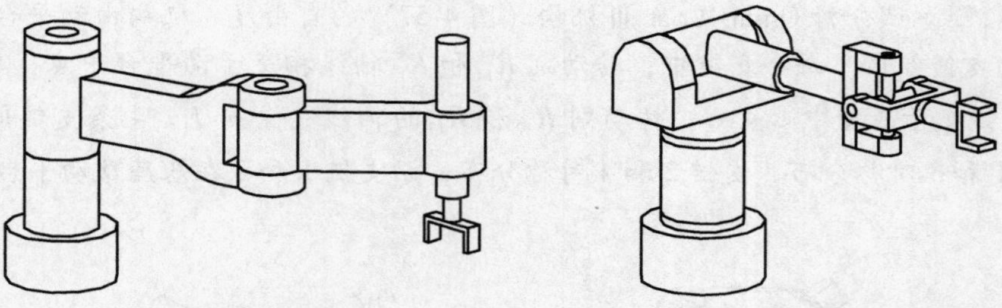

a) SCARA 机器人　　b) Stanford 机器人

图 4-55　两种常用的工业机器人

解：对于 SCARA 机器人，由式（4.6-8）得

$$N=5,\quad g=4,\quad \sum_{i=1}^{g} f_i = 4,\quad F = 6(N-g-1) + \sum_{i=1}^{g} f_i = 4$$

对于 Stanford 机器人，由式（4.6-8）得

$$N=7,\quad g=6,\quad \sum_{i=1}^{g} f_i = 6,\quad F = 6(N-g-1) + \sum_{i=1}^{g} f_i = 6$$

【例 4-15】　图 4-56 所示为传递两相交轴转动的单万向联轴器（又称十字虎克铰），该机构为空间四杆机构，两叉形构件 1、2 分别同两转动轴固连，十字形构件 3 分别同构件 1、2 用Ⅴ级转动副 B、C 连接。由此，该机构完全由转动副组成，其特殊配置为各转动副轴线交于一点 O（即输入、输出轴线的交点）。试计算该机构的自由度。

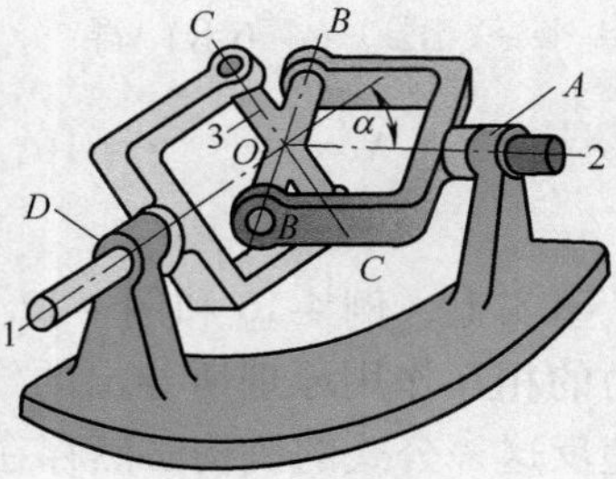

图 4-56　单万向联轴器

解：该机构为一空间球面机构，由式（4.6-8）得

$$N=4,\quad g=4,\quad \sum_{i=1}^{g} f_i = 4,\quad F = 3(N-g-1) + \sum_{i=1}^{g} f_i = 1$$

【例 4-16】　计算 6-SPS 型 Stewart 平台的自由度。

解：由式（4.6-8）得

$$N=14,\quad g=18,\quad \sum_{i=1}^{g} f_i = 42,\quad F = 6(N-g-1) + \sum_{i=1}^{g} f_i = 12$$

计算结果表明，该机构有12个自由度，注意其末端平台最多只能有6个自由度，其余的6个自由度如何解释呢？每根支承杆的两端同上下平台分别组成球副，这样使得每根支承杆可以绕自身轴线转动，而这个转动（自由度）对整个机构的运动没有影响，与平面凸轮机构中滚子的转动一样，均为局部自由度。

【例4-17】 试分析Omni-Wrist Ⅲ机构（图4-57）的自由度。机构由动平台、基座和4条相同的支链组成。每个支链中，转动副R_{14}和R_{13}轴线相交于动平台中点，转动副R_{11}和R_{12}的轴线交于基座中心点O，转动副R_{12}和R_{13}的轴线交于点J_1。4条支链间隔90°排布。支链1和3对称分布，支链2和4对称分布，而支链1和2在基座及动平台的R副相互垂直。

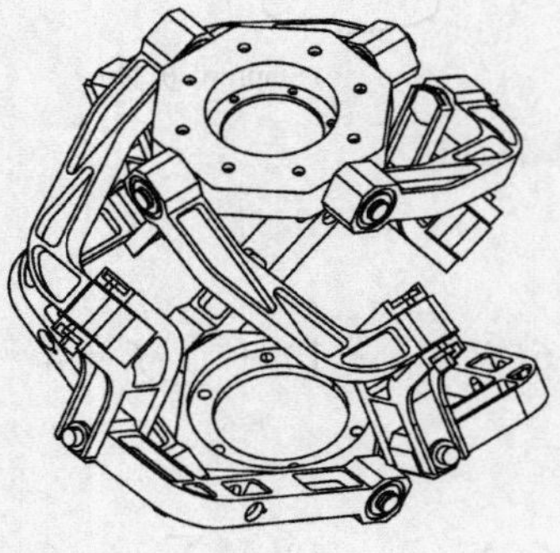

a) 3D图

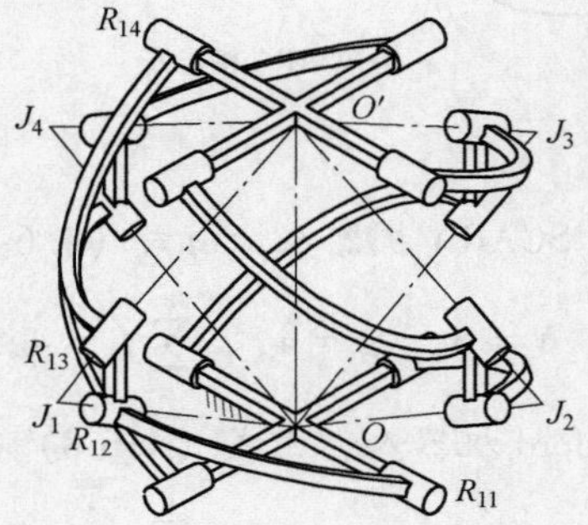

b) 结构组成

图4-57 Omni-Wrist Ⅲ机构简图

解：由式（4.6-8）得

$$N = 14,\quad g = 16,\quad \sum_{i=1}^{g} f_i = 16,\quad F = 6(N - g - 1) + \sum_{i=1}^{g} f_i = -2$$

事实上，例4-16和例4-17的计算结果都是不正确的。这到底是什么原因造成的呢？按照力的相互作用原理所导出的传统G-K公式本质上反映的是机构构件与运动副之间的关系，而违反这一公式的机构必然存在运动副没有完全发挥其约束功能的问题。具体包括如下两个方面：

1）存在局部自由度。尽管连接两构件的运动副具有较多的自由度，但由于特殊的几何设计及装配条件，这个运动副在实际运动中并没有完全实现所有可能的相对运动，即产生了局部自由度，其结果会导致机构的自由度数增加。例如，S-S连接中含有1个绕其轴线旋转的自由度，该自由度就是局部自由度。因此，在实际计算机构自由度时应将局部自由度减掉。例如，例4-16就属于此类情况。因此，6-SPS型Stewart平台的实际自由度应该是6。

对于有局部自由度的机器人机构自由度计算，将局部自由度从中减掉即可。图4-58所示为一个扑翼机器人机构，它实质上就是含有1个局部自由度的RSSR机构。

2）存在过约束。例如，在某些机器人中，由于运动副或构件几何位置的特殊配置，或者使所有构件都失去了某些可能的运动，这等于对机构所有构件的运动加上了公共约束，或

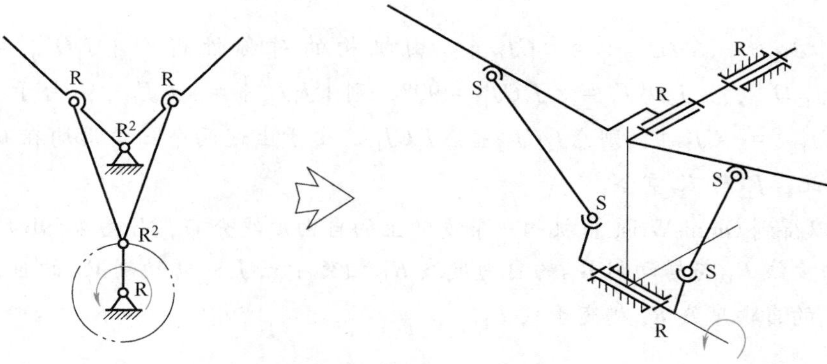

图 4-58　扑翼机构的演化形式——RSSR 机构

者使某些运动副全部或部分失去约束功能。也就是说，机构中运动副的约束功能并没有完全体现出来。上述情况都会导致机构的自由度数减少。这样的例子较多，例 4-17 就属于此类情况。

以上两个因素导致了传统 G-K 公式尚需改善与修正。首先考虑更为普遍的情况，如果机构或机器人具有的公共约束数为 λ，则机构或机器人的阶数 $d=6-\lambda$。这时，机构或机器人自由度的计算公式就变为了修正后的 G-K 公式。

$$F = d(N - g - 1) + \sum_{i=1}^{g} f_i \tag{4.6-9}$$

式中，d 为机构或机器人的阶数，由公共约束数来决定，而不是传统公式中的 3 或 6。平面及球面机构阶数为 3，即 $d=3$。对于一般没有公共约束的空间机构，$d=6$。而对于存在公共约束的空间机构而言，d 为 3~6 之间的自然数。例如例 4-12 的斜面机构，其公共约束数为 4。注意：修正公式的形式与未修正的公式相同。

不过，还需考虑冗余约束和局部自由度对机构的影响。这时，式（4.6-9）进一步修正为

$$F = d(N - g - 1) + \sum_{i=1}^{g} f_i + u - \zeta \tag{4.6-10}$$

式中，u 为冗余约束数；ζ 为局部自由度数。

【例 4-18】　Stewart 平台的自由度正确计算公式如下：

$$N = 14,\quad g = 18,\quad \sum_{i=1}^{g} f_i = 42,\quad d = 6,\quad u = 0,\quad \zeta = 6,$$

$$F = d(N - g - 1) + \sum_{i=1}^{g} f_i + u - \zeta = 6$$

【例 4-19】　*Omni-Wrist Ⅲ机构的自由度正确计算公式如下：

首先证明转动副 R_{14} 的轴线与基平台转动副 R_{11} 的轴线交于一点（或平行）。如图 4-59a 所示，θ_1 与 θ_2 相等，$|J_1O'| = |J_1O|$，C 是 OO' 的中点，则 $|CO'| = |CO|$；J_{12} 和 J'_{12} 在 OO' 的镜像对称面 Π 上，CJ_{12} 和 CJ'_{12} 分别垂直于 OO'，所以 $\triangle OCJ_{12} \cong \triangle O'CJ'_{12}$，即可得到

$|J'_{12}O'|=|J_{12}O|$，$|CJ'_{12}|=|CJ_{12}|$。由机构的对称性得到 $|J_1O'|=|J_1O|$，$|J'_{12}O'|=|J_{12}O|$，$\angle J_1O'J'_{12}=\angle J_1OJ_{12}=90°$，则 $|J_1J_{12}|=|J_1J'_{12}|$；由于 $|J_1J_{12}|=|J_1J'_{12}|$，$|CJ_{12}|=|CJ'_{12}|$，则 $\triangle J_1CJ_{12}\cong\triangle J_1CJ'_{12}$。由于上述两个三角形均在 OO' 的对称面 Π 内，因此，J_{12} 与 J'_{12} 重合。

这样可以得到 Omni-Wrist Ⅲ机构一条支链上的自由度线分布，如图 4-59b 所示。转动副 R_{13} 的自由度线 R_{13} 与转动副 R_{12} 的自由度线 R_{12} 相交于点 J_1；转动副 R_{11} 的自由度线 R_{11} 与转动副 R_{14} 的自由度线 R_{14} 相交于点 J_{12}。

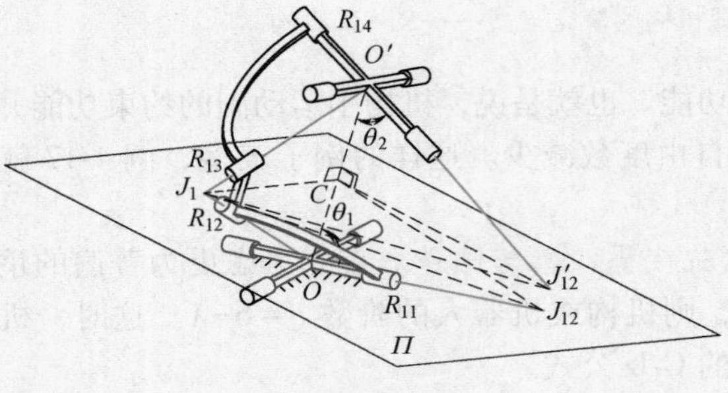

a) 支链简图

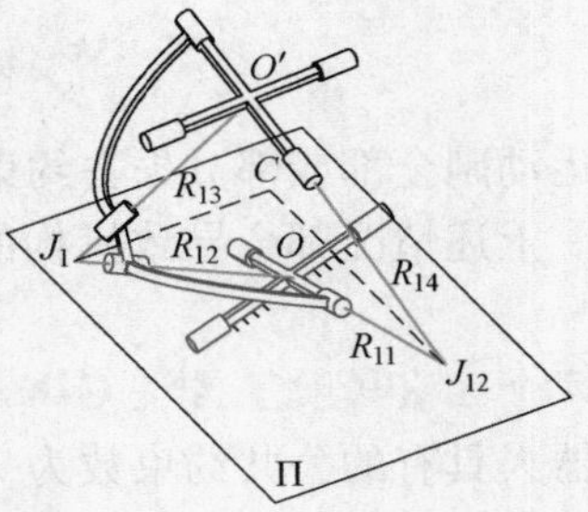

b) 自由度线图

图 4-59　Omni-Wrist Ⅲ的一个支链

根据 Blanding 法则，所有的自由度线和约束线相交，由此可以得到该支链的约束线分布，如图 4-60a 所示。其中，自由度线 R_{11}、R_{12}、R_{13} 和 R_{14} 与约束线 C_{11} 分别相交于点 J_1、J_{12}；与约束线 C_{12} 分别相交于点 O、O'。通过上述分析可以发现，每条支链为动平台提供了 2 个约束，即每条支链有 2 条约束线 C_{11} 和 C_{12}，一条约束线在机构的对称面 Π 内，一条约束线与对称面 Π 垂直相交于点 C。同理，其他各个支链为动平台提供相同类型的约束。由此可以得到整个机构的约束线与自由度线线图情况，如图 4-60b 所示，其中 4 条约束线在机构的对称面 Π 内，另外 4 条约束线重合并与对称面 Π 正交于点 C。

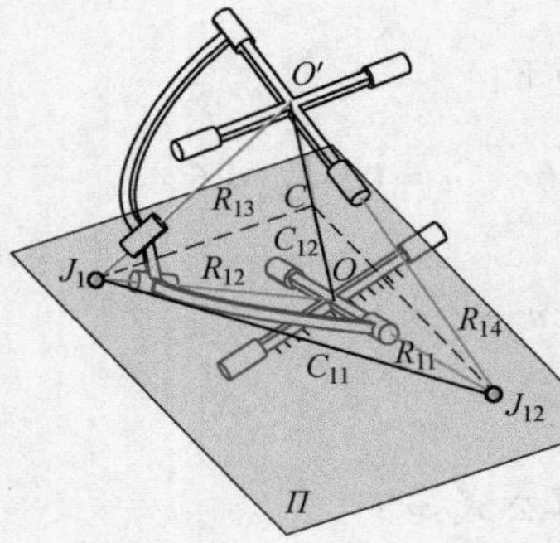

a) 一个支链

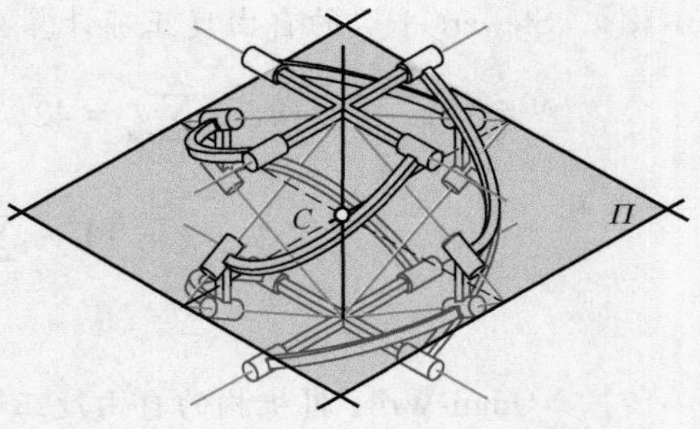

b) 动平台

图 4-60　自由度与对偶约束线图

由于垂直于对称面 Π 的 4 条约束线重合，所以这 4 条约束线只为动平台提供了 1 个独立约束，剩下的另外 3 条约束线为冗余约束；由于平面内的 3 条独立线确定一个平面，因此在对称面 Π 内的约束线为动平台提供 3 个独立约束。而根据上述分析，动平台一共受到 4 个独立的力约束，动平台的约束线图如图 4-61 所示。根据 Blanding 法则，可以找到独立的 2 条与之相交的直线 R_{m1}、R_{m2}，它们共同组成了一族平面径向线，如图 4-61 所示圆 C 内的线，表明该机构的动平台具有 2 个瞬时转动自由度。

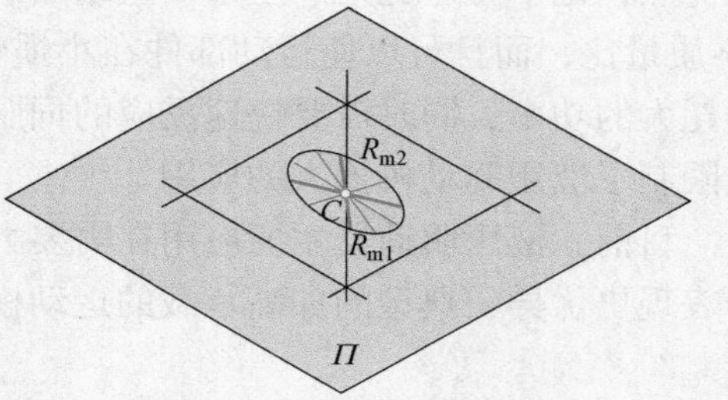

图 4-61 Omni-Wrist Ⅲ动平台的自由度与约束线图

$$N = 14,\quad g = 16,\quad \sum_{i=1}^{g} f_i = 16,\quad d = 5,\quad u = 1,\quad \zeta = 0,$$

$$F = d(N - g - 1) + \sum_{i=1}^{g} f_i + u - \zeta = 2$$

由上述可以看到，式（4.6-10）可以作为统一的机构自由度计算公式。另外，还可以看到，要正确计算机构自由度，确定公共约束、冗余约束和局部自由度是真正关键所在。

4.7 驱动、传动机构

4.7.1 常用的驱动器

驱动器的主要功能在于为机器人提供动力。目前，大多数机器人的驱动器都已商业化。最常用的驱动器包括电磁式、液压式和气动式等。

1. 电磁驱动器

目前最常见的驱动器是电磁驱动器。

1）伺服电动机。目前大多数机器人使用伺服电动机作为动力源，因为伺服电动机可以实现位置、速度或者转矩等精确的信号输出。机器人中最常用的是永磁式直流电动机和无刷直流电动机。其中，永磁电动机可产生大转矩，速度控制范围大，转矩-转速性能好，适用于不同控制类型。无刷电动机因为成本相对较低，通常应用在工业机器人领域。

2）步进电动机。一些小型机器人中通常使用步进或脉冲电动机。这类机器人的位置和速度采用开环控制即可，这样，成本相对较低并且容易与电子驱动电路对接，细分控制可以产生更多的独立机器关节位置。此外，步进电动机的比功率比其他类型的电动机更小。

3）直驱电动机。近年来已开发出了商用的直驱电动机，即电动机与载荷直接耦合，其结构特点是转子为一圆环，置于内外定子之间，由电动机直接驱动机器人关节轴，从而减少了转子的转动惯量，增大了转矩。

2. 液压驱动器

液压驱动器是指将液压能转变为机械能的机器。由于采用高压液体，液压驱动器既带来了优点，也不可避免地产生了一些缺点。液压油能提供非常大的力和力矩，以及非常高的功率-质量比，而且可以使运动部件在小惯性条件下实现直线和旋转运动。但液压驱动器需要消耗大的功率，同时需要快速反应的伺服阀，成本也非常高，而且漏液以及复杂的维护需求也限制了液压驱动机器人的应用。

目前，液压驱动器主要应用在需要力或者力矩大、速度快的场合，它比现有的电磁驱动器表现更优异，典型的如高承载的运动模拟器等。

3. 气动驱动器

气动驱动器和液压驱动器类似，它将气体压缩时产生的能量转化为直线或旋转运动。气动驱动器最初应用在简单的执行装置中。气动驱动器结构简单且成本低廉，而且具有电动机没有的许多优点。例如，它在易爆场合使用更安全、受周围环境温度和湿度影响更小等。但是，一些小型驱动器需要有气源才能工作，对于那些大量使用气动驱动器的机器人来说仍需要安装昂贵的空气压缩系统，此外，气动驱动器的能效相对也较低。

尽管气动驱动器不适用在重载条件下，但是它可用于大功率-质量比的机器人手指或者人造肌肉中，例如，气动驱动器通过控制压缩气体充填气囊进而实现收缩或扩张肌肉。另外，由于气动驱动器不会受到磁场的影响，它可以应用在医疗领域；同样，由于没有电弧，它还可以用在易爆场合。

4. 柔性驱动器

弹性材料的柔度在机器人驱动系统中既可以成为优势也可以成为劣势。整体刚度大的机器人具有更快的反应速度，定位精度也更高，控制也更为简单。但同时，接触力和相互作用力也会随着工件与工具发生意外错误而增大，而这会损坏机器人和周围物体，甚至伤害到工作人员。通过向驱动器增加可控可测量的柔性单元，可以有目的地增加机器人的柔度。

串联柔性驱动器（SEA，图 4-62a）是一类刚度较小的驱动器，它由一个弹性输出元件（弹簧）和一个位移传感器（测量弹簧形变）串联上一个刚性驱动器和变速器构成。在合适的控制器作用下，传统刚性位置控制驱动器可以实现力驱动，从而有效地将驱动惯性从负载惯性中分离。此外，它还具有减小机器人工作在非结构化环境或人群中时产生的碰撞和被迫屈服特性。因此，柔性驱动器在协作型机器人、外骨骼康复机器人等对安全要求较高的应用领域具有广泛的应用前景。图 4-62b 所示的下肢外骨骼康复机器人中就采用了柔性驱动器。

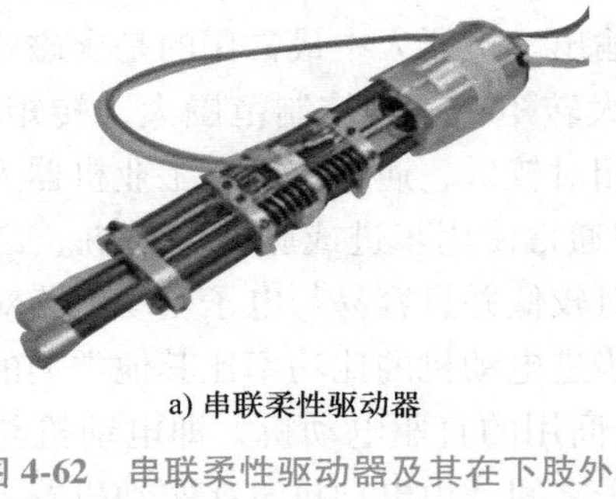

a) 串联柔性驱动器

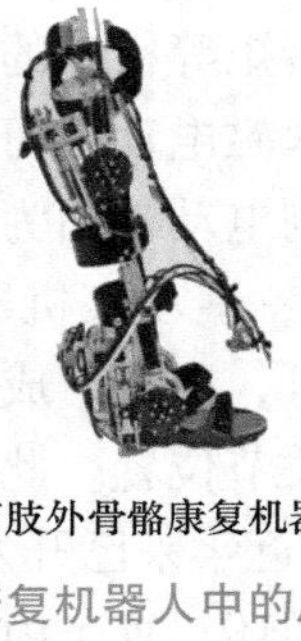

b) 下肢外骨骼康复机器人

图 4-62　串联柔性驱动器及其在下肢外骨骼康复机器人中的应用

5. 其他类型的特殊驱动器

机器人中还存在其他类型的驱动器。如利用热学、形状记忆元件、化学、压电、超声、磁致伸缩、电聚合物（EAP）、电流、磁流、橡胶、高分子、气囊和微机电系统（MEMS）

等原理或材料制成的各类新型驱动器，包括形状记忆合金（SMA）、压电陶瓷、人工肌肉、超声电机、音圈电机等。这些驱动器大多用于特种机器人的研究，而不是配备在大量生产的工业机器人上。

4.7.2 传动机构与机器人用减速器

机器人传动机构或传动系统的主要功能是将机械动力从来源处转移到受载荷处。传动系统的设计和选择需要考虑运动、负载和电源的要求，首先考虑的就是传动机构的刚度、效率和成本。体积过大的传动系统会增加系统的质量、惯性和摩擦损失。对于那些刚度较低的传动系统，在持续的或是高负载的工作循环下会快速磨损，或者在偶然过载下失效。

以串联机器人为例，其关节的驱动基本上都要通过传动装置来实现（图 4-63）。其中，传动比决定了驱动器的转矩与速度。合理的传动系统的布置、尺寸以及机构设计决定了机器人的刚度、质量和整体操作性能。目前，大多数现代机器人都应用了高效的、抗过载破坏的，以及可反向的传动装置。

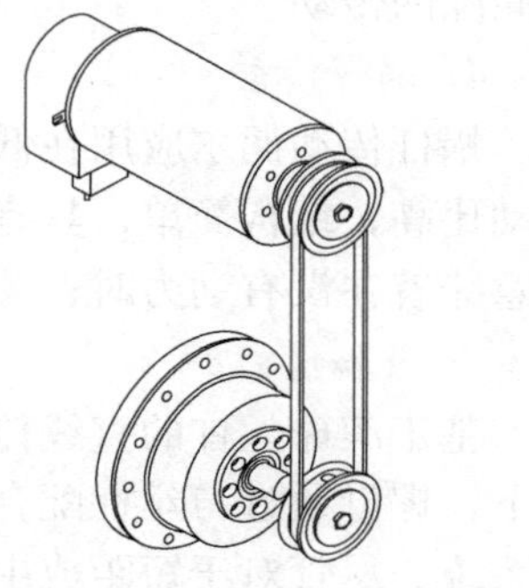

图 4-63 机器人关节处的传动系统（带传动机构+谐波减速器）

1. 带传动

机器人用的带传动通常是指将由合金钢或钛材料制成的薄履带固定在驱动轴和被驱动的连杆之间，用来产生有限的旋转或直线运动。传动装置的传动比可以高达 10：1。这种薄履带形式的带传动相比缆绳或皮带传动而言，是一种更柔顺并且刚性更好的传动系统。

同步带往往应用在小型机器人的传动机构和一些大型机器人的轴上，其功能大体和带传动相同，但具有连续驱动的能力。多级带传动有时用来产生大的传动比（高达 100：1）。

2. 丝传动

丝（cable）传动又称钢丝绳传动或柔索传动，是以高强度的碳素钢或合金钢为主要材料，适合远距离的一种传动方式。钢丝绳通常采用电动机进行驱动，通过电动机的正反转实现丝的“收”和“放”，多根丝协同作业，将作用效果进行合成，最终实现空间运动。

丝传动机器人具有运动速度快、工作空间大、构型易于重新配置、可变刚度控制、制造维护费用较低等优点，目前已广泛应用在大型射电望远镜、医疗康复机器人、人机交互装置、超高速机器人、连续体机器人、娱乐装置等领域中（图 4-64）。

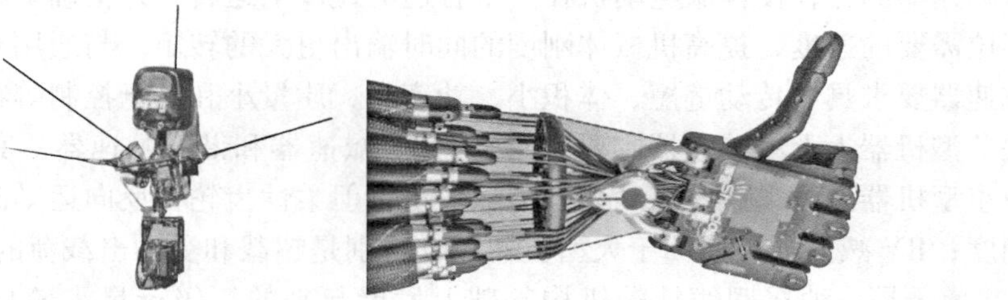

图 4-64 丝传动机器人

3. 齿轮传动

直齿轮或斜齿轮传动为机器人提供了可靠、密封性能好、维护成本低的动力传递方式。它们主要应用在机器人手腕处，在这些手腕结构中要求多条轴线相交并且驱动器布置要紧凑。大直径的转盘齿轮用于大型机器人的基座关节，以提供高刚度来传递大转矩。齿轮传动常用于基座，而且往往与长传动轴联合，实现驱动器和驱动关节之间的长距离动力传输。例如，驱动器和第一级减速器可能被安装在肘部附近，通过一个长的空心传动轴来驱动另一级减速器。

行星齿轮传动常常应用在紧凑型齿轮电动机中，为了尽量减小节点齿轮驱动时的间隙，齿轮传动系统需要进行精心的设计，只有这样才能实现不以牺牲刚度、效率和精度为代价的小间隙的传动。

4. 蜗杆传动

蜗杆传动偶尔应用在低速机器人上，其特点是可以使动力发生正交偏转或者平移，同时传动比高，结构简单，具有良好的刚性和承载能力，以及在大传动比时具有反向自锁特性，这意味着在没有动力时，关节会自锁在当前位置。但是蜗杆传动的传动效率较低。

5. 滚珠丝杠

基于滚珠丝杠的直线传动装置能平稳有效地将原动件的旋转运动变成直线运动。通常情况下，螺母通过与丝杠配合将旋转运动转换成直线运动。目前已有高性能的商用滚珠丝杠传动系统。尽管对于短距或中距的滚珠丝杠，刚度可以达到要求，但在长距离行程中由于丝杠只能支承在两端使得刚性较差。另外，通过采用精密丝杠可以获得很小甚至为零的齿隙。另一方面，该传动装置的运行速度被丝杠的力学稳定性所制约，所以一般情况下使用旋转螺母来获得更高的速度。

6. 直线传动机构

直驱式直线传动装置将直线电动机与轴整合在一起，这种关联往往只是驱动器和机器人连杆之间的一个刚性或柔性连接，或者由一个直线电动机和其导轨组合后直接连接到直线轴上。直线电磁驱动器的特点是零齿隙、高刚度、高速，以及具有优良的性能，但是其质量大、效率低，成本比其他类型的直线驱动器高。

7. 机器人专用减速器

减速器在机械传动领域是连接动力源和执行机构之间的中间装置，通常通过输入轴上的小齿轮啮合输出轴上的大齿轮来达到减速的目的，并传递更大的转矩。相比较通用减速器，机器人专用减速器更加精密。

精密减速器的存在使伺服电动机在一个合适的速度下运转，并精确地将转速降到工业机器人各部位需要的速度，提高机械体刚度的同时输出更大的转矩。与通用减速器相比，机器人关节减速器要求具有传动链短、体积小、功率大、质量小和易于控制等特点。目前，大量应用在关节型机器人上的减速器主要有两类：RV 减速器和谐波减速器。其中，谐波减速器常用在中小型机器人上，这些传动装置齿隙较小，但柔性齿轮在反向运动时会产生弹性翘曲以及低刚度；RV 减速器更适用于大型机器人，特别是超载和受冲击载荷的机器人。

RV 减速器是一种在摆线针轮机构基础上发展起来的二级行星齿轮传动减速机构，如图 4-65 所示。自 1986 年投入市场以来，RV 减速器因传动比大、传动效率高、运动精度高、回差小、振动低、刚度大和可靠性高等优点成为机器人的“御用”减速器。

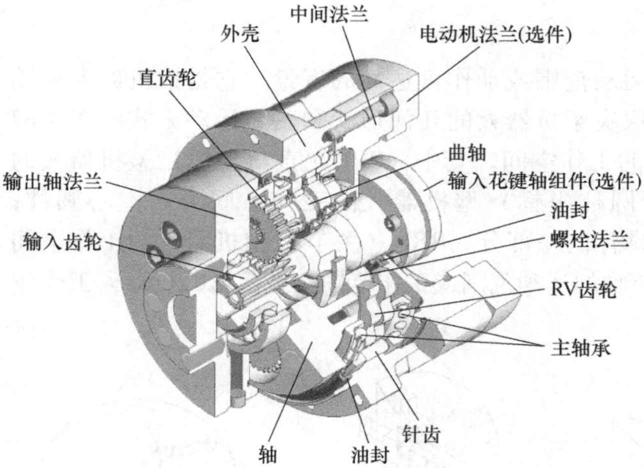

a) 机构简图

b) 样机

图 4-65　日本 Nabotesco 公司研发的 RV 减速器

谐波减速器（harmonic drive）由三部分组成：谐波发生器、柔轮和刚轮，如图 4-66 所示。其工作原理是由谐波发生器使柔轮产生可控的弹性变形，靠柔轮与刚轮啮合来传递动力，并达到减速的目的，按照谐波发生器的不同有凸轮式、滚轮式和偏心盘式。谐波减速器传动比大、外形轮廓小、零件数目少且传动效率高。其传动比可达 50~4000，而传动效率高达 92%~96%。

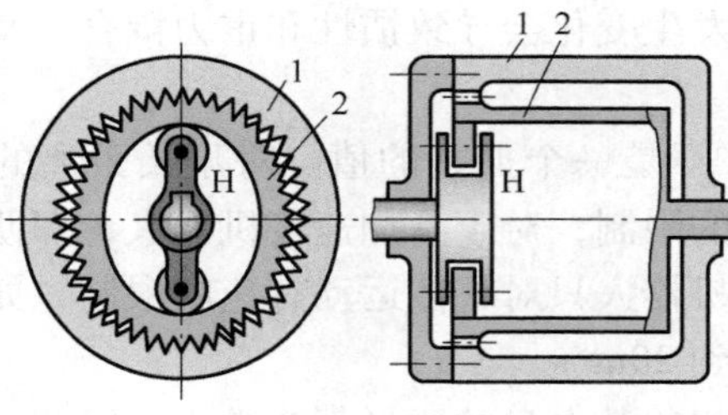

a) 机构简图

b) 样机

图 4-66　谐波减速器

1—刚轮　2—柔轮

相比于谐波减速器，RV 减速器具有更高的刚度和回转精度。因此在关节型机器人中，一般将 RV 减速器放置在机座、大臂、肩部等负载较大的位置，而将谐波减速器放置在小臂、腕部或手部。

4.8 与机器人机构相关的性能描述

1. 自由度

机器人的自由度反映了机器人动作灵活的尺度，一般以输出端的独立直线移动、摆动或转动的数目来表示，手部的动作一般不包括在内。在工业机器人领域，往往用轴数表示自由度数。本章 4.6 节已对此做了详细讨论。

2. 工作空间

工作空间（workspace）是对机器人运动范围或动作可达性的度量。它是指机器人末端所能达到的所有空间区域，其大小主要取决于机器人的几何形状和关节运动方式。图 4-67 所示为四种典型坐标型机器人（手臂）的工作空间。其中，PPP（直角坐标）型机器人的工作空间为一个规则的立方体；RPP（圆柱坐标）型机器人的工作空间为一空心圆柱；RRP（球坐标）型机器人的工作空间为球体的一部分；RRR（关节）型机器人的工作空间形状比较复杂，但涉及范围较大。各关节轴的运动范围或工作范围会直接影响机器人工作空间的大小。

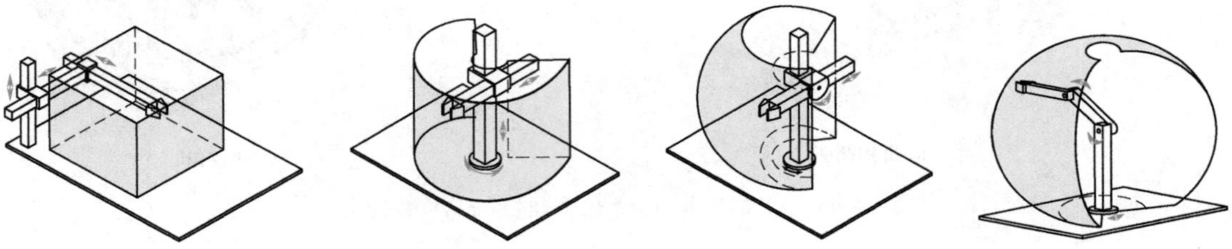
a) PPP　　b) RPP　　c) RRP　　d) RRR

图 4-67　四种机器人的工作空间

3. 工作速度、加速度

机器人的性能往往体现在功能和效率两方面。例如，对于装配机器人，这种评价标准往往依据每分钟完成的取放循环次数。机器人的峰值速度和加速度一般只是理论计算出来的结果，实际上，由于机器人移动过程中结构发生变化会导致惯性和重力耦合，其峰值加速度和速度在工作过程中会有所变化。

最大关节速度（角速度或线速度）并不是一个孤立的值。对于长距离的运动，它往往受到伺服电动机的总电压或最大允许转速的限制；对于高加速度机器人，即便是非常近的点对点运动也可能有速度限制，而低加速度机器人只对整体运动有速度限制，如在大型或高速机器人中，典型的末端执行器峰值速度达到 20m/s。

目前，大多数机器人的有效载荷质量相比其自身的质量都非常小，因此可以说，更多的动力是用来加速机器人本体而不是负载。另外，加速度越大的机器人往往要求刚性更好。对于高性能机器人，加速度和稳定时间相比速度或负载能力更为重要，如装配和物料装卸的机器人，在小负载情况下其最大加速度可以超过 10g。

4. 负载能力

机器人在规定的性能范围内，末端所能承受的最大负载量（包括手部）通常用质量、力矩或惯性矩来表示。

负载大小同时包括外载荷及自重，以及由于运动速度变化产生的惯性力和惯性力矩。一般低速运行时，机器人的承载能力大一些。但为了安全考虑，规定在高速运行时所能抓取的工件质量作为承载能力的衡量指标。

一般而言，并联机器人的承载能力要高于同尺度的串联机器人。

5. 精度

通常用绝对定位精度（accuracy）、重复定位精度（repeatability）和位置分辨率（resolution）来定义机器人末端的定位能力。

绝对定位精度是指机器人在空间中将其执行装置定位到程序设定位置处的能力。与重复定位精度不同，机器人的绝对定位精度主要用于非重复精度任务。绝对定位精度既体现了机器人运动学、动力学模型的精确程度和末端工具、夹具的精度，还包括机器人解算路径的完整性和准确性。虽然大多数高级机器人编程语言支持机器人路径算法，但通常只建立在简化的刚性模型基础上。因此，机器人绝对定位精度便成为机器人几何学特性和控制算法相匹配的问题，且建立在精确测量和校准连杆长度、关节角度和安装位置的前提下，即所谓的标定（calibration）技术。典型的工业机器人绝对定位精度可以低至±10mm，也可以高至±0.01mm，经常采用精确的动力学模型和精密控制器，以及精密的传感器和执行器等手段。绝对定位精度往往作为离线编程应用中的主要评价指标。

重复定位精度体现了机器人重复回到同一位置的能力，反映了控制精度和结构非线性（间隙、弹性）的大小。目前，多采用球形空间的半径来评价重复定位精度，具体是指使用同样的程序、载荷和安装方式，设置机器人回到相同的初始位置，进而比较包含整个运行路径的球形空间的半径大小。一般情况下，机器人由于存在摩擦、关节回差、传动时的空行程、伺服系统增益以及结构和机械装配过程中产生的空隙等，会产生一定的误差。对于装配、加工等从事重复动作的机器人而言，重复定位精度指标就变得非常重要。典型的重复定位精度可以低到用于大型电焊机器人的 1~2mm，也可以高到用于精微操作机器人的 5μm。重复定位精度往往作为示教编程应用中的主要评价指标。

位置分辨率是指机器人能完成的最小位移增量，这对于传感器控制的机器人的定位和运动控制十分重要。尽管大多数制造商用关节位置编码器的分辨率，或伺服电动机和驱动器的步长来计算系统分辨率，但这种方法本身是有问题的。这是由于机器人结构本体中存在的摩擦、变形、间隙等都会影响系统分辨率。而后者的分辨率要比控制系统低 2~3 个数量级。

图 4-68 所示为绝对定位精度、重复定位精度与位置分辨率之间的区别。

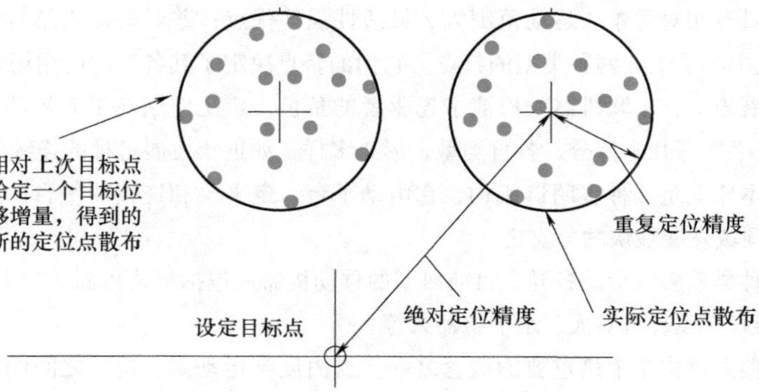

图 4-68　绝对定位精度、重复定位精度与位置分辨率之间的区别

机器人的绝对定位精度、重复定位精度与位置分辨率指标是根据其使用要求确定的。机器人自身所能达到的精度取决于机器人结构及刚度、驱传动方式、运动速度控制水平等因素。

【小知识】机器人的技术指标

当机器人作为一种商品出售时，一般要附带产品性能方面的介绍。其中一项最重要的内容是对该机器人技术指标的描述。

以工业机器人为例。机器人的技术指标通常包括：自由度，驱动方式，工作空间或工作范围，工作速度（有时还包括加速度），工作载荷，绝对定位精度、重复定位精度与位置分辨率（多数情况下只给重复定位精度），控制方式。

例如某一直角坐标式工业机器人的主要性能指标如下：

1）自由度：共有三个基本关节和两个选用关节（作为腕关节）。

2）驱动方式：三个基本关节由交流伺服电动机驱动（采用增量式角位移传感器）。

3）工作范围：400 mm×400 mm×400mm。

4）关节移动范围及速度：A1～A3：400mm，800mm/s；A4～A5：300°，2rad/s。

5）工作载荷（最大伸长、最高速度下）：20kg。

6）重复定位精度：±0. 05mm。

7）控制方式：五轴同时可控，点位控制。

本章小结

1）与一般机构一样，构件与运动副也是机器人机构的组成元素，只是机器人机构中，运动副的形式更加多样，除了转动副、移动副两种基本的运动副之外，还有球副、虎克铰等形式。并联机构中，不仅存在主动副，被动副也十分常见。

2）机器人机构有不同的分类方式：根据运动链的形态可分为串联式、并联式、混联式，以及多环耦合式；根据基座是否移动可分为平台型机器人和移动机器人；根据构件（或关节）有无柔性可分为刚性机器人和柔性机器人；根据驱动情况可分为欠驱动机器人、冗余驱动机器人等。

3）串联机器人具有相对简单、运动范围大、灵活性强等优点；并联机器人结构紧凑、刚性与承载能力较强；混联机器人中和了上述两种类型的特点。它们的特点决定了其各自的应用场合。

4）在机器人发展史上，串联机器人扮演了先驱者的角色，广泛应用在工业机器人中。串联机器人通常包括手臂、手腕、手爪等几个部分，各自类型、形态多样，如近年发展迅猛的连续体机器人、灵巧手等。

5）并联机器人本质上是一种多闭链机构，它由动平台、定平台和连接两平台的多个支链组成，已成为最近20年机构学领域发展最快的分支之一。

6）移动机器人种类繁多、形态各异。目前典型的移动机器人包括腿式机器人（如类人机器人）、轮式机器人、履带式机器人、飞行机器人、水下机器人等。

7）自由度是机器人机构学中最重要的概念之一。自由度与运动副、构件之间的定量关系一直是机构与机器人构型综合及运动分析中重要的理论依据。

8）机构的自由度是指确定机构位形所需独立参数的数目。机器人的自由度一般是指机器人末端执行器的自由度（即输出自由度）。

9）G-K公式虽然是一个广泛使用的自由度计算公式，但由于有些机构自身的复杂性，如存在局部自由度、公共约束以及冗余约束等，该公式又具有一定的局限性，因此，G-K公式需要修正才能更具普适性。修正后的具体形式为

$$F = d(N - g - 1) + \sum_{i=1}^{g} f_i + u - \zeta$$

10）机器人的驱动方式包括电动机、液压、气动等形式。传动方式的种类更加多样，广泛应用的是 RV 和谐波等机器人专用减速器。其中，RV 减速器回转精度高，主要用于大臂等重载关节中；而谐波减速器传动比更大，主要用于手、腕部等关节中。

11）机器人机构的主要性能参数包括自由度、工作空间、工作速度（有时还包括加速度）、负载能力、绝对定位精度、重复定位精度、分辨率等，而对其技术指标的描述中，除了上述之外，还包括驱动方式、控制方式等内容。

扩展阅读文献

本章主要对常用的机器人机构进行了介绍，除此之外，读者还可阅读其他文献补充有关机构及机器人方面的知识。有关常用的平面机构（含功能型机构）请参考文献［8］；常见的机器人机构参考文献［7］；常见的移动机器人请参考文献［4］；有关系统介绍机器人自由度计算与分析的文献包括［1，2，5，6，9，10，13］；有关机器人传动系统方面的概述可参考文献［11］；有关机器人灵巧手更详细的介绍参考文献［12］；而有关各类机器人更广泛的介绍可参考文献［3，14］。

[1] BLANDING D L. Exact Constraint：Machine Design Using Kinematic Principle［M］. New York：ASME Press，1999.
[2] HUANG Z，LI Q C，DING H F. Theory of Parallel Mechanisms［M］. Singapore：Springer-Verlag，2013.
[3] SICILIANO B，KHATIB O. Handbook of Robotics［M］. 2nd ed. New York：Springer，2016.
[4] SIEGWART R，NOURBAKHSH I R，SCARAMUZZA D. 自主移动机器人导论［M］. 李人厚，宋青松，译. 西安：西安交通大学出版社，2013.
[5] 黄真，刘婧芳，李艳文. 论机构自由度：寻找了 150 年的自由度通用公式［M］. 北京：科学出版社，2011.
[6] 黄真，曾达幸. 机构自由度计算原理和方法［M］. 北京：高等教育出版社，2016.
[7] 熊有伦，李文龙，陈文斌，等. 机器人学：建模、控制与视觉［M］. 武汉：华中科技大学出版社，2018.
[8] 于靖军. 机械原理［M］. 北京：机械工业出版社，2013.
[9] 于靖军，裴旭，宗光华. 机械装置的图谱化创新设计［M］. 北京：科学出版社，2014.
[10] 张启先. 空间机构的分析与综合：上［M］. 北京：机械工业出版社，1984.
[11] 张宪民. 机器人技术及其应用［M］. 北京：机械工业出版社，2018.
[12] 张玉茹，李继婷，李剑峰. 机器人灵巧手：建模、规划与仿真［M］. 北京：机械工业出版社，2007.
[13] 赵景山，冯之敬，褚福磊. 机器人机构自由度分析理论［M］. 北京：科学出版社，2009.
[14] 日本机器人学会. 新版机器人技术手册［M］. 宗光华，程君实，等译. 北京：科学出版社，2007.

习题

4-1 在有些机器人机构中，会用到复杂铰链形式，如图 4-69 所示的 4 种常用类型。试指出与这些复杂铰链等效的运动副类型。

4-2 根据图 4-70 所示的机器人机构示意图，给出这些机构的符号表示。

4-3 查阅相关文献资料，尝试给出图 4-71 所示机器人的机构示意图及符号表示。

4-4 据瑞士某官网报道，ECOSPEED 加工中心以最高精度完成空客框架的加工需要 95min。查阅相关

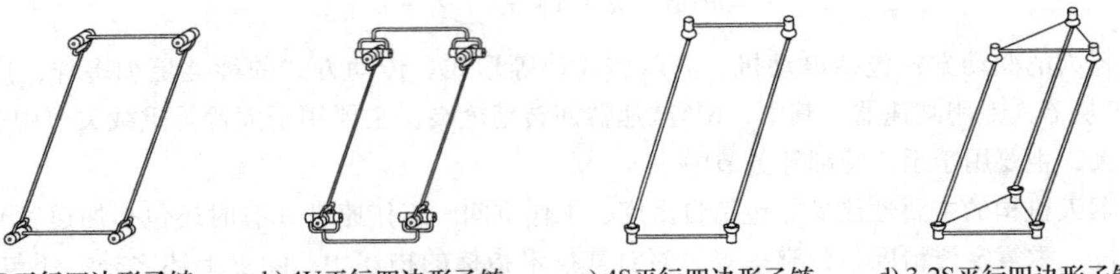

a) 4R平行四边形子链　b) 4U平行四边形子链　c) 4S平行四边形子链　d) 3-2S平行四边形子链

图 4-69　4 种常用的复杂铰链

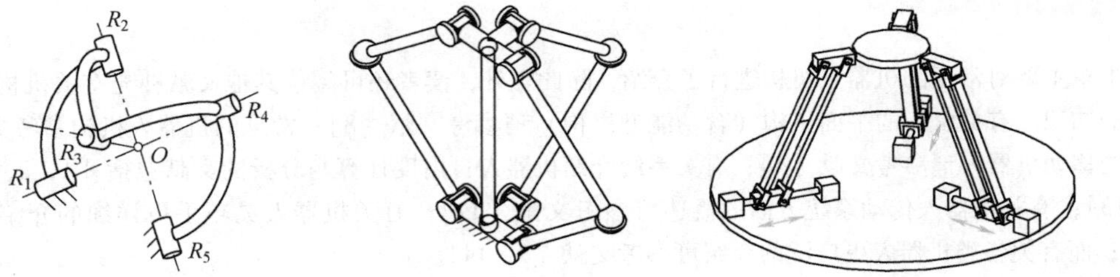

a) 球面五杆机构　b) Dunlop指向机构　c) Star机构

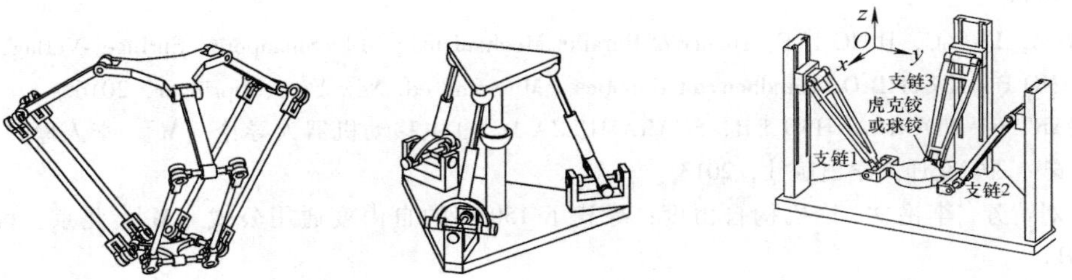

d) Tsai 氏机构　e) 动眼机构　f) HALF机构

图 4-70　机器人机构示意

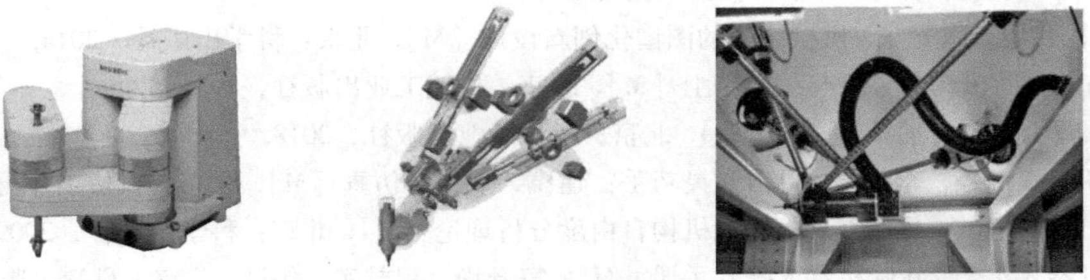

a) 三菱的 double-SCARA 机器人　b) Execho 混联加工机器人　c) Metrom 并联加工机器人

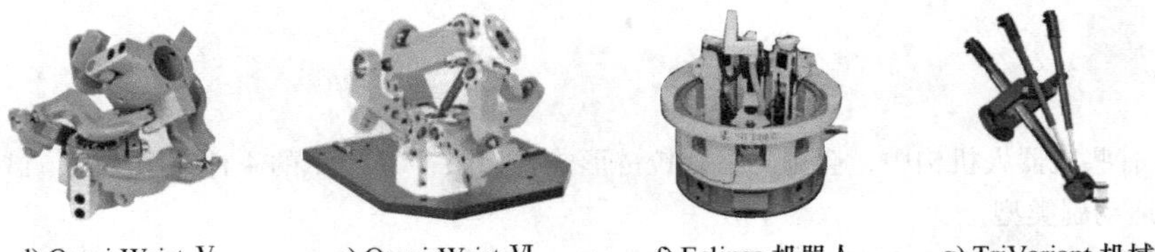

d) Omni-Wrist Ⅴ　e) Omni-Wrist Ⅵ　f) Eclipse 机器人　g) TriVariant 机械手

图 4-71　机器人

文献资料，试对该加工中心的组成进行剖析，给出其机构示意图及符号表示。

4-5　SCARA 机器人与 H4 机器人具有相同的自由度类型（3 个移动和 1 个转动），试比较它们的优缺点。

4-6　有一类机构中，构件在其转动中心处并没有实际的运动副存在，这种没有实际运动副存在的转动中心在此被定义为虚拟运动中心（VCM）。如果机构的输出构件具有 VCM，则该机构称为虚拟运动中心机构（简称 VCM 机构）。如果虚拟固定点在机构的远端，则该机构称为远程运动中心机构（简称 RCM 机构）。图 4-72 所示为两种典型的 RCM 机构。

1）查阅相关资料，了解 RCM 机构的主要用途。

2）自定义未知参数，建立该机构的虚拟样机模型，仿真该机构运动过程。

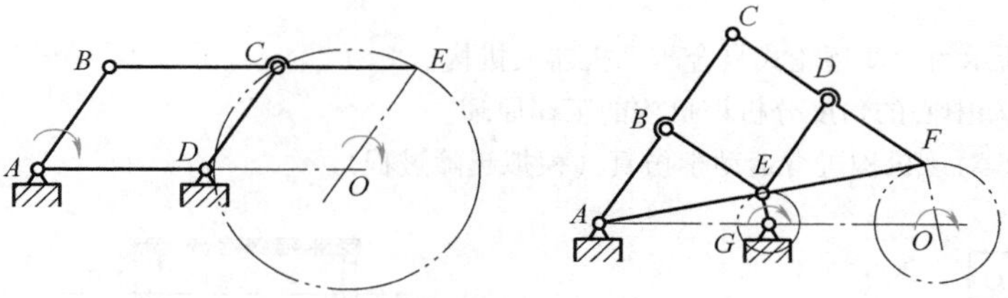

图 4-72　RCM 机构

4-7　图 4-73 所示为一滑槽杠杆式抓取机构，可用作机器人手爪。该机构的工作原理如下：用气动或液压的活塞杆驱动，使左右手转动，完成抓取工件的动作。活塞杆 1 沿机架上下移动，固接在活塞杆上的滚子 4 在左、右手爪 2、3 的直槽中滑动，手爪绕 A、B 点转动，依靠 V 形槽完成抓取工件的动作。该机构动作灵活，结构简单，手爪开闭角度大，但增力较小。试绘制机器人的机构运动简图。

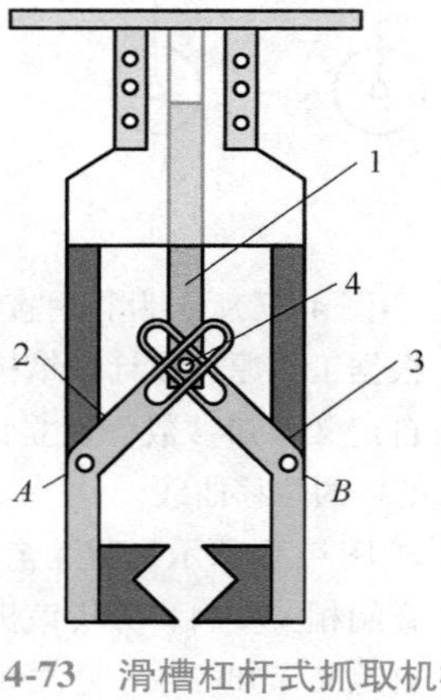

图 4-73　滑槽杠杆式抓取机构

1—活塞杆　2—左手爪

3—右手爪　4—滚子

4-8　瑞士苏黎世联邦理工学院（ETH）开发的 CRAB 机构如图 4-74 所示。每侧悬架由两套平行四边形机构和两端的支架组成，并在中轮连接处相互铰接。两段支架铰接，并分别与两套平行四边形机构的水平两杆铰接。两侧悬架在支架处与平台通过差速杆机构实现差速。试问：该机构属于移动机器人中的哪种类型？

4-9　图 4-75 所示为一新型轮式复合越障机器人机构。

1）试从虚拟转动中心的角度分析该机构的工作原理。

2）对比图 4-74 所示机构，试述其优缺点。

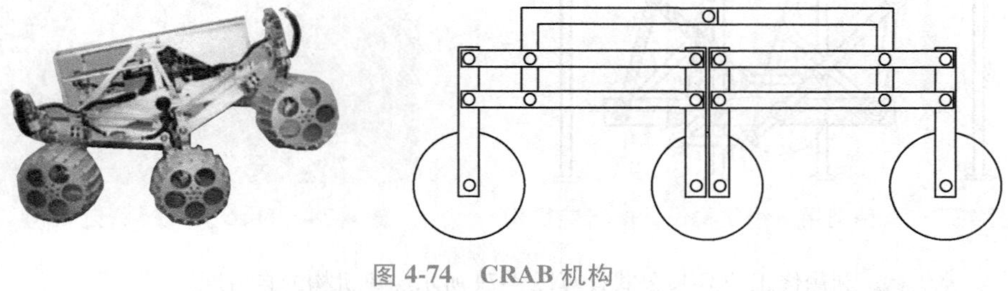

图 4-74　CRAB 机构

3）利用 ADAMS 软件对该机构进行运动学仿真（模拟越障过程）。

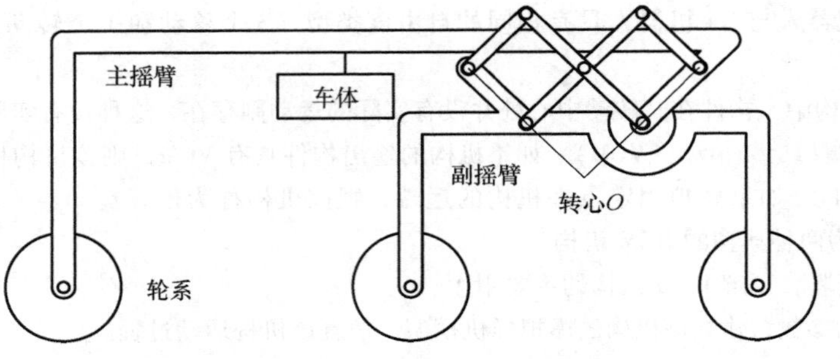

图 4-75 轮式复合越障机器人机构（一）

4-10 图 4-76 所示为一新型轮式复合越障机器人机构。

1）试从虚拟转动中心的角度分析该机构的工作原理。

2）利用 ADAMS 对该机构进行运动学仿真（模拟越障过程）。

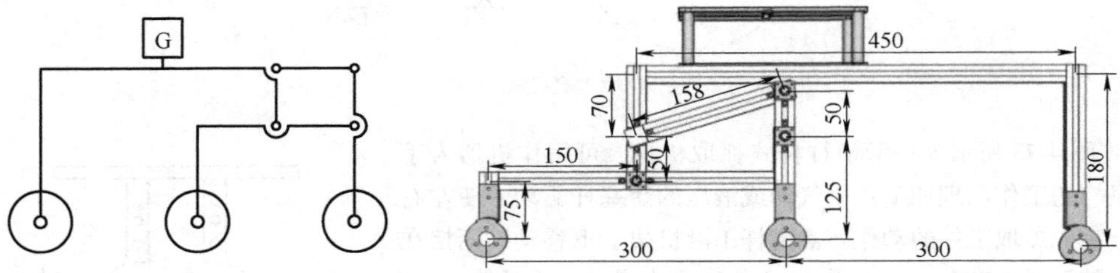

图 4-76 轮式复合越障机器人机构（二）

4-11 图 4-77 所示为利用直线机构设计的一种行走机构。

1）根据工作原理设计该结构的组成。

2）自定义未知参数，建立该机构的虚拟样机模型，仿真行走机构的运动过程，获取做直线运动的点（P_1 点）的位移曲线。

4-12 图 4-78 所示为荷兰艺术家 Theo Jansen 发明的一种步行机构。

1）查阅相关资料，分析该机构的组成及工作原理。

2）自定义未知参数，建立该机构的虚拟样机模型，仿真该机构的运动过程。

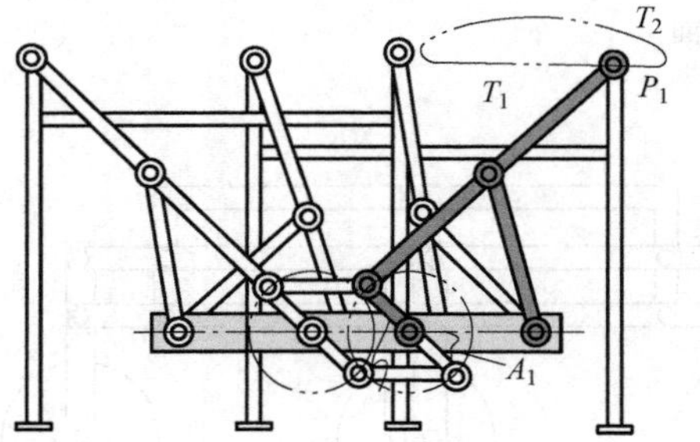

图 4-77 一种利用直线机构设计的行走机构

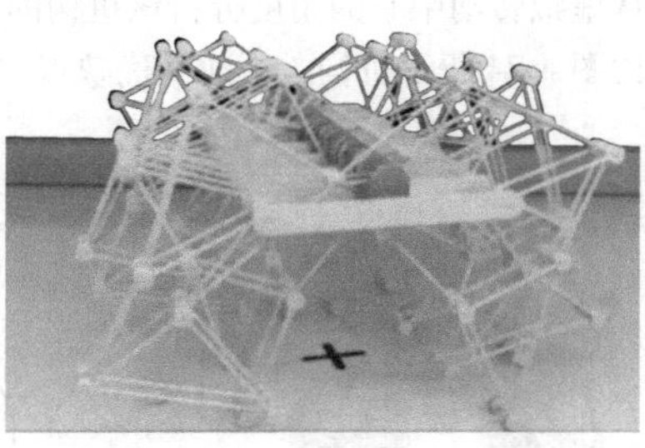

图 4-78 Theo Jansen 行走机构

4-13 经典机构。利用修正的 G-K 公式计算图 4-79 所示经典机构的自由度。

4-14 图 4-80 所示为传递两相交轴转动的双万向联轴器（又称双十字虎克铰），该机构由两个单十字虎克铰串联而成。试计算该机构的自由度，并调研该机构的主要特点。

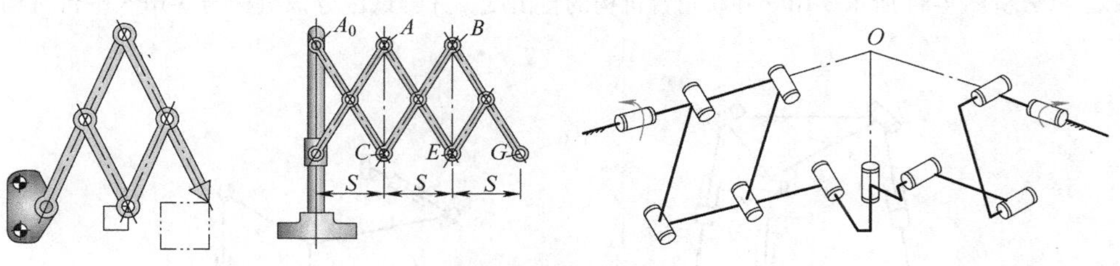

a) 三种仿图仪机构

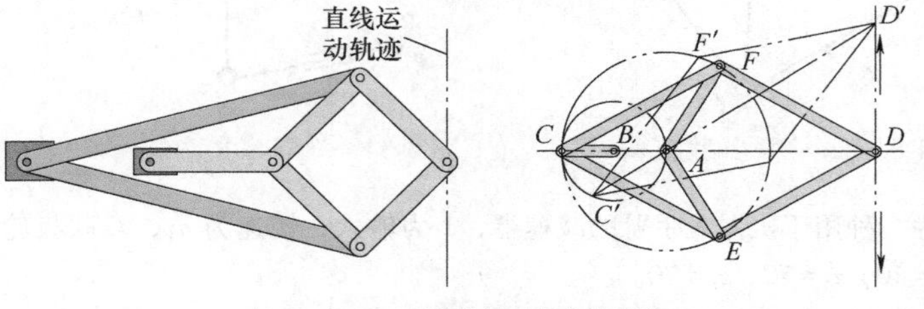

b) Peaucellier直线机构及其变异机构

图 4-79　经典机构

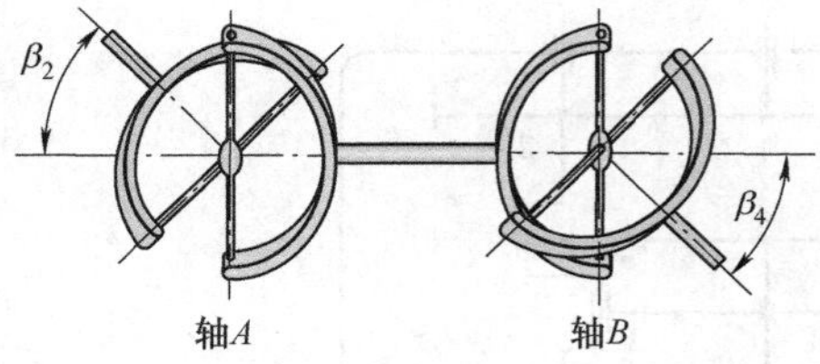

a) 结构示意图

b) 实物

图 4-80　双十字虎克铰

4-15　计算并分析平面 3-RRR 并联机构（图 4-81）的自由度，注意每个支链中转动副的轴线方向相互平行。

4-16　试分析 4-RRR 并联机构（图 4-82）的自由度：每个支链中 R 副的轴线相互平行，但相邻两个支链的运动副轴线相互垂直。

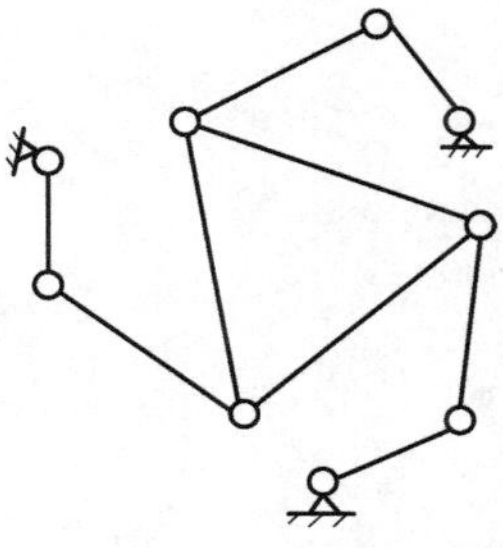

图 4-81　平面 3-RRR 并联机构

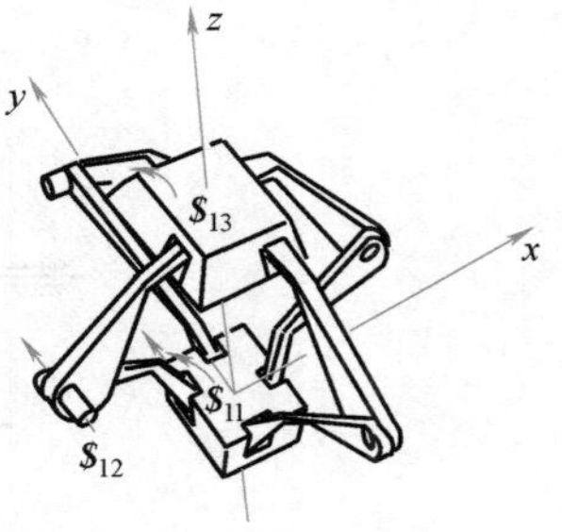

图 4-82　4-RRR 并联机构

4-17　利用修正的 G-K 公式计算 6-PSS 型并联机构的自由度。

4-18　试分析 3-SPR 并联机构（图 4-83）的自由度，并尝试区分该机构与 3-RPS 平台机构的运动类型。

4-19　试分析图 4-84 所示 3-RPS 并联角台机构的自由度，并尝试区分该机构与 3-RPS 平台机构的运动类型。

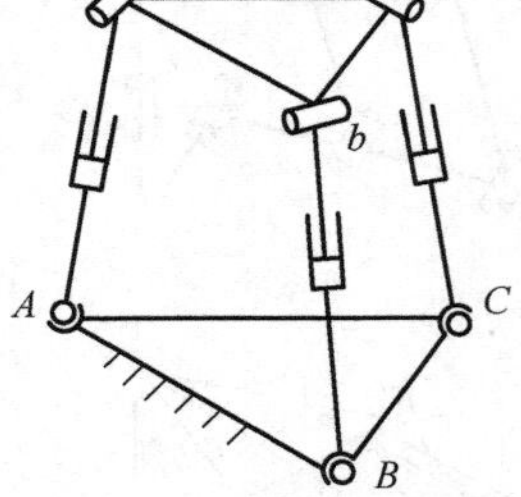

图 4-83　3-SPR 并联机构

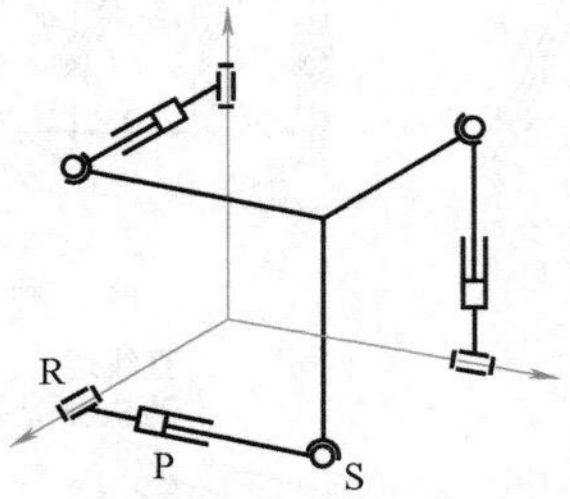

图 4-84　3-RPS 并联角台机构

4-20　图 4-85 所示为一种用于机器人手臂的减速器，1 为输入，转速为 n_1，双联齿轮 4 为输出。已知各齿轮齿数：$z_1=20$，$z_2=40$，$z_3=72$，$z_4=70$。

1）分析内齿轮 3 的运动（分析是否存在自转角速度）。

2）计算内齿轮 3 的公转角速度。

3）计算减速器的转速比 i_{14}。

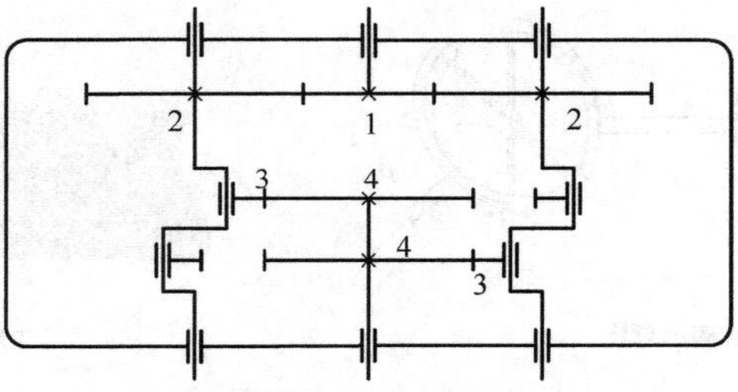

图 4-85　机器人减速器

4-21　图 4-86 所示为一种 RV 减速器，齿轮 1 为主动件，两个从动轮 2 各固连着一个曲拐，两曲拐的偏心距及偏移方向相同。曲拐偏心端插入内齿轮 3 的孔中，在该传动装置运行时，轮 3 做平动。求该传动装置的自由度及传动比 i_{14}（假设各齿轮齿数已知）。

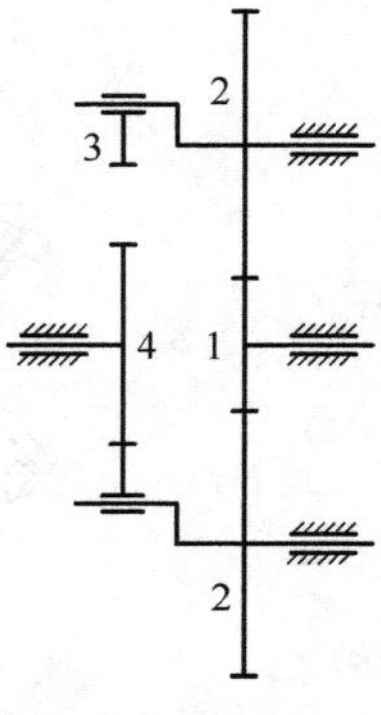

图 4-86　机器人 RV 减速器

4-22　机器人中常见的驱动方式有哪些？试做个表格，比较这些驱动方式的优缺点。

4-23　机器人中常见的传动方式有哪些？试做个表格，比较这些传动方式的优缺点。

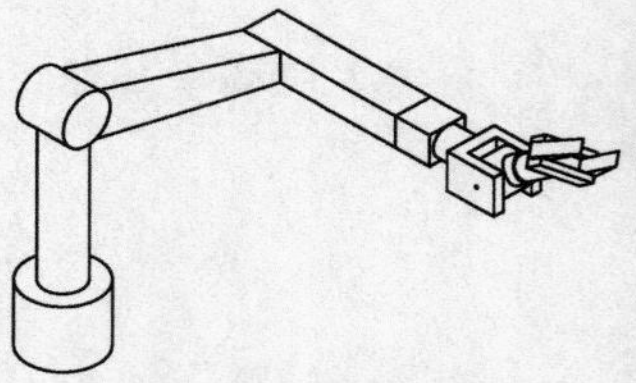

机械手整体模型

第 5 章 串联机器人的位移分析

【本章内容导读】

机器人运动学主要研究机器人的运动学特性，而无须考虑机器人运动时施加的力。因此，机器人运动学只涉及所有与运动有关的几何参数。运动学通常包含两个方面的内容：正运动学（forward kinematics）与逆运动学（inverse kinematics）。

本章重点讨论串联机器人的位移求解问题。学习重点包括：利用 D-H 参数法进行串联机器人的正运动学求解；串联机器人的运动学逆解原理及方法；利用 POE 公式求解串联机器人的正、逆运动学的原理及方法；机器人工作空间的概念，能够区分可达工作空间与灵活工作空间。

5.1 位移分析的主要任务及意义

机器人运动学主要研究机器人的运动学特性，而无须考虑机器人运动时施加的力。因此，机器人运动学只涉及所有与运动有关的几何参数。

运动学通常包含两个方面的内容：正运动学（forward kinematics）与逆运动学（inverse kinematics）。一般情况下，已知运动输入量求输出量称为正运动学；反之，已知输出量求输入量称为逆运动学。串联机器人中，已知各关节参数求解末端执行器的位置和姿态（简称位姿），为位移（displacement）正解；反之，为位移反解。与位移分析一样，速度、加速度分析也是机器人运动学的重要研究内容。其中，速度分析属于一阶运动学的研究范畴，是进行运动特性分析、运动综合以及静、动力学分析及综合的基础，一阶运动学分析的核心是建立反映输入输出关系的速度雅可比矩阵；而加速度分析属于二阶运动学的研究范畴，是联系机构运动学与动力学的重要纽带。机器人的位移、速度、加速度分析都可以归于运动学建模过程。

串联机器人是由一组通过运动副（关节）连接而成的刚性连杆构成。不管机器人关节采用何种运动副，都可以将它们分解为单自由度的转动副和移动副。注意：大多数串联机器人都是由一组通过单自由度的转动副或移动副连接而成的刚性连杆构成。

本章重点讨论串联机器人的位移求解问题。例如图 5-1 所示的 6 自由度工业机器人，其末端工具的位姿矩阵${}^0_T\boldsymbol{T}$一定与关节变量 $(q_1,q_2,\cdots,q_6)^{\mathrm{T}}$有关。对于该机器人而言，其位移正解的本质在于已知关节变量 $(q_1,q_2,\cdots,q_6)^{\mathrm{T}}$，求解末端的空间位姿矩阵${}^0_T\boldsymbol{T}$。为此需要构建从关节变量到末端构件位姿矩阵的映射，即求出

$$ {}_T^0\boldsymbol{T}=\begin{pmatrix} {}_T^0\boldsymbol{R} & {}^0\boldsymbol{p}_{TORG} \\ \boldsymbol{0} & 1 \end{pmatrix}=\begin{pmatrix} r_{11} & r_{12} & r_{13} & p_1 \\ r_{21} & r_{22} & r_{23} & p_2 \\ r_{31} & r_{32} & r_{33} & p_3 \\ 0 & 0 & 0 & 1 \end{pmatrix} \tag{5.1-1} $$

中的各元素，满足

$$ r_{i,j}=f_{i,j}(q_1,\cdots,q_6),\quad p_i=g_i(q_1,\cdots,q_6)\quad (i,j=1,2,3) \tag{5.1-2} $$

求解串联机器人位移正解的意义在于：①作为后续逆运动学、速度分析、动力学分析的理论基础；②在设计阶段，根据关节驱动电动机特性和结构参数评估机器人的工作空间、末端速度和加速度。

相反，对于图 5-1 所示的 6 自由度工业机器人，当已知其末端的空间位姿矩阵 ${}_T^0\boldsymbol{T}$，进一步求解关节变量 $(q_1,q_2,\cdots,q_6)^{\mathrm{T}}$，这便是求该串联机器人位移反解的主要任务。为此需要建立从末端位姿矩阵到关节变量的映射，即

$$ q_i=f_i(r_{11},\cdots,r_{33},p_1,p_2,p_3)\quad (i=1,2,\cdots,6) \tag{5.1-3} $$

求解串联机器人位移反解的意义在于：机器人在实际应用中，通常给定末端位姿，需要求解关节变量，然后通过控制关节变量到指定值，使得末端工具到达给定位姿。例如，对于焊接机器人，工件上的焊缝位置事先是已知的，为控制机器人按已知轨迹进行作业，需要通过位移反解求出各关节变量，再将其输入控制器，进而完成预期的焊接任务。因此说，位移反解是机器人控制的基础。

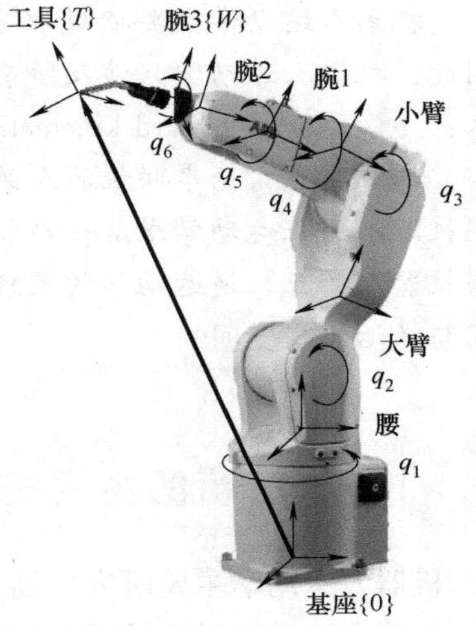

图 5-1　串联机器人的位移求解模型

5.2　位移分析的基本原理与基本方法

5.2.1　基本原理：闭环方程

不妨回顾一下机械原理中所学的平面机构运动学分析的一种基本方法——封闭向量多边形法。例如，在平面机构的位置分析中，无论采用图解法还是解析法，都需要建立机构位置分析的封闭向量多边形，或闭环方程（close-loop equation），相应的方法称为封闭向量多边形法。

封闭向量多边形法的基本原理是：将机构中每一构件看作一个向量，整个机构在运动过程中可简化为一个或多个由各向量组成的封闭向量多边形，从而建立约束方程，并求解方程。

例如，对于图 5-2 所示的对心曲柄滑块机构，通过封闭向量多边形法很容易得到滑块的位移方程，即

$$ \overrightarrow{O_1A}=\overrightarrow{O_1B}+\overrightarrow{BA} \tag{5.2-1} $$

写成复指数形式，即

$$ r\mathrm{e}^{\mathrm{j}\theta}=x\mathrm{e}^{\mathrm{j}0^\circ}+l\mathrm{e}^{\mathrm{j}\varphi} \tag{5.2-2} $$

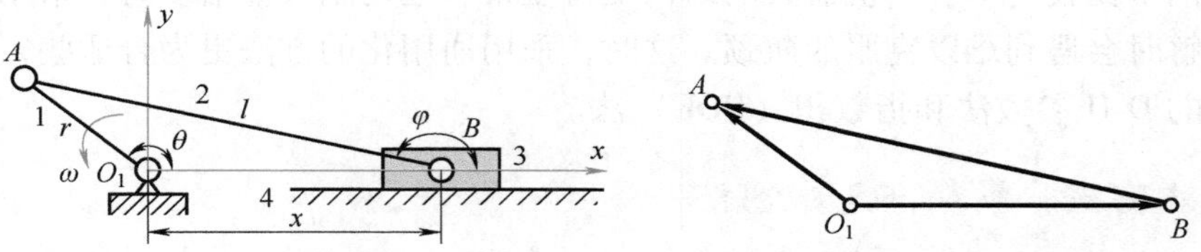

a) 机构简图　　　　b) 封闭向量多边形

图 5-2　对心曲柄滑块机构的运动学求解

消去中间参数 φ，得到机构输入 θ 与输出 x 之间的映射关系式：

$$x=r\cos\theta+\sqrt{l^2-r^2\sin^2\theta} \tag{5.2-3}$$

式（5.2-3）给出的是对心曲柄滑块机构的位置正解方程，即已知曲柄的输入角 θ，求解滑块的输出行程 x。由式（5.2-3），并利用三角函数的知识，可以进一步导出对心曲柄滑块机构的位置反解方程，即已知滑块的行程 x，求解对应的曲柄转角 θ。读者可自行推导。

以上求解平面连杆机构运动学的方法同样可用在机器人机构上。不妨看一个平面 2R 机器人正、反运动学求解的例子。

【例 5-1】　利用封闭向量多边形法对平面 2R 机器人进行位移分析。

解：平面 2R 机器人本质上是一个开链机构。为此，建立图 5-3 所示的坐标系，对应的闭环方程为

$$\overrightarrow{OB}=\overrightarrow{OA}+\overrightarrow{AB}$$

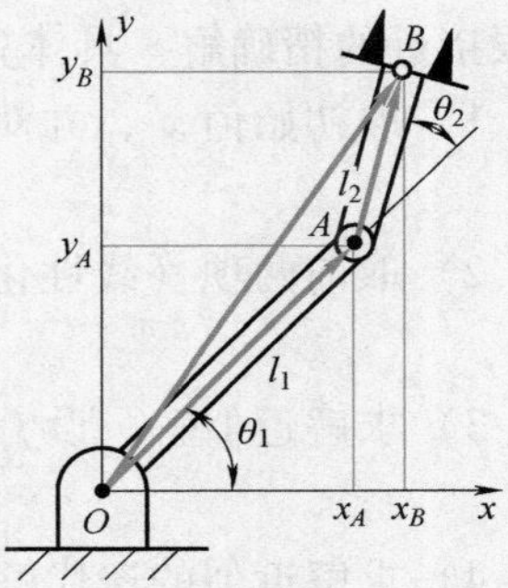

图 5-3　平面 2R 机器人

写成复数的指数形式：

$$^{A}\boldsymbol{p}=l_1\mathrm{e}^{\mathrm{j}\theta_1}+l_2\mathrm{e}^{\mathrm{j}(\theta_1+\theta_2)} \tag{5.2-4}$$

基于欧拉公式（$\mathrm{e}^{\mathrm{j}\theta}=\cos\theta+\mathrm{j}\sin\theta$），将实、虚部分解，得到

$$\begin{cases}x_B=l_1\cos\theta_1+l_2\cos(\theta_1+\theta_2)\\ y_B=l_1\sin\theta_1+l_2\sin(\theta_1+\theta_2)\end{cases} \tag{5.2-5}$$

进一步定义该机器人末端的姿态角 $\varphi=\theta_1+\theta_2$。当已知各杆的长度（$l_1$ 和 l_2）以及输入的角度参数（θ_1 和 θ_2），由式（5.2-5）很容易计算出末端参考点 B 的坐标。这一问题为机器人的位移正解。

反之，当已知各杆的长度（l_1 和 l_2）和末端参考点 B 的坐标，也可以由式（5.2-5）计算出输入的角度参数（θ_1 和 θ_2），这一问题为机器人的位移反解。具体推导过程从略，结果表达如下：

$$\theta_2=\arccos\frac{x_B^2+y_B^2-l_1^2-l_2^2}{2l_1l_2} \tag{5.2-6}$$

$$\theta_1=\arctan\frac{y_B(l_1+l_2\cos\theta_2)-x_Bl_2\sin\theta_2}{x_B(l_1+l_2\cos\theta_2)+y_Bl_2\sin\theta_2} \tag{5.2-7}$$

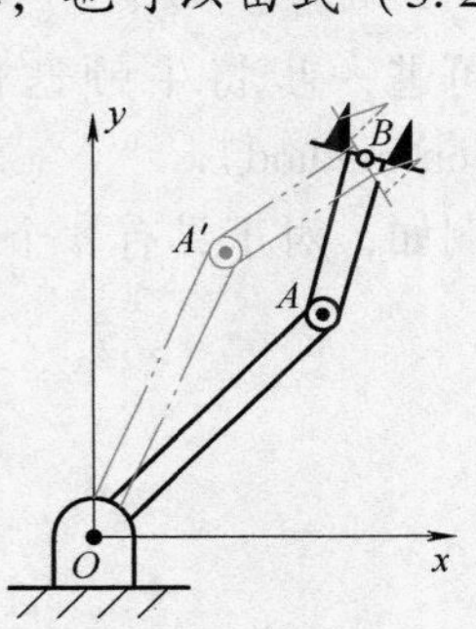

图 5-4　2R 机器人的两组位形

式中，$\sin\theta_2=\pm\sqrt{1-\cos^2\theta_2}$。因此，机构对应两组解，即在给定已知条件下该机构对应两组位形。具体如图 5-4 所示。

以上的例子比较简单。当机器人的结构变得复杂、运动副数量增多时，采用以上的方法进行建模求解时会遇到难以克服的瓶颈。这时，采用通用化的方法更为合适些，例如本章后面将要介绍的 D-H 参数法和指数积（POE）法。

5.2.2　基本方法：解析法与数值法

对于上面给出的两种机构（曲柄滑块机构和 2R 机器人），都能建立起相应的代数方程（analytical formula），并可以采用解析法得到解析解（analytical solution）。不过，若所建立的模型为高次方程、超越函数等形式，解析法将无能为力，这时只能采用数值法得到数值解（numerical solution）。有时，即使一些高次方程的求解能够得到解析解，但过程繁杂，经常也采用数值法。

数值解法有多种，常见的有迭代法、链式算法等，其中最常用的方法是牛顿迭代法。

牛顿迭代法是牛顿在 17 世纪提出的一种方程近似求解方法。该方法的基本原理就是使用迭代的方法来求解函数方程 $f(x)=0$ 的根，代数上看是对函数的泰勒级数展开，几何上则是不断求取切线的过程。

对于方程 $f(x)=0$，首先任意估算一个解 x^0，再把该估计值代入原方程中。由于一般不会正好选择到正确解，因此有 $f(x)=a$。这时计算函数在 x^0 处的斜率，得到这条斜线与 x 轴的交点 x^1。一般情况下，x^1 比 x^0 更加接近精确解。只要不断用此方法更新 x，就可以获得无限接近的精确解。具体算法如下：

1）取初始值 x^0，并对函数 $f(x)$ 泰勒级数展开，得

$$f(x)=f(x^0)+f'(x^0)(x-x^0)+\cdots \tag{5.2-8}$$

2）取前两项（线性化过程），得线性方程

$$f(x)=f(x^0)+f'(x^0)(x-x^0)=0 \tag{5.2-9}$$

3）求解近似解。设 $f'(x^0)\neq 0$，$f(x)=0$，则由式（5.2-9）得

$$x^1=x^0-[f'(x^0)]^{-1}f(x^0) \tag{5.2-10}$$

4）求解近似的迭代解。将求得的 x^1 设为新的初值，重复以上过程（k 次），得到相应的迭代方程

$$x^k-x^{k-1}=-[f'(x^{k-1})]^{-1}f(x^{k-1}) \tag{5.2-11}$$

5）不断重复，直至所求结果小于某一规定值，即满足方程

$$|f(x^k)|\leqslant\varepsilon \tag{5.2-12}$$

可进一步将牛顿迭代法扩展到多维，相应的方法又称为牛顿-拉夫森法（Newton-Raphson method）。

例如，对于具有 n 个变量（$x_1,x_2,\cdots,x_n$）的多元方程组

$$\begin{cases} f_1(x_1,x_2,\cdots,x_n)=0 \\ f_2(x_1,x_2,\cdots,x_n)=0 \\ \vdots \\ f_n(x_1,x_2,\cdots,x_n)=0 \end{cases} \tag{5.2-13}$$

采用迭代法的求解步骤如下：

1）选定一组初值（$x_1^0,x_2^0,\cdots,x_n^0$）。

2）将初值代入式（5.2-14），求得迭代增量（$\Delta x_1^0,\Delta x_2^0,\cdots,\Delta x_n^0$）。

$$\begin{pmatrix} \frac{\partial f_1}{\partial x_1} & \frac{\partial f_1}{\partial x_2} & \cdots & \frac{\partial f_1}{\partial x_n} \\ \frac{\partial f_2}{\partial x_1} & \frac{\partial f_2}{\partial x_2} & \cdots & \frac{\partial f_2}{\partial x_n} \\ \vdots & \vdots & & \vdots \\ \frac{\partial f_n}{\partial x_1} & \frac{\partial f_n}{\partial x_2} & \cdots & \frac{\partial f_n}{\partial x_n} \end{pmatrix} \begin{pmatrix} \Delta x_1 \\ \Delta x_2 \\ \vdots \\ \Delta x_n \end{pmatrix} = \begin{pmatrix} -f_1 \\ -f_2 \\ \vdots \\ -f_n \end{pmatrix} \tag{5.2-14}$$

3）得到第 2 次的迭代变量

$$x_i^1 = x_i^0 + \Delta x_i^0 \quad (i=1,2,\cdots,n) \tag{5.2-15}$$

4）将求得的 x_i^1（$i=1,2,\cdots,n$）设为新的初值，重复以上过程（k 次），得到相应的迭代方程

$$x_i^k = x_i^{k-1} + \Delta x_i^{k-1} \quad (i=1,2,\cdots,n) \tag{5.2-16}$$

5）不断重复，直至所求结果小于某一规定值，即满足方程

$$|f(x_i^k)| \leqslant \varepsilon \tag{5.2-17}$$

下面以铰链四杆机构为例，简述上述算法的应用。

【例 5-2】 对图 5-5a 所示的铰链四杆机构，已知各杆尺寸及输入角 θ_1，求输出杆的运动。

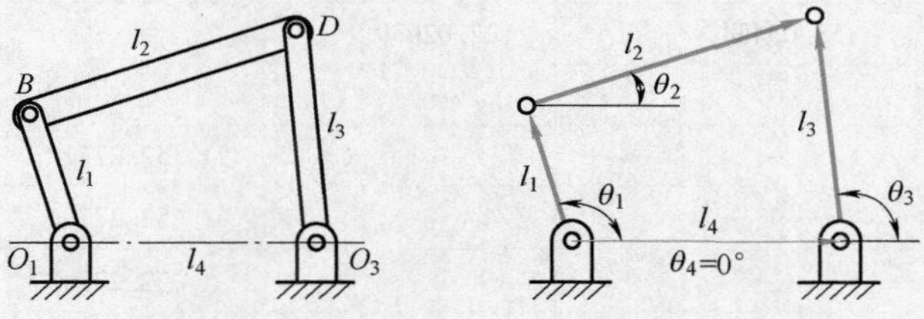

图 5-5　铰链四杆机构

解：建立如图 5-5b 所示的坐标系，满足如下闭环方程：

$$l_1 e^{j\theta_1} + l_2 e^{j\theta_2} = l_4 + l_3 e^{j\theta_3} \tag{5.2-18}$$

基于实、虚部分解得到

$$\begin{cases} f_1 = l_1\cos\theta_1 + l_2\cos\theta_2 - l_3\cos\theta_3 - l_4 = 0 \\ f_2 = l_1\sin\theta_1 + l_2\sin\theta_2 - l_3\sin\theta_3 = 0 \end{cases} \tag{5.2-19}$$

由于方程中两个未知量是 θ_2 和 θ_3，因此，相应的迭代增量为（$\Delta\theta_2,\Delta\theta_3$）。由式（5.2-19）可求得

$$\begin{pmatrix} \frac{\partial f_1}{\partial \theta_2} & \frac{\partial f_1}{\partial \theta_3} \\ \frac{\partial f_2}{\partial \theta_2} & \frac{\partial f_2}{\partial \theta_3} \end{pmatrix} = \begin{pmatrix} -l_2\sin\theta_2 & l_3\sin\theta_3 \\ l_2\cos\theta_2 & -l_3\cos\theta_3 \end{pmatrix} \tag{5.2-20}$$

因此，式（5.2-14）可写成

$$\begin{pmatrix} -l_2\sin\theta_2 & l_3\sin\theta_3 \\ l_2\cos\theta_2 & -l_3\cos\theta_3 \end{pmatrix}\begin{pmatrix} \Delta\theta_2 \\ \Delta\theta_3 \end{pmatrix} = -\begin{pmatrix} l_1\cos\theta_1+l_2\cos\theta_2-l_3\cos\theta_3-l_4 \\ l_1\sin\theta_1+l_2\sin\theta_2-l_3\sin\theta_3 \end{pmatrix} \tag{5.2-21}$$

下面给出一组参数。已知

$$l_1=8\text{cm},\quad l_2=30\text{cm},\quad l_3=30\text{cm},\quad l_4=40\text{cm},\quad \varepsilon=10^{-5}$$

取不同的输入转角值，并初步给定两个变量的初值，按上述步骤及方程编写程序，得到表 5-1 所示的运算结果。

表 5-1 铰链四杆机构位置数值求解的运算结果

迭代次数	初始角 $\theta_1=0°$		初始角 $\theta_1=20°$	
k	$\theta_2/(°)$	$\theta_3/(°)$	$\theta_2/(°)$	$\theta_3/(°)$
0	50	100	20	58
1	38.37246	120.81377	57.21932	116.62921
2	47.35093	126.73142	53.91695	116.27695
3	54.70367	126.01388	52.06113	117.32498
4	58.05204	123.98092	…	…
5	58.76898	122.60597	…	…
6	58.45575	122.07511	…	…
7	58.03434	122.02039	…	…
…	…	…	…	…
15	…	…	52.27718	118.09296
16	…	…	52.27706	118.09300
17	…	…	52.27703	118.09305
18	57.76896	122.23098		
19	57.76901	122.23098		
20	57.76904	122.23097		

可以看出，当 $\theta_1=0°$时，迭代 20 次后计算得到的结果（θ_3）满足规定值；当 $\theta_1=20°$时，计算结果（θ_3）满足规定值时，只需迭代 17 次。

5.3 D-H 参数与串联机器人的正运动学求解

5.3.1 D-H 参数法的由来

串联机器人实质上是一种由 n 个运动副（俗称关节）连接 $n+1$ 个杆所组成的开式运动链。通常定义基座（base）或机架（frame）为杆 0，末端为杆 n，因此，串联机器人可看作是从基座 0 到末端 n 的开式链，如图 5-6 所示。

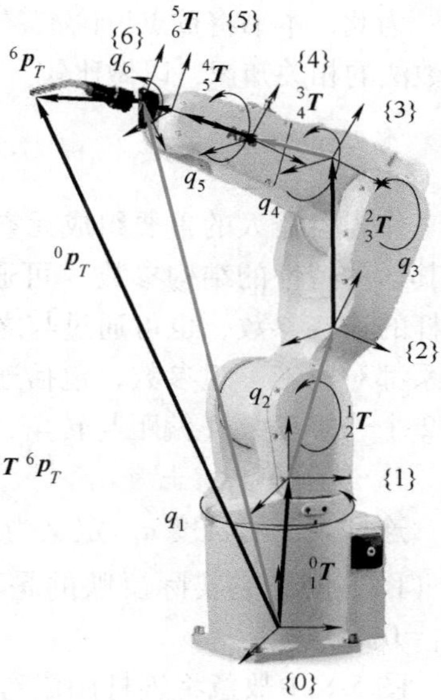

图 5-6　串联机器人的运动学模型

为了建立从基座 0 到末端 n 的位姿关系，由第 3 章介绍的连续变换方程可知，可通过建立相邻两连杆间的位姿矩阵${}^{i-1}_{i}\boldsymbol{T}(i=1,2,\cdots,n)$，再相乘得到

$$ {}^{0}_{n}\boldsymbol{T}={}^{0}_{1}\boldsymbol{T}\,{}^{1}_{2}\boldsymbol{T}\cdots{}^{i-1}_{i}\boldsymbol{T}\cdots{}^{n-1}_{n}\boldsymbol{T} \tag{5.3-1} $$

考虑到串联机器人中，从基座到末端，均有关节相连接。关节驱动变量逐次作用于后续连杆，因此，相邻两连杆之间的相对位姿也仅取决于它们之间的连接关节。写成函数的形式：

$$ {}^{i-1}_{i}\boldsymbol{T}=f(q_i) \tag{5.3-2} $$

将式（5.3-2）代入式（5.3-1）中可知，基座到末端的位姿矩阵中自然包含链路上的所有关节变量。这样，串联机器人的位移正解即从关节变量到末端位形之间的映射便可实现了。

为了描述相邻杆间的相对位姿${}^{i-1}_{i}\boldsymbol{T}$，通常采用 **D-H 参数法**。

D-H 参数法最早是由美国西北大学机械工程系的两名教授迪纳维特（Denavit）和哈登伯格（Hartenberg）于 1955 年提出的。D-H 参数法的核心在于提供了一种在机器人各关节处建立物体坐标系（也称为连杆坐标系）的方法，以此可建立起相邻杆之间的位姿矩阵（齐次变换矩阵），再通过连续变换的结果最终反映出末端与基座之间的位姿关系。迪纳维特与哈登伯格所提出的 D-H 参数法也称为标准 D-H 参数法。

如图 5-7a 所示，在标准 D-H 参数法中，连杆坐标系$\{i\}$置于连杆 i 的后端或远端，因此又称之为**后置坐标系**下的 D-H 参数法。

1986 年，Khalil 与 Kleinfinger 提出了一种改进的 D-H 参数法，如图 5-7b 所示。其中每个连杆坐标系被固接在该连杆的前端或近端（靠近前一个连杆），因此又称之为**前置坐标系**下的 D-H 参数法。此变化使得参数符号在某些方面显得更加清晰和简洁，因此，前置坐标系下的 D-H 参数法也更为常用。

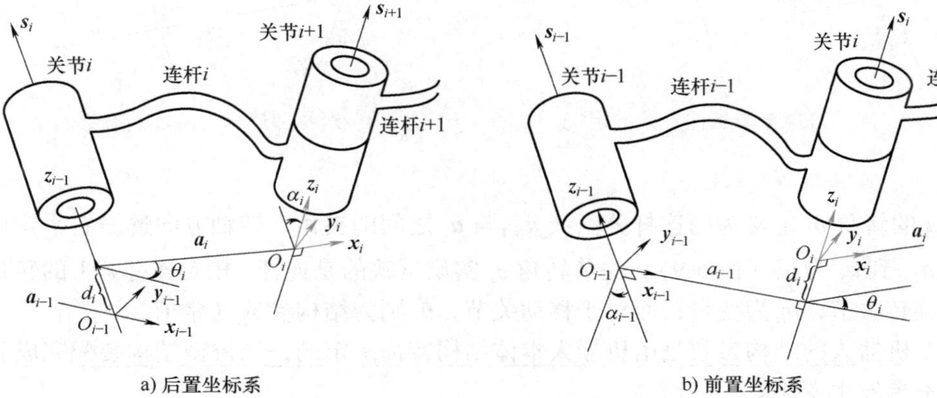

图 5-7　转动关节坐标系及 D-H 参数的定义

为此，本书将重点讨论前置坐标系下的 D-H 参数法及其应用，辅之以简单介绍标准 D-H 参数法的相关知识，以做比较。

5.3.2 前置坐标系下的 D-H 参数

作为机器人的重要组成元素之一，各连杆都可看作刚体，其结构特征（这里只关注影响其运动特性的结构参数）可通过连接它的两关节轴线的空间关系来确定；而各关节作为连杆的连接参数，也可通过与之相邻的两连杆之间的位置关系来定义。换言之，每个连杆坐标系都对应着一组参数，包括连杆的 2 个结构参数（连杆长度与扭角，图 5-8）和相邻连杆的 2 个连接参数（偏距与转角，图 5-9）。具体定义如下：

1. 连杆 $i-1$ 的长度 a_{i-1}

连杆 $i-1$ 的长度 a_{i-1} 定义为关节 $i-1$ 轴线 $\boldsymbol{s}_{i-1}$ 与关节 i 轴线 $\boldsymbol{s}_i$ 的公垂线（或公法线）长度（图 5-8），它实际反映的是相邻两关节轴线之间的最短距离。显然，当两轴线相交时，$a_{i-1}=0$。

图 5-8 中故意将连杆画成弯曲的形状，就是为了说明 a_{i-1} 与连杆的几何形状是无关的。

2. 连杆 $i-1$ 的扭角 α_{i-1}

连杆 $i-1$ 的扭角 α_{i-1} 定义为关节 $i-1$ 轴线 $\boldsymbol{s}_{i-1}$ 与关节 i 轴线 $\boldsymbol{s}_i$ 之间的夹角（图 5-8），其取值范围为±90°；方向则遵循右手定则，从轴 $\boldsymbol{s}_{i-1}$ 转到轴 $\boldsymbol{s}_i$ 为正。若关节轴线平行，$\alpha_{i-1}=0°$。

3. 连杆 i 相对连杆 $i-1$ 的偏距 d_i

连杆 i 相对连杆 $i-1$ 的偏距 d_i 定义为从 $\boldsymbol{a}_{i-1}$ 与轴线 $\boldsymbol{s}_i$ 的交点到 $\boldsymbol{a}_i$ 与轴线 $\boldsymbol{s}_i$ 的交点的有向距离（图 5-9）。对于移动关节，d_i 为变量；而对于旋转关节，d_i 则为结构参数（常值）。

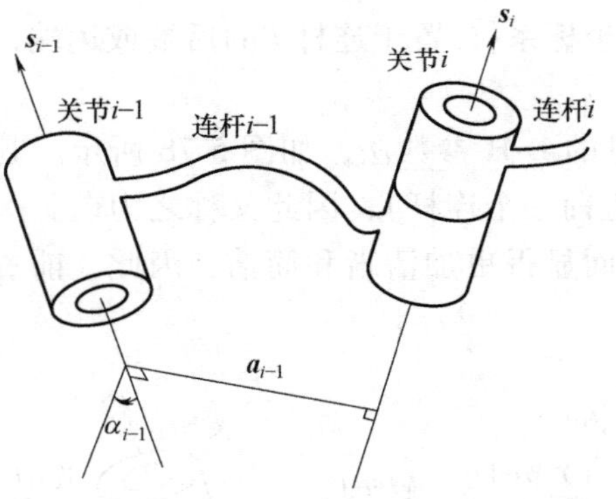

图 5-8 对连杆中 2 个结构参数的定义

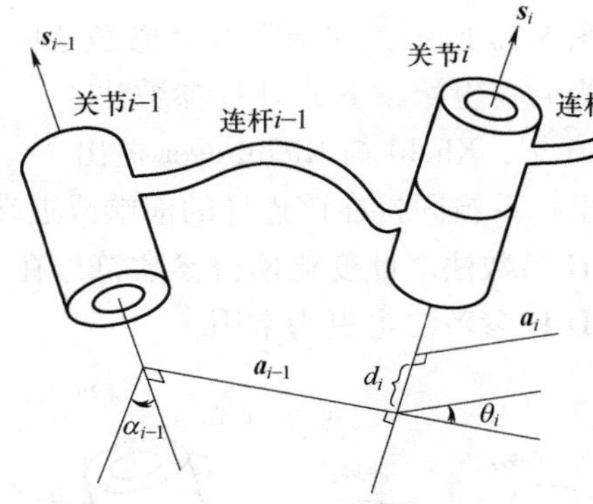

图 5-9 对相邻连杆 2 个连接参数的定义

4. 关节 i 的转角 θ_i

关节 i 的转角 θ_i 定义为两连杆公法线 $\boldsymbol{a}_{i-1}$ 与 $\boldsymbol{a}_i$ 之间的夹角，转轴方向遵循右手定则绕 $\boldsymbol{s}_i$ 旋转，从 $\boldsymbol{a}_{i-1}$ 到 $\boldsymbol{a}_i$ 为正（图 5-9）。关节转角 θ_i 实质反映的是连杆 i 相对连杆 $i-1$ 的转角。因此，对于旋转关节，θ_i 为变量；而对于移动关节，θ_i 则为结构参数（常值）。

注意，机器人的结构参数是由机器人本体结构特征决定的，当机械结构装配完成后，结构参数就不再发生变化。

D-H 参数法中，除了定义 4 个参数之外，还有一个重要的组成部分，即对连杆坐标系自身的定义。下面首先以中间连杆坐标系为例，给出相应的建立原则，具体如图 5-7b 所示。

连杆坐标系$\{i\}$：定义在关节 i 上，且与连杆 i 固连，原点取在 $\boldsymbol{a}_i$ 与关节轴线 $\boldsymbol{s}_i$ 的交点处；z_i 轴与轴线 $\boldsymbol{s}_i$ 重合，$\boldsymbol{x}_i$ 轴沿 $\boldsymbol{a}_i$ 方向（由关节 i 指向关节 $i+1$），$\boldsymbol{y}_i$ 轴由右手定则确定。

不过，还存在两类特殊的连杆坐标系，即对基坐标系$\{0\}$与末端连杆坐标系$\{n\}$的特别规定，如图 5-10 所示。

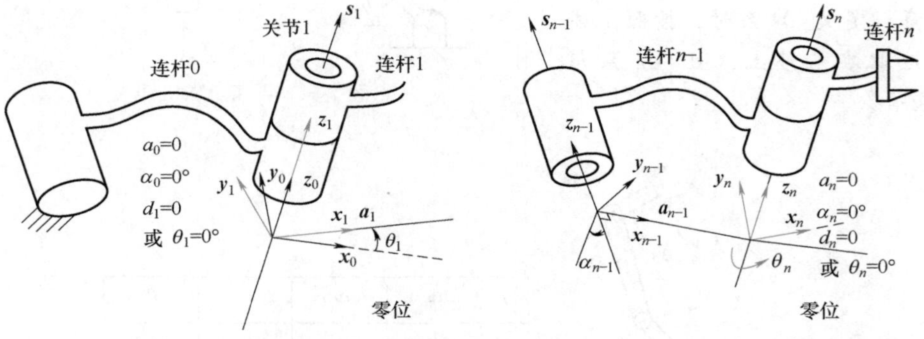

a) 基座(连杆0)　　　　b) 末端连杆(连杆n)

图 5-10　特殊连杆坐标系的定义

基坐标系$\{0\}$：该坐标系为惯性（固定不动）坐标系。为使问题简化，常做一些特殊规定，令坐标系$\{0\}$的原点与坐标系$\{1\}$的原点重合，z_0 轴与 z_1 轴重合。特别当关节变量 $q_1=0$ 时，最好设定$\{0\}$与$\{1\}$重合。

末端连杆坐标系$\{n\}$：考虑到末端连杆 n 没有后续关节，因此可设定$\{n\}$的原点在 $\boldsymbol{a}_{n-1}$ 与关节 n 轴线 $\boldsymbol{s}_n$ 的交点处，z_n 轴与关节 n 轴线 $\boldsymbol{s}_n$ 重合。特别当关节变量 $q_n=0$ 时，最好设定$\{n-1\}$与$\{n\}$重合。

以上约定可使尽可能多的 D-H 参数为 0，从而简化运算。

【例 5-3】　两类特殊连杆（基座和末端，图 5-10）的参数定义。

解：首先定义连杆 0（基座）的参数：由于杆 0 为基座，没有前向关节，因此，其结构参数 $a_0=0$，$\alpha_0=0°$。

其他两参数中，若与之连接的关节 1 为旋转关节，则偏距 $d_1=0$，关节转角为 θ_1；若关节 1 为移动关节，则关节转角 $\theta_1=0°$，偏距为 d_1。

再来定义连杆 n（末端）的参数：由于杆 n 没有后续关节，因此，其结构参数 $a_n=0$，$\alpha_n=0°$。

其他两参数中，若与之连接的关节 $n-1$ 为旋转关节，则偏距 $d_n=0$，关节转角为 θ_n；若关节 $n-1$ 为移动关节，则关节转角 $\theta_n=0°$，偏距为 d_n。

对于构件数为 n 的空间连杆机构而言，总共需要建立 $n+1$ 个连杆坐标系，包括基坐标系$\{0\}$、中间连杆坐标系$\{i\}$和末端连杆坐标系$\{n\}$。建立各连杆坐标系时，通常遵循的原则是先建立中间连杆坐标系，再建立基坐标系$\{0\}$和末端连杆坐标系$\{n\}$。

【例 5-4】 标出图 5-11 所示的平面 3R 机器人的连杆坐标系，给出其 D-H 参数。

解：根据前面定义的规则很容易建立起各连杆坐标系，并给出相应的 D-H 参数，具体如图 5-12 所示。注意，定义{0}系时，按照上述规则，应取在基座上，且{0}系与{1}系重合。

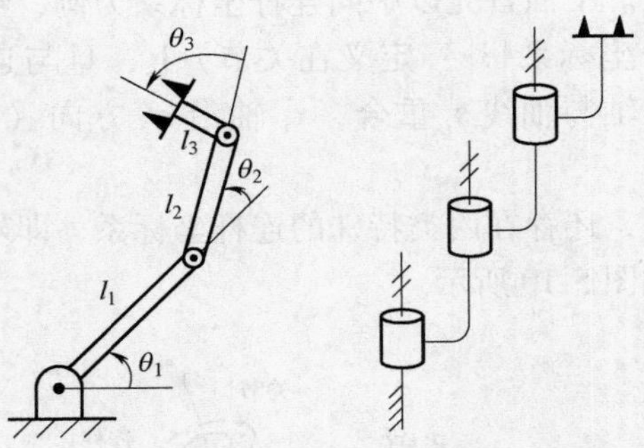

图 5-11 平面 3R 机器人

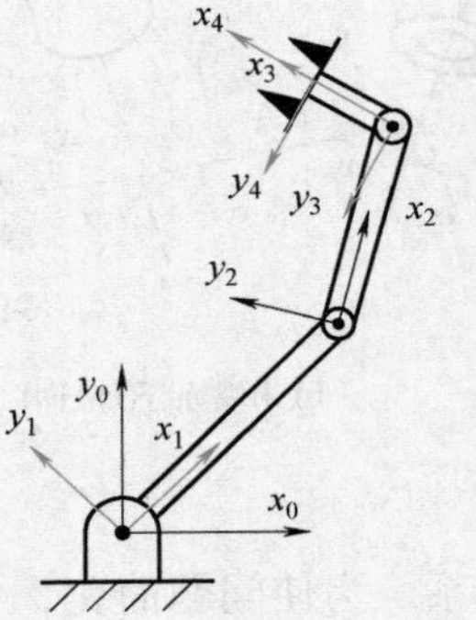

a) 连杆坐标系

i	α_{i-1}	a_{i-1}	d_i	θ_i
1	0°	0	0	θ_1
2	0°	l_1	0	θ_2
3	0°	l_2	0	θ_3
4	0°	l_3	0	0°

b) D-H 参数

图 5-12 3R 机器人的连杆坐标系及其 D-H 参数（前置坐标系下度量）

【例 5-5】 标出图 5-13 所示的空间 3R 机器人的连杆坐标系，给出其 D-H 参数。

解：根据前面定义的规则很容易建立起各连杆坐标系，并给出相应的 D-H 参数，具体如图 5-13 所示。注意，本例中的连杆坐标系{1}和{2}并不是唯一的，有两种选择：它们的 z 轴可以如图 5-13 所示方向，也可以是图示的相反方向。相应的 D-H 参数也会发生变化。

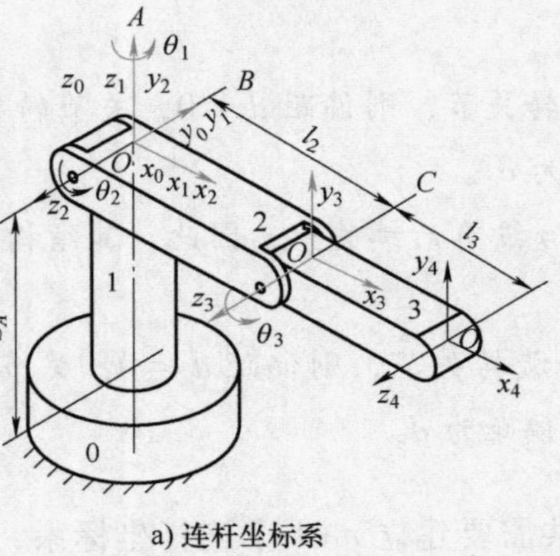

a) 连杆坐标系

i	α_{i-1}	a_{i-1}	d_i	θ_i
1	0°	0	0	θ_1
2	90°	0	0	θ_2
3	0°	l_2	0	θ_3
4	0°	0	l_3	0°

b) D-H 参数

图 5-13 空间 3R 机器人的连杆坐标系及其 D-H 参数

5.3.3　前置坐标系下的 D-H 矩阵

建立了连杆坐标系，也就确定了相邻连杆的 D-H 参数。在此基础上，利用第 3 章有关连续坐标变换的知识可给出相邻两杆之间位姿关系的描述。

如图 5-14a 所示，可通过以下四步导出从连杆坐标系 $\{i-1\}$ 到坐标系 $\{i\}$ 的齐次变换矩阵 ${}^{i-1}_{i}\boldsymbol{T}$。

1）系 $\{i-1\}$ 绕 $\boldsymbol{x}_{i-1}$ 轴（$\boldsymbol{a}_{i-1}$）旋转角 α_{i-1}，得到中间坐标系 $\{R\}$（图 5-14b）。

2）系 $\{R\}$ 沿 $\boldsymbol{x}_{i-1}$ 轴平移 a_{i-1}，得到中间坐标系 $\{Q\}$（图 5-14c）。

3）系 $\{Q\}$ 绕 z_i 轴（$\boldsymbol{s}_i$）旋转角 θ_i，得到中间坐标系 $\{P\}$（图 5-14d）。

4）系 $\{P\}$ 沿 z_i 轴平移 d_i，与坐标系 $\{i\}$ 重合（图 5-14d）。

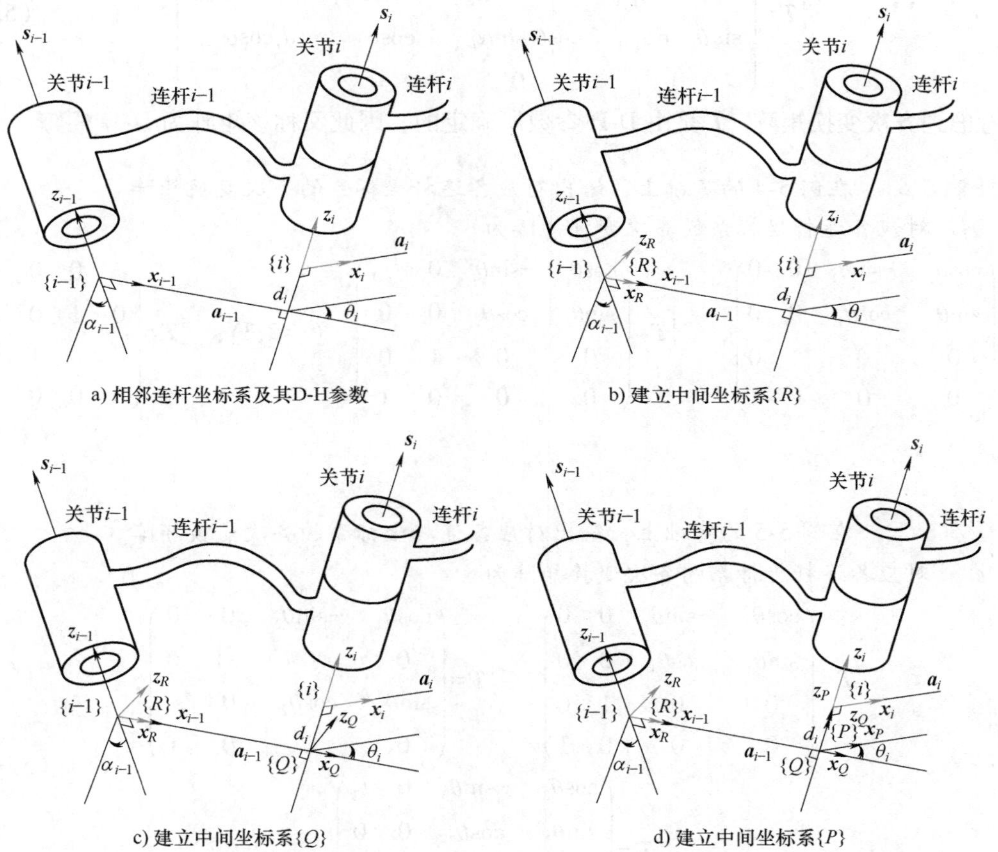

a) 相邻连杆坐标系及其D-H参数　　b) 建立中间坐标系{R}

c) 建立中间坐标系{Q}　　d) 建立中间坐标系{P}

图 5-14　特殊连杆坐标系的定义

由于以上四步都是相对动坐标系描述的，遵循矩阵相乘“从左到右”的原则，因此得到

$$ {}^{i-1}_{i}\boldsymbol{T} = {}^{i-1}_{R}\boldsymbol{T}\,{}^{R}_{Q}\boldsymbol{T}\,{}^{Q}_{P}\boldsymbol{T}\,{}^{P}_{i}\boldsymbol{T} = \mathrm{Rot}(\boldsymbol{x},\alpha_{i-1})\,\mathrm{Trans}(\boldsymbol{x},a_{i-1})\,\mathrm{Rot}(z,\theta_i)\,\mathrm{Trans}(z,d_i) \tag{5.3-3} $$

式中，

$$\mathrm{Rot}(\boldsymbol{x},\alpha_{i-1})=\begin{pmatrix}1&0&0&0\\0&\cos\alpha_{i-1}&-\sin\alpha_{i-1}&0\\0&\sin\alpha_{i-1}&\cos\alpha_{i-1}&0\\0&0&0&1\end{pmatrix},\quad \mathrm{Trans}(\boldsymbol{x},a_{i-1})=\begin{pmatrix}1&0&0&a_{i-1}\\0&1&0&0\\0&0&1&0\\0&0&0&1\end{pmatrix}$$

$$\mathrm{Rot}(z,\theta_i)=\begin{pmatrix}\cos\theta_i&-\sin\theta_i&0&0\\\sin\theta_i&\cos\theta_i&0&0\\0&0&1&0\\0&0&0&1\end{pmatrix},\quad \mathrm{Trans}(z,d_i)=\begin{pmatrix}1&0&0&0\\0&1&0&0\\0&0&1&d_i\\0&0&0&1\end{pmatrix}$$

代入式（5.3-3），可得

$$ {}^{i-1}_{\ \ i}\boldsymbol{T}=\begin{pmatrix}\cos\theta_i&-\sin\theta_i&0&a_{i-1}\\\sin\theta_i\cos\alpha_{i-1}&\cos\theta_i\cos\alpha_{i-1}&-\sin\alpha_{i-1}&-d_i\sin\alpha_{i-1}\\\sin\theta_i\sin\alpha_{i-1}&\cos\theta_i\sin\alpha_{i-1}&\cos\alpha_{i-1}&d_i\cos\alpha_{i-1}\\0&0&0&1\end{pmatrix} \tag{5.3-4}$$

考虑到齐次变换矩阵${}^{i-1}_{\ \ i}\boldsymbol{T}$是由 D-H 参数所确定的，因此又称该矩阵为 **D-H 矩阵**。

【例 5-6】 在例 5-4 的基础上，给出对应各连杆坐标系的齐次变换矩阵。

解：对应各连杆坐标系的齐次变换矩阵为

$$ {}^0_1\boldsymbol{T}=\begin{pmatrix}\cos\theta_1&-\sin\theta_1&0&0\\\sin\theta_1&\cos\theta_1&0&0\\0&0&1&0\\0&0&0&1\end{pmatrix},\quad {}^{i-1}_{\ \ i}\boldsymbol{T}=\begin{pmatrix}\cos\theta_i&-\sin\theta_i&0&l_{i-1}\\\sin\theta_i&\cos\theta_i&0&0\\0&0&1&0\\0&0&0&1\end{pmatrix}\ (i=2,3),\quad {}^3_4\boldsymbol{T}=\begin{pmatrix}\phi&0&0&l_3\\0&1&0&0\\0&0&1&0\\0&0&0&1\end{pmatrix} \tag{5.3-5}$$

【例 5-7】 在例 5-5 的基础上，给出对应各连杆坐标系的齐次变换矩阵。

解：对应各连杆坐标系的齐次变换矩阵为

$$ {}^0_1\boldsymbol{T}=\begin{pmatrix}\cos\theta_1&-\sin\theta_1&0&0\\\sin\theta_1&\cos\theta_1&0&0\\0&0&1&0\\0&0&0&1\end{pmatrix},\quad {}^1_2\boldsymbol{T}=\begin{pmatrix}\cos\theta_2&-\sin\theta_2&0&0\\0&0&-1&0\\\sin\theta_2&\cos\theta_2&0&s_A\\0&0&0&1\end{pmatrix},$$
$$ {}^2_3\boldsymbol{T}=\begin{pmatrix}\cos\theta_3&-\sin\theta_3&0&l_2\\\sin\theta_3&\cos\theta_3&0&0\\0&0&1&0\\0&0&0&1\end{pmatrix} \tag{5.3-6}$$

5.3.4 基于改进 D-H 参数法的串联机器人位移分析

由前面的分析可知，串联机器人的正向位移求解完全可以通过将各个关节引起的刚体运动加以合成。这是因为，对于 n 自由度的串联机器人，在建立了各连杆坐标系及其对应的 D-H 参数之后，便得到了相应的 n 个 D-H 矩阵，再将这些矩阵按顺序连乘（满足第 3 章中介绍的连续变换方程），即可计算出末端工具坐标系 $\{n\}$ 相对基坐标系 $\{0\}$ 的位形。

对于具有 n 个关节的串联机器人而言，其位移求解的一般计算公式为

$$ {}_{n}^{0}\boldsymbol{T}={}_{1}^{0}\boldsymbol{T}\,{}_{2}^{1}\boldsymbol{T}\cdots{}_{n}^{n-1}\boldsymbol{T} \tag{5.3-7}$$

式中，${}_{n}^{0}\boldsymbol{T}$ 表示机器人末端（执行器）的位姿，且满足

$$ {}_{n}^{0}\boldsymbol{T}=\begin{pmatrix} {}_{n}^{0}\boldsymbol{R} & {}^{0}\boldsymbol{p} \\ 0 & 1 \end{pmatrix} \tag{5.3-8}$$

式（5.3-8）也称为串联机器人位移求解的闭环方程。

【例 5-8】　利用 D-H 参数法对例 5-4 中的平面 3R 机器人进行正向位移求解。

解：例 5-6 中已经给出了该机器人的 D-H 参数和相邻连杆坐标系间的齐次变换矩阵，进而可根据式（5.3-7）对其进行正运动学求解。

将式（5.3-5）代入到式（5.3-7）中，得到

$$ {}_{4}^{0}\boldsymbol{T}={}_{1}^{0}\boldsymbol{T}\,{}_{2}^{1}\boldsymbol{T}\,{}_{3}^{2}\boldsymbol{T}\,{}_{4}^{3}\boldsymbol{T}=\begin{pmatrix} \cos\theta_{123} & -\sin\theta_{123} & 0 & l_1\cos\theta_1+l_2\cos\theta_{12}+l_3\cos\theta_{123} \\ \sin\theta_{123} & \cos\theta_{123} & 0 & l_1\sin\theta_1+l_2\sin\theta_{12}+l_3\sin\theta_{123} \\ 0 & 0 & 1 & 0 \\ 0 & 0 & 0 & 1 \end{pmatrix} \tag{5.3-9}$$

式中，θ_{ij} 为 $\theta_i+\theta_j$ 的简写，$\cos\theta_{ij}=\cos(\theta_i+\theta_j)$，$\sin\theta_{ij}=\sin(\theta_i+\theta_j)$，依此类推，并且适用本书以后各章。如果用 ${}_{4}^{0}\boldsymbol{T}=f(x,y,\varphi)$ 表示机器人末端的位姿，则由式（5.3-9）可以得到

$$ \begin{cases} x=l_1\cos\theta_1+l_2\cos\theta_{12}+l_3\cos\theta_{123} \\ y=l_1\sin\theta_1+l_2\sin\theta_{12}+l_3\sin\theta_{123} \\ \varphi=\theta_{123} \end{cases} \tag{5.3-10}$$

【例 5-9】　利用 D-H 参数法对 PUMA 560 机器人（图 4-24）进行正向位移分析。

解：首先建立各连杆坐标系，如图 5-15 所示。相关连杆参数及其几何参数的取值见表 5-2。

表 5-2　PUMA 560 机器人的连杆参数

连杆 i	变量 θ_i	α_{i-1}	a_{i-1}	d_i	变量范围
1	θ_1	0°	0	0	−160°～160°
2	θ_2	-90°	0	d_2	−225°～45°
3	θ_3	0°	a_2	0	-45°～225°
4	θ_4	−90°	a_3	d_4	−110°～170°
5	θ_5	90°	0	0	−100°～100°
6	θ_6	-90°	0	0	−266°～266°

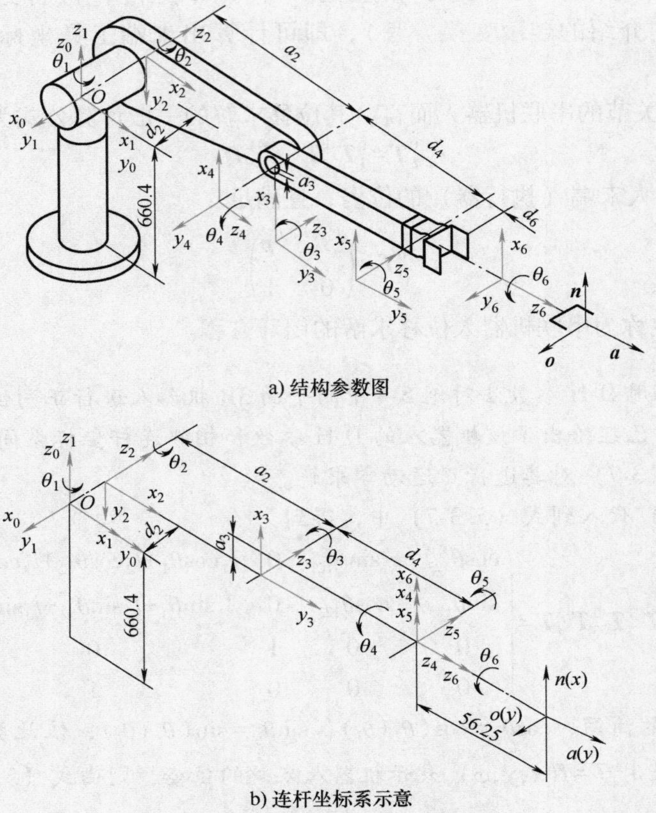

a) 结构参数图

b) 连杆坐标系示意

图 5-15　PUMA 560 机器人及其坐标系选取

根据表 5-2 所示的连杆参数，可求得各连杆变换矩阵如下：

$$
{}^0_1\boldsymbol{T}=\begin{pmatrix}\cos\theta_1 & -\sin\theta_1 & 0 & 0\\ \sin\theta_1 & \cos\theta_1 & 0 & 0\\ 0 & 0 & 1 & 0\\ 0 & 0 & 0 & 1\end{pmatrix},\quad {}^1_2\boldsymbol{T}=\begin{pmatrix}\cos\theta_2 & -\sin\theta_2 & 0 & 0\\ 0 & 0 & 1 & d_2\\ -\sin\theta_2 & -\cos\theta & 0 & 0\\ 0 & 0 & 0 & 1\end{pmatrix}
$$

$$
{}^2_3\boldsymbol{T}=\begin{pmatrix}\cos\theta_3 & -\sin\theta_3 & 0 & a_2\\ \sin\theta_3 & \cos\theta_3 & 0 & 0\\ 0 & 0 & 1 & 0\\ 0 & 0 & 0 & 1\end{pmatrix},\quad {}^3_4\boldsymbol{T}=\begin{pmatrix}\cos\theta_4 & -\sin\theta_4 & 0 & a_3\\ 0 & 0 & 1 & d_4\\ -\sin\theta_4 & -\cos\theta_4 & 0 & 0\\ 0 & 0 & 0 & 1\end{pmatrix} \tag{5.3-11}
$$

$$
{}^4_5\boldsymbol{T}=\begin{pmatrix}\cos\theta_5 & -\sin\theta_5 & 0 & 0\\ 0 & 0 & -1 & 0\\ \sin\theta_5 & \cos\theta_5 & 0 & 0\\ 0 & 0 & 0 & 1\end{pmatrix},\quad {}^5_6\boldsymbol{T}=\begin{pmatrix}\cos\theta_6 & -\sin\theta_6 & 0 & 0\\ 0 & 0 & 1 & 0\\ -\sin\theta_6 & -\cos\theta_6 & 0 & 0\\ 0 & 0 & 0 & 1\end{pmatrix}
$$

将式（5.3-11）代入到式（5.3-7）中，得到该机器人的闭环方程：

$$
{}^0_6\boldsymbol{T}={}^0_1\boldsymbol{T}(\theta_1)\,{}^1_2\boldsymbol{T}(\theta_2)\,{}^2_3\boldsymbol{T}(\theta_3)\,{}^3_4\boldsymbol{T}(\theta_4)\,{}^4_5\boldsymbol{T}(\theta_5)\,{}^5_6\boldsymbol{T}(\theta_6) \tag{5.3-12}
$$

为各关节变量的函数。$\theta_i(i=1,2,\cdots,6)$ 取不同值时，将得到不同的变换矩阵${}_6^0\boldsymbol{T}$，即

$$ {}_6^0\boldsymbol{T}=\begin{pmatrix} n_x & o_x & a_x & p_x \\ n_y & o_y & a_y & p_y \\ n_z & o_z & a_z & p_z \\ 0 & 0 & 0 & 1 \end{pmatrix} \tag{5.3-13} $$

式中的元素是 $\theta_i(i=1,2,\cdots,6)$ 的函数，且满足

$$
\begin{aligned}
n_x &= \cos\theta_1[\cos\theta_{23}(\cos\theta_4\cos\theta_5\cos\theta_6-\sin\theta_4\sin\theta_6)-\sin\theta_{23}\sin\theta_5\cos\theta_6]+ \\
&\quad \sin\theta_1(\sin\theta_4\cos\theta_5\cos\theta_6+\cos\theta_4\sin\theta_6) \\
n_y &= \sin\theta_1[\cos\theta_{23}(\cos\theta_4\cos\theta_5\cos\theta_6-\sin\theta_4\sin\theta_6)-\sin\theta_{23}\sin\theta_5\cos\theta_6]- \\
&\quad \cos\theta_1(\sin\theta_4\cos\theta_5\cos\theta_6+\cos\theta_4\sin\theta_6) \\
n_z &= -\sin\theta_{23}(\cos\theta_4\cos\theta_5\cos\theta_6-\sin\theta_4\sin\theta_6)-\cos\theta_{23}\sin\theta_5\cos\theta_6 \\
o_x &= \cos\theta_1[\cos\theta_{23}(-\cos\theta_4\cos\theta_5\sin\theta_6-\sin\theta_4\cos\theta_6)+\sin\theta_{23}\sin\theta_5\sin\theta_6]+ \\
&\quad \sin\theta_1(\cos\theta_4\cos\theta_6-\sin\theta_4\cos\theta_5\sin\theta_6) \\
o_y &= \sin\theta_1[\cos\theta_{23}(-\cos\theta_4\cos\theta_5\sin\theta_6-\sin\theta_4\cos\theta_6)+\sin\theta_{23}\sin\theta_5\sin\theta_6]- \\
&\quad \cos\theta_1(\cos\theta_4\cos\theta_6-\sin\theta_4\cos\theta_5\cos\theta_6) \\
o_z &= -\sin\theta_{23}(-\cos\theta_4\cos\theta_5\cos\theta_6-\sin\theta_4\sin\theta_6)+\cos\theta_{23}\sin\theta_5\sin\theta_6 \\
a_x &= -\cos\theta_1(\cos\theta_{23}\cos\theta_4\sin\theta_5+\sin\theta_{23}\cos\theta_5)-\cos\theta_1\sin\theta_4\sin\theta_5 \\
a_y &= -\sin\theta_1(\cos\theta_{23}\cos\theta_4\sin\theta_5+\sin\theta_{23}\cos\theta_5)+\cos\theta_1\sin\theta_4\sin\theta_5 \\
a_z &= \sin\theta_{23}\cos\theta_4\sin\theta_5-\cos\theta_{23}\cos\theta_5 \\
p_x &= \cos\theta_1(a_2\cos\theta_2+a_3\cos\theta_{23}-d_4\sin\theta_{23})-d_2\sin\theta_1 \\
p_y &= \sin\theta_1(a_2\cos\theta_2+a_3\cos\theta_{23}-d_4\sin\theta_{23})-d_2\cos\theta_1 \\
p_z &= -a_3\sin\theta_{23}-a_2\sin\theta_2-d_4\cos\theta_{23}
\end{aligned}
\tag{5.3-14}
$$

为验证所得${}_6^0\boldsymbol{T}$是否正确，选取一组特殊参数 $\theta_1=90°$，$\theta_2=0°$，$\theta_3=-90°$，$\theta_4=\theta_5=\theta_6=0°$，求对应的齐次变换矩阵${}_6^0\boldsymbol{T}$的值。将具体参数代入式（5.3-13）和（5.3-14），计算结果为

$$ {}_6^0\boldsymbol{T}=\begin{pmatrix} 0 & 1 & 0 & -d_2 \\ 0 & 0 & 1 & a_2+d_4 \\ 1 & 0 & 0 & a_3 \\ 0 & 0 & 0 & 1 \end{pmatrix} \tag{5.3-15} $$

5.3.5　标准 D-H 参数法与串联机器人的正运动学求解

下面再对后置坐标系及其正向位移求解问题做简单介绍。

首先对图 5-7a 中的各符号定义如下：

1）连杆坐标系 o_i-$\boldsymbol{x}_i\boldsymbol{y}_i\boldsymbol{z}_i$ 的建立原则：原点取在 $\boldsymbol{a}_i$ 与轴线 $\boldsymbol{s}_{i+1}$ 的交点处，$\boldsymbol{z}_i$ 轴沿轴线 $\boldsymbol{s}_{i+1}$ 方向，$\boldsymbol{x}_i$ 轴沿 $\boldsymbol{a}_i$ 方向。

2）连杆 i 的长度 a_i：关节 i 轴线（z_{i-1}）与关节 i+1 轴线（z_i）的公法线长度。

3）连杆 i 的扭角 α_i：关节 i 轴线（z_{i-1}）到关节 i+1 轴线（z_i）的转角，遵循右手定则。

4）偏距 d_i：从 $\boldsymbol{a}_{i-1}(\boldsymbol{x}_{i-1})$ 与轴线 $\boldsymbol{s}_i(z_{i-1})$ 交点到 $\boldsymbol{a}_i(\boldsymbol{x}_i)$ 与轴线 $\boldsymbol{s}_i(z_i)$ 交点的有向距离。

5）关节 i 的转角 θ_i：连杆 i 相对连杆 i-1 的转角。

6）基坐标系{0}与末端连杆坐标系{n}的选取规则类同于前置坐标系的情况。

与前置坐标系的 D-H 参数定义对比，可以发现，其优点在于后置坐标系下与连杆坐标系{i}相关的 4 个参数具有相同的下标 i，而不足之处在于关节变量没有在连杆本身的坐标系轴线上表达，因此显得不直观。

同样，从图 5-7a 可以看到，每个连杆坐标系{i}都对应着 4 个参数：a_i、α_i、d_i、θ_i。也可通过以下四步导出从连杆坐标系{i-1}到坐标系{i}的齐次变换矩阵 ${}^{i-1}_{i}\boldsymbol{T}$。

1）绕 $\boldsymbol{s}_i$（z_{i-1}）轴转动 θ_i。

2）沿 $\boldsymbol{s}_i$（z_{i-1}轴）平移 d_i。

3）沿 $\boldsymbol{a}_i$（$\boldsymbol{x}_i$ 轴）平移 a_i。

4）绕 $\boldsymbol{a}_i$（$\boldsymbol{x}_i$ 轴）转动 α_i。

由于以上四步都是相对动坐标系描述的，遵循矩阵相乘“从左到右”的原则，因此得到

$$
{}^{i-1}_{i}\boldsymbol{T}=\mathrm{Rot}(z,\theta_i)\,\mathrm{Trans}(z,d_i)\,\mathrm{Rot}(\boldsymbol{x},\alpha_i)\,\mathrm{Trans}(\boldsymbol{x},\alpha_i)
=\begin{pmatrix}\cos\theta_i & -\sin\theta_i\cos\alpha_i & \sin\theta_i\sin\alpha_i & a_i\cos\theta_i\\ \sin\theta_i & \cos\theta_i\cos\alpha_i & -\cos\theta_i\sin\alpha_i & a_i\sin\theta_i\\ 0 & \sin\alpha_i & \cos\alpha_i & d_i\\ 0 & 0 & 0 & 1\end{pmatrix} \tag{5.3-16}
$$

与前置坐标系情况类似，当建立了后置坐标系下各连杆坐标系及其对应的 D-H 参数之后，便得到了相应的 D-H 矩阵，再将所有矩阵按顺序相乘，即可得到该串联机器人的位移正解方程，形式与式（5.3-7）完全相同。

【例 5-10】 利用标准 D-H 参数法对图 5-16a 所示平面 3R 机器人进行正向位移求解。

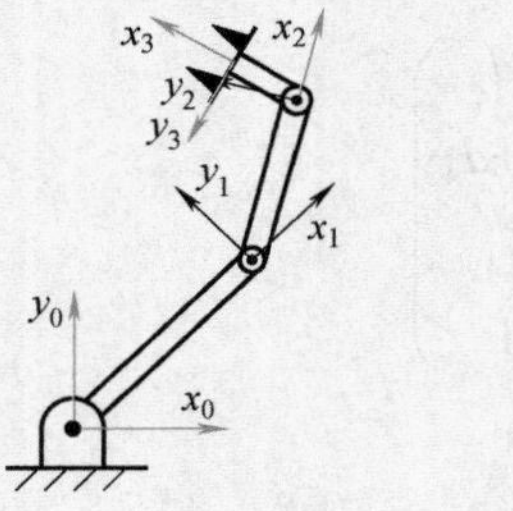

a) 连杆坐标系

i	α_i	a_i	d_i	θ_i
1	0°	l_1	0	θ_1
2	0°	l_2	0	θ_2
3	0°	l_3	0	θ_3

b) D-H 参数

图 5-16 3R 机器人的连杆坐标系及其 D-H 参数（后置坐标系下度量）

解：根据相关规则很容易建立起连杆坐标系，并给出相应的 D-H 参数，具体如图 5-16b 所示。对应各连杆坐标系的齐次变换矩阵为

$$
{}^{i-1}_{i}\boldsymbol{T}=\begin{pmatrix}\cos\theta_i & -\sin\theta_i & 0 & l_i\cos\theta_i\\ \sin\theta_i & \cos\theta_i & 0 & l_i\sin\theta_i\\ 0 & 0 & 1 & 0\\ 0 & 0 & 0 & 1\end{pmatrix}\quad (i=1,2,3) \tag{5.3-17}
$$

再根据式（5.3-7）对其进行正运动学求解。具体而言，将式（5.3-17）代入到式（5.3-7）中，得到

$$
{}^{0}_{3}\boldsymbol{T}={}^{0}_{1}\boldsymbol{T}\,{}^{1}_{2}\boldsymbol{T}\,{}^{2}_{3}\boldsymbol{T}=\begin{pmatrix}\cos\theta_{123} & -\sin\theta_{123} & 0 & l_1\cos\theta_1+l_2\cos\theta_{12}+l_3\cos\theta_{123}\\ \sin\theta_{123} & \cos\theta_{123} & 0 & l_1\sin\theta_1+l_2\sin\theta_{12}+l_3\sin\theta_{123}\\ 0 & 0 & 1 & 0\\ 0 & 0 & 0 & 1\end{pmatrix} \tag{5.3-18}
$$

如果用 ${}^{0}_{3}\boldsymbol{T}=f(x,y,\varphi)$ 表示机器人末端的位姿，则由式（5.3-18）可以得到

$$
\begin{cases}x=l_1\cos\theta_1+l_2\cos\theta_{12}+l_3\cos\theta_{123}\\ y=l_1\sin\theta_1+l_2\sin\theta_{12}+l_3\sin\theta_{123}\\ \varphi=\theta_{123}\end{cases} \tag{5.3-19}
$$

【例 5-11】　利用标准 D-H 参数法对图 5-17 所示 SCARA 机器人进行正向位移求解。

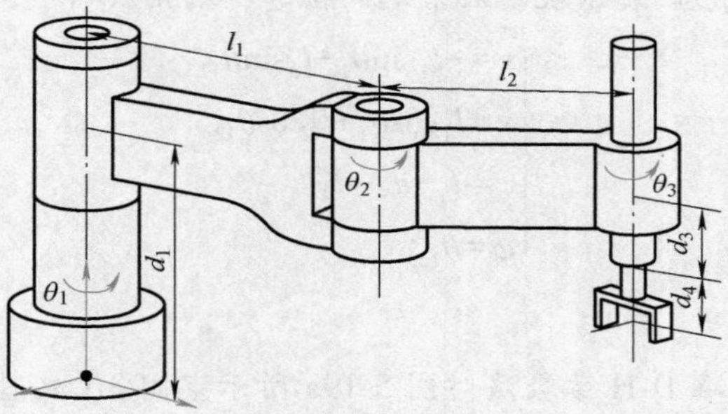

图 5-17　SCARA 机器人的各参数分布

解：根据相关规则很容易建立起连杆坐标系，并给出相应的 D-H 参数，具体如图 5-18 所示。对应各连杆坐标系的齐次变换矩阵为

$$
{}^{0}_{1}\boldsymbol{T}=\begin{pmatrix}\cos\theta_1 & -\sin\theta_1 & 0 & l_1\cos\theta_1\\ \sin\theta_1 & \cos\theta_1 & 0 & l_1\sin\theta_1\\ 0 & 0 & 1 & d_1\\ 0 & 0 & 0 & 1\end{pmatrix},\quad {}^{1}_{2}\boldsymbol{T}=\begin{pmatrix}\cos\theta_2 & \sin\theta_2 & 0 & l_2\cos\theta_2\\ \sin\theta_2 & -\cos\theta_2 & 0 & l_2\sin\theta_2\\ 0 & 0 & -1 & 0\\ 0 & 0 & 0 & 1\end{pmatrix}
$$

$$
{}^{2}_{3}\boldsymbol{T}=\begin{pmatrix}\cos\theta_3 & -\sin\theta_3 & 0 & 0\\ \sin\theta_3 & \cos\theta_3 & 0 & 0\\ 0 & 0 & 1 & d_3\\ 0 & 0 & 0 & 1\end{pmatrix},\quad {}^{3}_{4}\boldsymbol{T}=\begin{pmatrix}1 & 0 & 0 & 0\\ 0 & 1 & 0 & 0\\ 0 & 0 & 1 & d_4\\ 0 & 0 & 0 & 1\end{pmatrix} \tag{5.3-20}
$$

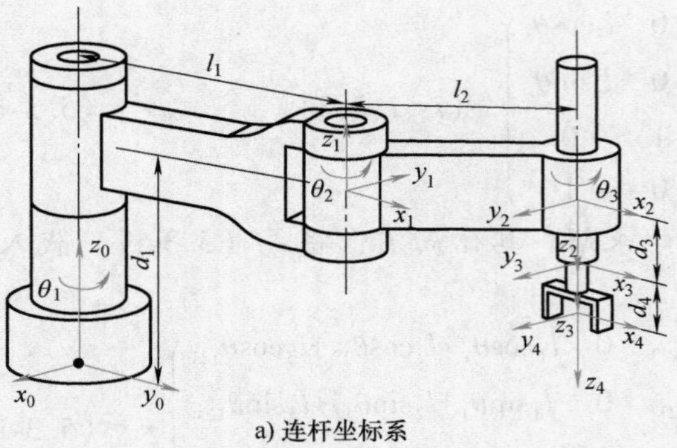

a) 连杆坐标系

i	α_i	a_i	d_i	θ_i
1	0°	l_1	d_1	θ_1
2	π	l_2	0	θ_2
3	0°	0	d_3	θ_3
4	0°	0	d_4	0°

b) D-H 参数

图 5-18 SCARA 机器人的连杆坐标系及其 D-H 参数（后置坐标系下度量）

再根据式（5.3-7）对其进行正运动学求解。具体而言，将式（5.3-20）代入到式（5.3-7）中，得到

$$ {}_4^0\boldsymbol{T}={}_1^0\boldsymbol{T}\,{}_2^1\boldsymbol{T}\,{}_3^2\boldsymbol{T}\,{}_4^3\boldsymbol{T}=\begin{pmatrix}\cos\theta_{123} & -\sin\theta_{123} & 0 & -l_1\sin\theta_1-l_2\sin\theta_{12}\\ \sin\theta_{123} & \cos\theta_{123} & 0 & l_1\cos\theta_1+l_2\cos\theta_{12}\\ 0 & 0 & -1 & d_1-d_3-d_4\\ 0 & 0 & 0 & 1\end{pmatrix} \tag{5.3-21}$$

如果用${}_4^0\boldsymbol{T}=f(x,y,z,\varphi)$表示机器人末端的位姿，则由式（5.3-21）可以得到

$$\begin{cases}x=-l_1\sin\theta_1-l_2\sin\theta_{12}\\ y=l_1\cos\theta_1+l_2\cos\theta_{12}\\ z=d_1-d_3-d_4\\ \varphi=\theta_{123}\end{cases} \tag{5.3-22}$$

【例 5-12】 利用标准 D-H 参数法对图 5-19a 所示空间 3R 机器人进行正向位移求解。

解：首先给出该机器人的 D-H 参数（图 5-19b），然后建立相邻连杆坐标系间的齐次变换矩阵：

$$ {}_1^0\boldsymbol{T}=\begin{pmatrix}\cos\theta_1 & -\sin\theta_1 & 0 & 0\\ \sin\theta_1 & \cos\theta_1 & 0 & 0\\ 0 & 0 & 1 & s_A\\ 0 & 0 & 0 & 1\end{pmatrix},\quad {}_2^1\boldsymbol{T}=\begin{pmatrix}\cos\theta_2 & -\sin\theta_2 & 0 & 0\\ 0 & 0 & -1 & 0\\ \sin\theta_2 & \cos\theta_2 & 0 & 0\\ 0 & 0 & 0 & 1\end{pmatrix},$$

$$ {}_3^2\boldsymbol{T}=\begin{pmatrix}\cos\theta_3 & -\sin\theta_3 & 0 & l_2\\ \sin\theta_3 & \cos\theta_3 & 0 & 0\\ 0 & 0 & 1 & 0\\ 0 & 0 & 0 & 1\end{pmatrix} \tag{5.3-23}$$

由此可求得从坐标系{0}到坐标系{3}的组合坐标变换矩阵，即

$$ {}_3^0\boldsymbol{T}={}_1^0\boldsymbol{T}\,{}_2^1\boldsymbol{T}\,{}_3^2\boldsymbol{T} \tag{5.3-24}$$

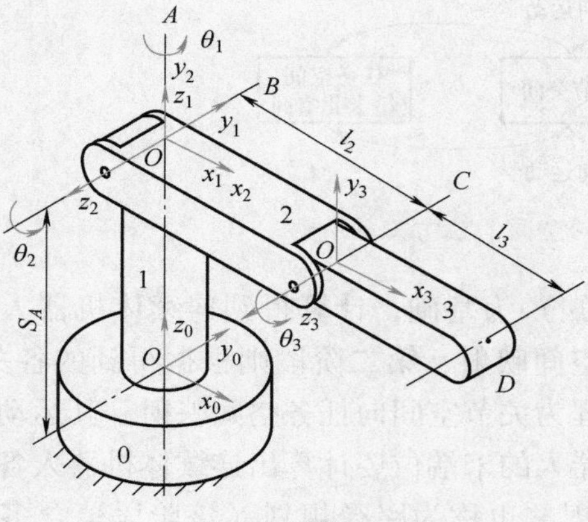

a) 连杆坐标系

i	α_i	a_i	d_i	θ_i
1	0°	0	S_A	θ_1
2	90°	0	0	θ_2
3	0°	l_2	0	θ_3

b) D-H 参数

图 5-19　空间 3R 机器人及其 D-H 参数（后置坐标系下度量）

由于末端参考点 D 在 $\{3\}$ 系中的坐标表示为 ${}^3\boldsymbol{r}_D=(l_3,0,0)^{\mathrm{T}}$，因此，根据

$$
{}^0\boldsymbol{r}_D={}^0_3\boldsymbol{T}\,{}^3\boldsymbol{r}_D \tag{5.3-25}
$$

求得空间 3R 机器人的正向位移解为

$$
{}^0\boldsymbol{r}_D=\begin{pmatrix} l_2\cos\theta_1\cos\theta_2+l_3\cos\theta_1\cos(\theta_2+\theta_3) \\ l_2\sin\theta_1\cos\theta_2+l_3\sin\theta_1\cos(\theta_2+\theta_3) \\ s_A+l_2\sin\theta_2+l_3\sin(\theta_2+\theta_3) \end{pmatrix} \tag{5.3-26}
$$

5.4　关节空间、任务空间与驱动空间

对于一个 n 自由度的机器人而言，其末端位姿可由一组 n 个独立的关节变量加以确定。这样的一组变量通常称为关节向量（joint vector）。所有关节向量构成的空间称为关节空间（joint space）。

在笛卡儿坐标系中所描述的机器人末端位姿或位形空间称为笛卡儿空间（Cartesian space）。事实上，笛卡儿空间更普遍的称谓是操作空间（operational space）或任务空间（task space）。

机器人运动学中，我们非常关注的一个问题就是如何将已知的关节空间（描述）映射至任务空间（描述），反之亦然。

除此之外，还有一个可能遇到的概念：驱动空间（actuation space）。如何理解这个概念呢？我们知道，大多数工业机器人的驱动器都不是直驱型，有些带有减速器，有些还有其他中间传动机构（如用直线驱动器通过四杆机构驱动旋转关节等）。从驱动器到各关节需要经过至少一级的运动转换。这些情况下，需要将关节向量表示成一组驱动器变量，即驱动向量的函数，而驱动向量构成的空间称为驱动空间。

图 5-20 所示为驱动空间、关节空间与任务空间三者之间的映射关系示意。

事实上，上述三者之间的映射关系可以在连续体机器人运动学上得到充分的反映。对其

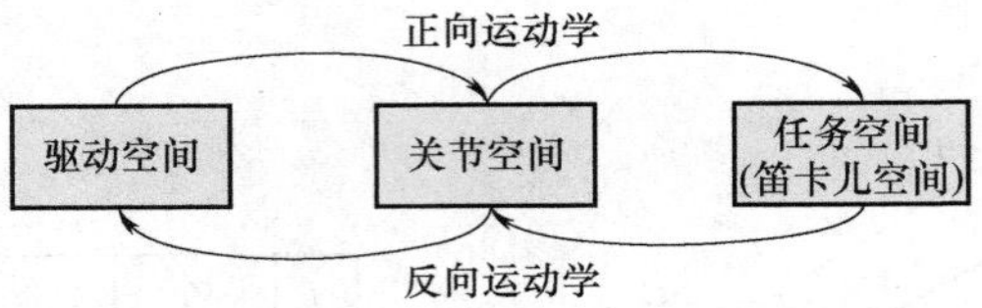

图 5-20　机器人三种空间的映射关系示意

运动学正解而言，第一阶段以驱动变量（已知）为基础，计算得到连续体机器人各关节特征的运动学正解，该阶段为驱动空间向关节空间映射；第二阶段则根据得到的各关节特征，计算出整个连续体机器人的末端位姿，该过程为关节空间向任务空间映射。其运动学反解过程与正解过程正好相反：第一阶段用给定机器人的末端位姿计算出连续体机器人各关节的方向角和弯曲角，是由任务空间向关节空间映射，也称为路径规划（该阶段蕴含多种运动算法，如跟随末端轨迹法等），使连续体机器人在运行过程中完成特定的动作；第二阶段是用上述计算得到的各关节特征，计算出相应的驱动条件（如柔索长度的变化等），这个过程是由关节空间向驱动空间映射。整个过程如图 5-21 所示。

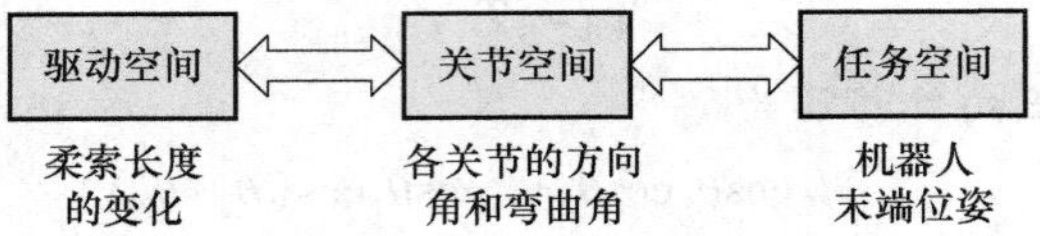

图 5-21　连续体机器人运动学分析过程中的空间映射

5.5　串联机器人的位移反解

串联机器人的位移反解正好与其位移正解相反，是指给定工具坐标系所期望的位形，找出与该位形相对应的各个关节输出。

对串联机器人而言，当关节变量已知时，末端的位置一般是唯一的，即位移正解是唯一的，求解相对简单。但对其位移反解问题，情况又如何呢？以 5.4 节给出的运动学公式为例，重写如下：

$$ {}_n^0\boldsymbol{T}={}_1^0\boldsymbol{T}(q_1)\,{}_2^1\boldsymbol{T}(q_2)\cdots{}_i^{i-1}\boldsymbol{T}(q_i)\cdots{}_n^{n-1}\boldsymbol{T}(q_n)=\begin{pmatrix} r_{11} & r_{12} & r_{13} & p_1 \\ r_{21} & r_{22} & r_{23} & p_2 \\ r_{31} & r_{32} & r_{33} & p_3 \\ 0 & 0 & 0 & 1 \end{pmatrix} \tag{5.5-1} $$

式中 r_{ij}、p_i 是已知值，待求值为 q_k。换句话说，串联机器人位移反解的过程可以归结为求解其逆运动学模型的过程，即

$$ q_{1\sim n}=f_{1\sim n}(r_{11},\cdots,r_{33},p_1,p_2,p_3) \tag{5.5-2} $$

以 PUMA560 机器人的位移法反解求解为例。从式（5.3-14）给出的 12 个等式中可得到该机器人的位移正解；反过来，如果利用该方程求解其位移反解，却发现不像正解那么容易了。这是由于待求的是关节角，方程中存在大量的反三角函数，且变量之间相互耦合，可能产生超越方程（导致无解析解）。

考虑到一般性。关节量之间相互耦合，往往会造成求解方程的非线性，导致或者存在封闭解，或者只能进行数值求解，从而对串联机器人运动学反解的求解带来一定的困难。更为麻烦的是，这种反解一般为多解，不具有唯一性。这从第 5.2.1 节中平面 2R 机器人的简单实例中便可以看出。

相比串联机器人位移正解的求解而言，其逆运动学问题要复杂得多。例如：

1）运动学方程通常为非线性，可能导致无封闭解或解析解，只有数值解。

2）可能存在多解，视运动学方程的最高次数而定。

3）可能存在无穷多个解，如运动学冗余（kinematic redundancy）的情况。

4）可能不存在可行解，如运动学奇异（kinematic singularity）的情况。

由于数值解法的迭代特性（由 5.2.2 节的例子可以看到），它一般要比相应的解析法求解速度慢得多，由此产生的误差也会影响机器人的末端精度。而上述四种情况的发生，均是由机器人的特殊结构特征所导致的。因此，为使机器人的位移反解问题变得简单且有封闭解，设计具有特殊几何结构的机器人构型就变得非常重要和必要。如 Pieper 就曾提出，对于 6-DOF 的串联机器人而言，当其中有三个相邻轴交于一点或相互平行时，该机器人的位移反解就具有解析解。本节后面有相应证明。而此结论也间接验证了为什么现有成功应用的工业机器人大都采用特殊构型。

不过，对具有转动轴线位置任意分布的 6-DOF 串联机器人而言，尽管工程价值不大，但其理论意义却十分重大。国际机构学资深学者弗洛丹斯坦（Freudenstein）教授于 1973 年发表的综述性论文《机构学的过去、现在和将来》中，把用空间任意方向的 7 个转动副轴连接且由 7 个空间杆组成的空间七杆机构（简称空间 7R 机构）的位移反解分析问题，比喻成机构运动学分析中的“珠穆朗玛峰”问题。李宏友和廖启征两名博士生，在北京邮电大学梁崇高教授和北京航空航天大学张启先教授的指导下，利用新的矢量法与复数法，伴以投影半角正切定理及混合关系式，圆满地解决了空间 7R 机构位移反解分析问题，实质上也解决了轴线任意分布的 6R 串联机器人位移反解求解的难题。

鉴于串联机器人逆运动学求解的复杂性、多解性，下面先看几个反解求解的例子。

【例 5-13】　对图 5-11 所示的平面 3R 机器人求位移反解。

解：平面 3R 机器人的位移正解方程已由前面给出。现在求解该问题的逆问题，即已知末端的某一位姿 $(x,y,\varphi)^{\mathrm{T}}$，求对应的 3 个关节变量值。

解法一：代数法。根据式（5.3-9）或式（5.3-19），可得

$$\begin{cases}x=l_1\cos\theta_1+l_2\cos\theta_{12}+l_3\cos\theta_{123}\\ y=l_1\sin\theta_1+l_2\sin\theta_{12}+l_3\sin\theta_{123}\\ \varphi=\theta_{123}\end{cases}\tag{5.5-3}$$

对式（5.5-3）进行变换，得到

$$\begin{cases}x'=x-l_3\cos\varphi=l_2\cos\theta_{12}+l_1\cos\theta_1\\ y'=y-l_3\sin\varphi=l_2\sin\theta_{12}+l_1\sin\theta_1\\ \varphi=\theta_{123}\end{cases}\tag{5.5-4}$$

对式（5.5-4）中的前两个等式两边求平方和再相加，得到

$$l_1^2+l_2^2+2l_1l_2\cos\theta_2=x'^2+y'^2 \tag{5.5-5}$$

即

$$\cos\theta_2=\frac{x'^2+y'^2-l_1^2-l_2^2}{2l_1l_2} \tag{5.5-6}$$

$$\sin\theta_2=\pm\sqrt{1-\cos^2\theta_2} \tag{5.5-7}$$

$$\theta_2=\mathrm{Atan2}(\sin\theta_2,\cos\theta_2) \tag{5.5-8}$$

确定 θ_2 之后，再来求解 θ_1。将 θ_2 代入式（5.5-4）中，求得

$$\cos\theta_1=\frac{(l_1+l_2\cos\theta_2)x'+l_2\sin\theta_2 y'}{x'^2+y'^2} \tag{5.5-9}$$

$$\sin\theta_1=\frac{(l_1+l_2\cos\theta_2)y'-l_2\sin\theta_2 x'}{x'^2+y'^2} \tag{5.5-10}$$

$$\theta_1=\mathrm{Atan2}(\sin\theta_1,\cos\theta_1) \tag{5.5-11}$$

最后再由式（5.5-4）可得

$$\theta_3=\varphi-\theta_1-\theta_2 \tag{5.5-12}$$

解法二：几何法。还可应用**几何法**对平面3R机器人求位移反解，具体如图5-22所示。显然，由三角形余弦定理很容易导出与代数法完全相同的结果，具体过程从略。

简单对这个例子进行分析，发现：

1）无论代数法还是几何法，都可以得到该机器人位移反解的解析表达式，即存在封闭解。

2）不同于位移正解的唯一性，位移反解存在多解。对平面3R机器人，基本上末端每个位姿都存在两组解（图中实线与双点画线所示位形就对应着同一末端位形下的两组位移反解）。

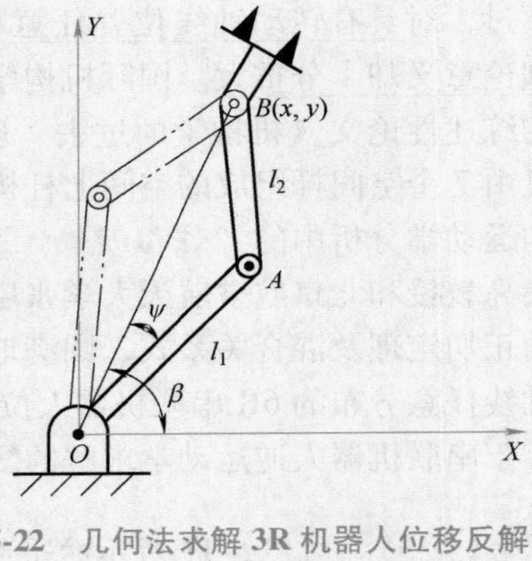

图5-22 几何法求解3R机器人位移反解示意

【例5-14】 对例5-12的空间3R机器人求位移反解。

由式（5.3-26）可知，该机器人满足

$$\begin{cases}x_D=l_2\cos\theta_1\cos\theta_2+l_3\cos\theta_1\cos(\theta_2+\theta_3)\\ y_D=l_2\sin\theta_1\cos\theta_2+l_3\sin\theta_1\cos(\theta_2+\theta_3)\\ z_D-s_A=l_2\sin\theta_2+l_3\sin(\theta_2+\theta_3)\end{cases} \tag{5.5-13}$$

对式（5.5-13）两边求平方和再相加，得到

$$x_D^2+y_D^2+(z_D-s_A)^2=l_2^2+l_3^2+2l_2l_3\cos\theta_3 \tag{5.5-14}$$

由此可得

$$\theta_3=\arccos\frac{x_D^2+y_D^2+(z_D-s_A)^2-l_2^2-l_3^2}{2l_3l_3} \tag{5.5-15}$$

对应有两组解。再由式（5.5-13）可得

$$\theta_1=\arctan\frac{y_D}{x_D} \tag{5.5-16}$$

$$\theta_2=\arctan\frac{(z_D-s_A)(l_2+l_3\cos\theta_3)\cos\theta_1-x_Dl_3\sin\theta_3}{x_D(l_2+l_3\cos\theta_3)+(z_D-s_A)l_3\sin\theta_3\cos\theta_1} \tag{5.5-17}$$

式中，$\sin\theta_3=\pm\sqrt{1-\cos^2\theta_3}$。

【例 5-15】　对例 5-9 中的 PUMA560 机器人求位移反解。

重新写出运动方程如下：

$$ {}_6^0\boldsymbol{T}=\begin{pmatrix} n_x & o_x & a_x & p_x \\ n_y & o_y & a_y & p_y \\ n_z & o_z & a_z & p_z \\ 0 & 0 & 0 & 1 \end{pmatrix}={}_1^0\boldsymbol{T}(\theta_1){}_2^1\boldsymbol{T}(\theta_2){}_3^2\boldsymbol{T}(\theta_3){}_4^3\boldsymbol{T}(\theta_4){}_5^4\boldsymbol{T}(\theta_5){}_6^5\boldsymbol{T}(\theta_6) \tag{5.5-18}$$

若末端连杆的位姿已经给定，即式（5.5-18）中${}_6^0\boldsymbol{T}$的元素均为已知，则求关节变量$\theta_1,\theta_2,\cdots,\theta_6$的值称为位移反解。

对于关节变量较多的串联机器人而言，由于关节之间高度耦合，需要进行逐次消元，以达到简化求反解的目的。为此，可利用 Paul 反变换法来实现。下面简要介绍一下该方法的基本原理，再举例说明。

对于一般性的串联机器人运动学方程：

$${}_1^0\boldsymbol{T}(\theta_1){}_2^1\boldsymbol{T}(\theta_2)\cdots{}_n^{n-1}\boldsymbol{T}(\theta_n)={}_n^0\boldsymbol{T} \tag{5.5-19}$$

左乘${}_1^0\boldsymbol{T}^{-1}$，得到

$${}_2^1\boldsymbol{T}(\theta_2)\cdots{}_n^{n-1}\boldsymbol{T}(\theta_n)={}_1^0\boldsymbol{T}^{-1}{}_n^0\boldsymbol{T} \tag{5.5-20}$$

从等式两边矩阵对应的元素中寻找含单关节变量的等式，进而解出该变量。不断重复此过程，直到所有变量解出。

下面以 PUMA560 为例，给出具体求解过程。

1）求θ_1。

考虑到具体的关节数，式（5.5-19）与式（5.5-20）可写成

$${}_1^0\boldsymbol{T}(\theta_1){}_2^1\boldsymbol{T}(\theta_2)\cdots{}_6^5\boldsymbol{T}(\theta_6)={}_6^0\boldsymbol{T} \tag{5.5-21}$$

用逆变换${}_1^0\boldsymbol{T}^{-1}$左乘式（5.5-21）两边，得到

$${}_2^1\boldsymbol{T}(\theta_2)\cdots{}_6^5\boldsymbol{T}(\theta_6)={}_1^0\boldsymbol{T}^{-1}{}_6^0\boldsymbol{T}={}_6^1\boldsymbol{T}$$

即

$$\begin{pmatrix} \cos\theta_1 & \sin\theta_1 & 0 & 0 \\ -\sin\theta_1 & \cos\theta_1 & 0 & 0 \\ 0 & 0 & 1 & 0 \\ 0 & 0 & 0 & 1 \end{pmatrix}\begin{pmatrix} n_x & o_x & a_x & p_x \\ n_y & o_y & a_y & p_y \\ n_z & o_z & a_z & p_z \\ 0 & 0 & 0 & 1 \end{pmatrix}={}_6^1\boldsymbol{T} \tag{5.5-22}$$

为进一步求解，不妨先把求解过程中要用到的几个中间变换矩阵求出，具体如下：

$$
{}^4_6\boldsymbol{T}=\begin{pmatrix}\cos\theta_5\cos\theta_6 & -\cos\theta_5\sin\theta_6 & -\sin\theta_5 & 0\\ \sin\theta_6 & \cos\theta_6 & 0 & 0\\ \sin\theta_5\sin\theta_6 & -\sin\theta_5\cos\theta_6 & \cos\theta_5 & 0\\ 0 & 0 & 0 & 1\end{pmatrix} \tag{5.5-23}
$$

$$
{}^3_6\boldsymbol{T}={}^3_4\boldsymbol{T}\,{}^4_6\boldsymbol{T}=\begin{pmatrix}\cos\theta_4\cos\theta_5\cos\theta_6-\sin\theta_4\sin\theta_6 & -\cos\theta_4\cos\theta_5\sin\theta_6-\sin\theta_4\cos\theta_6 & -\cos\theta_4\sin\theta_5 & a_3\\ \sin\theta_5\sin\theta_6 & -\sin\theta_5\cos\theta_6 & \cos\theta_5 & d_4\\ -\sin\theta_4\sin\theta_5\sin\theta_6-\cos\theta_4\sin\theta_6 & \sin\theta_4\cos\theta_5\sin\theta_6-\cos\theta_4\cos\theta_6 & \sin\theta_4\sin\theta_5 & 0\\ 0 & 0 & 0 & 1\end{pmatrix} \tag{5.5-24}
$$

$$
{}^1_3\boldsymbol{T}={}^1_2\boldsymbol{T}\,{}^2_3\boldsymbol{T}=\begin{pmatrix}\cos\theta_{23} & -\sin\theta_{23} & 0 & a_2\cos\theta_2\\ 0 & 0 & 1 & d_2\\ -\sin\theta_{23} & -\cos\theta_{23} & 0 & -a_2\sin\theta_2\\ 0 & 0 & 0 & 1\end{pmatrix} \tag{5.5-25}
$$

由式（5.5-24）和式（5.5-25），可得${}^1_6\boldsymbol{T}$，即

$$
{}^1_6\boldsymbol{T}={}^1_3\boldsymbol{T}\,{}^3_6\boldsymbol{T} \tag{5.5-26}
$$

令

$$
{}^1_6\boldsymbol{T}=\begin{pmatrix}{}^1n_x & {}^1o_x & {}^1a_x & {}^1p_x\\ {}^1n_y & {}^1o_y & {}^1a_y & {}^1p_y\\ {}^1n_z & {}^1o_z & {}^1a_z & {}^1p_z\\ 0 & 0 & 0 & 1\end{pmatrix} \tag{5.5-27}
$$

由式（5.5-26）和式（5.5-27），可导出

$$
\begin{aligned}
{}^1n_x&=\cos\theta_{23}(\cos\theta_4\cos\theta_5\cos\theta_6-\sin\theta_4\sin\theta_6)-\sin\theta_{23}\sin\theta_5\cos\theta_6\\
{}^1n_y&=\sin\theta_4\cos\theta_5\cos\theta_6-\cos\theta_4\sin\theta_6\\
{}^1n_z&=-\sin\theta_{23}(\cos\theta_4\cos\theta_5\cos\theta_6-\sin\theta_4\sin\theta_6)-\cos\theta_{23}\sin\theta_5\cos\theta_6\\
{}^1o_x&=-\cos\theta_{23}(\cos\theta_4\cos\theta_5\sin\theta_6+\sin\theta_4\cos\theta_6)+\sin\theta_{23}\sin\theta_5\sin\theta_6\\
{}^1o_y&=\sin\theta_4\cos\theta_5\sin\theta_6-\cos\theta_4\cos\theta_6\\
{}^1o_z&=\sin\theta_{23}(\cos\theta_4\cos\theta_5\sin\theta_6+\sin\theta_4\cos\theta_6)+\cos\theta_{23}\sin\theta_5\sin\theta_6\\
{}^1a_x&=-\cos\theta_{23}\cos\theta_4\sin\theta_5-\sin\theta_{23}\cos\theta_5\\
{}^1a_y&=\sin\theta_4\sin\theta_5\\
{}^1a_z&=\sin\theta_{23}\cos\theta_4\sin\theta_5-\cos\theta_{23}\cos\theta_5\\
{}^1p_x&=a_2\cos\theta_2+a_3\cos\theta_{23}-d_4\sin\theta_{23}\\
{}^1p_y&=d_2\\
{}^1p_z&=-a_2\sin\theta_2-a_3\sin\theta_{23}-d_4\cos\theta_{23}
\end{aligned} \tag{5.5-28}
$$

令式（5.5-27）两端的第二行第四列（2，4）对应的元素相等，结合式（5.5-22）的计算结果，可得

$$-p_x\sin\theta_1+p_y\cos\theta_1=d_2={}^1p_y \tag{5.5-29}$$

这是一个只含有未知数 θ_1 的三角函数方程，很容易求解，这里不再赘述。

2）求 θ_3、θ_2。

在选定 θ_1 的一个解之后，再令式（5.5-27）两端（1，4）和（3，4）分别对应的元素相等，即得两方程：

$$\begin{cases}\cos\theta_1 p_x+\sin\theta_1 p_y=a_3\cos\theta_{23}-d_4\sin\theta_{23}+a_2\cos\theta_2\\-p_z=a_3\sin\theta_{23}+d_4\cos\theta_{23}+a_2\sin\theta_2\end{cases} \tag{5.5-30}$$

化简，消去 θ_2 得

$$a_3\cos\theta_3-d_4\sin_3=k \tag{5.5-31}$$

式中，

$$k=\frac{p_x^2+p_y^2+p_z^2-a_2^2-a_3^2-d_2^2-d_4^2}{2a_2} \tag{5.5-32}$$

θ_3 解出后代回式（5.5-31），即可求出 θ_2。

3）求 θ_4、θ_5。

写出相应的矩阵方程：

$${}_3^0\boldsymbol{T}^{-1}{}_6^0\boldsymbol{T}={}_4^3\boldsymbol{T}(\theta_4){}_5^4\boldsymbol{T}(\theta_5){}_6^5\boldsymbol{T}(\theta_6)={}_6^3\boldsymbol{T} \tag{5.5-33}$$

式（5.5-24）已经给出了 ${}_6^3\boldsymbol{T}$ 的值，这里重写一下：

$${}_6^3\boldsymbol{T}={}_4^3\boldsymbol{T}\,{}_6^4\boldsymbol{T}=\begin{pmatrix}\cos\theta_4\cos\theta_5\cos\theta_6-\sin\theta_4\sin\theta_6 & -\cos\theta_4\cos\theta_5\cos\theta_6-\sin\theta_4\cos\theta_6 & -\cos\theta_4\sin\theta_5 & a_3\\ \sin\theta_5\sin\theta_6 & -\sin\theta_5\cos\theta_6 & \cos\theta_5 & d_4\\ -\sin\theta_4\sin\theta_5\sin\theta_6-\cos\theta_4\sin\theta_6 & \sin\theta_4\cos\theta_5\sin\theta_6-\cos\theta_4\cos\theta_6 & \sin\theta_4\sin\theta_5 & 0\\ 0 & 0 & 0 & 1\end{pmatrix} \tag{5.5-34}$$

由于 $\theta_1\sim\theta_3$ 的值已求出，因此，式（5.5-33）的左端为已知值（代入相关参数即可求解）；式（5.5-33）的右端值为式（5.5-34）所示。

再令式（5.5-33）的两端（1，3）和（3，3）分别对应的元素相等，可得

$$\begin{cases}a_x\cos\theta_1\cos\theta_{23}+a_y\sin\theta_1\cos\theta_{23}-a_z\sin\theta_{23}=-\cos\theta_4\sin\theta_5\\-a_x\sin\theta_1+a_y\cos\theta_1=\sin\theta_4\sin\theta_5\end{cases} \tag{5.5-35}$$

只要 $\sin\theta_5\neq0$，便可求出 θ_4。

$$\theta_4=\mathrm{Atan2}(-a_x\sin\theta_1+a_y\cos\theta_1,-a_x\cos\theta_1\cos\theta_{23}-a_y\sin\theta_1\cos\theta_{23}+a_z\sin\theta_{23}) \tag{5.5-36}$$

当 $\sin\theta_5=0$ 时，机械手处于奇异位形。此时，关节轴 4 和 6 重合，只能解出 θ_4 与 θ_6 的和或差。奇异位形可以由式（5.5-36）中的两个变量是否都接近零来判别。若都接近零，则为奇异位形；否则，不是奇异位形。在奇异位形时，可任意选取 θ_4 的值，再计算相应 θ_5 的值。θ_4 解出后代回式（5.5-36）可求出 θ_5。

4）求 θ_6。

写出相应的矩阵方程：

$$ {}_5^0\boldsymbol{T}^{-1}(\theta_1,\theta_2,\theta_3,\cdots,\theta_5){}_6^0\boldsymbol{T}={}_6^5\boldsymbol{T}(\theta_6) \tag{5.5-37}$$

由于 $\theta_1 \sim \theta_5$ 的值已求出，因此，式（5.5-37）的左端为已知值（代入相关参数即可求解）；式（5.5-37）的右端满足齐次变换矩阵：

$$ {}_6^5\boldsymbol{T}=\begin{pmatrix} \cos\theta_6 & -\sin\theta_6 & 0 & 0 \\ 0 & 0 & 1 & 0 \\ -\sin\theta_6 & -\cos\theta_6 & 0 & 0 \\ 0 & 0 & 0 & 1 \end{pmatrix} \tag{5.5-38}$$

再令式（5.5-37）的两端（3，1）和（1，1）分别对应的元素相等，即可求得 θ_6。

求解过程中发现，该机器人的位移反解个数不是唯一的，理论上存在 8 组解。这意味着机器人到达某个确定的目标或者实现相同的位姿可能对应有 8 种不同的位形。图 5-23 所示为其中的 4 种。不过，也许由于关节运动等限制，这 8 组解中的一部分在实际中可能并不存在。

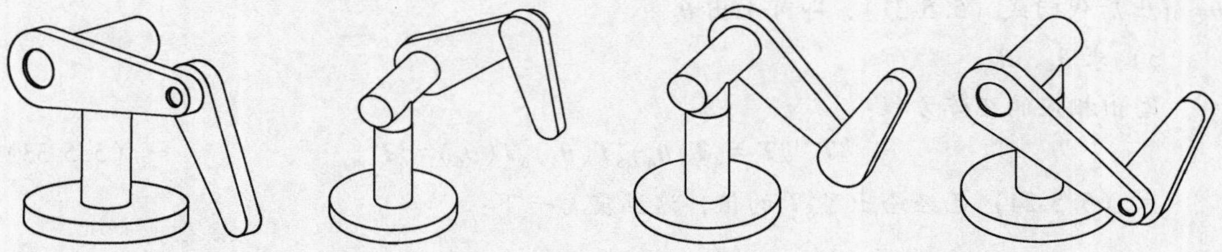

图 5-23　PUMA 机器人同一位姿下的 4 种构型

还可以看出，上面所给的 3 个例子都存在封闭解或解析解。其中，例 5-14 中的平面 3R 机器人的 3 根转动轴线相互平行，例 5-16 中的 PUMA560 机器人末端的 3 根转动轴线交于一点。这两种特殊的几何分布都满足前面给出的 Pieper 法则，因此也一定会有封闭解或解析解。读者感兴趣的一个问题是，能否给出严谨的证明？本章第 5.6 节中将讨论这个问题。

5.6* 串联机器人位移求解的指数积公式

5.6.1　位移正解的指数积公式

1. 指数积公式

本节介绍的机器人运动学求解方法简称为指数积（product of exponentials，POE）公式，是美国哈佛大学的 Brocket 教授于 1983 年提出的。用 POE 公式求解机器人运动学在某种程度上要比 D-H 参数法简单、直观，因为它无须建立各中间连杆坐标系，只需要两个坐标系即可：一个是基坐标系 $\{0\}$ 或惯性坐标系 $\{S\}$，另一个是与末端（执行器）固连的物体坐标系 $\{B\}$ 或工具坐标系 $\{T\}$。

由 3.5 节的知识可知，由于各关节的运动由与之关联的关节轴线的运动旋量产生，因此可以给出相应的运动学的几何描述。若用 $\hat{\boldsymbol{\xi}}$ 表示某关节轴线的单位运动旋量，则沿此轴线的刚体运动可表示为

$$\boldsymbol{T}(q) = e^{q[\hat{\xi}]}\boldsymbol{T}(0) \tag{5.6-1}$$

式中，如果 $\hat{\boldsymbol{\xi}}$ 对应的是转动副轴线，则 q 表示的是转角 θ；反之，如果 $\hat{\boldsymbol{\xi}}$ 对应的是一个移动副方向线，则 q 表示的是移动距离 d。

下面考虑一个 2 自由度串联机器人的正运动学求解，如图 5-24 所示。

首先将转动副 1 固定不动只转动 θ_2，这时 $\theta_1=0$，这时工具坐标系的位形只与 θ_2 有关。根据式（5.6-1），可得

$${}_T^0\boldsymbol{T}(\theta_2) = e^{\theta_2[\hat{\xi}_2]}\,{}_T^0\boldsymbol{T}(0) \tag{5.6-2}$$

然后将转动副 2 固定不动只转动 θ_1，根据刚体运动的叠加原理可以得到

$${}_T^0\boldsymbol{T}(\theta_1,\theta_2) = e^{\theta_1[\hat{\xi}_1]}\,{}_T^0\boldsymbol{T}(\theta_2) = e^{\theta_1[\hat{\xi}_1]}e^{\theta_2[\hat{\xi}_2]}\,{}_T^0\boldsymbol{T}(0) \tag{5.6-3}$$

从式（5.6-3）可以看到，该机器人的运动似乎与运动副的顺序有关（先运动 θ_2 后运动 θ_1）。实际上是否如此呢？不妨证明一下。

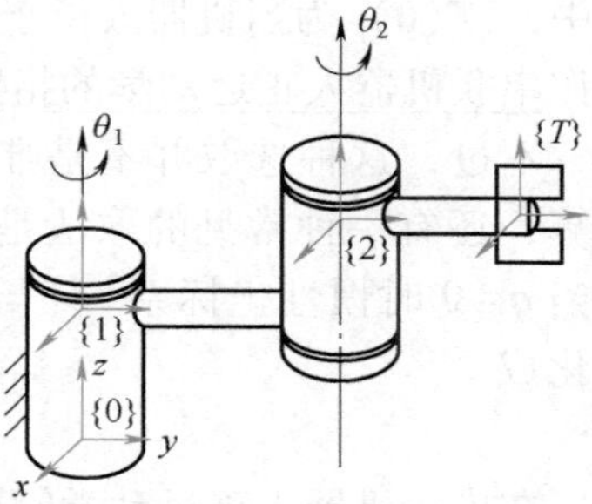

图 5-24　2 自由度串联机器人

假设这次选择运动副的顺序正好与前面的相反，即首先转动 θ_1，并保证 θ_2 固定不动，这时，有

$${}_T^0\boldsymbol{T}(\theta_1) = e^{\theta_1[\hat{\xi}_1]}\,{}_T^0\boldsymbol{T}(0) \tag{5.6-4}$$

然后令转动副 2 旋转 θ_2 角，这时第二个连杆将绕新的轴线转动。利用伴随变换，可以得到新的轴线为

$$\hat{\boldsymbol{\xi}}_2' = \mathrm{Ad}_{e^{\theta_1[\hat{\xi}_1]}}\hat{\boldsymbol{\xi}}_2 \quad 或者\,[\hat{\boldsymbol{\xi}}_2'] = e^{\theta_1[\hat{\xi}_1]}[\hat{\boldsymbol{\xi}}_2]e^{-\theta_1[\hat{\xi}_1]} \tag{5.6-5}$$

根据矩阵指数的性质 $e^{\boldsymbol{T}[\hat{\xi}]\boldsymbol{T}^{-1}} = \boldsymbol{T}e^{[\hat{\xi}]}\boldsymbol{T}^{-1}$，得到

$$e^{\theta_2[\hat{\xi}_2']} = e^{\theta_1[\hat{\xi}_1]}e^{\theta_2[\hat{\xi}_2]}e^{-\theta_1[\hat{\xi}_1]} \tag{5.6-6}$$

由刚体运动的叠加原理，可以得到

$${}_T^0\boldsymbol{T}(\theta_1,\theta_2) = e^{\theta_2[\hat{\xi}_2']}e^{\theta_1[\hat{\xi}_1]}\,{}_T^0\boldsymbol{T}(0) = e^{\theta_1[\hat{\xi}_1]}e^{\theta_2[\hat{\xi}_2]}e^{-\theta_1[\hat{\xi}_1]}e^{\theta_1[\hat{\xi}_1]}\,{}_T^0\boldsymbol{T}(0) = e^{\theta_1[\hat{\xi}_1]}e^{\theta_2[\hat{\xi}_2]}\,{}_T^0\boldsymbol{T}(0) \tag{5.6-7}$$

式（5.6-7）与式（5.6-3）结果完全一样。由此可以得出结论，该机器人的运动学公式与运动副的顺序选择无关。

由递推原理，上面所得的结论完全可以推广到具有 n 个关节的串联机器人正运动学的求解。定义机器人的初始位形（通常称为零位）为机器人对应于 $\boldsymbol{q}=\boldsymbol{0}$ 时的位形，并用 ${}_T^S\boldsymbol{T}(0)$ 表示机器人位于初始位形时末端工具相对惯性坐标系的齐次变换。对于每个关节都可以构造一个单位运动旋量 $\hat{\boldsymbol{\xi}}_i$，这时除第 i 个关节之外的所有其他关节均固定于初始位形（$q_j=0$）。

对于转动副，有

$$\hat{\boldsymbol{\xi}}_i = \begin{pmatrix} \hat{\boldsymbol{\omega}}_i \\ \boldsymbol{r}_i \times \hat{\boldsymbol{\omega}}_i \end{pmatrix} \tag{5.6-8}$$

对于移动副，有

$$\hat{\boldsymbol{\xi}}_i = \begin{pmatrix} \boldsymbol{0} \\ \hat{\boldsymbol{v}}_i \end{pmatrix} \tag{5.6-9}$$

这时，机器人正运动学的指数积公式如下：

$$ {}_T^S\boldsymbol{T}(\boldsymbol{q})=\mathrm{e}^{q_1[\hat{\boldsymbol{\xi}}_1]}\mathrm{e}^{q_2[\hat{\boldsymbol{\xi}}_2]}\cdots\mathrm{e}^{q_i[\hat{\boldsymbol{\xi}}_i]}\cdots\mathrm{e}^{q_n[\hat{\boldsymbol{\xi}}_n]}\,{}_T^S\boldsymbol{T}(\boldsymbol{0}) \tag{5.6-10}$$

利用指数积公式，机器人的运动学方程完全可以用机器人各个关节的运动旋量坐标表征。

2. 惯性坐标系与初始位形的选择

通常情况下，将机器人的惯性坐标系{S}取在机器人的基座{0}上。这时，式（5.6-10）可以写成

$$ {}_T^0\boldsymbol{T}(\boldsymbol{q})=\mathrm{e}^{q_1[\hat{\boldsymbol{\xi}}_1]}\mathrm{e}^{q_2[\hat{\boldsymbol{\xi}}_2]}\cdots\mathrm{e}^{q_i[\hat{\boldsymbol{\xi}}_i]}\cdots\mathrm{e}^{q_n[\hat{\boldsymbol{\xi}}_n]}\,{}_T^0\boldsymbol{T}(\boldsymbol{0}) \tag{5.6-11}$$

式中，${}_T^0\boldsymbol{T}(\boldsymbol{0})$ 为当机器人位于初始位形时，末端工具相对基座的齐次变换。该公式也通常称作串联机器人正运动学的指数积公式。

不过，这种选取并不是唯一的，可以根据实际情况选取惯性坐标系的位置。为了简化计算，还有一种常见的取法是将惯性坐标系取在与初始位形时的工具坐标系重合的位置。即当 $\boldsymbol{q}=\boldsymbol{0}$ 时惯性坐标系{S}与工具坐标系{T}重合，即${}_T^S\boldsymbol{T}(\boldsymbol{0})=\boldsymbol{I}$。这样，式（5.6-10）就简化成

$$ {}_T^S\boldsymbol{T}(\boldsymbol{q})=\mathrm{e}^{q_1\hat{\xi}_1}\mathrm{e}^{q_2\hat{\xi}_2}\cdots\mathrm{e}^{q_i\hat{\xi}_i}\cdots\mathrm{e}^{q_n\hat{\xi}_n} \tag{5.6-12}$$

在描述机器人正运动学问题时，选取初始位形的自由度很大。由于各个关节的运动旋量坐标取决于初始位形（以及惯性坐标系）的选择，因此，在选取初始位形时应遵循使运动分析尽量简单的原则。

3. D-H 参数法与 POE 公式之间的关系

对比式（5.6-12）与式（5.3-7），发现两者表达形式很类似。自然有读者会思考这样的问题：D-H 参数与其对应的运动旋量坐标之间是否为一一映射的关系（即${}^{i-1}_{\ \ i}\boldsymbol{T}(\theta_i)=\mathrm{e}^{i[\hat{\boldsymbol{\xi}}_i]}$）？答案是否定的。这是因为 POE 公式中，每个运动副的旋量坐标都是相对惯性坐标系来描述的，它不能直接反映相邻杆件之间的相对运动。不过，由式（3.4-56）可知，

$$ {}^{i-1}_{\ \ i}\boldsymbol{T}(q_i)=\left(\mathrm{e}^{q_i[{}^{i-1}_{\ \ i}\hat{\boldsymbol{\xi}}]}\right){}^{i-1}_{\ \ i}\boldsymbol{T}(\boldsymbol{0}) \tag{5.6-13}$$

这样，根据式（5.3-7）可得

$$ {}_T^0\boldsymbol{T}(\boldsymbol{q})=\left(\mathrm{e}^{q_1[{}^0_1\hat{\boldsymbol{\xi}}]}\right){}^0_1\boldsymbol{T}(\boldsymbol{0})\left(\mathrm{e}^{q_2[{}^1_2\hat{\boldsymbol{\xi}}]}\right){}^1_2\boldsymbol{T}(\boldsymbol{0})\cdots\left(\mathrm{e}^{q_i[{}^{i-1}_{\ \ i}\hat{\boldsymbol{\xi}}]}\right){}^{i-1}_{\ \ i}\boldsymbol{T}(\boldsymbol{0})\cdots\left(\mathrm{e}^{q_n[{}^{n-1}_{\ \ n}\hat{\boldsymbol{\xi}}]}\right){}^{n-1}_{\ \ n}\boldsymbol{T}(\boldsymbol{0}) \tag{5.6-14}$$

很显然与式（5.6-11）给出的 POE 公式不同，但存在着某些相似之处。进一步变换得

$$ \begin{aligned} {}_T^0\boldsymbol{T}(\boldsymbol{q})=&\left(\mathrm{e}^{q_1[{}^0_1\hat{\boldsymbol{\xi}}]}\right)\left[{}^0_1\boldsymbol{T}(\boldsymbol{0})\mathrm{e}^{q_2[{}^1_2\hat{\boldsymbol{\xi}}]}\,{}^0_1\boldsymbol{T}^{-1}(\boldsymbol{0})\right]\left[{}^0_2\boldsymbol{T}(\boldsymbol{0})\mathrm{e}^{q_3[{}^2_3\hat{\boldsymbol{\xi}}]}\,{}^0_2\boldsymbol{T}^{-1}(\boldsymbol{0})\right]\cdots\\ &\left[{}^{\ \ 0}_{n-1}\boldsymbol{T}(\boldsymbol{0})\mathrm{e}^{q_n[{}^{n-1}_{\ \ n}\hat{\boldsymbol{\xi}}]}\,{}^{\ \ 0}_{n-1}\boldsymbol{T}^{-1}(\boldsymbol{0})\right]{}^0_n\boldsymbol{T}(\boldsymbol{0}) \end{aligned} \tag{5.6-15}$$

根据矩阵指数的性质 $\mathrm{e}^{\boldsymbol{T}[\hat{\boldsymbol{\xi}}]\boldsymbol{T}^{-1}}=\boldsymbol{T}\mathrm{e}^{[\hat{\boldsymbol{\xi}}]}\boldsymbol{T}^{-1}$，得到

$$ \boldsymbol{T}\mathrm{e}^{q[\hat{\boldsymbol{\xi}}]}\boldsymbol{T}^{-1}=\mathrm{e}^{q\boldsymbol{T}[\hat{\boldsymbol{\xi}}]\boldsymbol{T}^{-1}}=\mathrm{e}^{q\left(\mathrm{Ad}_{\boldsymbol{T}}[\hat{\boldsymbol{\xi}}]\right)} \tag{5.6-16}$$

将式（5.6-16）代入式（5.6-14）中，得到

$$ {}_T^0\boldsymbol{T}(\boldsymbol{q})=\left(\mathrm{e}^{q_1[{}^0_1\hat{\boldsymbol{\xi}}]}\right)\left(\mathrm{e}^{q_2\left(\mathrm{Ad}_{{}^0_1\boldsymbol{T}(\boldsymbol{0})}[{}^1_2\hat{\boldsymbol{\xi}}]\right)}\right)\cdots\left(\mathrm{e}^{q_n\left(\mathrm{Ad}_{{}^{\ \ 0}_{n-1}\boldsymbol{T}(\boldsymbol{0})}[{}^{n-1}_{\ \ n}\hat{\boldsymbol{\xi}}]\right)}\right){}^0_n\boldsymbol{T}(\boldsymbol{0}) \tag{5.6-17}$$

将式（5.6-17）与前面给出的串联机器人的 POE 公式（5.6-11）进行比较，可以得到

$$ \hat{\boldsymbol{\xi}}_i=\mathrm{Ad}_{{}^{\ \ 0}_{i-1}\boldsymbol{T}(\boldsymbol{0})}\,{}^{i-1}_{\ \ i}\hat{\boldsymbol{\xi}} \tag{5.6-18}$$

式（5.6-18）验证了 $\hat{\boldsymbol{\xi}}_i$ 所代表的物理意义，即第 i 个关节在初始位形下，相对基坐标系或惯性坐标系的单位运动旋量坐标。

根据以上推导过程，同时找到了一种根据串联机器人的 D-H 参数来求解各个关节运动旋量坐标的方法。具体方法如下：

1）由于 D-H 参数法给定，则${}^{i-1}_{i}\boldsymbol{T}(q_i)$ 已知（即${}^{i-1}_{i}\boldsymbol{T}$）。

2）根据式（5.6-13）可求得${}^{i-1}_{i}\hat{\boldsymbol{\xi}}$。

3）再根据式（5.6-18）求得 $\hat{\boldsymbol{\xi}}_i$。

不过更多情况下，可直接通过观察得到 $\hat{\boldsymbol{\xi}}_i$。下面举例来说明如何应用指数积公式对机器人的正运动学问题进行求解。

【例 5-16】　利用 POE 公式对图 5-25a 所示的平面 3R 机器人进行正运动学求解。

解：建立基坐标系{0}和工具坐标系{T}，坐标系与参数如图 5-25a 所示。取机器人完全展开且水平放置时的位形为初始位形（图 5-25b）。初始位形时基坐标系与工具坐标系的变换为

$$
{}^{0}_{T}\boldsymbol{T}(\boldsymbol{0})=\begin{pmatrix} \boldsymbol{I}_{3\times3} & \begin{matrix} l_1+l_2+l_3 \\ 0 \\ 0 \end{matrix} \\ \boldsymbol{0} & 1 \end{pmatrix}
$$

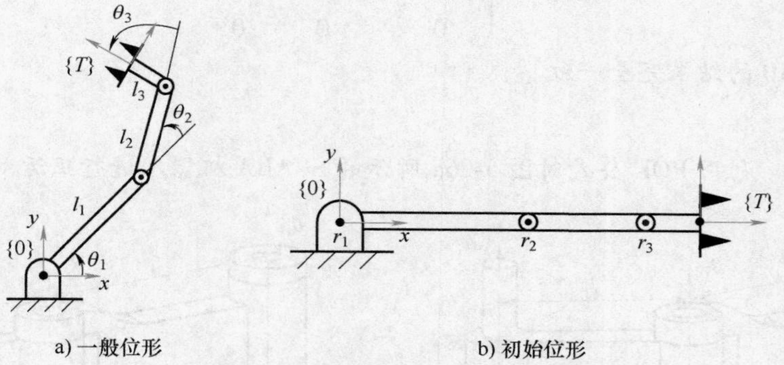

图 5-25　平面 3R 机器人的坐标系建立

各个关节的单位运动旋量如下：

$$
\hat{\boldsymbol{\omega}}_1=\hat{\boldsymbol{\omega}}_2=\hat{\boldsymbol{\omega}}_3=\begin{pmatrix}0\\0\\1\end{pmatrix},\quad \boldsymbol{r}_1=\begin{pmatrix}0\\0\\0\end{pmatrix},\quad \boldsymbol{r}_2=\begin{pmatrix}l_1\\0\\0\end{pmatrix},\quad \boldsymbol{r}_3=\begin{pmatrix}l_1+l_2\\0\\0\end{pmatrix}
$$

因此，有

$$
\hat{\boldsymbol{\xi}}_1=\begin{pmatrix}\hat{\boldsymbol{\omega}}_1\\ \boldsymbol{r}_1\times\hat{\boldsymbol{\omega}}_1\end{pmatrix}=\begin{pmatrix}0\\0\\1\\0\\0\\0\end{pmatrix},\quad \hat{\boldsymbol{\xi}}_2=\begin{pmatrix}\hat{\boldsymbol{\omega}}_2\\ \boldsymbol{r}_2\times\hat{\boldsymbol{\omega}}_2\end{pmatrix}=\begin{pmatrix}0\\0\\1\\0\\-l_1\\0\end{pmatrix},\quad \hat{\boldsymbol{\xi}}_3=\begin{pmatrix}\hat{\boldsymbol{\omega}}_3\\ \boldsymbol{r}_3\times\hat{\boldsymbol{\omega}}_3\end{pmatrix}=\begin{pmatrix}0\\0\\1\\0\\-l_1-l_2\\0\end{pmatrix}
$$

对于旋转关节，有

$$e^{\theta[\hat{\xi}_i]}=\begin{pmatrix} e^{\theta[\hat{\omega}_i]} & (\boldsymbol{I}-e^{\theta[\hat{\omega}_i]})(\hat{\boldsymbol{\omega}}_i\times\boldsymbol{v}_i)+\theta_i\hat{\boldsymbol{\omega}}_i\hat{\boldsymbol{\omega}}_i^{\mathrm{T}}\boldsymbol{v}_i \\ \boldsymbol{0} & 1 \end{pmatrix}\quad(\hat{\boldsymbol{\omega}}_i\neq\boldsymbol{0})$$

则

$$e^{\theta_1[\hat{\xi}_1]}=\begin{pmatrix} \cos\theta_1 & -\sin\theta_1 & 0 & 0 \\ \sin\theta_1 & \cos\theta_1 & 0 & 0 \\ 0 & 0 & 1 & 0 \\ 0 & 0 & 0 & 1 \end{pmatrix},\quad e^{\theta_2[\hat{\xi}_2]}=\begin{pmatrix} \cos\theta_2 & -\sin\theta_2 & 0 & l_1(1-\cos\theta_2) \\ \sin\theta_2 & \cos\theta_2 & 0 & -l_1\sin\theta_2 \\ 0 & 0 & 1 & 0 \\ 0 & 0 & 0 & 1 \end{pmatrix},$$

$$e^{\theta_3[\hat{\xi}_3]}=\begin{pmatrix} \cos\theta_3 & -\sin\theta_3 & 0 & (l_1+l_2)(1-\cos\theta_3) \\ \sin\theta_3 & \cos\theta_3 & 0 & -(l_1+l_2)\sin\theta_3 \\ 0 & 0 & 1 & 0 \\ 0 & 0 & 0 & 1 \end{pmatrix}$$

因此，由式（5.6-11）可得

$${}_T^0\boldsymbol{T}(\boldsymbol{\theta})=e^{\theta_1[\hat{\xi}_1]}e^{\theta_2[\hat{\xi}_2]}e^{\theta_3[\hat{\xi}_3]}{}_T^0\boldsymbol{T}(\boldsymbol{0})=\begin{pmatrix} \cos\theta_{123} & -\sin\theta_{123} & 0 & l_1\cos\theta_1+l_2\cos\theta_{12}+l_3\cos\theta_{123} \\ \sin\theta_{123} & \cos\theta_{123} & 0 & l_1\sin\theta_1+l_2\sin\theta_{12}+l_3\sin\theta_{123} \\ 0 & 0 & 1 & 0 \\ 0 & 0 & 0 & 1 \end{pmatrix}$$

这与例 5-10 的结果完全一致。

【例 5-17】 利用 POE 公式对图 5-26a 所示的 SCARA 机器人进行正运动学求解。

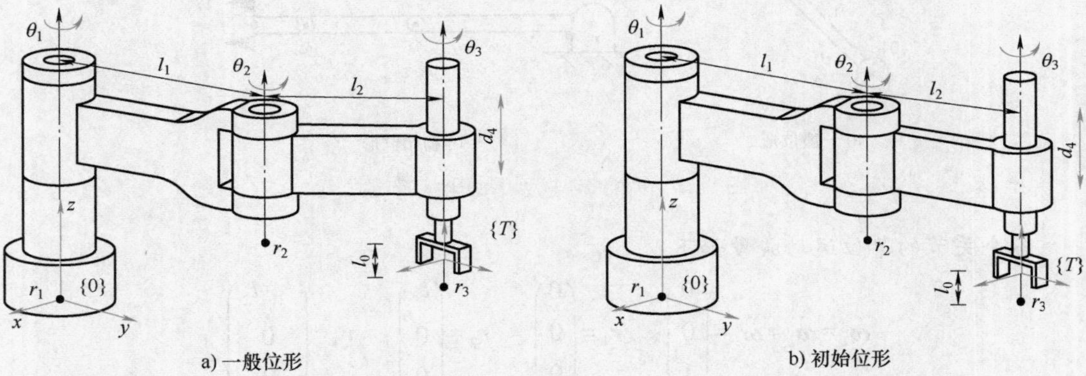

图 5-26 SCARA 机器人（一）

解法一：建立基坐标系$\{0\}$（与$\{S\}$系一致）和工具坐标系$\{T\}$，坐标系与参数如图 5-26a 所示。取机器人完全展开时的位形为初始位形（图 5-26b）。初始位形下，基坐标系与工具坐标系的变换为

$${}_T^S\boldsymbol{T}(\boldsymbol{0})={}_T^0\boldsymbol{T}(\boldsymbol{0})=\begin{pmatrix} \boldsymbol{I}_{3\times3} & \begin{matrix} 0 \\ l_1+l_2 \\ l_0 \end{matrix} \\ \boldsymbol{0} & 1 \end{pmatrix}$$

各个关节的单位运动旋量分别为

$$\hat{\boldsymbol{\omega}}_1=\hat{\boldsymbol{\omega}}_2=\hat{\boldsymbol{\omega}}_3=\hat{\boldsymbol{v}}_4=\begin{pmatrix}0\\0\\1\end{pmatrix},\quad \boldsymbol{r}_1=\begin{pmatrix}0\\0\\0\end{pmatrix},\quad \boldsymbol{r}_2=\begin{pmatrix}0\\l_1\\0\end{pmatrix},\quad \boldsymbol{r}_3=\begin{pmatrix}0\\l_1+l_2\\0\end{pmatrix}$$

因此，

$$\hat{\boldsymbol{\xi}}_1=\begin{pmatrix}\hat{\boldsymbol{\omega}}_1\\\boldsymbol{r}_1\times\hat{\boldsymbol{\omega}}_1\end{pmatrix}=\begin{pmatrix}0\\0\\1\\0\\0\\0\end{pmatrix},\quad \hat{\boldsymbol{\xi}}_2=\begin{pmatrix}\hat{\boldsymbol{\omega}}_2\\\boldsymbol{r}_2\times\hat{\boldsymbol{\omega}}_2\end{pmatrix}=\begin{pmatrix}0\\0\\1\\l_1\\0\\0\end{pmatrix},\quad \hat{\boldsymbol{\xi}}_3=\begin{pmatrix}\hat{\boldsymbol{\omega}}_3\\\boldsymbol{r}_3\times\hat{\boldsymbol{\omega}}_3\end{pmatrix}=\begin{pmatrix}0\\0\\1\\l_1+l_2\\0\\0\end{pmatrix},\quad \hat{\boldsymbol{\xi}}_4=\begin{pmatrix}\boldsymbol{0}\\\hat{\boldsymbol{v}}_4\end{pmatrix}=\begin{pmatrix}0\\0\\0\\0\\0\\1\end{pmatrix}$$

考虑到

$$\begin{cases}\mathrm{e}^{\theta[\hat{\boldsymbol{\xi}}]}=\begin{pmatrix}\mathrm{e}^{\theta[\hat{\boldsymbol{\omega}}]} & (\boldsymbol{I}-\mathrm{e}^{\theta[\hat{\boldsymbol{\omega}}]})(\hat{\boldsymbol{\omega}}\times\boldsymbol{v})+\theta\hat{\boldsymbol{\omega}}\hat{\boldsymbol{\omega}}^{\mathrm{T}}\boldsymbol{v}\\\boldsymbol{0} & 1\end{pmatrix} & (\hat{\boldsymbol{\omega}}\neq\boldsymbol{0})\\ \mathrm{e}^{\theta[\hat{\boldsymbol{\xi}}]}=\begin{pmatrix}\boldsymbol{I} & \theta\hat{\boldsymbol{v}}\\\boldsymbol{0} & 1\end{pmatrix} & (\hat{\boldsymbol{\omega}}=\boldsymbol{0})\end{cases}$$

则

$$\mathrm{e}^{\theta_1[\hat{\boldsymbol{\xi}}_1]}=\begin{pmatrix}\cos\theta_1 & -\sin\theta_1 & 0 & 0\\\sin\theta_1 & \cos\theta_1 & 0 & 0\\0 & 0 & 1 & 0\\0 & 0 & 0 & 1\end{pmatrix},\quad \mathrm{e}^{\theta_2[\hat{\boldsymbol{\xi}}_2]}=\begin{pmatrix}\cos\theta_2 & -\sin\theta_2 & 0 & l_1\sin\theta_2\\\sin\theta_2 & \cos\theta_2 & 0 & l_1(1-\cos\theta_2)\\0 & 0 & 1 & 0\\0 & 0 & 0 & 1\end{pmatrix}$$

$$\mathrm{e}^{\theta_3[\hat{\boldsymbol{\xi}}_3]}=\begin{pmatrix}\cos\theta_3 & -\sin\theta_3 & 0 & (l_1+l_2)\sin\theta_2\\\sin\theta_3 & \cos\theta_3 & 0 & (l_1+l_2)(1-\cos\theta_2)\\0 & 0 & 1 & 0\\0 & 0 & 0 & 1\end{pmatrix},\quad \mathrm{e}^{d_4[\hat{\boldsymbol{\xi}}_4]}=\begin{pmatrix}1 & 0 & 0 & 0\\0 & 1 & 0 & 0\\0 & 0 & 1 & d_4\\0 & 0 & 0 & 1\end{pmatrix}$$

将上面各参数式代入式（5.6-10）或（5.6-11），可得到机器人的运动学正解如下：

$${}_T^S\boldsymbol{T}(\boldsymbol{q})={}_T^0\boldsymbol{T}(\boldsymbol{q})=\mathrm{e}^{\theta_1[\hat{\boldsymbol{\xi}}_1]}\mathrm{e}^{\theta_2[\hat{\boldsymbol{\xi}}_2]}\mathrm{e}^{\theta_3[\hat{\boldsymbol{\xi}}_3]}\mathrm{e}^{d_4[\hat{\boldsymbol{\xi}}_4]}\,{}_T^S\boldsymbol{T}(\boldsymbol{0})=\begin{pmatrix}\cos\theta_{123} & -\sin\theta_{123} & 0 & -l_1\sin\theta_1-l_2\sin\theta_{12}\\\sin\theta_{123} & \cos\theta_{123} & 0 & l_1\cos\theta_1+l_2\cos\theta_{12}\\0 & 0 & 1 & l_0+d_4\\0 & 0 & 0 & 1\end{pmatrix}$$

这与例 5-11 的结果完全一致。

解法二：建立如图 5-27a 所示的惯性坐标系和工具坐标系（两者初始位形下重合），并且仍然取机器人完全展开时的位形为初始位形（图 5-27b）。这时，初始位形下惯性坐标系与工具坐标系的变换满足

$${}_T^S\boldsymbol{T}(\boldsymbol{0})=\boldsymbol{I}_{4\times4}$$

各个关节的单位运动旋量表示如下：

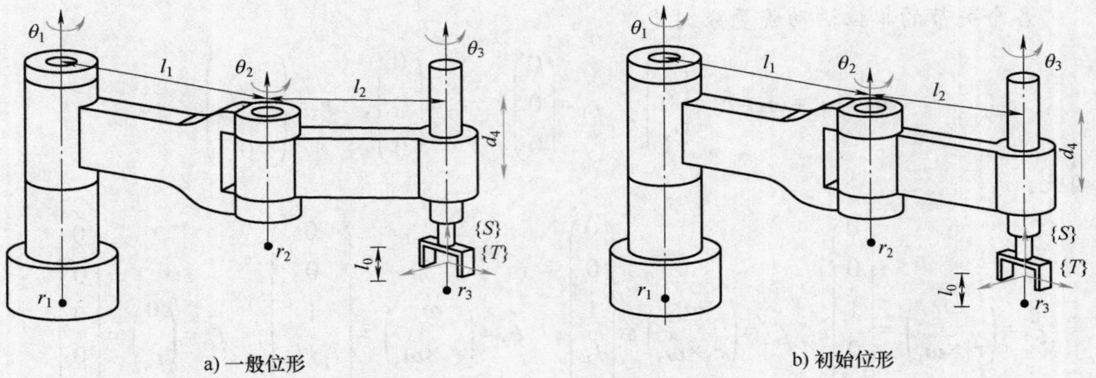

图 5-27　SCARA 机器人（二）

$$\hat{\boldsymbol{\omega}}_1=\hat{\boldsymbol{\omega}}_2=\hat{\boldsymbol{\omega}}_3=\hat{\boldsymbol{v}}_4=\begin{pmatrix}0\\0\\1\end{pmatrix},\quad \boldsymbol{r}_1=\begin{pmatrix}0\\-l_1-l_2\\0\end{pmatrix},\quad \boldsymbol{r}_2=\begin{pmatrix}0\\-l_2\\0\end{pmatrix},\quad \boldsymbol{r}_3=\begin{pmatrix}0\\0\\0\end{pmatrix}$$

因此，

$$\hat{\boldsymbol{\xi}}_1=\begin{pmatrix}\hat{\boldsymbol{\omega}}_1\\ \boldsymbol{r}_1\times\hat{\boldsymbol{\omega}}_1\end{pmatrix}=\begin{pmatrix}0\\0\\1\\-l_1-l_2\\0\\0\end{pmatrix},\quad \hat{\boldsymbol{\xi}}_2=\begin{pmatrix}\hat{\boldsymbol{\omega}}_2\\ \boldsymbol{r}_2\times\hat{\boldsymbol{\omega}}_2\end{pmatrix}=\begin{pmatrix}0\\0\\1\\-l_2\\0\\0\end{pmatrix},\quad \hat{\boldsymbol{\xi}}_3=\begin{pmatrix}\hat{\boldsymbol{\omega}}_3\\ \boldsymbol{r}_3\times\hat{\boldsymbol{\omega}}_3\end{pmatrix}=\begin{pmatrix}0\\0\\1\\0\\0\\0\end{pmatrix},\quad \hat{\boldsymbol{\xi}}_4=\begin{pmatrix}\boldsymbol{0}\\ \hat{\boldsymbol{v}}_4\end{pmatrix}=\begin{pmatrix}0\\0\\0\\0\\0\\1\end{pmatrix}$$

将上面各参数式代入式（5.6-12），可得到机器人的运动学正解如下：

$${}_T^S\boldsymbol{T}(\boldsymbol{\theta})=\mathrm{e}^{\theta_1\hat{\xi}_1}\mathrm{e}^{\theta_2\hat{\xi}_2}\mathrm{e}^{\theta_3\hat{\xi}_3}\mathrm{e}^{\theta_4\hat{\xi}_4}=\begin{pmatrix}\cos\theta_{123} & -\sin\theta_{123} & 0 & -l_1\sin\theta_1-l_2\sin\theta_{12}\\ \sin\theta_{123} & \cos\theta_{123} & 0 & -l_1-l_2+l_1\cos\theta_1+l_2\cos\theta_{12}\\ 0 & 0 & 1 & d_4\\ 0 & 0 & 0 & 1\end{pmatrix}$$

不妨将解法一和解法二进行一下比较。

5.6.2　位移反解的指数积公式

1. 三个原则

为求解一般情况下的串联机器人位移反解问题，不妨设法将其分解成若干个解为已知的有明确几何意义的子问题。在具体讨论子问题之前，先给出三个原则，即：①位置保持不变原则；②距离保持不变原则；③姿态保持不变原则，如图 5-28 所示。其中前两个原则与转动有关，第三个原则与移动有关。

(1) 位置保持不变原则　给定一个纯转动，轴线的旋量坐标为 $\hat{\boldsymbol{\xi}}=(\hat{\boldsymbol{\omega}};\boldsymbol{r}\times\hat{\boldsymbol{\omega}})$，则该转轴上任一点 P 的位置保持不变，即 $\mathrm{e}^{\theta[\hat{\xi}]}\boldsymbol{p}=\boldsymbol{p}$（图 5-28a）。

证明：由齐次变换矩阵

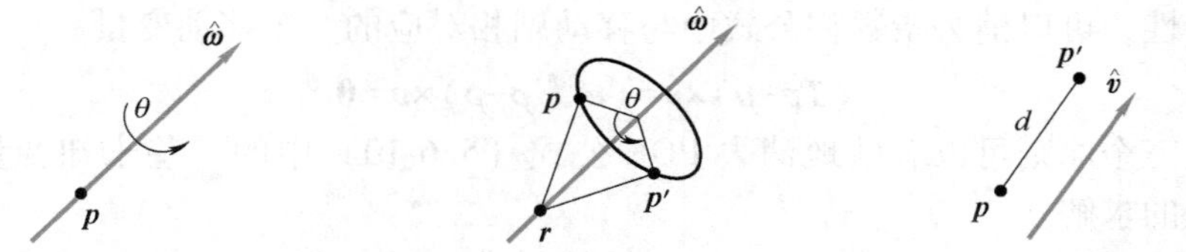

a) 纯转动下轴线位置保持不变　b) 纯转动下距离保持不变　c) 纯移动下姿态保持不变

图 5-28　三个原则

$$T=e^{\theta[\hat{\xi}]}=\begin{pmatrix} e^{\theta[\hat{\omega}]} & (I-e^{\theta[\hat{\omega}]})r+h\theta\hat{\omega} \\ 0 & 1 \end{pmatrix}$$

得到

$$Tp=r+e^{\theta[\hat{\omega}]}(p-r)+h\theta\hat{\omega}$$

由于 $\hat{\omega}$ 是旋转轴，因此 $h=0$。同时考虑到 p、r 都在旋转轴线上，因此，$p-r=\lambda\hat{\omega}$。上式简化为

$$Tp=r+\lambda e^{\theta[\hat{\omega}]}\hat{\omega} \tag{5.6-19}$$

对 $e^{\theta[\hat{\omega}]}$ 展开，得到

$$e^{\theta[\hat{\omega}]}=I+[\hat{\omega}]\sin\theta+[\hat{\omega}]^2(1-\cos\theta) \tag{5.6-20}$$

代入式（5.6-19），化简得到

$$Tp=p \tag{5.6-21}$$

基于该特性，可以消去指数积公式中与转动副相对应的一个角度变量。

$$Tp=e^{\theta[\hat{\xi}]}p=p \tag{5.6-22}$$

（2）距离保持不变原则　给定一个纯转动，轴线的旋量坐标为 $\hat{\xi}=(\hat{\omega};r\times\hat{\omega})$，则不在转轴上的任一点 P 到转轴上定点 R 的距离保持不变，即 $|e^{\theta[\hat{\xi}]}p-r|=|p-r|$（图 5-28b）。

证明：对于旋转变换 $T=e^{\theta[\hat{\xi}]}$，$\hat{\xi}=(\hat{\omega};r\times\hat{\omega})$。由于 r 是转轴上的一点，因此由式（5.6-21）可知 $Tr=r$，则

$$|Tp-r|=|Tp-Tr|=|T(p-r)|$$

由刚体运动的特点可知，$|T(p-r)|=|p-r|$，因此，有

$$|Tp-r|=|p-r|$$

基于该特性，可以消去指数积公式中与转动副相对应的一个角度变量。

$$|Tp-r|=|e^{\theta[\hat{\xi}]}p-r|=|p-r| \tag{5.6-23}$$

（3）姿态保持不变原则　给定一个沿单位运动旋量为 $\hat{\xi}=(0;\hat{v})$ 的纯移动，则对于空间中的任一点 P 均满足$(e^{d[\hat{\xi}]}p-p)\times\hat{v}=0$（图 5-28c）。

证明：对于移动变换 $T=e^{d[\hat{\xi}]}$，$\hat{\xi}=(0;\hat{v})$，有

$$T=\begin{pmatrix} I & d\hat{v} \\ 0 & 1 \end{pmatrix}$$

则

$$Tp=p+d\hat{v}$$

因此

$$(Tp-p)\times\hat{v}=d\hat{v}\times\hat{v}=0$$

基于该特性，可以消去指数积公式中与移动副相对应的一个移动变量。

$$(\boldsymbol{T}\boldsymbol{p}-\boldsymbol{p})\times\hat{\boldsymbol{v}}=(\mathrm{e}^{d[\hat{\boldsymbol{\xi}}]}\boldsymbol{p}-\boldsymbol{p})\times\hat{\boldsymbol{v}}=\boldsymbol{0} \tag{5.6-24}$$

应用以上三个原则可以有效地消去 POE 公式（5.6-10）中的一些未知变量，从而简化逆运动学方程的求解。

【例 5-18】 已知 6 自由度 PRRRRR 机器人，其结构如图 5-29 所示，其中后三个转动关节的轴线交于一点 P。

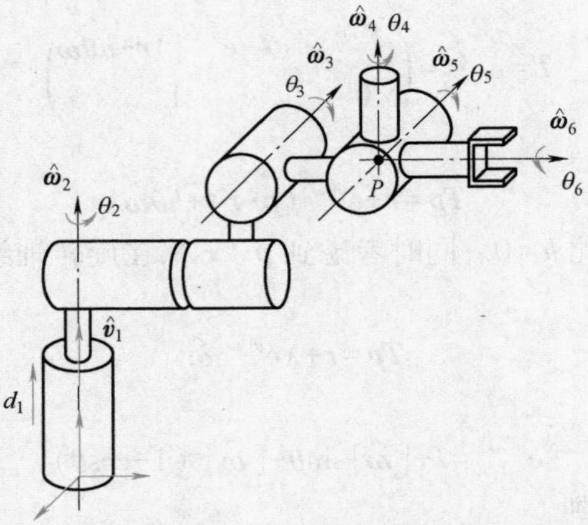

图 5-29　6 自由度 PRRRRR 机器人的机构简图

解：根据式（5.6-12），可得

$$\boldsymbol{T}=\mathrm{e}^{d_1[\hat{\boldsymbol{\xi}}_1]}\mathrm{e}^{\theta_2[\hat{\boldsymbol{\xi}}_2]}\cdots\mathrm{e}^{\theta_6[\hat{\boldsymbol{\xi}}_6]}$$

式中，$\hat{\boldsymbol{\xi}}_1=(\boldsymbol{0};\hat{\boldsymbol{v}}_1)$ 为移动副的单位运动旋量；$\hat{\boldsymbol{\xi}}_i(i=2,3,\cdots,6)$ 为转动副的单位运动旋量。由于后三个转动关节相交于一点 P，因此，应用位置保持不变原则，由式（5.6-21）可得

$$\mathrm{e}^{\theta_4[\hat{\boldsymbol{\xi}}_4]}\mathrm{e}^{\theta_5[\hat{\boldsymbol{\xi}}_5]}\mathrm{e}^{\theta_6[\hat{\boldsymbol{\xi}}_6]}\boldsymbol{p}=\boldsymbol{p}$$

这样可将后三个转动关节变量从指数积公式中消掉，剩下的指数积子链仅含有三个未知关节变量。因此得到

$$\mathrm{e}^{d_1[\hat{\boldsymbol{\xi}}_1]}\mathrm{e}^{\theta_2[\hat{\boldsymbol{\xi}}_2]}\mathrm{e}^{\theta_3[\hat{\boldsymbol{\xi}}_3]}\boldsymbol{p}=\boldsymbol{T}\boldsymbol{p}$$

【例 5-19】 考察图 5-30 所示的空间 RRR 机器人的位移反解。

解：根据式（5.6-12），可得

$$\boldsymbol{T}(\boldsymbol{\theta})=\mathrm{e}^{\theta_1[\hat{\boldsymbol{\xi}}_1]}\mathrm{e}^{\theta_2[\hat{\boldsymbol{\xi}}_2]}\mathrm{e}^{\theta_3[\hat{\boldsymbol{\xi}}_3]}$$

式中，$\hat{\boldsymbol{\xi}}_1$、$\hat{\boldsymbol{\xi}}_2$、$\hat{\boldsymbol{\xi}}_3$ 分别为三个转动关节的单位运动旋量。进行如下变换：

$$\boldsymbol{T}\boldsymbol{p}=\mathrm{e}^{\theta_1[\hat{\boldsymbol{\xi}}_1]}\mathrm{e}^{\theta_2[\hat{\boldsymbol{\xi}}_2]}\mathrm{e}^{\theta_3[\hat{\boldsymbol{\xi}}_3]}\boldsymbol{p}=\mathrm{e}^{\theta_1[\hat{\boldsymbol{\xi}}_1]}(\mathrm{e}^{\theta_2[\hat{\boldsymbol{\xi}}_2]}\mathrm{e}^{\theta_3[\hat{\boldsymbol{\xi}}_3]}\boldsymbol{p})=\boldsymbol{T}_1(\theta_1)\boldsymbol{q}$$

式中，$\boldsymbol{T}_1(\theta_1)=\mathrm{e}^{\theta_1[\hat{\boldsymbol{\xi}}_1]}$，$\boldsymbol{q}=\mathrm{e}^{\theta_2[\hat{\boldsymbol{\xi}}_2]}\mathrm{e}^{\theta_3[\hat{\boldsymbol{\xi}}_3]}\boldsymbol{p}$。应用距离保持不变原则，由式（5.6-23）可得

$$|\boldsymbol{T}_1(\theta_1)\boldsymbol{q}-\boldsymbol{r}|=|\boldsymbol{q}-\boldsymbol{r}|$$

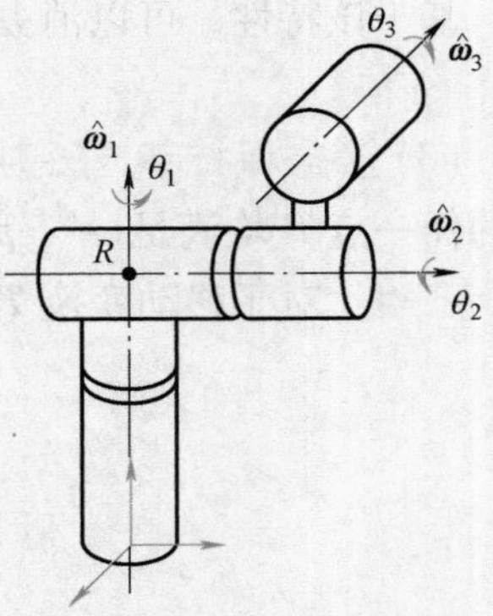

图 5-30　空间 RRR 机器人的机构简图

式中，$\boldsymbol{r}$ 为转动关节 $\hat{\boldsymbol{\xi}}_1$ 轴线上的任一点。

由此可消去转动关节变量 θ_1，即

$$|\mathrm{e}^{\theta_2[\hat{\xi}_2]}\mathrm{e}^{\theta_3[\hat{\xi}_3]}\boldsymbol{p}-\boldsymbol{r}|=|\boldsymbol{T}\boldsymbol{p}-\boldsymbol{r}|$$

【例 5-20】 考察图 5-31 所示的空间 PRR 机器人的位移反解。

解：根据式（5.6-12），可得

$$\boldsymbol{T}(\boldsymbol{\theta})=\mathrm{e}^{d_1[\hat{\xi}_1]}\mathrm{e}^{\theta_2[\hat{\xi}_2]}\mathrm{e}^{\theta_3[\hat{\xi}_3]}$$

式中，$\hat{\boldsymbol{\xi}}_1=(\boldsymbol{0};\hat{\boldsymbol{v}}_1)$ 为移动副的单位运动旋量；$\hat{\boldsymbol{\xi}}_2$、$\hat{\boldsymbol{\xi}}_3$ 为转动副的单位运动旋量。

$$\boldsymbol{T}\boldsymbol{p}=\mathrm{e}^{d_1[\hat{\xi}_1]}\mathrm{e}^{\theta_2[\hat{\xi}_2]}\mathrm{e}^{\theta_3[\hat{\xi}_3]}\boldsymbol{p}=\mathrm{e}^{d_1[\hat{\xi}_1]}(\mathrm{e}^{\theta_2[\hat{\xi}_2]}\mathrm{e}^{\theta_3[\hat{\xi}_3]}\boldsymbol{p})=\boldsymbol{T}_1(\theta_1)\boldsymbol{q}$$

式中，$\boldsymbol{T}_1(d_1)=\mathrm{e}^{d_1[\hat{\xi}_1]}$；$\boldsymbol{q}=\mathrm{e}^{\theta_2[\hat{\xi}_2]}\mathrm{e}^{\theta_3[\hat{\xi}_3]}\boldsymbol{p}$。应用姿态保持不变原则，由式（5.6-24）得到

$$[\boldsymbol{T}_1(d_1)\boldsymbol{q}-\boldsymbol{q}]\times\hat{\boldsymbol{v}}_1=\boldsymbol{0}$$

由此可消去移动关节变量，即

$$[\boldsymbol{T}(\boldsymbol{\theta})\boldsymbol{p}-\mathrm{e}^{\theta_2[\hat{\xi}_2]}\mathrm{e}^{\theta_3[\hat{\xi}_3]}\boldsymbol{p}]\times\hat{\boldsymbol{v}}_1=\boldsymbol{0}$$

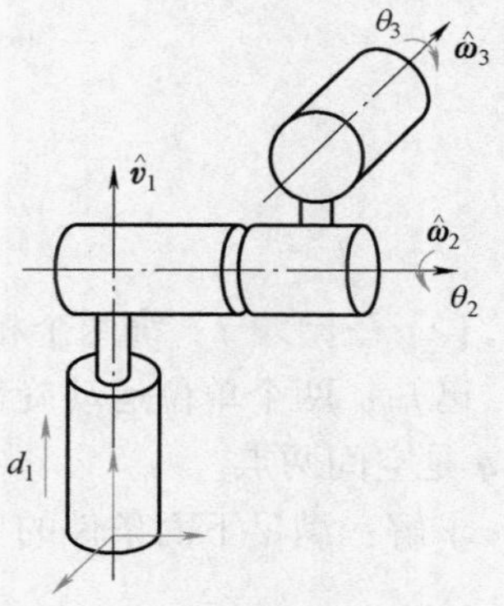

图 5-31 空间 PRR 机器人的机构简图

2. 三个子问题

逆运动学求解的子问题一般是指涉及关节个数不超过 3，且具有明确几何意义的情况。所有子问题求解都是建立在几个基本子问题基础之上的，通常称之为 **Paden-Kahan** 子问题。

（1）子问题 1 绕某个固定轴的旋转。

已知：单位运动旋量 $\hat{\boldsymbol{\xi}}=(\hat{\boldsymbol{\omega}};\boldsymbol{r}\times\hat{\boldsymbol{\omega}})$，$\boldsymbol{p}$、$\boldsymbol{q}$ 是空间两点。

求解：满足条件 $\mathrm{e}^{\theta[\hat{\xi}]}\boldsymbol{p}=\boldsymbol{q}$ 的 θ。

解：该问题实质上是将点 $\boldsymbol{p}$ 绕给定轴 $\hat{\boldsymbol{\omega}}$ 旋转到与点 $\boldsymbol{q}$ 重合，如图 5-32 所示。为此，假设 $\boldsymbol{r}$ 是转轴上的一点，定义

$$\boldsymbol{u}=\boldsymbol{p}-\boldsymbol{r},\boldsymbol{v}=\boldsymbol{q}-\boldsymbol{r}$$

由于

$$\mathrm{e}^{\theta[\hat{\xi}]}\boldsymbol{p}=\boldsymbol{q},\quad \mathrm{e}^{\theta[\hat{\xi}]}\boldsymbol{r}=\boldsymbol{r}\quad（位置保持不变原则）$$

则

$$\mathrm{e}^{\theta[\hat{\xi}]}\boldsymbol{u}=\boldsymbol{v} \tag{5.6-25}$$

定义 $\boldsymbol{u}'$、$\boldsymbol{v}'$ 为 $\boldsymbol{u}$、$\boldsymbol{v}$ 在垂直于转轴 $\hat{\boldsymbol{\omega}}$ 的平面上的投影，则

$$\boldsymbol{u}'=\boldsymbol{u}-\hat{\boldsymbol{\omega}}\hat{\boldsymbol{\omega}}^{\mathrm{T}}\boldsymbol{u},\quad \boldsymbol{v}'=\boldsymbol{v}-\hat{\boldsymbol{\omega}}\hat{\boldsymbol{\omega}}^{\mathrm{T}}\boldsymbol{v} \tag{5.6-26}$$

式（5.6-25）有解的条件是当且仅当 $\boldsymbol{u}$、$\boldsymbol{v}$ 在旋转轴 $\hat{\boldsymbol{\omega}}$ 上的投影等长，在与轴 $\hat{\boldsymbol{\omega}}$ 垂直的平面上的投影也等长，即

$$\hat{\boldsymbol{\omega}}^{\mathrm{T}}\boldsymbol{u}=\hat{\boldsymbol{\omega}}^{\mathrm{T}}\boldsymbol{v},\quad |\boldsymbol{u}'|=|\boldsymbol{v}'| \tag{5.6-27}$$

如果式（5.6-27）成立，可根据投影矢量 $\boldsymbol{u}'$、$\boldsymbol{v}'$ 求得 θ。若 $\boldsymbol{u}'\neq\boldsymbol{0}$，则

$$\begin{cases}\boldsymbol{u}'\cdot\boldsymbol{v}'=|\boldsymbol{u}'||\boldsymbol{v}'|\cos\theta\\ \boldsymbol{u}'\times\boldsymbol{v}'=\hat{\boldsymbol{\omega}}|\boldsymbol{u}'||\boldsymbol{v}'|\sin\theta\end{cases}\tag{5.6-28}$$

$$\theta=\operatorname{Atan2}(\hat{\boldsymbol{\omega}}^{\mathrm{T}}(\boldsymbol{u}'\times\boldsymbol{v}'),\boldsymbol{u}'^{\mathrm{T}}\boldsymbol{v}')\tag{5.6-29}$$

若 $\boldsymbol{u}'=\boldsymbol{0}$，则存在无穷多个解。这时，$\boldsymbol{p}=\boldsymbol{r}$ 且两点都在旋转轴上。

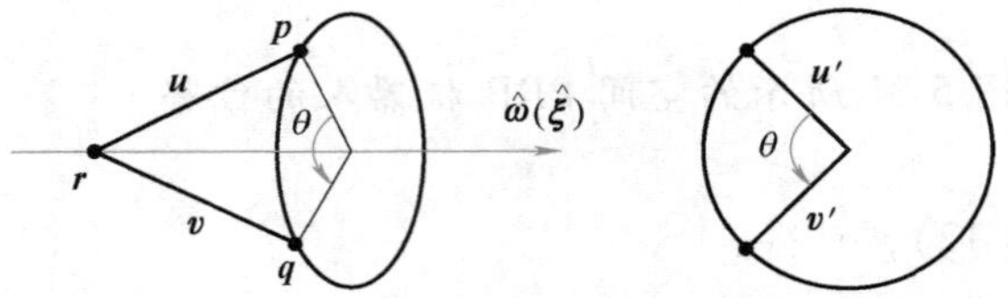

图 5-32　子问题 1 的求解

（2）子问题 2　绕两个相交轴的旋转。

已知：两个单位运动旋量 $\hat{\boldsymbol{\xi}}_1=(\hat{\boldsymbol{\omega}}_1;\boldsymbol{r}\times\hat{\boldsymbol{\omega}}_1)$，$\hat{\boldsymbol{\xi}}_2=(\hat{\boldsymbol{\omega}}_2;\boldsymbol{r}\times\hat{\boldsymbol{\omega}}_2)$，$\hat{\boldsymbol{\omega}}_1$ 与 $\hat{\boldsymbol{\omega}}_2$ 轴相交于一点 $\boldsymbol{r}$，$\boldsymbol{p}$、$\boldsymbol{q}$ 是空间两点。

求解：满足下面条件的 θ_1，θ_2。

$$\mathrm{e}^{\theta_1[\hat{\xi}_1]}\mathrm{e}^{\theta_2[\hat{\xi}_2]}\boldsymbol{p}=\boldsymbol{q}\tag{5.6-30}$$

解：该问题实质上是将点 $\boldsymbol{p}$ 绕给定轴 $\hat{\boldsymbol{\omega}}_2$ 旋转 θ_2，再绕轴 $\hat{\boldsymbol{\omega}}_1$ 旋转 θ_1 到与点 $\boldsymbol{q}$ 重合，如图 5-33 所示。为此，令 $\boldsymbol{q}_1$ 是转轴 $\hat{\boldsymbol{\omega}}_1$ 上的任一点，由距离保持不变原则得到

$$|\mathrm{e}^{\theta_2[\hat{\xi}_2]}\boldsymbol{p}-\boldsymbol{q}_1|=|\boldsymbol{q}-\boldsymbol{q}_1|$$

令 $\delta=|\boldsymbol{q}-\boldsymbol{q}_1|$，则

$$|\mathrm{e}^{\theta_2[\hat{\xi}_2]}\boldsymbol{p}-\boldsymbol{q}_1|=\delta$$

令 $\boldsymbol{q}_2$ 是转轴 $\hat{\boldsymbol{\omega}}_2$ 上的任一点，并定义

$$\boldsymbol{u}=\boldsymbol{p}-\boldsymbol{q}_2,\quad \boldsymbol{v}=\boldsymbol{q}_1-\boldsymbol{q}_2$$

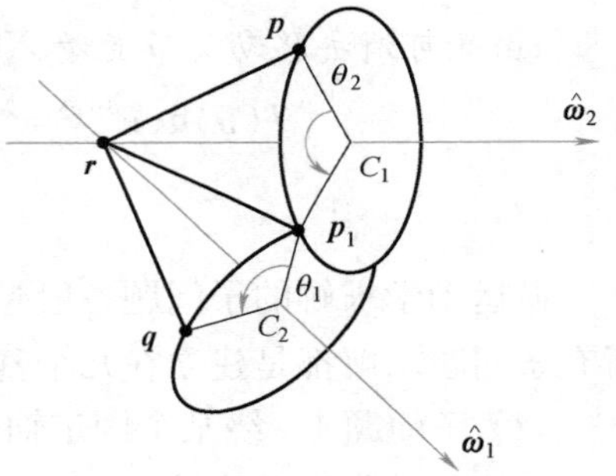

图 5-33　子问题 2 示意

因此，有

$$|\mathrm{e}^{\theta_2[\hat{\xi}_2]}\boldsymbol{u}-\boldsymbol{v}|^2=\delta^2$$

将所有点向垂直于 $\hat{\boldsymbol{\omega}}_2$ 的平面上投影，并定义 $\boldsymbol{u}'$、$\boldsymbol{v}'$ 分别为 $\boldsymbol{u}$、$\boldsymbol{v}$ 在垂直于 $\hat{\boldsymbol{\omega}}_2$ 的平面上的投影（图 5-34），则

$$\boldsymbol{u}'=\boldsymbol{u}-\hat{\boldsymbol{\omega}}_2\hat{\boldsymbol{\omega}}_2^{\mathrm{T}}\boldsymbol{u},\quad \boldsymbol{v}'=\boldsymbol{v}-\hat{\boldsymbol{\omega}}_2\hat{\boldsymbol{\omega}}_2^{\mathrm{T}}\boldsymbol{v}$$

同样对 δ 投影，可以得到

$$\delta'^2=\delta^2-|\hat{\boldsymbol{\omega}}_2^{\mathrm{T}}(\boldsymbol{p}-\boldsymbol{q}_1)|^2$$

这样，上式变成

$$|\mathrm{e}^{\theta_2[\hat{\omega}_2]}\boldsymbol{u}'-\boldsymbol{v}'|=\delta'^2$$

设 θ_0 为矢量 $\boldsymbol{u}'$ 与 $\boldsymbol{v}'$ 之间的夹角，则

$$\theta=\operatorname{Atan2}(\hat{\boldsymbol{\omega}}^{\mathrm{T}}(\boldsymbol{u}'\times\boldsymbol{v}'),\boldsymbol{u}'^{\mathrm{T}}\boldsymbol{v}')\tag{5.6-31}$$

现在用余弦定理来求解角 $\phi=\theta_0-\theta_2$。由图 5-34 可知，

$$|\boldsymbol{u}'|^2+|\boldsymbol{v}'|^2-2|\boldsymbol{u}'||\boldsymbol{v}'|\cos\phi=\delta'^2$$

因此，有

$$\theta_2=\theta_0 \pm \arccos \frac{|\boldsymbol{u}'|^2+|\boldsymbol{v}'|^2-\delta'^2}{2|\boldsymbol{u}'||\boldsymbol{v}'|} \tag{5.6-32}$$

此式可能无解，也可能有 1 个或 2 个解，这取决于半径为 $|\boldsymbol{u}'|$ 的圆与半径为 δ' 的圆的交点的数目。

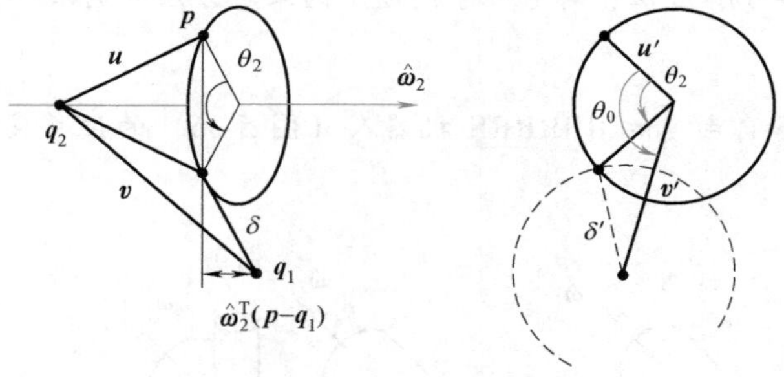

图 5-34　子问题 2 的求解

求得了 θ_2，则可由 $\boldsymbol{p}_1=\mathrm{e}^{\theta_2[\hat{\xi}_2]}\boldsymbol{p}$ 求得 $\boldsymbol{p}_1$，再根据 $\mathrm{e}^{\theta_1[\hat{\xi}_1]}\boldsymbol{p}_1=\boldsymbol{q}$ 计算出 θ_1（具体求解方法参考子问题 1）。

（3）子问题 3　沿某个轴线的移动。

已知：$\hat{\boldsymbol{\xi}}=(\boldsymbol{0};\hat{\boldsymbol{v}})$ 为一个无穷大节距的单位运动旋量，$\boldsymbol{p}$、$\boldsymbol{q}$ 是空间两点。

求解：满足条件 $\mathrm{e}^{d[\hat{\xi}]}\boldsymbol{p}=\boldsymbol{q}$ 的 d。

解：该问题实质上是将点 $\boldsymbol{p}$ 沿给定轴 $\hat{\boldsymbol{v}}$ 移动到与点 $\boldsymbol{q}$ 重合，如图 5-35 所示。很显然

$$\theta=(\boldsymbol{q}-\boldsymbol{p})\cdot\hat{\boldsymbol{v}} \tag{5.6-33}$$

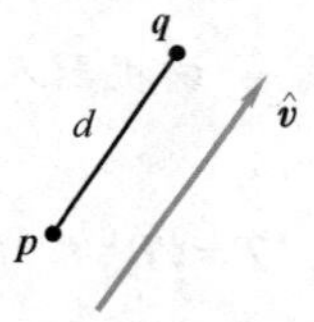

图 5-35　子问题 3 示意

下面举两个例子来说明如何应用上述子问题对复杂机器人求位移反解。

【例 5-21】　求 SCARA 机器人（图 5-17）的位移反解。

解：前面例 5-11 中已经讨论过 SCARA 机器人的位移正解问题，下面来求它的反解。

1）求 d_4。

已知机器人在末端工具坐标系下的位形为

$$\boldsymbol{T}(\boldsymbol{q})=\mathrm{e}^{\theta_1[\hat{\xi}_1]}\mathrm{e}^{\theta_2[\hat{\xi}_2]}\mathrm{e}^{\theta_3[\hat{\xi}_3]}\mathrm{e}^{d_4[\hat{\xi}_4]}\boldsymbol{T}(\boldsymbol{0})=\begin{pmatrix}\cos\psi & -\sin\psi & 0 & x\\ \sin\psi & \cos\psi & 0 & y\\ 0 & 0 & 1 & z\\ 0 & 0 & 0 & 1\end{pmatrix}$$

在前面的正运动学求解过程中，已推导出了工具坐标系原点的位置坐标为

$$\boldsymbol{p}(\boldsymbol{q})=\begin{pmatrix}x\\ y\\ z\end{pmatrix}=\begin{pmatrix}-l_1\sin\theta_1-l_2\sin(\theta_1+\theta_2)\\ l_1\cos\theta_1+l_2\cos(\theta_1+\theta_2)\\ l_0+d_4\end{pmatrix}$$

由此导出 $d_4=z-l_0$。可以看出对 θ_4 的求解没有利用前面讨论过的任一子问题。

2）求 θ_1、θ_2、θ_3。

$$e^{\theta_1[\hat{\xi}_1]}e^{\theta_2[\hat{\xi}_2]}e^{\theta_3[\hat{\xi}_3]}=\boldsymbol{T}(\boldsymbol{q})\boldsymbol{T}^{-1}(\boldsymbol{0})e^{-d_4[\hat{\xi}_4]}$$

上式的右边是已知量，从方程形式上看属于子问题 2，因此可按照对子问题 2 的求解方法进行求解，这样可解出 θ_3；再通过子问题 1 的求解方法分别求得 θ_1、θ_2。

【例 5-22】 求 6 自由度的 RRRRRR 机器人（图 5-36）的位移反解（RRR 表示汇交于一点）。

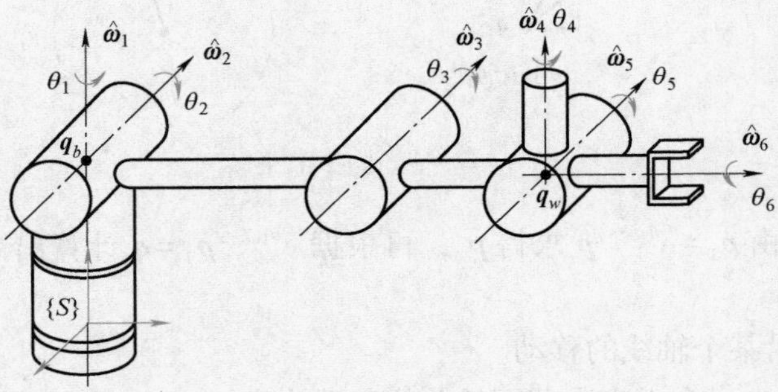

图 5-36 6 自由度的 RRRRRR 机器人

解：该机器人的 POE 公式为

$$\boldsymbol{T}=e^{\theta_1[\hat{\xi}_1]}e^{\theta_2[\hat{\xi}_2]}\cdots e^{\theta_6[\hat{\xi}_6]} \tag{5.6-34}$$

式中，$\boldsymbol{T}={}_T^0\boldsymbol{T}\,{}_T^0\boldsymbol{T}^{-1}(\boldsymbol{0})$；$\hat{\boldsymbol{\xi}}_i=(\hat{\boldsymbol{\omega}}_i,\boldsymbol{v}_i)(i=1,2,3,\cdots,6)$ 为各个转动副的单位运动旋量。

1）利用子问题 2 求解 θ_1、θ_2、θ_3。

由于后三个转动关节相交于一点 $\boldsymbol{q}_w$，因此，应用位置保持不变原则可得

$$e^{\theta_4[\hat{\xi}_4]}e^{\theta_5[\hat{\xi}_5]}e^{\theta_6[\hat{\xi}_6]}\boldsymbol{q}_w=\boldsymbol{q}_w$$

这样可将后三个转动关节变量从指数积公式中消掉，剩下的 POE 公式中仅含有 3 个未知关节变量，即

$$e^{\theta_1[\hat{\xi}_1]}e^{\theta_2[\hat{\xi}_2]}e^{\theta_3[\hat{\xi}_3]}\boldsymbol{q}_w=\boldsymbol{T}\boldsymbol{q}_w$$

令 $\boldsymbol{p}_w=\boldsymbol{T}(\boldsymbol{\theta})\boldsymbol{q}_w$，则上式变成

$$e^{\theta_1[\hat{\xi}_1]}e^{\theta_2[\hat{\xi}_2]}e^{\theta_3[\hat{\xi}_3]}\boldsymbol{q}_w=\boldsymbol{p}_w$$

再应用子问题对其进行求解：考虑该机器人前三个关节的特点——前两个关节轴线相交。这样，可先求出 θ_3。再根据 $e^{\theta_1[\hat{\xi}_1]}e^{\theta_2[\hat{\xi}_2]}\boldsymbol{p}_1=\boldsymbol{q}$ 求得 θ_1、θ_2（参考子问题 2）。

2）利用子问题 2 求解 θ_4、θ_5、θ_6。

由式（5.6-10）可得

$$e^{-\theta_3[\hat{\xi}_3]}e^{-\theta_2[\hat{\xi}_2]}e^{-\theta_1[\hat{\xi}_1]}\boldsymbol{T}=e^{\theta_4[\hat{\xi}_4]}e^{\theta_5[\hat{\xi}_5]}e^{\theta_6[\hat{\xi}_6]}$$

上面的方程中左边为已知量，同样可利用子问题 2 的求解方法对上式求解。

5.7 机器人的工作空间

根据机器人的位移正、反解，可以进一步确定机器人的工作空间（workspace）。

机器人工作空间的概念最早由罗斯（Roth）在 1975 年提出，是指机器人末端可到达的区域（空间点集合），其大小是衡量机器人性能的重要指标。实际上对于一般多自由度机器人机构的工作空间而言，至少包含两种类型：可达工作空间（reachable workspace）和灵活工作空间（dexterous workspace）。可达工作空间是指机器人末端至少能以一种姿态到达的所有位置点的集合；灵活工作空间是指机器人末端可以从任何方向（以任何姿态）到达的位置点的集合。换句话说，当机器人末端位于灵活工作空间的 Q 点时，机器人末端可以绕通过 Q 点的所有直线轴线做整周转动。显然，灵活工作空间是可达工作空间的一个子空间。灵活工作空间又称为机器人可达工作空间的一级子空间，而可达工作空间的其余部分称为可达工作空间的二级子空间。

以平面 2R 机器人为例。根据可达工作空间和灵活工作空间的定义，很容易确定它的两类空间，具体如图 5-37 所示。

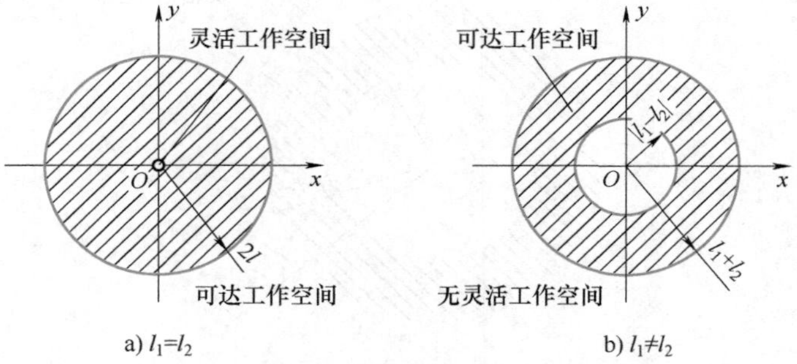

图 5-37　不同尺寸参数下的两类工作空间对比

若 $l_1=l_2=l$，则可达工作空间为半径为 $2l$ 的圆（含内部），灵活工作空间为圆心点（图 5-37a）；若 $l_1\neq l_2$，则可达工作空间为内径为 $|l_1-l_2|$、外径为 $|l_1+l_2|$ 的圆环，灵活工作空间为空集（图 5-37b）。

显然，当灵活工作空间为一点或空集时，其运动灵活性比较差。若想提高机器人的灵活性，不妨增加一个 R 关节，变成平面 3R 机器人。

随着机器人的结构越来越复杂，机器人工作空间的求取也变得越发困难。目前主要有如下三种方法：

1）解析法。通过运动学正、反解的解析形式方程获得机器人工作空间边界的完整数学描述。对于高自由度的机器人，由于很难得到其解析表达式，因此，该方法只适用于简单机器人机构的工作空间分析。

2）几何法。对于串联机器人而言，可以通过考虑每个关节的约束，从而最终得到机器人末端的工作空间。该方法的优点是快速，并且有利于与计算机结合，得到直观的三维图；其缺点是难以将所有的约束都考虑进去，且得到的工作空间缺少完整的数学描述。

3）离散法（或蒙特卡洛法）。对于串联机器人，考虑驱动关节范围、连杆干涉等约束，将驱动关节组成的关节空间离散为一系列的点，通过正运动学求解计算机器人的所有位形，可以得到串联机器人的离散工作空间。该方法适用性广，适用于所有机器人，其主要缺点是计算量大，计算精度取决于离散点的密度。

工作空间的大小和形状是衡量机器人机构性能的重要指标。对于不同类型的机器人机构，或者由不同尺寸参数组成的同种机构，掌握其工作空间的变化及分布情况，是机器人的机构选择和轨迹规划等工作不可缺少的条件，同时也是基于工作空间性能指标优化设计并联机构的前提和基础。

【例 5-23】 对于图 5-16 所示的平面 3R 机器人，假设 $l_1>l_2$，$l_2>l_3$，$l_1\leqslant l_2+l_3$，求该机器人的可达工作空间与灵活工作空间。

解：根据机器人的可达工作空间与灵活工作空间的定义，结合例 5-10 或例 5-13 的结果，可以得到图 5-38 所示的工作空间。其中，可达工作空间是半径为 $l_1+l_2+l_3$ 的圆；灵活工作空间是内径为 $l_1-l_2+l_3$、外径为 $l_1+l_2-l_3$ 的圆环。

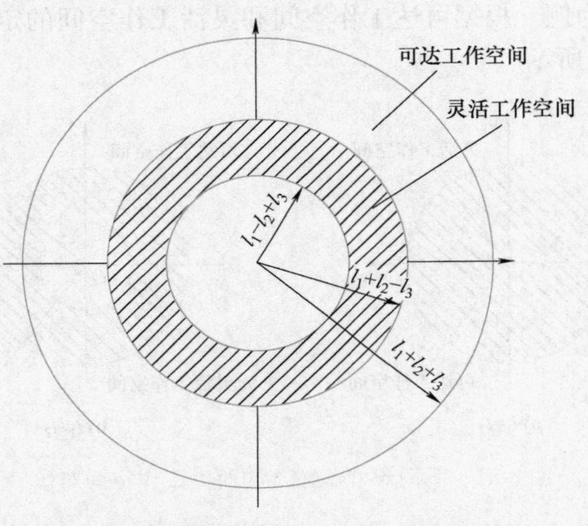

图 5-38 平面 3R 机器人的可达工作空间与灵活工作空间

本章小结

1）机器人运动学通常包含两个方面的内容：正运动学与逆运动学。已知运动输入量求输出量为正运动学；反之，已知输出量求输入量为逆运动学。串联机器人中，已知各关节输入求解末端输出（位姿），为正运动学（位移正解）；反之，为逆运动学（位移反解）。并联机器人中，末端输出为动平台。

2）为了描述串联机器人中空间各连杆间的相对位姿，通常采用 D-H 参数法。D-H 参数法的核心在于为每个关节处的连杆坐标系建立齐次变换矩阵，以表示与前一个连杆坐标系之间的关系。这样连续变换的结果最终可反映出末端与基座之间的位置关系。具体方程如下：

$$
{}^{i-1}_{i}\boldsymbol{T}=\begin{pmatrix}\cos\theta_i & -\sin\theta_i & 0 & a_{i-1}\\ \sin\theta_i\cos\alpha_{i-1} & \cos\theta_i\cos\alpha_{i-1} & -\sin\alpha_{i-1} & -d_i\sin\alpha_{i-1}\\ \sin\theta_i\sin\alpha_{i-1} & \cos\theta_i\sin\alpha_{i-1} & \cos\alpha_{i-1} & d_i\cos\alpha_{i-1}\\ 0 & 0 & 0 & 1\end{pmatrix}\quad \text{（改进的 D-H 矩阵）}
$$

$$
{}^{i-1}_{\ i}\boldsymbol{T}=\begin{pmatrix}\cos\theta_i & -\sin\theta_i\cos\alpha_i & \sin\theta_i\sin\alpha_i & a_i\cos\theta_i\\ \sin\theta_i & \cos\theta_i\cos\alpha_i & -\cos\theta_i\sin\alpha_i & a_i\sin\theta_i\\ 0 & \sin\alpha_i & \cos\alpha_i & d_i\\ 0 & 0 & 0 & 1\end{pmatrix}\quad(\text{标准 D-H 矩阵})
$$

3）串联机器人的位移正解是指在给定相邻连杆的相对运动情况下，确定机器人末端执行器的位形。串联机器人的位移反解是指给定工具坐标系所期望的位形，找出与该位形相对应的各个关节输出。可采用 D-H 参数法求解串联机器人的位移正、反解。该方法本质上是一种代数解析法。具体公式如下：

$$
{}^{0}_{n}\boldsymbol{T}=\begin{pmatrix}{}^{0}_{n}\boldsymbol{R} & {}^{0}\boldsymbol{p}_{ORG}\\ 0 & 1\end{pmatrix}={}^{0}_{1}\boldsymbol{T}\,{}^{1}_{2}\boldsymbol{T}\cdots{}^{n-1}_{\ \ n}\boldsymbol{T}
$$

4）还可以采用 POE 公式来求解串联机器人的运动学问题。与 D-H 参数法相比，该方法实质上可看作是一种几何法，不仅直观而且简单。因为它无须建立各连杆坐标系，有两个坐标系即可：一个是惯性坐标系 $\{S\}$ 或基坐标系 $\{0\}$，另一个是末端工具坐标系 $\{T\}$。其中，机器人正运动学的指数积公式如下：

$$
{}^{S(0)}_{\ T}\boldsymbol{T}(q_1,\cdots,q_n)=e^{q_1[\hat{\xi}_1]}e^{q_2[\hat{\xi}_2]}\cdots e^{q_i[\hat{\xi}_i]}\cdots e^{q_n[\hat{\xi}_n]}\,{}^{S(0)}_{\ T}\boldsymbol{T}(\boldsymbol{0})
$$

式中，$\hat{\boldsymbol{\xi}}_i$ 为第 i 个关节在初始位形下相对惯性坐标系（或基坐标系）的单位运动旋量坐标。

5）对串联机器人而言，当关节变量已知时，位移正解通常是唯一的，求解相对简单。但由于关节量之间相互耦合，造成串联机器人位移反解方程本质上为多元非线性方程（组），导致或者存在封闭解，或者只能进行数值求解，给求解带来困难。不仅如此，反解结果一般为多解，不具有唯一性。

6）串联机器人的位移反解方程复杂程度与其结构特征紧密相关。对于 6-DOF 的串联机器人而言，当其中有三个相邻轴交于一点或相互平行时，该机器人具有解析解。而轴线任意分布的 6R 串联机器人位移反解求解虽然异常复杂（已被中国学者攻克），但存在理论研究价值。

7）工作空间的大小和形状是衡量机器人机构性能的重要指标。根据机器人的位置正、反解，可以进一步确定机器人的工作空间。机器人的工作空间至少包含两类：可达工作空间和灵活工作空间。可达工作空间是指机器人末端至少能以一种姿态到达的所有位置点的集合。灵活工作空间是指机器人末端可以从任何方向（以任何姿态）到达的位置点的集合。灵活工作空间是可达工作空间的一个子空间。

扩展阅读文献

本章重点对串联机器人正、逆运动学建模方法进行了讨论，读者还可阅读其他文献补充相关知识。例如，有关 D-H 参数法可参考文献［1，4，5，7］，有关 POE 公式可参考文献［2，3，6］。

［1］CRAIG J J. 机器人学导论［M］. 4 版. 负超，王伟，译. 北京：机械工业出版社，2018.

［2］MURRAY R，LI Z X，SASTRY S. 机器人操作的数学导论［M］. 徐卫良，钱瑞明，译. 北京：机械工业出版社，1998.

［3］LYNCH K M，PARK F C. 现代机器人学机构、规划与控制［M］. 于靖军，贾振中，译. 北京：机械工业出版社，2019.

［4］TSAI L W. Robot Analysis：The Mechanics of Serial and Parallel Manipulators［M］. New York：Wiley-Interscience Publication，1999.

［5］熊有伦，丁汉，刘恩沧. 机器人学［M］. 北京：机械工业出版社，1993.

［6］于靖军，刘辛军，丁希仑，等. 机器人机构学的数学基础［M］. 北京：机械工业出版社，2008.

［7］战强. 机器人学：机构、运动学、动力学及运动规划［M］. 北京：清华大学出版社，2019.

习题

5-1　对于串联机器人而言，求解其位移正、反解的意义是什么？

5-2 利用几何法求平面 3R 机器人（图 5-11）的位移正、反解，并与本章相关的例题结果进行对比。

5-3 证明串联机器人的正运动学中，机器人末端执行器的运动与转动及移动的顺序无关。

5-4 证明相邻杆之间的齐次变换矩阵就是两个连续的螺旋变换。

5-5 试分别建立图 5-39a～d 所示各串联机器人在前、后置坐标系下的 D-H 参数。

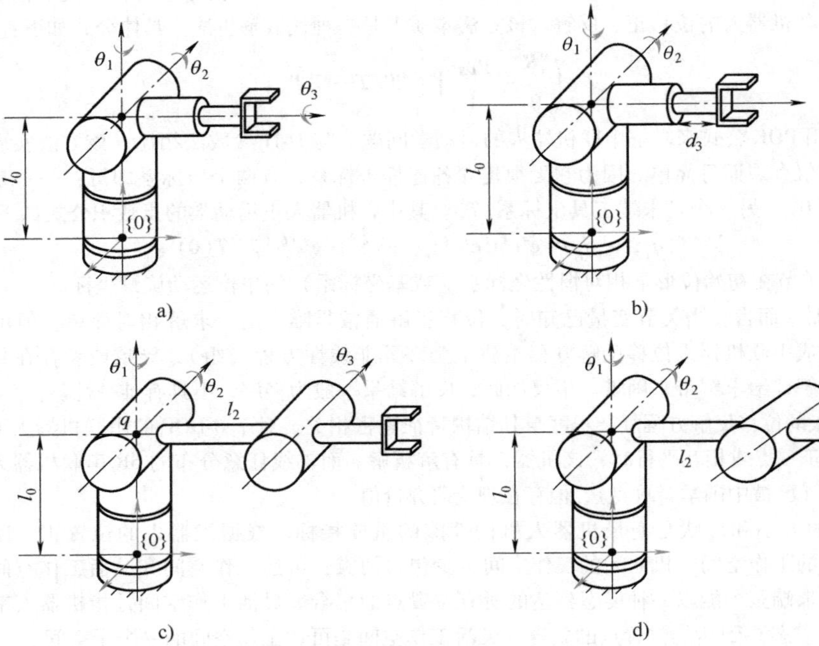

图 5-39 四种 3-DOF 的串联机器人

5-6 试建立图 5-40 所示串联机器人在前置坐标系下的 D-H 参数。

5-7 试建立图 5-41 所示 Stanford 机器人在前置坐标系下的 D-H 参数。

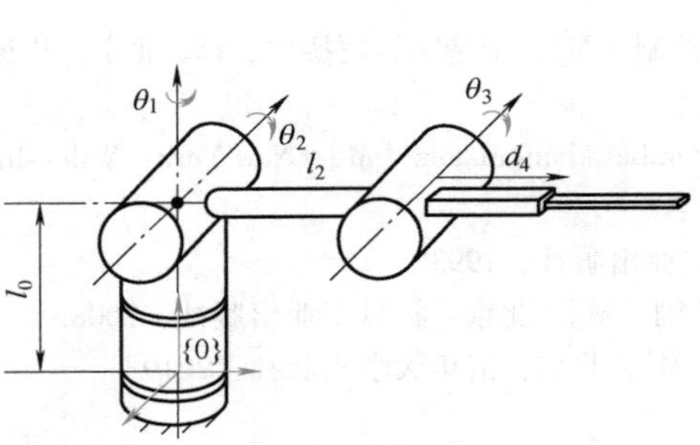

图 5-40 4-DOF 的 RRRP 串联机器人

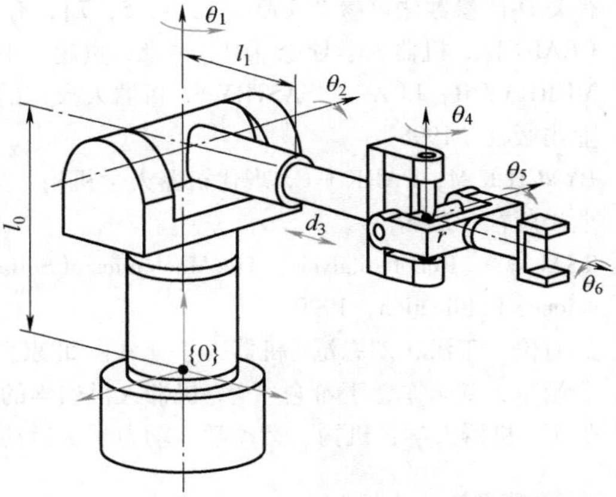

图 5-41 Stanford 机器人

5-8 对于下面给出的各个${}^{i-1}_{i}\boldsymbol{T}$，求出与之对应的 4 个 D-H 参数值（前置坐标系下度量）。

1）$T=\begin{pmatrix} 0 & 1 & 1 & 3 \\ 1 & 0 & 0 & 0 \\ 0 & 1 & 0 & 1 \\ 0 & 0 & 0 & 1 \end{pmatrix}$。

2）$T=\begin{pmatrix} \cos\beta & \sin\beta & 0 & 1 \\ \sin\beta & -\cos\beta & 0 & 0 \\ 0 & 0 & -1 & -2 \\ 0 & 0 & 0 & 1 \end{pmatrix}$。

3）$T=\begin{pmatrix} 0 & -1 & 0 & -1 \\ 0 & 0 & -1 & 0 \\ 1 & 0 & 0 & 2 \\ 0 & 0 & 0 & 1 \end{pmatrix}$。

5-9　利用改进的 D-H 参数法对图 5-39 所示的四种串联机器人求位移正解。

5-10　利用改进的 D-H 参数法对图 5-40 所示的 4-DOF 串联机器人求位移正解。

5-11　利用改进的 D-H 参数法对图 5-41 所示的 Stanford 机器人求位移正、反解。

5-12　对图 5-42 所示 5-DOF 串联机器人，图 5-42a 所示为机器人整体模型，图 5-42b 所示为其中的球形手腕。试建立该机器人的 D-H 参数（前置坐标系下度量），并对其进行正、逆运动学求解。

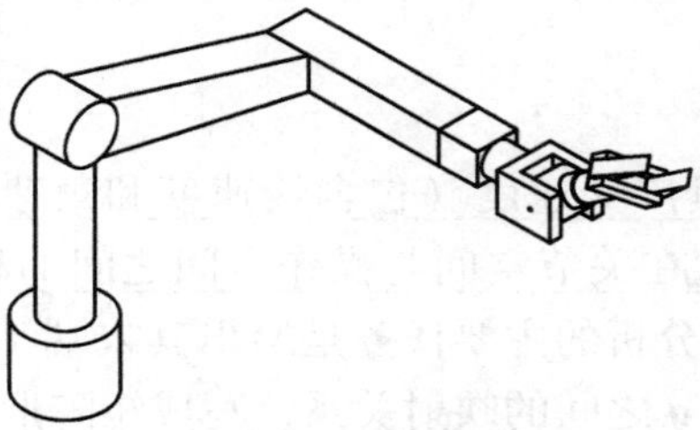

a) 机器人整体模型

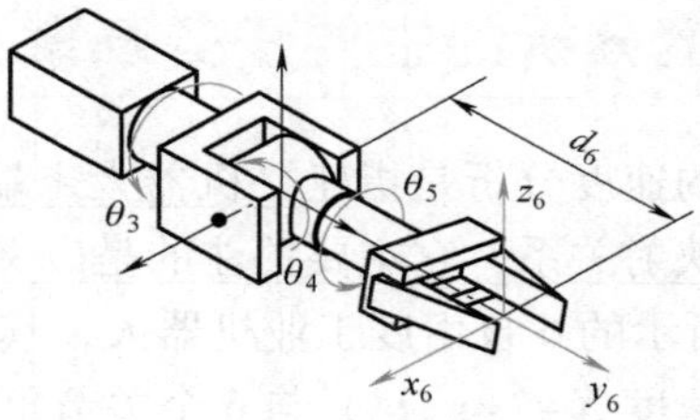

b) 球形手腕

图 5-42　具有球手腕的 5-DOF 串联机器人

5-13　Pieper 准则中，提出了串联机器人存在解析解的两个充分条件：①三个相邻转动关节的轴线交于一点；②三个相邻转动关节的轴线相互平行。试从现有的商用工业机器人中各找出 2~3 个应用实例。

5-14　某一特定串联机器人的位移反解个数与哪些因素有关？是否与 D-H 参数及连杆坐标系的选取有关？

5-15　利用 POE 公式法对图 5-40 所示的 4-DOF 串联机器人求位移正解。

5-16　利用 POE 公式法对图 5-41 所示的 Stanford 机器人求位移正解。

5-17　对图 5-39 所示的四种串联机器人的逆运动学进行子问题分解。

5-18　对图 5-41 所示的 Stanford 机器人的逆运动学进行子问题分解。

5-19　利用几何法求图 5-11 所示平面 3R 机器人（$l_1=l_2=2l_3$）的可达工作空间和灵活工作空间。

第6章 串联机器人的速度雅可比与性能评价

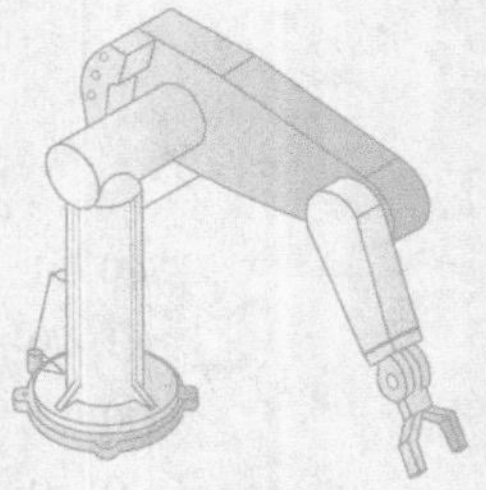

串联机器人

【本章内容导读】

速度雅可比是串联机器人性能分析的基础。通过分析雅可比矩阵的秩，可以探究串联机器人的奇异性。另外，许多有关设计的运动性能指标也都是基于雅可比矩阵来构造的，如灵巧性、运动解耦性、各向同性、刚度等。

本章重点介绍速度雅可比的概念与求解方法，并基于雅可比进行串联机器人运动性能评价。

6.1 速度分析的主要任务及意义

机器人的速度分析是指建立机器人末端工具广义速度（包含线速度和角速度）与关节速度之间的映射关系，它主要关注的是广义速度在关节空间与操作空间之间的映射。例如，对于图 6-1 所示的 6 自由度工业机器人，其速度分析的主要任务是给出其末端工具相对基坐标系的广义速度 $\dot{\boldsymbol{X}}=(\boldsymbol{\omega}_n,\boldsymbol{v}_n)^{\mathrm{T}}$与 6 个关节角速度 $\dot{\boldsymbol{q}}$ 之间的映射关系，写成矩阵形式：

$$\dot{\boldsymbol{X}}=\boldsymbol{J}\dot{\boldsymbol{q}} \tag{6.1-1}$$

式（6.1-1）中，$\boldsymbol{J}$ 是一个重要的参数，即本章将要重点讨论的速度雅可比矩阵（Jacobian matrix），简称速度雅可比（或雅可比）。从设计角度看，速度雅可比是机器人性能分析、评价及优化的基础。通过分析雅可比矩阵的秩，可以探究串联机器人的奇异性。另外，许多用于串联机器人运动学设计的性能指标，如灵巧性等，也都是基于雅可比矩阵来构造的。

将式（6.1-1）写成逆的形式（假设 $\boldsymbol{J}$ 为方阵，且可逆）：

$$\dot{\boldsymbol{q}}=\boldsymbol{J}^{-1}\dot{\boldsymbol{X}} \tag{6.1-2}$$

由式（6.1-2），便可根据末端位形的速度矢量计算出关节速度矢量，进而生成笛卡儿路径，无须求解该机器人的逆运动学（即位移反解），这对实现机器人的轨迹控制非常有用，特别是实现速度控制。

因此说，速度分析非常重要，它不仅是机器人控制的基础，也是实现参数设计的保证。

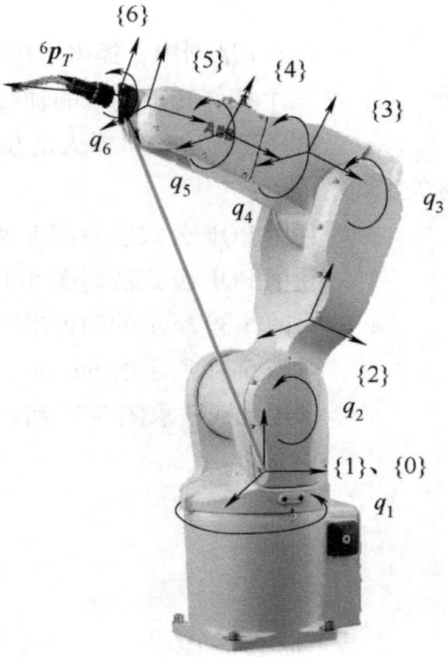

图 6-1　6 自由度工业机器人

6.2 递推法计算串联机器人的末端速度

在 3.5.1 节有关刚体速度的预备知识基础上，本节来讨论一种相对通用的串联机器人的速度分析方法。

还是以图 6-1 所示的 6 自由度工业机器人为例。第 5 章对其位移正、反解问题进行了求解，接下来的一个问题是：如何在已知各关节速度的情况下，求解该机器人末端的线速度和角速度?

由于串联机器人末端运动可以看作是从基座开始的各关节运动逐次叠加而成，因此，一种自然的求解思路是像位移分析那样，首先给出相邻连杆间的速度递推公式（类似于 D-H 矩阵${}^{i-1}_{i}\boldsymbol{T}$），然后从基座到末端逐次递推，最终得到末端速度。

考虑到串联机器人的相邻连杆之间只有一个自由度，其相对速度仅由连接关节的速度决定，上面的思路看起来是可行的。下面就给出求解过程。

若以基坐标系{0}为惯性坐标系，根据 3.5.1 节所给的参数描述方法，在{0}系中描述杆 i 的广义速度可表示为 $({}^0\boldsymbol{\omega}_i, {}^0\boldsymbol{v}_i)^{\mathrm{T}}$。若杆 i 的线速度和角速度在其自身的连杆坐标系{i}中描述，可以写成 $({}^i\boldsymbol{\omega}_i, {}^i\boldsymbol{v}_i)^{\mathrm{T}}$，如图 6-2 所示的关节 i。

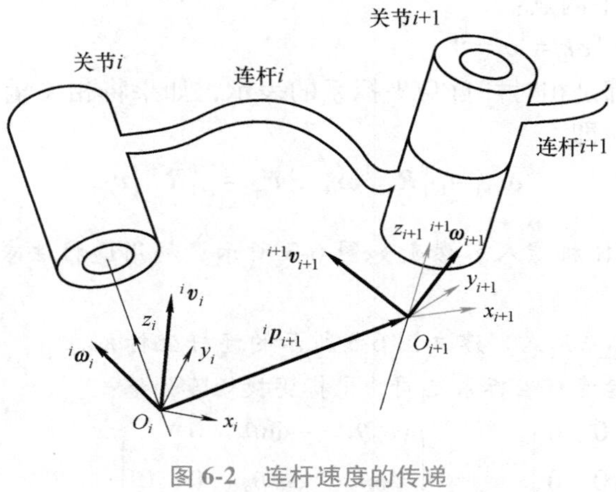

图 6-2 连杆速度的传递

再来考虑图6-2 中通过转动关节 i+1 连接的两个连杆 i 和 i+1：由于任一瞬时，机器人的每个连杆都具有一定的角速度和线速度，连杆 i 的速度通过关节 i+1 传递到与其连接的连杆 i+1 中；反过来，连杆 i+1 的速度由前端的连杆 i 与关节 i+1 的运动共同决定。

具体而言，连杆 i+1 的角速度应等于连杆 i 的角速度${}^i\boldsymbol{\omega}_i$ 加上连杆 i+1 相对连杆 i 的角速度 $\dot{\theta}_{i+1}{}^{i+1}z_{i+1}$（由绕关节 i+1 的 z 轴旋转所引起的）。其中，

$$
{}^{i+1}z_{i+1} = \begin{pmatrix} 0 \\ 0 \\ 1 \end{pmatrix} \tag{6.2-1}
$$

注意，只有同一坐标系中的矢量可以相加，因此，上述关系式在{i}系中可表示成

$$
{}^i\boldsymbol{\omega}_{i+1} = {}^i\boldsymbol{\omega}_i + {}^{i}_{i+1}\boldsymbol{R}\dot{\theta}_{i+1}{}^{i+1}z_{i+1} \tag{6.2-2}
$$

将式（6.2-2）两端左乘旋转矩阵${}^{i+1}_{i}\boldsymbol{R}$，得到相对$\{i+1\}$系中的表示，即

$$ {}^{i+1}\boldsymbol{\omega}_{i+1} = {}^{i+1}_{i}\boldsymbol{R}\,{}^{i}\boldsymbol{\omega}_i + \dot{\theta}_{i+1}\,{}^{i+1}\boldsymbol{z}_{i+1} \tag{6.2-3} $$

同样，连杆 $i+1$ 的线速度（$\{i+1\}$系原点的线速度）应等于连杆 i 的线速度${}^{i}\boldsymbol{v}_i$（$\{i\}$系原点的线速度）加上连杆 i 的角速度${}^{i}\boldsymbol{\omega}_i$ 所产生的线速度分量${}^{i}\boldsymbol{\omega}_i\times{}^{i}\boldsymbol{p}_{i+1}$（详见 3.5.1 节的推导），因此有

$$ {}^{i}\boldsymbol{v}_{i+1} = {}^{i}\boldsymbol{v}_i + {}^{i}\boldsymbol{\omega}_i\times{}^{i}\boldsymbol{p}_{i+1} \tag{6.2-4} $$

将式（6.2-4）两端左乘旋转矩阵${}^{i+1}_{i}\boldsymbol{R}$，得到相对$\{i+1\}$系中的表示，即

$$ {}^{i+1}\boldsymbol{v}_{i+1} = {}^{i+1}_{i}\boldsymbol{R}({}^{i}\boldsymbol{v}_i + {}^{i}\boldsymbol{\omega}_i\times{}^{i}\boldsymbol{p}_{i+1}) \tag{6.2-5} $$

式（6.2-3）与式（6.2-5）构成了关节 $i+1$ 为转动关节时的速度向外递推公式。

同样地，当关节 $i+1$ 为移动关节时，杆 $i+1$ 相对$\{i+1\}$系的 z 轴移动，没有转动，${}^{i+1}_{i}\boldsymbol{R}$为常值矩阵，相应的速度递推关系可写为

$$ {}^{i+1}\boldsymbol{\omega}_{i+1} = {}^{i+1}_{i}\boldsymbol{R}\,{}^{i}\boldsymbol{\omega}_i \tag{6.2-6} $$

$$ {}^{i+1}\boldsymbol{v}_{i+1} = {}^{i+1}_{i}\boldsymbol{R}({}^{i}\boldsymbol{v}_i + {}^{i}\boldsymbol{\omega}_i\times{}^{i}\boldsymbol{p}_{i+1}) + \dot{d}_{i+1}\,{}^{i+1}\boldsymbol{z}_{i+1} \tag{6.2-7} $$

式（6.2-6）与式（6.2-7）给出了关节 $i+1$ 为移动关节时的速度向外递推公式。

利用上述导出的速度迭代公式，即可从基坐标系$\{0\}$开始，根据连杆参数和相邻连杆之间的旋转矩阵，依次求出各连杆在自身坐标系中的速度，进而得到末端相对于基坐标系的速度。不过，需要注意以下两点：

1）递推的初始值：${}^{0}\boldsymbol{\omega}_0 = {}^{0}\boldsymbol{v}_0 = \boldsymbol{0}$。

2）以上导出的值都是相对杆自身坐标系的表示，如果将相关量相对基坐标系$\{0\}$来表示，还需左乘矩阵${}^{0}_{i+1}\boldsymbol{R}$，即

$$ {}^{0}\boldsymbol{\omega}_{i+1} = {}^{0}_{i+1}\boldsymbol{R}\,{}^{i+1}\boldsymbol{\omega}_{i+1},\ {}^{0}\boldsymbol{v}_{i+1} = {}^{0}_{i+1}\boldsymbol{R}\,{}^{i+1}\boldsymbol{v}_{i+1} \tag{6.2-8} $$

【例 6-1】 平面 2R 机器人各参数如图 6-3 所示。利用递推法求出该机器人末端的线速度和角速度。

解：采用前置坐标系形式。建立图 6-3 所示的连杆坐标系，根据 D-H 参数，建立起连杆坐标系之间的坐标变换矩阵如下：

$$ {}^{0}_{1}\boldsymbol{T} = \begin{pmatrix} \cos\theta_1 & -\sin\theta_1 & 0 & 0 \\ \sin\theta_1 & \cos\theta_1 & 0 & 0 \\ 0 & 0 & 1 & 0 \\ 0 & 0 & 0 & 1 \end{pmatrix},\quad {}^{1}_{2}\boldsymbol{T} = \begin{pmatrix} \cos\theta_2 & -\sin\theta_2 & 0 & l_1 \\ \sin\theta_2 & \cos\theta_2 & 0 & 0 \\ 0 & 0 & 1 & 0 \\ 0 & 0 & 0 & 1 \end{pmatrix}, $$

$$ {}^{2}_{3}\boldsymbol{T} = \begin{pmatrix} 1 & 0 & 0 & l_2 \\ 0 & 1 & 0 & 0 \\ 0 & 0 & 1 & 0 \\ 0 & 0 & 0 & 1 \end{pmatrix} $$

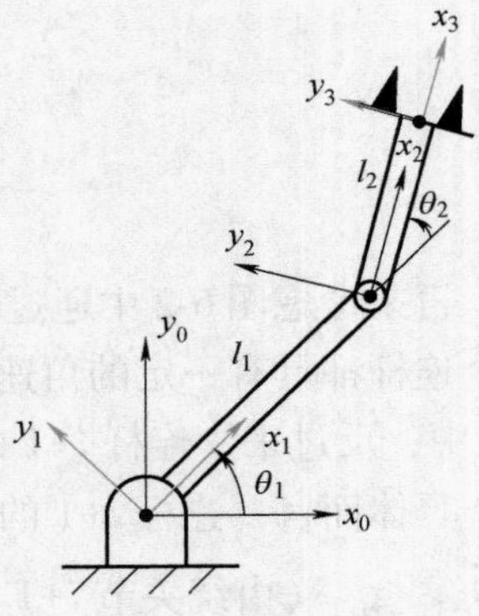

图 6-3 平面 2R 机器人

由此得到各相关旋转矩阵及平移向量，即

$$ {}^{1}_{0}\boldsymbol{R} = \begin{pmatrix} \cos\theta_1 & \sin\theta_1 & 0 \\ -\sin\theta_1 & \cos\theta_1 & 0 \\ 0 & 0 & 1 \end{pmatrix},\quad {}^{2}_{1}\boldsymbol{R} = \begin{pmatrix} \cos\theta_2 & \sin\theta_2 & 0 \\ -\sin\theta_2 & \cos\theta_2 & 0 \\ 0 & 0 & 1 \end{pmatrix}, $$

$$
{}_2^3\boldsymbol{R}=\begin{pmatrix}1&0&0\\0&1&0\\0&0&1\end{pmatrix},\quad {}^0\boldsymbol{p}_1=\begin{pmatrix}0\\0\\0\end{pmatrix},\quad {}^1\boldsymbol{p}_2=\begin{pmatrix}l_1\\0\\0\end{pmatrix},\quad {}^2\boldsymbol{p}_3=\begin{pmatrix}l_2\\0\\0\end{pmatrix}
$$

注意到基坐标系{0}处，满足

$$
{}^0\boldsymbol{\omega}_0={}^0\boldsymbol{v}_0=\begin{pmatrix}0\\0\\0\end{pmatrix}
$$

下面利用速度向外递推公式，即式（6.2-3）~式（6.2-8）来求解机器人末端的线速度和角速度。递推过程如下：

$$
{}^1\boldsymbol{\omega}_1={}_0^1\boldsymbol{R}\,{}^0\boldsymbol{\omega}_0+\dot{\theta}_1\,{}^1z_1=\dot{\theta}_1\,{}^1z_1=\begin{pmatrix}0\\0\\\dot{\theta}_1\end{pmatrix}
$$

$$
{}^1\boldsymbol{v}_1={}_0^1\boldsymbol{R}({}^0\boldsymbol{v}_0+{}^1\boldsymbol{\omega}_1\times{}^0\boldsymbol{p}_1)=\begin{pmatrix}0\\0\\0\end{pmatrix}
$$

$$
{}^2\boldsymbol{\omega}_2={}_1^2\boldsymbol{R}\,{}^1\boldsymbol{\omega}_1+\dot{\theta}_2\,{}^2z_2=\begin{pmatrix}0\\0\\\dot{\theta}_1+\dot{\theta}_2\end{pmatrix}
$$

$$
{}^2\boldsymbol{v}_2={}_1^2\boldsymbol{R}({}^1\boldsymbol{v}_1+{}^1\boldsymbol{\omega}_1\times{}^1\boldsymbol{p}_2)=\begin{pmatrix}\cos\theta_2&\sin\theta_2&0\\-\sin\theta_2&\cos\theta_2&0\\0&0&1\end{pmatrix}\left(\begin{pmatrix}0\\0\\0\end{pmatrix}+\begin{pmatrix}0\\0\\\dot{\theta}_1\end{pmatrix}\times\begin{pmatrix}l_1\\0\\0\end{pmatrix}\right)=\begin{pmatrix}l_1\dot{\theta}_1\sin\theta_2\\l_1\dot{\theta}_1\cos\theta_2\\0\end{pmatrix}
$$

$$
{}^3\boldsymbol{\omega}_3={}_2^3\boldsymbol{R}\,{}^2\boldsymbol{\omega}_2={}^2\boldsymbol{\omega}_2=\begin{pmatrix}0\\0\\\dot{\theta}_1+\dot{\theta}_2\end{pmatrix}\tag{6.2-9}
$$

$$
{}^3\boldsymbol{v}_3={}_2^3\boldsymbol{R}({}^2\boldsymbol{v}_2+{}^2\boldsymbol{\omega}_2\times{}^2\boldsymbol{p}_3)={}^2\boldsymbol{v}_2+{}^2\boldsymbol{\omega}_2\times{}^2\boldsymbol{p}_3=\begin{pmatrix}l_1\dot{\theta}_1\sin\theta_2\\l_1\dot{\theta}_1\cos\theta_2\\0\end{pmatrix}+\left(\begin{pmatrix}0\\0\\\dot{\theta}_1+\dot{\theta}_2\end{pmatrix}\times\begin{pmatrix}l_2\\0\\0\end{pmatrix}\right)\tag{6.2-10}
$$

$$
=\begin{pmatrix}l_1\dot{\theta}_1\sin\theta_2\\l_1\dot{\theta}_1\cos\theta_2+l_2(\dot{\theta}_1+\dot{\theta}_2)\\0\end{pmatrix}
$$

为了得到末端相对于{0}系的速度，需要计算

$$
{}_3^0\boldsymbol{R}={}_1^0\boldsymbol{R}\,{}_2^1\boldsymbol{R}\,{}_3^2\boldsymbol{R}=\begin{pmatrix}\cos\theta_{12}&-\sin\theta_{12}&0\\\sin\theta_{12}&\cos\theta_{12}&0\\0&0&1\end{pmatrix}
$$

由此可得

$$
{}^{0}\boldsymbol{\omega}_3={}^{0}_{3}\boldsymbol{R}\,{}^{3}\boldsymbol{\omega}_3=\begin{pmatrix}\cos\theta_{12} & -\sin\theta_{12} & 0\\ \sin\theta_{12} & \cos\theta_{12} & 0\\ 0 & 0 & 1\end{pmatrix}\begin{pmatrix}0\\0\\\dot{\theta}_1+\dot{\theta}_2\end{pmatrix}=\begin{pmatrix}0\\0\\\dot{\theta}_1+\dot{\theta}_2\end{pmatrix} \tag{6.2-11}
$$

$$
\begin{aligned}
{}^{0}\boldsymbol{v}_3={}^{0}_{3}\boldsymbol{R}\,{}^{3}\boldsymbol{v}_3&=\begin{pmatrix}\cos\theta_{12} & -\sin\theta_{12} & 0\\ \sin\theta_{12} & \cos\theta_{12} & 0\\ 0 & 0 & 1\end{pmatrix}\begin{pmatrix}l_1\dot{\theta}_1\sin\theta_2\\ l_1\dot{\theta}_1\cos\theta_2+l_2(\dot{\theta}_1+\dot{\theta}_2)\\ 0\end{pmatrix}\\
&=\begin{pmatrix}-l_1\dot{\theta}_1\sin\theta_1-l_2(\dot{\theta}_1+\dot{\theta}_2)\sin(\theta_1+\theta_2)\\ l_1\dot{\theta}_1\cos\theta_1+l_2(\dot{\theta}_1+\dot{\theta}_2)\cos(\theta_1+\theta_2)\\ 0\end{pmatrix}
\end{aligned} \tag{6.2-12}
$$

将计算得到的角速度与线速度［式（6.2-11）和式（6.2-12）］合成一个列向量，得

$$
\begin{pmatrix}{}^{0}\boldsymbol{\omega}_3\\ {}^{0}\boldsymbol{v}_3\end{pmatrix}=\begin{pmatrix}{}^{0}\omega_{3x}\\ {}^{0}\omega_{3y}\\ {}^{0}\omega_{3z}\\ {}^{0}v_{3x}\\ {}^{0}v_{3y}\\ {}^{0}v_{3z}\end{pmatrix}=\begin{pmatrix}0 & 0\\ 0 & 0\\ 1 & 1\\ -l_1\sin\theta_1-l_2\sin\theta_{12} & -l_2\sin\theta_{12}\\ l_1\cos\theta_1+l_2\cos\theta_{12} & l_2\cos\theta_{12}\\ 0 & 0\end{pmatrix}\begin{pmatrix}\dot{\theta}_1\\ \dot{\theta}_2\end{pmatrix} \tag{6.2-13}
$$

或者末端速度相对{3}系的表示，即将式（6.2-9）和式（6.2-10）合并，得

$$
\begin{pmatrix}{}^{3}\boldsymbol{\omega}_3\\ {}^{3}\boldsymbol{v}_3\end{pmatrix}=\begin{pmatrix}{}^{3}\omega_{3x}\\ {}^{3}\omega_{3y}\\ {}^{3}\omega_{3z}\\ {}^{3}v_{3x}\\ {}^{3}v_{3y}\\ {}^{3}v_{3z}\end{pmatrix}=\begin{pmatrix}0 & 0\\ 0 & 0\\ 1 & 1\\ l_1\sin\theta_2 & 0\\ l_1\cos\theta_2+l_2 & l_2\\ 0 & 0\end{pmatrix}\begin{pmatrix}\dot{\theta}_1\\ \dot{\theta}_2\end{pmatrix} \tag{6.2-14}
$$

式（6.2-14）即为平面2R机器人末端速度相对关节速度的正运动学模型。式（6.2-13）和式（6.2-14）表明，无论选取哪个参考坐标系，关节速度与末端速度均呈线性关系。

由上述简单的机器人实例可以看出，从理论上讲，无论串联机器人的关节数多还是少，都可以采用向外递推法计算出机器人末端的速度，即递推法可以作为一种串联机器人速度分析的通用性方法来使用。更为有意义的是，递推法提供了编程计算的可行性，可有效提高计算效率（尽管手动推导的公式看起来比较繁琐）。

不妨总结一下递推法求解串联机器人末端速度的优缺点。优点：①基于理论力学的原理，物理意义清晰；②避免一次引入多个关节变量，易懂、易算；③适用于编程及数值计算。缺点：①用到了一系列中间旋转矩阵，总的计算量较大；②没有充分利用变换矩阵来直

接推导速度关系；③对于空间机器人，其角速度矢量的物理意义不清晰。

6.3 速度雅可比的定义

回到例 6-1 中。式（6.2-13）和式（6.2-14）给出了末端速度与两个关节速度之间的映射关系，中间矩阵是一个 6×2 长方阵，是因为机器人末端的广义速度中，包含了所有的速度分量（尽管部分为 0）。实际上，该机器人的自由度为 2，不妨取末端（参考点）的两个线速度作为独立输出，2 个关节角速度仍然作为独立输入，其他输出量暂不考虑。这时重写式（6.2-13）和式（6.2-14），可得

$$\begin{pmatrix} {}^0v_{3x} \\ {}^0v_{3y} \end{pmatrix} = \begin{pmatrix} -l_1\sin\theta_1 - l_2\sin\theta_{12} & -l_2\sin\theta_{12} \\ l_1\cos\theta_1 + l_2\cos\theta_{12} & l_2\cos\theta_{12} \end{pmatrix} \begin{pmatrix} \dot{\theta}_1 \\ \dot{\theta}_2 \end{pmatrix} \tag{6.3-1}$$

或者

$$\begin{pmatrix} {}^3v_{3x} \\ {}^3v_{3y} \end{pmatrix} = \begin{pmatrix} l_1\sin\theta_2 & 0 \\ l_1\cos\theta_2 + l_2 & l_2 \end{pmatrix} \begin{pmatrix} \dot{\theta}_1 \\ \dot{\theta}_2 \end{pmatrix} \tag{6.3-2}$$

以上两个式子均可简写为

$$\dot{\boldsymbol{X}} = \boldsymbol{J}(\boldsymbol{q})\dot{\boldsymbol{q}} \tag{6.3-3}$$

式中，$\boldsymbol{J}$ 为雅可比矩阵；$\dot{\boldsymbol{X}}$ 为末端速度矢量，在机器人的操作空间内度量；$\dot{\boldsymbol{q}}$ 为关节速度矢量，在机器人的关节空间内度量。因此，雅可比矩阵实际上反映的是机器人的关节空间向操作空间进行运动速度传递的广义传动比。

可以看到，$\boldsymbol{J}$ 中的各元素仅与机构各构件的运动尺寸和相对位置相关，而与其他量无关。事实上，由第 2 章中的推导过程可知，它们都是位置函数对输入的微分（导数或偏导数），因此，结果肯定是一个与机构各构件的运动尺寸和相对位置相关的量（机构的位形参数）。这一结论具有普遍意义。

实际上，上述速度雅可比的定义及其推导过程同时给出了一种求解速度雅可比的方法：直接微分法。

下面举两个利用直接微分法求解速度雅可比的例子。

【例 6-2】　利用直接微分法求平面 2R 机器人（图 6-4）的速度雅可比。

解：如图 6-4 所示，通过封闭矢量多边形建立该机器人的位移闭环方程或者利用 D-H 法建立位移正解方程（详见第 5 章相关实例），均可以得到

$$\begin{cases} x_B = l_1\cos\theta_1 + l_2\cos\theta_{12} \\ y_B = l_1\sin\theta_1 + l_2\sin\theta_{12} \end{cases}$$

由于输入量是 θ_1、θ_2，因此对上式相对于 θ_1、θ_2 微分，再对时间 t 求导，得到

$$\begin{cases} \dot{x}_B = (-l_1\sin\theta_1 - l_2\sin\theta_{12})\dot{\theta}_1 - l_2\sin\theta_{12}\dot{\theta}_2 \\ \dot{y}_B = (l_1\cos\theta_1 + l_2\cos\theta_{12})\dot{\theta}_1 + l_2\cos\theta_{12}\dot{\theta}_2 \end{cases}$$

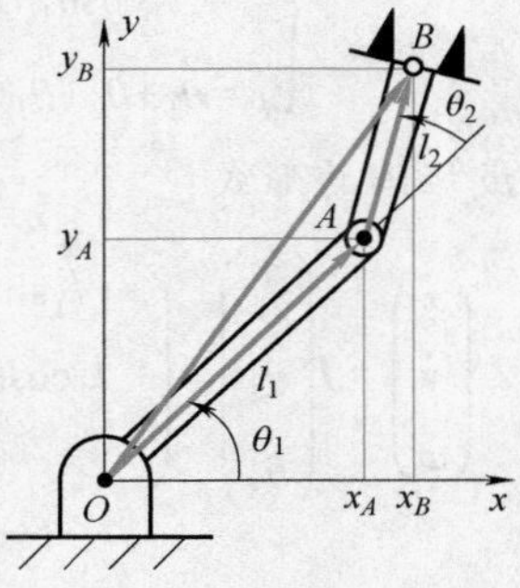

图 6-4　平面 2R 机器人

写成矩阵的形式，有

$$\begin{pmatrix}\dot{x}_B\\ \dot{y}_B\end{pmatrix}=\begin{pmatrix}-l_1\sin\theta_1-l_2\sin\theta_{12} & -l_2\sin\theta_{12}\\ l_1\cos\theta_1+l_2\cos\theta_{12} & l_2\cos\theta_{12}\end{pmatrix}\begin{pmatrix}\dot{\theta}_1\\ \dot{\theta}_2\end{pmatrix}$$

令

$$\boldsymbol{J}=\begin{pmatrix}-l_1\sin\theta_1-l_2\sin\theta_{12} & -l_2\sin\theta_{12}\\ l_1\cos\theta_1+l_2\cos\theta_{12} & l_2\cos\theta_{12}\end{pmatrix}\tag{6.3-4}$$

式（6.3-4）可以进一步写成矩阵的形式：

$$\begin{pmatrix}\dot{x}_B\\ \dot{y}_B\end{pmatrix}=\boldsymbol{J}\begin{pmatrix}\dot{\theta}_1\\ \dot{\theta}_2\end{pmatrix}\tag{6.3-5}$$

式中，$\boldsymbol{J}$ 为平面 2R 机器人相对基坐标系 $\{0\}$ 的速度雅可比。可以看到，式（6.3-4）和式（6.3-1）完全相同。

【例 6-3】 利用直接微分法求平面 3R 机器人的速度雅可比。

解：直接利用例 5-10 的结果，给出机器人位移输出与 3 个输入角之间的映射关系，即

$$\begin{cases}x=l_1\cos\theta_1+l_2\cos\theta_{12}+l_3\cos\theta_{123}\\ y=l_1\sin\theta_1+l_2\sin\theta_{12}+l_3\sin\theta_{123}\\ \varphi=\theta_{123}\end{cases}$$

由于输入量是 θ_1、θ_2、θ_3，因此对上式相对于 θ_1、θ_2、θ_3 微分，得到

$$\begin{cases}\delta x=-(l_1\sin\theta_1+l_2\sin\theta_{12}+l_3\sin\theta_{123})\delta\theta_1-(l_2\sin\theta_{12}+l_3\sin\theta_{123})\delta\theta_2-l_3\sin\theta_{123}\delta\theta_3\\ \delta y=(l_1\cos\theta_1+l_2\cos\theta_{12}+l_3\cos\theta_{123})\delta\theta_1+(l_2\cos\theta_{12}+l_3\cos\theta_{123})\delta\theta_2+l_3\cos\theta_{123}\delta\theta_3\\ \delta\varphi=\delta\theta_1+\delta\theta_2+\delta\theta_3\end{cases}$$

将上式进一步写成时间导数的形式，即

$$\begin{cases}\dot{x}=-(l_1\sin\theta_1+l_2\sin\theta_{12}+l_3\sin\theta_{123})\dot{\theta}_1-(l_2\sin\theta_{12}+l_3\sin\theta_{123})\dot{\theta}_2-l_3\sin\theta_{123}\dot{\theta}_3\\ \dot{y}=(l_1\cos\theta_1+l_2\cos\theta_{12}+l_3\cos\theta_{123})\dot{\theta}_1+(l_2\cos\theta_{12}+l_3\cos\theta_{123})\dot{\theta}_2+l_3\cos\theta_{123}\dot{\theta}_3\\ \dot{\varphi}=\dot{\theta}_1+\dot{\theta}_2+\dot{\theta}_3\end{cases}\tag{6.3-6}$$

写成矩阵的形式：

$$\begin{pmatrix}\dot{x}\\ \dot{y}\\ \dot{\varphi}\end{pmatrix}=\boldsymbol{J}\begin{pmatrix}\dot{\theta}_1\\ \dot{\theta}_2\\ \dot{\theta}_3\end{pmatrix}=\begin{pmatrix}-(l_1\sin\theta_1+l_2\sin\theta_{12}+l_3\sin\theta_{123}) & -(l_2\sin\theta_{12}+l_3\sin\theta_{123}) & -l_3\sin\theta_{123}\\ l_1\cos\theta_1+l_2\cos\theta_{12}+l_3\cos\theta_{123} & l_2\cos\theta_{12}+l_3\cos\theta_{123} & l_3\cos\theta_{123}\\ 1 & 1 & 1\end{pmatrix}\begin{pmatrix}\dot{\theta}_1\\ \dot{\theta}_2\\ \dot{\theta}_3\end{pmatrix}\tag{6.3-7}$$

因此有

$$
\boldsymbol{J}=\begin{pmatrix} -(l_1\sin\theta_1+l_2\sin\theta_{12}+l_3\sin\theta_{123}) & -(l_2\sin\theta_{12}+l_3\sin\theta_{123}) & -l_3\sin\theta_{123} \\ l_1\cos\theta_1+l_2\cos\theta_{12}+l_3\cos\theta_{123} & l_2\cos\theta_{12}+l_3\cos\theta_{123} & l_3\cos\theta_{123} \\ 1 & 1 & 1 \end{pmatrix} \tag{6.3-8}
$$

式（6.3-8）中的 $\boldsymbol{J}$ 即为平面 3R 机器人相对基坐标系 $\{0\}$ 的速度雅可比。

6.4 串联机器人速度雅可比的其他计算方法

前面已经给出了两种求解速度雅可比的方法：递推法和直接微分法。每种方法都有各自的优点和不足。本节再介绍三种通用的串联机器人速度雅可比计算方法。

6.4.1 基于 D-H 参数的微分变换法

在第 5 章的串联机器人位移分析中，介绍了 D-H 参数，基于 D-H 参数的微分变换法同样可以应用在对串联机器人的速度分析中。该方法在有些文献中又称为矢量积法。

下面以标准 D-H 参数法为例，说明利用微分变换法求解速度雅可比的过程。

重写一下后置坐标系下的齐次变换矩阵如下：

$$
{}^{i-1}_{\ \ i}\boldsymbol{T}=\begin{pmatrix} \cos\theta_i & -\sin\theta_i\cos\alpha_i & \sin\theta_i\sin\alpha_i & a_i\cos\theta_i \\ \sin\theta_i & \cos\theta_i\cos\alpha_i & -\cos\theta_i\sin\alpha_i & a_i\sin\theta_i \\ 0 & \sin\alpha_i & \cos\alpha_i & d_i \\ 0 & 0 & 0 & 1 \end{pmatrix} \tag{6.4-1}
$$

对式（6.4-1）关于时间求导，得

$$
{}^{i-1}_{\ \ i}\dot{\boldsymbol{T}}=\begin{pmatrix} -\dot{\theta}_i\sin\theta_i & -\dot{\theta}_i\cos\alpha_i\cos\theta_i & \dot{\theta}_i\sin\alpha_i\cos\theta_i & -\dot{\theta}_i a_i\sin\theta_i \\ \dot{\theta}_i\cos\theta_i & -\dot{\theta}_i\cos\alpha_i\sin\theta_i & \dot{\theta}_i\sin\alpha_i\sin\theta_i & \dot{\theta}_i a_i\cos\theta_i \\ 0 & 0 & 0 & \dot{d}_i \\ 0 & 0 & 0 & 0 \end{pmatrix} \tag{6.4-2}
$$

对应单自由度的转动副或移动副，${}^{i-1}_{\ \ i}\dot{\boldsymbol{T}}$ 中只有一个变量（θ 或者 d）。对于转动副，有 $\dot{d}_i=0$；对于移动副，有 $\dot{\theta}_i=0$。

对式（6.4-2）的两边右乘 ${}^{i-1}_{\ \ i}\boldsymbol{T}^{-1}$，得

$$
{}^{i-1}_{\ \ i}\dot{\boldsymbol{T}}\,{}^{i-1}_{\ \ i}\boldsymbol{T}^{-1}=\begin{pmatrix} [{}^{i-1}\boldsymbol{z}_{i-1}]\dot{\theta}_i & {}^{i-1}\boldsymbol{z}_{i-1}\dot{d}_i \\ 0 & 0 \end{pmatrix} \tag{6.4-3}
$$

式（6.4-3）的左上角（3×3 矩阵）表示杆 i 相对杆 $i-1$ 的角速度，第四列为杆 i 上与 $\{i-1\}$ 坐标原点相重合点的线速度，在杆 $i-1$ 上度量。

这样，对于具有 n 自由度的串联机器人（图 6-5），其闭环运动方程为

$$
{}^{0}_{n}\boldsymbol{T}={}^{0}_{1}\boldsymbol{T}\,{}^{1}_{2}\boldsymbol{T}\cdots{}^{n-1}_{\ \ n}\boldsymbol{T} \tag{6.4-4}
$$

求导得

$$
{}^{0}_{n}\dot{\boldsymbol{T}}=({}^{0}_{1}\dot{\boldsymbol{T}}\,{}^{1}_{2}\boldsymbol{T}\cdots{}^{n-1}_{\ \ n}\boldsymbol{T})+({}^{0}_{1}\boldsymbol{T}\,{}^{1}_{2}\dot{\boldsymbol{T}}\cdots{}^{n-1}_{\ \ n}\boldsymbol{T})+\cdots+({}^{0}_{1}\boldsymbol{T}\,{}^{1}_{2}\boldsymbol{T}\cdots{}^{n-1}_{\ \ n}\dot{\boldsymbol{T}}) \tag{6.4-5}
$$

对式（6.4-5）两边右乘${}^0_n\boldsymbol{T}^{-1}$，可得

$$ {}^0_n\dot{\boldsymbol{T}}\,{}^0_n\boldsymbol{T}^{-1}={}^0_1\dot{\boldsymbol{T}}\,{}^0_1\boldsymbol{T}^{-1}+{}^0_1\boldsymbol{T}({}^1_2\dot{\boldsymbol{T}}\,{}^1_2\boldsymbol{T}^{-1}){}^0_1\boldsymbol{T}^{-1}+({}^0_1\boldsymbol{T}\,{}^1_2\boldsymbol{T})({}^2_3\dot{\boldsymbol{T}}\,{}^2_3\boldsymbol{T}^{-1})({}^0_1\boldsymbol{T}\,{}^1_2\boldsymbol{T})^{-1}\cdots \tag{6.4-6} $$

类似式（6.4-3），式（6.4-6）的左边还可以写成

$$ {}^0_n\dot{\boldsymbol{T}}\,{}^0_n\boldsymbol{T}^{-1}=\begin{pmatrix} [{}^0\boldsymbol{\omega}_n] & {}^0\boldsymbol{v}_o \\ 0 & 0 \end{pmatrix} \tag{6.4-7} $$

式（6.4-7）的左上角（3×3 矩阵）表示末端执行器相对基座的角速度，第四列为末端执行器上与基坐标系坐标原点相重合点的线速度。

将式（6.4-7）和式（6.4-3）代入到式（6.4-6）中得

$$ \begin{pmatrix} [{}^0\boldsymbol{\omega}_n] & {}^0\boldsymbol{v}_o \\ 0 & 0 \end{pmatrix} = \sum_{i=1}^{n}\begin{pmatrix} \dot{\theta}_i({}^0_{i-1}\boldsymbol{R}[{}^{i-1}\boldsymbol{z}_{i-1}]\,{}^0_{i-1}\boldsymbol{R}^{\mathrm{T}}) & -\dot{\theta}_i({}^0_{i-1}\boldsymbol{R}[{}^{i-1}\boldsymbol{z}_{i-1}]\,{}^0_{i-1}\boldsymbol{R}^{\mathrm{T}})\,{}^0\boldsymbol{p}_{i-1}+\dot{d}_i({}^0_{i-1}\boldsymbol{R}\,{}^{i-1}\boldsymbol{z}_{i-1}) \\ \boldsymbol{0} & 0 \end{pmatrix} $$

$$ = \sum_{i=1}^{n}\begin{pmatrix} \dot{\theta}_i[{}^0\boldsymbol{z}_{i-1}] & -\dot{\theta}_i[{}^0\boldsymbol{z}_{i-1}]\,{}^0\boldsymbol{p}_{i-1}+\dot{d}_i\,{}^0\boldsymbol{z}_{i-1} \\ \boldsymbol{0} & 0 \end{pmatrix} \tag{6.4-8} $$

式中，$[{}^0\boldsymbol{z}_{i-1}]={}^0_{i-1}\boldsymbol{R}[{}^{i-1}\boldsymbol{z}_{i-1}]{}^0_{i-1}\boldsymbol{R}^{\mathrm{T}}$；${}^0\boldsymbol{z}_{i-1}={}^0_{i-1}\boldsymbol{R}\,{}^{i-1}\boldsymbol{z}_{i-1}$。

将式（6.4-8）写成列矢量的形式，有

$$ {}^0\boldsymbol{\omega}_n=\sum_{i=1}^{n}\dot{\theta}_i\,{}^0\boldsymbol{z}_{i-1} \tag{6.4-9} $$

$$ {}^0\boldsymbol{v}_o=\sum_{i=1}^{n}(-\dot{\theta}_i\,{}^0\boldsymbol{z}_{i-1}\times{}^0\boldsymbol{p}_{i-1}+\dot{d}_i\,{}^0\boldsymbol{z}_{i-1})=\sum_{i=1}^{n}(-{}^0\boldsymbol{\omega}_n\times{}^0\boldsymbol{p}_{i-1}+\dot{d}_i\,{}^0\boldsymbol{z}_{i-1}) \tag{6.4-10} $$

式（6.4-9）和式（6.4-10）给出的是末端工具的角速度和其上与基坐标系原点相重合点的线速度（相对基坐标系{0}）的表达。而末端工具坐标系的原点相对基坐标系（原点）的线速度可通过式（6.4-11）变换得到：

$$ {}^0\boldsymbol{v}_n={}^0\boldsymbol{v}_o+{}^0\boldsymbol{\omega}_n\times{}^0\boldsymbol{p}_n \tag{6.4-11} $$

将式（6.4-10）代入到式（6.4-11）中，得

$$ {}^0\boldsymbol{v}_n=\sum_{i=1}^{n}[\dot{\theta}_i({}^0\boldsymbol{z}_{i-1}\times{}^0\boldsymbol{p}_{i-1,n})+\dot{d}_i\,{}^0\boldsymbol{z}_{i-1}] \tag{6.4-12} $$

式中，${}^0\boldsymbol{p}_{i-1,n}$为由第 $i-1$ 连杆坐标系原点到末端执行器原点的矢量，相对基坐标系{0}进行度量。具体如图 6-5 所示。

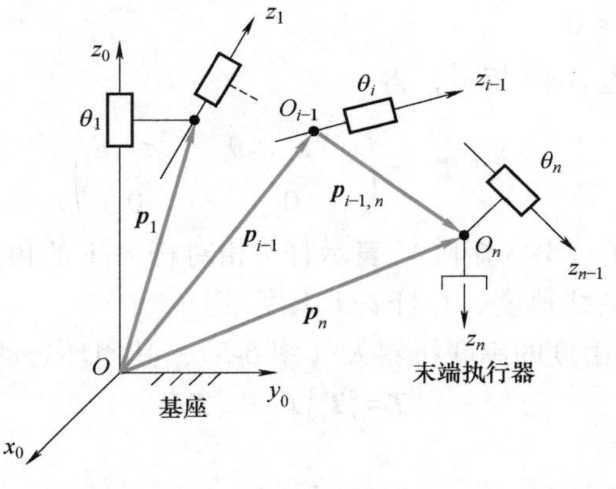

图 6-5　串联机器人的连杆坐标系定义（后置坐标系）

将式（6.4-9）和式（6.4-12）写成矩阵的形式，就得到了常规形式的串联机器人的速度雅可比，即

$$\dot{\boldsymbol{X}}=\begin{pmatrix}{}^0\boldsymbol{\omega}_n\\{}^0\boldsymbol{v}_n\end{pmatrix}=\boldsymbol{J}\dot{\boldsymbol{q}}=(\boldsymbol{J}_1\quad\cdots\quad\boldsymbol{J}_i\quad\cdots\quad\boldsymbol{J}_n)\begin{pmatrix}\dot{q}_1\\\vdots\\\dot{q}_i\\\vdots\\\dot{q}_n\end{pmatrix}\tag{6.4-13}$$

式中，

$$\boldsymbol{J}_i=\begin{cases}\begin{pmatrix}{}^0\boldsymbol{z}_{i-1}\\{}^0\boldsymbol{z}_{i-1}\times{}^0\boldsymbol{p}_{i-1,n}\end{pmatrix} & \text{（转动副）}\\\begin{pmatrix}\boldsymbol{0}\\{}^0\boldsymbol{z}_{i-1}\end{pmatrix} & \text{（移动副）}\end{cases}\tag{6.4-14}$$

$$\boldsymbol{q}_i=\begin{cases}\dot{\theta}_i & \text{（转动副）}\\\dot{d}_i & \text{（移动副）}\end{cases}\tag{6.4-15}$$

以上参数可通过式（6.4-16）~式（6.4-18）得到：

$${}^0\boldsymbol{z}_{i-1}={}_{i-1}^{\;\;0}\boldsymbol{R}\begin{pmatrix}0\\0\\1\end{pmatrix}\tag{6.4-16}$$

$${}^0\boldsymbol{p}_{i-1,n}={}_{i-1}^{\;\;0}\boldsymbol{R}\;{}^{i-1}\boldsymbol{p}_i+{}^0\boldsymbol{p}_{i,n}\tag{6.4-17}$$

$${}^{i-1}\boldsymbol{p}_i=\begin{pmatrix}a_i\cos\theta_i\\a_i\sin\theta_i\\d_i\end{pmatrix}\tag{6.4-18}$$

以上便是推导的全过程，由此可通过式（6.4-14）得到任一串联机器人的速度雅可比显式表达。

【例 6-4】　用微分变换法求解图 6-6 所示平面 2R 机器人的速度雅可比。

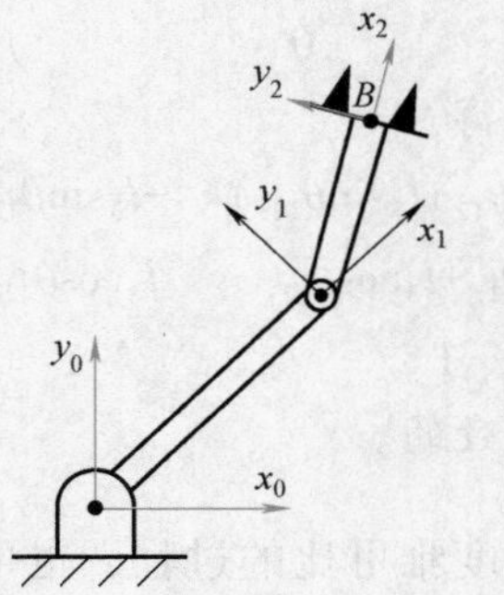

i	α_i	a_i	d_i	θ_i
1	0°	l_1	0	θ_1
2	0°	l_2	0	θ_2

图 6-6　平面 2R 机器人的连杆坐标系及其 D-H 参数（后置坐标系）

解：按后置坐标系建立连杆坐标系，确定相应的D-H参数，具体如图6-6所示。由式（6.4-16）~式（6.4-18）计算得到

$$^0\boldsymbol{z}_0={}^0\boldsymbol{z}_1=\begin{pmatrix}0\\0\\1\end{pmatrix},\quad {}^0\boldsymbol{p}_{1,2}=\begin{pmatrix}l_2\cos\theta_{12}\\l_2\sin\theta_{12}\\0\end{pmatrix},\quad {}^0\boldsymbol{p}_{0,2}=\begin{pmatrix}l_1\cos\theta_1+l_2\cos\theta_{12}\\l_1\sin\theta_1+l_2\sin\theta_{12}\\0\end{pmatrix}$$

将上述各参数代入式（6.4-14）中，并消除无关量，得

$$\boldsymbol{J}=\begin{pmatrix}-l_1\sin\theta_1-l_2\sin\theta_{12} & -l_2\sin\theta_{12}\\ l_1\cos\theta_1+l_2\cos\theta_{12} & l_2\cos\theta_{12}\end{pmatrix}\tag{6.4-19}$$

对比式（6.4-19）和式（6.3-4），两者是完全一致的。

【例6-5】 用微分变换法求解图6-7所示平面3R机器人的速度雅可比。

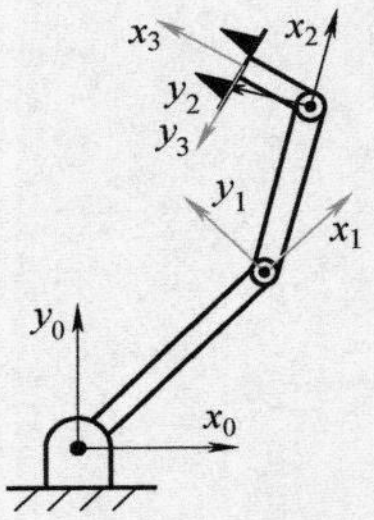

i	α_i	a_i	d_i	θ_i
1	0°	l_1	0	θ_1
2	0°	l_2	0	θ_2
3	0°	l_3	0	θ_3

图6-7　平面3R机器人的连杆坐标系及其D-H参数（后置坐标系）

解：按后置坐标系建立连杆坐标系，确定相应的D-H参数，具体如图6-7所示。由式（6.4-16）~式（6.4-18）计算得到

$$^0\boldsymbol{z}_0={}^0\boldsymbol{z}_1={}^0\boldsymbol{z}_2=\begin{pmatrix}0\\0\\1\end{pmatrix},\quad {}^0\boldsymbol{p}_{2,3}=\begin{pmatrix}l_3\cos\theta_{123}\\l_3\sin\theta_{123}\\0\end{pmatrix},$$

$$^0\boldsymbol{p}_{1,3}=\begin{pmatrix}l_2\cos\theta_{12}+l_3\cos\theta_{123}\\l_2\sin\theta_{12}+l_3\sin\theta_{123}\\0\end{pmatrix},\quad {}^0\boldsymbol{p}_{0,3}=\begin{pmatrix}l_1\cos\theta_1+l_2\cos\theta_{12}+l_3\cos\theta_{123}\\l_1\sin\theta_1+l_2\sin\theta_{12}+l_3\sin\theta_{123}\\0\end{pmatrix}$$

将上述各参数代入式（6.4-14）中，并消除无关量，得

$$\boldsymbol{J}=\begin{pmatrix}-(l_1\sin\theta_1+l_2\sin\theta_{12}+l_3\sin\theta_{123}) & -(l_2\sin\theta_{12}+l_3\sin\theta_{123}) & -l_3\sin\theta_{123}\\ l_1\cos\theta_1+l_2\cos\theta_{12}+l_3\cos\theta_{123} & l_2\cos\theta_{12}+l_3\cos\theta_{123} & l_3\cos\theta_{123}\\ 1 & 1 & 1\end{pmatrix}\tag{6.4-20}$$

对比式（6.4-20）和式（6.3-8），两者是完全一致的。

类似以上基于标准D-H参数的微分变换法推导速度雅可比的过程，也可以推导前置坐标系下基于矢量积公式的串联机器人速度雅可比的表示（图6-8）。感兴趣的读者可以自行推导一下。这里直接给出结果。

$$\dot{X}=\begin{pmatrix}{}^0\boldsymbol{\omega}_n\\{}^0\boldsymbol{v}_n\end{pmatrix}=\boldsymbol{J}\dot{\boldsymbol{q}}\tag{6.4-21}$$

式中，

$$\boldsymbol{J}_i=\begin{cases}\begin{pmatrix}{}^0\boldsymbol{z}_i\\{}^0\boldsymbol{z}_i\times{}^0\boldsymbol{p}_{i,n}\end{pmatrix} & (\text{转动副})\\ \begin{pmatrix}\boldsymbol{0}\\{}^0\boldsymbol{z}_i\end{pmatrix} & (\text{移动副})\end{cases}\tag{6.4-22}$$

$$\boldsymbol{q}_i=\begin{cases}\dot{\theta}_i & (\text{转动副})\\ \dot{d}_i & (\text{移动副})\end{cases}\tag{6.4-23}$$

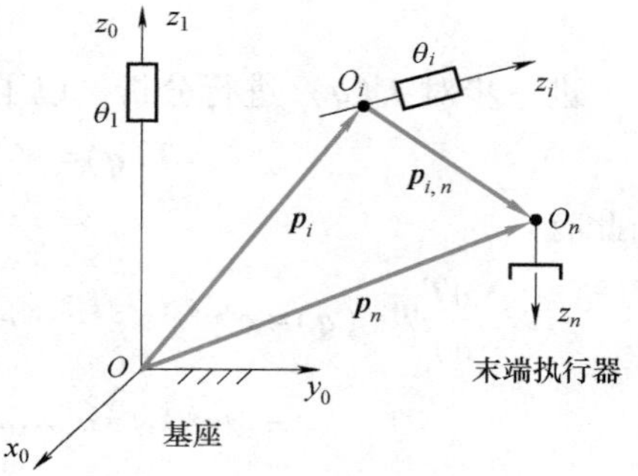

图 6-8　串联机器人的连杆坐标系定义（前置坐标系）

式中，${}^0\boldsymbol{p}_{i,n}$为末端工具坐标系原点相对$\{i\}$系的位置矢量在基坐标系$\{0\}$中的表示。以上参数可通过式（6.4-24）和式（6.4-25）得到：

$${}^0\boldsymbol{z}_i={}^0_i\boldsymbol{R}\begin{pmatrix}0\\0\\1\end{pmatrix}\tag{6.4-24}$$

$${}^0\boldsymbol{p}_{i,n}={}^0_i\boldsymbol{R}\,{}^i\boldsymbol{p}_n\tag{6.4-25}$$

从前面的推导可以看出，利用直接微分法得到的速度雅可比矩阵可以反映末端速度 $\dot{X}$（n 维）与关节最少广义坐标的时间导数 $\dot{\boldsymbol{q}}$（n 维）之间的映射关系。例如，平面 3R 机器人的末端速度写成 $\dot{X}=(v_x,v_y,\omega_z)^{\mathrm{T}}$，关节最少广义坐标的时间导数 $\dot{\boldsymbol{q}}=(\dot{\theta}_1,\dot{\theta}_2,\dot{\theta}_3)^{\mathrm{T}}$。而基于微分变换法或矢量积法得到的速度雅可比为 $6\times n$ 的矩阵，矩阵的每一列有着确定的物理意义和几何特征，整体上反映的是末端广义速度（6 维）与关节最少广义坐标的时间导数 $\dot{\boldsymbol{q}}$（n 维）之间的映射关系。对于少于 6 自由度的串联机器人而言，其速度雅可比为一个长方阵。

6.4.2* 基于指数积公式的求解方法

运用旋量理论可以自然清晰地描述串联机器人的雅可比矩阵，并能突出机器人的几何特征。下面首先利用运动旋量与 POE 公式导出机器人速度雅可比矩阵的表征。

由第 3 章给出的刚体空间速度结果可得

$$[\boldsymbol{V}^{\mathrm{s}}]=\dot{\boldsymbol{T}}(\boldsymbol{q})\boldsymbol{T}^{-1}(\boldsymbol{q})=\sum_{i=1}^{n}\left(\frac{\partial\boldsymbol{T}}{\partial q_i}\dot{q}_i\right)\boldsymbol{T}^{-1}(\boldsymbol{q})=\sum_{i=1}^{n}\left(\frac{\partial\boldsymbol{T}}{\partial q_i}\boldsymbol{T}^{-1}(\boldsymbol{q})\right)\dot{q}_i\tag{6.4-26}$$

可以看出，末端执行器的速度与各个关节速度之间是一种线性的关系。对应的运动旋量坐标可以表示成

$$\boldsymbol{V}^{\mathrm{s}}=\sum_{i=1}^{n}\left(\frac{\partial\boldsymbol{T}}{\partial q_i}\boldsymbol{T}^{-1}(\boldsymbol{q})\right)^{\vee}\dot{q}_i\tag{6.4-27}$$

令 $\boldsymbol{J}^{\mathrm{s}}(\boldsymbol{q})=\left(\left(\frac{\partial\boldsymbol{T}}{\partial q_1}\boldsymbol{T}^{-1}(\boldsymbol{q})\right)^{\vee}\ \cdots\ \left(\frac{\partial\boldsymbol{T}}{\partial q_n}\boldsymbol{T}^{-1}(\boldsymbol{q})\right)^{\vee}\right)$，$\dot{\boldsymbol{q}}=(\dot{q}_1\ \cdots\ \dot{q}_n)^{\mathrm{T}}$，则式（6.4-27）变为

$$\boldsymbol{V}^{s}=\boldsymbol{J}^{s}(\boldsymbol{q})\dot{\boldsymbol{q}} \tag{6.4-28}$$

进一步对 $\boldsymbol{J}^{s}(\boldsymbol{q})$ 进行分析，以了解它的几何意义。由正向运动学 POE 公式得

$$\boldsymbol{T}(\boldsymbol{q})=\mathrm{e}^{q_1[\hat{\xi}_1]}\mathrm{e}^{q_2[\hat{\xi}_2]}\cdots\mathrm{e}^{q_i[\hat{\xi}_i]}\cdots\mathrm{e}^{q_n[\hat{\xi}_n]}\boldsymbol{T}(\boldsymbol{0}) \tag{6.4-29}$$

因此有

$$\begin{aligned}\frac{\partial \boldsymbol{T}}{\partial q_i}\boldsymbol{T}^{-1}(\boldsymbol{q})&=\mathrm{e}^{q_1[\hat{\xi}_1]}\mathrm{e}^{q_2[\hat{\xi}_2]}\cdots\mathrm{e}^{q_{i-1}[\hat{\xi}_{i-1}]}\frac{\partial}{\partial q_i}(\mathrm{e}^{q_i[\hat{\xi}_i]})\mathrm{e}^{q_{i+1}[\hat{\xi}_{i+1}]}\cdots\mathrm{e}^{q_n[\hat{\xi}_n]}\boldsymbol{T}(\boldsymbol{0})\boldsymbol{T}^{-1}(\boldsymbol{q})\\&=\mathrm{e}^{q_1[\hat{\xi}_1]}\mathrm{e}^{q_2[\hat{\xi}_2]}\cdots\mathrm{e}^{q_{i-1}[\hat{\xi}_{i-1}]}[\hat{\boldsymbol{\xi}}_i]\mathrm{e}^{q_i[\hat{\xi}_i]}\mathrm{e}^{q_{i+1}[\hat{\xi}_{i+1}]}\cdots\mathrm{e}^{q_n[\hat{\xi}_n]}\boldsymbol{T}(\boldsymbol{0})\boldsymbol{T}^{-1}(\boldsymbol{q})\\&=\mathrm{e}^{q_1[\hat{\xi}_1]}\mathrm{e}^{q_2[\hat{\xi}_2]}\cdots\mathrm{e}^{q_{i-1}[\hat{\xi}_{i-1}]}[\hat{\boldsymbol{\xi}}_i]\mathrm{e}^{-q_{i-1}[\hat{\xi}_{i-1}]}\cdots\mathrm{e}^{-q_2[\hat{\xi}_2]}\mathrm{e}^{-q_1[\hat{\xi}_1]}\end{aligned} \tag{6.4-30}$$

写成运动旋量坐标的形式：

$$\left(\frac{\partial \boldsymbol{T}}{\partial q_i}\boldsymbol{T}^{-1}(\boldsymbol{q})\right)^{\vee}=\mathrm{Ad}_{\left(\mathrm{e}^{q_1[\hat{\xi}_1]}\mathrm{e}^{q_2[\hat{\xi}_2]}\cdots\mathrm{e}^{q_{i-1}[\hat{\xi}_{i-1}]}\right)}\hat{\boldsymbol{\xi}}_i \tag{6.4-31}$$

令 $\hat{\boldsymbol{\xi}}_i'=\mathrm{Ad}_{\left(\mathrm{e}^{q_1[\hat{\xi}_1]}\mathrm{e}^{q_2[\hat{\xi}_2]}\cdots\mathrm{e}^{q_{i-1}[\hat{\xi}_{i-1}]}\right)}\hat{\boldsymbol{\xi}}_i$，式（6.4-28）变成

$$\boldsymbol{V}^{s}=\boldsymbol{J}^{s}(\boldsymbol{q})\dot{\boldsymbol{q}}=[\hat{\boldsymbol{\xi}}_1'\quad\hat{\boldsymbol{\xi}}_2'\quad\cdots\quad\hat{\boldsymbol{\xi}}_n']\begin{pmatrix}\dot{q}_1\\\dot{q}_2\\\vdots\\\dot{q}_n\end{pmatrix} \tag{6.4-32}$$

式中，

$$\boldsymbol{J}^{s}(\boldsymbol{q})=[\hat{\boldsymbol{\xi}}_1'\quad\hat{\boldsymbol{\xi}}_2'\quad\cdots\quad\hat{\boldsymbol{\xi}}_n'] \tag{6.4-33}$$

以上各式中 $\boldsymbol{V}^{s}$ 表示末端执行器的空间速度（相对惯性坐标系），$\dot{\boldsymbol{q}}$ 为各个关节速度，$\boldsymbol{J}^{s}(\boldsymbol{q})$ 称为机器人的空间速度雅可比矩阵，简称**空间雅可比矩阵**（spatial Jacobi）。其中，$\hat{\boldsymbol{\xi}}_i'=\mathrm{Ad}_{\left(\mathrm{e}^{q_1[\hat{\xi}_1]}\mathrm{e}^{q_2[\hat{\xi}_2]}\cdots\mathrm{e}^{q_{i-1}[\hat{\xi}_{i-1}]}\right)}\hat{\boldsymbol{\xi}}_i$ 与经刚体变换 $\mathrm{e}^{q_1[\hat{\xi}_1]}\mathrm{e}^{q_2[\hat{\xi}_2]}\cdots\mathrm{e}^{q_{i-1}[\hat{\xi}_{i-1}]}$ 后的第 i 个关节的单位运动旋量 $\hat{\boldsymbol{\xi}}_i$ 相对应，表示将第 i 个关节坐标由初始位形变换到机器人的当前位形。因而机器人雅可比矩阵的第 i 列就是变换到机器人当前位形下的第 i 个关节的单位运动旋量（相对于惯性坐标系）。这一特性将在很大程度上简化机器人雅可比的计算。

另外，根据单位运动旋量坐标的定义，与旋转关节对应的单位运动旋量坐标为

$$\hat{\boldsymbol{\xi}}_i'=\begin{pmatrix}\hat{\boldsymbol{\omega}}_i'\\\boldsymbol{r}_i'\times\hat{\boldsymbol{\omega}}_i'\end{pmatrix} \tag{6.4-34}$$

式中，$\boldsymbol{r}_i'$为当前位形下轴线上一点的位置矢量；$\hat{\boldsymbol{\omega}}_i'$为当前位形下旋转关节轴线方向的单位矢量，并且满足

$$\hat{\boldsymbol{\omega}}_i'=\mathrm{e}^{q_1[\hat{\omega}_1]}\mathrm{e}^{q_2[\hat{\omega}_2]}\cdots\mathrm{e}^{q_{i-1}[\hat{\omega}_{i-1}]}\hat{\boldsymbol{\omega}}_i \tag{6.4-35}$$

$$\begin{pmatrix}\boldsymbol{r}_i'\\1\end{pmatrix}=\mathrm{e}^{q_1[\hat{\xi}_1]}\mathrm{e}^{q_2[\hat{\xi}_2]}\cdots\mathrm{e}^{q_{i-1}[\hat{\xi}_{i-1}]}\begin{pmatrix}\boldsymbol{r}_i(\boldsymbol{0})\\1\end{pmatrix} \tag{6.4-36}$$

式中，$\boldsymbol{r}_i(\boldsymbol{0})$ 为初始位形下轴线 i 上一点的位置矢量。

对于移动关节，有

$$\hat{\boldsymbol{\xi}}_i'=\begin{pmatrix}\mathbf{0}\\ \hat{\boldsymbol{v}}'\end{pmatrix} \tag{6.4-37}$$

式中，$\hat{\boldsymbol{v}}_i'=\mathrm{e}^{q_1[\hat{\boldsymbol{\omega}}_1]}\mathrm{e}^{q_2[\hat{\boldsymbol{\omega}}_2]}\cdots\mathrm{e}^{q_{i-1}[\hat{\boldsymbol{\omega}}_{i-1}]}\hat{\boldsymbol{v}}_i$。

如果 $\boldsymbol{J}^{\mathrm{s}}(\boldsymbol{q})$ 可逆，则

$$\dot{\boldsymbol{q}}=[\boldsymbol{J}^{\mathrm{s}}(\boldsymbol{q})]^{-1}\boldsymbol{V}^{\mathrm{s}} \tag{6.4-38}$$

【例 6-6】　利用 POE 公式计算 SCARA 机器人（图 6-9）的空间雅可比矩阵。

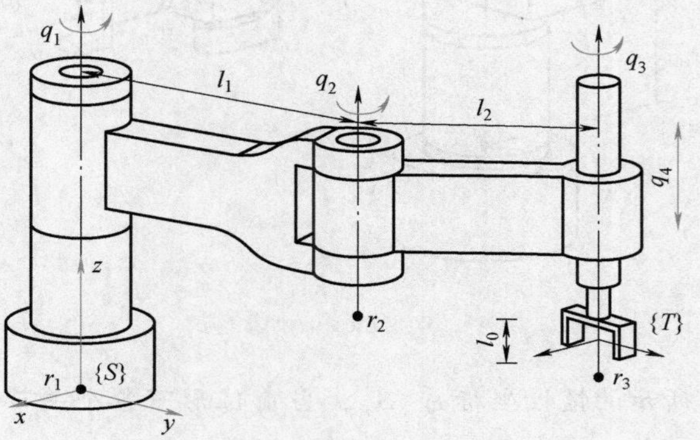

图 6-9　SCARA 机器人

解：建立图 6-9 所示的惯性坐标系$\{S\}$，当前位形下各个关节对应的单位运动旋量坐标表示如下：

由于初始位形下 $\hat{\boldsymbol{\omega}}_1=\hat{\boldsymbol{\omega}}_2=\hat{\boldsymbol{\omega}}_3=\hat{\boldsymbol{v}}_4=(0\quad 0\quad 1)^{\mathrm{T}}$，在运动过程中，各个关节对应的单位运动旋量的方向并不发生改变，但位置发生变化。因此有

$$\hat{\boldsymbol{\omega}}_1'=\hat{\boldsymbol{\omega}}_2'=\hat{\boldsymbol{\omega}}_3'=\hat{\boldsymbol{v}}_4'=\begin{pmatrix}0\\0\\1\end{pmatrix}$$

$$\boldsymbol{r}_1'=\begin{pmatrix}0\\0\\0\end{pmatrix},\quad \boldsymbol{r}_2'=\mathrm{e}^{\theta_1[z]}\begin{pmatrix}0\\l_1\\0\end{pmatrix}=\begin{pmatrix}-l_1\sin\theta_1\\l_1\cos\theta_1\\0\end{pmatrix},\quad \boldsymbol{r}_3'=\mathrm{e}^{\theta_1[z]}\begin{pmatrix}0\\l_1\\0\end{pmatrix}+\mathrm{e}^{\theta_1[z]}\mathrm{e}^{\theta_2[z]}\begin{pmatrix}0\\l_2\\0\end{pmatrix}=\begin{pmatrix}-l_1\sin\theta_1-l_2\sin\theta_{12}\\l_1\cos\theta_1+l_2\cos\theta_{12}\\0\end{pmatrix}$$

则由式（6.4-35）~式（6.4-38）得到

$$\hat{\boldsymbol{\xi}}_1'=\begin{pmatrix}0\\0\\1\\0\\0\\0\end{pmatrix},\quad \hat{\boldsymbol{\xi}}_2'=\begin{pmatrix}0\\0\\1\\l_1\cos\theta_1\\l_1\sin\theta_1\\0\end{pmatrix},\quad \hat{\boldsymbol{\xi}}_3'=\begin{pmatrix}0\\0\\1\\l_1\cos\theta_1+l_2\cos\theta_{12}\\l_1\sin\theta_1+l_2\sin\theta_{12}\\0\end{pmatrix},\quad \hat{\boldsymbol{\xi}}_4'=\begin{pmatrix}0\\0\\0\\0\\0\\1\end{pmatrix}$$

因此，该机器人的空间雅可比矩阵可以写成

$$\boldsymbol{J}^{\mathrm{s}}=[\hat{\boldsymbol{\xi}}_1'\quad \hat{\boldsymbol{\xi}}_2'\quad \hat{\boldsymbol{\xi}}_3'\quad \hat{\boldsymbol{\xi}}_4']$$

【例 6-7】 利用 POE 公式计算 Stanford 机器人（图 6-10）的空间雅可比矩阵。

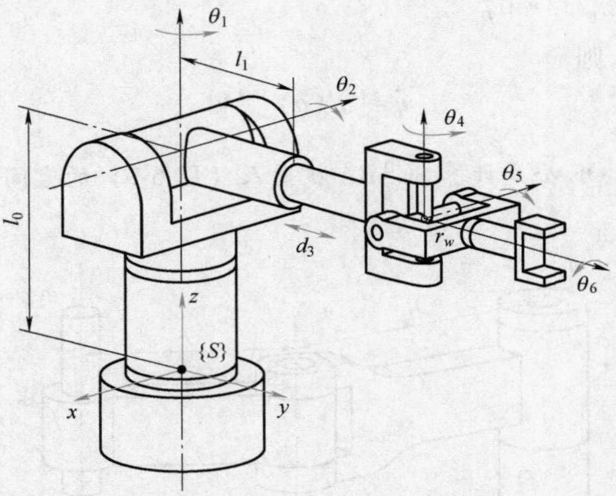

图 6-10 Stanford 机器人

解：建立图 6-10 所示的惯性坐标系 $\{S\}$，当前位形下各个关节对应的单位运动旋量坐标表示如下：

$$\hat{\boldsymbol{\omega}}_1=\begin{pmatrix}0\\0\\1\end{pmatrix},\quad \hat{\boldsymbol{\omega}}_2'=\mathrm{e}^{\theta_1[z]}\begin{pmatrix}-1\\0\\0\end{pmatrix}=\begin{pmatrix}-\cos\theta_1\\-\sin\theta_1\\1\end{pmatrix},\quad \boldsymbol{r}_1'=\boldsymbol{r}_2'=\begin{pmatrix}0\\0\\l_0\end{pmatrix}$$

$$\hat{\boldsymbol{v}}_3'=\mathrm{e}^{\theta_1[z]}\mathrm{e}^{-\theta_2[x]}\begin{pmatrix}0\\1\\0\end{pmatrix}=\begin{pmatrix}-\sin\theta_1\cos\theta_2\\\cos\theta_1\cos\theta_2\\-\sin\theta_2\end{pmatrix},\quad \boldsymbol{r}_w'=\begin{pmatrix}0\\0\\l_0\end{pmatrix}+\mathrm{e}^{\theta_1[z]}\mathrm{e}^{-\theta_2[x]}\begin{pmatrix}0\\l_1+d_3\\0\end{pmatrix}=\begin{pmatrix}-(l_1+d_3)\sin\theta_1\cos\theta_2\\(l_1+d_3)\cos\theta_1\cos\theta_2\\l_0-(l_1+d_3)\sin\theta_2\end{pmatrix}$$

$$\hat{\boldsymbol{\omega}}_4'=\mathrm{e}^{\theta_1[z]}\mathrm{e}^{-\theta_2[x]}\begin{pmatrix}0\\0\\1\end{pmatrix}=\begin{pmatrix}-\sin\theta_1\sin\theta_2\\\cos\theta_1\sin\theta_2\\\cos\theta_2\end{pmatrix},$$

$$\hat{\boldsymbol{\omega}}_5'=\mathrm{e}^{\theta_1[z]}\mathrm{e}^{-\theta_2[x]}\mathrm{e}^{\theta_4[z]}\begin{pmatrix}-1\\0\\0\end{pmatrix}=\begin{pmatrix}-\cos\theta_1\cos\theta_4+\sin\theta_1\cos\theta_2\sin\theta_4\\-\sin\theta_1\cos\theta_4-\cos\theta_1\cos\theta_2\sin\theta_4\\\sin\theta_2\sin\theta_4\end{pmatrix}$$

$$\hat{\boldsymbol{\omega}}_6'=\mathrm{e}^{\theta_1[z]}\mathrm{e}^{-\theta_2[x]}\mathrm{e}^{\theta_4[z]}\mathrm{e}^{-\theta_5[x]}\begin{pmatrix}0\\1\\0\end{pmatrix}=\begin{pmatrix}-\cos\theta_5(\sin\theta_1\cos\theta_2\cos\theta_4+\cos\theta_1\sin\theta_4)+\sin\theta_1\sin\theta_2\sin\theta_5\\\cos\theta_5(\cos\theta_1\cos\theta_2\cos\theta_4-\sin\theta_1\sin\theta_4)-\cos\theta_1\sin\theta_2\sin\theta_5\\-\sin\theta_2\cos\theta_4\cos\theta_5-\cos\theta_2\sin\theta_5\end{pmatrix}$$

则由式（6.4-35）~式（6.4-38）得到该机器人的空间雅可比矩阵为

$$\boldsymbol{J}^{s}(\boldsymbol{\theta})=[\hat{\boldsymbol{\xi}}_1\quad \hat{\boldsymbol{\xi}}_2'\quad \hat{\boldsymbol{\xi}}_3'\quad \hat{\boldsymbol{\xi}}_4'\quad \hat{\boldsymbol{\xi}}_5'\quad \hat{\boldsymbol{\xi}}_6']=\begin{pmatrix}\hat{\boldsymbol{\omega}}_1 & \hat{\boldsymbol{\omega}}_2' & \boldsymbol{0} & \hat{\boldsymbol{\omega}}_4' & \hat{\boldsymbol{\omega}}_5' & \hat{\boldsymbol{\omega}}_6'\\ \boldsymbol{0} & \boldsymbol{r}_2'\times\hat{\boldsymbol{\omega}}_2' & \hat{\boldsymbol{v}}_3' & \boldsymbol{r}_w'\times\hat{\boldsymbol{\omega}}_4' & \boldsymbol{r}_w'\times\hat{\boldsymbol{\omega}}_5' & \boldsymbol{r}_w'\times\hat{\boldsymbol{\omega}}_6'\end{pmatrix}$$

6.4.3* 螺旋运动方程

考虑 n 自由度的串联机器人的手臂是由 n 根连杆经单自由度运动副（关节）[⊖]依次串接于基座构成的开链系统，n 根连杆之间的相对运动可以分别用 n 个运动旋量表示：$\omega_1\hat{\$}_1,\cdots,\omega_n\hat{\$}_n$。其末端相对基坐标系的瞬时运动则为各关节角速度运动旋量在当前位形下的线性组合，即

$$\dot{\boldsymbol{X}}^*=\begin{pmatrix}{}^0\boldsymbol{\omega}_n\\{}^0\boldsymbol{v}_o\end{pmatrix}=\sum_{i=1}^{n}\dot{q}_i\hat{\$}_i=[\hat{\$}_1\quad\hat{\$}_2\quad\cdots\quad\hat{\$}_n]\begin{pmatrix}\dot{q}_1\\\dot{q}_2\\\vdots\\\dot{q}_n\end{pmatrix}\tag{6.4-39}$$

式（6.4-39）称为机器人的螺旋运动方程。

令 $\boldsymbol{J}^*=[\hat{\$}_1\quad\hat{\$}_2\quad\cdots\quad\hat{\$}_n]$，$\dot{\boldsymbol{X}}^*=({}^0\boldsymbol{\omega}_n^{\mathrm{T}}\quad{}^0\boldsymbol{v}_o^{\mathrm{T}})^{\mathrm{T}}$，$\dot{\boldsymbol{q}}=(\dot{q}_1\,\dot{q}_2\cdots\dot{q}_n)^{\mathrm{T}}$，式（6.4-39）简化为

$$\dot{\boldsymbol{X}}^*=\boldsymbol{J}^*\dot{\boldsymbol{q}}\tag{6.4-40}$$

式（6.4-39）和式（6.4-40）中，$\dot{\boldsymbol{X}}^*$ 为机器人末端的广义速度；${}^0\boldsymbol{\omega}_n$ 为机器人末端的角速度；${}^0\boldsymbol{v}_o$ 为末端执行器上与原点重合点的线速度；$\dot{\boldsymbol{q}}$ 为关节速度；$\boldsymbol{J}^*$ 为机器人旋量形式的速度雅可比矩阵；$\$_i$ 为机器人中各关节对应的单位运动旋量在当前位形下的 Plücker 坐标（相对基坐标系）。可以看出，$\boldsymbol{J}^*$ 等同于空间雅可比矩阵。

下面看一个例子。

【例 6-8】 采用机器人螺旋运动方程计算图 6-9 所示 SCARA 机器人的空间雅可比矩阵。

解：采用机器人螺旋运动方程求解，为此建立惯性坐标系 $\{S\}$，各个关节对应的单位运动旋量表示如下：

$$\hat{\boldsymbol{s}}_1=\hat{\boldsymbol{s}}_2=\hat{\boldsymbol{s}}_3=\hat{\boldsymbol{s}}_4=\hat{\boldsymbol{s}}=\begin{pmatrix}0\\0\\1\end{pmatrix},\quad \boldsymbol{r}_1=\begin{pmatrix}0\\0\\0\end{pmatrix},\quad \boldsymbol{r}_2=\begin{pmatrix}-l_1\sin\theta_1\\l_1\cos\theta_1\\0\end{pmatrix},\quad \boldsymbol{r}_3=\begin{pmatrix}-l_1\sin\theta_1-l_2\sin\theta_{12}\\l_1\cos\theta_1+l_2\cos\theta_{12}\\0\end{pmatrix}$$

则

$$\begin{cases}\hat{\$}_1=(\hat{\boldsymbol{s}};\boldsymbol{0})=(0,0,1;0,0,0)\\\hat{\$}_2=(\hat{\boldsymbol{s}};\boldsymbol{r}_2\times\hat{\boldsymbol{s}})=(0,0,1;l_1\cos\theta_1,l_1\sin\theta_1,0)\\\hat{\$}_3=(\hat{\boldsymbol{s}};\boldsymbol{r}_3\times\hat{\boldsymbol{s}})=(0,0,1;l_1\cos\theta_1+l_2\cos\theta_{12},l_1\sin\theta_1+l_2\sin\theta_{12},0)\\\hat{\$}_4=(\boldsymbol{0};\hat{\boldsymbol{s}})=(0,0,0;0,0,1)\end{cases}$$

因此，机器人旋量形式的空间雅可比矩阵为

$$\boldsymbol{J}^*=[\hat{\$}_1\quad\hat{\$}_2\quad\hat{\$}_3\quad\hat{\$}_4]$$

⊖ 如果机器人中所用的运动副是转动副或移动副之外的运动副形式，在用运动副旋量表征时，只需要进行运动学等效代换即可。如圆柱副可以写成一个转动副和一个同轴移动副的组合。

对比上式与例 6-6 的计算结果，发现两者是完全一致的。说明利用 POE 公式计算得到的空间速度雅可比与采用螺旋运动方程推导得到的速度雅可比本质上没有区别，但与常规形式的速度雅可比有所区别，主要表现在线速度分量上。

6.4.4* 参考坐标系的选择

为了简化 6-DOF 串联机器人中各关节对应的单位运动旋量坐标，在更多的情况下，并不一定将参考坐标系（即惯性坐标系）选择在基座上，而是选择在某一中间连杆坐标系中，通常取在第 3 或 4 杆的物体坐标系上。

【例 6-9】 采用机器人螺旋运动方程计算 Stanford 机器人的雅可比矩阵。

解：采用机器人螺旋运动方程求解，不过这时的参考坐标系 $\{S\}$ 取在关节 4 处（图 6-11），原点为 $\boldsymbol{r}_w$，并与关节 4 的物体坐标系重合。这时，各个关节对应的单位运动旋量表示如下：

$$\hat{\$}_4=\begin{pmatrix}\hat{\boldsymbol{s}}_4\\ \boldsymbol{r}_w\times\hat{\boldsymbol{s}}_4\end{pmatrix}=\begin{pmatrix}0\\0\\1\\0\\0\\0\end{pmatrix},\quad \hat{\$}_5=\begin{pmatrix}\hat{\boldsymbol{s}}_5\\ \boldsymbol{r}_w\times\hat{\boldsymbol{s}}_5\end{pmatrix}=\begin{pmatrix}\mathrm{e}^{\theta_4[z]}\begin{pmatrix}-1\\0\\0\end{pmatrix}\\ \boldsymbol{0}\end{pmatrix}=\begin{pmatrix}-\cos\theta_4\\-\sin\theta_4\\0\\0\\0\\0\end{pmatrix}$$

$$\hat{\$}_6=\begin{pmatrix}\hat{\boldsymbol{s}}_6\\ \boldsymbol{r}_w\times\hat{\boldsymbol{s}}_6\end{pmatrix}=\begin{pmatrix}\mathrm{e}^{\theta_4[z]}\,\mathrm{e}^{-\theta_5[x]}\begin{pmatrix}0\\1\\0\end{pmatrix}\\ \boldsymbol{0}\end{pmatrix}=\begin{pmatrix}-\sin\theta_4\cos\theta_5\\-\cos\theta_4\cos\theta_5\\-\sin\theta_5\\0\\0\\0\end{pmatrix},\quad \hat{\$}_3=\begin{pmatrix}\boldsymbol{0}\\ \hat{\boldsymbol{s}}_3\end{pmatrix}=\begin{pmatrix}0\\0\\0\\0\\1\\0\end{pmatrix}$$

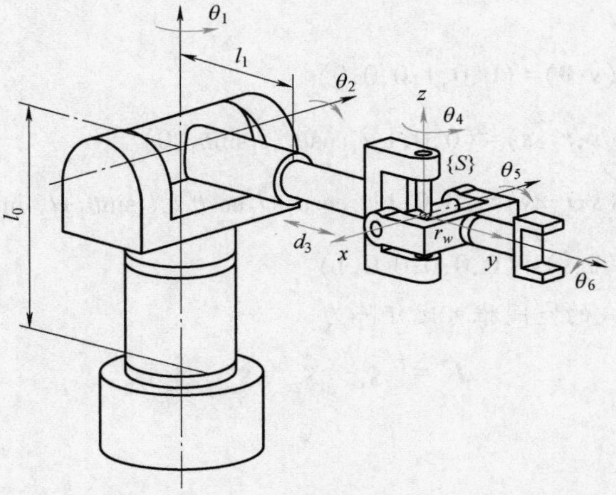

图 6-11 Stanford 机器人(参考坐标系取在关节 4 处)

$$\hat{\$}_2=\begin{pmatrix}\hat{s}_2\\ r_2\times\hat{s}_2\end{pmatrix}=\begin{pmatrix}\begin{pmatrix}-1\\0\\0\end{pmatrix}\\ \begin{pmatrix}0\\0\\-l_1-d_3\end{pmatrix}\times\hat{s}_2\end{pmatrix}=\begin{pmatrix}1\\0\\0\\0\\0\\-l_1-d_3\end{pmatrix},$$

$$\hat{\$}_1=\begin{pmatrix}\hat{s}_1\\ r_2\times\hat{s}_1\end{pmatrix}=\begin{pmatrix}e^{-\theta_2[x]}\begin{pmatrix}0\\0\\1\end{pmatrix}\\ \begin{pmatrix}0\\-l_1-d_3\\0\end{pmatrix}\times\left(e^{-\theta_2[x]}\begin{pmatrix}0\\0\\1\end{pmatrix}\right)\end{pmatrix}=\begin{pmatrix}0\\-\sin\theta_2\\ \cos\theta_2\\-(l_1+d_3)\cos\theta_2\\0\\0\end{pmatrix}$$

因此，机器人的雅可比矩阵 ${}^4\boldsymbol{J}^*$（表示相对关节 4 所在的连杆坐标系）可以表示为

$${}^4\boldsymbol{J}^*=[\hat{\$}_1\quad\hat{\$}_2\quad\hat{\$}_3\quad\hat{\$}_4\quad\hat{\$}_5\quad\hat{\$}_6]=\begin{pmatrix}0&1&0&0&-\cos\theta_4&-\sin\theta_4\cos\theta_5\\-\sin\theta_2&0&0&0&-\sin\theta_4&-\cos\theta_4\cos\theta_5\\ \cos\theta_2&0&0&1&0&-\sin\theta_5\\-(l_1+d_3)\cos\theta_2&0&0&0&0&0\\0&0&1&0&0&0\\0&-l_1-d_3&0&0&0&0\end{pmatrix}$$

对比例 6-7 与例 6-9 的计算结果，发现雅可比矩阵元素是不同的，后者要简单得多。从本章后续内容可看出简化速度雅可比会带来一系列的优点，如会大大减少性能指标的计算量等。

6.5 基于速度雅可比的性能分析与评价

前面已提及，速度雅可比是串联机器人性能分析的基础。通过分析雅可比矩阵，还可以探究串联机器人的奇异性。另外，许多衡量串联机器人运动性能的指标，如灵巧性、刚度等，也都是基于速度雅可比来构造的。

6.5.1 奇异性分析

重写式（6.1-2）：

$$\dot{\boldsymbol{q}}=\boldsymbol{J}^{-1}\dot{\boldsymbol{X}}\tag{6.5-1}$$

上式有解的前提是速度雅可比 $\boldsymbol{J}$ 为可逆阵。接下来的一个问题是：$\boldsymbol{J}$ 一定可逆吗？如果不可逆（$\det(\boldsymbol{J})=0$），会出现什么结果？这种情况的确会发生，即所谓的奇异性（singularity），所对应的位形称为奇异位形（singular configuration）。

有关奇异性的研究已有数百年的历史，自从人类开始发明机构就不可避免地遇到机构的

奇异问题。机构的奇异性也有两面性，它有好的一面，而且很早就为人类所利用，如实际中应用很多的增力机构、自锁机构都是很好的例子。但是更多情况下，奇异位形的存在对机构的控制是十分不利的。在这些位置，机构会出现某种特殊的现象，或者处于死点不能继续运动，或者失去稳定，甚至自由度也发生改变；奇异位形下还会出现受力状态变坏，损坏机构的情况，这些都会影响机构的正常工作。例如，汽车发动机是由多个曲柄滑块机构组成的复杂机构，每个活塞都有自己的死点位置，因此，设计人员总是将机构的多个死点位置相互错开，从而使整个发动机得以正常工作。对于多自由度的机器人机构，奇异位形更是十分常见，同时也更为复杂。

从外在看，串联机器人在其工作空间的边界处均属于奇异位形的范畴。不仅如此，大多数的机器人在其工作空间内部也存在奇异位形。

通过内在分析可知，串联机器人由于各个关节是独立的，并且都是驱动关节，因此在关节空间中一般不存在奇异位形。串联机器人的奇异位形主要是由关节空间到操作空间的映射所引入的，它也是串联机器人奇异位形发生的主要原因。串联机器人奇异位形的数学和物理意义都比较明确，即在奇异位形处，速度雅可比降秩，末端执行器失去一个或几个自由度（从笛卡儿空间观察）。从控制角度看，这时无论选择多大的关节速度，都不能使机器人末端运动。由式（6.5-1）可知，当串联机器人接近奇异位形时，关节速度会趋于无穷大。

因此，判断或者求解某一串联机器人的奇异位形时，比较直接的一种方法就是通过分析速度雅可比的特性来确定。首先给出该矩阵的行列式为零的条件，即 $\det(\boldsymbol{J})=0$，再由方程的解进一步确定机器人的奇异位形。这种通过解析求解的方法也称为代数法。

下面以平面 2R 机器人为例，说明奇异发生的条件及可能出现的后果。

【例 6-10】 求平面 2R 机器人的奇异位形。

解：应用代数法求解平面 2R 机器人的奇异位形。例 6-2 已给出了它的速度雅可比。因此，这里直接写出该机器人发生奇异位形的条件：

$$\det(\boldsymbol{J})=\begin{vmatrix} -l_1\sin\theta_1-l_2\sin\theta_{12} & -l_2\sin\theta_{12} \\ l_1\cos\theta_1+l_2\cos\theta_{12} & l_2\cos\theta_{12} \end{vmatrix}=0 \tag{6.5-2}$$

求解该方程可以得到

$$l_1 l_2 \sin\theta_2=0 \tag{6.5-3}$$

显然，当 $\theta_2=0°$ 或 $180°$ 时，机器人处于奇异位形。

1）如果 $\theta_2=0°$，机器人完全展开。

2）如果 $\theta_2=180°$，机器人处于折叠状态。

这两种位形下，机器人末端只能沿图 6-12 所示 $\hat{\boldsymbol{y}}_3$ 方向（垂直于手臂方向）移动，而不能沿 $\hat{\boldsymbol{x}}_3$ 方向移动，机器人都失去了 1 个自由度。此外，结合图 5-37 所示该机器人的工作空间，可以看出此类奇异属于工作空间边界的奇异，简称边界奇异。

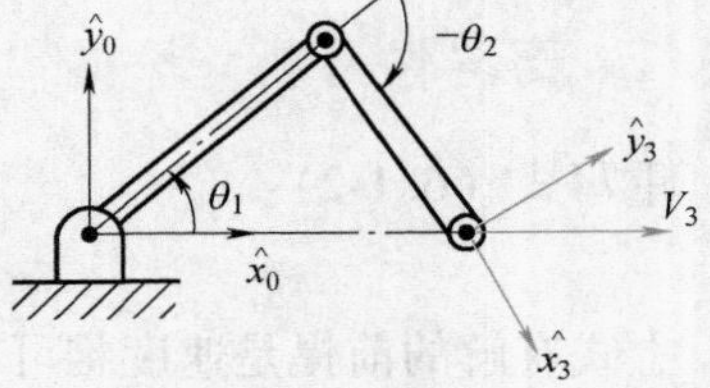

图 6-12 末端以恒定速度运动的平面 2R 机器人

【例 6-11】 对于例 6-2 中的平面 2R 机器人，末端沿 **x** 轴以 1m/s 的速度运动。当末端接近奇异位形时，关节速度如何变化？

解：首先计算速度雅可比的逆。

$$\boldsymbol{J}^{-1}=\frac{1}{l_1 l_2 \sin_2}\begin{pmatrix} l_1\cos_{12} & l_2\sin_{12} \\ -l_1\cos_1-l_2\cos_{12} & -l_1\sin_1-l_2\sin_{12}\end{pmatrix}$$

由式（6.1-2）可知，当需要末端以 1m/s 的速度沿 **x** 轴方向运动时，关节速度为

$$\begin{pmatrix}\dot{\theta}_1\\ \dot{\theta}_2\end{pmatrix}=\boldsymbol{J}^{-1}\begin{pmatrix}\dot{x}_B\\ \dot{y}_B\end{pmatrix}=\boldsymbol{J}^{-1}\begin{pmatrix}1\\ 0\end{pmatrix}=\begin{pmatrix}\dfrac{\cos_{12}}{l_1\sin_2}\\ -\dfrac{\cos_1}{l_2\sin_2}-\dfrac{\cos_{12}}{l_1\sin_2}\end{pmatrix}$$

显然，当 $\theta_2=0°$ 或 $180°$ 时，代入上式可知，每个关节的速度都将趋向于无穷大。

总之，当机器人在运动过程中，其运动学、动力学性能瞬时发生突变，或处于死点，或失去稳定，或自由度发生变化，使得传递运动及动力的能力失常，此时的位形都属于奇异位形的范畴。

事实上，在分析某一个具体机器人的奇异位形时，往往需要求出奇异位形应满足的几何条件。除了代数法之外，还可以采用更为直观的几何方法，如线几何法、旋量法等，具体可查阅相关文献。

下面给出串联机器人中常见的五种奇异类型。读者可通过分析相应雅可比矩阵的特征或者直接采用线几何或旋量系的知识（详见第 2、3 章）进行判断。

1）情况之一：2 个转动副轴共线。

首先考虑 2 个转动副轴共线的情况（图 6-13a）。由于 2 个转动副的轴线（为线矢量）共线时，只有 1 条线是独立的，另一条是冗余线，因此存在奇异。

2）情况之二：3 个转动副轴线共面平行。

考虑 3 个转动副轴线共面平行的情况（图 6-13b）。由于 3 个转动副的轴线（为线矢量）平行共面时，只有 2 条线是独立的，另一条是冗余线，因此存在奇异。

3）情况之三：4 个转动副轴线共点。

考虑 4 个转动副轴线空间共点的情况（图 6-13c）。由于 4 个转动副的轴线（为线矢量）空间共点时，只有 3 条线是独立的，另一条是冗余线；若平面共点，只有 2 条线是独立的，另两条是冗余线。这类奇异通常发生在肘节型机器人的腕部中心正好落在肩部轴线上时。

4）情况之四：4 个转动副轴线共面。

考虑 4 个转动副轴线共面的情况。由 2.3 节有关线几何的知识可知，这 4 个转动副的轴线（为线矢量）若落在同一平面内，这时只有 3 条线是独立的，另一条是冗余线，存在奇异。

5）情况之五：6 个转动副轴线都与一条线相交。

最后考虑 6 个转动副轴线都交于同一条直线的情况。由 2.3 节有关线几何的知识可知，这 6 个转动副的轴线（为线矢量）若都与一条公共直线相交，这时只有 5 条线是独立的，另一条是冗余线，存在奇异。

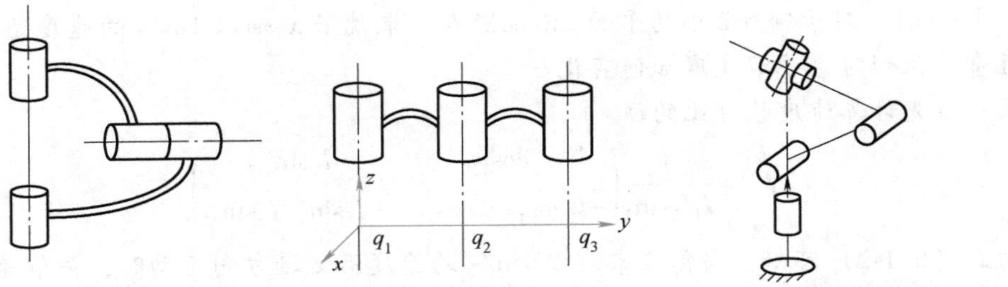

a) 2个转动副轴共线　　b) 3个转动副轴线共面平行　　c) 4个转动副轴线空间共点

图 6-13　串联机器人中典型的奇异类型

下面看两个分析实例。

【例 6-12】　求平面 3R 机器人的奇异位形。

解：应用代数法求解 3R 机器人的奇异位形。例 6-3 已给出了它的速度雅可比。因此，这里直接给出该机器人发生奇异位形的条件：

$$\det(\boldsymbol{J})=\begin{vmatrix} -(l_1\sin\theta_1+l_2\sin\theta_{12}+l_3\sin\theta_{123}) & -(l_2\sin\theta_{12}+l_3\sin\theta_{123}) & -l_3\sin\theta_{123} \\ l_1\cos\theta_1+l_2\cos\theta_{12}+l_3\cos\theta_{123} & l_2\cos\theta_{12}+l_3\cos\theta_{123} & l_3\cos\theta_{123} \\ 1 & 1 & 1 \end{vmatrix}=0 \quad (6.5\text{-}4)$$

求解该方程可以得到

$$l_1 l_2 \sin\theta_2=0 \quad (6.5\text{-}5)$$

由此可以得到以下两点结论：

1）如果 $\theta_2=0$，则机器人失去 1 个自由度，这时机器人的位形处于完全展开的状态（图 6-14）。

2）如果 $\theta_2=\pi$，则机器人失去 1 个自由度，这时机器人的位形处于折叠的状态（图 6-14）。

求解结果与平面 2R 机器人很一致。不同之处在于，对于 3R 机器人，这时发生的是工作空间内部奇异。

也可以采用几何法直接判断，即当发生如图 6-14 所示的三轴平行共面时，机器人便处于奇异状态。两种方法求得的结果可以相互验证。

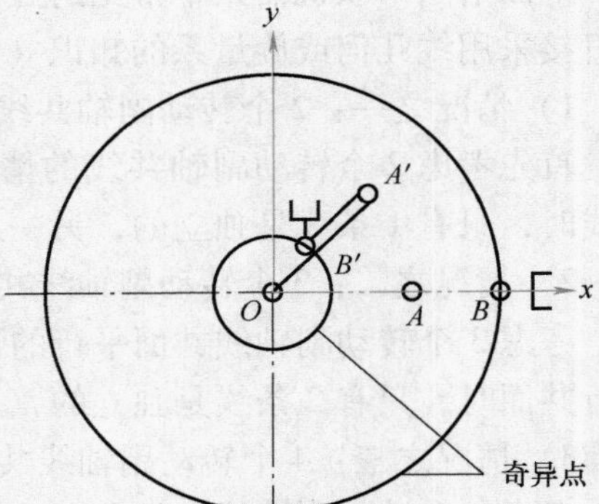

图 6-14　平面 3R 机器人的奇异位形（工作空间内部奇异）

【例 6-13】　给出 PUMA560 中可能存在的奇异位形。

解：为求解 PUMA560 中的奇异位形，一种方法是利用代数法求该机器人的速度雅可比，即利用 $\det(\boldsymbol{J})=0$ 计算求解。从理论上讲，利用此法肯定能够找到确定性的结果。但整个过程没有相关软件的支持，会非常繁琐。不妨采用几何法直接判断。

观察该机器人的第 4~6 个关节，正常位形下它们满足空间共点的条件。但当第 4 和第 6 个关节共轴（$\theta_5=0°$）时，会发生 3.4.2 节提到的“万向节死锁”现象，意味着这两个关节轴的运动导致末端产生相同的速度，机器人损失了 1 个自由度。这种情况下，存在奇异位形，并且属于工作空间内部奇异。这也是 PUMA560 中唯一存在的奇异位形。课后习题 6-21 中给出了一种因连杆参数取特殊值而可能导致该机器人出现另外一种奇异的情形。

从上面的例子中可以看出，当串联机器人处于奇异位形时，其速度雅可比降秩，机器人的雅可比的行列式为零。从实际的机器人操作及精度控制角度出发，机构不仅要避开奇异，还要尽量远离奇异位形区域。这主要是因为当机器人接近奇异位形时，其雅可比矩阵呈病态分布，其逆矩阵的精度降低，从而使运动输入与输出之间的传递关系失真。

6.5.2　灵巧性分析

从对机器人的奇异性分析中可以看到，当机器人处于奇异位形时，末端执行器在某一或更多方向上会失去移动或转动的能力。接下来的问题是：当机器人接近奇异位形时的性能如何？哪些位形下机器人末端运动的能力会减弱，以及在何种程度上减弱？

奇异位形主要从定性的角度描述了机器人的运动性能，由此可以判断出机器人的输入与输出之间其运动传递能力是否失真。但无法解答上述问题。因此，有必要引入新的评价标准，能够定量地衡量这种运动传递失真的程度或传动效果。其中有一个称为灵巧性（dexterity）或灵巧度（有些教科书也称灵活度）的指标可以实现这个目标。具体而言，衡量机器人灵巧性的指标目前主要有两种：一是条件数（condition number），二是可操作度（manipulability）。

1. 条件数

对于纯移动或纯转动的机器人，可采用雅可比条件数的概念。

首先回顾一下矩阵理论的有关知识。对于一般的方阵，其条件数 c 的定义为

$$c = \|\boldsymbol{A}\|\|\boldsymbol{A}^{-1}\| \tag{6.5-6}$$

式中，$\|\boldsymbol{A}\|$为矩阵 $\boldsymbol{A}$ 的范数（norm）。如果采用矩阵的谱范数形式，则有

$$\|\boldsymbol{A}\| = \max_{x \neq 0} \frac{\|\boldsymbol{Ax}\|}{\|\boldsymbol{x}\|} \tag{6.5-7}$$

或者

$$\|\boldsymbol{Ax}\| \leqslant \|\boldsymbol{A}\|\|\boldsymbol{x}\| \tag{6.5-8}$$

如果令$\|\boldsymbol{x}\| = 1$，式（6.5-7）可化简为

$$\|\boldsymbol{A}\| = \max_{\|x\|=1} \|\boldsymbol{Ax}\| \tag{6.5-9}$$

类似地，机器人的条件数可以通过速度雅可比定义为

$$\kappa(\boldsymbol{J}) = \|\boldsymbol{J}\|\|\boldsymbol{J}^{-1}\| \tag{6.5-10}$$

且

$$\|\boldsymbol{J}\| = \max_{\|x\|=1} \|\boldsymbol{Jx}\| \tag{6.5-11}$$

等式两边取平方，得

$$\|\boldsymbol{J}\|^2 = \max_{\|x\|=1} \boldsymbol{x}^{\mathrm{T}}(\boldsymbol{J}^{\mathrm{T}}\boldsymbol{J})\boldsymbol{x} \tag{6.5-12}$$

由矩阵理论可知，若 $\boldsymbol{J}$ 为非奇异阵，则 $\boldsymbol{J}^{\mathrm{T}}\boldsymbol{J}$ 为对称正定阵，其特征值均为正数，矩阵 $\boldsymbol{J}^{\mathrm{T}}\boldsymbol{J}$ 的最大特征值 $\lambda_{\max}(\boldsymbol{J}^{\mathrm{T}}\boldsymbol{J}) = \|\boldsymbol{J}\|^2$。因此，$\boldsymbol{J}$ 的谱范数等于该矩阵最大奇异值 $\sigma_{\max} = \sqrt{\lambda_{\max}(\boldsymbol{J}^{\mathrm{T}}\boldsymbol{J})}$。同理，$\boldsymbol{J}^{-1}$的谱范数等于该矩阵最小奇异值的倒数 $1/\sigma_{\min}$（$\sigma_{\min}$为 $\boldsymbol{J}^{\mathrm{T}}\boldsymbol{J}$ 最小特征

值的开方$\sqrt{\lambda_{\min}(\boldsymbol{J}^{\mathrm{T}}\boldsymbol{J})}$）。因此有

$$\kappa(\boldsymbol{J})=\sigma_{\max}/\sigma_{\min}=\frac{\sqrt{\lambda_{\max}(\boldsymbol{J}^{\mathrm{T}}\boldsymbol{J})}}{\sqrt{\lambda_{\min}(\boldsymbol{J}^{\mathrm{T}}\boldsymbol{J})}} \tag{6.5-13}$$

由于速度雅可比是一个与机器人几何尺寸及位形有关的量，因此，雅可比条件数也与机构几何尺寸及位形有关，不同位形下末端执行器所对应的雅可比条件数一般不同，但其最小值为1。工作空间内条件数为1时所对应的点为各向同性（isotropic）点，相应的位形称为运动学各向同性（kinematics isotropy），即满足

$$\kappa(\boldsymbol{J})=1 \tag{6.5-14}$$

这时，机器人处于最佳的运动传递性能。反之，如果雅可比条件数的值为无穷大，机构处于奇异位形。事实上，有些机器人可能在整个工作空间内都无各向同性点。

【例 6-14】 求平面2R机器人的雅可比条件数及各向同性的条件，设定杆长参数$l_1=\sqrt{2}$m，$l_2=1$m。

解：首先应用代数法求解平面2R机器人的条件。例6-2已给出了它的速度雅可比，代入杆长参数得到

$$\boldsymbol{J}=\begin{pmatrix}-\sqrt{2}\sin\theta_1-\sin\theta_{12} & -\sin\theta_{12}\\ \sqrt{2}\cos\theta_1+\cos\theta_{12} & \cos\theta_{12}\end{pmatrix} \tag{6.5-15}$$

因此，有

$$\boldsymbol{J}^{\mathrm{T}}\boldsymbol{J}=\begin{pmatrix}2\sqrt{2}\cos\theta_2+3 & \sqrt{2}\cos\theta_2+1\\ \sqrt{2}\cos\theta_2+1 & 1\end{pmatrix} \tag{6.5-16}$$

可以看出，矩阵$\boldsymbol{J}^{\mathrm{T}}\boldsymbol{J}$与$\theta_1$无关。进一步求解该矩阵的特征值，得

$$\begin{cases}\lambda_1=(2-\sqrt{2})(-\cos\theta_2+1)\\ \lambda_2=(2+\sqrt{2})(\cos\theta_2+1)\end{cases} \tag{6.5-17}$$

由式（6.5-17）可知，该机器人的雅可比条件数随着θ_2值变化而发生变化。当$\theta_2=0$时，λ_1为无穷大，因此雅可比条件数也为无穷大，机构处于奇异位形（很容易验证）。当$\theta_2=90°$时，$\lambda_1=2-\sqrt{2}$，$\lambda_2=2+\sqrt{2}$，该位形下的雅可比条件数为$\kappa=1+\sqrt{2}$。很显然，雅可比条件数越接近1越好，最好等于1，即具有各向同性。这时应满足条件$\lambda_1=\lambda_2$。

当$\lambda_1=\lambda_2$时，很容易计算出

$$\theta_2=\frac{3\pi}{4}\quad 或者\quad \theta_2=\frac{5\pi}{4} \tag{6.5-18}$$

可画出此参数条件下，该机器人处于运动学各向同性的位形点位，如图6-15所示。

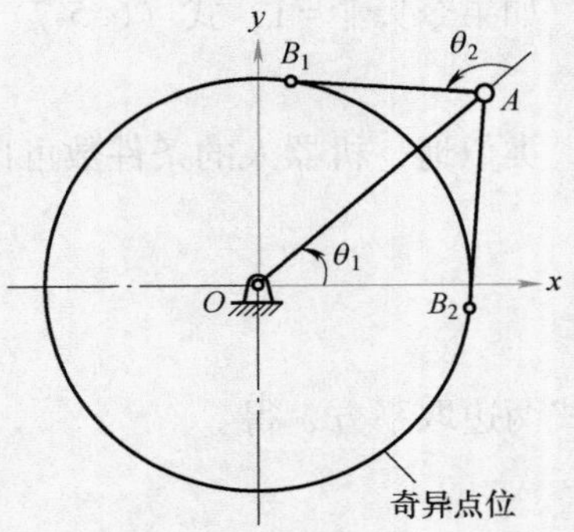

图 6-15 平面2R机器人运动学各向同性位形点位的分布

也有文献将 $1/\kappa(\boldsymbol{J})$ 定义为局部条件数指标（local condition number index，LCI），并作为串联机器人的运动性能评价指标。

2. 可操作度

可通过速度雅可比将关节速度的边界映射到末端速度的边界中。不妨以平面 2R 机器人为例，首先将关节速度 $\dot{\boldsymbol{q}}=(\dot{\theta}_1,\dot{\theta}_2)^{\mathrm{T}}$映射成一单位圆的形状，如图 6-16 所示，$\dot{\theta}_1$与 $\dot{\theta}_2$分别代表横、纵轴，且满足 $\dot{\boldsymbol{q}}^{\mathrm{T}}\dot{\boldsymbol{q}}=1$。通过速度雅可比的逆映射，即

$$\dot{\boldsymbol{X}}^{\mathrm{T}}(\boldsymbol{J}\boldsymbol{J}^{\mathrm{T}})^{-1}\dot{\boldsymbol{X}}=1 \tag{6.5-19}$$

令 $\boldsymbol{A}=\boldsymbol{J}\boldsymbol{J}^{\mathrm{T}}$，式（6.5-19）简化为

$$\dot{\boldsymbol{X}}^{\mathrm{T}}\boldsymbol{A}^{-1}\dot{\boldsymbol{X}}=1 \tag{6.5-20}$$

通过式（6.5-20），可将表示关节速度（边界）的单位圆映射成表示末端速度（边界）的一个椭圆，这个椭圆称为可操作度椭圆（manipulability ellipse）。图 6-16 所示为对应平面 2R 机器人两组不同位形下的可操作度椭圆实例。

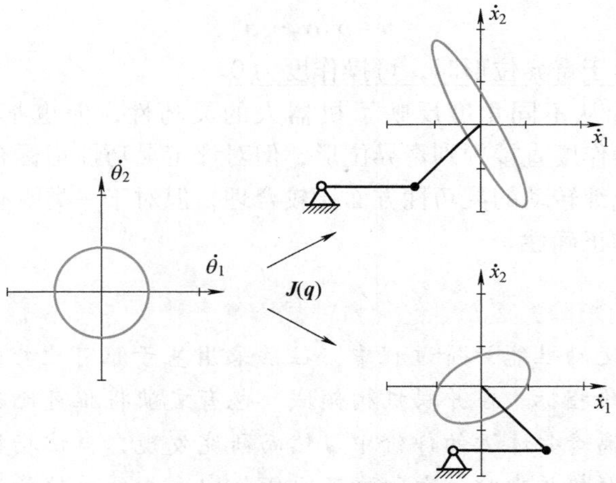

图 6-16　与平面 2R 机器人两组不同位形相对应的可操作度椭圆

利用可操作度椭圆可以进一步度量某一给定位形接近奇异的程度。例如，通过比较可操作度椭圆的两个长、短半轴的长度 $l_{\max}$和 $l_{\min}$，椭圆的形状越接近于圆，即 $l_{\max}/l_{\min}$越趋近于 1，末端到达任意方向就越容易，也越远离奇异位形。反之，随着机器人的位形逐渐接近奇异位形，椭圆的形状也将逐渐退化成一条线段，意味着末端沿某一方向运动的能力将会丧失。

将上述思想扩展到一般情况。

对于一个通用的 n 自由度串联机器人，首先定义一个可表示 n 维关节速度空间 $\dot{\boldsymbol{q}}$ 的单元球，即满足

$$\dot{\boldsymbol{q}}^{\mathrm{T}}\dot{\boldsymbol{q}}=1 \tag{6.5-21}$$

通过速度雅可比的逆映射，即

$$\dot{\boldsymbol{q}}^{\mathrm{T}}\dot{\boldsymbol{q}}=(\boldsymbol{J}^{-1}\dot{\boldsymbol{X}})^{\mathrm{T}}(\boldsymbol{J}^{-1}\dot{\boldsymbol{X}})=\dot{\boldsymbol{X}}^{\mathrm{T}}\boldsymbol{J}^{-\mathrm{T}}\boldsymbol{J}^{-1}\dot{\boldsymbol{X}}=\dot{\boldsymbol{X}}^{\mathrm{T}}(\boldsymbol{J}\boldsymbol{J}^{\mathrm{T}})^{-1}\dot{\boldsymbol{X}}=1 \tag{6.5-22}$$

令 $\boldsymbol{A}=\boldsymbol{J}\boldsymbol{J}^{\mathrm{T}}$，由线性代数的知识可知，若 $\boldsymbol{J}$ 满秩，矩阵 $\boldsymbol{A}=\boldsymbol{J}\boldsymbol{J}^{\mathrm{T}}$为方阵，且为对称正定阵，$\boldsymbol{A}^{-1}$也是如此。因此，对于任一对称正定阵 $\boldsymbol{A}^{-1}$，有

$$\dot{X}^{T} A^{-1} \dot{X}=1 \tag{6.5-23}$$

由此可根据式（6.5-23）定义 n 维可操作度椭球（manipulability ellipsoid）的概念。物理上，可操作度椭球对应的就是当关节速度满足 $\|\dot{q}\|=1$ 时的末端速度。类似于前面对可操作度椭圆的分析，当椭球的形状越接近球，即所有的半径在同一数量级时，机器人的运动性能就越好；反之，若其中某一个或几个半径比其他小若干个数量级，表明机器人在该位形下很难实现小半径所对应的末端速度。

再令 A 的特征向量和特征值分别为 v_i 和 λ_i，v_i 表示椭球的主轴方向，$\sqrt{\lambda_i}$ 为主轴的半径长，而椭球的体积 V 与主轴半径长的乘积成正比，即

$$V \propto \sqrt{\lambda_1 \lambda_2 \cdots \lambda_n}=\sqrt{\det(A)}=\sqrt{\det(A^{-1})}=\sqrt{\det(JJ^{T})} \tag{6.5-24}$$

因此，可将椭球的体积定义为机器人可操作度的度量指标（Yoshikawa 可操作度），即

$$w=\sqrt{\det(JJ^{T})} \tag{6.5-25}$$

基于 J 的奇异值，式（6.5-25）也可以写成

$$w=\sigma_1 \sigma_2 \cdots \sigma_n \tag{6.5-26}$$

显然，当机器人处于奇异位形时，可操作度为 0。

以上两种度量指标从不同角度反映了机器人的灵巧性，但也都有各自的优缺点。总之，一方面可应用可操作度直接判别奇异位形，但对评定灵巧性指标有缺陷；而应用雅可比条件数在评定纯移动或纯转动的灵巧性方面比较合理，但对于一类既有转动又有移动的机器人，无法保证其结论的正确性。

【小知识】基于雅可比矩阵的运动性能评价的局限性

在串联机器人的运动性能评价过程中，往往采用基于雅可比矩阵，如条件数、可操作度等对灵巧性的评价指标。在并联机构领域，也有文献将雅可比条件数的倒数应用在精度、灵巧度以及距离奇异远近的评价中。然而研究发现，当该指标应用在具有移动和转动混合自由度的并联机构中时，由于雅可比矩阵中元素的单位量纲不统一致使该指标存在严重的不一致性。

众所周知，并联机构的本质功能不外乎输出运动或抵抗外载荷。换言之，并联机构的工作机理是在机构的输入端（支链驱动端）和输出端（动平台）之间传递、约束相关的运动和力，运动/力传递和约束特性反映了并联机构的本质特性。清华大学刘辛军教授等受传动角（与坐标系无关）的影响，基于旋量理论定义了一系列运动/力传递特性指标和运动/力约束特性指标，进而建立起一套新的适合并联机构的运动学性能评价指标体系。

本章小结

1）速度雅可比是机器人性能分析的基础。许多有关设计的运动性能指标都是基于雅可比矩阵来构造的，如工作空间、灵巧性、运动奇异性、运动解耦性、各向同性、刚度等。

2）速度雅可比反映的是机器人的关节空间向操作空间运动速度传递的广义传动比，即

$$\dot{X}=J\dot{q}$$

3）在对机器人机构的速度分析中，有时采用直接对位移方程进行微分求解的方法得到机构输入输出速度之间的表达式，这些方法可能对一些简单机构可行，但对结构复杂的机器人而言，推导过程过于繁琐。不妨选用其他通用的方法，如微分变换法、POE 公式、螺旋运动方程等。

4）为简化速度雅可比的表达，不一定将参考坐标系（即惯性坐标系）选择在基座上，可以选择在某一中间连杆坐标系中，通常取在第 3 或 4 杆上。

5）奇异位形是指机构或机器人的运动约束条件发生线性相关而导致失效的某一特殊位置和姿态。当机器人在运动过程中，其运动学、动力学性能瞬时发生突变，或处于死点，或失去稳定，或自由度发生变化，使得传递运动及动力的能力失常，此时的位形都属于奇异位形的范畴。应用代数法求解串联机器人奇异位形的关键是建立形式最简单的机器人雅可比矩阵，即如何选取合适的参考坐标系。相对而言，几何法不失为求解机器人奇异位形的有效途径。

6）衡量机器人灵巧性主要有两类指标：一是条件数，二是可操作度。工作空间内雅可比条件数为 1 时，对应的位形为运动学各向同性。这时，机构处于最佳的运动传递性能。反之，如果条件数的值为无穷大，则机构处于奇异位形。

扩展阅读文献

本章主要介绍了串联机器人速度雅可比的计算方法，以及几个基于速度雅可比的性能评价指标。除此之外，读者还可阅读其他文献：系统了解速度雅可比的计算方法请参考文献［1，3，4，5，6］；有关性能评价指标的介绍请参考文献［2，3，6］。

［1］CRAIG J J. 机器人学导论［M］. 4 版. 负超，王伟，译. 北京：机械工业出版社，2018.

［2］LYNCH K M，PARK F C. 现代机器人学机构、规划与控制［M］. 于靖军，贾振中，译. 北京：机械工业出版社，2019.

［3］TSAI L W. Robot Analysis：The Mechanics of Serial and Parallel Manipulators［M］. New York：Wiley-Interscience Publication，1999.

［4］黄真，赵永生，赵铁石. 高等空间机构学［M］. 北京：高等教育出版社，2005.

［5］熊有伦，李文龙，陈文斌，等. 机器人学：建模、控制与视觉［M］. 武汉：华中科技大学出版社，2018.

［6］于靖军，刘辛军，丁希仑. 机器人机构学的数学基础［M］. 2 版. 北京：机械工业出版社，2016.

习题

6-1　对于一个 6 自由度串联机器人的速度雅可比而言，各元素的单位是否一致？

6-2　对一个用 *Z-Y-Z* 欧拉角描述的 3R 串联机器人，求解反映其末端杆输出角速度与各关节速度映射关系的雅可比。

6-3　利用递推法求解平面 3R 机器人相对基坐标系{0}的速度雅可比。

6-4　利用递推法求解图 5-39 所示四种 3 自由度串联机器人相对基坐标系{0}的速度雅可比。

6-5　已知一个 3R 串联机器人的正运动学方程为

$$
{}_3^0\boldsymbol{T}=\begin{pmatrix}
\cos\theta_1\cos\theta_{23} & -\cos\theta_1\sin\theta_{23} & \sin\theta_1 & l_1\cos\theta_1+l_2\cos\theta_1\cos\theta_2 \\
\sin\theta_1\cos\theta_{23} & -\sin\theta_1\sin\theta_{23} & -\cos\theta_1 & l_1\sin\theta_1+l_2\sin\theta_1\cos\theta_2 \\
\sin\theta_{23} & \cos\theta_{23} & 0 & l_2\sin\theta_2 \\
0 & 0 & 0 & 1
\end{pmatrix}
$$

求 ${}^0\boldsymbol{J}(\boldsymbol{\theta})$。

6-6 已知图 6-17 所示的平面 3R 串联机器人。

1）试利用直接微分法进行该机构的正、反解运动学求解，并导出该机构的速度雅可比。

2）该机构是否存在奇异位形？如果存在，试给出奇异位形存在的几何条件。

6-7 利用微分变换法求解图 5-39 所示四种 3 自由度串联机器人相对基坐标系{0}的速度雅可比。

6-8 利用微分变换法求解图 6-18 所示 RRRP 串联机器人相对基坐标系{0}的速度雅可比。

6-9 利用微分变换法求解图 6-19 所示 RRPRRR 串联机器人的速度雅可比。

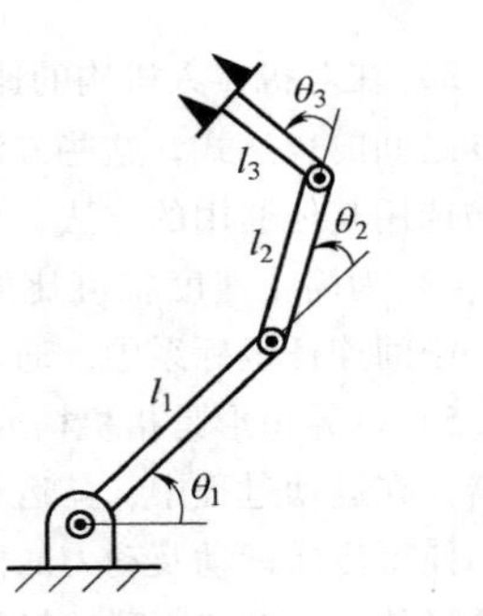

图 6-17 平面 3R 串联机器人

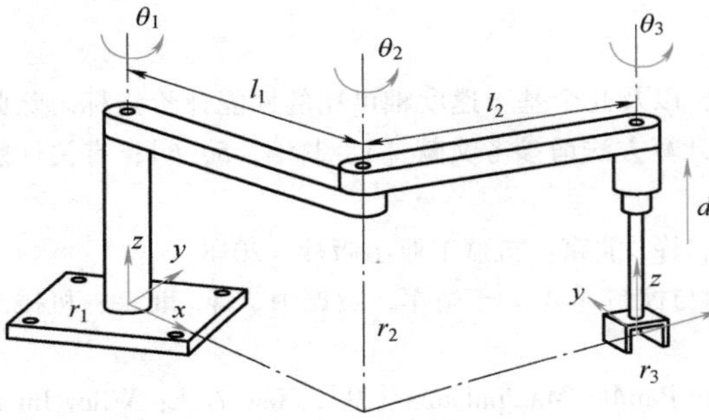

图 6-18 RRRP 串联机器人

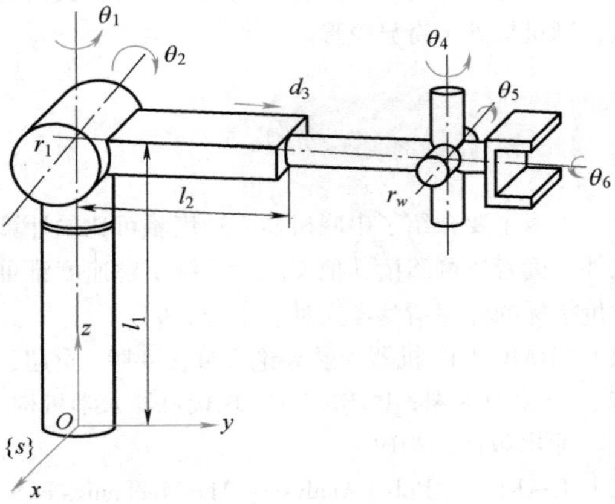

图 6-19 RRPRRR 串联机器人

6-10 图 6-20 所示为处于初始位形下的 RRRP 串联机器人。$\boldsymbol{p}$ 为{b}系原点相对基坐标系{0}的坐标。确定当 $\theta_1=\theta_2=0$，$\theta_3=\pi/2$，$d_4=L$ 时，机器人相对{0}系的速度雅可比。

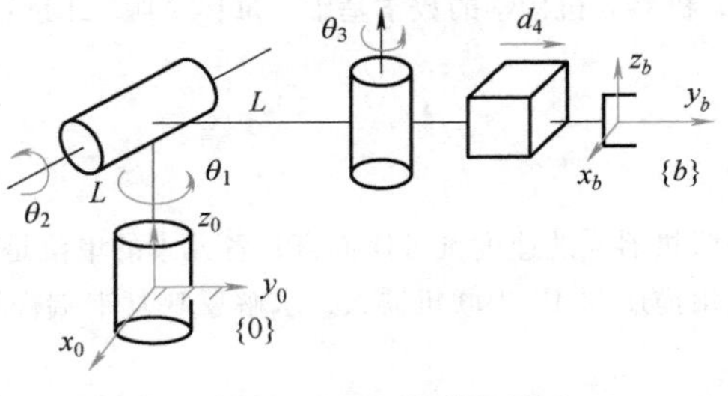

图 6-20 RRRP 串联机器人

6-11 利用微分变换法求解图 6-21 所示串联机器人相对基坐标系{0}的速度雅可比。

6-12 查阅资料，了解解析雅可比与几何雅可比有何异同？

6-13 利用 POE 公式求解图 5-39 所示四种 3 自由度串联机器人的空间雅可比矩阵。

6-14 已知图 6-20 所示的机器人机构，试利用 POE 公式求解该机构的空间雅可比矩阵。

6-15 利用 POE 公式求解图 6-18 所示 RRRP 串联机器人的空间雅可比矩阵。

6-16 图 6-18 所示为处于初始位形下的 RRRP 串联机器人。$\boldsymbol{p}$ 为{b}（{B}）系原点相对基坐标系

{0}({S}) 的坐标。确定当 $\theta_1=\theta_2=0$，$\theta_3=\pi/2$，$d_4=L$ 时的空间雅可比矩阵。

6-17　利用 POE 公式求解图 6-19 所示 RRPRRR 串联机器人的空间雅可比矩阵。

6-18　利用螺旋运动方程求解图 6-20 所示串联机器人的空间雅可比矩阵。

6-19　对于图 5-2 所示的曲柄滑块机构：

1）建立该机构的正、反解方程。

2）计算该机构的速度雅可比。

3）如果滑块为主动件，试确定该机构的奇异位形。

4）若将曲柄的输入角度作为主动关节变量，试确定该机构的奇异位形。这时，各杆之间满足什么几何条件？

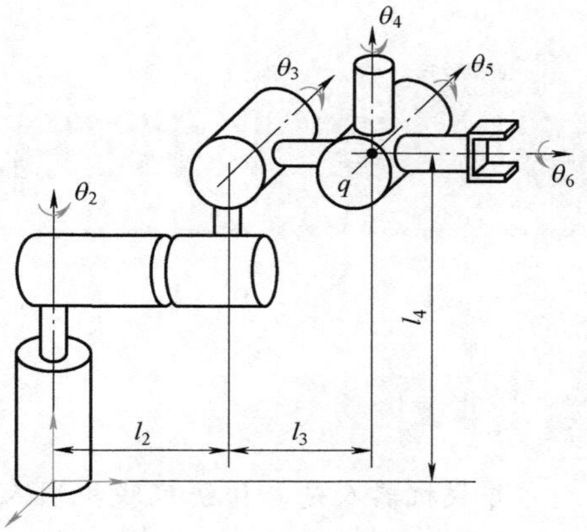

图 6-21　串联机器人

6-20　例 6-13 讨论过 PUMA560 的奇异位形问题，前提是部分连杆参数存在偏置。若 PUMA560 的连杆参数 a_3 无偏置（$a_3=0$），证明这种情况下会发生一种新的奇异，并给出奇异位形出现的几何条件。

6-21　试推导例 6-2 中平面 2R 机器人各向同性点存在的条件。

6-22　试推导例 6-3 中平面 3R 机器人奇异性与各向同性点存在的条件。

6-23　当图 6-9 所示 SCARA 机器人的杆 1 和杆 2 长度之和为常数时，求解当它们的相对长度为何值的情况下，机器人的可操作度指标最大？

6-24　速度雅可比不仅与机器人所处的位形相关，也依赖于所选择的参考坐标系。这一特性势必影响对机器人性能的评价。试思考一下，在已知的奇异性、灵巧性等指标中，哪些性能可能不受位形或（及）参考坐标系的影响。

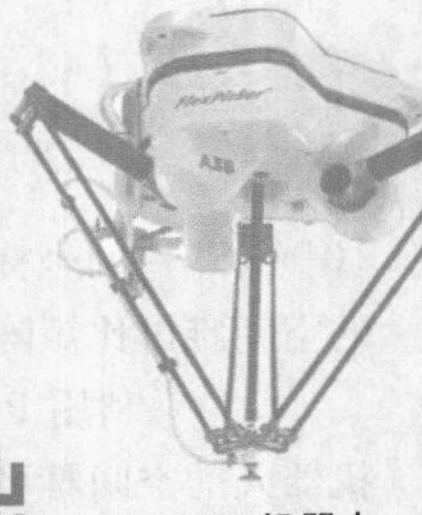

Delta机器人

第7章 并联机器人运动学基础

【本章内容导读】

并联机器人是与传统串联机器人在结构、性能等方面互为补充的一类机器人。与串联机器人的开链结构型式截然不同，并联机构具有空间多闭环的结构特征，通过多个运动学支链的协同作用实现终端的运动输出。这种结构型式使得并联机构具有结构紧凑、刚度高、动态响应快等优点。

本章将重点介绍并联机器人机构学中的一些基础问题，涉及的主题包括正逆运动学求解、速度雅可比计算与奇异性分析等。

7.1 并联机器人的主要应用

并联机构与并联机器人最早的应用可追溯到1938年，Pollard提出采用并联机构来给汽车喷漆。1949年，Gough提出用一种并联机器来检测轮胎（图7-1），这是并联机构真正得到应用的机械装置。1965年，英国高级工程师Stewart提出将此构型用在飞行模拟器中。之后，并/混联装置受到国际学术界与工程界的广泛关注，并逐渐成为机构学与先进制造领域的研究热点。

图7-1 轮胎磨损测试试验平台

在不同的应用领域，对这类装置的称谓也有所不同。其中比较典型的称谓有并联机器人、并联操作手、并联运动机器（parallel kinematics machines，PKM）等。其典型应用如下：

1. 动态模拟器

动态模拟器是并联机构最早的应用装置之一，主要利用该类机构的高动态性能。一类称为运动模拟器（motion simulators），典型的如飞行训练模拟器（图7-2a）、海况模拟器、摇摆台、地震模拟器（图7-2b）、空间对接过程模拟器、稳定跟踪系统，甚至公共娱乐设施等，它们已为人们所熟知并产品化；另一类称为负载模拟器（load simulators），用于半物理加载试验、力标定等应用场合向对象施加力/力矩，而被加载的对象有高速精密机床、减速器、轧机张力系统、材料试验机、飞行器舵机、汽车制动系统等（图7-2c）。例如，很多高速火车、舰船、汽车、飞行器的动态性能试验及驾驶员培训等对模拟驾驶舱的动态性能要求越来越高，如大转角下的高频响应、全周转动等。其中，Stewart平台是迄今该领域工程应用最广泛的并联构型装备。

a) 并联式飞行训练模拟器　　b) 地震模拟器　　c) 负载模拟器

图 7-2　模拟器

2. 高速、高加速操作手

并/混联式高速及高加速操作手（manipulators）虽然在应用上比模拟器要晚上 20 年（20 世纪 80 年代后期才开始出现），但却是并联机构应用最为成功的装置之一。该类机构重量轻、负载自重比大，从而能产生高速和高加速。高速、高加速操作在许多自动化生产线中有着迫切而广泛的需求，如半导体芯片的制备，电池、巧克力等体小量大的规则物品分拣等，一些场合对加速度的要求高达 10g 以上。并联构型由于可实现运动部件的质量很小（如电动机放在基座上或采用复合铰链等轻质结构），正好可以满足此类要求。应用比较成功的这类机器人包括 Delta 机器人（图 7-3a）、Adept 机器人（图 7-3b）、Tricept 机器人、Ninja 超冗余机器人、X4 机器人（图 7-3c）等。

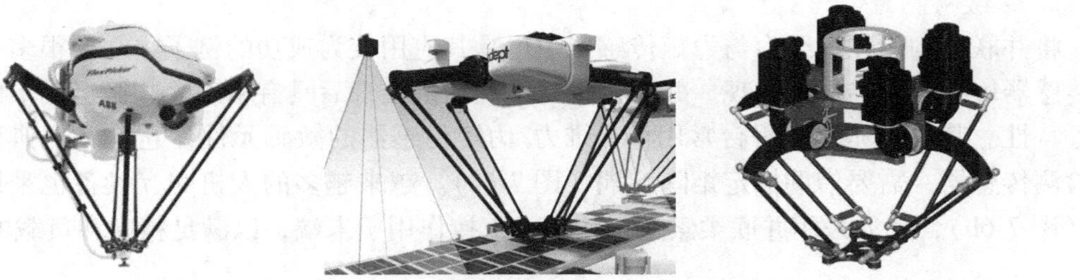

a) Delta机器人　　b) Adept机器人　　c) X4机器人

图 7-3　高速、高加速机器人

3. 超精密定位平台

并联机构与柔性铰链相结合可实现超高精度（微纳米尺度）定位平台或操作手的设计，甚至可以设计出微观尺度下的机械本体。此类装置可广泛应用在生物医学工程，集成电路（IC）、微机电系统/微光机电系统（MEMS/MOEMS）的制造、封装及组装等各类设备，显微测量装置等微操作、微加工、微装配的应用场合（图 7-4）。比较成功的应用是细胞基因注射或染色体切割的微操作机器人等。

4. 并联机床

并联机床是一类以并联机构作为部分或全部进给机构的机电一体化装置。20 世纪 90 年代，国际上首次出现并联虚轴机床，可多轴联动，实现复杂空间曲面加工（图 7-5a、b），与传统数控机床相比，其具有结构简单、制造方便、刚性好、重量轻、速度快、精度高、价格低等优点。例如，DS Technology 公司制造的 Z3 刀头（图 7-5c）已应用于航空航天领域中大型结构件的高速铣削加工。

a) 3-RRR超精密定位平台　　b) 三维移动超精密定位平台　　c) 二维平动纳米定位平台

图 7-4　超精密定位平台

a) 五轴加工并联机床　　b) 便携式五轴加工并联机床　　c) Z3刀头

图 7-5　并联机床及刀头

5. 多维感测元件与交互装置

将并联机构用在多维力与力矩传感器中也是其应用较为成功的例子之一。很多并联机构以传感器敏感元件的形式出现。并联机构与柔性铰链结合后具有精度高、微运动下的运动解耦等特性。其中，Stewart 平台常用作 6 维力/力矩传感器的敏感元件，它是一个典型的耦合型检测传感器，需要借助标定矩阵解耦（图 7-6a）。越来越多的人机交互设备也采用并联机构（图 7-6b），例如采用并联柔索进行传动，直接作用于末端，以满足精度和负载的要求。

a) 6维力/力矩传感器　　b) 6维触觉交互设备

图 7-6　多维感测元件与交互装置

6. 深空探测

深空探测领域有着各种各样的任务需求，如驱动、指向、导引、追踪（图 7-7）、展开、对接、探测等。飞行器自主利用了并联机构的高动态特性、高速/高加速、高精度、高刚度、驱动冗余性等复合特性。例如，并联机构可用作飞船和空间站对接器的对接机构，上下平台中间都有通孔作为对接后的通道，上下平台作为对接环，由 6 个直线驱动器驱动以帮助飞船对正。

a) 球面并联灵巧眼

b) 类球面并联灵巧眼

图 7-7　深空探测并联机构（扫描右侧二维码观看相关视频）

精神的追寻
载人航天精神

7. 医疗器械

在医疗领域，由于要求定位精度高、安全度高等因素，并/混联机构常常出现在各类显微外科手术机器人（图 7-8）中，如脑外科、腹腔外科、矫形外科、眼科、泌尿外科等手术机器人。在机器人末端经常采用基于虚拟转动中心（VCM）的并联设计方法以保障机器人的操作安全性。

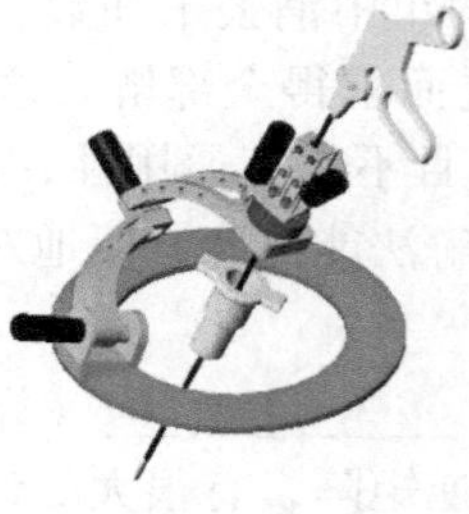
a) 2-DOF外科手术用RCM机械手

b) 并联医疗机器人

图 7-8　医疗机器人

8. 仿生装置

许多自然结构中都存在并联构型，因此将并联机构用在仿生装置中确是理所应当的事情。如多指灵巧手、各类仿生关节、仿生腰、仿生脊柱，甚至仿生腿、仿生毛虫等都是并联机构同仿生学相结合的产物（图 7-9）。

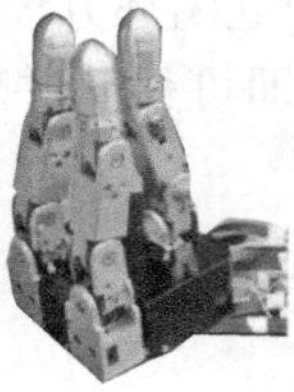
a) 仿生灵巧手

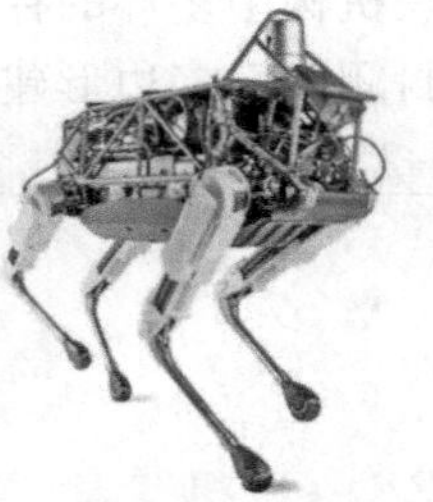
b) 四足仿生机器人Spot

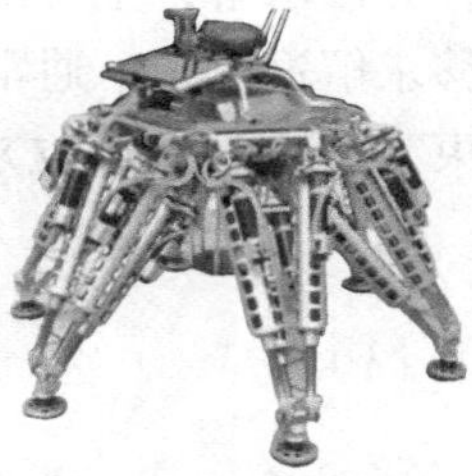
c) 六足仿生移动机器人

图 7-9　仿生装置

总之，由于外载荷可以由所有驱动器共同承受，并联机构具有高的承载能力，这类机构一般在精度、刚度和速度等方面具有优势，可以广泛应用于飞行模拟器、微细操作、力与力矩传感器、并联机床中。

有关并联机器人的命名与分类、自由度计算等内容已在第 4 章中有所介绍。本章重点介绍与并联机构运动学相关的一些基础知识。

7.2 并联机器人的位移分析

7.2.1 求解方法概述

并联机构位移分析的任务是找到输入杆的长度与运动平台（作为输出杆）的位置与姿态之间的关系。已知输入参数求输出参数是机构的运动学正解，反之，已知输出参数求输入参数是机构的运动学反解。一般情况下，串联机构的位移正解十分简单，但反解比较复杂；而由于结构的原因，一般像 Stewart 平台这样的并联机器人其反解相对容易，但位移正解却因包含非线性方程组而十分复杂。不过，也有相当一部分并联机构的位移反解也比较困难。

与串联机器人类似的是，并联机器人的位移求解也可分为封闭解法和数值解法两种。封闭解法通常是基于某种数学方法（包括多环封闭向量多边形法、几何法、矩阵法、旋量法、四元数法等)，通过建立约束方程，再从约束方程组中消去未知数，以得到单参数的多项式后再求解。其优点在于能够得到解析表达式，进而求得全部解。这是对其进行性能分析（如工作空间等）的基础。但该类解法难度很大，且不具有通用性，在实时控制领域中，从众多解中获取一个实用合理的解比较困难。而数值解法能迅速方便地对任何机型结构求得实解，但是一般得不到全部的解。

数值解法主要有三类。第一类是使用经典的 Newton-Raphson 法（详见第 5 章）求其正解。这一类算法每次迭代都需要计算雅可比矩阵及其逆矩阵，有很大的计算量，而且各算法对初值都比较敏感，不合适的初值可能影响迭代过程的收敛。第二类算法包括神经网络法、蚁群算法等人工智能算法，这类算法虽然没有繁琐的数学推导，但是精度普遍不高，且计算速度较慢，在并联机构的正解中，不推荐使用这类算法。第三类算法是数值修正法，依据并联机构的局部结构特征，如支链的长度、支链与水平面的夹角等信息进行反复的计算、修正，最终求得正解。

不过，与串联机器人位移求解普遍采用 D-H 参数法或 POE 公式有所差异的是，并联机器人很少采用这两种方法求解，主要由于并联机构中多环的存在，采用这两种方法都非常复杂。并联机构的位移求解过程中，通常利用封闭向量多边形建立独立闭环方程，再利用机构的几何特征建立约束方程，然后联立求解闭环方程与约束方程，即可得到并联机构的位移正、反解。

7.2.2 典型实例分析

1. 封闭向量多边形法的应用：平面 3-RRR 并联机器人

平面 3-RRR 并联机器人的机构如图 7-10 所示。图中等边三角形 $\triangle C_1C_2C_3$ 是动平台，C 为其中心，机架和动平台处于同一平面内（基平面），考虑设计的各向同性，为了消除因温度变化引起材料变形对机构性能的影响，把 3 条支链 $A_iB_iC_i$（$i=1,2,3$，下同）设计成对称结构，即以 C 为中心绕圆周间隔 120°分布。由于该机构的运动副轴线都垂直于基平面，因此动平台只具有平面运动，不难证明此机构具有 2 个移动（x、y 方向）和 1 个转动（φ）的自由度。基坐标系{0}固连在机架上，平台坐标系{P}的原点在动平台的中心。

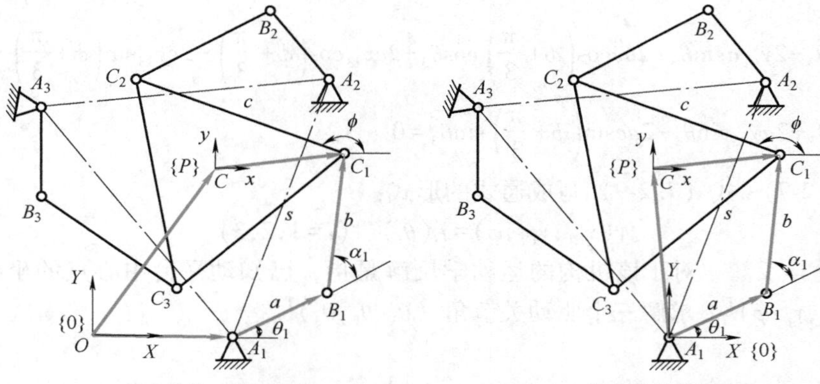

a) 选取一般坐标系　　b) 选取特殊坐标系

图 7-10　3-RRR 并联机器人机构简图

根据图 7-10a 所示的各矢量分布，计算出 A_i、B_i 和 C_i 的位置坐标：

$$ {}^0A_i=(x_{Ai},y_{Ai})^{\mathrm{T}}\quad(i=1,2,3) \tag{7.2-1}$$

$$ {}^0B_i=\begin{pmatrix} x_{Bi}=x_{Ai}+a\cos\theta_i\\ y_{Bi}=y_{Ai}+a\sin\theta_i\end{pmatrix}\quad(i=1,2,3) \tag{7.2-2}$$

$$ {}^0C_i=\begin{pmatrix} x_{Ci}=x_{Ai}+a\cos\theta_i+b\cos(\theta_i+\alpha_i)\\ y_{Ci}=y_{Ai}+a\sin\theta_i+b\sin(\theta_i+\alpha_i)\end{pmatrix}\quad(i=1,2,3) \tag{7.2-3}$$

注意到 C_1 点与 C_2、C_3 点之间的位形关系满足

$$\begin{cases} x_{C2}=x_{C1}+c\cos\phi\\ y_{C2}=y_{C1}+c\sin\phi\end{cases} \tag{7.2-4}$$

$$\begin{cases} x_{C3}=x_{C1}+c\cos\left(\phi+\dfrac{\pi}{3}\right)\\ y_{C3}=y_{C1}+c\sin\left(\phi+\dfrac{\pi}{3}\right)\end{cases} \tag{7.2-5}$$

为简化计算，基坐标系选在一个特殊位置即 A_1 点处，如图 7-10b 所示。这时 ${}^0A_1=(0,0)^{\mathrm{T}}$，${}^0A_2$ 和 ${}^0A_3$ 均为已知量（与所选取的位形有关）。

这时，将 ${}^0A_1$ 代入式（7.2-3），可得

$$\begin{cases} x_{C1}-a\cos\theta_1=b\cos(\theta_1+\alpha_1)\\ y_{C1}-a\sin\theta_1=b\sin(\theta_1+\alpha_1)\end{cases} \tag{7.2-6}$$

对式（7.2-6）两边平方再求和，消掉中间项 α_1，可得

$$x_{C1}^2+y_{C1}^2-2x_{C1}a\cos\theta_1-2y_{C1}a\sin\theta_1+a^2-b^2=0 \tag{7.2-7}$$

再将式（7.2-4）和式（7.2-5）代入式（7.2-3）中，分别消掉中间项 α_2、α_3，可导出其他两个方程：

$$\begin{aligned} &x_{C1}^2+y_{C1}^2-2x_{C1}x_{A2}-2y_{C1}y_{A2}+x_{A2}^2+y_{A2}^2+c^2+a^2-b^2+2x_{C1}c\cos\phi+2y_{C1}c\sin\phi-\\ &2x_{C1}a\cos\theta_2-2y_{C1}a\sin\theta_2-2ac\cos\phi\cos\theta_2-2cx_{A2}\cos\phi-2cy_{A2}\sin\phi+\\ &2ax_{A2}\cos\theta_2+2ay_{A2}\sin\theta_2-2ac\sin\phi\sin\theta_2=0 \end{aligned} \tag{7.2-8}$$

$$x_{C1}^2+y_{C1}^2-2x_{C1}x_{A3}-2y_{C1}y_{A3}+x_{A3}^2+y_{A3}^2+c^2+a^2-b^2+2x_{C1}c\cos\left(\phi+\frac{\pi}{3}\right)+2y_{C1}c\sin\left(\phi+\frac{\pi}{3}\right)-$$

$$2x_{C1}a\cos\theta_3-2y_{C1}a\sin\theta_3-2ac\cos\left(\phi+\frac{\pi}{3}\right)\cos\theta_3-2cx_{A3}\cos\left(\phi+\frac{\pi}{3}\right)-2cy_{A3}\sin\left(\phi+\frac{\pi}{3}\right)+ \quad (7.2\text{-}9)$$

$$2ax_{A3}\cos\theta_3+2ay_{A3}\sin\theta_3-2ac\sin\left(\phi+\frac{\pi}{3}\right)\sin\theta_3=0$$

将式（7.2-7）~式（7.2-9）写成通式的形式：

$$y(x_{C1},y_{C1},\varphi)=f_i(\theta_i)\quad(i=1,2,3) \tag{7.2-10}$$

（1）运动学反解 对于该机构的运动学反解是指，已知动平台中心点的坐标和动平台的姿态角 $(x_c,y_c,\varphi)^{\mathrm{T}}$，求解三个驱动关节角 $(\theta_1,\theta_2,\theta_3)^{\mathrm{T}}$。

注意到，

$$\begin{cases} x_c=\dfrac{1}{3}\sum\limits_{i=1}^{3}x_{Ci} \\ y_c=\dfrac{1}{3}\sum\limits_{i=1}^{3}y_{Ci} \\ \varphi=\dfrac{\pi}{6}+\phi \end{cases} \tag{7.2-11}$$

结合式（7.2-5）、式（7.2-8）~式（7.2-11），可以看出，若已知 $(x_c,y_c,\varphi)^{\mathrm{T}}$，便可求出 $(x_{C1},y_{C1},\phi)^{\mathrm{T}}$；再由式（7.2-7）~式（7.2-9），可进一步求出 $(\theta_1,\theta_2,\theta_3)^{\mathrm{T}}$。换句话说，该机构的反解问题可以归结为已知 $(x_{C1},y_{C1},\phi)^{\mathrm{T}}$求 $(\theta_1,\theta_2,\theta_3)^{\mathrm{T}}$的问题。

具体而言，式（7.2-7）可以写成如下形式：

$$k_1\sin\theta_1+k_2\cos\theta_1+k_3=0 \tag{7.2-12}$$

式中，$k_1=-2y_{C1}a$；$k_2=-2x_{C1}a$；$k_3=x_{C1}^2+y_{C1}^2+a^2-b^2$。

由半角公式计算可得

$$\theta_1=\mathrm{Atan2}(-k_1\pm\sqrt{k_1^2+k_2^2-k_3^2},k_3-k_2) \tag{7.2-13}$$

式（7.2-13）表明，对于给定动平台的位形，可得两组关节角或支链位形。同理，也可以通过式（7.2-8）和式（7.2-9）计算得到另外两个关节的角度或两个支链的位形。化简得到的是一组 8 次多项式，由此得到 8 组可能的位移反解（过程从略，读者可自行推导）。

（2）运动学正解 对于该机构的运动学正解是指，已知三个驱动关节角 $(\theta_1,\theta_2,\theta_3)^{\mathrm{T}}$，计算动平台中心点的坐标和动平台的姿态角 $(x_c,y_c,\varphi)^{\mathrm{T}}$或 $(x_{C1},y_{C1},\phi)^{\mathrm{T}}$。

由式（7.2-7）~式（7.2-9）（两两相减），可以得到有关 $\sin\phi$ 和 $\cos\phi$ 线性方程的形式，具体求解方法同上，这里从略。同样会得到 8 组可能的位移正解。

2. 空间 3-RPS 并联机构

3-RPS 并联平台机构如图 7-11a 所示。机架上 3 个转动副的轴线方向固定且分别与机架相连，运动平台与 3 个支链各用球铰相连，各个支链又与其所对应的转动副的轴线方向相垂直。该机构的驱动副是各个支链上的移动副。

（1）解法一（封闭解法）：封闭向量多边形法+约束方程

1）位移反解。首先建立如图 7-11b 所示的基坐标系{0}（O-xyz）和平台坐标系{P}（C-uvw）。定平台各个铰链点 $B_i(i=1,2,3)$ 相对基坐标系的坐标分别为

$$
{}^{0}\boldsymbol{b}_1=\begin{pmatrix}R\\0\\0\end{pmatrix},\quad {}^{0}\boldsymbol{b}_2=\begin{pmatrix}-\dfrac{1}{2}R\\ \dfrac{\sqrt{3}}{2}R\\ 0\end{pmatrix},\quad {}^{0}\boldsymbol{b}_3=\begin{pmatrix}-\dfrac{1}{2}R\\ -\dfrac{\sqrt{3}}{2}R\\ 0\end{pmatrix} \tag{7.2-14}
$$

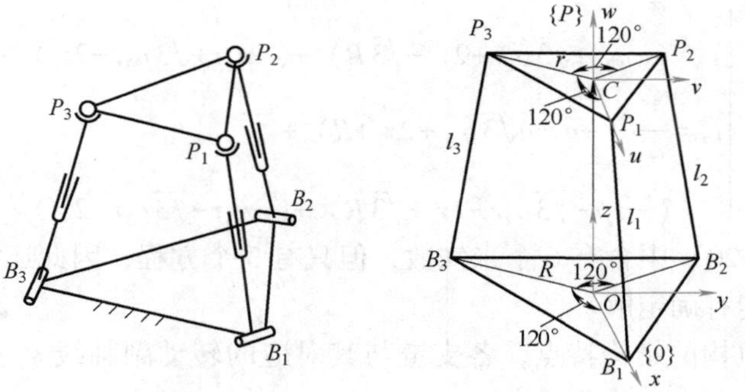

a) 机构简图　　b) 坐标系的设定

图 7-11　3-RPS 并联平台机构

动平台各个铰链点 $P_i(i=1,2,3)$ 相对平台坐标系的坐标分别为

$$
{}^{P}\boldsymbol{p}_1=\begin{pmatrix}r\\0\\0\end{pmatrix},\quad {}^{P}\boldsymbol{p}_2=\begin{pmatrix}-\dfrac{1}{2}r\\ \dfrac{\sqrt{3}}{2}r\\ 0\end{pmatrix},\quad {}^{P}\boldsymbol{p}_3=\begin{pmatrix}-\dfrac{1}{2}r\\ -\dfrac{\sqrt{3}}{2}r\\ 0\end{pmatrix} \tag{7.2-15}
$$

通过平台坐标系 $\{P\}$ 相对于基坐标系 $\{0\}$ 的齐次变换矩阵 ${}^{0}_{P}\boldsymbol{T}$，即

$$
{}^{0}_{P}\boldsymbol{T}=\begin{pmatrix}n_1 & o_1 & a_1 & x_c\\ n_2 & o_2 & a_2 & y_c\\ n_3 & o_3 & a_3 & z_c\\ 0 & 0 & 0 & 1\end{pmatrix} \tag{7.2-16}
$$

可求得动平台各个铰链点 $P_i(i=1,2,3)$ 相对基坐标系的坐标：

$$
\begin{pmatrix}{}^{0}\boldsymbol{p}_i\\ 1\end{pmatrix}={}^{0}_{P}\boldsymbol{T}\begin{pmatrix}{}^{P}\boldsymbol{p}_i\\ 1\end{pmatrix} \tag{7.2-17}
$$

注意，式（7.2-16）中的 9 个姿态参数只有 3 个是独立的。

将式（7.2-15）和式（7.2-16）代入式（7.2-17），得到 $P_i(i=1,2,3)$ 相对基坐标系的坐标值：

$$
{}^{0}\boldsymbol{p}_1=\begin{pmatrix}n_1r+x_c\\ n_2r+y_c\\ n_3r+z_c\end{pmatrix},\quad {}^{0}\boldsymbol{p}_2=\begin{pmatrix}-\dfrac{1}{2}n_1r+\dfrac{\sqrt{3}}{2}o_1r+x_c\\ -\dfrac{1}{2}n_2r+\dfrac{\sqrt{3}}{2}o_2r+y_c\\ -\dfrac{1}{2}n_3r+\dfrac{\sqrt{3}}{2}o_3r+z_c\end{pmatrix},\quad {}^{0}\boldsymbol{p}_3=\begin{pmatrix}-\dfrac{1}{2}n_1r-\dfrac{\sqrt{3}}{2}o_1r+x_c\\ -\dfrac{1}{2}n_2r-\dfrac{\sqrt{3}}{2}o_2r+y_c\\ -\dfrac{1}{2}n_3r-\dfrac{\sqrt{3}}{2}o_3r+z_c\end{pmatrix} \tag{7.2-18}
$$

对于 3-RPS 机构，各支链应满足杆长约束方程，得

$$|{}^0\boldsymbol{b}_i{}^0\boldsymbol{p}_i|=l_i \quad (i=1,2,3) \tag{7.2-19}$$

将式（7.2-14）和式（7.2-18）代入式（7.2-19），得

$$\begin{cases}l_1^2=(n_1r+x_c-R)^2+(n_2r+y_c)^2+(n_3r+z_c)^2\\ l_2^2=\dfrac{1}{4}[(-n_1r+\sqrt{3}\hat{o}_1r+2x_c+R)^2+\\ \qquad(-n_2r+\sqrt{3}o_2r+2y_c-\sqrt{3}R)^2+(-n_3r+\sqrt{3}o_3r+2z_c)^2]\\ l_3^2=\dfrac{1}{4}[(-\hat{n}_1r-\sqrt{3}\hat{o}_1r+2x_c+R)^2+\\ \qquad(-n_2r-\sqrt{3}o_2r+2y_c+\sqrt{3}R)^2+(-n_3r-\sqrt{3}o_3r+2z_c)^2]\end{cases} \tag{7.2-20}$$

注意，式（7.2-20）中含有 6 个未知数，但只有 3 个方程，因此还需要找到 3 个附加的几何约束方程，才能有确定解。

考虑到 3-RPS 机构的结构特点，各支链与其对应的转动副轴线 $\boldsymbol{u}_i$ 始终垂直，因此满足如下几何条件：

$$\overrightarrow{B_iP_i}\perp\boldsymbol{u}_i \quad (i=1,2,3) \tag{7.2-21}$$

式中，$\boldsymbol{u}_i=(\cos\theta_i,\ \sin\theta_i,\ 0)^{\mathrm{T}}(\theta_1=90°,\ \theta_2=210°,\ \theta_3=330°)$。代入具体值，得到

$$\begin{cases}n_2r+y_c=0\\ \sqrt{3}n_1r-3o_1r-2\sqrt{3}x_c=-n_2r+\sqrt{3}o_2r+2y_c\\ -\sqrt{3}n_1r-3o_1r+2\sqrt{3}x_c=-n_2r-\sqrt{3}o_2r+2y_c\end{cases} \tag{7.2-22}$$

式（7.2-22）可进一步简化为

$$\begin{cases}rn_2+y_c=0\\ o_1=n_2\\ 2x_c=r(n_1-o_2)\end{cases} \tag{7.2-23}$$

将式（7.2-20）和式（7.2-23）以及反映姿态参数的 6 个约束方程联立求解可得到该机构的位移反解。由于方程组的未知数个数与方程数一致，故方程的解是确定的。利用初等数学的知识即可求得，这里从略。

2）位移正解。动平台三个铰链点 P_i 的坐标可由式（7.2-24）来计算。

$$\begin{cases}x_{Pi}=x_{Bi}-l_i\cos\varphi_i\cos(\theta_i-90°)\\ y_{Pi}=y_{Bi}-l_i\cos\varphi_i\sin(\theta_i-90°) \quad (i=1,2,3)\\ z_{Pi}=l_i\sin\varphi_i\end{cases} \tag{7.2-24}$$

式中，φ_i 为 $\boldsymbol{u}_i$ 与 $\overrightarrow{B_iP_i}$ 之间所夹的锐角。代入具体数值得

$${}^0\boldsymbol{p}_1=\begin{pmatrix}R-l_1\cos\varphi_1\\ 0\\ l_1\sin\varphi_1\end{pmatrix},\quad {}^0\boldsymbol{p}_2=\begin{pmatrix}-\dfrac{1}{2}(R-l_2\cos\varphi_2)\\ \dfrac{\sqrt{3}}{2}(R-l_2\cos\varphi_2)\\ l_2\sin\varphi_2\end{pmatrix},\quad {}^0\boldsymbol{p}_3=\begin{pmatrix}-\dfrac{1}{2}(R-l_3\cos\varphi_3)\\ -\dfrac{\sqrt{3}}{2}(R-l_3\cos\varphi_3)\\ l_3\sin\varphi_3\end{pmatrix} \tag{7.2-25}$$

注意到满足杆长定长约束方程：

$$|{}^0\boldsymbol{p}_i{}^0\boldsymbol{p}_j| = \sqrt{3}r \quad (i=1,2,3) \tag{7.2-26}$$

将式（7.2-25）代入式（7.2-26）从而建立起正解方程，可求得 $\varphi_i(i=1,2,3)$，然后代入式（7.2-24），求得各个铰链点的坐标值。最后根据

$$\begin{cases} x_c = \dfrac{1}{3}\sum\limits_{i=1}^{3} x_{Pi} \\ y_c = \dfrac{1}{3}\sum\limits_{i=1}^{3} y_{Pi} \\ z_c = \dfrac{1}{3}\sum\limits_{i=1}^{3} z_{Pi} \end{cases} \tag{7.2-27}$$

求得动平台中心点 C 的坐标值。然后，根据位置与姿态的关系式求得 3 个独立的姿态参数，从而完成该机构的位移正解。

以上解法是一种相对通用的并联机构位移分析方法。其中并没有考虑 3-RPS 机构本身的特点，如该机构的位姿参数之间存在耦合关系，导致产生伴随运动（parasitic motion），还有该机构经证明为零扭转机构，可以采用 T&T 法描述姿态，等等。

下面采用另外一种方法来求该机构的位移解。

（2）解法二（利用数值法求解位移正解）　3-RPS 并联机构具有 3 个自由度，分别为沿 z 轴的平移、绕动平台 x 轴和 y 轴的转动。机构其余 3 个自由度，即沿 x 轴的平移、沿 y 轴的平移及绕动平台 z 轴的转动，在机构运行过程中会产生伴随运动，伴随运动的值与机构运行输入参数有关。

采用 Z-Y-Z 欧拉角（严格意义上是 T&T 角）描述机构的姿态，即先绕动平台的 z 轴旋转 α 角，然后绕旋转之后的自身 y 轴旋转 β 角，最后绕旋转之后的自身 z 轴旋转 γ 角。对应的姿态矩阵为

$$\begin{aligned} \boldsymbol{R}(\alpha,\beta,\gamma) &= \boldsymbol{R}_z(\alpha)\boldsymbol{R}_y(\beta)\boldsymbol{R}_z(\gamma) \\ &= \begin{pmatrix} \cos\alpha\cos\beta\cos\gamma-\sin\alpha\sin\gamma & -\cos\alpha\cos\beta\sin\gamma-\sin\alpha\cos\gamma & \cos\alpha\sin\beta \\ \sin\alpha\cos\beta\cos\gamma+\cos\alpha\sin\gamma & -\sin\alpha\cos\beta\sin\gamma+\cos\alpha\cos\gamma & \sin\alpha\sin\beta \\ -\sin\beta\cos\gamma & \sin\beta\sin\gamma & \cos\beta \end{pmatrix} \end{aligned} \tag{7.2-28}$$

动平台各个铰链点 $P_i(i=1,2,3)$ 相对基坐标系的坐标为

$${}^0\boldsymbol{p}_i = {}^0_P\boldsymbol{R}\,{}^P\boldsymbol{p}_i + {}^0\boldsymbol{c} \tag{7.2-29}$$

对应的几何约束方程为

$$\overrightarrow{B_iP_i} \perp \boldsymbol{u}_i \quad (i=1,2,3) \tag{7.2-30}$$

式中，$\boldsymbol{u}_i = (\cos\theta_i, \sin\theta_i, 0)^{\mathrm{T}}(\theta_1=90°, \theta_2=210°, \theta_3=330°)$。

联立式（7.2-28）~式（7.2-30）可解得其他 3 个运动（伴随运动）的计算公式如下：

$$\begin{cases} x_c = \dfrac{r}{2}\cos 2\alpha(\cos\beta - 1) \\ y_c = \dfrac{r}{2}\sin 2\alpha(1-\cos\beta) \\ \gamma = -\alpha \end{cases} \tag{7.2-31}$$

最后，可根据式（7.2-20）求得该机构的位移正解，方程略。

1）基本原理。动、定平台原点的连线、定平台原点与转动副中心的连线、支链转动副中心与球副中心的连线、支链球副中心与动平台的连线可组成一个四边形，如图 7-12 所示（以支链 1 所组成的四边形为例）。

3 条支链共组成 3 个四边形，其中有一个公共边 OC。考虑实际平台运行时会产生伴随运动，该四边形一般为一个异面四边形，即 C 点不在点 O、点 P_i、点 B_i 所组成的平面中。由图 7-12 可知，球铰 P_i 的坐标只与 φ_i 有关，即

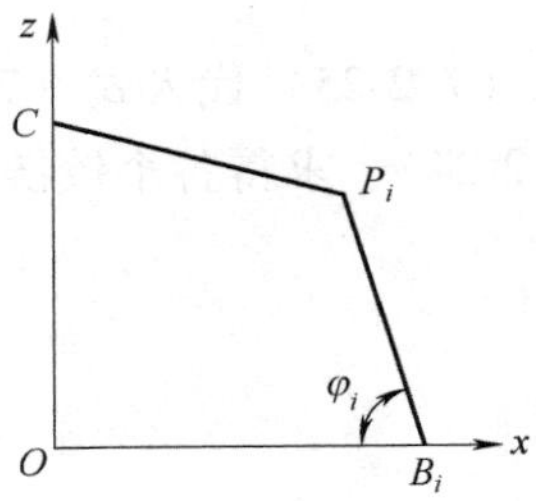

图 7-12　由支链 i 所组成的封闭四边形

$$
{}^{0}\boldsymbol{p}_1=\begin{pmatrix}R-l_1\cos\varphi_1\\0\\l_1\sin\varphi_1\end{pmatrix},\quad {}^{0}\boldsymbol{p}_2=\begin{pmatrix}-\dfrac{1}{2}(R-l_2\cos\varphi_2)\\\dfrac{\sqrt{3}}{2}(R-l_2\cos\varphi_2)\\l_2\sin\varphi_2\end{pmatrix},\quad {}^{0}\boldsymbol{p}_3=\begin{pmatrix}-\dfrac{1}{2}(R-l_3\cos\varphi_3)\\-\dfrac{\sqrt{3}}{2}(R-l_3\cos\varphi_3)\\l_3\sin\varphi_3\end{pmatrix} \tag{7.2-32}
$$

若给定动平台中心 C 的（初始）坐标，由球铰中心 P_i 距动平台中心 C 的距离始终为 r，即可解出 φ_i，进而得到 P_i 的坐标。当点 C 与实际位置重合时，P_i 即为球铰中心的真实位置，完成运动学正解的求解。

2）计算过程。

① 动平台中心 C 的坐标表示为 (x_c,y_c,z_c)，其中，z_c 的初值选取为三条支链长度的均值，即 $z_c=(l_1+l_2+l_3)/3$。动平台初始转角选取为 $\alpha=\beta=0°$。

② 由式（7.2-31），求出动平台中心的伴随运动 x_c、y_c，并以这两个值更新动平台原点的坐标 (x_c,y_c,z_c)。

③ 根据球铰中心 P_i 到动平台中心 $C(x_c,y_c,z_c)$ 的距离为 r，可解出偏角 φ_i 的值，即由式

$$
|\overrightarrow{P_iC}|=r\quad(i=1,2,3) \tag{7.2-33}
$$

可求得

$$
\begin{cases}
\varphi_1=\pi-\arcsin\dfrac{(R-x_c)^2+y_c^2+z_c^2+l_1^2-r^2}{2l_1\sqrt{(R-x_c)^2+z_c^2}}-\arccos\dfrac{z_c}{\sqrt{(R-x_c)^2+z_c^2}}\\
\varphi_2=\pi-\arcsin\dfrac{(R/2+x_c)^2+(\sqrt{3}R/2-y_c)^2+z_c^2+l_2^2-r^2}{l_2\sqrt{(2R+x_c-\sqrt{3}y_c)^2+4z_c^2}}-\arccos\dfrac{2z_c}{\sqrt{(2R+x_c-\sqrt{3}y_c)^2+4z_c^2}}\\
\varphi_3=\pi-\arcsin\dfrac{(R/2+x_c)^2+(\sqrt{3}R/2+y_c)^2+z_c^2+l_3^2-r^2}{l_3\sqrt{(2R+x_c+\sqrt{3}y_c)^2+4z_c^2}}-\arccos\dfrac{2z_c}{\sqrt{(2R+x_c+\sqrt{3}y_c)^2+4z_c^2}}
\end{cases} \tag{7.2-34}
$$

④ 将解出的 φ_i 代入式（7.2-33）中，可得到球铰中心 P_i（相对基坐标系）的坐标。

⑤ 计算动平台所在平面的法向量 $\hat{\boldsymbol{n}}=(n_x,n_y,n_z)^{\mathrm{T}}$，由此求出动平台偏角 α 和 β。相关计算公式如下：

$$\alpha=\begin{cases}\arccos\dfrac{n_x}{\sqrt{n_x^2+n_y^2}} & (n_y\geqslant 0)\\ 2\pi-\arccos\dfrac{n_x}{\sqrt{n_x^2+n_y^2}} & (n_y<0)\end{cases} \tag{7.2-35}$$

$$\beta=\arccos\frac{n_z}{\sqrt{n_x^2+n_y^2+n_z^2}} \tag{7.2-36}$$

⑥ 若求得的动平台偏角 α、β 与上一次计算得到的偏角（若为第一次，则为初始偏差值）差值满足精度要求，执行步骤⑦；反之，返回步骤②。

⑦ 求动平台中心的 z 轴坐标，即

$$z_c=\frac{1}{3}(p_{1z}+p_{2z}+p_{3z}) \tag{7.2-37}$$

⑧ 若求得的动平台中心的 z 轴坐标与上一次计算得到的 z 轴坐标（若为第一次，则为初始值）差值不在精度范围内，返回步骤②；若满足精度要求，则完成运动学正解求解。

计算流程如图 7-13 所示。

3）算例。任意选取一组输入参数，即动平台的偏角及高度，通过位移反向求解，求得三条支链的长度 l_i；再以这三条支链的长度作为输入参数，用上述算法进行位移正向求解，求得动平台偏角及高度；最后与位移反解的输入参数进行对比，验证算法的正确性与精度。

选取输入参数时，在动平台高度为 100~200mm、200~300mm、300~400mm 三个区间内分别随机选取 5 组数据，α 的取值范围为 0°~360°，β 的取值范围为 0°~10°。计算数据见表 7-1。由表中数据可以看出，任意一组正解计算值与初始输入参数之间的绝对误差均小于 10^{-6}，满足精度要求。

表 7-1　运动学正解算法的精度验证

α 输入值 /(°)	β 输入值 /(°)	z_c 输入值 /(°)	l_1/mm	l_2/mm	l_3/mm	α 计算值 /(°)	β 计算值 /(°)	z_c 计算值/mm
18.4	9.1	106.14	91.897081	123.295676	138.546005	18.39999999	9.10000001	106.13999982
100.25	3.48	129.478	140.061386	123.614806	146.892508	100.25000012	3.48000001	129.47799983
235.486	7.256	146.21	167.611093	164.189018	131.095900	235.48599959	7.25600001	146.20999983
324.9	4.8	175.364	168.815269	196.694571	180.289988	324.89999962	4.80000001	175.36399983
90	5	190.0	195.876527	181.573991	210.812560	90.00000003	5.00000001	189.99999983
37.4	8.4	210.895	194.137285	212.397102	243.187208	37.39999988	8.40000003	210.89499982
164.25	4.48	234.56	254.326640	228.536706	235.607788	164.24999999	4.48000001	234.55999983
252.394	6.295	250.0	261.013313	269.189400	233.921769	252.39399958	6.29500003	249.99999983
335.9	1.2	264.358	264.928866	272.025620	269.100274	335.89999958	1.20000000	264.35799983
180	6	286.186	311.078411	279.879924	279.879924	180.00000020	6.00000002	286.18599983
82.4	8.7	304.32	303.963635	284.729504	336.147716	82.40000000	8.70000004	304.31999982
137.61	2.84	333.31	344.014466	327.450265	338.838962	137.60999999	2.84000001	333.30999983
294.351	5.281	360.25	355.893204	381.759734	352.822726	294.35099958	5.28100003	360.24999983
351.9	9.5	379.42	350.618093	402.745397	394.588460	351.89999959	9.50000006	379.41999982
270	4	395.0	397.876456	409.959639	385.975476	269.99999958	4.00000003	394.99999983

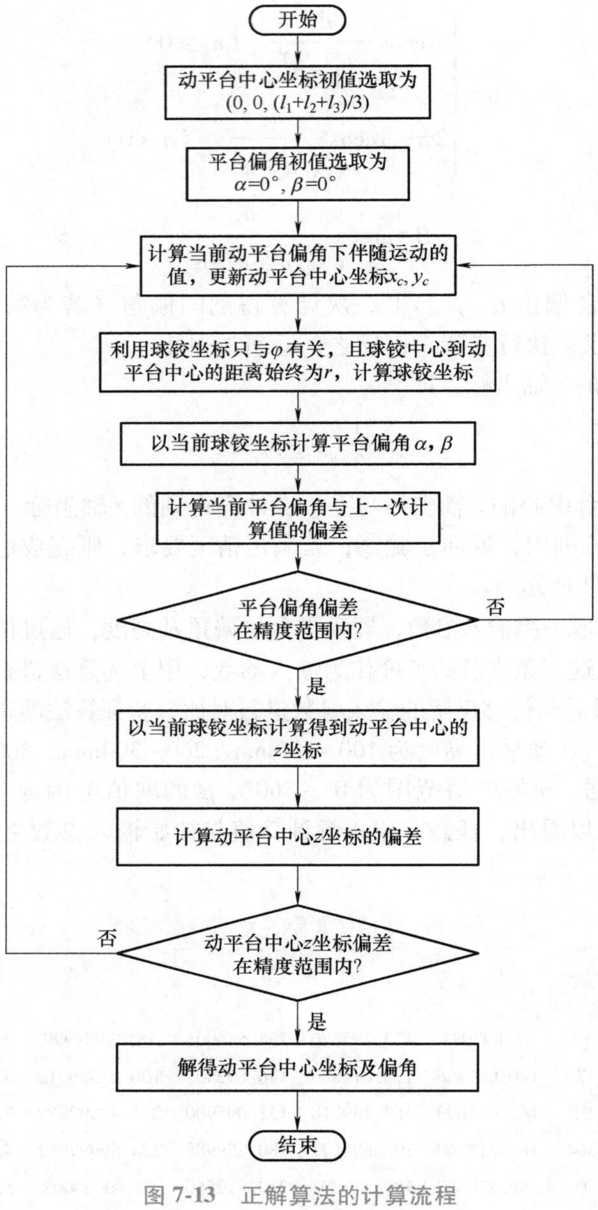

图 7-13　正解算法的计算流程

3. 几何法的应用：Omni-Wrist Ⅲ机构

Omni-Wrist Ⅲ机构由定（基）平台 $A_1A_2A_3A_4$、动平台 $D_1D_2D_3D_4$ 和 4 条相同的 4R 支链 $A_iB_iC_iD_i$ 组成，如图 7-14 所示。其中每一条支链都包括 3 支连杆（自下而上依次是 A_iB_i、B_iC_i 和 C_iD_i），4 个转动副（自下而上依次是 A_i、B_i、C_i 和 D_i）。转动副 C_i 和 D_i 的轴线交于动平台的中点 P；转动副 A_i 和 B_i 的轴线交于定平台的中点 O；转动副 B_i 和 C_i 的轴线交于点 S_i。4 条支链的结构相同，间隔 90°分布。这类机构的特点在于始终存在一个垂直于动、基平台中心连线 OP 的对称面 H，在运动过程中，动、基平台以及 A_iB_i、C_iD_i 连杆所在平面始终关于 H 平面对称。此对称面可由 S_1 ~ S_4 点的位置确定，实际上即是平面 $S_1S_2S_3S_4$。

基于该机构的几何特殊性，下面利用几何法对其进行运动学分析。

（1）逆运动学求解　在定平台上建立基坐标系 $O\text{-}xyz$，z 轴垂直于基平台向上，不失一般性，令 y 轴与 OA_1 重合，x 轴与 y 轴、z 轴形成右手坐标系。4 条支链的分布由 y 轴按右手螺旋方向与 OS_i 在 Oxy 平面上的投影的夹角 β_i 确定，$\beta_1=0°$，$\beta_2=90°$，$\beta_3=180°$，$\beta_4=270°$。在动平台上建立坐标系 $P\text{-}x'y'z'$，z' 轴垂直于动平台向上，初始状态下坐标系 $P\text{-}x'y'z'$ 与基坐标系 $O\text{-}xyz$ 各轴平行。用矢量 $\overrightarrow{OS_i}$ 来表示 S_i 点的空间位置，则有

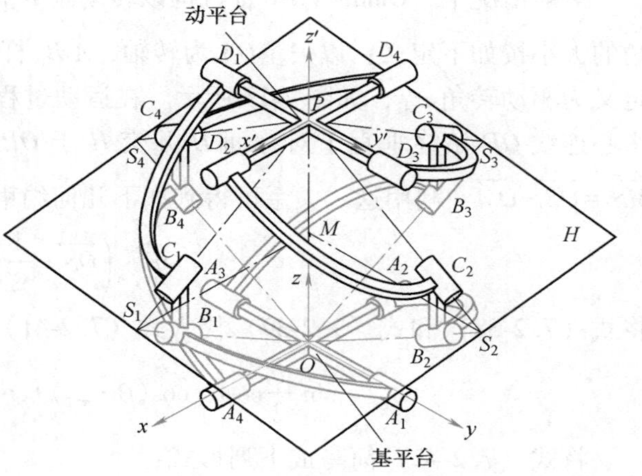

图 7-14　Omni-Wrist Ⅲ机构示意图

$$\overrightarrow{OS_i}=\boldsymbol{R}_z(\beta_i)\begin{pmatrix}L\cos\alpha_{Ai}\\0\\L\sin\alpha_{Ai}\end{pmatrix}=\begin{pmatrix}L\cos\beta_i\cos\alpha_{Ai}\\L\sin\beta_i\cos\alpha_{Ai}\\L\sin\alpha_{Ai}\end{pmatrix}\tag{7.2-38}$$

式中，α_{iA} 为 OS_i 与其在 Oxy 平面投影的夹角，即杆 A_iB_i 相对转动副 R_{Ai} 的转角，$\mathrm{Rot}(z,\beta_i)$ 表示绕 z 轴旋转 β_i 角，$|\boldsymbol{s}_i|=L$。

使用 z' 轴在 $O\text{-}xyz$ 坐标系中的指向 $(\varphi,\theta)^{\mathrm{T}}$ 来定义动平台姿态，如图 7-15 所示，E 为 z 轴与 z' 轴反向延长线的交点，E 点也在对称面 H 上。考虑到运动过程中 OP 的长度 R 始终不变，用矢量 $\overrightarrow{OP}=(x,y,z)^{\mathrm{T}}$ 来表示点的空间位置，$\overrightarrow{OP}$ 与动平台姿态角 $(\varphi,\theta)^{\mathrm{T}}$ 之间满足如下关系：

$$\overrightarrow{OP}=\begin{pmatrix}x\\y\\z\end{pmatrix}=\begin{pmatrix}R\sin\dfrac{\theta}{2}\cos\varphi\\R\sin\dfrac{\theta}{2}\sin\varphi\\R\cos\dfrac{\theta}{2}\end{pmatrix}=\begin{pmatrix}2L\sin\dfrac{\gamma}{2}\sin\dfrac{\theta}{2}\cos\varphi\\2L\sin\dfrac{\gamma}{2}\sin\dfrac{\theta}{2}\sin\varphi\\2L\sin\dfrac{\gamma}{2}\cos\dfrac{\theta}{2}\end{pmatrix}\tag{7.2-39}$$

式中，γ 为等腰三角形 $\triangle OS_iP$ 中的 $\angle OS_iP$，由 B_iC_i 杆的形状决定，称为 Omni-Wrist Ⅲ机构的形状参数；R 为 P 点所在球面的半径，$|\overrightarrow{OP}|=R=2L\sin\dfrac{\gamma}{2}$。

在矢量 $\overrightarrow{OP}$ 已知的情况下，可根据式（7.2-39）推导出姿态角 $(\varphi,\theta)^{\mathrm{T}}$：

$$\begin{cases}\theta=\mathrm{Atan2}(\sqrt{x^2+y^2},z)\\\varphi=\mathrm{Atan2}(y,x)\end{cases}\tag{7.2-40}$$

由于方位角 φ 的取值范围为（0，2π），因此式（7.2-40）中使用反正切函数 Atan2( ) 来求解方位角。

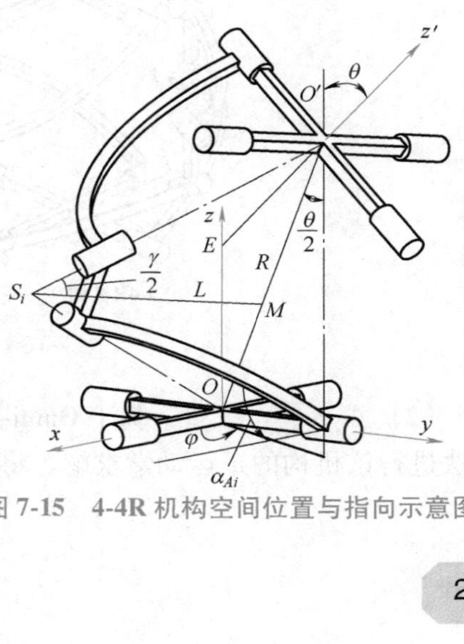

图 7-15　4-4R 机构空间位置与指向示意图

一般情况下，Omni-Wrist Ⅲ机构以转动副 R_{A1} 与 R_{A2} 为驱动副，α_{A1} 与 α_{A2} 为驱动转角。α_{Ai} 角的大小按如下定义：以矢量 $\overrightarrow{OA_i}$ 为转轴，A_iB_i 杆按右手螺旋法则转向基平面所转过的角度定义为驱动转角 α_{Ai}，如图 7-15 所示。在运动过程中，由于机构的对称性，动平台和基平台中心连线 OP 始终垂直于对称面 H 并交 H 于 OP 中点 M，即 OP 始终垂直于 MS_i，考虑到 $\overrightarrow{MS_i}=\overrightarrow{OS_i}-\overrightarrow{OM}$，利用这一关系可得到如下几何约束方程：

$$\overrightarrow{OP}\cdot\left(\overrightarrow{OS_i}-\frac{1}{2}\overrightarrow{OP}\right)=0 \tag{7.2-41}$$

将式（7.2-38）和式（7.2-39）代入式（7.2-41），展开得到

$$\sin\frac{\theta}{2}\cos\alpha_{Ai}\cos(\beta_i-\varphi_i)+\cos\frac{\theta}{2}\sin\alpha_{Ai}-\sin\frac{\gamma}{2}=0 \tag{7.2-42}$$

将式（7.2-42）简写成下列形式：

$$m\sin\alpha_{Ai}+k_i\cos\alpha_{Ai}-n=0 \tag{7.2-43}$$

式中，

$$m=\cos\frac{\theta}{2},\quad k_i=\sin\frac{\theta}{2}\cos(\beta_i-\varphi),\quad n=\sin\frac{\gamma}{2}$$

通过半角公式容易求得

$$\alpha_{Ai}=\arcsin2\left(\frac{mn-k_i\sqrt{k_i^2+m^2-n^2}}{k_i^2+m^2}\right) \tag{7.2-44}$$

或者

$$\alpha_{Ai}=\arcsin2\left(\frac{k_in-m\sqrt{k_i^2+m^2-n^2}}{k_i^2+m^2}\right) \tag{7.2-45}$$

注意到反解中不包含 L，对于 2 自由度指向机构而言，其指向能力仅由形状参数 γ 决定。式（7.2-44）和式（7.2-45）表明，对应两种装配构型，如图 7-16 所示。这两种构型实际上是等效的。

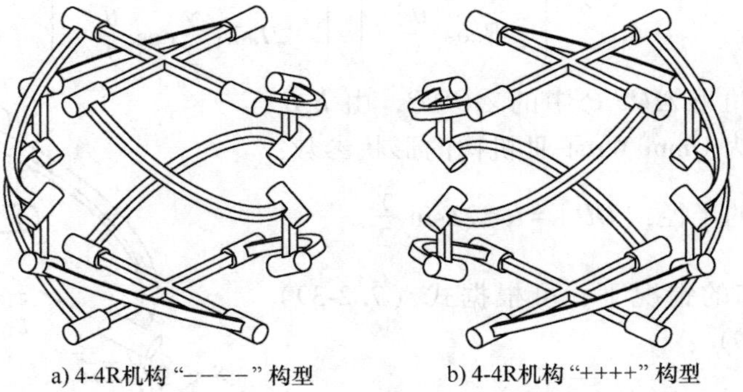

a) 4-4R机构“－－－－”构型　　b) 4-4R机构“＋＋＋＋”构型

图 7-16　4-4R 并联机构两种实用的构型

（2）正运动学求解　基于 Omni-Wrist Ⅲ机构具有对称面 H 的几何特性，下面利用几何方法进行该机构的正运动学求解。将机构的几何约束抽象出来，如图 7-17 所示。

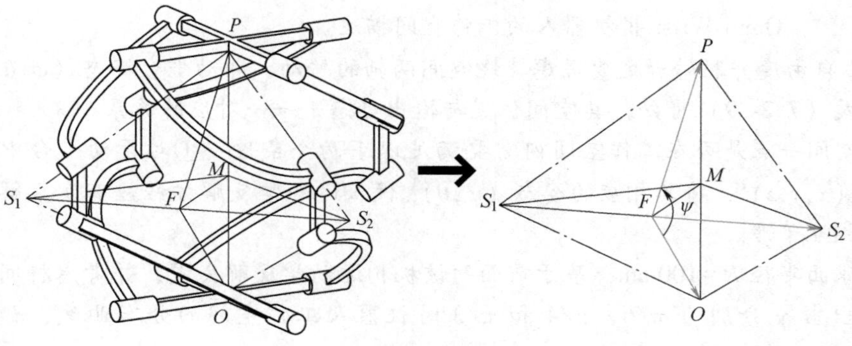

图 7-17　4-4R 并联机构几何约束示意图

可以看出，由于$\triangle OS_1S_2$与$\triangle PS_1S_2$都是等腰三角形，令 F 点为线段 S_1S_2 的中点，于是有 $OF\perp S_1S_2$ 和 $PF\perp S_1S_2$，S_1S_2 为平面 OPF 的法线。矢量$\overrightarrow{OP}$可以表示为

$$\overrightarrow{OP}=\overrightarrow{FP}-\overrightarrow{FO} \tag{7.2-46}$$

式中，由于 F 是线段 S_1S_2 的中点，根据式（7.2-39），矢量$\overrightarrow{FO}$可表示为

$$\overrightarrow{FO}=-\left(\frac{L\cos\alpha_{A1}}{2},\quad \frac{L\cos\alpha_{A2}}{2},\quad \frac{L(\sin\alpha_{A1}+\sin\alpha_{A2})}{2}\right)^{\mathrm{T}} \tag{7.2-47}$$

$\overrightarrow{FP}$可以由$\overrightarrow{FO}$绕$\overrightarrow{S_1S_2}$旋转 ψ 角得到。同样根据式（7.2-38），矢量$\overrightarrow{S_1S_2}$可表示为

$$\overrightarrow{S_1S_2}=\overrightarrow{OS_2}-\overrightarrow{OS_1}=(-L\cos\alpha_{A1},\quad L\cos\alpha_{A2},\quad L\sin\alpha_{A2}-L\sin\alpha_{A1})^{\mathrm{T}} \tag{7.2-48}$$

由图 7-17 可知，$\triangle FMO$ 与$\triangle FMP$ 为直角三角形且全等，旋转角度 ψ 可表示为

$$\psi=\arcsin\frac{|\overrightarrow{MO}|}{|\overrightarrow{FO}|} \tag{7.2-49}$$

绕旋转轴$\overrightarrow{S_1S_2}$转动角 ψ 的旋转矩阵 $\boldsymbol{R}_S$可表示为

$$R_S=\begin{pmatrix} s_x^2(1-\cos\psi)+\cos\psi & s_ys_x(1-\cos\psi)-s_z\sin\psi & s_zs_x(1-\cos\psi)+s_y\sin\psi \\ s_xs_y(1-\cos\psi)+s_z\cos\psi & s_y^2(1-\cos\psi)+\cos\psi & s_zs_y(1-\cos\psi)-s_x\sin\psi \\ s_xs_z(1-\cos\psi)-s_y\cos\psi & s_ys_z(1-\cos\psi)+s_x\sin\psi & s_z^2(1-\cos\psi)+\cos\psi \end{pmatrix} \tag{7.2-50}$$

式中，$(s_x,s_y,s_z)^{\mathrm{T}}$是$\overrightarrow{S_1S_2}$的单位矢量，且

$$s_x=\frac{-\cos\alpha_{A1}}{\sqrt{2-2\sin\alpha_{A1}\sin\alpha_{A2}}},\quad s_y=\frac{\cos\alpha_{A2}}{\sqrt{2-2\sin\alpha_{A1}\sin\alpha_{A2}}},\quad s_z=\frac{\sin\alpha_{A2}-\sin\alpha_{A1}}{\sqrt{2-2\sin\alpha_{A1}\sin\alpha_{A2}}}$$

将式（7.2-47）~式（7.2-50）代入式（7.2-46），得到 4-4R 并联机构的运动学正解如下：

$$\overrightarrow{OP}=\begin{pmatrix} x \\ y \\ z \end{pmatrix}=\overrightarrow{FP}-\overrightarrow{FO}=R_{\hat{S}}\overrightarrow{FO}-\overrightarrow{FO}=(R_{\hat{S}}-I)\overrightarrow{FO} \tag{7.2-51}$$

将求得的 P 点坐标代入式（7.2-40），即可求得机构的姿态$(\varphi,\theta)^{\mathrm{T}}$。

【例 7-1】 Omni-Wrist Ⅲ机器人的工作空间描述。

解：2 自由度并联转台主要考虑其绕空间两轴的转动，即动平台姿态 $(\varphi,\theta)^{\mathrm{T}}$ 的取值范围。由式（7.2-39）可知，其空间位置与输出姿态是一一对应的关系。

判断空间一点是否在工作空间内需要满足以下两个条件：①对于动平台中心的某一空间位置 $(x,y,z)^{\mathrm{T}}$，将其相应的姿态 $(\varphi,\theta)^{\mathrm{T}}$ 代入运动学反解方程应有实数解；②支链之间不能相互干涉。

假设球面半径 $R=100\mathrm{mm}$，基于前面的该机构运动学反解公式，并考虑杆间不发生干涉。绘制出当 γ 分别为 $\pi/6$、$\pi/4$ 和 $\pi/3$ 时机器人工作空间的分布曲线，如图 7-18～图 7-20 所示。

其中，图 7-18a～图 7-20a 展示了 4-4R 并联机构动平台中心点 P 在整个指向空间 $[\varphi\in(0,2\pi),\ \theta\in(0,\pi)]$ 内的位置分布及其随机构形状参数 γ 的变化趋势，随着 γ 角的增大，4-4R 并联机构的指向能力也逐渐提高；图 7-18b～图 7-20b 则展示了 4-4R 并联机

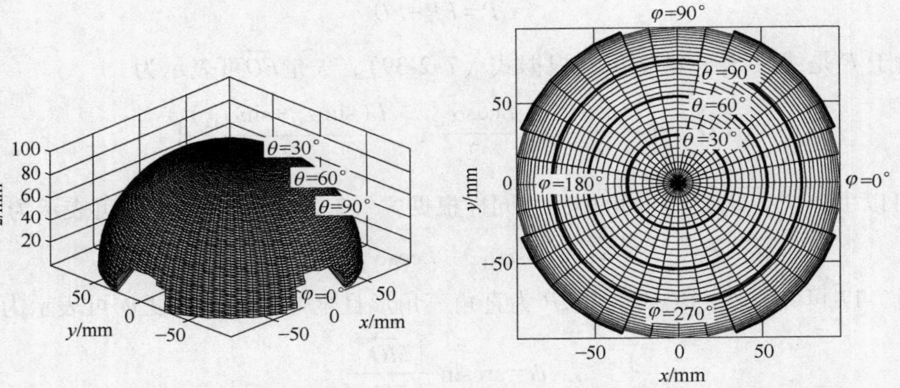

a) 4-4R并联机构工作空间　　b) 4-4R并联机构工作空间投影

图 7-18　4-4R 机构工作空间示意图（$\gamma=\pi/6$）

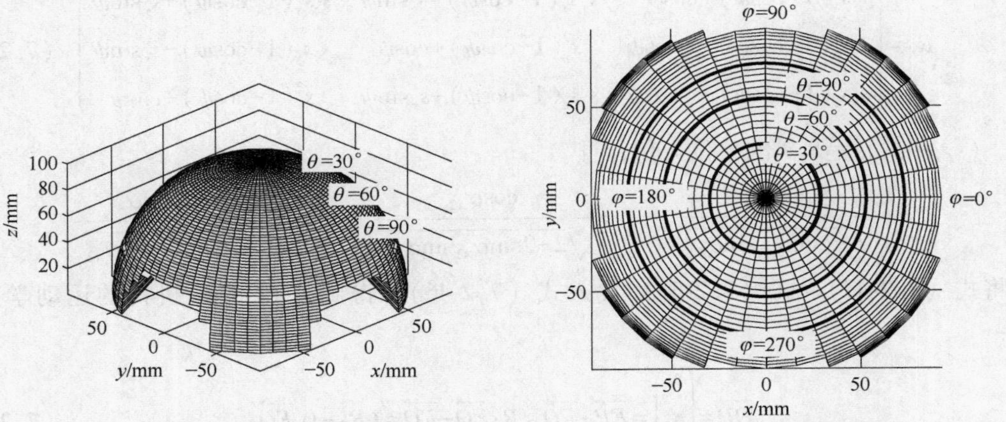

a) 4-4R并联机构工作空间　　b) 4-4R并联机构工作空间投影

图 7-19　4-4R 机构工作空间示意图（$\gamma=\pi/4$）

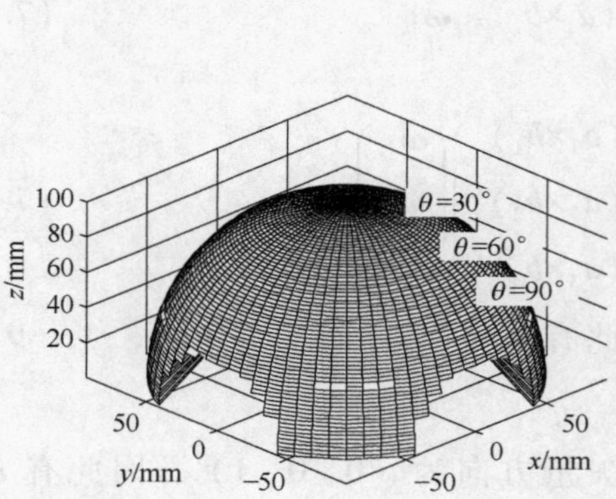

a) 4-4R并联机构工作空间

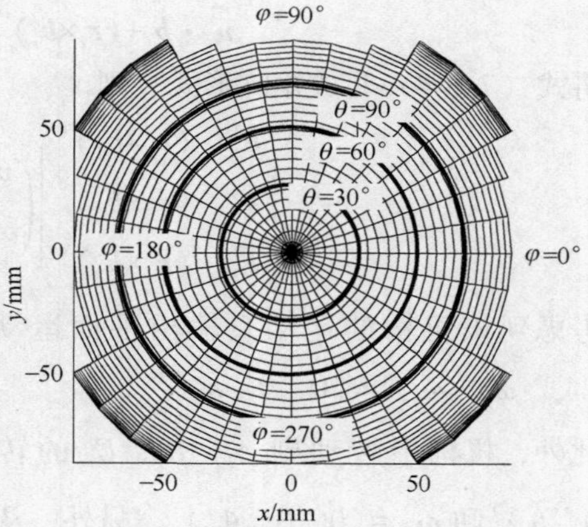

b) 4-4R并联机构工作空间投影

图 7-20　4-4R 机构工作空间示意图（$\gamma=\pi/3$）

构的工作空间在 O-xy 平面上的投影情况，可以看到，在支链分布的方位上，机构的倾斜能力受到了限制，而在两条支链所夹的方位上，机构的指向能力最好。实际上，由于 4-4R 并联机构特殊的关于对称面上下对称的几何结构，其动平台在半球空间内运动时即可获得几乎全方向（$\varphi\in(0,2\pi)$，$\theta\in(0,\pi)$）上的指向能力。

7.3 并联机器人的速度雅可比

相比串联机器人而言，并联机器人的速度雅可比矩阵求解要复杂得多，这主要是由并联机器人所具有的多环结构特征决定的。有关雅可比求解的方法有多种，其中常用的是位移方程直接求导法和旋量法。

7.3.1 位移方程直接求导法（直接微分法）

下面以平面 3-RRR 机器人为例说明位移方程直接求导法的应用。

由图 7-21 所示平面 3-RRR 并联机器人机构简图中的矢量关系，可以得到

$$\overrightarrow{OC}+\overrightarrow{CC_i}=\overrightarrow{OA_i}+\overrightarrow{A_iB_i}+\overrightarrow{B_iC_i}\quad(i=1,2,3) \tag{7.3-1}$$

或者写成

$$\boldsymbol{p}_c+\boldsymbol{r}_i=\boldsymbol{R}_i+\boldsymbol{a}_i+\boldsymbol{b}_i\quad(i=1,2,3) \tag{7.3-2}$$

根据式（7.3-2），将其等式两边相对时间 t 求导，则可得到机构的速度关系表达式，即

$$\boldsymbol{v}_c+\boldsymbol{\omega}_c\times\boldsymbol{r}_i=\boldsymbol{\omega}_{Ai}\times(\boldsymbol{a}_i+\boldsymbol{b}_i)+\boldsymbol{\omega}_{Bi}\times\boldsymbol{b}_i \tag{7.3-3}$$

式中，$\boldsymbol{v}_c$、$\boldsymbol{\omega}_c$、$\boldsymbol{\omega}_{Ai}$、$\boldsymbol{\omega}_{Bi}$ 分别为点 C 的线速度、点 C 的角速度和铰链 A_i、铰链 B_i 的角速度。

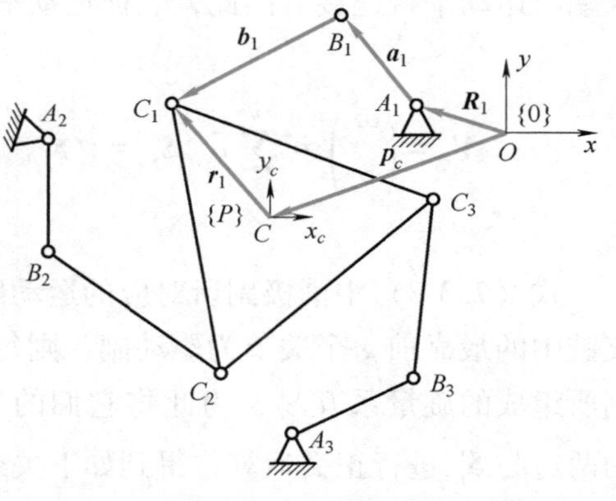

图 7-21　平面 3-RRR 并联机器人机构简图

等式（7.3-3）两边点乘 $\boldsymbol{b}_i$（这样可消掉中间变量 $\boldsymbol{\omega}_{Bi}$），则有

$$\boldsymbol{v}_c \cdot \boldsymbol{b}_i + (\boldsymbol{r}_i \times \boldsymbol{b}_i) \cdot \boldsymbol{\omega}_c = (\boldsymbol{a}_i \times \boldsymbol{b}_i) \cdot \boldsymbol{\omega}_{Ai} \tag{7.3-4}$$

将式（7.3-4）写成矩阵形式，则

$$\begin{pmatrix} \boldsymbol{b}_1^{\mathrm{T}} & (\boldsymbol{r}_1 \times \boldsymbol{b}_1)^{\mathrm{T}} \\ \boldsymbol{b}_2^{\mathrm{T}} & (\boldsymbol{r}_2 \times \boldsymbol{b}_2)^{\mathrm{T}} \\ \boldsymbol{b}_3^{\mathrm{T}} & (\boldsymbol{r}_3 \times \boldsymbol{b}_3)^{\mathrm{T}} \end{pmatrix} \begin{pmatrix} \boldsymbol{v}_c \\ \boldsymbol{\omega}_c \end{pmatrix} = \begin{pmatrix} (\boldsymbol{a}_1 \times \boldsymbol{b}_1)^{\mathrm{T}} \\ (\boldsymbol{a}_2 \times \boldsymbol{b}_2)^{\mathrm{T}} \\ (\boldsymbol{a}_3 \times \boldsymbol{b}_3)^{\mathrm{T}} \end{pmatrix} \begin{pmatrix} \boldsymbol{\omega}_{A1} \\ \boldsymbol{\omega}_{A2} \\ \boldsymbol{\omega}_{A3} \end{pmatrix} \tag{7.3-5}$$

考虑到该机构的运动只输出平面运动，因此有 $\boldsymbol{v}_c = (v_x \quad v_y \quad v_z)^{\mathrm{T}} = (v_x \quad v_y \quad 0)^{\mathrm{T}}$ 且 $\boldsymbol{\omega}_c = (\omega_x \quad \omega_y \quad \omega_z)^{\mathrm{T}} = (0 \quad 0 \quad \omega_z)^{\mathrm{T}}$。

此外，机构中转动副 A_i、B_i、C_i 的转轴的矢量方向为 $(0 \quad 0 \quad 1)^{\mathrm{T}}$，因此有 $\boldsymbol{\omega}_{Ai} = (0 \quad 0 \quad \dot{\theta}_i)^{\mathrm{T}}$ 和 $\boldsymbol{\omega}_{Bi} = (0 \quad 0 \quad \dot{\theta}_{Bi})^{\mathrm{T}}$。另外，从图 7-21 中可以看出，矢量 $\boldsymbol{b}_i$ 沿 z 轴的方向矢量为 0，而矢量 $\boldsymbol{r}_i \times \boldsymbol{b}_i$ 沿 x 轴、y 轴的方向矢量均为 0，只存在 z 轴方向的矢量，即 $\boldsymbol{r}_i \times \boldsymbol{b}_i = (0 \quad 0 \quad |\boldsymbol{r}_i \times \boldsymbol{b}_i|)^{\mathrm{T}}$。因此，式（7.3-5）可简化为

$$\boldsymbol{J}_X \dot{\boldsymbol{X}} = \boldsymbol{J}_\theta \dot{\boldsymbol{\theta}} \tag{7.3-6}$$

式中，$\dot{\boldsymbol{X}} = (v_x \quad v_y \quad \omega_z)^{\mathrm{T}}$，$\dot{\boldsymbol{\theta}} = (\dot{\theta}_{A1} \quad \dot{\theta}_{A2} \quad \dot{\theta}_{A3})^{\mathrm{T}}$，$\boldsymbol{J}_X = \begin{pmatrix} (\boldsymbol{b}_1 + \boldsymbol{r}_1 \times \boldsymbol{b}_1)^{\mathrm{T}} \\ (\boldsymbol{b}_2 + \boldsymbol{r}_2 \times \boldsymbol{b}_2)^{\mathrm{T}} \\ (\boldsymbol{b}_3 + \boldsymbol{r}_3 \times \boldsymbol{b}_3)^{\mathrm{T}} \end{pmatrix}$，$\boldsymbol{J}_\theta = \begin{pmatrix} (\boldsymbol{a}_1 \times \boldsymbol{b}_1)^{\mathrm{T}} \\ (\boldsymbol{a}_2 \times \boldsymbol{b}_2)^{\mathrm{T}} \\ (\boldsymbol{a}_3 \times \boldsymbol{b}_3)^{\mathrm{T}} \end{pmatrix}$。

由式（7.3-6）进而得到平面 3-RRR 并联机器人的一阶运动学方程，即

$$\dot{\boldsymbol{X}} = \boldsymbol{J} \dot{\boldsymbol{\theta}} \tag{7.3-7}$$

式中，$\boldsymbol{J} = \boldsymbol{J}_X^{-1} \boldsymbol{J}_\theta$ 为 3-RRR 机器人的速度雅可比矩阵。

7.3.2* 旋量法

典型的并联机构由 m 个支链组成，每个支链中通常至少存在一个驱动关节（主动副），而其余关节为消极副。同样为了便于表征，需要将多自由度运动副运动学等效成单自由度运动副的组合形式。这样可以将每一支链看成是由若干单自由度运动副组成的开环运动链，其末端与运动平台连接。因此，表征运动平台的瞬时速度旋量可以写成

$$\boldsymbol{V}_c = \begin{pmatrix} \boldsymbol{\omega}_c \\ \boldsymbol{v}_c \end{pmatrix} = \sum_{j=1}^{n} \dot{q}_{j,i} \boldsymbol{\$}_{j,i} = (\boldsymbol{\$}_{1,i} \quad \boldsymbol{\$}_{2,i} \quad \cdots \quad \boldsymbol{\$}_{n,i}) \begin{pmatrix} \dot{q}_{1,i} \\ \dot{q}_{2,i} \\ \vdots \\ \dot{q}_{n,i} \end{pmatrix} \quad (i = 1, 2, \cdots, m) \tag{7.3-8}$$

式（7.3-8）中消极副所对应的运动副旋量可以通过互易旋量系理论消除掉。假设每个支链中的最靠前 g 个关节为驱动副，则每个支链中至少存在 g 个反旋量与该支链中所有消极副所组成的旋量系互易，为此将它们的单位旋量表示成 $\boldsymbol{\$}_{j,i}^r (j = 1, 2, \cdots, g)$。对式（7.3-8）的两边与 $\boldsymbol{\$}_{j,i}^r$ 进行正交运算，得到如下关系式：

$$\boldsymbol{J}_{r,i} \boldsymbol{V}_c = \boldsymbol{J}_{\theta,i} \dot{\boldsymbol{\theta}}_i \tag{7.3-9}$$

式中，矩阵 $\boldsymbol{J}_{r,i}=\begin{pmatrix}\boldsymbol{\$}_{r1,i}^{\mathrm{T}}\\ \boldsymbol{\$}_{r2,i}^{\mathrm{T}}\\ \vdots\\ \boldsymbol{\$}_{rg,i}^{\mathrm{T}}\end{pmatrix}_{g\times 6}$，$\boldsymbol{J}_{\theta,i}=\begin{pmatrix}\boldsymbol{\$}_{r1,i}^{\mathrm{T}}\boldsymbol{\$}_{1,i} & \boldsymbol{\$}_{r1,i}^{\mathrm{T}}\boldsymbol{\$}_{2,i} & \cdots & \boldsymbol{\$}_{r1,i}^{\mathrm{T}}\boldsymbol{\$}_{g,i}\\ \boldsymbol{\$}_{r2,i}^{\mathrm{T}}\boldsymbol{\$}_{1,i} & \boldsymbol{\$}_{r2,i}^{\mathrm{T}}\boldsymbol{\$}_{2,i} & \cdots & \boldsymbol{\$}_{r2,i}^{\mathrm{T}}\boldsymbol{\$}_{g,i}\\ \vdots & \vdots & & \vdots\\ \boldsymbol{\$}_{rg,i}^{\mathrm{T}}\boldsymbol{\$}_{1,i} & \boldsymbol{\$}_{rg,i}^{\mathrm{T}}\boldsymbol{\$}_{2,i} & \cdots & \boldsymbol{\$}_{rg,i}^{\mathrm{T}}\boldsymbol{\$}_{g,i}\end{pmatrix}_{g\times g}$，$\dot{\boldsymbol{\theta}}_i=\begin{pmatrix}\dot{\theta}_{1,i}\\ \dot{\theta}_{2,i}\\ \vdots\\ \dot{\theta}_{g,i}\end{pmatrix}$。

式（7.3-9）包含 m 个方程，写成矩阵形式：

$$\boldsymbol{J}_X\boldsymbol{V}_c=\boldsymbol{J}_\theta\dot{\boldsymbol{\theta}} \tag{7.3-10}$$

式中，矩阵 $\boldsymbol{J}_X=\begin{pmatrix}\boldsymbol{J}_{r,1}\\ \boldsymbol{J}_{r,2}\\ \vdots\\ \boldsymbol{J}_{r,m}\end{pmatrix}$，$\boldsymbol{J}_\theta=\begin{pmatrix}\boldsymbol{J}_{\theta,1} & 0 & \cdots & 0\\ 0 & \boldsymbol{J}_{\theta,2} & \cdots & 0\\ \vdots & \vdots & & \vdots\\ 0 & 0 & \cdots & \boldsymbol{J}_{\theta,m}\end{pmatrix}$，$\dot{\boldsymbol{\theta}}=(\dot{\theta}_{1,1}\ \cdots\ \dot{\theta}_{g,1}\ \ \dot{\theta}_{1,2}\ \cdots\ \dot{\theta}_{g,2}\ \cdots\ \dot{\theta}_{g,m})^{\mathrm{T}}$。

【例 7-2】　试计算 Stewart-Gough 平台（图 7-22）的速度雅可比矩阵。

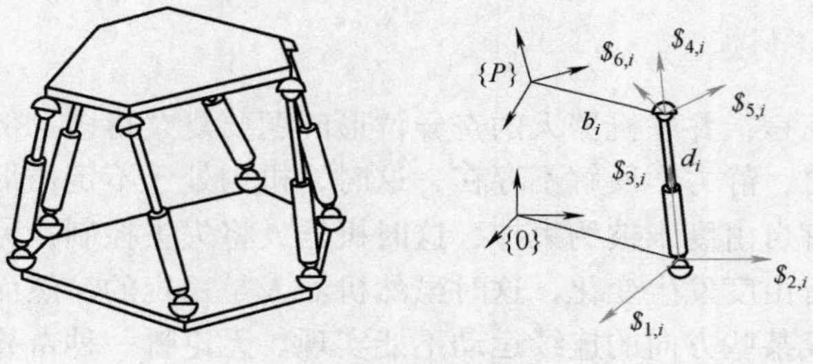

图 7-22　Stewart-Gough 平台

解：Stewart-Gough 平台中支链的等效运动链为 UPS，即每个支链由 6 个单自由度的运动副组成，因此对应 6 个运动副旋量，其中第 3 个为驱动副（移动副）。

$$\hat{\boldsymbol{\$}}_{1,i}=\begin{pmatrix}\hat{\boldsymbol{s}}_{1,i}\\ (\boldsymbol{b}_i-\boldsymbol{d}_i)\times\hat{\boldsymbol{s}}_{1,i}\end{pmatrix},\quad \hat{\boldsymbol{\$}}_{2,i}=\begin{pmatrix}\hat{\boldsymbol{s}}_{2,i}\\ (\boldsymbol{b}_i-\boldsymbol{d}_i)\times\hat{\boldsymbol{s}}_{2,i}\end{pmatrix},\quad \hat{\boldsymbol{\$}}_{3,i}=\begin{pmatrix}\boldsymbol{0}\\ \hat{\boldsymbol{s}}_{3,i}\end{pmatrix},$$

$$\hat{\boldsymbol{\$}}_{4,i}=\begin{pmatrix}\hat{\boldsymbol{s}}_{4,i}\\ \boldsymbol{b}_i\times\hat{\boldsymbol{s}}_{4,i}\end{pmatrix},\quad \hat{\boldsymbol{\$}}_{5,i}=\begin{pmatrix}\hat{\boldsymbol{s}}_{5,i}\\ \boldsymbol{b}_i\times\hat{\boldsymbol{s}}_{5,i}\end{pmatrix},\quad \hat{\boldsymbol{\$}}_{6,i}=\begin{pmatrix}\hat{\boldsymbol{s}}_{6,i}\\ \boldsymbol{b}_i\times\hat{\boldsymbol{s}}_{6,i}\end{pmatrix}$$

注意到支链中所有消极副的轴线均与驱动副的轴线相交，因此可以直接得到消极副旋量系的一个反旋量，即

$$\hat{\boldsymbol{\$}}_{r,i}=\begin{pmatrix}\hat{\boldsymbol{s}}_{3,i}\\ \boldsymbol{b}_i\times\hat{\boldsymbol{s}}_{3,i}\end{pmatrix}\quad (i=1,2,\cdots,6)$$

这样，满足

$$\hat{\boldsymbol{\$}}_{r,i}^{\mathrm{T}}\boldsymbol{V}_c=\dot{d}_i\quad (i=1,2,\cdots,6)$$

写成矩阵形式：

$$\boldsymbol{J}_X\boldsymbol{V}_c=\dot{\boldsymbol{\theta}}$$

或者

$$\boldsymbol{V}_c=\boldsymbol{J}_X^{-1}\dot{\boldsymbol{\theta}}$$

式中，

$$\boldsymbol{J}_X=\begin{pmatrix}\hat{\$}_{r,1}^{\mathrm{T}}\\ \hat{\$}_{r,2}^{\mathrm{T}}\\ \vdots\\ \hat{\$}_{r,6}^{\mathrm{T}}\end{pmatrix}=\begin{pmatrix}\hat{\boldsymbol{s}}_{3,1}^{\mathrm{T}} & (\boldsymbol{b}_1\times\hat{\boldsymbol{s}}_{3,1})^{\mathrm{T}}\\ \hat{\boldsymbol{s}}_{3,2}^{\mathrm{T}} & (\boldsymbol{b}_2\times\hat{\boldsymbol{s}}_{3,2})^{\mathrm{T}}\\ \vdots & \vdots\\ \hat{\boldsymbol{s}}_{3,6}^{\mathrm{T}} & (\boldsymbol{b}_6\times\hat{\boldsymbol{s}}_{3,6})^{\mathrm{T}}\end{pmatrix},\quad \dot{\boldsymbol{\theta}}=\begin{pmatrix}\dot{d}_1\\ \dot{d}_2\\ \vdots\\ \dot{d}_6\end{pmatrix}$$

7.4 并联机器人的奇异性

7.4.1 奇异的分类概述

相对串联机器人而言，并联机器人的奇异位形问题要复杂得多。例如，当机构的静力雅可比矩阵变成奇异阵时，静力学反解不存在，这时，机构处于不定位形。一方面，如果矩阵降秩，其操作平台尚有自由度未被约束掉，这时机器人将失去控制；另一方面，如果矩阵不降秩，但运动平台的自由度发生变化，这时虽然机器人是稳定的，然而由于其自由度的数目或性质发生变化，造成某些方向的连续运动不能实现。无论哪一种奇异位形，在设计和应用并联机器人时均应该避开为宜。实际上，即使当机器人工作在奇异位形附近时，其稳定性、刚度以及运动传递性能也会发生预想不到的变化。

因此，对并联机器人的奇异位形进行分类并分析各种类型奇异位形的特点，是进一步研究并联机器人奇异性的基础。

下面介绍最常见的奇异分类方法。把并联机构的驱动关节看成输入，记为 $\boldsymbol{\theta}$，而末端执行器看成输出，记为 $\boldsymbol{X}$。根据速度约束方程 $\boldsymbol{J}_X\dot{\boldsymbol{X}}=\boldsymbol{J}_\theta\dot{\boldsymbol{\theta}}$，把并联机构的奇异位形分为三种类型：逆运动学奇异［第一类奇异，$\det(\boldsymbol{J}_\theta)=0$］、正运动学奇异［第二类奇异，$\det(\boldsymbol{J}_X)=0$］和组合奇异［第三类奇异，$\det(\boldsymbol{J}_X)=0$，且 $\det(\boldsymbol{J}_\theta)=0$］。

还有一种常见的分类方法是将并联机构的奇异分为支链奇异（limb singularity）、驱动奇异（actuation singularity）和平台奇异（platform singularity）。支链奇异是由于支链中的运动旋量系发生不必要的线性相关，从而引入了意外的约束，导致对支链运动控制的失效。驱动奇异是指由于驱动器安装的数目和位置不合理，造成机构在运动过程中发生载荷上的突变，其后果可能造成机构运动锁死甚至烧毁电动机。平台奇异是指动平台的约束旋量系发生线性相关，造成该旋量系降秩，即所谓的约束奇异状态。这时，机构的瞬时自由度增加，其受力状态、运动学及动力学性能也会发生突变。

7.4.2 奇异的求解方法

1. 代数法

机构的奇异位形最终可用一个或某些矩阵（典型的莫过于机器人的雅可比矩阵）是否

满秩来判断。代数法就是计算这些矩阵的行列式为零时的条件，奇异位形是行列式所对应的非线性方程的解。虽然对于一般的机器人都可以写出判断行列式所对应的非线性方程，但是对于多自由度的并联机构，即使采用符号运算软件，这样的非线性方程还是非常复杂。对于这样复杂的非线性方程，计算它的解则是更为复杂的事情。因此，代数法只适用于比较简单或者比较特殊的机构。

2. 旋量理论与线几何

旋量理论已广泛用于复杂机构尤其并联机构奇异位形的分析中。Merlet 曾采用线几何理论，不需要复杂的代数计算，就可以分析出一个特殊的 Stewart 平台所有可能的奇异位形。

下面看一个分析实例。

【例 7-3】　对图 7-23a 所示的平面 3-RRR 并联机构进行奇异性分析。

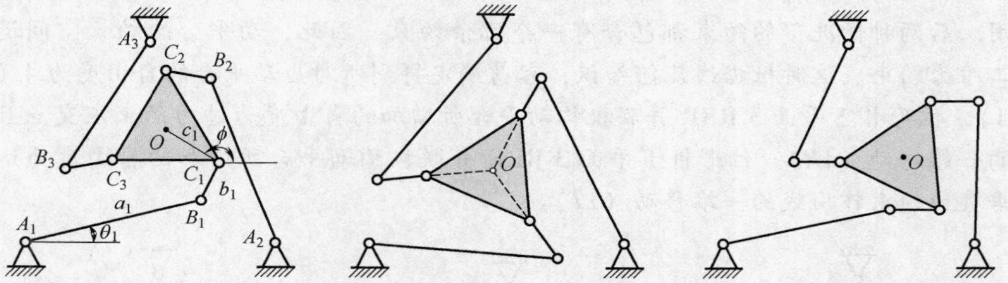

a) 机构简图　　b) 正向运动学奇异情况1　　b) 正向运动学奇异情况2

图 7-23　平面 3-RRR 并联机构

解法一：根据封闭向量多边形法建立如下 3 个独立的闭环方程：

$$\overrightarrow{A_iO}+\overrightarrow{OC_i}=\overrightarrow{A_iB_i}+\overrightarrow{B_iC_i}\quad(i=1,2,3)$$

对上式关于时间 t 求导，可以得到如下关系式（或直接利用 7.3.1 节的结果）：

$$\boldsymbol{J}_X\dot{\boldsymbol{X}}=\boldsymbol{J}_\theta\dot{\boldsymbol{\theta}}$$

式中，输入变量 $\dot{\boldsymbol{\theta}}=(\dot{\theta}_1\quad\dot{\theta}_2\quad\dot{\theta}_3)^{\mathrm{T}}$；输出变量 $\dot{\boldsymbol{X}}=(v_{ox}\quad v_{oy}\quad\dot{\phi})^{\mathrm{T}}$。

$$\boldsymbol{J}_X=\begin{pmatrix}b_{1x} & b_{1y} & c_{1x}b_{1y}-c_{1y}b_{1x}\\ b_{2x} & b_{2y} & c_{2x}b_{2y}-c_{2y}b_{2x}\\ b_{3x} & b_{3y} & c_{3x}b_{3y}-c_{3y}b_{3x}\end{pmatrix},\quad \boldsymbol{J}_\theta=\begin{pmatrix}a_{1x}b_{1y}-a_{1y}b_{1x} & 0 & 0\\ 0 & a_{2x}b_{2y}-a_{2y}b_{2x} & 0\\ 0 & 0 & a_{3x}b_{3y}-a_{3y}b_{3x}\end{pmatrix}$$

首先来看发生第一类奇异（逆运动学奇异）的条件：$\det(\boldsymbol{J}_\theta)=0$，即 $|\boldsymbol{a}_i\times\boldsymbol{b}_i|=a_{ix}b_{iy}-a_{iy}b_{ix}=0$（$i=1$ 或 2 或 3），意味着每个支链中靠近机架的两根杆处于折叠在一起或完全展开的状态。这时，动平台的自由度数减少。

再来看发生第二类奇异（正运动学奇异）的条件：$\det(\boldsymbol{J}_X)=0$。这时有两种可能：

1）$\boldsymbol{c}_i\times\boldsymbol{b}_i=c_{ix}b_{iy}-c_{iy}b_{ix}=0$（$i=1$ 或 2 或 3），意味着每个支链中靠近动平台的两根杆处于折叠在一起或完全展开的状态，其中展开的状态如图 7-23b 所示。

2）矩阵 $\boldsymbol{J}_X$ 的前两列线性相关，表示 3 个 B_iC_i 杆相互平行，如图 7-23c 所示。这两种情况下，动平台的自由度数增多。即使锁住输入，动平台也可能存在自由度的输出。

最后看发生第三类奇异（组合型奇异）的条件：$\det(\boldsymbol{J}_X)=0$，且 $\det(\boldsymbol{J}_\theta)=0$。这时也存在两种可能：

1）$|A_1A_2|=|A_2A_3|=|A_1A_3|=\sqrt{3}a_i$，$b_i=c_i$（$i=1,2,3$）。

2）$|A_1A_2|=|A_2A_3|=|A_1A_3|=|C_1C_2|=|C_2C_3|=|C_1C_3|$，$b_i=a_i$（$i=1,2,3$）。

解法二：根据并联机构学理论，当把机构的驱动副全部锁住后，动平台将不会产生任何运动。否则，机构的自由度会增加。假设图 7-24 所示的机构中与机架相连的运动副为驱动副，下面来分析三种位形下锁住全部驱动副后动平台所受约束情况。对于位形Ⅰ，动平台受到 3 个既不相交也不平行的平面力约束作用（均为二力杆），因此，力约束维数为 3，为完全约束；对于位形Ⅱ中的动平台，受到 3 个平面共点的约束力作用（因为与动平台直接相连的 3 个杆都是二力杆）；对于位形Ⅲ中的动平台，受到 3 个平面平行的约束力作用。后两种情况下的约束都包含有一个冗余约束，因此，动平台的约束空间退化为平面二维力约束。这时根据线几何知识，容易确定得到所对应动平台的自由度为 4（平面内为 1），位形Ⅱ下平面 3-RRR 并联机构动平台所增加的自由度为过力约束汇交点且垂直纸面的一维转动（1R）；位形Ⅲ下平面 3-RRR 并联机构动平台所增加的自由度为运动平面内垂直力约束作用线的一维移动（1T）。

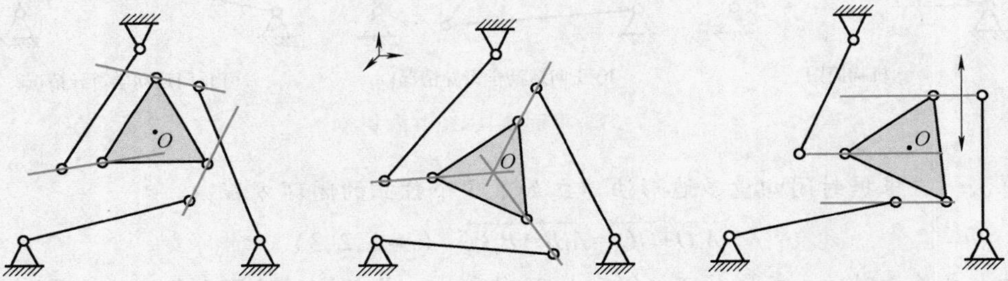

a) 位形Ⅰ　　b) 位形Ⅱ　　c) 位形Ⅲ

图 7-24　锁住驱动后动平台所受约束分布

本章小结

1）相对串联机构而言，并联机构具有更大的承载能力，因此在精度、刚度和速度等方面具有一定的优势，它们可以广泛应用于飞行模拟器、高速操作、精密定位、多轴加工、医疗装置等领域。

2）并联机器人位移分析的任务就是找到输入杆的长度（或输入转角）与动平台的位置与姿态之间的关系。一般情况下，并联机器人的位移反解简单，但正解复杂，与串联机器人正好相反。与串联机器人类似的是，并联机器人的位移解也可分为封闭解法和数值解法两种。封闭解法通常是基于某种数学方法（包括多环封闭向量多边形法、几何法、矩阵法、旋量法、四元数法等），通过建立约束方程，再从约束方程组中消去未知数，以得到单参数的多项式后再求解。其优点在于能够得到解析表达式，进而求得全部解，但难度很大，不具有通用性。而数值解法能迅速方便地对任何机构求取实解，但一般得不到全部解。

3）相比串联机器人而言，并联机器人的速度雅可比矩阵求解要复杂得多，这主要是由并联机器人所具有的多环结构特点决定的。有关求解的方法有多种，其中有两种主流的方法：位移方程直接求导法和旋量法。

4）相对串联机器人而言，并联机器人的奇异位形问题要复杂得多，因此分类方法也很多。其中应用最广的一种分类是：正向奇异、反向奇异和组合奇异。分析奇异的常见方法包括代数法、旋量系与线几何法等。

扩展阅读文献

本章主要介绍了并联机器人机构的基本概念、运动学基础等。除此之外，读者还可阅读其他文献：系统了解并联机器人机构学与控制方面的内容请参考文献［1，3，5］；有关性能分析、评价与优化设计的介绍请参考文献［2，4，6］。

［1］HAMID DT. 并联机器人机构学与控制［M］. 刘山，译. 北京：机械工业出版社，2018.

［2］LYNCH K M，PARK F C. 现代机器人学机构、规划与控制［M］. 于靖军，贾振中，译. 北京：机械工业出版社，2019.

［3］MERLET J P. Parallel Robots［M］. Netherlands：Springer，2006.

［4］TSAI L W. Robot Analysis：The Mechanics of Serial and Parallel Manipulators［M］. New York：Wiley-Interscience Publication，1999.

［5］黄真，赵永生，赵铁石. 高等空间机构学［M］. 北京：高等教育出版社，2005.

［6］刘辛军，谢福贵，汪劲松. 并联机器人机构学基础［M］. 北京：高等教育出版社，2018.

习题

7-1　并联机器人有哪些潜在的优缺点？

7-2　并联机器人的位置反解一定比其位置正解简单吗？

7-3　图 7-25 所示为一对称分布的平面 5R 机构，图 7-25a 所示为机构的 3D 模型，结构参数分布与参考坐标系如图 7-25b 所示。试求：

1）该机构的自由度。

2）该机构的位移正反解。

3）该机构的速度雅可比矩阵。

4）该机构是否存在奇异位形？

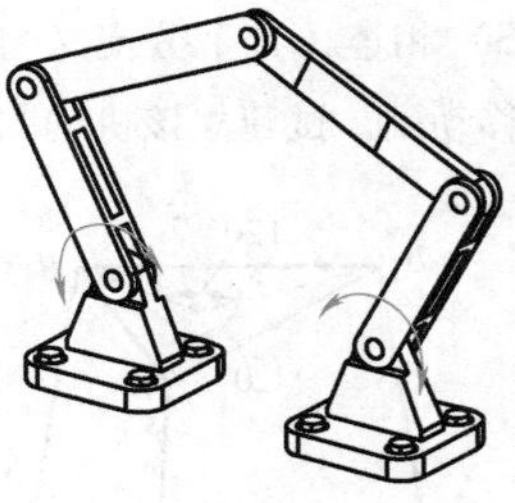

a) 3D模型

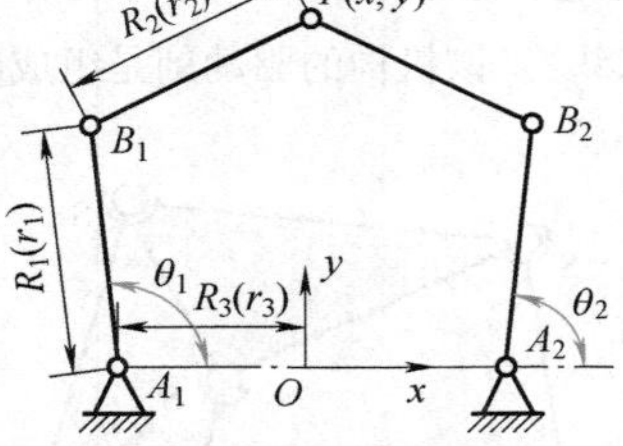

b) 结构参数分布与参考坐标系

图 7-25　平面 5R 机构

7-4　在图 7-26 所示的 3-RPR 平面并联机构中，移动副为驱动副。定义 $\boldsymbol{a}_i \in \mathbb{R}^2$ 是在基坐标系下从坐标原点 O 到关节 A_i 的矢量，$i=1,2,3$；定义 $\boldsymbol{b}_i \in \mathbb{R}^2$ 是从动平台的原点 P 到关节 B_i 的矢量，$i=1,2,3$。

1）求解该并联机构的逆运动学。

2）推导求解该并联机构正运动学的过程。

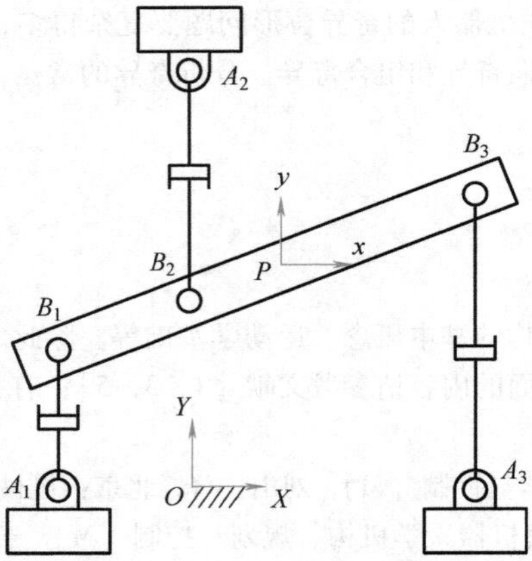

图 7-26　3-RPR 平面并联机构

7-5　3-RPR 并联机构的 3D 模型如图 7-27a 所示，各结构参数分布与参考坐标系如图 7-27b 所示。试求：

1）该机构的位移正、反解。

2）该机构的速度雅可比矩阵。

3）该机构是否存在奇异位形？

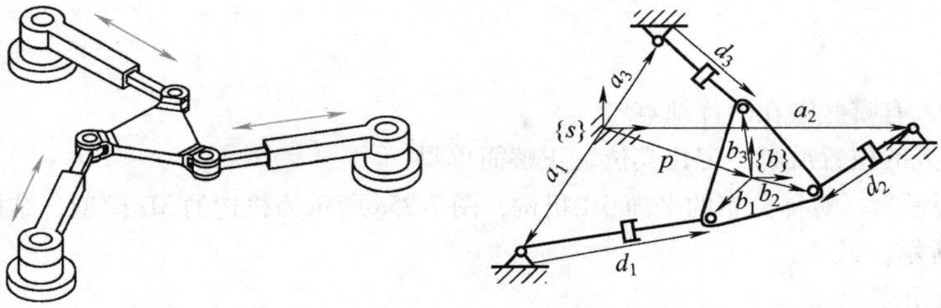

a) 3D模型　　b) 结构参数分布与参考坐标系

图 7-27　3-RPR 并联机构

7-6　试推导图 7-28 所示 3-CS 平台机构的雅可比矩阵。3-CS 机构如图 7-28a 所示，3 个圆柱副的轴线方向固定且分别与机架相连，运动平台与 3 个分支各用球铰（S）相连，各个分支又与其所对应的圆柱副的轴线方向垂直（图 7-28b）。该机构的驱动副是组成圆柱副的移动副。试建立该机构的位移正、反解方程。

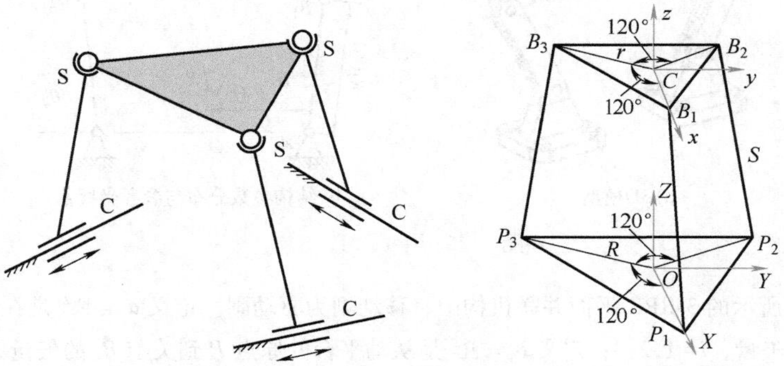

a) 机构简图　　b) 结构参数分布与参考坐标系

图 7-28　3-CS 并联机构

7-7　试推导图 7-11 所示 3-RPS 平台机构的速度雅可比矩阵，并讨论其中是否存在奇异位形。

7-8　图 7-29 所示为一改进型 Delta 机器人机构，该机构由 3 个相同的支链 RR(4R)R 组成，因此又称为 3-RR(4R)R 型并联机构。图 7-29a 所示为机构的 3D 模型，单个支链的结构参数分布与参考坐标系如图 7-29b 所示。在有偏置（$d \neq 0$）和无偏置（$d=0$）两种情况下，试求：

1）该机构的位移正、反解。

2）该机构是否存在奇异位形？

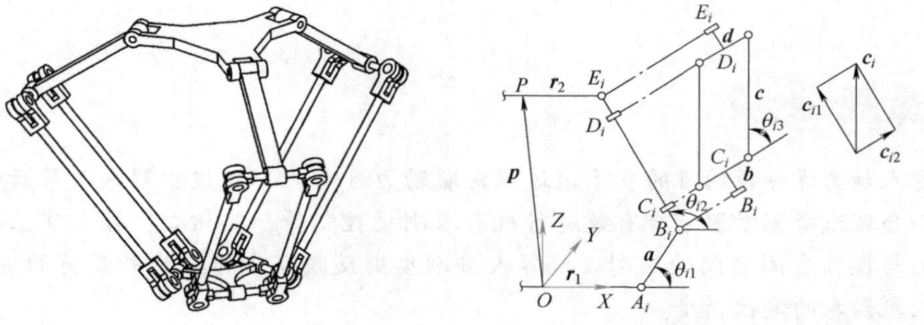

a) 3D模型　　b) 结构参数分布与参考坐标系

图 7-29　3-RR(4R)R 型并联机构

7-9　查阅文献，熟悉图 7-30 所示 Stewart 平台位移正解的数值解法。并思考：

1）位移正解方程的最高次数是多少？

2）支链的特殊分布是否会减少该机构正解方程的最高次数？

3）该机构是否存在奇异位形？

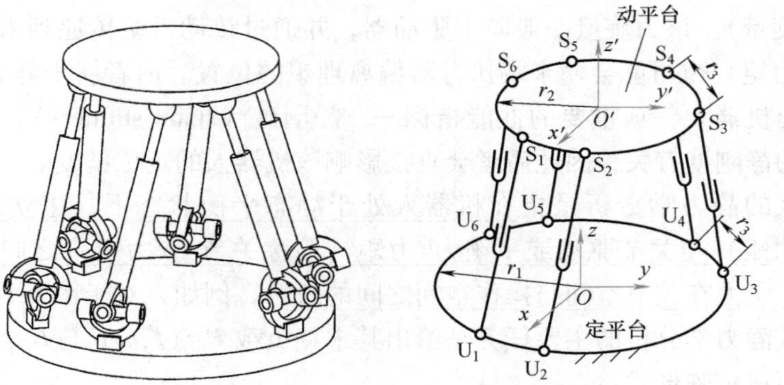

a) 3D 模型　　b) 结构参数分布与参考坐标系

图 7-30　Stewart 平台

7-10　并联机器人的奇异类型相比串联机器人而言，更为复杂多样。试结合具体实例，给出常见的并联机器人奇异类型。

第 8 章 机器人静力学与静刚度分析

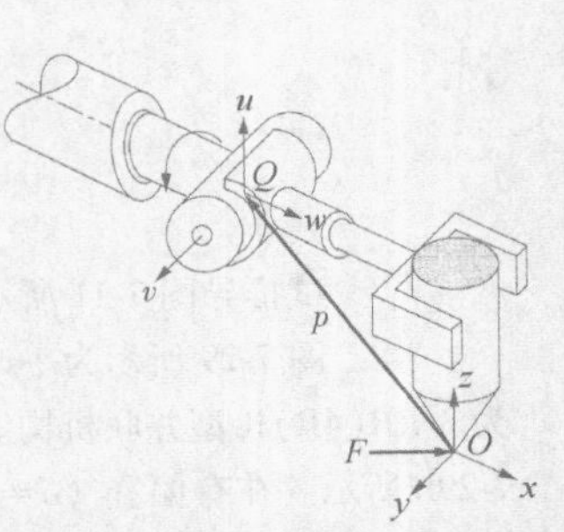

工具坐标系与手腕中心的力映射

【本章内容导读】

机器人静力学分析的目的在于通过确定驱动力（力矩）经过机器人关节后的传动效果，进而合理选择驱动器或者有效进行机器人刚度控制等，其核心内容是建立力旋量在关节空间与操作空间之间的映射。机器人静刚度则反映了本体抵抗外载荷的变形能力，直接影响机器人的定位精度。

本章学习的重点包括：掌握机器人静力雅可比矩阵的计算方法；深入了解机器人运动学与静力学之间的对偶关系；学会通过映射建立刚、柔性机器人机构的静刚度矩阵。

8.1 机器人静力学与静刚度分析的主要任务与意义

当机器人（或机械手）执行某项任务时，末端执行器会对周围环境施加一定的力或力矩（统称为力旋量）。该力旋量一般源于驱动器，并通过传动系统传递到末端。反过来，这种接触力（或力矩）也可能会使末端执行器偏离理想的位置。前者属于静力学的研究范畴，而后者则衍生出机器人一项重要的性能指标——静刚度（static stiffness）。由于偏移量的大小与该机器人的静刚度有关，因此后者会直接影响该机器人的定位精度。

刚性机器人的静力学分析是指在机器人处于静态平衡状态下，建立末端负载或广义力（包含力与力矩）与关节驱动或平衡力/力矩（简称关节力/力矩）之间的映射关系，它主要关注的是广义力在关节空间与操作空间之间的映射。例如，对于图 6-1 所示的 6 自由度工业机器人，其静力学分析的主要任务是给出其末端负载 $\boldsymbol{F}=(\boldsymbol{f},\boldsymbol{m})^{\mathrm{T}}$ 与 6 个关节力矩 $\boldsymbol{\tau}$ 之间的映射关系，写成矩阵形式：

$$\boldsymbol{\tau}=\boldsymbol{J}_{\mathrm{F}}\boldsymbol{F} \tag{8.1-1}$$

由式（8.1-1）可知，当末端负载已知，很容易求出各个关节力矩。因此，机器人静力学分析的主要用途之一在于通过确定驱动力/力矩经过机器人关节后的传动效果，进而合理选择驱动器或者有效进行机器人刚度控制。

当需要考虑机器人中某些元素的变形时，机器人静力学分析的重心便转移到静刚度分析中。机器人的静刚度与多种因素有关，如各组成构件的材料及几何特性、传动机构类型、驱动器、控制器等。每一因素对机器人静刚度的影响都有所不同。例如：对于空间杆机器人，由于杆件多为细长杆，势必会影响机构的整体刚度；对于工业机器人，变形的根源可能更多来自于传动机构及控制系统；而对于柔性机器人，变形的根源会更多。

8.2 静力平衡方程

机器人作为一类机构不仅传递运动，也传递动力。先来考虑简单的静力传递情况。机器人的链式结构很容易让人联想到机器人从驱动端到末端的力/力矩的传递是通过杆与杆递推来实现的，反之亦然。或者说，当机器人承受外部静载荷作用时，该载荷从末端开始，通过各杆传递到每个关节，当然也包括驱动关节。为保证整个机器人系统的静力平衡状态，往往在驱动关节处施加相应的静力或静力矩（也称为平衡力或平衡力矩），这也是我们遴选驱动器（如电动机型号）的基础。

那么如何在给定末端负载的情况下，确定施加在关节处的静力或静力矩呢？不妨采用类似于 D-H 参数法建立机器人运动学方程的方法来实现。

首先建立如图 8-1 所示的连杆坐标系（采用前置坐标系的形式）。

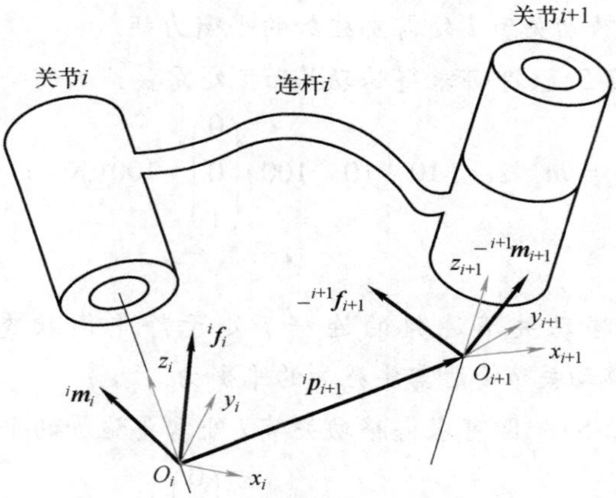

图 8-1 连杆坐标系下的静力分布

对于第 i 根杆，若不考虑连杆自重，应满足如下静力平衡方程：

$$ {}^{i}\boldsymbol{f}_i - {}^{i}\boldsymbol{f}_{i+1} = \boldsymbol{0} \tag{8.2-1} $$

式中，${}^{i}\boldsymbol{f}_i$ 为 $i-1$ 杆施加给 i 杆的力，在$\{i\}$系中的表达；${}^{i}\boldsymbol{f}_{i+1}$为 $i+1$ 杆施加给 i 杆的力（或末端杆件所受的外力），在$\{i\}$系中的表达，且${}^{i}\boldsymbol{f}_{i+1} = {}^{i}_{i+1}\boldsymbol{R}\,{}^{i+1}\boldsymbol{f}_{i+1}$，${}^{i+1}\boldsymbol{f}_{i+1}$为 i 杆施加给 $i+1$ 杆的力，在 $\{i+1\}$ 系中表达。

类似可得到对应第 i 杆的力矩平衡方程：

$$ {}^{i}\boldsymbol{m}_i - {}^{i}\boldsymbol{m}_{i+1} - {}^{i}\boldsymbol{p}_{i+1} \times {}^{i}\boldsymbol{f}_{i+1} = \boldsymbol{0} \tag{8.2-2} $$

式中，${}^{i}\boldsymbol{m}_i$ 为 $i-1$ 杆施加给 i 杆的力矩，在$\{i\}$系中的表达；${}^{i}\boldsymbol{m}_{i+1}$ 为 $i+1$ 杆施加给 i 杆的力矩（或末端杆件所受外力矩），在$\{i\}$系中的表达，且${}^{i}\boldsymbol{m}_{i+1} = {}^{i}_{i+1}\boldsymbol{R}\,{}^{i+1}\boldsymbol{m}_{i+1}$，${}^{i+1}\boldsymbol{m}_{i+1}$为 i 杆施加给 $i+1$ 杆的力矩，在 $\{i+1\}$ 系中表达；${}^{i}\boldsymbol{p}_{i+1}$为$\{i\}$系原点到$\{i+1\}$系原点的位置矢量，在$\{i\}$中的表达；式中的第三项为${}^{i}\boldsymbol{f}_{i+1}$附加作用于杆 i 的力矩。

注意到，上述物理量在一般情况下都是相对连杆所在的坐标系来表示的。这样需要通过旋转矩阵将其变换到相对统一的参考坐标系中来表示，式（8.2-1）和式（8.2-2）可分别写成

$$ {}^{i}\boldsymbol{f}_i = {}^{i}_{i+1}\boldsymbol{R}\,{}^{i+1}\boldsymbol{f}_{i+1} \tag{8.2-3} $$

$$ {}^{i}\boldsymbol{m}_{i}={}_{i+1}^{i}\boldsymbol{R}\,{}^{i+1}\boldsymbol{m}_{i+1}+{}^{i}\boldsymbol{p}_{i+1}\times{}^{i}\boldsymbol{f}_{i+1} \tag{8.2-4}$$

进一步将上述过程推广至整个机器人系统。式（8.2-3）和式（8.2-4）就构成了计算关节驱动力（力矩）的递推方程。当 $i=n$ 时，末端载荷或输出力（力矩）${}^{n+1}\boldsymbol{f}_{n+1}$ 和 ${}^{n+1}\boldsymbol{m}_{n+1}$ 一般已知，这样，根据递推方程可以导出 ${}^{n}\boldsymbol{f}_{n}$ 和 ${}^{n}\boldsymbol{m}_{n}$，由此向内继续递推下去。由于连杆 $i-1$ 对连杆 i 的作用力 ${}^{i}\boldsymbol{f}_{i}$ 或力矩 ${}^{i}\boldsymbol{m}_{i}$ 中，沿移动关节导路的力分量或绕旋转关节轴的力矩分量由驱动器提供，因此，关节平衡力/力矩应为关节负载与关节轴线矢量的点积（沿关节 z 轴轴线分量）。

对于转动关节，关节平衡力矩可以写成

$$\tau_{i}={}^{i}\boldsymbol{m}_{i}^{\mathrm{T}}\,{}^{i}z_{i} \tag{8.2-5}$$

对于移动关节，关节平衡力可以写成

$$\tau_{i}={}^{i}\boldsymbol{f}_{i}^{\mathrm{T}}\,{}^{i}z_{i} \tag{8.2-6}$$

由此可导出所有关节处的平衡力或平衡力矩。

【例 8-1】 假设用转动关节连接的连杆 i 处于静平衡状态，关节 i 处所受的力矩 ${}^{i}\boldsymbol{m}_{i}=(10,10,100)^{\mathrm{T}}$。求转动关节 i 处需要施加的平衡力矩。

解：直接由式（8.2-5），即可求得转动关节 i 处需要施加的平衡力矩为

$$\tau_{i}={}^{i}\boldsymbol{m}_{i}^{\mathrm{T}}\,{}^{i}z_{i}=(10\quad 10\quad 100)\begin{pmatrix}0\\0\\1\end{pmatrix}=100(\mathrm{N}\cdot\mathrm{m})$$

【例 8-2】 假设用移动关节连接的连杆 i 处于静平衡状态，关节 i 处所受的力 ${}^{i}\boldsymbol{f}_{i}=(10,10,100)^{\mathrm{T}}$。求移动关节 i 处需要施加的平衡力。

解：直接由式（8.2-6），即可求得移动关节 i 处需要施加的平衡力为

$$\tau_{i}={}^{i}\boldsymbol{f}_{i}^{\mathrm{T}}\,{}^{i}z_{i}=(10\quad 10\quad 100)\begin{pmatrix}0\\0\\1\end{pmatrix}=100(\mathrm{N})$$

【例 8-3】 平面 2R 机器人的静力平衡方程。如图 8-2 所示，采用前置坐标系建立 D-H 参数。已知末端输出力为 ${}^{3}\boldsymbol{f}_{3}=(f_x,f_y,0)^{\mathrm{T}}$，无输出力矩，求各关节的平衡力矩。

解：建立各连杆坐标系，如图 8-2 所示。

写出可能用到的旋转矩阵、坐标原点矢量、负载矢量，分别如下：

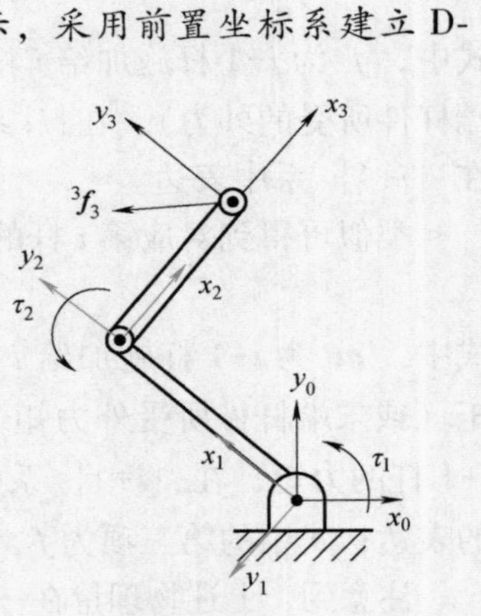

图 8-2 平面 2R 机器人的静力平衡

$${}_{2}^{1}\boldsymbol{R}=\begin{pmatrix}\cos\theta_2&-\sin\theta_2&0\\\sin\theta_2&\cos\theta_2&0\\0&0&1\end{pmatrix},\quad {}_{3}^{2}\boldsymbol{R}=\begin{pmatrix}1&0&0\\0&1&0\\0&0&1\end{pmatrix},$$

$${}^{1}\boldsymbol{p}_2=\begin{pmatrix}l_1\\0\\0\end{pmatrix},\quad {}^{2}\boldsymbol{p}_3=\begin{pmatrix}l_2\\0\\0\end{pmatrix},\quad {}^{3}\boldsymbol{f}_3=\begin{pmatrix}f_x\\f_y\\0\end{pmatrix},\quad {}^{3}\boldsymbol{m}_3=\begin{pmatrix}0\\0\\0\end{pmatrix}$$

将上述已知量从末端到基座（向内递推），逐次代入下式，计算关节平衡力矩。

对于关节 2，有

$$ {}^2\boldsymbol{f}_2 = {}^2_3\boldsymbol{R}\,{}^3\boldsymbol{f}_3 = \begin{pmatrix} 1 & 0 & 0 \\ 0 & 1 & 0 \\ 0 & 0 & 1 \end{pmatrix} \begin{pmatrix} f_x \\ f_y \\ 0 \end{pmatrix} = \begin{pmatrix} f_x \\ f_y \\ 0 \end{pmatrix} $$

$$ {}^2\boldsymbol{m}_2 = {}^2_3\boldsymbol{R}\,{}^3\boldsymbol{m}_3 + {}^2\boldsymbol{p}_3 \times {}^2\boldsymbol{f}_2 = \begin{pmatrix} 1 & 0 & 0 \\ 0 & 1 & 0 \\ 0 & 0 & 1 \end{pmatrix} \begin{pmatrix} 0 \\ 0 \\ 0 \end{pmatrix} + \begin{pmatrix} l_2 \\ 0 \\ 0 \end{pmatrix} \times \begin{pmatrix} f_x \\ f_y \\ 0 \end{pmatrix} = \begin{pmatrix} 0 \\ 0 \\ l_2 f_y \end{pmatrix} $$

因此，有

$$ \tau_2 = {}^2\boldsymbol{m}_2^{\mathrm{T}}\,{}^2\boldsymbol{z}_2 = \begin{pmatrix} 0 \\ 0 \\ l_2 f_y \end{pmatrix}^{\mathrm{T}} \begin{pmatrix} 0 \\ 0 \\ 1 \end{pmatrix} = l_2 f_y $$

对于关节 1，有

$$ {}^1\boldsymbol{f}_1 = {}^1_2\boldsymbol{R}\,{}^2\boldsymbol{f}_2 = \begin{pmatrix} \cos\theta_2 & -\sin\theta_2 & 0 \\ \sin\theta_2 & \cos\theta_2 & 0 \\ 0 & 0 & 1 \end{pmatrix} \begin{pmatrix} f_x \\ f_y \\ 0 \end{pmatrix} = \begin{pmatrix} f_x\cos\theta_2 - f_y\sin\theta_2 \\ f_x\sin\theta_2 + f_y\cos\theta_2 \\ 0 \end{pmatrix} $$

$$ \begin{aligned} {}^1\boldsymbol{m}_1 &= {}^1_2\boldsymbol{R}\,{}^2\boldsymbol{m}_2 + {}^1\boldsymbol{p}_2 \times {}^1\boldsymbol{f}_1 \\ &= \begin{pmatrix} \cos\theta_2 & -\sin\theta_2 & 0 \\ \sin\theta_2 & \cos\theta_2 & 0 \\ 0 & 0 & 1 \end{pmatrix} \begin{pmatrix} 0 \\ 0 \\ l_2 f_y \end{pmatrix} + \begin{pmatrix} l_1 \\ 0 \\ 0 \end{pmatrix} \times \begin{pmatrix} f_x\cos\theta_2 - f_y\sin\theta_2 \\ f_x\sin\theta_2 + f_y\cos\theta_2 \\ 0 \end{pmatrix} = \begin{pmatrix} 0 \\ 0 \\ f_x l_1\sin\theta_2 + f_y l_1\cos\theta_2 + f_y l_2 \end{pmatrix} \end{aligned} $$

因此，有

$$ \tau_1 = {}^1\boldsymbol{m}_1^{\mathrm{T}}\,{}^1\boldsymbol{z}_1 = \begin{pmatrix} 0 \\ 0 \\ l_1 f_x\sin\theta_2 + l_1 f_y\cos\theta_2 + l_2 f_y \end{pmatrix}^{\mathrm{T}} \begin{pmatrix} 0 \\ 0 \\ 1 \end{pmatrix} = l_1 f_x\sin\theta_2 + l_1 f_y\cos\theta_2 + l_2 f_y $$

最终得到关节平衡力矩为

$$ \begin{gathered} \tau_1 = l_1 f_x\sin\theta_2 + l_1 f_y\cos\theta_2 + l_2 f_y \\ \tau_2 = l_2 f_y \end{gathered} $$

写成矩阵形式：

$$ \begin{pmatrix} \tau_1 \\ \tau_2 \end{pmatrix} = \begin{pmatrix} l_1\sin\theta_2 & l_2 + l_1\cos\theta_2 \\ 0 & l_2 \end{pmatrix} \begin{pmatrix} f_x \\ f_y \end{pmatrix} \tag{8.2-7} $$

【例 8-4】　平面 3R 机器人的静力平衡方程。如图 8-3 所示，采用前置坐标系建立 D-H 参数。令末端执行器的输出力与输出力矩分别为 ${}^4\boldsymbol{f}_4 = (f_x, f_y, 0)^{\mathrm{T}}$，${}^4\boldsymbol{m}_4 = (0, 0, m_z)^{\mathrm{T}}$，求各关节的平衡力矩。

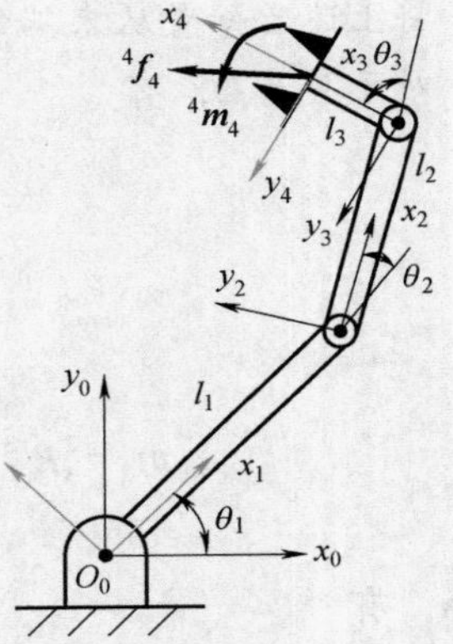

图 8-3　平面 3R 机器人的静力平衡

解：建立各连杆坐标系，如图 8-3 所示。写出可能用到的旋转矩阵、坐标原点矢量、负载矢量，分别如下：

$$ {}_2^1\boldsymbol{R}=\begin{pmatrix}\cos\theta_2 & -\sin\theta_2 & 0\\ \sin\theta_2 & \cos\theta_2 & 0\\ 0 & 0 & 1\end{pmatrix},\quad {}_3^2\boldsymbol{R}=\begin{pmatrix}\cos\theta_3 & -\sin\theta_3 & 0\\ \sin\theta_3 & \cos\theta_3 & 0\\ 0 & 0 & 1\end{pmatrix}, $$

$$ {}_4^3\boldsymbol{R}=\begin{pmatrix}1 & 0 & 0\\ 0 & 1 & 0\\ 0 & 0 & 1\end{pmatrix},\quad {}^1\boldsymbol{p}_2=\begin{pmatrix}l_1\\ 0\\ 0\end{pmatrix},\quad {}^2\boldsymbol{p}_3=\begin{pmatrix}l_2\\ 0\\ 0\end{pmatrix}, $$

$$ {}^3\boldsymbol{p}_4=\begin{pmatrix}l_3\\ 0\\ 0\end{pmatrix},\quad {}^4\boldsymbol{f}_4=\begin{pmatrix}f_x\\ f_y\\ 0\end{pmatrix},\quad {}^4\boldsymbol{m}_4=\begin{pmatrix}0\\ 0\\ m_z\end{pmatrix} $$

将上述已知量从末端到基座（向内递推），逐次代入下式，计算关节平衡力矩。

对于关节 3，有

$$ {}^3\boldsymbol{f}_3={}_4^3\boldsymbol{R}\,{}^4\boldsymbol{f}_4=\begin{pmatrix}1 & 0 & 0\\ 0 & 1 & 0\\ 0 & 0 & 1\end{pmatrix}\begin{pmatrix}f_x\\ f_y\\ 0\end{pmatrix}=\begin{pmatrix}f_x\\ f_y\\ 0\end{pmatrix} $$

$$ {}^3\boldsymbol{m}_3={}_4^3\boldsymbol{R}\,{}^4\boldsymbol{m}_4+{}^3\boldsymbol{p}_4\times{}^3\boldsymbol{f}_3=\begin{pmatrix}1 & 0 & 0\\ 0 & 1 & 0\\ 0 & 0 & 1\end{pmatrix}\begin{pmatrix}0\\ 0\\ m_z\end{pmatrix}+\begin{pmatrix}l_3\\ 0\\ 0\end{pmatrix}\times\begin{pmatrix}f_x\\ f_y\\ 0\end{pmatrix}=\begin{pmatrix}0\\ 0\\ m_z+l_3f_y\end{pmatrix} $$

因此，有

$$ \tau_3={}^3\boldsymbol{m}_3^{\mathrm{T}}\,{}^3z_3=\begin{pmatrix}0\\ 0\\ m_z+l_3f_y\end{pmatrix}^{\mathrm{T}}\begin{pmatrix}0\\ 0\\ 1\end{pmatrix}=m_z+l_3f_y $$

对于关节 2，有

$$ {}^2\boldsymbol{f}_2={}_3^2\boldsymbol{R}\,{}^3\boldsymbol{f}_3=\begin{pmatrix}\cos\theta_3 & -\sin\theta_3 & 0\\ \sin\theta_3 & \cos\theta_3 & 0\\ 0 & 0 & 1\end{pmatrix}\begin{pmatrix}f_x\\ f_y\\ 0\end{pmatrix}=\begin{pmatrix}f_x\cos\theta_3-f_y\sin\theta_3\\ f_x\sin\theta_3+f_y\cos\theta_3\\ 0\end{pmatrix} $$

$$ {}^2\boldsymbol{m}_2={}_3^2\boldsymbol{R}\,{}^3\boldsymbol{m}_3+{}^2\boldsymbol{p}_3\times{}^2\boldsymbol{f}_2=\begin{pmatrix}\cos\theta_3 & -\sin\theta_3 & 0\\ \sin\theta_3 & \cos\theta_3 & 0\\ 0 & 0 & 1\end{pmatrix}\begin{pmatrix}0\\ 0\\ m_z+l_3f_y\end{pmatrix}+\begin{pmatrix}l_2\\ 0\\ 0\end{pmatrix}\times\begin{pmatrix}f_x\cos\theta_3-f_y\sin\theta_3\\ f_x\sin\theta_3+f_y\cos\theta_3\\ 0\end{pmatrix} $$

$$ =\begin{pmatrix}0\\ 0\\ m_z+l_3f_y+f_xl_2\cos\theta_3-f_yl_2\sin\theta_3\end{pmatrix} $$

因此，有

$$\tau_2={}^2\boldsymbol{m}_2^{\mathrm{T}}\,{}^2\boldsymbol{z}_2=\begin{pmatrix}0\\0\\m_z+l_3f_y+f_xl_2\cos\theta_3-f_yl_2\sin\theta_3\end{pmatrix}^{\mathrm{T}}\begin{pmatrix}0\\0\\1\end{pmatrix}=m_z+l_3f_y+f_xl_2\cos\theta_3-f_yl_2\sin\theta_3$$

对于关节 1，有

$${}^1\boldsymbol{f}_1={}_2^1\boldsymbol{R}\,{}^2\boldsymbol{f}_2=\begin{pmatrix}\cos\theta_2&-\sin\theta_2&0\\\sin\theta_2&\cos\theta_2&0\\0&0&1\end{pmatrix}\begin{pmatrix}f_x\cos\theta_3-f_y\sin\theta_3\\f_x\sin\theta_3+f_y\cos\theta_3\\0\end{pmatrix}=\begin{pmatrix}f_x\cos\theta_{23}-f_y\sin\theta_{23}\\f_x\sin\theta_{23}+f_y\cos\theta_{23}\\0\end{pmatrix}$$

$$\begin{aligned}{}^1\boldsymbol{m}_1&={}_2^1\boldsymbol{R}\,{}^2\boldsymbol{m}_2+{}^1\boldsymbol{p}_2\times{}^1\boldsymbol{f}_1\\&=\begin{pmatrix}\cos\theta_2&-\sin\theta_2&0\\\sin\theta_2&\cos\theta_2&0\\0&0&1\end{pmatrix}\begin{pmatrix}0\\0\\m_z+l_3f_y+f_xl_2\cos\theta_3-f_yl_2\sin\theta_3\end{pmatrix}+\begin{pmatrix}l_1\\0\\0\end{pmatrix}\times\begin{pmatrix}f_x\cos\theta_{23}-f_y\sin\theta_{23}\\f_x\sin\theta_{23}+f_y\cos\theta_{23}\\0\end{pmatrix}\\&=\begin{pmatrix}0\\0\\m_z+l_3f_y+f_xl_2\cos\theta_3-f_yl_2\sin\theta_3+f_xl_1\sin\theta_{23}+f_yl_1\cos\theta_{23}\end{pmatrix}\end{aligned}$$

因此，有

$$\begin{aligned}\tau_1={}^1\boldsymbol{m}_1^{\mathrm{T}}\,{}^1\boldsymbol{z}_1&=\begin{pmatrix}0\\0\\m_z+l_3f_y+f_xl_2\cos\theta_3-f_yl_2\sin\theta_3+f_xl_1\sin\theta_{23}+f_yl_1\cos\theta_{23}\end{pmatrix}^{\mathrm{T}}\begin{pmatrix}0\\0\\1\end{pmatrix}\\&=m_z+l_3f_y+f_xl_2\cos\theta_3-f_yl_2\sin\theta_3+f_xl_1\sin\theta_{23}+f_yl_1\cos\theta_{23}\end{aligned}$$

最终得到关节平衡力矩：

$$\begin{aligned}\tau_1&=m_z+l_3f_y+f_xl_2\cos\theta_3-f_yl_2\sin\theta_3+f_xl_1\sin\theta_{23}+f_yl_1\cos\theta_{23}\\\tau_2&=m_z+l_3f_y+f_xl_2\cos\theta_3-f_yl_2\sin\theta_3\\\tau_3&=m_z+l_3f_y\end{aligned}$$

写成矩阵形式：

$$\begin{pmatrix}\tau_1\\\tau_2\\\tau_3\end{pmatrix}=\begin{pmatrix}l_2\cos\theta_3+l_1\sin\theta_{23}&l_1\cos\theta_{23}-l_2\sin\theta_3+l_3&1\\l_2\cos\theta_3&l_3-l_2\sin\theta_3&1\\0&l_3&1\end{pmatrix}\begin{pmatrix}f_x\\f_y\\m_z\end{pmatrix}\tag{8.2-8}$$

由上述简单的机器人实例分析可知，从理论上讲，无论串联机器人的关节数多还是少，都可以采用向内递推法计算出机器人关节（平衡）力及力矩，即向内递推法也可以作为一种串联机器人静力学分析的通用性方法来使用。更为有意义的是，向内递推法提供了编程计算的可行性，可有效提高计算效率（尽管手动推导的公式看起来比较繁琐）。这与串联机器人速度分析的向外递推法非常类似。

再看一个并联机构的例子：如何求解图 7-22 所示 Stewart 平台的静力平衡方程？

在没有外力的情况下，唯一施加于该机构动平台的力作用在球铰上。所有的矢量均为在 $\{s_i\}$ 系中表示。令

$$f_i=\tau_i\hat{s}_i \tag{8.2-9}$$

为第 i 条支链所提供的纯力，其中 $\hat{s}_i$ 表示作用力方向的单位矢量，τ_i 为力的大小。由 f_i 产生的力矩 m_i 为

$$m_i=r_i\times f_i \tag{8.2-10}$$

式中，r_i 为从 $\{s_i\}$ 坐标系原点到力作用点的矢量（这里是球铰 i 的位置）。由于无论动平台还是定平台上的球铰都不能承受对其作用的任何力矩，所以力 f_i 必然沿着支链所在直线的方向。因此，可以用定平台上的球铰来计算力矩 m_i，而不需要用动平台上的球铰，即

$$m_i=b_i\times f_i \tag{8.2-11}$$

式中，b_i 为从基坐标系原点到第 i 条支链的球关节的矢量。

将 f_i 和 m_i 组合成六维力旋量 $F=(f_i, m_i)^{\mathrm{T}}$，作用于动平台上的力旋量 F 写作

$$F=\sum_{i=1}^{6}F_i=\sum_{i=1}^{6}\begin{pmatrix}\hat{s}_i\\ b_i\times\hat{s}_i\end{pmatrix}\tau_i=\begin{pmatrix}\hat{s}_1 & \cdots & \hat{s}_6\\ b_1\times\hat{s}_1 & \cdots & b_6\times\hat{s}_6\end{pmatrix}\begin{pmatrix}\tau_1\\ \vdots\\ \tau_6\end{pmatrix} \tag{8.2-12}$$

$$=J^{-\mathrm{T}}\tau$$

由此可得

$$\tau=J^{\mathrm{T}}F \tag{8.2-13}$$

以上就是 Stewart 平台的静力平衡方程。

8.3 静力雅可比

8.3.1 静力雅可比矩阵的定义

回到例 8-3 中。式（8.2-7）给出了平面 2R 机器人末端力与两个关节力矩之间的映射关系，简写式（8.2-7），可得

$$\tau={}^{3}J_{\mathrm{F}}\,{}^{3}F \tag{8.3-1}$$

式中，通过定义 ${}^{3}J_{\mathrm{F}}$ 以建立末端力与关节力矩之间的映射关系，且满足

$$\tau=\begin{pmatrix}\tau_1\\ \tau_2\end{pmatrix},\quad {}^{3}J_{\mathrm{F}}=\begin{pmatrix}l_1\sin\theta_2 & l_2+l_1\cos\theta_2\\ 0 & l_2\end{pmatrix},\quad {}^{3}F=\begin{pmatrix}f_x\\ f_y\end{pmatrix}$$

回顾一下 6.3 节有关平面 2R 机器人速度雅可比的表达［式（6.3-2）］，对比发现

$${}^{3}J=\begin{pmatrix}l_1\sin\theta_2 & 0\\ l_2+l_1\cos\theta_2 & l_2\end{pmatrix}={}^{3}J_{\mathrm{F}}^{\mathrm{T}} \tag{8.3-2}$$

式（8.3-2）表明，在末端坐标系中，末端负载到关节负载的映射矩阵是速度雅可比矩阵的转置。这是巧合还是必然？

下面讨论一般情况。

利用虚功原理（principle of virtual work），可以导出作用在末端执行器的广义输出力（力旋量）与关节力/力矩之间的映射关系。为此，假设末端执行器的广义输出力为 F，末端的微位移输出为 X，则系统所做的虚功为 $F^{\mathrm{T}}\delta X$。如果不考虑摩擦及重力影响，系统所做的功还等于关节力/力矩对系统所做的虚功，即

$$\boldsymbol{F}^{\mathrm{T}}\delta\boldsymbol{X}=\boldsymbol{\tau}^{\mathrm{T}}\delta\boldsymbol{q} \tag{8.3-3}$$

根据机器人速度雅可比矩阵的定义，有

$$\delta\boldsymbol{X}=\boldsymbol{J}\delta\boldsymbol{q} \tag{8.3-4}$$

将式（8.3-4）代入式（8.3-3），得

$$\boldsymbol{F}^{\mathrm{T}}\boldsymbol{J}\delta\boldsymbol{q}=\boldsymbol{\tau}^{\mathrm{T}}\delta\boldsymbol{q} \tag{8.3-5}$$

由此得到

$$\boldsymbol{\tau}=\boldsymbol{J}^{\mathrm{T}}\boldsymbol{F} \tag{8.3-6}$$

式（8.3-6）中，并没有明确各物理量所描述的参考坐标系。实际上，作用在机器人末端的广义输出力有两种表达方式，一种在末端坐标系下定义为$^{n}\boldsymbol{F}$，另一种在基坐标系下描述为$^{0}\boldsymbol{F}$。因此，若明确式（8.3-6）中的参考坐标系，可细分成两种常见的形式，一种是相对末端坐标系$\{n\}$，即

$$\boldsymbol{\tau}={}^{n}\boldsymbol{J}^{\mathrm{T}\,n}\boldsymbol{F} \tag{8.3-7}$$

另一种是相对基坐标系$\{0\}$，即

$$\boldsymbol{\tau}={}^{0}\boldsymbol{J}^{\mathrm{T}\,0}\boldsymbol{F} \tag{8.3-8}$$

由式（8.3-7）和式（8.3-8）可以得出结论：机器人速度雅可比矩阵的转置可以表征末端输出力与关节力/力矩之间的映射关系，这时称其为机器人的**静力雅可比矩阵**（简称静力雅可比）。

静力雅可比矩阵建立了从笛卡儿空间到关节空间的力映射。这种从末端到关节的力映射可直接基于正运动学模型获得，而无须求逆运算。这一特性有利于在控制中实现末端的力控制或末端负载补偿。

一般情况下，如果关节数与串联机器人的自由度相等，静力雅可比矩阵是满秩方阵。可以思考一下：如果关节数与机器人的自由度不相等，静力雅可比矩阵会发生什么变化？所对应的物理意义是什么？

静力雅可比矩阵同样存在奇异性，反映在静力雅可比矩阵上的特征就是不满秩，意味着其速度雅可比也不满秩，机器人处于奇异位形。这种情况下，微小的关节力/力矩将对应着极大的末端输出力，几何上对应着机构的死点位置（连杆间的压力角为90°）。

【例 8-5】　讨论一下平面 2R 机器人的静力雅可比。

解： 例 6-2 已经给出了该机器人相对基坐标系$\{0\}$的速度雅可比矩阵［式（6.3-4）］。根据静力雅可比与速度雅可比之间的映射关系，可以得到该机器人相对$\{0\}$系的静力雅可比为

$$^{0}\boldsymbol{J}_{\mathrm{F}}={}^{0}\boldsymbol{J}^{\mathrm{T}}=\begin{pmatrix}-l_1\sin\theta_1-l_2\sin\theta_{12} & l_1\cos\theta_1+l_2\cos\theta_{12}\\ -l_2\sin\theta_{12} & l_2\cos\theta_{12}\end{pmatrix} \tag{8.3-9}$$

本节开始还给出了该机器人相对末端坐标系$\{3\}$的静力雅可比为

$$^{3}\boldsymbol{J}_{\mathrm{F}}={}^{3}\boldsymbol{J}^{\mathrm{T}}=\begin{pmatrix}l_1\sin\theta_2 & l_2+l_1\cos\theta_2\\ 0 & l_2\end{pmatrix} \tag{8.3-10}$$

一个值得思考的问题：$^{0}\boldsymbol{J}_{\mathrm{F}}$与$^{3}\boldsymbol{J}_{\mathrm{F}}$之间是否也存在某种确定的映射关系？

【例 8-6】 讨论一下平面 3R 机器人的静力雅可比。

解：例 6-5 已经给出了该机器人相对基坐标系{0}的速度雅可比矩阵［式（6.4-20)］。根据静力雅可比与速度雅可比之间的映射关系，可以得到该机器人相对{0}系的静力雅可比为

$$
{}^{0}\boldsymbol{J}_{\mathrm{F}}={}^{0}\boldsymbol{J}^{\mathrm{T}}=\begin{pmatrix}-(l_1\sin\theta_1+l_2\sin\theta_{12}+l_3\sin\theta_{123}) & l_1\cos\theta_1+l_2\cos\theta_{12}+l_3\cos\theta_{123} & 1\\ -(l_2\sin\theta_{12}+l_3\sin\theta_{123}) & l_2\cos\theta_{12}+l_3\cos\theta_{123} & 1\\ -l_3\sin\theta_{123} & l_3\cos\theta_{123} & 1\end{pmatrix} \tag{8.3-11}
$$

【例 8-7】 讨论一下 6-6 型 Stewart 平台（图 7-22）的静力雅可比矩阵。

解：例 7-2 的分析已经给出了该机器人的速度雅可比矩阵，根据静力雅可比与速度雅可比之间的映射关系，可以得到该机器人的静力雅可比矩阵为

$$
\boldsymbol{J}^{\mathrm{T}}=\begin{pmatrix}\hat{\boldsymbol{s}}_1 & \hat{\boldsymbol{s}}_2 & \cdots & \hat{\boldsymbol{s}}_6\\ \boldsymbol{b}_1\times\hat{\boldsymbol{s}}_1 & \boldsymbol{b}_2\times\hat{\boldsymbol{s}}_2 & \cdots & \boldsymbol{b}_6\times\hat{\boldsymbol{s}}_6\end{pmatrix}
$$

8.3.2 广义速度、广义力与雅可比在不同坐标系间的变换

首先讨论一下广义速度与广义力在不同坐标系之间的变换问题。

回顾 6.2 节讨论过的速度递推公式（对应于转动关节），即

$$
\begin{cases}{}^{i+1}\boldsymbol{\omega}_{i+1}={}^{i+1}_{i}\boldsymbol{R}\,{}^{i}\boldsymbol{\omega}_i+\dot{\theta}_{i+1}\,{}^{i+1}\boldsymbol{z}_{i+1}\\ {}^{i+1}\boldsymbol{v}_{i+1}={}^{i+1}_{i}\boldsymbol{R}({}^{i}\boldsymbol{v}_i+{}^{i}\boldsymbol{\omega}_i\times{}^{i}\boldsymbol{p}_{i+1})\end{cases} \tag{8.3-12}
$$

考虑到对同一个刚体中的两个坐标系$\{i\}$、$\{i+1\}$而言，它们之间的连接是刚性的，因此，$\dot{\theta}_{i+1}$为零。于是可得

$$
\begin{cases}{}^{i+1}\boldsymbol{\omega}_{i+1}={}^{i+1}_{i}\boldsymbol{R}\,{}^{i}\boldsymbol{\omega}_i\\ {}^{i+1}\boldsymbol{v}_{i+1}={}^{i+1}_{i}\boldsymbol{R}({}^{i}\boldsymbol{v}_i+{}^{i}\boldsymbol{\omega}_i\times{}^{i}\boldsymbol{p}_{i+1})\end{cases} \tag{8.3-13}
$$

将两个坐标系$\{i\}$、$\{i+1\}$分别设为$\{B\}$和$\{A\}$，式（8.3-13）化为

$$
{}^{A}\boldsymbol{\omega}_A={}^{A}_{B}\boldsymbol{R}\,{}^{B}\boldsymbol{\omega}_B \tag{8.3-14}
$$

$$
{}^{A}\boldsymbol{v}_A={}^{A}_{B}\boldsymbol{R}({}^{B}\boldsymbol{v}_B+{}^{B}\boldsymbol{\omega}_B\times{}^{B}\boldsymbol{p}_{AORG})={}^{A}_{B}\boldsymbol{R}\,{}^{B}\boldsymbol{v}_B+{}^{A}\boldsymbol{p}_{BORG}\times{}^{A}_{B}\boldsymbol{R}\,{}^{B}\boldsymbol{\omega}_B={}^{A}_{B}\boldsymbol{R}\,{}^{B}\boldsymbol{v}_B+[{}^{A}\boldsymbol{p}_{BORG}]{}^{A}_{B}\boldsymbol{R}\,{}^{B}\boldsymbol{\omega}_B \tag{8.3-15}
$$

写成矩阵形式：

$$
\begin{pmatrix}{}^{A}\boldsymbol{\omega}_A\\ {}^{A}\boldsymbol{v}_A\end{pmatrix}=\begin{pmatrix}{}^{A}_{B}\boldsymbol{R} & 0\\ [{}^{A}\boldsymbol{p}_{BORG}]{}^{A}_{B}\boldsymbol{R} & {}^{A}_{B}\boldsymbol{R}\end{pmatrix}\begin{pmatrix}{}^{B}\boldsymbol{\omega}_B\\ {}^{B}\boldsymbol{v}_B\end{pmatrix} \tag{8.3-16}
$$

定义伴随矩阵${}^{A}_{B}\mathrm{Ad}_{\boldsymbol{T}}=\begin{pmatrix}{}^{A}_{B}\boldsymbol{R} & 0\\ [{}^{A}\boldsymbol{p}_{BORG}]\,{}^{A}_{B}\boldsymbol{R} & {}^{A}_{B}\boldsymbol{R}\end{pmatrix}_{6\times6}$，且在两个坐标系下描述的广义速度分别记为

${}^{A}\boldsymbol{V}=\begin{pmatrix}{}^{A}\boldsymbol{\omega}_A\\ {}^{A}\boldsymbol{v}_A\end{pmatrix}$和${}^{B}\boldsymbol{V}=\begin{pmatrix}{}^{B}\boldsymbol{\omega}_B\\ {}^{B}\boldsymbol{v}_B\end{pmatrix}$，式（8.3-16）简写为

$$ {}^{A}\boldsymbol{V}={}_{B}^{A}\mathrm{Ad}_{\boldsymbol{T}}{}^{B}\boldsymbol{V} \tag{8.3-17}$$

再回顾 8.2 节讨论过的静力递推公式，即

$$\begin{cases}{}^{i}\boldsymbol{f}_{i}={}_{i+1}^{i}\boldsymbol{R}\,{}^{i+1}\boldsymbol{f}_{i+1}\\ {}^{i}\boldsymbol{m}_{i}={}_{i+1}^{i}\boldsymbol{R}\,{}^{i+1}\boldsymbol{m}_{i+1}+{}^{i}\boldsymbol{p}_{i+1}\times{}^{i}\boldsymbol{f}_{i}\end{cases} \tag{8.3-18}$$

利用与上述广义速度类似的推导方法，得到广义力 $\boldsymbol{F}=(\boldsymbol{f},\boldsymbol{m})^{\mathrm{T}}$ 在不同坐标系 $\{A\}$ 与 $\{B\}$ 之间的变换关系（过程从略，直接给出结果）：

$$ {}^{A}\boldsymbol{F}={}_{B}^{A}\mathrm{Ad}_{\boldsymbol{T}}{}^{B}\boldsymbol{F} \tag{8.3-19}$$

展开得

$$\begin{pmatrix}{}^{A}\boldsymbol{f}_{A}\\ {}^{A}\boldsymbol{m}_{A}\end{pmatrix}=\begin{pmatrix}{}_{B}^{A}\boldsymbol{R} & 0\\ [{}^{A}\boldsymbol{p}_{BORG}]{}_{B}^{A}\boldsymbol{R} & {}_{B}^{A}\boldsymbol{R}\end{pmatrix}\begin{pmatrix}{}^{B}\boldsymbol{f}_{B}\\ {}^{B}\boldsymbol{m}_{B}\end{pmatrix} \tag{8.3-20}$$

【例 8-8】　工具坐标系与机械手腕中心之间的力映射。

图 8-4 所示为一夹持工件的机械手腕（含末端夹持器）。一般情况下，为实现稳定的夹持，往往在腕部中心附近的位置安装一个力传感器，以测量出施加在夹持器上的力和力矩。为简化起见，假设将力传感器放置在腕部中心。该系统中存在 2 个坐标系：手腕中心处的传感器坐标系 Q-uvw 和夹持器处的工具坐标系 O-xyz。若传感器坐标系处的广义力 $\boldsymbol{F}_{\text{sensor}}$ 已知，求工具坐标系处的广义力 $\boldsymbol{F}_{\text{tool}}$。

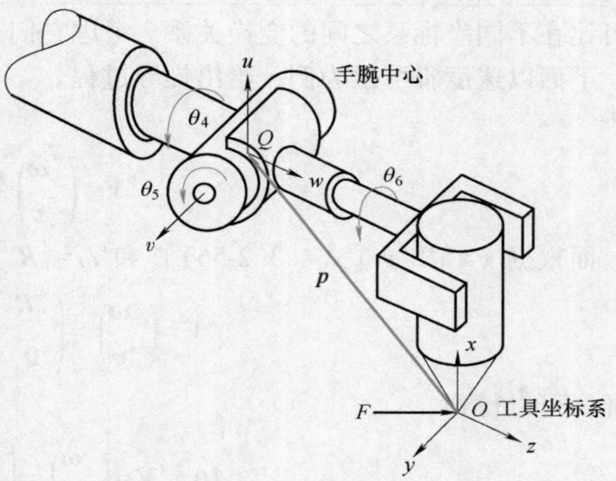

图 8-4　工具坐标系与机械手腕中心之间的坐标变换

解：如图 8-4 所示，假设传感器坐标系 $\{S\}$ 与末端工具坐标系 $\{T\}$ 的各自坐标轴相互平行，而手腕中心 Q 相对工具坐标系原点 O 的位置矢量为 $\boldsymbol{p}=(p_x,p_y,p_z)^{\mathrm{T}}$，因此，伴随矩阵为

$${}_{S}^{T}\mathrm{Ad}_{\boldsymbol{T}}=\begin{pmatrix}{}_{S}^{T}\boldsymbol{R} & 0\\ [{}^{T}\boldsymbol{p}_{SORG}]{}_{S}^{T}\boldsymbol{R} & {}_{S}^{T}\boldsymbol{R}\end{pmatrix}=\begin{pmatrix}\boldsymbol{I}_3 & 0\\ [\boldsymbol{p}] & \boldsymbol{I}_3\end{pmatrix}=\begin{pmatrix}1&0&0&0&0&0\\0&1&0&0&0&0\\0&0&1&0&0&0\\0&-p_z&p_y&1&0&0\\p_z&0&-p_x&0&1&0\\-p_y&p_x&0&0&0&1\end{pmatrix} \tag{8.3-21}$$

根据伴随矩阵的定义式可得

$$\boldsymbol{F}_{\text{tool}}={}^{T}\boldsymbol{F}={}_{S}^{T}\mathrm{Ad}_{\boldsymbol{T}}{}^{S}\boldsymbol{F}={}_{S}^{T}\mathrm{Ad}_{\boldsymbol{T}}\boldsymbol{F}_{\text{sensor}} \tag{8.3-22}$$

即

$$\begin{pmatrix} f_x \\ f_y \\ f_z \\ m_x \\ m_y \\ m_z \end{pmatrix} = \begin{pmatrix} 1 & 0 & 0 & 0 & 0 & 0 \\ 0 & 1 & 0 & 0 & 0 & 0 \\ 0 & 0 & 1 & 0 & 0 & 0 \\ 0 & -p_z & p_y & 1 & 0 & 0 \\ p_z & 0 & -p_x & 0 & 1 & 0 \\ -p_y & p_x & 0 & 0 & 0 & 1 \end{pmatrix} \begin{pmatrix} f_u \\ f_v \\ f_w \\ m_u \\ m_v \\ m_w \end{pmatrix} \tag{8.3-23}$$

可见，无论速度雅可比还是力雅可比反映的都是机器人关节空间与其末端笛卡儿空间之间的映射关系。

由于机器人末端笛卡儿空间的广义速度或广义力在不同的坐标系下有不同的表示形式，因此，雅可比矩阵在不同坐标系下的表示也会有所不同。实际上，不难导出速度雅可比或力雅可比在不同坐标系之间的变换关系。考虑它们在形式上相同，不妨统一称为雅可比。

下面以速度雅可比为例，给出推导过程。

由于

$${}^B\boldsymbol{V} = \begin{pmatrix} {}^B\boldsymbol{\omega} \\ {}^B\boldsymbol{v} \end{pmatrix} = {}^B\boldsymbol{J}\dot{\boldsymbol{\theta}} \tag{8.3-24}$$

而根据${}^A\boldsymbol{v} = {}^A_B\boldsymbol{R}\,{}^B\boldsymbol{v}$［式（3.2-56）］和${}^A\boldsymbol{\omega} = {}^A_B\boldsymbol{R}\,{}^B\boldsymbol{\omega}$［式（3.5-34）］，可得

$${}^A\boldsymbol{V} = \begin{pmatrix} {}^A\boldsymbol{\omega} \\ {}^A\boldsymbol{v} \end{pmatrix} = \begin{pmatrix} {}^A_B\boldsymbol{R} & \boldsymbol{0} \\ \boldsymbol{0} & {}^A_B\boldsymbol{R} \end{pmatrix} \begin{pmatrix} {}^B\boldsymbol{\omega} \\ {}^B\boldsymbol{v} \end{pmatrix} \tag{8.3-25}$$

因此，可以得到

$${}^A\boldsymbol{J}\dot{\boldsymbol{\theta}} = {}^A\boldsymbol{V} = \begin{pmatrix} {}^A\boldsymbol{\omega} \\ {}^A\boldsymbol{v} \end{pmatrix} = \begin{pmatrix} {}^A_B\boldsymbol{R} & \boldsymbol{0} \\ \boldsymbol{0} & {}^A_B\boldsymbol{R} \end{pmatrix} {}^B\boldsymbol{J}\dot{\boldsymbol{\theta}} \tag{8.3-26}$$

由此导出

$${}^A\boldsymbol{J} = \begin{pmatrix} {}^A_B\boldsymbol{R} & \boldsymbol{0} \\ \boldsymbol{0} & {}^A_B\boldsymbol{R} \end{pmatrix} {}^B\boldsymbol{J} \tag{8.3-27}$$

一种特例是机器人的速度雅可比相对基坐标系{0}与相对末端工具坐标系{n}的变换关系可表示如下：

$${}^0\boldsymbol{J} = \begin{pmatrix} {}^0_n\boldsymbol{R} & \boldsymbol{0} \\ \boldsymbol{0} & {}^0_n\boldsymbol{R} \end{pmatrix} {}^n\boldsymbol{J} \tag{8.3-28}$$

【例 8-9】 对平面 2R 机器人在基坐标系{0}与末端坐标系{3}下的速度雅可比进行相互验证。其中，

$${}^0\boldsymbol{J} = \begin{pmatrix} -l_1\sin\theta_1 - l_2\sin\theta_{12} & -l_2\sin\theta_{12} \\ l_1\cos\theta_1 + l_2\cos\theta_{12} & l_2\cos\theta_{12} \end{pmatrix}, \quad {}^3\boldsymbol{J} = \begin{pmatrix} l_1\sin\theta_2 & 0 \\ l_2 + l_1\cos\theta_2 & l_2 \end{pmatrix}$$

解：根据改进的 D-H 参数法，容易计算出机器人的末端坐标系相对基坐标系的齐次变换矩阵为

$$ {}_3^0\boldsymbol{T}=\begin{pmatrix} {}_3^0\boldsymbol{R} & {}^0\boldsymbol{p}_{3ORG} \\ \boldsymbol{0} & 1 \end{pmatrix}=\begin{pmatrix} \cos\theta_{12} & -\sin\theta_{12} & 0 & l_1\cos\theta_1+l_2\cos\theta_{12} \\ \sin\theta_{12} & \cos\theta_{12} & 0 & l_1\sin\theta_1+l_2\sin\theta_{12} \\ 0 & 0 & 1 & 0 \\ 0 & 0 & 0 & 1 \end{pmatrix} $$

根据式（8.3-28），得

$$ {}^0\boldsymbol{J}=\begin{pmatrix} {}_3^0\boldsymbol{R} & \boldsymbol{0} \\ \boldsymbol{0} & {}_3^0\boldsymbol{R} \end{pmatrix}{}^3\boldsymbol{J}=\begin{pmatrix} \cos\theta_{12} & -\sin\theta_{12} & 0 & 0 & 0 & 0 \\ \sin\theta_{12} & \cos\theta_{12} & 0 & 0 & 0 & 0 \\ 0 & 0 & 1 & 0 & 0 & 0 \\ 0 & 0 & 0 & \cos\theta_{12} & -\sin\theta_{12} & 0 \\ 0 & 0 & 0 & \sin\theta_{12} & \cos\theta_{12} & 0 \\ 0 & 0 & 0 & 0 & 0 & 1 \end{pmatrix}\begin{pmatrix} 0 & 0 \\ 0 & 0 \\ 1 & 1 \\ l_1\sin\theta_2 & 0 \\ l_1\cos\theta_2+l_2 & l_2 \\ 0 & 0 \end{pmatrix} $$

$$ =\begin{pmatrix} 0 & 0 \\ 0 & 0 \\ 1 & 1 \\ -l_1\sin_1-l_2\sin\theta_{12} & -l_2\sin\theta_{12} \\ l_1\cos\theta_1+l_2\cos\theta_{12} & l_2\cos\theta_{12} \\ 0 & 0 \end{pmatrix} $$

上式正好反映出机器人在基坐标系{0}与末端坐标系{3}下的速度雅可比可以相互验证。

8.3.3　力椭球

可通过静力雅可比将关节力矩的边界映射到末端力的边界中。不妨以平面 2R 机器人为例，首先将关节力矩 $\boldsymbol{\tau}=(\tau_1,\tau_2)^{\mathrm{T}}$映射成一单位圆的形状，如图 8-5 所示，$\tau_1$ 与 τ_2 分别代表横、纵轴，且满足 $\boldsymbol{\tau}^{\mathrm{T}}\boldsymbol{\tau}=1$。通过静力雅可比的映射 $\boldsymbol{\tau}=\boldsymbol{J}^{\mathrm{T}}\boldsymbol{F}$，可得

$$ \boldsymbol{F}^{\mathrm{T}}\boldsymbol{J}\boldsymbol{J}^{\mathrm{T}}\boldsymbol{F}=1 \tag{8.3-29} $$

令 $\boldsymbol{A}=\boldsymbol{J}\boldsymbol{J}^{\mathrm{T}}$，式（8.3-29）简化为

$$ \boldsymbol{F}^{\mathrm{T}}\boldsymbol{A}\boldsymbol{F}=1 \tag{8.3-30} $$

通过式（8.3-30），可将表示关节力矩（边界）的单位圆映射成表示末端力（边界）的一个椭圆，这个椭圆称为力椭圆（force ellipse）。图 8-5 所示为对应平面 2R 机器人两组不同位姿下的力椭圆实例。

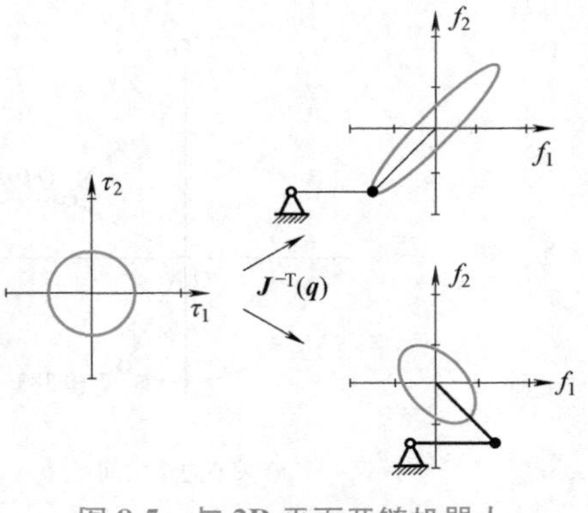

图 8-5　与 2R 平面开链机器人两组不同位姿相对应的力椭圆

图 8-5 中所示的力椭圆反映了机器人末端在不同方向上输出力的难易程度。对照前面的可操作度椭圆和这里的力椭圆，明显可以看出，若在某一方向上比较容易产生末端速度，该方向产生力就变得比较困难，反之亦然。事实上，对于给定的机器人位形，可操作度椭圆与力椭圆的主轴方向完全重合，

但力椭圆的主轴长短与可操作度椭圆的主轴长短正好相反（如果前者长，后者一定短；反之亦然）。

同样可将上述思想扩展到一般情况。

对于一个通用的 n 自由度串联机器人，首先定义一个可表示 n 维关节驱动空间 $\boldsymbol{\tau}$ 的单元球，即满足

$$\boldsymbol{\tau}^{\mathrm{T}}\boldsymbol{\tau}=1 \tag{8.3-31}$$

通过静力雅可比的映射，即

$$\boldsymbol{\tau}^{\mathrm{T}}\boldsymbol{\tau}=(\boldsymbol{J}^{\mathrm{T}}\boldsymbol{F})^{\mathrm{T}}(\boldsymbol{J}^{\mathrm{T}}\boldsymbol{F})=\boldsymbol{F}^{\mathrm{T}}\boldsymbol{J}\boldsymbol{J}^{\mathrm{T}}\boldsymbol{F}=\boldsymbol{F}^{\mathrm{T}}(\boldsymbol{J}\boldsymbol{J}^{\mathrm{T}})\boldsymbol{F}=1 \tag{8.3-32}$$

令 $\boldsymbol{A}=\boldsymbol{J}\boldsymbol{J}^{\mathrm{T}}$，由线性代数的知识可知，若 $\boldsymbol{J}$ 满秩，矩阵 $\boldsymbol{A}=\boldsymbol{J}\boldsymbol{J}^{\mathrm{T}}$ 为方阵，且为对称正定阵。因此，对于任一对称正定阵 $\boldsymbol{A}$，有

$$\boldsymbol{F}^{\mathrm{T}}\boldsymbol{A}\boldsymbol{F}=1 \tag{8.3-33}$$

由此可根据式（8.3-33）定义 n 维**力椭球**（force ellipsoid）的概念。物理上，力椭球对应的就是当关节力矩满足 $\|\boldsymbol{\tau}\|=1$ 时的末端力。类似于前面对力椭圆的分析，当椭球的形状越接近球，即所有的半径在同一数量级时，机器人的传力性能就越好。力椭球反映了机器人末端在不同方向上输出力的难易程度。

【例 8-10】 讨论一下平面 2R 机器人的力椭圆。设定杆长参数 $l_1=\sqrt{2}\,\mathrm{m}$，$l_2=1\mathrm{m}$。

解：例 8-5 已经给出了该机器人的静力雅可比，即

$$^{0}\boldsymbol{J}_{\mathrm{F}}={}^{0}\boldsymbol{J}^{\mathrm{T}}=\begin{pmatrix}-l_1\sin\theta_1-l_2\sin\theta_{12} & l_1\cos\theta_1+l_2\cos\theta_{12}\\ -l_2\sin\theta_{12} & l_2\cos\theta_{12}\end{pmatrix} \tag{8.3-34}$$

当两个关节角分别选取 $\theta_1=0$，$\theta_2=\pi/2$ 时，可得

$$\boldsymbol{J}\boldsymbol{J}^{\mathrm{T}}=\begin{pmatrix}2 & -\sqrt{2}\\ -\sqrt{2} & 2\end{pmatrix}$$

$\boldsymbol{J}\boldsymbol{J}^{\mathrm{T}}$ 的两个特征值分别为 $\lambda_1=2-\sqrt{2}$，$\lambda_2=2+\sqrt{2}$。将 $\boldsymbol{J}\boldsymbol{J}^{\mathrm{T}}$ 代入到式（8.3-32）中，可得

$$2f_x^2-2\sqrt{2}f_xf_y+f_y^2=(2-\sqrt{2})\left(\frac{f_x}{\sqrt{2}}+\frac{f_y}{\sqrt{2}}\right)^2+(2+\sqrt{2})\left(\frac{f_x}{\sqrt{2}}-\frac{f_y}{\sqrt{2}}\right)^2=1$$

由此可给出相应的力椭圆及其主轴示意图，如图 8-6 所示。

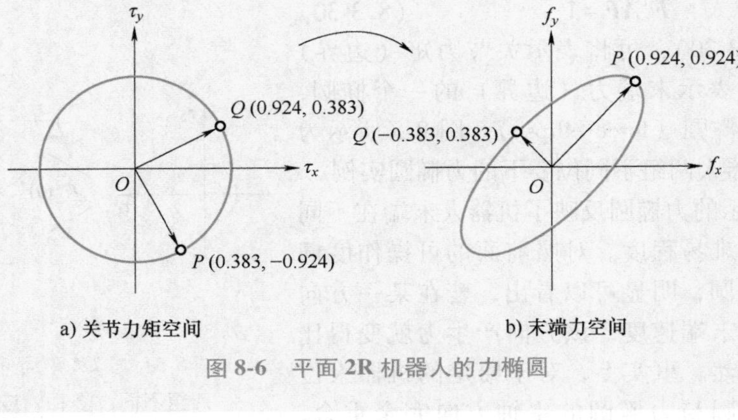

图 8-6 平面 2R 机器人的力椭圆

8.3.4 静力雅可比与速度雅可比之间的对偶性

由以上讨论可知，施加给末端的广义力与关节力/力矩之间的映射关系可用机器人的静力雅可比来表达；而另一方面，静力雅可比的转置就是速度雅可比，可用来描述机器人末端广义速度与关节速度之间的映射关系。前者反映的是机器人静力传递关系，而后者描述的是速度传递关系。因此，机器人静力学与其微分运动学（速度）之间必然存在某种密切的联系。

$$\dot{\boldsymbol{X}}=\boldsymbol{J}(\boldsymbol{q})\dot{\boldsymbol{q}} \tag{8.3-35}$$

$$\boldsymbol{\tau}=\boldsymbol{J}^{\mathrm{T}}(\boldsymbol{q})\boldsymbol{F} \tag{8.3-36}$$

机器人的速度与静力传递之间的对偶性（duality）可用图 8-7 所示的线性映射来表示。我们知道，机器人的速度方程可以看成是从关节空间（n 维向量空间 V^n）向操作空间（m 维向量空间 V^m）的线性映射，雅可比矩阵 $\boldsymbol{J}(\boldsymbol{q})$ 与给定的位形 $\boldsymbol{q}$ 一一对应。其中，n 表示关节数，m 表示操作空间的维数。$\boldsymbol{J}(\boldsymbol{q})$ 的域空间（range space）$R(\boldsymbol{J})$ 代表关节运动能够产生的全部操作速度集合。当 $\boldsymbol{J}(\boldsymbol{q})$ 降秩时，机器人处于奇异位形，$R(\boldsymbol{J})$ 不能张满整个操作空间，即存在至少一个末端操作手不能运动的方向。子空间 $N(\boldsymbol{J})$ 为 $\boldsymbol{J}(\boldsymbol{q})$ 的零空间，用来表示不产生操作速度的关节速度集合，即满足 $\boldsymbol{J}(\boldsymbol{q})\dot{\boldsymbol{q}}=0$。如果 $\boldsymbol{J}(\boldsymbol{q})$ 满秩，$N(\boldsymbol{J})$ 的维数为机器人的冗余自由度（$n-m$）；当 $\boldsymbol{J}(\boldsymbol{q})$ 降秩时，$R(\boldsymbol{J})$ 的维数减少，$N(\boldsymbol{J})$ 的维数增多，但两者的总和总是为 n，即

$$\dim\big(R(\boldsymbol{J})\big)+\dim\big(N(\boldsymbol{J})\big)=n \tag{8.3-37}$$

与速度映射不同，静力映射是从操作空间（m 维向量空间 V^m）向关节空间（n 维向量空间 V^n）的线性映射。因此，关节力/力矩 $\boldsymbol{\sigma}$ 总是由末端操作力 $\boldsymbol{F}$ 唯一地确定。反过来，对于给定的关节力/力矩，末端操作力却不总存在，这与速度的情况类似。令零空间 $N(\boldsymbol{J}^{\mathrm{T}})$ 代表不需要任何关节力/力矩与之平衡的所有末端操作力的集合，这时的末端力全部由机器人机构本身承担（如利用约束反力来平衡）。而域空间 $R(\boldsymbol{J}^{\mathrm{T}})$ 代表所有能平衡末端操作力的关节力/力矩集合。

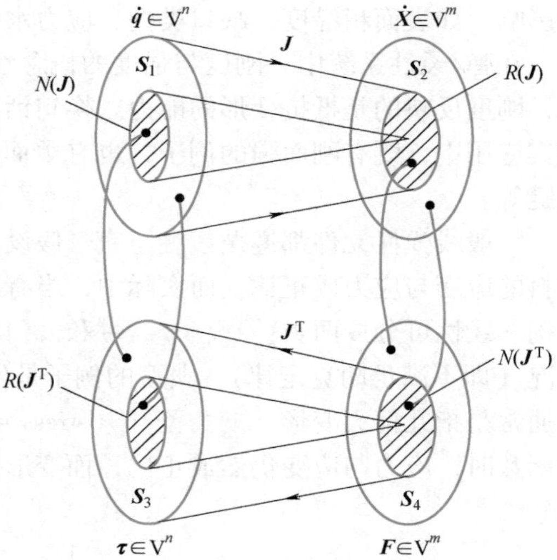

图 8-7　一阶运动学与静力学的对偶性

$\boldsymbol{J}$ 与 $\boldsymbol{J}^{\mathrm{T}}$ 的域空间和零空间有着密切关系。由线性代数的相关理论可知，零空间 $N(\boldsymbol{J})$ 是域空间 $R(\boldsymbol{J}^{\mathrm{T}})$ 在 V^n 上的正交补，反之亦然。若用 $\boldsymbol{S}_1$ 表示 $N(\boldsymbol{J})$ 在 V^n 上的正交补，则 $\boldsymbol{S}_1$ 与 $R(\boldsymbol{J}^{\mathrm{T}})$ 等价；同样，若用 $\boldsymbol{S}_3$ 表示 $R(\boldsymbol{J}^{\mathrm{T}})$ 在 V^n 上的正交补，则 $\boldsymbol{S}_3$ 与 $N(\boldsymbol{J})$ 等价。这说明在不产生任何末端操作速度的那些关节速度方向上，关节力/力矩不可能被任何末端操作力所平衡。为了保持末端操作臂静止不动，关节力/力矩必须为零。

在操作空间 V^m 中存在类似的对应关系，即域空间 $R(\boldsymbol{J})$ 是零空间 $N(\boldsymbol{J}^{\mathrm{T}})$ 的正交补。故 $\boldsymbol{S}_2$ 与 $N(\boldsymbol{J}^{\mathrm{T}})$ 等价，$\boldsymbol{S}_4$ 与 $R(\boldsymbol{J})$ 等价。因此，当外力作用在末端不能运动的方向时，不需要关节力/力矩来平衡末端操作力；同样，当外力加在末端可以运动的方向时，必须全部由关节力/力矩来平衡。如果雅可比矩阵降秩或称操作手处于奇异位形时，$N(\boldsymbol{J}^{\mathrm{T}})$ 不为零，外力的一部分就由约束反力来平衡。速度与静力之间的这种关系称为一阶运动学与静力学具有对偶性。

8.4 柔度与变形

8.3 节的研究对象限定在具有理想刚度特性的刚性体机器人，本节开始考虑实际机器人系统中存在真实变形的情况。

8.4.1 刚度与柔度

首先回顾材料力学中的两个重要概念。

刚度（stiffness）是指在运动方向上产生单位位移时所需要力的大小，这里所说的位移和力都是指广义的；而柔度（compliance）是与刚度互逆的，指的是在运动方向上施加单位力所产生的位移量。

强度（strength）特性也很重要，因为它反映的是承受负载能力的大小，即任何柔性元件都有变形的极限（一般以到达屈服强度极限为标志）。疲劳断裂是许多机械零件发生破坏的主要原因。柔性单元在经过一定次数的运动循环后，也会产生疲劳。疲劳寿命受许多因素的影响，如表面粗糙度、缺口类型、应力水平等。

在弹/柔性系统中，刚度与强度的概念经常被混淆。本质上，强度与抵御失效的能力有关，刚度反映的是抵抗变形的能力。换句话说，刚度大的不一定强，强度大的也不一定刚。现实应用中，既有刚而强的例子，也有柔而强的实例，前者如桥梁、建筑等，后者如秋千、肌腱等。

一般线弹性元件都遵循线性小变形假设，即假设相对结构的几何尺寸而言其变形很小时材料的应变与应力成正比。而实际中，当有结构非线性的情况发生时，这种假设将会失效。结构非线性可分成两类：材料非线性和几何非线性。材料非线性是指应力与应变不成正比的情况（即不满足胡克定律），典型的例子是发生塑性变形、超弹性变形及蠕变等。几何非线性通常是指几何大变形、应力刚化（stress stiffening）或大应变的情况。当结构刚度是变形的函数时，应力与应变仍然成正比，而变形体的挠曲线方程为

$$\frac{1}{\rho}=\frac{\dfrac{\mathrm{d}^2 y}{\mathrm{d}x^2}}{\left[1+\left(\dfrac{\mathrm{d}y}{\mathrm{d}x}\right)^2\right]^{3/2}} \tag{8.4-1}$$

8.4.2* 基于旋量理论的空间柔度矩阵建模

鉴于任何柔性单元本质上都可以看作是柔性梁，且主要应用其线弹性特性，因此，可以基于弹性小变形的假设，建立起一般形式的弹性梁力学模型。对于均质梁结构，伯努利-欧

拉（Bernoulli-Euler）和铁木辛柯（Timoshenko）分别给出了细长及短粗均质悬臂梁结构的弹性力学模型。本书只考虑细长梁情况。

如图 8-8 所示，当在均质梁末端施加载荷时，梁末端产生变形或者微小运动。根据旋量理论，在给定如图所示的坐标系下，梁末端的变形可用变形旋量 $\boldsymbol{\zeta}=(\theta;\delta)=(\theta_x,\theta_y,\theta_z;\delta_x,\delta_y,\delta_z)$ 来表示；施加在其上的载荷可以用力旋量 $\boldsymbol{W}=(\boldsymbol{m};\boldsymbol{f})=(m_x,m_y,m_z;f_x,f_y,f_z)$ 来表示（这里的力旋量表示与之前的不太一致，是为了通过旋量理论更好反映柔度（或刚度）矩阵的物理意义）。这里，$\boldsymbol{\theta}$、$\boldsymbol{\delta}$ 分别代表梁末端的角变形和线变形，而 $\boldsymbol{m}$、$\boldsymbol{f}$ 则代表了施加在梁上的力矩和纯力。

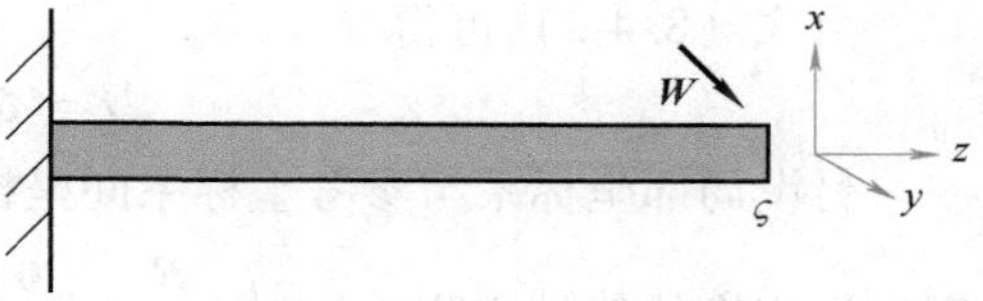

图 8-8　均质悬臂梁的弹性力学模型

在满足线弹性假设前提下，变形旋量与力旋量之间存在如下的映射关系：

$$\boldsymbol{\zeta}=\boldsymbol{C}\boldsymbol{W},\quad \boldsymbol{W}=\boldsymbol{K}\boldsymbol{\zeta},\quad \boldsymbol{C}=\boldsymbol{K}^{-1} \tag{8.4-2}$$

式中，$\boldsymbol{C}$ 和 $\boldsymbol{K}$ 分别为梁的柔度矩阵和刚度矩阵（6×6 阶）。

根据 Von Mise 的细长梁变形理论，当参考坐标系位于梁的质心（图 8-9）时，长度为 l 的空间均质梁柔度矩阵为

$$\begin{aligned}{}^{C}\boldsymbol{C}&=\mathrm{diag}(c_{11},c_{22},c_{33},c_{44},c_{55},c_{66})\\&=\mathrm{diag}\left(\frac{l}{EI_x},\frac{l}{EI_y},\frac{l}{GI_p},\frac{l^3}{12EI_y},\frac{l^3}{12EI_x},\frac{l}{EA}\right)\end{aligned} \tag{8.4-3}$$

式中，I_x 与 I_y 分别为绕 x、y 轴的惯性矩；I_p 为极惯性矩；E、G 分别为弹性模量和剪切模量［$E/G=2(1+\mu)$，μ 为泊松比］；A 为截面积。

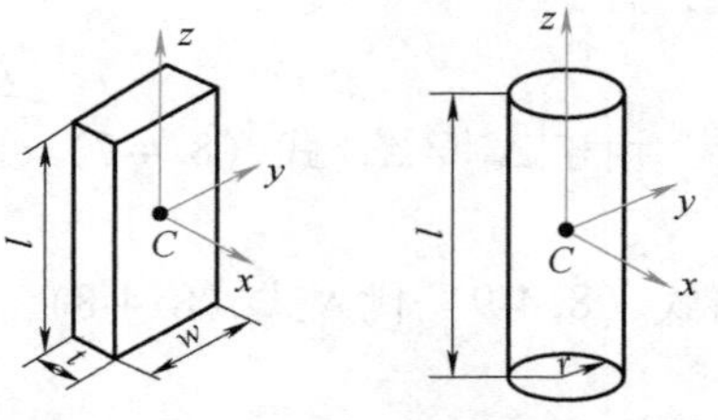

a) 截面为矩形　　b) 截面为圆形

图 8-9　均质梁单元

变换式（8.4-3），可以得到无量纲形式的柔度矩阵，即

$${}^{C}\boldsymbol{C}=\frac{l}{EI_y}\begin{pmatrix}I_y/I_x &&&&&\\ &1&&&&\\ &&EI_y/GI_p&&&\\ &&&l^2/12&&\\ &&&&l^2I_y/12I_x&\\ &&&&&I_y/A\end{pmatrix} \tag{8.4-4}$$

8.4.3* 柔度矩阵的坐标变换

一般情况下，对柔度矩阵的讨论只有在同一个坐标系下才有意义。例如，为了建立某一柔性系统的整体柔度矩阵（有文献也称之为笛卡儿空间的柔度矩阵，简称笛卡儿柔度矩阵），需要将各局部坐标系（或物体坐标系）下的柔度矩阵转化到统一的全局坐标系（或惯性坐标系）下，即涉及柔度矩阵的坐标变换。

首先来推导柔度（或刚度）矩阵在不同坐标系下的映射关系。

假设在惯性坐标系下，变形旋量和力旋量分别表示为 ${}^{A}\boldsymbol{\zeta}=({}^{A}\boldsymbol{\theta};{}^{A}\boldsymbol{\delta})$ 和 ${}^{A}\boldsymbol{W}=({}^{A}\boldsymbol{m};{}^{A}\boldsymbol{f})$；而在物体坐标系下，变形旋量和力旋量分别表示为 ${}^{B}\boldsymbol{\zeta}=({}^{B}\boldsymbol{\theta};{}^{B}\boldsymbol{\delta})$ 和 ${}^{B}\boldsymbol{W}=({}^{B}\boldsymbol{m};{}^{B}\boldsymbol{f})$。其中，变形旋

量是旋量的射线坐标（ray coordinate）表达，而力旋量则是旋量的轴线坐标（axis coordinate）表达。

由式（8.4-2）可得

$$^{A}\boldsymbol{\zeta}={}^{A}\boldsymbol{C}\,{}^{A}\boldsymbol{W},\quad {}^{B}\boldsymbol{\zeta}={}^{B}\boldsymbol{C}\,{}^{B}\boldsymbol{W} \tag{8.4-5}$$

另设局部坐标系与参考坐标系间坐标变换的旋转矩阵为 $\boldsymbol{R}$，平移向量为 $\boldsymbol{p}=(p_x,p_y,p_z)^{\mathrm{T}}$，则坐标变换的伴随矩阵 $\mathrm{Ad}_T=\begin{pmatrix}\boldsymbol{R} & \boldsymbol{0}\\ [\boldsymbol{p}]\boldsymbol{R} & \boldsymbol{R}\end{pmatrix}$。引入算子 $\boldsymbol{\Delta}$，有

$$\Delta=\begin{pmatrix}\boldsymbol{0} & \boldsymbol{I}\\ \boldsymbol{I} & \boldsymbol{0}\end{pmatrix} \tag{8.4-6}$$

式中，$\boldsymbol{I}$ 为 3×3 阶单位阵。算子 $\boldsymbol{\Delta}$ 可以将轴线坐标表达的力旋量 $\boldsymbol{W}$ 转化成射线坐标形式 $\boldsymbol{\Delta W}$。因此，在射线坐标系下，运动旋量和力旋量的坐标变换如下：

$$^{A}\boldsymbol{\zeta}=\mathrm{Ad}_T{}^{B}\boldsymbol{\zeta},\quad \boldsymbol{\Delta}^{A}\boldsymbol{W}=\mathrm{Ad}_T\boldsymbol{\Delta}^{B}\boldsymbol{W} \tag{8.4-7}$$

由式（8.4-5）和式（8.4-7）可以导出柔度矩阵在不同坐标系下的变换关系式。首先，有

$$^{A}\boldsymbol{\zeta}={}^{A}\boldsymbol{C}\,{}^{A}\boldsymbol{W}=\mathrm{Ad}_T{}^{B}\boldsymbol{\zeta}=\mathrm{Ad}_T{}^{B}\boldsymbol{C}\,{}^{B}\boldsymbol{W} \tag{8.4-8}$$

由于 $\boldsymbol{\Delta}^{-1}=\boldsymbol{\Delta}$，式（8.4-7）变成

$$^{A}\boldsymbol{W}=\boldsymbol{\Delta}\mathrm{Ad}_T\boldsymbol{\Delta}^{B}\boldsymbol{W} \tag{8.4-9}$$

将式（8.4-9）代入式（8.4-8），得到

$$^{A}\boldsymbol{C}\boldsymbol{\Delta}\mathrm{Ad}_T\boldsymbol{\Delta}^{B}\boldsymbol{W}=\mathrm{Ad}_T{}^{B}\boldsymbol{C}\,{}^{B}\boldsymbol{W} \tag{8.4-10}$$

整理得到

$$^{A}\boldsymbol{C}=\mathrm{Ad}_T{}^{B}\boldsymbol{C}\boldsymbol{\Delta}\mathrm{Ad}_T^{-1}\boldsymbol{\Delta} \tag{8.4-11}$$

注意到

$$\mathrm{Ad}_T^{-1}=\begin{pmatrix}\boldsymbol{R}^{\mathrm{T}} & \boldsymbol{0}\\ -\boldsymbol{R}^{\mathrm{T}}[\boldsymbol{p}] & \boldsymbol{R}^{\mathrm{T}}\end{pmatrix},\quad \mathrm{Ad}_T^{\mathrm{T}}=\begin{pmatrix}\boldsymbol{R}^{\mathrm{T}} & -\boldsymbol{R}^{\mathrm{T}}[\boldsymbol{p}]\\ \boldsymbol{0} & \boldsymbol{R}^{\mathrm{T}}\end{pmatrix} \tag{8.4-12}$$

因此，有

$$\boldsymbol{\Delta}\mathrm{Ad}_T^{-1}\boldsymbol{\Delta}=\begin{pmatrix}\boldsymbol{0} & \boldsymbol{I}\\ \boldsymbol{I} & \boldsymbol{0}\end{pmatrix}\begin{pmatrix}\boldsymbol{R}^{\mathrm{T}} & \boldsymbol{0}\\ -\boldsymbol{R}^{\mathrm{T}}[\boldsymbol{p}] & \boldsymbol{R}^{\mathrm{T}}\end{pmatrix}\begin{pmatrix}\boldsymbol{0} & \boldsymbol{I}\\ \boldsymbol{I} & \boldsymbol{0}\end{pmatrix}=\mathrm{Ad}_T^{\mathrm{T}} \tag{8.4-13}$$

将式（8.4-13）代入式（8.4-11），得到柔度矩阵在不同坐标系下的变换关系：

$$^{A}\boldsymbol{C}=\mathrm{Ad}_T{}^{B}\boldsymbol{C}\mathrm{Ad}_T^{\mathrm{T}} \tag{8.4-14}$$

对于刚度矩阵，变换关系可根据 $\boldsymbol{K}=\boldsymbol{C}^{-1}$ 直接得到

$$^{A}\boldsymbol{K}=\mathrm{Ad}_T^{-\mathrm{T}B}\boldsymbol{K}\mathrm{Ad}_T^{-1} \tag{8.4-15}$$

式（8.4-14）和式（8.4-15）分别给出了柔度矩阵和刚度矩阵在不同坐标系下的映射关系。特殊情况下，梁在其末端处的柔度矩阵与其质心处的柔度矩阵之间的关系可以写成

$$^{E}\boldsymbol{C}=\mathrm{Ad}_T{}^{C}\boldsymbol{C}\mathrm{Ad}_T^{\mathrm{T}} \tag{8.4-16}$$

【例 8-11】 图 8-10 所示为一矩形截面均质悬臂梁。参考坐标系选在梁的质心（中点）处，一力旋量作用在该点，求该悬臂梁相对其末端处的柔度矩阵。

解： 根据 Von Mise 的细长梁变形理论，对一空间均质梁，其柔度矩阵为对角阵。

$$ {}^{C}\boldsymbol{C}=\operatorname{diag}\left(\frac{l}{EI_x}\quad\frac{l}{EI_y}\quad\frac{l}{GI_p}\quad\frac{l^3}{12EI_y}\quad\frac{l^3}{12EI_x}\quad\frac{l}{EA}\right) $$

式中，$I_x=tb^3/12$；$I_y=bt^3/12$；$I_p=I_x+I_y=tb(t^2+b^2)/12$。

由于通常情况下，力旋量作用在梁的末端，这时，有必要进行柔度矩阵的坐标变换，即将梁相对质心坐标系的柔度矩阵转换成在其末端处的柔度矩阵表达。为此，需要采用伴随矩阵：

$$ \mathrm{Ad}_T=\begin{pmatrix}\boldsymbol{I} & \boldsymbol{0}\\ [\boldsymbol{p}] & \boldsymbol{I}\end{pmatrix} \tag{8.4-17} $$

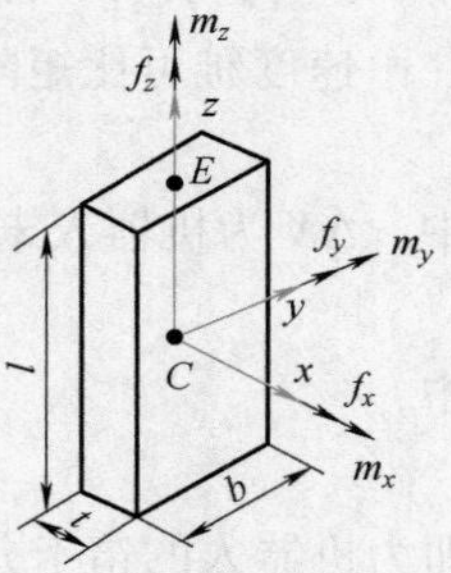

图 8-10　均质悬臂梁

式中，

$$ [\boldsymbol{p}]=\begin{pmatrix}0 & \dfrac{l}{2} & 0\\ -\dfrac{l}{2} & 0 & 0\\ 0 & 0 & 0\end{pmatrix} \tag{8.4-18} $$

这样，在末端惯性坐标系下的柔度矩阵表达为

$$ {}^{E}\boldsymbol{C}=\mathrm{Ad}_T{}^{C}\boldsymbol{C}\mathrm{Ad}_T^{\mathrm{T}}=\begin{pmatrix}\dfrac{l}{EI_x} & 0 & 0 & 0 & -\dfrac{l^2}{2EI_x} & 0\\ 0 & \dfrac{l}{EI_y} & 0 & \dfrac{l^2}{2EI_y} & 0 & 0\\ 0 & 0 & \dfrac{l}{GI_p} & 0 & 0 & 0\\ 0 & \dfrac{l^2}{2EI_y} & 0 & \dfrac{l^3}{3EI_y} & 0 & 0\\ -\dfrac{l^2}{2EI_x} & 0 & 0 & 0 & \dfrac{l^3}{3EI_x} & 0\\ 0 & 0 & 0 & 0 & 0 & \dfrac{l}{EA}\end{pmatrix} \tag{8.4-19} $$

8.5 刚性机器人的静刚度建模

刚性机器人机构的静刚度映射是指机构驱动系统与传动系统等输入刚度（也有文献称之为关节空间静刚度）与机器人末端输出刚度（也有文献称之为笛卡儿静刚度）之间的映射关系。在刚性机器人的静刚度分析中，仍然假设机器人的各杆件完全刚性，只有驱动及传动系统是机器人中唯一的变形源。

8.5.1 串联机器人的静刚度映射

对于串联机器人，可将驱动与传动系统的刚度合在一起看作是一线弹性系统（简化的

结果），并用弹性系数 k_i 表示，以反映关节 i 的变形与所传递力矩（或力）的关系，即

$$\tau_i = k_i \Delta q_i \tag{8.5-1}$$

式中，τ_i 为关节力矩；Δq_i 为各关节的变形。式（8.5-1）写成矩阵的形式：

$$\boldsymbol{\tau} = \boldsymbol{\chi} \Delta \boldsymbol{q} \tag{8.5-2}$$

式中，$\boldsymbol{\tau} = (\tau_1, \tau_2, \cdots, \tau_n)^{\mathrm{T}}$；$\Delta \boldsymbol{q} = (\Delta q_1, \Delta q_2, \cdots, \Delta q_n)^{\mathrm{T}}$；$\boldsymbol{\chi} = \mathrm{diag}(k_1, k_2, \cdots, k_n)$。

由速度雅可比矩阵（$m \times n$ 维）及力雅可比矩阵的定义可得

$$\Delta \boldsymbol{X} = \boldsymbol{J} \Delta \boldsymbol{q}, \quad \boldsymbol{\tau} = \boldsymbol{J}^{\mathrm{T}} \boldsymbol{F}$$

式中，$\Delta \boldsymbol{X}$ 为机器人末端的变形；$\boldsymbol{F}$ 为机器人末端的等效力旋量。并定义

$$\Delta \boldsymbol{X} = \boldsymbol{C} \boldsymbol{F} \tag{8.5-3}$$

式中，

$$\boldsymbol{C} = \boldsymbol{J} \boldsymbol{\chi}^{-1} \boldsymbol{J}^{\mathrm{T}} \tag{8.5-4}$$

$\boldsymbol{C}$ 即为机器人的笛卡儿柔度矩阵（$m \times m$ 维），而它的逆为该机器人的静刚度矩阵，即

$$\boldsymbol{K} = \boldsymbol{C}^{-1} = \boldsymbol{J}^{-\mathrm{T}} \boldsymbol{\chi} \boldsymbol{J}^{-1} \tag{8.5-5}$$

由式（8.5-4）和式（8.5-5）可以看出，串联机器人的笛卡儿柔度矩阵和静刚度矩阵都是对称阵，且结果与机构的驱动刚度和雅可比矩阵有关。而雅可比矩阵与机器人的位形参数包括参考坐标系的选择都有关，因此，机器人的笛卡儿柔度（静刚度）矩阵也与机器人的位形参数包括参考坐标系的选择有关。

【例 8-12】 试计算图 8-11 所示平面 2R 机器人的笛卡儿柔度矩阵。

解：由例 6-2 可知，该机器人的速度雅可比矩阵为

$$\boldsymbol{J} = \begin{pmatrix} -l_1\sin\theta_1 - l_2\sin\theta_{12} & -l_2\sin\theta_{12} \\ l_1\cos\theta_1 + l_2\cos\theta_{12} & l_2\cos\theta_{12} \end{pmatrix}$$

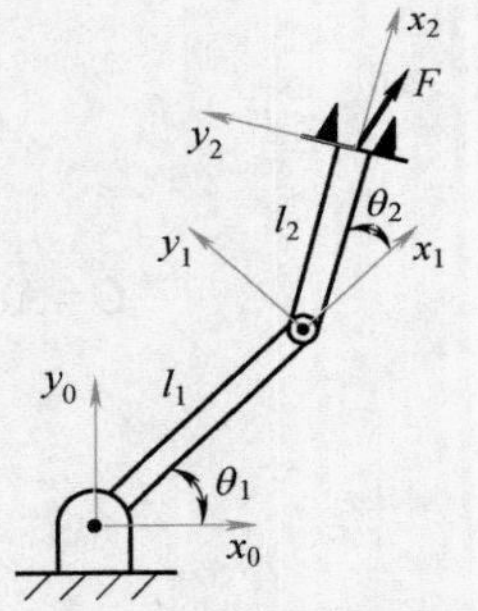

图 8-11　平面 2R 机器人

假设该机器人末端的变形 $\Delta \boldsymbol{X} = (\Delta x, \Delta y)^{\mathrm{T}}$，输出平衡力 $\boldsymbol{f} = (f_x, f_y)^{\mathrm{T}}$。且

$$\boldsymbol{\chi} = \begin{pmatrix} k_1 & 0 \\ 0 & k_2 \end{pmatrix}$$

由式（8.5-4）可得该机器人的笛卡儿柔度矩阵为

$$\boldsymbol{C} = \boldsymbol{J}\boldsymbol{\chi}^{-1}\boldsymbol{J}^{\mathrm{T}}$$

$$= \begin{pmatrix} \dfrac{(l_1\sin\theta_1 + l_2\sin\theta_{12})^2}{k_1} + \dfrac{(l_2\sin\theta_{12})^2}{k_2} & \dfrac{-(l_1\cos\theta_1 + l_2\cos\theta_{12})(l_1\sin\theta_1 + l_2\sin\theta_{12})}{k_1} - \dfrac{l_2^2\cos\theta_{12}\sin\theta_{12}}{k_2} \\ \dfrac{-(l_1\cos\theta_1 + l_2\cos\theta_{12})(l_1\sin\theta_1 + l_2\sin\theta_{12})}{k_1} - \dfrac{l_2^2\cos\theta_{12}\sin\theta_{12}}{k_2} & \dfrac{(l_1\cos\theta_1 + l_2\cos\theta_{12})^2}{k_1} + \dfrac{(l_2\cos\theta_{12})^2}{k_2} \end{pmatrix}$$

8.5.2 并联机器人的静刚度映射

对于并联机器人，其静刚度是指动平台处的输出刚度（有文献也称之为笛卡儿静刚度矩阵）。因此，求解并联机器人的静刚度问题实质上是建立驱动传动系统的输入刚度与动平

台输出刚度之间的映射关系。具体过程与串联机器人的刚度矩阵建立过程类似。同样，可以假设机器人的各杆件没有柔性，只有驱动及传动系统是机器人中的柔性源。

令 $\boldsymbol{\tau}=(\tau_1,\tau_2,\cdots,\tau_n)^{\mathrm{T}}$为各分支中驱动副处的驱动力旋量，$\Delta q_i$ 为相应关节的变形。同样设$\boldsymbol{\chi}=\mathrm{diag}(k_1,k_2,\cdots,k_n)$，$k_i$ 为等效弹性系数，写成矩阵的形式：

$$\boldsymbol{\tau}=\boldsymbol{\chi}\Delta\boldsymbol{q} \tag{8.5-6}$$

第 7 章已经分析了并联机构的速度雅可比矩阵［式（7.3-10）］，可以写成

$$\boldsymbol{V}_c=\boldsymbol{J}\boldsymbol{\theta}=\boldsymbol{J}_X^{-1}\boldsymbol{J}_\theta\boldsymbol{\theta} \tag{8.5-7}$$

式中，$\boldsymbol{J}=\boldsymbol{J}_X^{-1}\boldsymbol{J}_\theta$。

或者

$$\boldsymbol{\theta}=\boldsymbol{J}^{-1}\boldsymbol{V}_c=\boldsymbol{J}_\theta^{-1}\boldsymbol{J}_X\boldsymbol{V}_c \tag{8.5-8}$$

将式（8.5-8）用微分形式表示，可以写成

$$\Delta\boldsymbol{q}=\boldsymbol{J}^{-1}\Delta\boldsymbol{X} \tag{8.5-9}$$

式中，$\Delta\boldsymbol{X}$ 为动平台的微小变形。并定义

$$\boldsymbol{F}=\boldsymbol{K}\Delta\boldsymbol{X} \tag{8.5-10}$$

再根据静力雅可比矩阵的定义，有

$$\boldsymbol{\tau}=\boldsymbol{J}^{\mathrm{T}}\boldsymbol{F} \tag{8.5-11}$$

综合式（8.5-6）~式（8.5-11），可以导出

$$\boldsymbol{K}=\boldsymbol{J}^{-\mathrm{T}}\boldsymbol{\chi}\boldsymbol{J}^{-1} \tag{8.5-12}$$

如果各个分支完全一样，则各分支的等效弹性系数完全相同，式（8.5-12）可进一步简化为

$$\boldsymbol{K}=k\boldsymbol{J}^{-\mathrm{T}}\boldsymbol{J}^{-1} \tag{8.5-13}$$

由式（8.5-12）可以看出，并联机器人的笛卡儿静刚度（柔度）矩阵也是对称阵，且结果与机器人的位形参数包括参考坐标系的选择有关。

【例 8-13】 试计算 Stewart 平台（图 7-22）的笛卡儿静刚度矩阵。

解：由例 7-2 可直接得到该机器人的速度雅可比矩阵为

$$\boldsymbol{J}^{-1}=\boldsymbol{J}_X=\begin{pmatrix}\$_{r,1}^{\mathrm{T}}\\ \$_{r,2}^{\mathrm{T}}\\ \vdots\\ \$_{r,6}^{\mathrm{T}}\end{pmatrix}=\begin{pmatrix}\hat{\boldsymbol{s}}_{3,1}^{\mathrm{T}} & (\boldsymbol{b}_1\times\hat{\boldsymbol{s}}_{3,1})^{\mathrm{T}}\\ \hat{\boldsymbol{s}}_{3,2}^{\mathrm{T}} & (\boldsymbol{b}_2\times\hat{\boldsymbol{s}}_{3,2})^{\mathrm{T}}\\ \vdots & \vdots\\ \hat{\boldsymbol{s}}_{3,6}^{\mathrm{T}} & (\boldsymbol{b}_6\times\hat{\boldsymbol{s}}_{3,6})^{\mathrm{T}}\end{pmatrix}$$

假设每个分支的等效弹性系数完全相同，则该机器人的笛卡儿静刚度矩阵为

$$\boldsymbol{K}=k\boldsymbol{J}^{-\mathrm{T}}\boldsymbol{J}^{-1}$$

8.5.3 柔度矩阵与力椭球

类似于前面对可操作度椭球和力椭球讨论的那样，考虑

$$(\Delta\boldsymbol{X})^{\mathrm{T}}(\Delta\boldsymbol{X})=1 \tag{8.5-14}$$

将式（8.5-14）代入式（8.5-3），可得

$$\boldsymbol{F}^{\mathrm{T}}\boldsymbol{C}^{\mathrm{T}}\boldsymbol{C}\boldsymbol{F}=1 \tag{8.5-15}$$

注意到，$\boldsymbol{C}^{\mathrm{T}}\boldsymbol{C}$ 也是对称半正定矩阵，其特征向量相互正交。在几何上，这种变换可用超椭球来表示，各主轴方向与 $\boldsymbol{C}^{\mathrm{T}}\boldsymbol{C}$ 的特征向量相一致。并且，主轴长度为 $\boldsymbol{C}^{\mathrm{T}}\boldsymbol{C}$ 特征值的平方根。由此，单位变形下所需要的最大力和最小力可分别用特征值极值平方根的倒数来表示，即 $1/\sqrt{\lambda_{\min}}$ 和 $1/\sqrt{\lambda_{\max}}$。

类似 8.3.3 节通过 $\boldsymbol{J}\boldsymbol{J}^{\mathrm{T}}$ 映射得到力椭球一样，通过 $\boldsymbol{C}^{\mathrm{T}}\boldsymbol{C}$ 映射也可以得到另一种形式的力椭球，而后者反映了机器人不同方向变形的难易程度。更为重要的是，基于 $\boldsymbol{J}\boldsymbol{J}^{\mathrm{T}}$ 度量的力椭球与基于 $\boldsymbol{C}^{\mathrm{T}}\boldsymbol{C}$ 度量的力椭球有诸多相似之处。下面通过一个例子来说明。

【例 8-14】 平面 2R 机器人的力椭圆。设定杆长参数 $l_1=\sqrt{2}\,\mathrm{m}$，$l_2=1\mathrm{m}$，$k_1=k_1=1\mathrm{N/m}$。

解：例 8-12 已经给出了该机器人的柔度矩阵，即

$$\boldsymbol{C}=\boldsymbol{J}\boldsymbol{\chi}^{-1}\boldsymbol{J}^{\mathrm{T}}$$

$$=\begin{pmatrix}\dfrac{(l_1\sin\theta_1+l_2\sin\theta_{12})^2}{k_1}+\dfrac{(l_2\sin\theta_{12})^2}{k_2} & \dfrac{-(l_1\cos\theta_1+l_2\cos\theta_{12})(l_1\sin\theta_1+l_2\sin\theta_{12})}{k_1}-\dfrac{l_2^2\cos\theta_{12}\sin\theta_{12}}{k_2}\\ \dfrac{-(l_1\cos\theta_1+l_2\cos\theta_{12})(l_1\sin\theta_1+l_2\sin\theta_{12})}{k_1}-\dfrac{l_2^2\cos\theta_{12}\sin\theta_{12}}{k_2} & \dfrac{(l_1\cos\theta_1+l_2\cos\theta_{12})^2}{k_1}+\dfrac{(l_2\cos\theta_{12})^2}{k_2}\end{pmatrix}$$

当两个关节角分别选取 $\theta_1=0$，$\theta_2=\pi/2$，因此可得

$$\boldsymbol{C}^{\mathrm{T}}\boldsymbol{C}=\begin{pmatrix}6 & -4\sqrt{2}\\ -4\sqrt{2} & 6\end{pmatrix}$$

$\boldsymbol{C}^{\mathrm{T}}\boldsymbol{C}$ 的两个特征值分别为 $\lambda_1=6-4\sqrt{2}$，$\lambda_2=6+4\sqrt{2}$。将 $\boldsymbol{C}^{\mathrm{T}}\boldsymbol{C}$ 代入式（8.5-15），可得

$$6f_x^2-8\sqrt{2}f_xf_y+6f_y^2=(6-4\sqrt{2})\left(\frac{f_x}{\sqrt{2}}+\frac{f_y}{\sqrt{2}}\right)^2+(6+4\sqrt{2})\left(\frac{f_x}{\sqrt{2}}-\frac{f_y}{\sqrt{2}}\right)^2=1$$

图 8-12 所示为用柔度矩阵度量的力椭圆及其主轴。

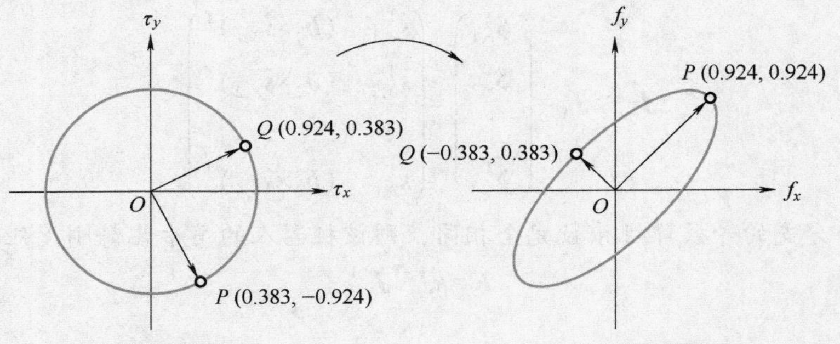

图 8-12 基于 $\boldsymbol{C}^{\mathrm{T}}\boldsymbol{C}$ 度量得到的力椭圆

对比图 8-6 和图 8-12，发现两者完全一致（思考这是为什么）。

8.6* 柔性机器人的静刚度建模

笛卡儿静刚度（或柔度）也称为全局静刚度（或柔度），它是设计与评价柔性机器人机构的一项重要指标。由于笛卡儿静刚度（柔度）很大程度上影响着机器人末端的定位精度，因此，建立柔性机器人（机构）的全局静刚度（柔度）矩阵尤为重要。

可将若干柔性单元通过串联、并联或混联等方式组合成柔性机器人机构。组合后的柔度矩阵在形式上也有所不同。

串联柔性机器人的末端变形是各柔性单元变形的总和，因此在惯性参考坐标系下，串联柔性机器人的全局柔度矩阵为各柔性单元柔度矩阵的总和。

假设各柔性单元的柔度矩阵为 $\boldsymbol{C}_{si}$，则整个系统的全局柔度矩阵计算公式如下：

$$\boldsymbol{C}_{s} = \sum_{i=1}^{m} \mathrm{Ad}_{T_i} \boldsymbol{C}_{si} \mathrm{Ad}_{T_i}^{\mathrm{T}} \tag{8.6-1}$$

式中，Ad_{T_i} 为串联柔性机器人中第 i 个柔性单元到参考坐标系的坐标变换运算；m 为柔性单元的数量。

并联柔性机器人中，动平台产生相同变形所需载荷为各柔性单元所需载荷的总和，因此在惯性参考坐标系下，并联柔性机器人的全局刚度矩阵为各柔性单元刚度矩阵的总和。设各柔性单元柔度矩阵为 $\boldsymbol{C}_{pi}$，则整个系统的全局柔度矩阵计算如下：

$$\boldsymbol{C}_{p} = \left[\sum_{j=1}^{n} (\mathrm{Ad}_{T_j} \boldsymbol{C}_{pj} \mathrm{Ad}_{T_j}^{\mathrm{T}})^{-1} \right]^{-1} \tag{8.6-2}$$

式中，Ad_{T_j}；为并联柔性机器人中第 j 个柔性单元到参考坐标系的坐标变换运算；n 为柔性单元的数量。

式（8.6-1）和式（8.6-2）分别给出了串联机器人和并联机器人的全局柔度矩阵计算方法。利用这两个式子可以对各种柔性机器人进行全局柔度矩阵建模。注意到，本节针对的是满足小变形假设条件的柔性机器人机构，因此所得到的柔度矩阵为一实对称矩阵，一般形式如下：

$$\boldsymbol{C} = \begin{pmatrix} C_{11} & 0 & 0 & 0 & C_{15} & 0 \\ 0 & C_{22} & 0 & C_{24} & 0 & 0 \\ 0 & 0 & C_{33} & 0 & 0 & 0 \\ 0 & C_{42} & 0 & C_{44} & 0 & 0 \\ C_{51} & 0 & 0 & 0 & C_{55} & 0 \\ 0 & 0 & 0 & 0 & 0 & C_{66} \end{pmatrix} \tag{8.6-3}$$

下面以几个简单的柔性机构为例，来说明柔性机器人柔度建模的具体过程。

【例 8-15】 车轮形柔性铰链（图 8-13）的全局柔度建模。

给定该柔性铰链参数如下：$l=200\text{mm}$，$d=100\text{mm}$，$w=50\text{mm}$，$t=2\text{mm}$，$\theta=30°$，$E=70\text{GPa}$，$\mu=0.346$。

解：车轮形柔性铰链由 2 个相同的交叉簧片通过并联连接动、定平台而成。在动平台中心处建立惯性参考坐标系（全局坐标系），如图 8-13 所示。

对簧片单元 1、2 进行坐标变换，相应的伴随矩阵如下：

$$\mathrm{Ad}_{T_1}=\begin{pmatrix}\boldsymbol{R}_1 & \boldsymbol{0}\\ [\boldsymbol{p}_1]\boldsymbol{R}_1 & \boldsymbol{R}_1\end{pmatrix},\quad \mathrm{Ad}_{T_2}=\begin{pmatrix}\boldsymbol{R}_2 & \boldsymbol{0}\\ [\boldsymbol{p}_2]\boldsymbol{R}_2 & \boldsymbol{R}_2\end{pmatrix} \tag{8.6-4}$$

式中，

$$\boldsymbol{R}_1=\begin{pmatrix}\cos\theta & 0 & \sin\theta\\ 0 & 1 & 0\\ -\sin\theta & 0 & \cos\theta\end{pmatrix},\quad \boldsymbol{R}_2=\begin{pmatrix}\cos\theta & 0 & -\sin\theta\\ 0 & 1 & 0\\ \sin\theta & 0 & \cos\theta\end{pmatrix},$$

$$[\boldsymbol{p}_1]=[\boldsymbol{p}_2]=\begin{pmatrix}0 & \dfrac{l\cos\theta}{2} & 0\\ -\dfrac{l\cos\theta}{2} & 0 & 0\\ 0 & 0 & 0\end{pmatrix}$$

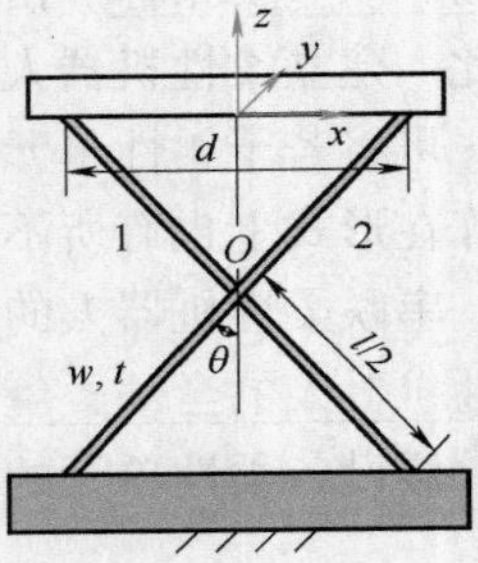

图 8-13　车轮形柔性铰链

因此，车轮形柔性模块在参考坐标系下的全局柔度矩阵为

$${}^{A}\boldsymbol{C}=\left[\left(\mathrm{Ad}_{T_1}{}^{C}\boldsymbol{C}_{\mathrm{beam}}\mathrm{Ad}_{T_1}^{\mathrm{T}}\right)^{-1}+\left(\mathrm{Ad}_{T_2}{}^{C}\boldsymbol{C}_{\mathrm{beam}}\mathrm{Ad}_{T_2}^{\mathrm{T}}\right)^{-1}\right]^{-1} \tag{8.6-5}$$

式中，${}^{C}\boldsymbol{C}_{\mathrm{beam}}$ 为簧片相对其质心坐标系的柔度矩阵。

将上述各参数代入到式（8.6-5）中，可计算得到全局柔度矩阵 ${}^{A}C$。

$${}^{A}\boldsymbol{C}=\begin{pmatrix}0.8134 & 0 & 0 & 0 & -0.0704 & 0\\ 0 & 428.5714 & 0 & 37.1154 & 0 & 0\\ 0 & 0 & 1.2962 & 0 & 0 & 0\\ 0 & 37.1154 & 0 & 3.2149 & 0 & 0\\ -0.0704 & 0 & 0 & 0 & 0.0084 & 0\\ 0 & 0 & 0 & 0 & 0 & 0.0002\end{pmatrix}\times10^{-4}$$

【例 8-16】　试对图 8-14 所示的一远程柔顺中心（RCC）装置进行变形分析。

RCC 装置由平动与旋转两部分组成。当受到环境力旋量作用时，机构发生偏移或旋转变形，可以吸收位置及角度误差，在一定误差范围内，可以顺利地完成装配作业。从理论上讲，RCC 装置可以将其下端所夹持零件的运动瞬心配置在空间上的任一点，故能满足零件任何方式的柔顺运动要求。但实际上，如果 RCC 装置的刚度配置不甚合理，该装置将难以实现装配，因此，其刚度性能十分重要。

具体参数如下：柔性单元均为均质圆形截面，半径 $r=5\mathrm{mm}$，长 $l=1000\mathrm{mm}$，柔性单元分布圆半径 $a=40\mathrm{mm}$，$p=400\mathrm{mm}$，安装倾角 $\beta=5°$。假设柔顺中心 C 处所受合力与合力矩分别为 5000N 和 5000N · m，材料选择铝。弹性模量 $E=70\mathrm{MPa}$，泊松比 $\mu=0.33$。

解：该 RCC 装置由 3 个相同的柔性杆单元通过并联连接动、定平台而成，柔性杆均匀分布在上下端盘之间。参考坐标系原点取在其柔顺中心 C 处，z 轴沿着夹持工件方向，x 轴在柔性单元 1 和中心线所在的平面内，且垂直于中心线，y 轴由右手定则来确定。

首先计算柔性单元 1 的空间柔度矩阵，为此取参考坐标系于其几何中心处，具体如图 8-14a 所示。这样可根据式（8.4-3）直接得到柔性单元 1 在参考坐标系下的柔度矩阵

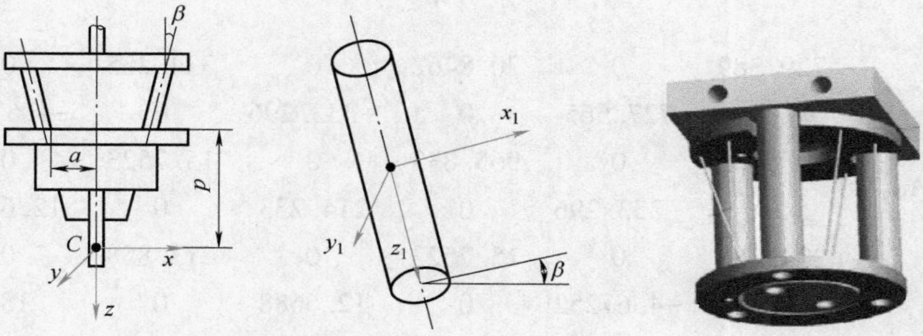

a) 机构简图　　b) 模型样机

图 8-14　柔性 RCC 装置

(为对角阵)；再将参考坐标系变换到单元末端与下端盘接触点处（图 8-14a），可根据式（8.4-16），得到柔性单元 1 在新坐标系下的柔度矩阵如下：

$$
\boldsymbol{C}'=\begin{pmatrix}
\dfrac{l}{EI_x} & 0 & 0 & 0 & -\dfrac{l^2}{2EI_x} & 0\\
0 & \dfrac{l}{EI_y} & 0 & \dfrac{l^2}{2EI_y} & 0 & 0\\
0 & 0 & \dfrac{l}{GI_p} & 0 & 0 & 0\\
0 & \dfrac{l^2}{2EI_y} & 0 & \dfrac{l^3}{3EI_y} & 0 & 0\\
-\dfrac{l^2}{2EI_x} & 0 & 0 & 0 & \dfrac{l^3}{3EI_x} & 0\\
0 & 0 & 0 & 0 & 0 & \dfrac{l}{EA}
\end{pmatrix}
$$

$$
=\begin{pmatrix}
727.565 & 0 & 0 & 0 & -363.783 & 0\\
0 & 727.565 & 0 & 363.783 & 0 & 0\\
0 & 0 & 967.662 & 0 & 0 & 0\\
0 & 363.783 & 0 & 242.522 & 0 & 0\\
-363.783 & 0 & 0 & 0 & 242.522 & 0\\
0 & 0 & 0 & 0 & 0 & 181.891
\end{pmatrix}\times 10^{-9}
$$

通过伴随变换可进一步得到柔顺中心 C 处柔性单元 1 的柔度矩阵，其中伴随矩阵为

$$
\mathrm{Ad}_{T_1}=\mathrm{Ad}_{T(-a,0,-p;0,\beta,\alpha_1)}
$$

$$
=\begin{pmatrix}
0.996195 & 0 & 0.0871557 & 0 & 0 & 0\\
0 & 1 & 0 & 0 & 0 & 0\\
-0.0871557 & 0 & 0.996195 & 0 & 0 & 0\\
0 & 0.04 & 0 & 0.996195 & 0 & 0.0871557\\
-0.0442056 & 0 & 0.0463235 & 0 & 1 & 0\\
0 & -0.05 & 0 & -0.0871557 & 0 & 0.996195
\end{pmatrix}
$$

因此，有

$$\boldsymbol{C}_1=\mathrm{Ad}_{T_1}\boldsymbol{C}'\mathrm{Ad}_{T_1}^{\mathrm{T}}=\begin{pmatrix}729.389 & 0 & 20.8462 & 0 & 334.265 & 0\\ 0 & 727.565 & 0 & -333.296 & 0 & -4.67252\\ 20.8462 & 0 & 965.838 & 0 & 15.7523 & 0\\ 0 & -333.296 & 0 & 214.233 & 0 & 12.6688\\ 334.265 & 0 & 15.7523 & 0 & 213.858 & 0\\ 0 & -4.67252 & 0 & 12.6688 & 0 & 181\end{pmatrix}\times10^{-9}$$

同理，可以得到第 2、第 3 个柔性单元的伴随变换矩阵及其对应新坐标系下的柔度矩阵，具体如下：

$$\boldsymbol{A}_{T_2}=\boldsymbol{A}_{T(a\cos\gamma,a\sin\gamma,-p;0,\beta,\alpha_2)}$$

$$\boldsymbol{C}_2=\mathrm{Ad}_{T_2}\boldsymbol{C}'\mathrm{Ad}_{T_2}^{\mathrm{T}}=\begin{pmatrix}728.021 & 0.78973 & -10.423 & 0.48292 & 333.017 & 58.9625\\ 0.78973 & 728.933 & -18.053 & -332.459 & -0.48292 & -34.042\\ -10.423 & -18.053 & 965.838 & -70.002 & 40.4158 & 0\\ 0.48292 & -332.459 & -70.002 & 218.833 & -2.6553 & 10.3304\\ 333.017 & -0.48292 & 40.4158 & -2.6553 & 215.766 & 17.8927\\ 58.9625 & -34.042 & 0 & 10.3304 & 17.8927 & 187.341\end{pmatrix}\times10^{-9}$$

$$\boldsymbol{A}_{T_3}=\boldsymbol{A}_{T(a\cos\gamma,-a\sin\gamma,-p;0,\beta,\alpha_3)}$$

$$\boldsymbol{C}_3=\mathrm{Ad}_{T_3}\boldsymbol{C}'\mathrm{Ad}_{T_3}^{\mathrm{T}}=\begin{pmatrix}728.021 & -0.78973 & -10.423 & -0.48292 & 333.017 & -58.9625\\ -0.78973 & 728.933 & 18.053 & -332.459 & 0.48292 & -34.042\\ -10.423 & 18.053 & 965.838 & 70.002 & 40.4158 & 0\\ -0.48292 & -332.459 & 70.002 & 218.833 & -2.6553 & 10.3304\\ 333.017 & 0.48292 & 40.4158 & 2.6553 & 215.766 & -17.8927\\ -58.9625 & -34.042 & 0 & 10.3304 & -17.8927 & 187.341\end{pmatrix}\times10^{-9}$$

以上各式中，E 为柔性单元的弹性模量；G 为剪切模量；$A=\pi r^2$ 为截面积；$I_x=\pi r^4/4$ 为柔性单元 x 轴惯性矩；$I_y=\pi r^4/4$ 表示 y 轴惯性矩；$I_p=I_x+I_y=\pi r^4/2$，表示极惯性矩；其他参数：$\gamma=\pi/3$，$\alpha_1=0$，$\alpha_2=\pi/3$，$\alpha_3=2\pi/3$。

由于采用并联方式，因此可根据式（8.6-2）得到系统的全局静刚度矩阵，即

$$\boldsymbol{K}=\boldsymbol{C}^{-1}=\sum_i\boldsymbol{C}_i^{-1}=\boldsymbol{C}_1^{-1}+\boldsymbol{C}_2^{-1}+\boldsymbol{C}_3^{-1}$$

$$=\begin{pmatrix}238.527 & 0 & 0 & 0 & 109.927 & 0\\ 0 & 242.396 & 0 & -111.23 & 0 & -8.0799\\ 0 & 0 & 299.182 & 0 & 10.1453 & 0\\ 0 & -111.23 & 0 & 71.3025 & 0 & 0\\ 109.927 & 0 & 10.1453 & 0 & 71.2562 & 0\\ 0 & -8.0799 & 0 & 0 & 0 & 59.9925\end{pmatrix}\times10^{-9}$$

因此，根据式（8.4-5）可得

$$\boldsymbol{\zeta}=\boldsymbol{K}^{-1}\boldsymbol{W}=\begin{pmatrix}\boldsymbol{\theta}\\\boldsymbol{\delta}\end{pmatrix}=\begin{pmatrix}1.74387\\0.61543\\1.54824\\-0.18109\\0.956642\\0.278101\end{pmatrix}\times10^{-3}$$

由此给出了 RCC 装置柔顺中心处的平移变形 $\boldsymbol{\delta}$ 和旋转变形 $\boldsymbol{\theta}$。

本章小结

1）机器人静力学研究的目的在于通过确定驱动力（力矩）经过机器人关节后的传动效果，进而合理选择驱动器或者进行机器人刚度控制等，其核心内容是通过静力雅可比矩阵 $\boldsymbol{J}_F$ 建立力旋量在关节空间与操作空间之间的映射关系，即

$$\boldsymbol{\tau}=\boldsymbol{J}_F\boldsymbol{F}=\boldsymbol{J}^T\boldsymbol{F}$$

其中，静力雅可比矩阵 $\boldsymbol{J}_F$ 与速度雅可比矩阵 $\boldsymbol{J}$ 互为转置。

2）通过 $\boldsymbol{J}\boldsymbol{J}^T$ 映射可得到力椭球，以反映机器人生成不同方向力的难易程度。对于给定的机器人位形，可操作度椭球与力椭球的主轴方向完全重合，但两者的主轴长短正好相反。此外，通过 $\boldsymbol{C}^T\boldsymbol{C}$ 映射也可以得到力椭球，不过，后者反映的是机器人不同方向变形的难易程度。

3）机器人的全局静刚度（或柔度）也称为笛卡儿静刚度（或柔度），它是衡量机器人变形能力的指标，直接影响机器人的定位精度。全局静刚度与多种因素有关，如各组成构件的材料及几何特性、传动机构类型、驱动器、控制器等。对于传统刚性机器人，变形的根源可能更多来自于传动机构及控制系统；而对于柔性机器人，变形的根源会更多，必须考虑构件或铰链自身柔度的影响。

4）小变形条件下，可利用旋量理论实现对机器人的笛卡儿静刚度或全局柔度建模。

对于刚性机器人，其笛卡儿静刚度矩阵计算公式为

串联：$\boldsymbol{K}=\boldsymbol{C}^{-1}=\boldsymbol{J}^{-T}\boldsymbol{\chi}\boldsymbol{J}^{-1}$，其中 $\boldsymbol{\chi}=\mathrm{diag}(k_1,k_2,\cdots,k_n)$

并联：$\boldsymbol{K}=k\boldsymbol{J}^{-T}\boldsymbol{J}^{-1}$

对于柔性机器人，其全局柔度计算公式为

串联：$\boldsymbol{C}_s=\sum_{i=1}^{m}\mathrm{Ad}_{T_i}C_{si}\mathrm{Ad}_{T_i}^T$

并联：$\boldsymbol{C}_p=\left[\sum_{j=1}^{n}(\mathrm{Ad}_{T_j}C_{pj}\mathrm{Ad}_{T_j}^T)^{-1}\right]^{-1}$

扩展阅读文献

本章主要介绍了有关机器人静力学与静刚度方面的基本概念与分析方法。除此之外，读者还可阅读其他文献：系统了解速度雅可比与静力雅可比之间的对偶关系，可参考文献［1，3，4］；有关刚性机器人静力雅可比与静刚度分析方法的系统介绍可参考文献［2］；有关柔性机器人静刚度分析方法的介绍请参考文献［5，6］。

［1］ DUFFY J. Statics and Kinematics with Applications to Robotics［M］. Cambridge：Cambridge University Press，1996.

[2] TSAI L W. Robot Analysis: The Mechanics of Serial and Parallel Manipulators [M]. New York: Wiley-Interscience Publication, 1999.

[3] 戴建生. 机构学与机器人学的几何基础与旋量代数 [M]. 北京：高等教育出版社，2014.

[4] 熊有伦，李文龙，陈文斌，等. 机器人学：建模、控制与视觉 [M]. 武汉：华中科技大学出版社，2018.

[5] 于靖军，刘辛军，丁希仑. 机器人机构学的数学基础 [M]. 2 版. 北京：机械工业出版社，2016.

[6] 于靖军，毕树生，裴旭，等. 柔性设计：柔性机构的分析与综合 [M]. 北京：高等教育出版社，2018.

习题

8-1 试利用递推法推导平面 2R 机器人的静力平衡方程。

8-2 已知平面 2R 机器人（相对基坐标系）的速度雅可比矩阵为

$$^0\boldsymbol{J}=\begin{pmatrix}-l_1\sin\theta_1-l_2\sin\theta_{12} & -l_2\sin\theta_{12}\\ l_1\cos\theta_1+l_2\cos\theta_{12} & l_2\cos\theta_{12}\end{pmatrix}$$

为使机器人末端施加的静态操作力为 $^0\boldsymbol{F}=(10,0)^{\mathrm{T}}$，求相应的关节平衡力矩（忽略重力和摩擦的影响）。

8-3 在图 8-15 所示平面 2R 机器人的末端施加一个静态操作力，该力在其末端坐标系的表示为 $^3\boldsymbol{F}$。不考虑重力和摩擦的影响，求此时该机器人相对应的关节平衡力矩。

8-4 PUMA 机器人的腕关节如图 8-16 所示，其末端附着磨头，用于磨削工件表面。

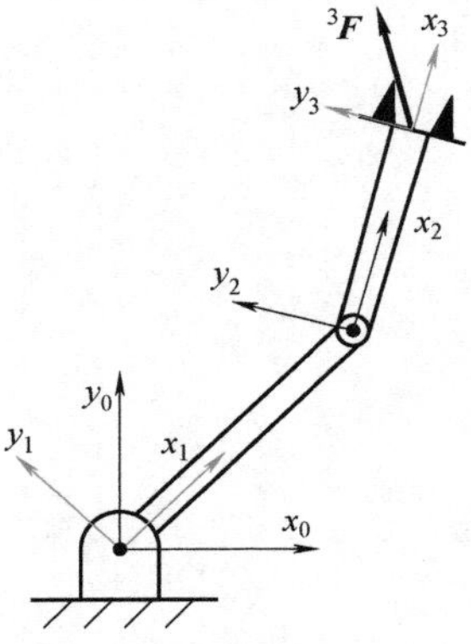

图 8-15 平面 2R 机器人

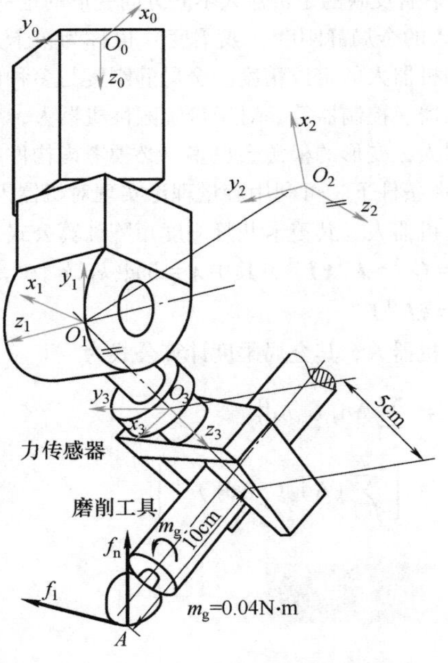

图 8-16 PUMA 机器人磨削时的腕关节

1) 腕部各关节的位形参数见表 8-1。磨头与工件表面的接触点为 A，其在坐标系{3}中的坐标为 (10, 0, 5)(cm)，试推导由关节位形至 A 点位移的 6×3 雅可比矩阵。

2) 在磨削过程中，作业在磨头 A 点上的力旋量坐标为 6×3 的 $\boldsymbol{F}$，试求相应的关节平衡力矩。特殊情况下，当工件表面与 Ox_0y_0 平面平行时，法向力 $f_n=-10\mathrm{N}$，切向力 $f_t=-8\mathrm{N}$，绕 z_3 的力矩为 0.04N · m，计算关节平衡力矩。其中，关节角为 $\theta_1=90°$，$\theta_2=45°$，$\theta_3=0°$。

3）机器人的腕部力传感器与坐标系{3}固连，测得 3 个力与 3 个力矩，表示成

$$F_m=(f_{mx}\quad f_{my}\quad f_{mz}\quad m_{mx}\quad m_{my}\quad m_{mz})^{\mathrm{T}}$$

求工具端点 A 处相对参考系{0}的作用力旋量 $\boldsymbol{F}$。

表 8-1 PUMA 机器人腕关节的位形参数

i	α_i	a_i	d_i
1	−90°	0	40cm
2	90°	0	0cm
3	0°	0	10cm

8-5 试推导图 7-25 所示对称分布的平面 5R 机构的笛卡儿静刚度矩阵。假设驱动关节处的等效刚度相同（均为 k_i）。

8-6 试推导图 8-17 所示平面并联 3-RRR 机器人的笛卡儿静刚度矩阵。假设驱动关节处的等效刚度相同（均为 k_i）。

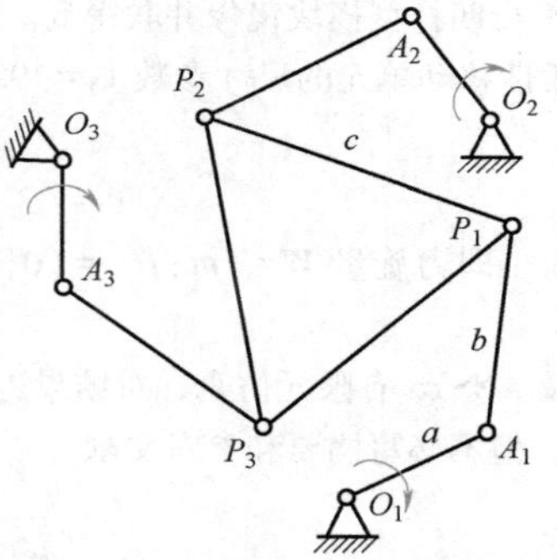

图 8-17 平面并联 3-RRR 机器人

8-7 试对图 8-18 所示的两种柔性铰链进行全局柔度建模。

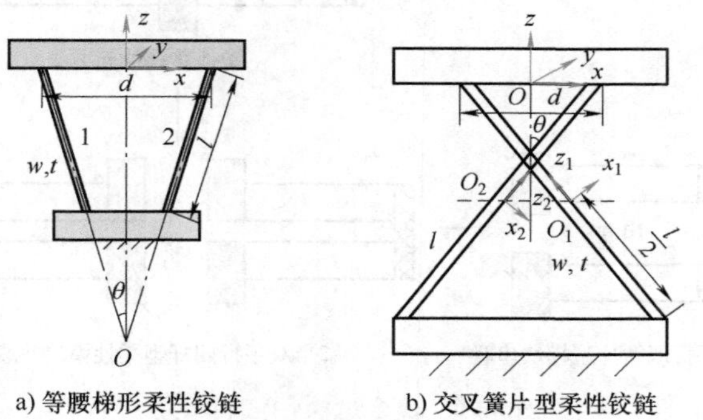

图 8-18 两种柔性铰链

8-8 有一个并联柔性平台如图 8-19 所示，具体由 3 个柔性杆并联而成，在杆各自的中心处建立局部坐标系 $O_1x_1y_1z_1$、$O_2x_2y_2z_2$ 和 $O_3x_3y_3z_3$，在铰链的末端平台处建立参考坐标系 $Oxyz$。设该机构的各参数值：$l_1=l_2=l_3=0.2\text{m}$，$r_1=r_2=r_3=0.05\text{m}$，$E=70\times10^9\text{Pa}$，$\mu=0.346$，求该并联柔性平台相对参考坐标系的全局柔度矩阵。

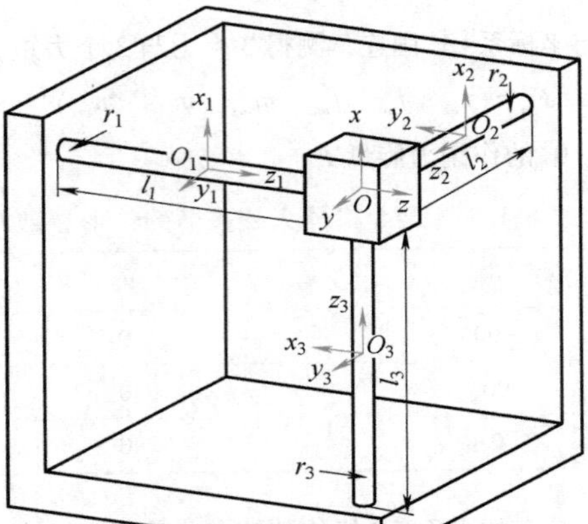

图 8-19 并联柔性平台

8-9 一柔性移动单元如图 8-20 所示。该移动单元可看作是经 2 个平行双簧片型模块串联后形成一个双平行四杆型模块，再将两个相同的双平行四杆型模块镜像并联得到。假设各簧片单元的尺寸长度 $L=33\text{mm}$，厚度 $T=0.4\text{mm}$，宽度 $W=24\text{mm}$，而柔性移动单元的尺寸参数 $V_1=19.4\text{mm}$，$V_2=25.3\text{mm}$，$H_1=11\text{mm}$，$H_2=19.7\text{mm}$，$E=70\times10^9\text{Pa}$，$\mu=0.346$。

1）计算该机构的全局柔度矩阵。

2）对该移动单元施加一平面载荷，即力旋量 $\boldsymbol{W}=(\boldsymbol{m};\boldsymbol{f})^{\mathrm{T}}=(0,0,0.22,10,10,0)^{\mathrm{T}}$，求对应的变形旋量 $\boldsymbol{\zeta}$。

3）分别进行 MATLAB 编程计算及 ANSYS 有限元仿真，对结果进行比较、分析。

格式要求：以学术论文形式撰写，但不必写摘要和参考文献。

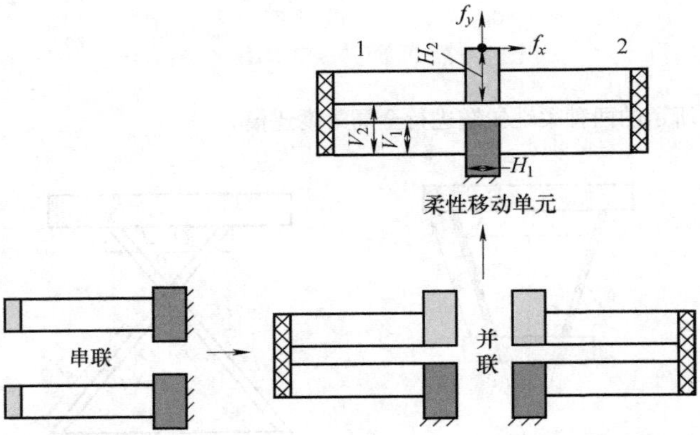

图 8-20 复合型柔性移动单元

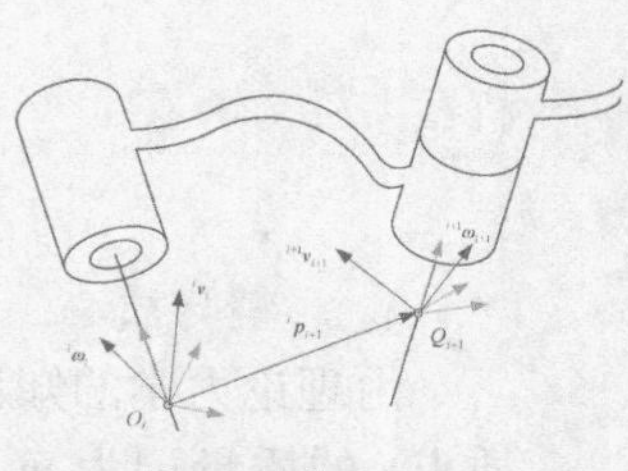

连杆速度、加速度的传递

第 9 章 机器人动力学基础

【本章内容导读】

与运动学类似，机器人动力学也分为正动力学与逆动力学两类问题。前者是指已知关节驱动力/力矩，求解机器人的真实运动；而后者是计算实现预期运动所需的关节力/力矩。因此，逆动力学分析是机器人控制、结构设计与驱动器选型的基础。目前，分析机器人动力学的常用方法主要有拉格朗日（Lagrange）法、牛顿-欧拉（Newton-Euler）法、凯恩（Kane）方程等，最为经典的是前两种。本章主要介绍机器人动力学建模的这两种方法。

9.1 机器人动力学建模的目的与意义

相对机器人运动学而言，机器人动力学问题显得异常复杂。但同时机器人的动力学研究变得越来越重要，尤其在对高速重载自动设备需求日益强烈的今天，动力学问题越发显得突出。动力学分析与建模是机器人控制、结构设计与驱动器选型的基础。

机器人动力学的研究内容非常宽泛，最基本的问题之一便是需要揭示外载荷作用下机器人的真实运动规律，为此需要建立外力与运动学参数之间的函数关系式，即建立动力学模型。建立机器人动力学模型的方法有多种，如基于拉格朗日方程的分析力学方法、采用牛顿-欧拉方程的矢量力学方法，以及基于凯恩方程的多体动力学方法等都是经典的刚体动力学建模方法。本章以串联机器人为例，重点讨论两种建模方法：拉格朗日法与牛顿-欧拉法。机器人逆动力学主要讨论已知机器人关节轨迹点或末端轨迹点、末端外界负载，求解期望的关节力/力矩。

9.2 刚体的惯性

与机器人运动学不同的是，机器人动力学研究中必须考虑**惯性**（inertia）的影响。例如，一个水平移动的滑块动力学问题中，必须考虑滑块的**质量**（mass）；一个定轴转动的齿轮动力学问题中，要用到**惯性矩**（moment of inertia）或**转动惯量**的概念。三维运动的空间刚体动力学要复杂得多，其质量及惯性特性更为复杂。这时需要引入惯性张量（或惯性矩阵）的概念。下面主要介绍质心、惯性张量、平行轴定理以及主惯性矩等与刚体惯性有关的基本概念。

1. 质量与质心

由理论力学的知识可知，刚体可看作是由若干个刚性连接的质点组成的质点系。其中，质点 i 的质量记为 m_i，$\boldsymbol{r}_i=(x_i, y_i, z_i)^{\mathrm{T}}$ 为该质点相对参考坐标系原点的矢径（图 9-1a）。这时，刚体的质量为

$$m=\sum_i m_i \tag{9.2-1}$$

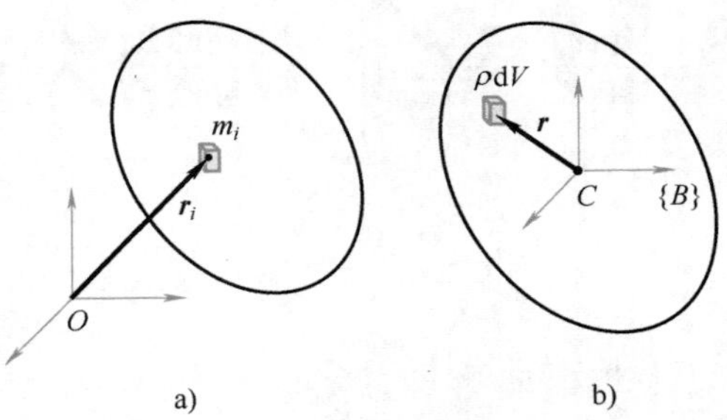

图 9-1　刚体的质量与质心

或者如图 9-1b 所示，令 $V\in\mathbb{R}^3$ 表示刚体的体积，$\rho(\boldsymbol{r})$，$\rho\in V$ 表示刚体的密度，如果刚体由各向同性的材料（质量均匀分布）组成，则 $\rho(\boldsymbol{r})=\rho$ 是个常值（本章只涉及此类情况）。这时，刚体的质量可以表示成

$$m=\int_V \rho\mathrm{d}V \tag{9.2-2}$$

在刚体的质心（center of mass）处，应满足

$$m\bar{\boldsymbol{r}}=\left(\sum_i m_i\right)\bar{\boldsymbol{r}}=\sum_i m_i\boldsymbol{r}_i \tag{9.2-3}$$

可由此确定质心的位置，即质心的矢径满足

$$\bar{\boldsymbol{r}}=\frac{1}{m}\sum_i m_i\boldsymbol{r}_i \tag{9.2-4}$$

因此，当参考坐标系的原点取在质心的位置时，有

$$\bar{\boldsymbol{r}}=\sum_i m_i r_i=0 \tag{9.2-5}$$

2. 转动惯量

假设一刚体以角速度 $\boldsymbol{\omega}$ 绕定点 O 转动，这时，刚体上任一矢径为 $\boldsymbol{r}_i=(x_i, y_i, z_i)^{\mathrm{T}}$ 的质点 i 的速度为

$$\boldsymbol{v}_i=\dot{\boldsymbol{r}}_i=\boldsymbol{\omega}\times\boldsymbol{r}_i \tag{9.2-6}$$

根据质点系的动量矩（moment of momentum）公式可知，

$$\boldsymbol{L}_O=\sum_i \boldsymbol{r}_i\times m_i\dot{\boldsymbol{r}}_i=\sum_i m_i[\boldsymbol{r}_i\times(\boldsymbol{\omega}\times\boldsymbol{r}_i)]=\sum_i m_i[\boldsymbol{\omega}(\boldsymbol{r}_i^{\mathrm{T}}\boldsymbol{r}_i)-\boldsymbol{r}_i(\boldsymbol{r}_i^{\mathrm{T}}\boldsymbol{\omega})] \tag{9.2-7}$$

式（9.2-7）进一步化简得

$$\boldsymbol{L}_O=\sum_i m_i[(\boldsymbol{r}_i^{\mathrm{T}}\boldsymbol{r}_i)\boldsymbol{\omega}-\boldsymbol{r}_i\boldsymbol{r}_i^{\mathrm{T}}\boldsymbol{\omega}]=\left\{\sum_i m_i[(\boldsymbol{r}_i^{\mathrm{T}}\boldsymbol{r}_i)\boldsymbol{I}_3-\boldsymbol{r}_i\boldsymbol{r}_i^{\mathrm{T}}]\right\}\boldsymbol{\omega}={}^{O}\boldsymbol{I}\boldsymbol{\omega} \tag{9.2-8}$$

定义 ${}^{O}\boldsymbol{I}=\sum_i m_i[(\boldsymbol{r}_i^{\mathrm{T}}\boldsymbol{r}_i)\boldsymbol{I}_3-\boldsymbol{r}_i\boldsymbol{r}_i^{\mathrm{T}}]$ 为刚体相对定点 O 的惯性张量（inertia tensor，也称作惯性矩阵 inertia matrix）。根据该定义式，对各项分解展开得

$${}^{O}\boldsymbol{I}=\begin{pmatrix}\sum_i m_i(y_i^2+z_i^2) & -\sum_i m_ix_iy_i & -\sum_i m_ix_iz_i\\ -\sum_i m_ix_iy_i & \sum_i m_i(x_i^2+z_i^2) & -\sum_i m_iy_iz_i\\ -\sum_i m_ix_iz_i & -\sum_i m_iy_iz_i & \sum_i m_i(x_i^2+y_i^2)\end{pmatrix} \tag{9.2-9}$$

写成通式的形式：

$$
{}^{O}\boldsymbol{I}=\begin{pmatrix} I_{xx} & -I_{xy} & -I_{xz} \\ -I_{xy} & I_{yy} & -I_{yz} \\ -I_{xz} & -I_{yz} & I_{zz} \end{pmatrix} \tag{9.2-10}
$$

式中，I_{xx}、I_{yy}、I_{zz}分别为刚体绕 x、y、z 轴的惯性矩（通常简写为 I_x、I_y、I_z，表示转动惯量）；I_{xy}、I_{yz}、I_{xz}分别为刚体绕轴 x、y，轴 y、z，轴 x、z 的惯性积。可以看出，这六个量的值与所选取的参考坐标系有关。

对比式（9.2-6）和式（9.2-7）可以看出：惯性张量为一对称阵。

式（9.2-10）中的各元素也可以通过积分方程来确定，即

$$
\begin{cases}
I_{xx} = \iiint_V (y^2 + z^2)\rho \mathrm{d}V \\
I_{yy} = \iiint_V (x^2 + z^2)\rho \mathrm{d}V \\
I_{zz} = \iiint_V (x^2 + y^2)\rho \mathrm{d}V \\
I_{xy} = \iiint_V xy\rho \mathrm{d}V \\
I_{xz} = \iiint_V xz\rho \mathrm{d}V \\
I_{yz} = \iiint_V yz\rho \mathrm{d}V
\end{cases} \tag{9.2-11}
$$

【例 9-1】　已知均质杆为长方体，质量为 m，长度为 l，宽度为 w，高为 h，分别在杆的质心处和某个顶点处建立参考坐标系，坐标轴沿杆的主轴方向，如图 9-2 所示。分别求质心 C 处和顶点 A 处的惯性矩阵。

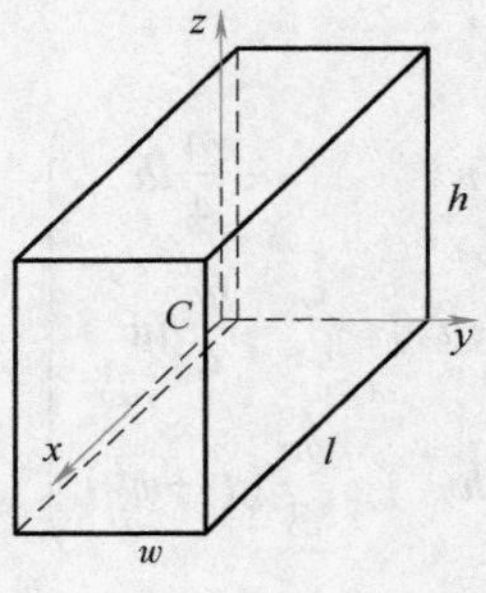

a) 参考坐标系原点在质心C处

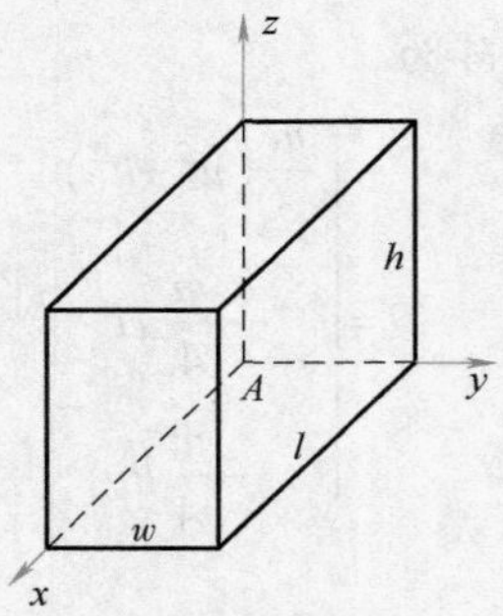

b) 参考坐标系原点在顶点A处

图 9-2　长方体的广义惯性矩阵

解：首先计算参考坐标系原点在质心 C 处的惯性矩阵。根据定义式可得

$$
{}^{C}I_{xx} = \int_V \rho(y^2 + z^2)\mathrm{d}V = \int_{-h/2}^{h/2}\int_{-w/2}^{w/2}\int_{-l/2}^{l/2} \frac{m}{lwh}(y^2 + z^2)\mathrm{d}x\mathrm{d}y\mathrm{d}z = \frac{m}{12}(w^2 + h^2)
$$

$$
{}^{C}I_{yy} = \int_V \rho(x^2 + z^2)\mathrm{d}V = \int_{-h/2}^{h/2}\int_{-w/2}^{w/2}\int_{-l/2}^{l/2} \frac{m}{lwh}(x^2 + z^2)\mathrm{d}x\mathrm{d}y\mathrm{d}z = \frac{m}{12}(l^2 + h^2)
$$

$$ {}^C I_{zz} = \int_V \rho(x^2 + y^2)\,\mathrm{d}V = \int_{-h/2}^{h/2}\int_{-w/2}^{w/2}\int_{-l/2}^{l/2} \frac{m}{lwh}(x^2 + y^2)\,\mathrm{d}x\mathrm{d}y\mathrm{d}z = \frac{m}{12}(l^2 + w^2) $$

$$ {}^C I_{xy} = \int_V \rho xy\,\mathrm{d}V = -\int_{-h/2}^{h/2}\int_{-w/2}^{w/2}\int_{-l/2}^{l/2} \frac{m}{lwh} xy\,\mathrm{d}x\mathrm{d}y\mathrm{d}z = 0 $$

同理，${}^C I_{xz} = {}^C I_{yz} = 0$。因此，相应的惯性矩阵为

$$ {}^C\boldsymbol{I} = \begin{pmatrix} \frac{m}{12}(w^2+h^2) & 0 & 0 \\ 0 & \frac{m}{12}(l^2+h^2) & 0 \\ 0 & 0 & \frac{m}{12}(l^2+w^2) \end{pmatrix} \tag{9.2-12} $$

再计算参考坐标系原点在顶点 A 处的惯性矩阵。同样根据定义式可得

$$ {}^A I_{xx} = \int_V \rho(y^2 + z^2)\,\mathrm{d}V = \int_0^h\int_0^w\int_0^l \frac{m}{lwh}(y^2 + z^2)\,\mathrm{d}x\mathrm{d}y\mathrm{d}z = \frac{m}{3}(w^2 + h^2) $$

$$ {}^A I_{yy} = \int_V \rho(x^2 + z^2)\,\mathrm{d}V = \int_0^h\int_0^w\int_0^l \frac{m}{lwh}(x^2 + z^2)\,\mathrm{d}x\mathrm{d}y\mathrm{d}z = \frac{m}{3}(l^2 + h^2) $$

$$ {}^A I_{zz} = \int_V \rho(x^2 + y^2)\,\mathrm{d}V = \int_0^h\int_0^w\int_0^l \frac{m}{lwh}(x^2 + y^2)\,\mathrm{d}x\mathrm{d}y\mathrm{d}z = \frac{m}{3}(l^2 + w^2) $$

$$ {}^A I_{xy} = \int_V \rho xy\,\mathrm{d}V = \int_0^h\int_0^w\int_0^l \frac{m}{lwh} xy\,\mathrm{d}x\mathrm{d}y\mathrm{d}z = \frac{m}{4} lw $$

$$ {}^A I_{yz} = \int_V \rho yz\,\mathrm{d}V = \int_0^h\int_0^w\int_0^l \frac{m}{lwh} yz\,\mathrm{d}x\mathrm{d}y\mathrm{d}z = \frac{m}{4} wh $$

$$ {}^A I_{xz} = \int_V \rho xz\,\mathrm{d}V = \int_0^h\int_0^w\int_0^l \frac{m}{lwh} xz\,\mathrm{d}x\mathrm{d}y\mathrm{d}z = \frac{m}{4} lh $$

因此，相应的惯性矩阵为

$$ {}^A\boldsymbol{I} = \begin{pmatrix} \frac{m}{3}(w^2+h^2) & -\frac{m}{4}wl & -\frac{m}{4}lh \\ -\frac{m}{4}wl & \frac{m}{3}(l^2+h^2) & -\frac{m}{4}hw \\ -\frac{m}{4}lh & -\frac{m}{4}hw & \frac{m}{3}(l^2+w^2) \end{pmatrix} \tag{9.2-13} $$

在例 9-1 的两个参考坐标系中，各相应坐标轴相互平行，因此也可以采用平行移轴定理简化计算，即两个参考坐标系下的惯性矩阵可以相互转换。

【平行移轴定理】将参考坐标系的原点由质心 C 处平移到另一点 A 处，这时的刚体惯性矩阵为

$$ {}^A\boldsymbol{I} = {}^C\boldsymbol{I} + m[(\boldsymbol{r}_c^{\mathrm{T}}\boldsymbol{r}_c)\boldsymbol{I}_3 - \boldsymbol{r}_c\boldsymbol{r}_c^{\mathrm{T}}] \tag{9.2-14} $$

式中，$\boldsymbol{r}_c = (x_c, y_c, z_c)^{\mathrm{T}}$ 为刚体质心相对 $\{A\}$ 原点的位置矢量。

式（9.2-14）展开得

$$\begin{cases}{}^{A}I_{xx}={}^{C}I_{xx}+m(y_c^2+z_c^2)\\{}^{A}I_{yy}={}^{C}I_{yy}+m(z_c^2+x_c^2)\\{}^{A}I_{zz}={}^{C}I_{zz}+m(x_c^2+y_c^2)\\{}^{A}I_{xy}={}^{C}I_{xy}+mx_cy_c\\{}^{A}I_{yz}={}^{C}I_{yz}+my_cz_c\\{}^{A}I_{zx}={}^{C}I_{zx}+mz_cx_c\end{cases} \tag{9.2-15}$$

不妨用式（9.2-15）验证一下式（9.2-13）的结果。

$${}^{A}I_{xx}={}^{C}I_{xx}+m(y_c^2+z_c^2)=\frac{m}{12}(w^2+h^2)+m\left(\frac{w^2}{4}+\frac{h^2}{4}\right)=\frac{m}{3}(w^2+h^2)$$

$${}^{A}I_{yy}={}^{C}I_{yy}+m(x_c^2+z_c^2)=\frac{m}{12}(l^2+h^2)+m\left(\frac{l^2}{4}+\frac{h^2}{4}\right)=\frac{m}{3}(l^2+h^2)$$

$${}^{A}I_{zz}={}^{C}I_{zz}+m(x_c^2+y_c^2)=\frac{m}{12}(l^2+w^2)+m\left(\frac{l^2}{4}+\frac{w^2}{4}\right)=\frac{m}{3}(l^2+w^2)$$

$${}^{A}I_{xy}={}^{C}I_{xy}+mx_cy_c=0+m\left(\frac{l}{2}\cdot\frac{w}{2}\right)=\frac{m}{4}lw$$

$${}^{A}I_{yz}={}^{C}I_{yz}+my_cz_c=0+m\left(\frac{w}{2}\cdot\frac{h}{2}\right)=\frac{m}{4}wh$$

$${}^{A}I_{xz}={}^{C}I_{xz}+mx_cz_c=0+m\left(\frac{l}{2}\cdot\frac{h}{2}\right)=\frac{m}{4}lh$$

由上面的例子可以看出，刚体惯性张量 $\boldsymbol{I}$ 与所选择的参考坐标系（原点位置和坐标轴方向）直接相关[⊖]。例如，在某一特殊参考坐标系下，其惯性积可以为零。这时刚体的惯性张量 I 退化成对角阵，所选取的三个特殊坐标轴也是 $\boldsymbol{I}$ 的特征向量称为**惯性主轴**（principal axes of inertia），与三个惯性主轴相对应的惯性矩为**主惯性矩**（principal moments of inertia）。如例 9-1 中将参考坐标系原点选在质心 C 处时，就属于这种特殊情况，相应的 x、y、z 轴就是惯性主轴，${}^{C}\boldsymbol{I}$ 主对角线的三个元素为该刚体的主惯性矩。

事实上，可以证明刚体惯性张量 $\boldsymbol{I}$ 是对称正定阵，因此可以对角化。相应地，一种求取惯性主轴和主惯性矩的方法就是求 $\boldsymbol{I}$ 的特征值和特征向量，即

$$\boldsymbol{I}\boldsymbol{u}_i=\lambda_i\boldsymbol{u}_i\quad(i=1,2,3) \tag{9.2-16}$$

$$|I-\lambda_i\boldsymbol{I}_3|=0 \tag{9.2-17}$$

式中，对应的 3 个特征向量 $\boldsymbol{u}_i$ 为惯性主轴，它们相互正交；$\lambda_i(i=1,2,3)$ 为 3 个主惯性矩。读者可通过计算式（9.2-16）的特征值及特征向量进行验证。图 9-3 所示为常见具有均匀密度的刚体的惯性主轴及主惯性矩。

下面不妨再总结一下刚体惯性张量的几个重要特性：

⊖ 两个不同参考坐标系下的刚体惯性张量 I 之间满足相似变换的关系，即 ${}^{A}\boldsymbol{I}=\mathrm{Ad}_T\,{}^{B}\boldsymbol{I}\mathrm{Ad}_T^{\mathrm{T}}$。存在两种特殊情况：①若两坐标系共原点，则满足 ${}^{A}\boldsymbol{I}={}^{A}_{B}\boldsymbol{R}\,{}^{B}\boldsymbol{I}\,{}^{A}_{B}\boldsymbol{R}^{\mathrm{T}}$；②若两坐标系之间只存在平移关系，则满足平行移轴定理，即式（9.2-15）表示的公式。

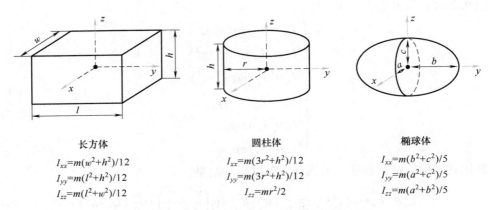

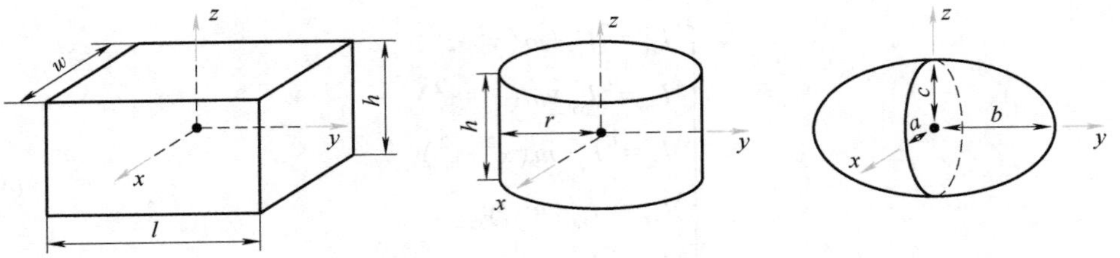

长方体

$I_{xx}=m(w^2+h^2)/12$

$I_{yy}=m(l^2+h^2)/12$

$I_{zz}=m(l^2+w^2)/12$

圆柱体

$I_{xx}=m(3r^2+h^2)/12$

$I_{yy}=m(3r^2+h^2)/12$

$I_{zz}=mr^2/2$

椭球体

$I_{xx}=m(b^2+c^2)/5$

$I_{yy}=m(a^2+c^2)/5$

$I_{zz}=m(a^2+b^2)/5$

图 9-3　均匀密度刚体的惯性主轴及主惯性矩

1）过刚体质心的坐标系轴是其主轴，对应的惯性积为零，惯性矩为主惯性矩。

2）即使选取的参考坐标系不同，但惯性矩永远为正，而惯性积正负皆有可能。

3）对于任意参考坐标系的惯性张量，其特征值为主惯性矩，对应的特征向量为惯性主轴。

9.3　基于拉格朗日方程的机器人动力学建模

9.3.1　一般质点系的拉格朗日方程

在理论力学中，已经学过了质点系（或刚体）的拉格朗日方程（第二类拉格朗日方程），这里不再赘述，只给出拉格朗日方程的一般形式：

$$\frac{\mathrm{d}}{\mathrm{d}t}\left(\frac{\partial L}{\partial \dot{q}_j}\right)-\frac{\partial L}{\partial q_j}=Q_j \quad (j=1,2,\cdots,n) \tag{9.3-1}$$

式中，L 为拉格朗日函数，$L=T-U$，其中 T 为动能，U 为势能；Q_j 为不含有势力的广义力，可通过作用在系统上的非保守力所做的虚功来确定，通常是指作用在驱动器上的驱动力；q_j 为广义坐标，这里一般指广义位移，即驱动副的位移（线位移或者角位移）；n 为自由度数。显然，拉格朗日方程是以能量观点来研究机械的真实运动规律的。利用拉格朗日方程进行机械系统动力学分析，首先应确定机械系统的广义坐标，然后列出系统的动能、势能和广义力的表达式，再代入式（9.3-1），即可获得机械系统动力学方程。

以单自由度平面机械系统为例。描述该系统的运动仅需 1 个独立参数，即系统的广义坐标只有 1 个量 q。该系统的拉格朗日方程可写成

$$\frac{\mathrm{d}}{\mathrm{d}t}\left(\frac{\partial L}{\partial \dot{q}}\right)-\frac{\partial L}{\partial q}=Q \tag{9.3-2}$$

若不计各活动构件的重量和弹性，则系统的势能可不考虑。这时，式（9.3-2）简化为

$$\frac{\mathrm{d}}{\mathrm{d}t}\left(\frac{\partial T}{\partial \dot{q}}\right)-\frac{\partial T}{\partial q}=Q \tag{9.3-3}$$

对于平面机械系统而言，构件的运动形式仅有三种：平动、定轴转动与一般平面运动。平动与定轴转动均可视为一般平面运动的特例。故以一般平面运动为典型，可写出第 i 个活

动构件的动能 T_i 为

$$T_i=\frac{1}{2}{}^{C_i}I_i\omega_i^2+\frac{1}{2}m_iv_{C_i}^2 \tag{9.3-4}$$

式中，m_i为第 i 个活动构件的质量；${}^{C_i}I_i$为第 i 个活动构件绕其质心的转动惯量；ω_i 为第 i 个活动构件的角速度；v_{C_i}为第 i 个活动构件质心的线速度。

对于绕质心做定轴转动的构件，$v_{C_i}=0$；而对于平动构件，$\omega_i=0$。这样，具有 n 个活动构件的机构总动能 T 为

$$T=\sum_{i=1}^{n}T_i=\sum_{i=1}^{n}\left(\frac{1}{2}{}^{C_i}I_i\omega_i^2+\frac{1}{2}m_iv_{C_i}^2\right) \tag{9.3-5}$$

为求得 T，需要对该机构做位置分析，进而导出各活动构件的角位移 φ_i 及其质心坐标（x_{C_i}, y_{C_i}）。它们都是系统广义坐标的函数，一般可写成

$$\begin{cases}\varphi_i=\varphi_i(q)\\ x_{C_i}=x_{C_i}(q)\quad(i=1,2,\cdots,n)\\ y_{C_i}=y_{C_i}(q)\end{cases} \tag{9.3-6}$$

再对其进行速度分析，通过对式（9.3-6）求导，可得各活动构件的角速度及其质心坐标：

$$\begin{cases}\omega_i=\dfrac{\mathrm{d}\varphi_i}{\mathrm{d}q}\dot{q}\\ v_{C_i}=\sqrt{\dot{x}_{C_i}^2+\dot{y}_{C_i}^2}\end{cases} \tag{9.3-7}$$

式中，

$$\begin{cases}\dot{x}_{C_i}=\dfrac{\mathrm{d}x_{C_i}}{\mathrm{d}q}\dot{q}\\ \dot{y}_{C_i}=\dfrac{\mathrm{d}y_{C_i}}{\mathrm{d}q}\dot{q}\end{cases}\quad(i=1,2,\cdots,n) \tag{9.3-8}$$

将式（9.3-7）和式（9.3-8）代入式（9.3-5）中，得到通式：

$$T=\frac{1}{2}I_{\mathrm{eq}}\dot{q}^2 \tag{9.3-9}$$

式中，

$$I_{\mathrm{eq}}=\sum_{i=1}^{n}\left\{m_i\left[\left(\frac{\mathrm{d}x_{C_i}}{\mathrm{d}q}\right)^2+\left(\frac{\mathrm{d}y_{C_i}}{\mathrm{d}q}\right)^2\right]+{}^{C_i}I_i\left(\frac{\mathrm{d}\varphi_i}{\mathrm{d}q}\right)^2\right\}=\sum_{i=1}^{n}\left[m_i\left(\frac{v_{C_i}}{\dot{q}}\right)^2+{}^{C_i}I_i\left(\frac{\omega_i}{\dot{q}}\right)^2\right] \tag{9.3-10}$$

因此，可导出该机械系统的动力学方程为

$$I_{\mathrm{eq}}\ddot{q}+\frac{1}{2}\frac{\mathrm{d}I_{\mathrm{eq}}}{\mathrm{d}q}\dot{q}^2=Q \tag{9.3-11}$$

式中，x_{C_i}、y_{C_i}为第 i 个活动构件质心在 x、y 方向上的线位移；φ_i 为第 i 个活动构件的角位移；I_{eq}为系统的等效转动惯量；Q 为系统的广义力；其他参数同前面定义。

广义力可由虚位移原理来确定。对于单自由度机械系统，若将外力、外力矩的虚功直接表达为与虚位移 δq 的关系：

$$\delta W=\boldsymbol{Q}\cdot\delta\boldsymbol{q} \tag{9.3-12}$$

则虚位移 $\delta \boldsymbol{q}$ 前的系数 $\boldsymbol{Q}$ 即为其所对应的广义力。工程问题中，虚位移可以转化为实位移，虚速度可以转化为真实速度。

若外力（矩）的功率 P 与广义速度 $\dot{\boldsymbol{q}}$ 满足关系式：

$$P=\boldsymbol{Q}\cdot\dot{\boldsymbol{q}} \tag{9.3-13}$$

则广义速度 $\dot{\boldsymbol{q}}$ 前的系数即为其所对应的广义力。

9.3.2　串联机器人的拉格朗日方程

先举个简单的例子，仍以平面 2R 机器人为例。按照 9.3.1 节中所给的一般质点系的拉格朗日方程，对其进行动力学建模。

选取图 9-4 所示的 2 个转角，即 $\boldsymbol{\theta}=(\theta_1,\theta_2)^{\mathrm{T}}$ 为广义坐标，广义力 $\boldsymbol{\tau}=(\tau_1,\tau_2)^{\mathrm{T}}$ 则与关节力矩相对应。因此，该机构的拉格朗日方程可表示为如下形式：

$$\tau_i=\frac{\mathrm{d}}{\mathrm{d}t}\left(\frac{\partial L}{\partial\dot{\theta}_i}\right)-\frac{\partial L}{\partial\theta_i}\quad(i=1,2) \tag{9.3-14}$$

式中，拉格朗日函数 $L=T-U$。

该机器人在 xy 平面内移动，重力 $\boldsymbol{g}$ 作用于 y 方向。在推导该机器人的动力学方程之前，必须明晰机构中所有杆的质量及惯性特性。为简化起见，将两个杆均看作是位于各杆末端的集中质量（即各杆的质心在其末端）。

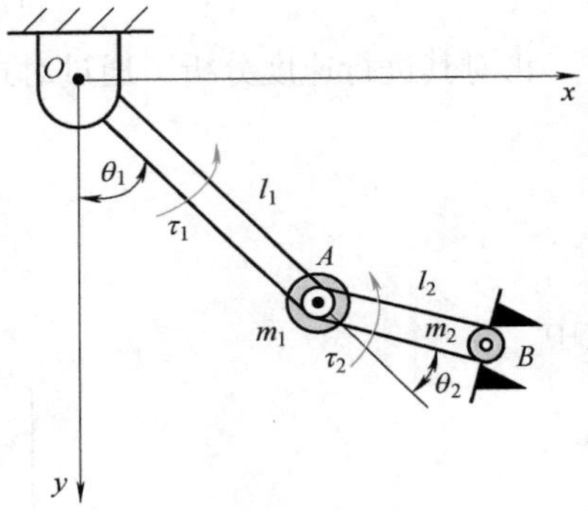

图 9-4　平面 2R 机器人

杆 1 质心的位置和速度如下：

$$\begin{pmatrix}x_1\\y_1\end{pmatrix}=\begin{pmatrix}l_1\cos\theta_1\\l_1\sin\theta_1\end{pmatrix}$$

$$\begin{pmatrix}\dot{x}_1\\\dot{y}_1\end{pmatrix}=\begin{pmatrix}-l_1\sin\theta_1\\l_1\cos\theta_1\end{pmatrix}\dot{\theta}_1$$

杆 2 质心相应的参数如下：

$$\begin{pmatrix}x_2\\y_2\end{pmatrix}=\begin{pmatrix}l_1\cos\theta_1+l_2\cos(\theta_1+\theta_2)\\l_1\sin\theta_1+l_2\sin(\theta_1+\theta_2)\end{pmatrix}$$

$$\begin{pmatrix}\dot{x}_2\\\dot{y}_2\end{pmatrix}=\begin{pmatrix}-l_1\sin\theta_1-l_2\sin(\theta_1+\theta_2) & -l_2\sin(\theta_1+\theta_2)\\l_1\cos\theta_1+l_2\cos(\theta_1+\theta_2) & l_2\cos(\theta_1+\theta_2)\end{pmatrix}\begin{pmatrix}\dot{\theta}_1\\\dot{\theta}_2\end{pmatrix}$$

因此，两杆的动能项分别为

$$T_1=\frac{1}{2}m_1(\dot{x}_1^2+\dot{y}_1^2)=\frac{1}{2}m_1l_1^2\dot{\theta}_1^2$$

$$T_2=\frac{1}{2}m_2(\dot{x}_2^2+\dot{y}_2^2)=\frac{1}{2}m_2[(l_1^2+2l_1l_2\cos\theta_2+l_2^2)\dot{\theta}_1^2+2(l_2^2+2l_1l_2\cos\theta_2)\dot{\theta}_1\dot{\theta}_2+l_2^2\dot{\theta}_2^2]$$

两杆的势能项分别为

$$U_1=m_1gy_1=m_1gl_1\sin\theta_1$$

$$U_2=m_2gy_2=m_2g[l_1\sin\theta_1+l_2\sin(\theta_1+\theta_2)]$$

将以上各式代入式（9.3-14），可得

$$\begin{aligned}\tau_1&=[m_1l_1^2+m_2(l_1^2+2l_1l_2\cos\theta_2+l_2^2)]\ddot{\theta}_1+m_2(l_1l_2\cos\theta_2+l_2^2)\ddot{\theta}_2-\\&\quad m_2l_1l_2\sin\theta_2(2\dot{\theta}_1\dot{\theta}_2+\dot{\theta}_2^2)+(m_1+m_2)l_1g\sin\theta_1+m_2gl_2\sin(\theta_1+\theta_2)\\\tau_2&=m_2(l_1l_2\cos\theta_2+l_2^2)\ddot{\theta}_1+m_2l_2^2\ddot{\theta}_2+m_2l_1l_2\dot{\theta}_1^2\sin\theta_2+m_2gl_2\sin(\theta_1+\theta_2)\end{aligned}\tag{9.3-15}$$

将式（9.3-15）写成矩阵的形式：

$$\boldsymbol{\tau}=\boldsymbol{M}(\boldsymbol{\theta})\ddot{\boldsymbol{\theta}}+\boldsymbol{V}(\boldsymbol{\theta},\dot{\boldsymbol{\theta}})+\boldsymbol{G}(\boldsymbol{\theta})\tag{9.3-16}$$

$$\boldsymbol{\tau}=\begin{pmatrix}\tau_1\\\tau_2\end{pmatrix},\quad \boldsymbol{M}(\boldsymbol{\theta})=\begin{pmatrix}m_1l_1^2+m_2(l_1^2+2l_1l_2\cos\theta_2+l_2^2) & m_2(l_1l_2\cos\theta_2+l_2^2)\\ m_2(l_1l_2\cos\theta_2+l_2^2) & m_2l_2^2\end{pmatrix}$$

$$\boldsymbol{V}(\boldsymbol{\theta},\dot{\boldsymbol{\theta}})=\begin{pmatrix}-m_2l_1l_2(2\dot{\theta}_1\dot{\theta}_2+\dot{\theta}_2^2)\sin\theta_2\\ m_2l_1l_2\dot{\theta}_1^2\sin\theta_2\end{pmatrix},\quad \boldsymbol{G}(\boldsymbol{\theta})=\begin{pmatrix}(m_1+m_2)l_1g\sin\theta_1+m_2gl_2\sin(\theta_1+\theta_2)\\ m_2gl_2\sin(\theta_1+\theta_2)\end{pmatrix}$$

式中，$\boldsymbol{\tau}$ 为广义力矢量；$\boldsymbol{M}(\boldsymbol{\theta})$ 是广义质量矩阵；$\boldsymbol{V}(\boldsymbol{\theta},\dot{\boldsymbol{\theta}})$ 是包含科氏力和向心力项的矢量；$\boldsymbol{G}(\boldsymbol{\theta})$ 是包含重力矩的矢量。

以上即为平面 2R 机器人拉格朗日形式的动力学方程。

将上述建模思想扩展到一般情况。假设某一串联机器人动力学的拉格朗日函数为

$$L(\boldsymbol{q},\dot{\boldsymbol{q}})=T(\boldsymbol{q},\dot{\boldsymbol{q}})-U(\boldsymbol{q})$$

式中，$T(\boldsymbol{q},\dot{\boldsymbol{q}})$ 为系统的动能；$U(\boldsymbol{q})$ 为系统的势能；$\boldsymbol{q}$ 为关节位移矢量。

基于拉格朗日函数的动力学方程为

$$\frac{\mathrm{d}}{\mathrm{d}t}\left(\frac{\partial L}{\partial\dot{\boldsymbol{q}}}\right)-\frac{\partial L}{\partial\boldsymbol{q}}=\boldsymbol{\tau}_{\mathrm{d}}\tag{9.3-17}$$

式中，$\boldsymbol{\tau}_{\mathrm{d}}$ 为仅考虑惯性和重力的关节驱动力矢量。进一步简化为

$$\frac{\mathrm{d}}{\mathrm{d}t}\left(\frac{\partial T}{\partial\dot{\boldsymbol{q}}}\right)-\frac{\partial T}{\partial\boldsymbol{q}}+\frac{\partial U}{\partial\boldsymbol{q}}=\boldsymbol{\tau}_{\mathrm{d}}\tag{9.3-18}$$

单根连杆的动能可表示成

$$T_i=\frac{1}{2}m_i\boldsymbol{v}_{C_i}^{\mathrm{T}}\boldsymbol{v}_{C_i}+\frac{1}{2}{}^i\boldsymbol{\omega}_i^{\mathrm{T}}\,{}^C\boldsymbol{I}_i\,{}^i\boldsymbol{\omega}_i\tag{9.3-19}$$

式中，$\frac{1}{2}m_i\boldsymbol{v}_{C_i}^{\mathrm{T}}\boldsymbol{v}_{C_i}$ 为基于连杆质心线速度的移动动能；$\frac{1}{2}{}^i\boldsymbol{\omega}_i^{\mathrm{T}}\,{}^C\boldsymbol{I}_i\,{}^i\boldsymbol{\omega}_i$ 为连杆角速度的转动动能。

将第 6 章曾导出的串联机器人的速度雅可比公式进行分解，可得

$$\boldsymbol{\omega}_i={}^i\boldsymbol{J}_\omega\dot{\boldsymbol{q}},\quad \boldsymbol{v}_{C_i}={}^{C_i}\boldsymbol{J}_v\dot{\boldsymbol{q}}\tag{9.3-20}$$

式中，${}^i\boldsymbol{J}_\omega$ 为末端角速度对应的速度雅可比；${}^{C_i}\boldsymbol{J}_v$ 为末端线速度对应的速度雅可比。

将式（9.3-20）代入式（9.3-19）中，得

$$T_i=\frac{1}{2}{}^i\boldsymbol{\omega}_i^{\mathrm{T}}\,{}^C\boldsymbol{I}_i\,{}^i\boldsymbol{\omega}_i+\frac{1}{2}m_i\boldsymbol{v}_{C_i}^{\mathrm{T}}\boldsymbol{v}_{C_i}=\frac{1}{2}\dot{\boldsymbol{q}}^{\mathrm{T}}({}^i\boldsymbol{J}_\omega^{\mathrm{T}}\,{}^C\boldsymbol{I}_i\,{}^i\boldsymbol{J}_\omega+m_i\,{}^{C_i}\boldsymbol{J}_v^{\mathrm{T}}\,{}^{C_i}\boldsymbol{J}_v)\dot{\boldsymbol{q}}=\frac{1}{2}\dot{\boldsymbol{q}}^{\mathrm{T}}\boldsymbol{M}_i\dot{\boldsymbol{q}}\tag{9.3-21}$$

式中，$\boldsymbol{M}_i$ 为构件 i 的广义质量矩阵，是 $\boldsymbol{q}$ 的函数，具体可以写成

$$\boldsymbol{M}_i=\begin{pmatrix}{}^C\boldsymbol{I}_i & \boldsymbol{0}\\ \boldsymbol{0} & m_i\boldsymbol{I}_3\end{pmatrix}\tag{9.3-22}$$

因此，机器人系统的总动能可以写成

$$T=\sum_{i=1}^{n}T_i=\sum_{i=1}^{n}\left(\frac{1}{2}\dot{\boldsymbol{q}}^{\mathrm{T}}\boldsymbol{M}_i\dot{\boldsymbol{q}}\right)=\frac{1}{2}\dot{\boldsymbol{q}}^{\mathrm{T}}\boldsymbol{M}\dot{\boldsymbol{q}}\tag{9.3-23}$$

式中，$\boldsymbol{M}$ 为系统的广义质量矩阵或广义惯性矩阵（$n\times n$ 阶），是 $\boldsymbol{q}$ 的函数，同时也是对称正定阵。而系统动能 T 是 $\boldsymbol{q}$ 和 $\dot{\boldsymbol{q}}$ 的函数。

机器人这种多刚体机械系统的动能表达式在形式上与质点的动能表达式非常类似。

$$T=\frac{1}{2}mv^2$$

再来计算单根连杆的势能。为此需要定义一个零势能参考面（通常选基坐标系{0}作为零势能参考面），每根连杆的势能增量是重力做功的负值，即

$$U_i=-W_G=-m_i\boldsymbol{g}^{\mathrm{T}}\boldsymbol{r}_{C_i} \tag{9.3-24}$$

式中，$\boldsymbol{g}=(0,g,0)^{\mathrm{T}}$；$\boldsymbol{r}_{C_i}$ 为第 i 根连杆的质心 C_i 相对{0}系原点的位置矢量，并在{0}系中表达，它是关节位置矢量 $\boldsymbol{q}$ 的函数。

因此，机器人系统的总势能可以写成

$$U=\sum_{i=1}^{n}U_i=\sum_{i=1}^{n}(-m_i\boldsymbol{g}^{\mathrm{T}}\boldsymbol{r}_{C_i}) \tag{9.3-25}$$

将式（9.3-22）与式（9.3-25）代入到式（9.3-18）中，可得到如下形式的动力学方程：

$$\boldsymbol{M}(\boldsymbol{q})\ddot{\boldsymbol{q}}+\boldsymbol{B}(\boldsymbol{q})\dot{\boldsymbol{q}}\dot{\boldsymbol{q}}+\boldsymbol{C}(\boldsymbol{q})\dot{\boldsymbol{q}}^2+\boldsymbol{G}(\boldsymbol{q})=\boldsymbol{\tau}_{\mathrm{d}} \tag{9.3-26}$$

式中，$\boldsymbol{M}(\boldsymbol{q})\ddot{\boldsymbol{q}}$ 为惯性力项，反映了关节加速度对关节驱动力/力矩的影响。其中，$\boldsymbol{M}(\boldsymbol{q})$ 的对角线元素代表机器人的有效惯量，非对角元素代表耦合惯量，它们均随机器人的位形变化而变化，同时跟负载、机器人的状态（自由状态/锁死状态）也有关；变换范围大，对机器人的控制影响巨大。因此，对于一个机器人的控制而言，需要计算出各个有效惯量、耦合惯量与机器人位形之间的关系。

$\boldsymbol{B}(\boldsymbol{q})\dot{\boldsymbol{q}}\dot{\boldsymbol{q}}$ 为科氏力项，反映了由于一对关节速度耦合对关节驱动力/力矩的影响。其中，$\boldsymbol{B}(\boldsymbol{q})$ 为科氏系数，为 $n\times n(n-1)/2$ 阶矩阵，$\dot{\boldsymbol{q}}\dot{\boldsymbol{q}}=(\dot{q}_1\dot{q}_2,\dot{q}_1\dot{q}_3,\cdots,\dot{q}_{n-1}\dot{q}_n)^{\mathrm{T}}$。

$\boldsymbol{C}(\boldsymbol{q})\dot{\boldsymbol{q}}^2$ 为向心力项，反映了角加速度对关节驱动力的影响。其中，$\boldsymbol{C}(\boldsymbol{q})$ 称为向心系数，为 $n\times n$ 阶矩阵。

$\boldsymbol{G}(\boldsymbol{q})$ 为重力项，反映了各杆重力对关节驱动力的影响，为 $n\times 1$ 阶列向量。

有时，为了表达简洁，将式（9.3-26）中的第二、三两项合并，表示成

$$\boldsymbol{M}(\boldsymbol{q})\ddot{\boldsymbol{q}}+\boldsymbol{V}(\boldsymbol{q},\dot{\boldsymbol{q}})+\boldsymbol{G}(\boldsymbol{q})=\boldsymbol{\tau}_{\mathrm{d}} \tag{9.3-27}$$

式（9.3-27）为无末端接触力的关节驱动力通式。如果末端与环境有接触力 $\boldsymbol{F}_0$，则可根据第 8 章静力学分析中的结论，计算出末端接触力引起的关节负载 $\boldsymbol{\tau}_0$，即满足

$$\boldsymbol{\tau}_0=\boldsymbol{J}^{\mathrm{T}}\boldsymbol{F}_0 \tag{9.3-28}$$

关节总的驱动力 $\boldsymbol{\tau}$ 可通过式（9.3-29）来计算：

$$\boldsymbol{\tau}=\boldsymbol{\tau}_{\mathrm{d}}+\boldsymbol{\tau}_0 \tag{9.3-29}$$

不妨将拉格朗日形式的机器人动力学方程求解过程小结一下：

1）选取广义坐标。

2）计算系统的动能。

3）计算系统的势能。

4）构造第二类拉格朗日函数（只适用于完整约束系统）。

5）构造关节驱动力拉格朗日动力学方程，求解仅考虑惯量和重量的关节驱动力矢量 $\boldsymbol{\tau}_{\mathrm{d}}$。

6）计算末端环境接触力 $\boldsymbol{F}_0$ 引起的关节静负载 $\boldsymbol{\tau}_0$。

7）计算最终的关节驱动力 $\boldsymbol{\tau}$。

【例 9-2】　已知一平面 RP 机器人，如图 9-5 所示。假设每根杆的质心都位于杆的末端，质量分别为 m_1 和 m_2，连杆 1 的质心距转动关节 1 的转轴的距离为 l_1，连杆 2 的质心距关节 1 的转轴的距离为 d_2。各连杆的惯性张量为

$$^{C_i}\boldsymbol{I}_i=\begin{pmatrix} I_{ixx} & 0 & 0 \\ 0 & I_{iyy} & 0 \\ 0 & 0 & I_{izz} \end{pmatrix} \quad (i=1,2)$$

试利用拉格朗日法建立该机器人的动力学方程。

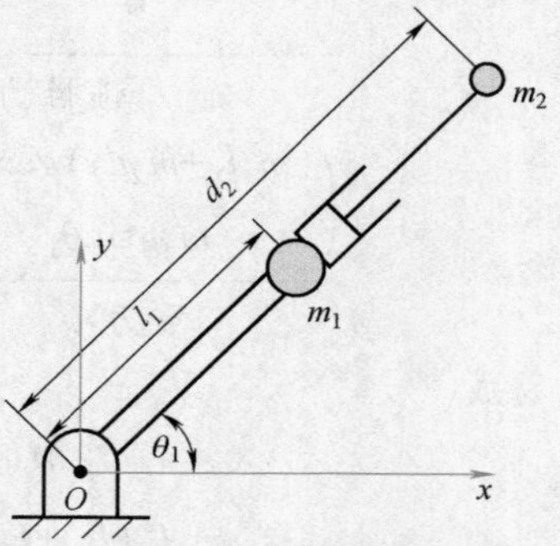

图 9-5　平面 RP 机器人

解：该机器人可实现 2 自由度的空间运动。为此，选取广义坐标 $\boldsymbol{q}=(\theta_1,d_2)^{\mathrm{T}}$，广义力 $\boldsymbol{\tau}_{\mathrm{d}}=(\tau_1,f_2)^{\mathrm{T}}$。

杆 1 质心的位置和线速度：

$$\begin{pmatrix} x_1 \\ y_1 \end{pmatrix}=\begin{pmatrix} l_1\cos\theta_1 \\ l_1\sin\theta_1 \end{pmatrix},\quad \begin{pmatrix} \dot{x}_1 \\ \dot{y}_1 \end{pmatrix}=\begin{pmatrix} -l_1\sin\theta_1 \\ l_1\cos\theta_1 \end{pmatrix}\dot{\theta}_1$$

杆 2 质心的位置和线速度：

$$\begin{pmatrix} x_2 \\ y_2 \end{pmatrix}=\begin{pmatrix} d_2\cos\theta_1 \\ d_2\sin\theta_1 \end{pmatrix},\quad \begin{pmatrix} \dot{x}_2 \\ \dot{y}_2 \end{pmatrix}=\begin{pmatrix} -d_2\sin\theta_1 & \cos\theta_1 \\ d_2\cos\theta_1 & \sin\theta_1 \end{pmatrix}\begin{pmatrix} \dot{\theta}_1 \\ \dot{d}_2 \end{pmatrix}$$

因此，两杆的动能项分别为

$$T_1=\frac{1}{2}m_1(\dot{x}_1^2+\dot{y}_1^2)+\frac{1}{2}I_{1zz}\dot{\theta}_1^2=\frac{1}{2}m_1l_1^2\dot{\theta}_1^2+\frac{1}{2}I_{1zz}\dot{\theta}_1^2$$

$$T_2=\frac{1}{2}m_2(\dot{x}_2^2+\dot{y}_2^2)+\frac{1}{2}I_{2yy}\dot{\theta}_1^2=\frac{1}{2}m_2(d_2^2\dot{\theta}_1^2+\dot{d}_2^2)+\frac{1}{2}I_{2yy}\dot{\theta}_1^2$$

（连杆坐标系{2}坐标轴分布与系{1}不同）

两杆的势能项分别为

$$U_1=m_1gl_1\sin\theta_1$$
$$U_2=m_2gd_2\sin\theta_1$$

因此，系统的总动能为

$$T(\boldsymbol{q},\dot{\boldsymbol{q}})=\sum_{i=1}^{2}T_i=\frac{1}{2}(m_1l_1^2+I_{1zz}\dot{\theta}_1^2+I_{2yy}+m_2d_2^2)\dot{\theta}_1^2+\frac{1}{2}m_2\dot{d}_2^2$$

系统的总势能为

$$U(\boldsymbol{q})=\sum_{i=1}^{2}U_i=g(m_1l_1+m_2d_2)\sin\theta_1$$

代入式（9.3-14），并化简得

$$\begin{cases}\tau_1=(m_1l_1^2+I_{1zz}+I_{2yy}+m_2d_2^2)\ddot{\theta}_1+2m_2d_2\dot{\theta}_1\dot{d}_2+(m_1l_1+m_2d_2)g\cos\theta_1 \\ f_2=m_2\ddot{d}_2-m_2d_2\dot{\theta}_1^2+m_2g\sin\theta_1\end{cases}$$

写成矩阵形式：

$$\underbrace{\begin{pmatrix} m_1 l_1^2+I_{1zz}+I_{2yy}+m_2 d_2^2 & 0 \\ 0 & m_2 \end{pmatrix}\begin{pmatrix}\ddot{\theta}_1\\ \ddot{d}_2\end{pmatrix}}_{\text{惯性力项}}+\underbrace{\begin{pmatrix}2m_2d_2\\0\end{pmatrix}\dot{\theta}_1\dot{d}_2}_{\text{科氏力项}}+\underbrace{\begin{pmatrix}0 & 0\\ -m_2d_2 & 0\end{pmatrix}\begin{pmatrix}\dot{\theta}_1^2\\ \dot{d}_2^2\end{pmatrix}}_{\text{向心力项}}+$$

$$\underbrace{\begin{pmatrix}(m_1l_1+m_2d_2)g\cos\theta_1\\ m_2g\sin\theta_1\end{pmatrix}}_{\text{重力项}}=\underbrace{\begin{pmatrix}\tau_1\\ f_2\end{pmatrix}}_{\text{驱动力}}$$

简写成

$$\boldsymbol{M}(\boldsymbol{q})\ddot{\boldsymbol{q}}+\boldsymbol{B}(\boldsymbol{q})\dot{\boldsymbol{q}}\dot{\boldsymbol{q}}+\boldsymbol{C}(\boldsymbol{q})\dot{\boldsymbol{q}}^2+\boldsymbol{G}(\boldsymbol{q})=\boldsymbol{\tau}_{\mathrm{d}}$$

式中，$\boldsymbol{M}(\boldsymbol{q})=\begin{pmatrix} m_1 l_1^2+I_{1zz}+I_{2yy}+m_2 d_2^2 & 0 \\ 0 & m_2 \end{pmatrix}$；$\boldsymbol{B}(\boldsymbol{q})=\begin{pmatrix}2m_2d_2\\0\end{pmatrix}$；$\boldsymbol{C}(\boldsymbol{q})=\begin{pmatrix}0 & 0\\ -m_2d_2 & 0\end{pmatrix}$；

$\boldsymbol{G}(\boldsymbol{q})=\begin{pmatrix}(m_1l_1+m_2d_2)g\cos\theta_1\\ m_2g\sin\theta_1\end{pmatrix}$。

【例 9-3】 已知一平面 RP 机器人，如图 9-5 所示。假设每根杆的质心都位于杆的末端，且 $m_1=10\mathrm{kg}$，$m_2=5\mathrm{kg}$，$l_1=1\mathrm{m}$，$d_2=1\sim2\mathrm{m}$。关节 1 的最大角速度 $\dot{\theta}_{1\max}=1\mathrm{rad/s}$，最大角加速度 $\ddot{\theta}_{1\max}=1\mathrm{rad/s^2}$；关节 2 的最大速度 $v_{2\max}=1\mathrm{m/s}$，最大加速度 $a_{2\max}=2\mathrm{m/s^2}$。试计算以下两种情况下的关节驱动力/力矩。

1）手臂伸长至最长，两个关节均以最大速度从垂直位置运动到水平位置，试计算关节 1 的驱动力矩。

2）手臂缩至最短，两个关节均以最大加速度起动，计算垂直与水平两种位置时，关节 1 和 2 的驱动力/力矩。

解：取 $\boldsymbol{q}=(\theta_1,d_2)^{\mathrm{T}}$ 为广义坐标，广义力 $\boldsymbol{\tau}_{\mathrm{d}}=(\tau_1,f_2)^{\mathrm{T}}$ 则与关节力矩相对应。

考虑到各连杆质量集中在一点，各杆相对质心坐标系的惯性张量可忽略不计，即

$${}^{C}\boldsymbol{I}_i=\boldsymbol{0}\quad(i=1,2)$$

下面利用拉格朗日法建立该机器人的动力学方程，过程同例 9-2。

因此，两杆的动能项（只有移动项）分别为

$$T_1=\frac{1}{2}m_1(\dot{x}_1^2+\dot{y}_1^2)=\frac{1}{2}m_1l_1^2\dot{\theta}_1^2$$

$$T_2=\frac{1}{2}m_2(\dot{x}_2^2+\dot{y}_2^2)=\frac{1}{2}m_2(d_2^2\dot{\theta}_1^2+\dot{d}_2^2)$$

两杆的势能项分别为

$$U_1=m_1gl_1\sin\theta_1$$
$$U_2=m_2gd_2\sin\theta_1$$

将以上各式代入式（9.3-14），可得

$$\begin{cases}\tau_1=(m_1l_1^2+m_2d_2^2)\ddot{\theta}_1+2m_2d_2\dot{\theta}_1\dot{d}_2+(m_1l_1+m_2d_2)g\cos\theta_1\\ f_2=m_2\ddot{d}_2-m_2d_2\dot{\theta}_1^2+m_2g\sin\theta_1\end{cases}\tag{9.3-30}$$

写成矩阵的形式：

$$\boldsymbol{M}(\boldsymbol{q})\ddot{\boldsymbol{q}}+\boldsymbol{V}(\boldsymbol{q},\dot{\boldsymbol{q}})+\boldsymbol{G}(\boldsymbol{q})=\boldsymbol{\tau}_{\mathrm{d}}\tag{9.3-31}$$

式中，$\boldsymbol{M}(\boldsymbol{q})=\begin{pmatrix}m_1l_1^2+m_2d_2^2 & 0\\ 0 & m_2\end{pmatrix}$；$\boldsymbol{V}(\boldsymbol{q},\dot{\boldsymbol{q}})=\begin{pmatrix}2m_2d_2\dot{\theta}_1\dot{d}_2\\ -m_2d_2\dot{\theta}_1^2\end{pmatrix}$；$\boldsymbol{G}(\boldsymbol{q})=\begin{pmatrix}(m_1l_1+m_2d_2)g\cos\theta_1\\ m_2g\sin\theta_1\end{pmatrix}$。

对于情况 1)，对应的各参数如下：

$$\begin{cases}\theta_1：\pi/2\rightarrow0，\quad \dot{\theta}_1=\dot{\theta}_{1\max}=1，\quad \ddot{\theta}_1=0\\ d_2：d_2=2，\quad \dot{d}_2=\dot{d}_{2\max}=1，\quad \ddot{d}_2=0\end{cases}$$

将上述及已知参数代入式 (9.3-30)，得

$$\tau_1=20+196\cos\theta\tag{9.3-32}$$

绘制关节 1 的驱动力矩随角度变化的曲线图（图 9-6）。由图中可知，关节 1 从垂直位置到水平位置的过程中，驱动力矩发生显著变化，且逐渐增大（从初始值 20N · m 增大到终值 216N · m）。相比较而言，重力影响更大些（第 2 项）。

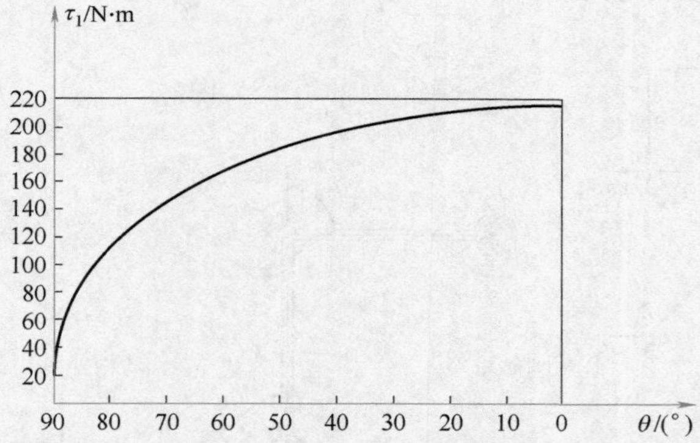

图 9-6　关节 1 的驱动力矩随角度变化的曲线图

对于情况 2)，对应的各参数如下：

$$垂直时，\begin{cases}\theta_1：\theta_1=90°，\quad \dot{\theta}_1=0，\quad \ddot{\theta}_1=\ddot{\theta}_{1\max}=1\\ d_2：d_2=1，\quad \dot{d}_2=0，\quad \ddot{d}_2=\ddot{d}_{2\max}=2\end{cases}$$

$$水平时，\begin{cases}\theta_1：\theta_1=0°，\quad \dot{\theta}_1=0，\quad \ddot{\theta}_1=\ddot{\theta}_{1\max}=1\\ d_2：d_2=1，\quad \dot{d}_2=0，\quad \ddot{d}_2=\ddot{d}_{2\max}=2\end{cases}$$

将上述及已知参数代入式 (9.3-30)，得

$$\begin{cases}\tau_1=30+147\cos\theta\\ f_2=10+49\sin\theta\end{cases}$$

因此，在垂直位置时，$\tau_1=30\text{N}\cdot\text{m}$，$f_2=10\text{N}$；在水平位置时，$\tau_1=177\text{N}\cdot\text{m}$，$f_2=59\text{N}$。

由以上数据可知：

1）对该 RP 机器人而言，施加给关节 1 的驱动力矩要大于关节 2 的驱动力矩，主要原因在于杆 2 本质上也是杆 1 的负载。这也解释了为什么工业机器人离基座最近的关节电动机（功率）一般要大于其他关节电动机。

2）重力负载对关节驱动的影响显著，水平位置时影响最大，垂直位置时影响最小（为 0）。重力负载的这种显著影响也势必会影响到机器人的控制精度，这使得在实际的工业机器人中，为消除这种影响而采用重力补偿等手段。常见的方法包括：直接采用平衡块或弹簧来补偿离基座最近的关节（第 1 关节）的重力。

【例 9-4】 图 9-4 所示的平面 2R 机器人中，在 O 和 A 处分别安装有伺服电动机（连同减速器），分别产生驱动力矩 τ_1、τ_2 带动机械手运动。两个臂长分别为 $l_1=l_2=1\text{m}$，两臂的自重不计，A 处的伺服电动机及减速器假定为集中质量 $m_1=2\text{kg}$，B 处末端夹持器连同重物的质量为 $m_2=4\text{kg}$，且考虑在无重力环境中运动。图 9-7a 所示为两臂的运动规律，要求在 3s 内由两臂同时向下的位置按等加速-等速-等减速运动规律分别转过 90°，将重物由 B_1 点搬运到 B_2 点，如图 9-7b 所示。试计算 τ_1、τ_2，分析图 9-7a 所示的运动规律是否可行，若不可行提出修改意见。

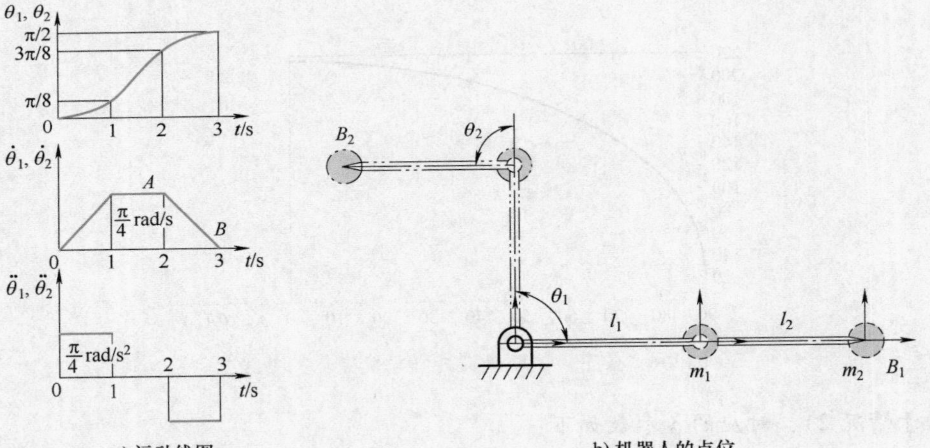

a) 运动线图　　b) 机器人的点位

图 9-7 平面 2R 机器人

解：本节开始已给出了该机器人的动力学模型（忽略重力项），重写如下：

$$\begin{pmatrix} M_{11} & M_{12} \\ M_{21} & M_{22} \end{pmatrix}\begin{pmatrix} \ddot{\theta}_1 \\ \ddot{\theta}_2 \end{pmatrix}+\begin{pmatrix} V_1 \\ V_2 \end{pmatrix}=\begin{pmatrix} \tau_1 \\ \tau_2 \end{pmatrix}$$

代入已知参数可得

$$M_{11}=10+8\cos\theta_2,\quad M_{12}=M_{21}=4+4\cos\theta_2,\quad M_{22}=4,\quad V_1=-8\sin\theta_2,\quad V_2=4\sin\theta_2$$

为便于计算，需要将图 9-7a 所示的运动规律写成表达式的形式，即

$$\theta_1=\theta_2=\begin{cases}\pi t^2/8 & (t=0\sim1\text{s})\\ \pi(-1+2t)/8 & (t=1\sim2\text{s})\\ \pi(-5+6t-t^2)/8 & (t=2\sim3\text{s})\end{cases}$$

$$\dot{\theta}_1=\dot{\theta}_2=\begin{cases}\pi t/4 & (t=0\sim1\text{s})\\ \pi/4 & (t=1\sim2\text{s})\\ \pi(3-t)/4 & (t=2\sim3\text{s})\end{cases}$$

$$\ddot{\theta}_1=\ddot{\theta}_2=\begin{cases}\pi/4 & (t=0\sim1\text{s})\\ 0 & (t=1\sim2\text{s})\\ -\pi/4 & (t=2\sim3\text{s})\end{cases}$$

在 $t=0\sim3$s 区间取一系列时刻，计算出相应的驱动力矩 τ_1 和 τ_2，进而绘制出它们随转角变化的曲线，如图 9-8a 所示。由图中可以看出，驱动力矩中存在突变，这在实际中是无法实现的，也就是说，现有的运动规律是无法实现的（注意，其根源在于图 9-7a 中的角加速度线图中存在突变）。为保证驱动力矩的连续性，两臂的角速度和角加速度均应保证连续，为此需要将角加速度线图进行修正，例如修正成图 9-8b 所示的形式，使得角加速度连续。最终所求得的驱动力矩曲线如图 9-8c 所示。

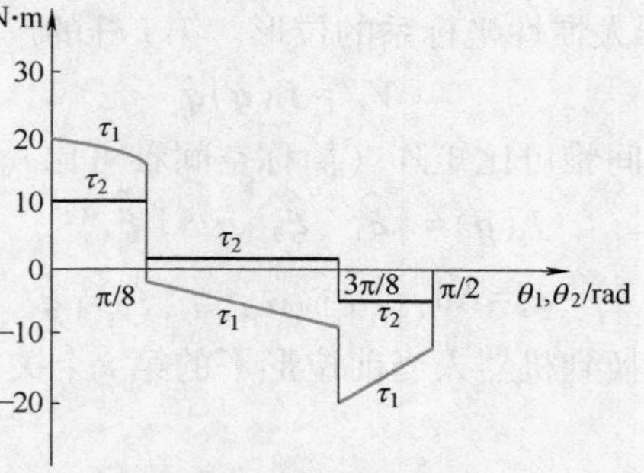

a) 驱动力矩变化规律

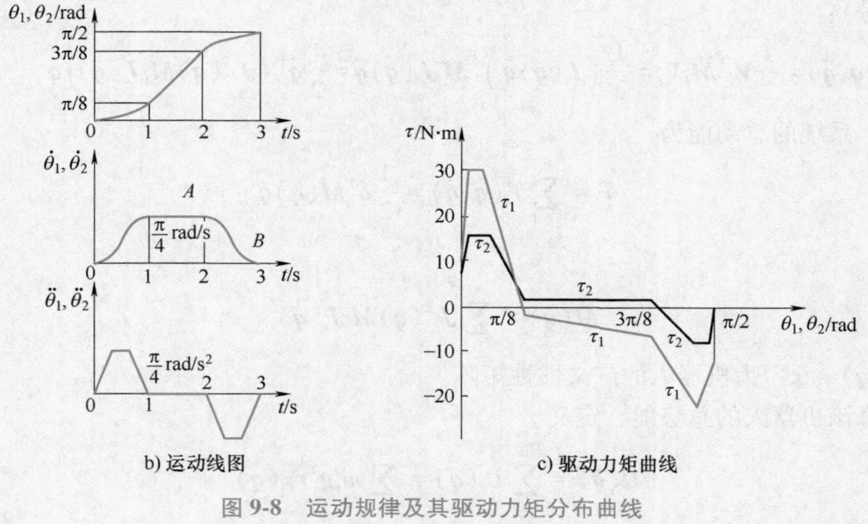

b) 运动线图　　c) 驱动力矩曲线

图 9-8　运动规律及其驱动力矩分布曲线

9.3.3* 基于指数积公式的机器人动力学方程

以上过程虽然具有通用性，但随着机器人关节增多，采用直接计算系统动能、势能的方法将变得异常麻烦。为此，本节介绍基于旋量理论及指数积公式的拉格朗日形式的一般动力学方程表达。

下面推导具有 n 个关节的串联机器人的拉格朗日方程。

第一步是选择一组广义坐标 $\boldsymbol{q}\in\mathbb{R}^n$。对于串联机器人而言，所有关节都是驱动关节，因此，选择各关节作为广义坐标最合适。广义力表示为 $\boldsymbol{\tau}\in\mathbb{R}^n$。如果 q_i 描述转动关节，那么 τ_i 将对应为一个力矩，而如果 q_i 描述移动关节，那么 τ_i 将对应为一个力。以此可简化广义力的求解。

一旦选定 $\boldsymbol{q}$ 并确定了广义力 $\boldsymbol{\tau}$，下一步就可以写出拉格朗日方程：

$$L(\boldsymbol{q},\dot{\boldsymbol{q}})=T(\boldsymbol{q},\dot{\boldsymbol{q}})-U(\boldsymbol{q}) \tag{9.3-33}$$

式中，$T(\boldsymbol{q},\dot{\boldsymbol{q}})$ 为系统的总动能，$U(\boldsymbol{q})$ 为系统的总势能。

为计算该机器人的动能，可将每一杆件的动能求出再求和，为此定义一个固连在第 i 杆质心的物体坐标系 $\{L_i\}$，设

$${}_{L_i}^{S}\boldsymbol{T}(\boldsymbol{q})=\mathrm{e}^{q_1[\hat{\boldsymbol{\xi}}_1]}\mathrm{e}^{q_2[\hat{\boldsymbol{\xi}}_2]}\cdots\mathrm{e}^{q_i[\hat{\boldsymbol{\xi}}_i]}\,{}_{L_i}^{S}\boldsymbol{T}(\boldsymbol{0}) \tag{9.3-34}$$

表示该物体坐标系相对机器人惯性坐标系的位形。第 i 杆的广义速度为

$$\boldsymbol{V}_{C_i}=\boldsymbol{J}_i(\boldsymbol{q})\dot{\boldsymbol{q}} \tag{9.3-35}$$

式中，$\boldsymbol{J}_i(\boldsymbol{q})$ 为第 i 杆的空间雅可比矩阵（简称空间雅可比），并且由 6.4.2 节可知：

$$\boldsymbol{J}_i(\boldsymbol{q})=[\hat{\boldsymbol{\xi}}_1\quad\hat{\boldsymbol{\xi}}_2\quad\cdots\quad\hat{\boldsymbol{\xi}}_n] \tag{9.3-36}$$

$$\boldsymbol{\xi}_i'=\mathrm{Ad}_{\left(\mathrm{e}^{q_1[\hat{\boldsymbol{\xi}}_1]}\mathrm{e}^{q_2[\hat{\boldsymbol{\xi}}_2]}\cdots\mathrm{e}^{q_{i-1}[\hat{\boldsymbol{\xi}}_{i-1}]}\right)}\hat{\boldsymbol{\xi}}_i$$

$\boldsymbol{J}_i(\boldsymbol{q})$ 的第 i 列表示变换到机器人当前位形下的第 i 个关节的单位运动旋量（在惯性坐标系中表示）。

这样，第 i 杆的动能在惯性坐标系下的表示可以写成（为方便公式推导，以下省略式中的角标符号）：

$$T_i(\boldsymbol{q},\dot{\boldsymbol{q}})=\frac{1}{2}\boldsymbol{V}_i^{\mathrm{T}}\boldsymbol{M}_i\boldsymbol{V}_i=\frac{1}{2}\left(\boldsymbol{J}_i(\boldsymbol{q})\dot{\boldsymbol{q}}\right)^{\mathrm{T}}\boldsymbol{M}_i\boldsymbol{J}_i(\boldsymbol{q})\dot{\boldsymbol{q}}=\frac{1}{2}\dot{\boldsymbol{q}}^{\mathrm{T}}\left(\boldsymbol{J}_i^{\mathrm{T}}(\boldsymbol{q})\boldsymbol{M}_i\boldsymbol{J}_i(\boldsymbol{q})\right)\dot{\boldsymbol{q}} \tag{9.3-37}$$

因此，系统的总动能为

$$T=\sum_{i=1}^{n}T_i(\boldsymbol{q},\dot{\boldsymbol{q}})=\frac{1}{2}\dot{\boldsymbol{q}}^{\mathrm{T}}\boldsymbol{M}(\boldsymbol{q})\dot{\boldsymbol{q}} \tag{9.3-38}$$

其中，

$$\boldsymbol{M}(\boldsymbol{q})=\sum_{i=1}^{n}\boldsymbol{J}_i^{\mathrm{T}}(\boldsymbol{q})\boldsymbol{M}_i\boldsymbol{J}_i(\boldsymbol{q}) \tag{9.3-39}$$

式中，$\boldsymbol{M}(\boldsymbol{q})\in\mathbb{R}^{n\times n}$ 为机器人的广义惯性矩阵。

为计算该机器人的总势能，定义

$$U(\boldsymbol{q})=\sum_{i=1}^{n}U_i(\boldsymbol{q})=\sum_{i=1}^{n}m_i\boldsymbol{g}^{\mathrm{T}}\boldsymbol{r}_{C_i}(\boldsymbol{q}) \tag{9.3-40}$$

式中，$\boldsymbol{g}=(0,g,0)^{\mathrm{T}}$。

$$\frac{\mathrm{d}U_i}{\mathrm{d}t}=\frac{\mathrm{d}\left(m_i\boldsymbol{g}^{\mathrm{T}}\boldsymbol{r}_{C_i}(\boldsymbol{q})\right)}{\mathrm{d}t}=(\boldsymbol{\omega}_i^{\mathrm{T}}\quad\boldsymbol{v}_{C_i}^{\mathrm{T}})\begin{pmatrix}\boldsymbol{0}\\ m_i\boldsymbol{g}\end{pmatrix}\tag{9.3-41}$$

根据

$$\begin{pmatrix}\boldsymbol{\omega}_i\\ \boldsymbol{v}_{C_i}\end{pmatrix}=\begin{pmatrix}\boldsymbol{I}_3 & \boldsymbol{0}\\ [\boldsymbol{r}_{C_i}] & \boldsymbol{I}_3\end{pmatrix}\begin{pmatrix}\boldsymbol{\omega}_i\\ \boldsymbol{v}_{O_i}\end{pmatrix}\tag{9.3-42}$$

和

$$\begin{pmatrix}\boldsymbol{\omega}_i\\ \boldsymbol{v}_{O_i}\end{pmatrix}=\boldsymbol{J}_i\boldsymbol{q}\tag{9.3-43}$$

可得

$$\frac{\mathrm{d}U_i}{\mathrm{d}t}=\dot{\boldsymbol{q}}^{\mathrm{T}}\boldsymbol{J}_i^{\mathrm{T}}\begin{pmatrix}\boldsymbol{I}_3 & [\boldsymbol{r}_{C_i}]^{\mathrm{T}}\\ \boldsymbol{0} & \boldsymbol{I}_3\end{pmatrix}\begin{pmatrix}\boldsymbol{0}\\ m_i\boldsymbol{g}\end{pmatrix}=\dot{\boldsymbol{q}}^{\mathrm{T}}\boldsymbol{J}_i^{\mathrm{T}}\begin{pmatrix}m_i\boldsymbol{g}\times\boldsymbol{r}_{C_i}\\ m_i\boldsymbol{g}\end{pmatrix}\tag{9.3-44}$$

由于

$$\frac{\mathrm{d}U_i}{\mathrm{d}t}=\dot{\boldsymbol{q}}^{\mathrm{T}}\frac{\partial U_i}{\partial\boldsymbol{q}}\tag{9.3-45}$$

故

$$\frac{\partial U_i}{\partial\boldsymbol{q}}=\boldsymbol{J}_i^{\mathrm{T}}\begin{pmatrix}m_i\boldsymbol{g}\times\boldsymbol{r}_{C_i}\\ m_i\boldsymbol{g}\end{pmatrix}\tag{9.3-46}$$

因此，机器人的拉格朗日函数为

$$L=T-U=\frac{1}{2}\sum_{i=1}^{n}\sum_{j=1}^{n}M_{ij}\dot{\boldsymbol{q}}_i\dot{\boldsymbol{q}}_j-\sum_{i=1}^{n}m_i\boldsymbol{g}^{\mathrm{T}}\boldsymbol{r}_{C_i}\tag{9.3-47}$$

$$\frac{\partial L}{\partial\dot{\boldsymbol{q}}_i}=\sum_{j=1}^{n}M_{ij}\dot{\boldsymbol{q}}_j\tag{9.3-48}$$

$$\frac{\mathrm{d}}{\mathrm{d}t}\left(\frac{\partial L}{\partial\dot{\boldsymbol{q}}_i}\right)=\sum_{j=1}^{n}M_{ij}\ddot{\boldsymbol{q}}_j+\sum_{j=1}^{n}\frac{\mathrm{d}M_{ij}}{\mathrm{d}t}\dot{\boldsymbol{q}}_j=\sum_{j=1}^{n}M_{ij}\ddot{\boldsymbol{q}}_j+\sum_{j=1}^{n}\sum_{k=1}^{n}\frac{\partial M_{ij}}{\partial\boldsymbol{q}_k}\dot{\boldsymbol{q}}_k\dot{\boldsymbol{q}}_j\tag{9.3-49}$$

$$\begin{aligned}\frac{\partial L}{\partial\boldsymbol{q}_i}&=\frac{1}{2}\frac{\partial}{\partial\boldsymbol{q}_i}\left(\sum_{j=1}^{n}\sum_{k=1}^{n}M_{jk}\dot{\boldsymbol{q}}_j\dot{\boldsymbol{q}}_k\right)+\sum_{j=1}^{n}\boldsymbol{J}_{ij}^{\mathrm{T}}\begin{pmatrix}m_j\boldsymbol{g}\times\boldsymbol{r}_{C_j}\\ m_j\boldsymbol{g}\end{pmatrix}\\&=\frac{1}{2}\sum_{j=1}^{n}\sum_{k=1}^{n}\frac{\partial M_{jk}}{\partial\boldsymbol{q}_i}\dot{\boldsymbol{q}}_j\dot{\boldsymbol{q}}_k+\sum_{j=1}^{n}\boldsymbol{J}_{ij}^{\mathrm{T}}\begin{pmatrix}m_j\boldsymbol{g}\times\boldsymbol{r}_{C_j}\\ m_j\boldsymbol{g}\end{pmatrix}\end{aligned}\tag{9.3-50}$$

这样，综合式（9.3-27）、式（9.3-49）和式（9.3-50），可得

$$\begin{aligned}&\sum_{j=1}^{n}M_{ij}\ddot{\boldsymbol{q}}_j+\sum_{j=1}^{n}\sum_{k=1}^{n}\frac{\partial M_{ij}}{\partial\boldsymbol{q}_k}\dot{\boldsymbol{q}}_j\dot{\boldsymbol{q}}_k-\frac{1}{2}\sum_{j=1}^{n}\sum_{k=1}^{n}\frac{\partial M_{jk}}{\partial\boldsymbol{q}_i}\dot{\boldsymbol{q}}_j\dot{\boldsymbol{q}}_k-\\&\sum_{j=1}^{n}\boldsymbol{J}_{ij}^{\mathrm{T}}\begin{pmatrix}m_j\boldsymbol{g}\times\boldsymbol{r}_{C_j}\\ m_j\boldsymbol{g}\end{pmatrix}=\tau_i\quad(i=1,2,\cdots,n)\end{aligned}\tag{9.3-51}$$

令

$$V_i(\boldsymbol{q},\dot{\boldsymbol{q}})=\sum_{j=1}^{n}\sum_{k=1}^{n}\left(\frac{\partial M_{ij}}{\partial \boldsymbol{q}_k}-\frac{1}{2}\sum_{j=1}^{n}\sum_{k=1}^{n}\frac{\partial M_{jk}}{\partial \dot{\boldsymbol{q}}_i}\right)\dot{\boldsymbol{q}}_k\dot{\boldsymbol{q}}_j \tag{9.3-52}$$

$$G_i(\boldsymbol{q})=-\sum_{j=1}^{n}\boldsymbol{J}_{ij}^{\mathrm{T}}\begin{pmatrix}m_j\boldsymbol{g}\times\boldsymbol{r}_{C_j}\\ m_j\boldsymbol{g}\end{pmatrix} \tag{9.3-53}$$

式（9.3-51）可简化成

$$\sum_{j=1}^{n}M_{ij}(\boldsymbol{q})\ddot{q}_j+V_i(\boldsymbol{q},\dot{\boldsymbol{q}})+G_i(\boldsymbol{q})=\tau_i\quad(i=1,2,\cdots,n) \tag{9.3-54}$$

式（9.3-54）左边的第一项为惯性力，第二项分别代表科氏力和向心力，最后一项反映的是重力的影响；公式右边为驱动力。将 n 个方程写成矩阵的形式：

$$\boldsymbol{M}(\boldsymbol{q})\ddot{\boldsymbol{q}}+\boldsymbol{V}(\boldsymbol{q},\dot{\boldsymbol{q}})+\boldsymbol{G}(\boldsymbol{q})=\boldsymbol{\tau}_{\mathrm{d}} \tag{9.3-55}$$

以上方程即为拉格朗日形式的串联机器人动力学通用方程。

【例 9-5】 试计算平面 2R 机器人的动力学方程。注意该模型中，各杆的质量集中在其质心处。

解：取 θ_1 和 θ_2 为系统的广义坐标，相对惯性坐标系分别计算式（9.3-55）中的各项参数。

1）计算各杆件的广义惯性矩阵。

$${}^{C}\boldsymbol{M}_i=\begin{pmatrix}{}^{C}\boldsymbol{I}_i & \boldsymbol{0}\\ \boldsymbol{0} & m_i\boldsymbol{I}_3\end{pmatrix}=\begin{pmatrix}0&0&0&0&0&0\\0&\frac{1}{12}m_il_i^2&0&0&0&0\\0&0&\frac{1}{12}m_il_i^2&0&0&0\\0&0&0&m_i&0&0\\0&0&0&0&m_i&0\\0&0&0&0&0&m_i\end{pmatrix}\quad(i=1,2)$$

注意到

$${}_1^0\boldsymbol{R}=\begin{pmatrix}\cos\theta_1&-\sin\theta_1&0\\ \sin\theta_1&\cos\theta_1&0\\0&0&1\end{pmatrix},\quad {}_2^0\boldsymbol{R}=\begin{pmatrix}\cos\theta_{12}&-\sin\theta_{12}&0\\ \sin\theta_{12}&\cos\theta_{12}&0\\0&0&1\end{pmatrix}$$

因此，根据 ${}^{A}\boldsymbol{I}={}_B^A\boldsymbol{R}\,{}^{B}\boldsymbol{I}\,{}_B^A\boldsymbol{R}^{\mathrm{T}}$ 可得

$$\boldsymbol{I}_1={}_1^0\boldsymbol{R}\,{}^{C}\boldsymbol{I}_1\,{}_1^0\boldsymbol{R}^{\mathrm{T}}=\frac{m_1l_1^2}{12}\begin{pmatrix}\sin^2\theta_1&-\sin\theta_1\cos\theta_1&0\\-\sin\theta_1\cos\theta_1&\cos^2\theta_1&0\\0&0&1\end{pmatrix},$$

$$\boldsymbol{I}_2={}_2^0\boldsymbol{R}\,{}^{C}\boldsymbol{I}_2\,{}_2^0\boldsymbol{R}^{\mathrm{T}}=\frac{m_2l_2^2}{12}\begin{pmatrix}\sin^2\theta_{12}&-\sin\theta_{12}\cos\theta_{12}&0\\-\sin\theta_{12}\cos\theta_{12}&\cos^2\theta_{12}&0\\0&0&1\end{pmatrix}$$

2）计算机器人的广义惯性矩阵。

$$
{}^{0}\boldsymbol{r}_{C_1}={}^{0}_{1}\boldsymbol{R}\,{}^{1}\boldsymbol{r}_{C_1}=\begin{pmatrix}\frac{1}{2}l_1\cos\theta_1\\ \frac{1}{2}l_1\sin\theta_1\\ 0\end{pmatrix},\quad {}^{1}\boldsymbol{r}_{C_2}={}^{1}_{2}\boldsymbol{R}\,{}^{2}\boldsymbol{r}_{C_2}=\begin{pmatrix}\frac{1}{2}l_2\cos\theta_{12}\\ \frac{1}{2}l_2\sin\theta_{12}\\ 0\end{pmatrix},\quad {}^{0}\boldsymbol{r}_{C_2}={}^{0}_{2}\boldsymbol{R}\,{}^{1}\boldsymbol{r}_{C_2}=\begin{pmatrix}l_1\cos\theta_1+\frac{1}{2}l_2\cos\theta_{12}\\ l_1\sin\theta_1+\frac{1}{2}l_2\sin\theta_{12}\\ 0\end{pmatrix}
$$

$$
\boldsymbol{J}_1=(\boldsymbol{J}_{11}\quad \boldsymbol{J}_{21})=\begin{pmatrix}z_1 & \boldsymbol{0}\\ z_1\times{}^{0}\boldsymbol{r}_{C_1} & \boldsymbol{0}\end{pmatrix}=\begin{pmatrix}0 & 0\\ 0 & 0\\ 1 & 0\\ -\frac{1}{2}l_1\sin\theta_1 & 0\\ \frac{1}{2}l_1\cos\theta_1 & 0\\ 0 & 0\end{pmatrix}
$$

$$
\boldsymbol{J}_2=(\boldsymbol{J}_{12}\quad \boldsymbol{J}_{22})=\begin{pmatrix}z_1 & z_2\\ z_1\times{}^{0}\boldsymbol{r}_{C_2} & z_2\times{}^{1}\boldsymbol{r}_{C_2}\end{pmatrix}=\begin{pmatrix}0 & 0\\ 0 & 0\\ 1 & 1\\ -l_1\sin\theta_1-\frac{1}{2}l_2\sin\theta_{12} & -\frac{1}{2}l_2\sin\theta_{12}\\ l_1\cos\theta_1+\frac{1}{2}l_1\cos\theta_1 & \frac{1}{2}l_1\cos\theta_1\\ 0 & 0\end{pmatrix}
$$

因此，根据式（9.3-39），该机器人的广义惯性矩阵为

$$
\boldsymbol{M}(\boldsymbol{\theta})=\sum_{i=1}^{2}(\boldsymbol{J}_i)^{\mathrm{T}}\boldsymbol{M}_i\boldsymbol{J}_i=\begin{pmatrix}\frac{1}{3}m_1l_1^2+m_2\left(l_1^2+l_1l_2\cos\theta_2+\frac{1}{3}l_2^2\right) & m_2\left(\frac{1}{2}l_1l_2\cos\theta_2+\frac{1}{3}l_2^2\right)\\ m_2\left(\frac{1}{2}l_1l_2\cos\theta_2+\frac{1}{3}l_2^2\right) & \frac{1}{3}m_2l_2^2\end{pmatrix}
$$

3）计算科氏力与向心力项。

由式（9.3-52），得

$$
V_1=\sum_{j=1}^{2}\sum_{k=1}^{2}\left(\frac{\partial M_{1j}}{\partial\boldsymbol{\theta}_k}-\frac{1}{2}\sum_{j=1}^{2}\sum_{k=1}^{2}\frac{\partial M_{jk}}{\partial\dot{\boldsymbol{\theta}}_1}\right)\dot{\boldsymbol{\theta}}_j\dot{\boldsymbol{\theta}}_k=-m_2l_1l_2\sin\theta_2\left(\dot{\theta}_1\dot{\theta}_2+\frac{1}{2}\dot{\theta}_2^2\right)
$$

$$
V_2=\sum_{j=1}^{2}\sum_{k=1}^{2}\left(\frac{\partial M_{2j}}{\partial\boldsymbol{\theta}_k}-\frac{1}{2}\sum_{j=1}^{2}\sum_{k=1}^{2}\frac{\partial M_{jk}}{\partial\dot{\boldsymbol{\theta}}_2}\right)\dot{\boldsymbol{\theta}}_j\dot{\boldsymbol{\theta}}_k=\left(\frac{1}{2}m_2l_1l_2\sin\theta_2\right)\dot{\theta}_1^2
$$

4）计算重力项。

由式（9.3-53），得

$$
G_1(\boldsymbol{\theta})=-\sum_{j=1}^{2}\boldsymbol{J}_{1j}^{\mathrm{T}}\begin{pmatrix}m_j\boldsymbol{g}\times\boldsymbol{r}_{C_j}\\ m_j\boldsymbol{g}\end{pmatrix}=\frac{1}{2}m_1gl_1\cos\theta_1+m_2gl_1\cos\theta_1+\frac{1}{2}m_2gl_2\cos\theta_{12}
$$

$$G_2(\boldsymbol{\theta})=-\sum_{j=1}^{2}\boldsymbol{J}_{2j}^{\mathrm{T}}\begin{pmatrix}m_j\boldsymbol{g}\times\boldsymbol{r}_{C_j}\\ m_j\boldsymbol{g}\end{pmatrix}=\frac{1}{2}m_2gl_2\cos\theta_{12}$$

5）计算驱动力项。

驱动力即为各关节力矩，即

$$\boldsymbol{\tau}=\begin{pmatrix}\tau_1\\ \tau_2\end{pmatrix}$$

6）确定机器人的动力学方程。

将以上各项代入式（9.3-55）中，可以得到该机器人的动力学方程如下：

$$\boldsymbol{M}(\boldsymbol{\theta})\ddot{\boldsymbol{\theta}}+\boldsymbol{V}(\boldsymbol{\theta},\dot{\boldsymbol{\theta}})+\boldsymbol{G}(\boldsymbol{\theta})=\boldsymbol{\tau}_{\mathrm{d}}$$

式中，

$$\boldsymbol{M}(\boldsymbol{\theta})=\begin{pmatrix}\frac{1}{3}m_1l_1^2+m_2\left(l_1^2+l_1l_2\cos\theta_2+\frac{1}{3}l_2^2\right) & m_2\left(\frac{1}{2}l_1l_2\cos\theta_2+\frac{1}{3}l_2^2\right)\\ m_2\left(\frac{1}{2}l_1l_2\cos\theta_2+\frac{1}{3}l_2^2\right) & \frac{1}{3}m_2l_2^2\end{pmatrix}$$

$$\boldsymbol{V}(\boldsymbol{\theta},\dot{\boldsymbol{\theta}})=\begin{pmatrix}V_1\\ V_2\end{pmatrix}=\begin{pmatrix}-m_2l_1l_2\sin\theta_2\left(\dot{\theta}_1\dot{\theta}_2+\frac{1}{2}\dot{\theta}_2^2\right)\\ \left(\frac{1}{2}m_2l_1l_2\sin\theta_2\right)\dot{\theta}_1^2\end{pmatrix}$$

$$\boldsymbol{G}(\boldsymbol{\theta})=\begin{pmatrix}G_1\\ G_2\end{pmatrix}=\begin{pmatrix}\frac{1}{2}m_1gl_1\cos\theta_1+m_2gl_1\cos\theta_1+\frac{1}{2}m_2gl_2\cos\theta_{12}\\ \frac{1}{2}m_2gl_2\cos\theta_{12}\end{pmatrix}$$

$$\boldsymbol{\tau}=\begin{pmatrix}\tau_1\\ \tau_2\end{pmatrix}$$

试与前面所给的例子进行对比。

9.4 基于牛顿-欧拉方程的动力学建模

9.4.1 一般刚体运动的牛顿-欧拉方程

首先回顾一下理论力学中有关刚体加速度的求解问题。

一般情况下，直接对刚体线速度和角速度求导即可得到线加速度和角加速度。假设存在两个坐标系$\{A\}$和$\{B\}$，Q点相对$\{B\}$系（严格意义上讲，是相对$\{B\}$系的原点）的线加速度可表示成其所对应的线速度矢量相对$\{B\}$的导数，即

$$^{B}\dot{\boldsymbol{V}}_Q=\frac{\mathrm{d}}{\mathrm{d}t}(^{B}\boldsymbol{V}_Q)=\lim_{\Delta t\to 0}\frac{^{B}\boldsymbol{V}_Q(t+\Delta t)-{}^{B}\boldsymbol{V}_Q(t)}{\Delta t}\tag{9.4-1}$$

类似地，角加速度矢量相对$\{B\}$的导数，可写成

$$ {}^{B}\dot{\boldsymbol{\Omega}}_{Q}=\frac{\mathrm{d}}{\mathrm{d}t}({}^{B}\boldsymbol{\Omega}_{Q})=\lim_{\Delta t\to 0}\frac{{}^{B}\boldsymbol{\Omega}_{Q}(t+\Delta t)-{}^{B}\boldsymbol{\Omega}_{Q}(t)}{\Delta t} \tag{9.4-2}$$

实际中讨论的刚体加速度，所参考的坐标系往往都是惯性坐标系（原点），而不是任意坐标系（原点）。对于这种情况，可以定义一种缩略符号：

$$\dot{\boldsymbol{v}}_{B}={}^{A}\dot{\boldsymbol{V}}_{BORG} \tag{9.4-3}$$

$$\dot{\boldsymbol{\omega}}_{B}={}^{A}\dot{\boldsymbol{\Omega}}_{B} \tag{9.4-4}$$

式中，下角标 B 表示坐标系$\{B\}$的原点，参考坐标系为世界坐标系$\{A\}$。本章后面经常看到的${}^{i}\dot{\boldsymbol{v}}_{i+1}$（${}^{i}\dot{\boldsymbol{\omega}}_{i+1}$）为坐标系$\{i+1\}$的线（角）加速度在坐标系$\{i\}$中的描述（尽管求导是相对于惯性坐标系$\{A\}$进行的）。

以上所给的是刚体加速度的定义式。下面再来讨论多刚体系统中刚体加速度的求解公式，以作为实现机器人加速度递推求解的理论基础。

首先回顾一下第 3 章有关刚体速度的描述。如图 9-9 所示，存在两个坐标系$\{A\}$和$\{B\}$，其中，$\{B\}$系原点相对于$\{A\}$系的位置矢量为${}^{A}\boldsymbol{p}_{BORG}$；$\{B\}$系相对于$\{A\}$系的旋转矩阵为${}^{A}_{B}\boldsymbol{R}$且不随时间变化；$\{B\}$系中有一矢量${}^{B}\boldsymbol{q}$，相对于$\{B\}$系原点的线速度为${}^{B}\boldsymbol{V}_{Q}$；$Q$ 相对于$\{A\}$系的线速度为${}^{A}\boldsymbol{V}_{Q}$，相对于$\{A\}$系的角速度为${}^{A}\boldsymbol{\Omega}_{B}$。

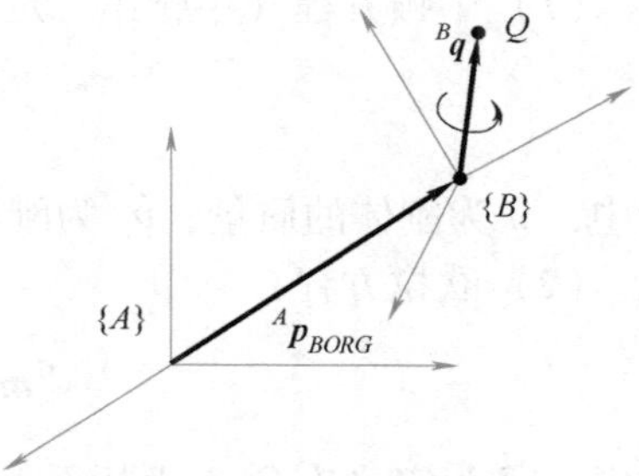

图 9-9　刚体运动在不同坐标系中的描述

下面讨论一下刚体线加速度。在一般刚体运动情况下，刚体速度基于两个参考坐标系的通用表达式如下：

$$ {}^{A}\boldsymbol{V}_{Q}={}^{A}\boldsymbol{V}_{BORG}+{}^{A}_{B}\boldsymbol{R}\,{}^{B}\boldsymbol{V}_{Q}+{}^{A}\boldsymbol{\Omega}_{B}\times({}^{A}_{B}\boldsymbol{R}\,{}^{B}\boldsymbol{q}) \tag{9.4-5}$$

式（9.4-5）相对时间求导，得

$$ {}^{A}\dot{\boldsymbol{V}}_{Q}={}^{A}\dot{\boldsymbol{V}}_{BORG}+{}^{A}_{B}\dot{\boldsymbol{R}}\,{}^{B}\boldsymbol{V}_{Q}+{}^{A}_{B}\boldsymbol{R}\,{}^{B}\dot{\boldsymbol{V}}_{Q}+{}^{A}\dot{\boldsymbol{\Omega}}_{B}\times({}^{A}_{B}\boldsymbol{R}\,{}^{B}\boldsymbol{q})+{}^{A}\boldsymbol{\Omega}_{B}\times({}^{A}_{B}\dot{\boldsymbol{R}}\,{}^{B}\boldsymbol{q})+{}^{A}\boldsymbol{\Omega}_{B}\times({}^{A}_{B}\boldsymbol{R}\,{}^{B}\dot{\boldsymbol{q}}) \tag{9.4-6}$$

由于

$$ {}^{A}_{B}\dot{\boldsymbol{R}}={}^{A}\boldsymbol{\Omega}_{B}\times{}^{A}_{B}\boldsymbol{R},\quad {}^{B}\dot{\boldsymbol{q}}={}^{B}\boldsymbol{V}_{Q} \tag{9.4-7}$$

将式（9.4-7）代入式（9.4-6），得

$$\begin{aligned} {}^{A}\dot{\boldsymbol{V}}_{Q}&={}^{A}\dot{\boldsymbol{V}}_{BORG}+{}^{A}\boldsymbol{\Omega}_{B}\times({}^{A}_{B}\boldsymbol{R}\,{}^{B}\boldsymbol{V}_{Q})+{}^{A}_{B}\boldsymbol{R}\,{}^{B}\dot{\boldsymbol{V}}_{Q}+{}^{A}\dot{\boldsymbol{\Omega}}_{B}\times({}^{A}_{B}\boldsymbol{R}\,{}^{B}\boldsymbol{q})+\\ &\quad {}^{A}\boldsymbol{\Omega}_{B}\times({}^{A}\boldsymbol{\Omega}_{B}\times{}^{A}_{B}\boldsymbol{R}\,{}^{B}\boldsymbol{q})+{}^{A}\boldsymbol{\Omega}_{B}\times({}^{A}_{B}\boldsymbol{R}\,{}^{B}\boldsymbol{V}_{Q})\\ &=\underbrace{{}^{A}\dot{\boldsymbol{V}}_{BORG}+{}^{A}_{B}\boldsymbol{R}\,{}^{B}\dot{\boldsymbol{V}}_{Q}}_{\text{线加速度}}+\underbrace{2\,{}^{A}\boldsymbol{\Omega}_{B}\times({}^{A}_{B}\boldsymbol{R}\,{}^{B}\boldsymbol{V}_{Q})}_{\text{科氏加速度}}+\underbrace{{}^{A}\dot{\boldsymbol{\Omega}}_{B}\times({}^{A}_{B}\boldsymbol{R}\,{}^{B}\boldsymbol{q})}_{\text{欧拉加速度}}+\underbrace{{}^{A}\boldsymbol{\Omega}_{B}\times({}^{A}\boldsymbol{\Omega}_{B}\times{}^{A}_{B}\boldsymbol{R}\,{}^{B}\boldsymbol{q})}_{\text{向心加速度}} \end{aligned} \tag{9.4-8}$$

当${}^{B}\boldsymbol{q}$是常量时，

$$ {}^{B}\boldsymbol{V}_{Q}={}^{B}\dot{\boldsymbol{V}}_{Q}=0 \tag{9.4-9}$$

式（9.4-8）可简化为

$$ {}^{A}\dot{\boldsymbol{V}}_{Q}={}^{A}\dot{\boldsymbol{V}}_{BORG}+{}^{A}\dot{\boldsymbol{\Omega}}_{B}\times({}^{A}_{B}\boldsymbol{R}\,{}^{B}\boldsymbol{q})+{}^{A}\boldsymbol{\Omega}_{B}\times({}^{A}\boldsymbol{\Omega}_{B}\times{}^{A}_{B}\boldsymbol{R}\,{}^{B}\boldsymbol{q}) \tag{9.4-10}$$

再来讨论一下刚体角加速度。假设坐标系$\{B\}$以角速度${}^{A}\boldsymbol{\Omega}_{B}$相对于坐标系$\{A\}$转动，坐标系$\{C\}$以角速度${}^{B}\boldsymbol{\Omega}_{A}$相对于坐标系$\{B\}$转动，则$\{C\}$相对于$\{A\}$的角速度可以通过矢量相加得到，即

$$ {}^{A}\boldsymbol{\Omega}_{C}={}^{A}\boldsymbol{\Omega}_{B}+{}^{A}_{B}\boldsymbol{R}\,{}^{B}\boldsymbol{\Omega}_{C} \tag{9.4-11}$$

式（9.4-11）相对时间求导，得

$$^{A}\dot{\boldsymbol{\Omega}}_C = {}^{A}\dot{\boldsymbol{\Omega}}_B + {}^{A}_{B}\boldsymbol{R}\,{}^{B}\dot{\boldsymbol{\Omega}}_C + {}^{A}_{B}\dot{\boldsymbol{R}}\,{}^{B}\boldsymbol{\Omega}_C \tag{9.4-12}$$

由于${}^{A}_{B}\dot{\boldsymbol{R}} = {}^{A}\boldsymbol{\Omega}_B \times {}^{A}_{B}\boldsymbol{R}$，代入式（9.4-12）得

$$^{A}\dot{\boldsymbol{\Omega}}_C = {}^{A}\dot{\boldsymbol{\Omega}}_B + {}^{A}_{B}\boldsymbol{R}\,{}^{B}\dot{\boldsymbol{\Omega}}_C + {}^{A}\boldsymbol{\Omega}_B \times ({}^{A}_{B}\boldsymbol{R}\,{}^{B}\boldsymbol{\Omega}_C) \tag{9.4-13}$$

式（9.4-10）常用于串联机器人的连杆线加速度求解，而式（9.4-13）常用于串联机器人的连杆角加速度求解。

由大学物理或理论力学的相关知识可知，一般刚体运动可以分解为随其质心的平动与绕质心的转动。其中，随质心平动的动力学特性可通过牛顿方程来描述，绕质心转动的动力学特性可通过欧拉方程来表达，简称为牛顿-欧拉方程。

（1）牛顿方程（牛顿第二定律）

$$\boldsymbol{f} = \frac{\mathrm{d}(m\boldsymbol{v}_C)}{\mathrm{d}t} = m\dot{\boldsymbol{v}}_C \tag{9.4-14}$$

式中，m 为刚体的质量；$\dot{\boldsymbol{v}}_C$ 为刚体的质心线加速度；$\boldsymbol{f}$ 为作用在刚体质心处的合力。

（2）欧拉方程

$$^{C}\boldsymbol{m} = \frac{\mathrm{d}({}^{C}\boldsymbol{I}\,{}^{C}\boldsymbol{\omega})}{\mathrm{d}t} = {}^{C}\boldsymbol{I}\,{}^{C}\dot{\boldsymbol{\omega}} + {}^{C}\boldsymbol{\omega} \times {}^{C}\boldsymbol{I}\,{}^{C}\boldsymbol{\omega} \tag{9.4-15}$$

式中，${}^{C}\boldsymbol{I}$ 为定义在质心坐标系$\{C\}$的刚体惯性张量；${}^{C}\boldsymbol{\omega}$ 与${}^{C}\dot{\boldsymbol{\omega}}$ 分别为刚体相对于惯性坐标系$\{0\}$的角速度和角加速度在$\{C\}$中的描述；${}^{C}\boldsymbol{m}$ 为作用在刚体上的合力矩在$\{C\}$中的描述。

式（9.4-14）和式（9.4-15）分别为相对质心坐标系的刚体动力学方程。继续对上面的公式进行细化，考虑参考坐标系位于如图 9-10 所示的基坐标系$\{0\}$中，上述公式的形式是否发生变化呢？

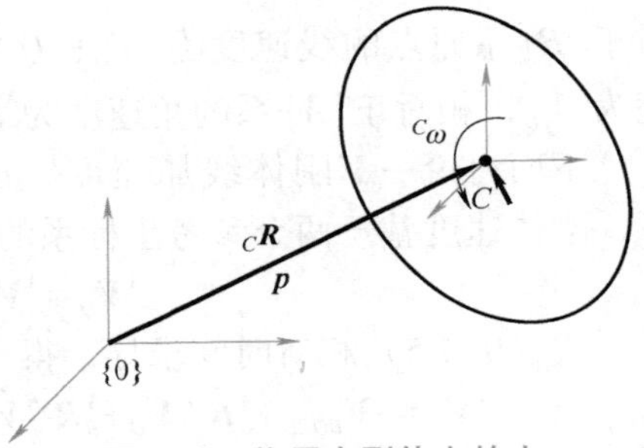

图 9-10　作用在刚体上的力

$$^{0}\boldsymbol{m} = {}^{0}_{C}\boldsymbol{R}\,{}^{C}\boldsymbol{I}\,{}^{0}_{C}\boldsymbol{R}^{\mathrm{T}}\,{}^{0}\dot{\boldsymbol{\omega}} + {}^{0}\boldsymbol{\omega} \times ({}^{0}_{C}\boldsymbol{R}\,{}^{C}\boldsymbol{I}\,{}^{0}_{C}\boldsymbol{R}^{\mathrm{T}})\,{}^{0}\boldsymbol{\omega} \tag{9.4-16}$$

化简后可得

$$^{0}\boldsymbol{m} = {}^{0}\boldsymbol{I}\,{}^{0}\dot{\boldsymbol{\omega}} + {}^{0}\boldsymbol{\omega} \times ({}^{0}\boldsymbol{I}\,{}^{0}\boldsymbol{\omega}) \tag{9.4-17}$$

9.4.2　前置坐标系下串联机器人的牛顿-欧拉公式

本节主要考虑前置坐标系下，基于牛顿-欧拉方程的串联机器人动力学建模过程。

1. 连杆速度、加速度的向外递推公式

（1）转动关节的速度、加速度传递　6.2 节已给出了相邻连杆 i 和 $i+1$ 角速度之间的递推公式（在统一的坐标系$\{i\}$中度量），重写一下：

$$^{i}\boldsymbol{\omega}_{i+1} = {}^{i}\boldsymbol{\omega}_i + {}^{i}_{i+1}\boldsymbol{R}\dot{\theta}_{i+1}\,{}^{i+1}\boldsymbol{z}_{i+1} \tag{9.4-18}$$

式中，$\dot{\theta}_{i+1}$为第 $i+1$ 个关节的角速度。

$$^{i+1}\boldsymbol{z}_{i+1} = \begin{pmatrix} 0 \\ 0 \\ 1 \end{pmatrix} \tag{9.4-19}$$

将式（9.4-18）两端左乘旋转矩阵${}^{i+1}_{i}\boldsymbol{R}$，得到相邻连杆 i 和 $i+1$ 的角速度相对$\{i+1\}$系的表示，即

$$^{i+1}\boldsymbol{\omega}_{i+1}={}^{i+1}_{i}\boldsymbol{R}\,{}^{i}\boldsymbol{\omega}_{i}+\dot{\theta}_{i+1}\,{}^{i+1}z_{i+1} \tag{9.4-20}$$

根据前面所给的刚体间角加速度关系［式（9.4-13)］：

$$^{A}\dot{\boldsymbol{\Omega}}_{C}={}^{A}\dot{\boldsymbol{\Omega}}_{B}+{}^{A}_{B}\boldsymbol{R}\,{}^{B}\dot{\boldsymbol{\Omega}}_{C}+{}^{A}\boldsymbol{\Omega}_{B}\times({}^{A}_{B}\boldsymbol{R}\,{}^{B}\boldsymbol{\Omega}_{C})$$

或直接对式（9.4-20）相对时间求导，可得：

$$^{i+1}\dot{\boldsymbol{\omega}}_{i+1}={}^{i+1}_{i}\boldsymbol{R}\,{}^{i}\dot{\boldsymbol{\omega}}_{i}+{}^{i+1}z_{i+1}\ddot{\theta}_{i+1}+{}^{i+1}_{i}\boldsymbol{R}\,{}^{i}\boldsymbol{\omega}_{i}\times({}^{i+1}z_{i+1}\dot{\theta}_{i+1}) \tag{9.4-21}$$

式（9.4-21）即为机器人相邻连杆间通过旋转关节（第 $i+1$ 个关节）连接时的角加速度递推公式。

同样，6.2 节也给出了相邻连杆 i 和 $i+1$ 线速度之间的递推公式，重写一下：

$$^{i}\boldsymbol{v}_{i+1}={}^{i}\boldsymbol{v}_{i}+{}^{i}\boldsymbol{\omega}_{i}\times{}^{i}\boldsymbol{p}_{i+1} \tag{9.4-22}$$

将式（9.4-22）两端左乘旋转矩阵${}^{i+1}_{i}\boldsymbol{R}$，得到相对$\{i+1\}$系的表示，即

$$^{i+1}\boldsymbol{v}_{i+1}={}^{i+1}_{i}\boldsymbol{R}({}^{i}\boldsymbol{v}_{i}+{}^{i}\boldsymbol{\omega}_{i}\times{}^{i}\boldsymbol{p}_{i+1}) \tag{9.4-23}$$

根据前面所给的刚体间线加速度关系［式（9.4-10)］：

$$^{A}\dot{\boldsymbol{V}}_{Q}={}^{A}\dot{\boldsymbol{V}}_{BORG}+{}^{A}\dot{\boldsymbol{\Omega}}_{B}\times({}^{A}_{B}\boldsymbol{R}\,{}^{B}\boldsymbol{q})+{}^{A}\boldsymbol{\Omega}_{B}\times({}^{A}\boldsymbol{\Omega}_{B}\times{}^{A}_{B}\boldsymbol{R}\,{}^{B}\boldsymbol{q})$$

可得

$$^{i}\dot{\boldsymbol{v}}_{i+1}={}^{i}\dot{\boldsymbol{v}}_{i}+{}^{i}\dot{\boldsymbol{\omega}}_{i}\times{}^{i}\boldsymbol{p}_{i+1}+{}^{i}\boldsymbol{\omega}_{i}\times({}^{i}\boldsymbol{\omega}_{i}\times{}^{i}\boldsymbol{p}_{i+1}) \tag{9.4-24}$$

将式（9.4-24）两端左乘旋转矩阵${}^{i+1}_{i}\boldsymbol{R}$，得到相对$\{i+1\}$系的表示；或直接对式（9.4-23）相对时间求导，可得

$$^{i+1}\dot{\boldsymbol{v}}_{i+1}={}^{i+1}_{i}\boldsymbol{R}[{}^{i}\dot{\boldsymbol{v}}_{i}+{}^{i}\dot{\boldsymbol{\omega}}_{i}\times{}^{i}\boldsymbol{p}_{i+1}+{}^{i}\boldsymbol{\omega}_{i}\times({}^{i}\boldsymbol{\omega}_{i}\times{}^{i}\boldsymbol{p}_{i+1})] \tag{9.4-25}$$

式（9.4-26）即为机器人相邻连杆间通过旋转关节（第 $i+1$ 个关节）连接时的线加速度递推公式。

（2）移动关节的速度、加速度传递　当关节 $i+1$ 为移动关节时，杆 $i+1$ 相对$\{i+1\}$系的 z 轴移动，没有转动，${}^{i+1}_{i}\boldsymbol{R}$ 为常值阵。相应的运动传递关系为（6.2 节已给出）

$$^{i+1}\boldsymbol{\omega}_{i+1}={}^{i+1}_{i}\boldsymbol{R}\,{}^{i}\boldsymbol{\omega}_{i} \tag{9.4-26}$$

$$^{i+1}\boldsymbol{v}_{i+1}={}^{i+1}_{i}\boldsymbol{R}({}^{i}\boldsymbol{v}_{i}+{}^{i}\boldsymbol{\omega}_{i}\times{}^{i}\boldsymbol{p}_{i+1})+\dot{d}_{i+1}\,{}^{i+1}z_{i+1} \tag{9.4-27}$$

分别对式（9.4-26）和式（9.4-27）相对时间进行求导，可得到相邻两杆之间角加速度与线加速度的递推公式，即

$$^{i+1}\dot{\boldsymbol{\omega}}_{i+1}={}^{i+1}_{i}\boldsymbol{R}\,{}^{i}\dot{\boldsymbol{\omega}}_{i} \tag{9.4-28}$$

$$^{i+1}\dot{\boldsymbol{v}}_{i+1}={}^{i+1}_{i}\boldsymbol{R}[{}^{i}\dot{\boldsymbol{v}}_{i}+{}^{i}\dot{\boldsymbol{\omega}}_{i}\times{}^{i}\boldsymbol{p}_{i+1}+{}^{i}\boldsymbol{\omega}_{i}\times({}^{i}\boldsymbol{\omega}_{i}\times{}^{i}\boldsymbol{p}_{i+1})]+2\,{}^{i+1}\boldsymbol{\omega}_{i+1}\times{}^{i+1}z_{i+1}\dot{d}_{i+1}+{}^{i+1}z_{i+1}\ddot{d}_{i+1} \tag{9.4-29}$$

或者根据前面所给的刚体间线加速度关系：

$$^{A}\dot{\boldsymbol{V}}_{Q}={}^{A}\dot{\boldsymbol{V}}_{BORG}+{}^{A}_{B}\boldsymbol{R}\,{}^{B}\dot{\boldsymbol{V}}_{Q}+2\,{}^{A}\boldsymbol{\Omega}_{B}\times({}^{A}_{B}\boldsymbol{R}\,{}^{B}\boldsymbol{V}_{Q})+{}^{A}\dot{\boldsymbol{\Omega}}_{B}\times({}^{A}_{B}\boldsymbol{R}\,{}^{B}\boldsymbol{q})+{}^{A}\boldsymbol{\Omega}_{B}\times({}^{A}\boldsymbol{\Omega}_{B}\times{}^{A}_{B}\boldsymbol{R}\,{}^{B}\boldsymbol{q})$$

也可导出式（9.4-29）。

（3）连杆质心的速度与加速度　建立如图 9-11 所示的质心坐标系$\{C_i\}$，与连杆 i 固连，坐标原点位于连杆 i 的质心处，坐标轴方向与$\{i\}$系一致。类似于上面的推导，可进一步得到连杆质心的速度与加速度的公式如下：

$$^{i+1}\boldsymbol{v}_{C_{i+1}}={}^{i+1}\boldsymbol{v}_{i+1}+{}^{i+1}\boldsymbol{\omega}_{i+1}\times{}^{i+1}\boldsymbol{r}_{C_{i+1}} \tag{9.4-30}$$

$$^{i+1}\dot{\boldsymbol{v}}_{C_{i+1}}={}^{i+1}\dot{\boldsymbol{v}}_{i+1}+{}^{i+1}\dot{\boldsymbol{\omega}}_{i+1}\times{}^{i+1}\boldsymbol{r}_{C_{i+1}}+{}^{i+1}\boldsymbol{\omega}_{i+1}\times({}^{i+1}\boldsymbol{\omega}_{i+1}\times{}^{i+1}\boldsymbol{r}_{C_{i+1}}) \tag{9.4-31}$$

注意，式（9.4-30）和式（9.4-31）并不涉及关节运动。

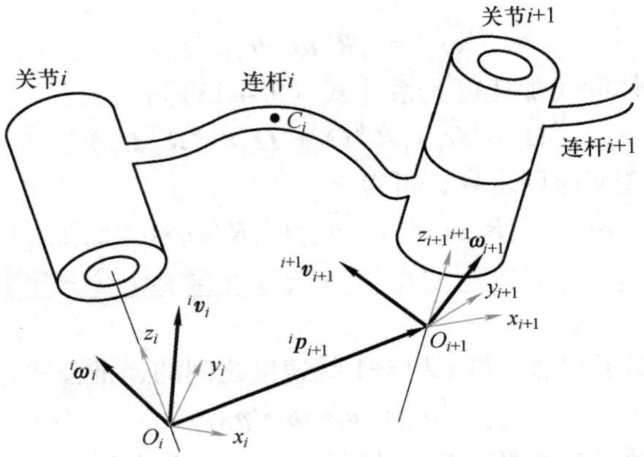

图 9-11　连杆速度、加速度的传递

式（9.4-20）~式（9.4-31）给出了机器人各杆运动传递的公式。利用这些公式，可依次从基座开始递推得到各杆的线速度和角速度，以及线加速度和角加速度。不过需要注意以下几点：

1）递推的初始值：${}^{0}\boldsymbol{\omega}_0={}^{0}\boldsymbol{v}_0={}^{0}\dot{\boldsymbol{\omega}}_0={}^{0}\dot{\boldsymbol{v}}_0=\boldsymbol{0}$。

2）以上导出的值都是相对杆自身坐标系的表示，如果将相关量相对基座坐标系{0}来表示，需要左乘矩阵${}_{i+1}^{0}\boldsymbol{R}$，即

$$
{}^{0}\boldsymbol{\omega}_{i+1}={}_{i+1}^{0}\boldsymbol{R}\,{}^{i+1}\boldsymbol{\omega}_{i+1},\quad {}^{0}\boldsymbol{v}_{i+1}={}_{i+1}^{0}\boldsymbol{R}\,{}^{i+1}\boldsymbol{v}_{i+1} \tag{9.4-32}
$$

$$
{}^{0}\dot{\boldsymbol{\omega}}_{i+1}={}_{i+1}^{0}\boldsymbol{R}\,{}^{i+1}\dot{\boldsymbol{\omega}}_{i+1},\quad {}^{0}\dot{\boldsymbol{v}}_{i+1}={}_{i+1}^{0}\boldsymbol{R}\,{}^{i+1}\dot{\boldsymbol{v}}_{i+1} \tag{9.4-33}
$$

2. 关节力与力矩的向内递推公式

当确定了各杆质心的线加速度和角加速度之后，便可计算出每根杆上的惯性力和惯性力矩，进而导出各关节所需提供的驱动力/力矩。

首先考虑静止情况下的受力情况。8.2 节已导出了典型连杆的静力平衡方程，这里再重写一下。

如图 9-12 所示，作用在杆 i 上的力与力矩平衡方程（考虑重力作用）可写成

$$
{}^{i}\boldsymbol{f}_i-{}_{i+1}^{i}\boldsymbol{R}\,{}^{i+1}\boldsymbol{f}_{i+1}+m_i\,{}^{i}\boldsymbol{g}=\boldsymbol{0} \tag{9.4-34}
$$

$$
{}^{i}\boldsymbol{m}_i-{}_{i+1}^{i}\boldsymbol{R}\,{}^{i+1}\boldsymbol{m}_{i+1}-{}^{i}\boldsymbol{p}_{i+1}\times{}_{i+1}^{i}\boldsymbol{R}\,{}^{i+1}\boldsymbol{f}_{i+1}+{}^{i}\boldsymbol{p}_{C_i}\times m_i\,{}^{i}\boldsymbol{g}=\boldsymbol{0} \tag{9.4-35}
$$

式中，${}^{i}\boldsymbol{f}_i$ 为杆 $i-1$ 作用在杆 i 上的力；${}^{i}\boldsymbol{m}_i$ 为杆 $i-1$ 作用在杆 i 上的力矩；${}^{i}\boldsymbol{p}_{C_i}$ 为杆 i 的质心在{i}系中的位置矢量。

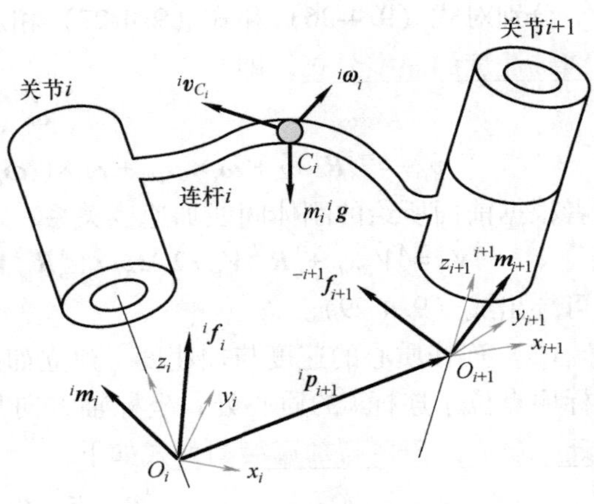

图 9-12　作用在杆 i 上的力

在有运动的情况下，需要考虑惯性力/力矩的存在。具体的惯性力与惯性力矩可通过牛顿-欧拉公式计算得到：

$$
{}^{i}\boldsymbol{f}_{C_i}=m_i\dot{\boldsymbol{v}}_{C_i}
$$

$$ {}^{i}\boldsymbol{m}_{C_i} = {}^{C}_{i}\boldsymbol{I}\,{}^{i}\dot{\boldsymbol{\omega}}_i + ({}^{i}\boldsymbol{\omega}_i \times {}^{C}_{i}\boldsymbol{I}\,{}^{i}\boldsymbol{\omega}_i) $$

这时，根据连杆 i 在质心处的合力为零（每根连杆的惯性力/力矩应等于其所受外力之和），可建立力平衡方程：

$$ {}^{i}\boldsymbol{f}_{C_i} = {}^{i}\boldsymbol{f}_i - {}_{i+1}^{i}\boldsymbol{R}\,{}^{i+1}\boldsymbol{f}_{i+1} \tag{9.4-36} $$

式中，${}^{i}\boldsymbol{f}_{C_i}$为连杆 i 的惯性力；${}^{i}\boldsymbol{f}_i$ 为连杆 $i-1$ 作用在连杆 i 上的力；$-{}_{i+1}^{i}\boldsymbol{R}\,{}^{i+1}\boldsymbol{f}_{i+1}$为连杆 $i+1$ 作用在连杆 i 上的力（在$\{i\}$坐标系中表示）。重新整理式（9. 4-36），得

$$ {}^{i}\boldsymbol{f}_i = {}^{i}\boldsymbol{f}_{C_i} + {}_{i+1}^{i}\boldsymbol{R}\,{}^{i+1}\boldsymbol{f}_{i+1} \tag{9.4-37} $$

根据连杆 i 在质心处的力矩之和为零，建立力矩平衡方程：

$$ {}^{i}\boldsymbol{m}_{C_i} = {}^{i}\boldsymbol{m}_i - {}_{i+1}^{i}\boldsymbol{R}\,{}^{i+1}\boldsymbol{m}_{i+1} - {}^{i}\boldsymbol{p}_{i+1} \times {}_{i+1}^{i}\boldsymbol{R}\,{}^{i+1}\boldsymbol{f}_{i+1} - {}^{i}\boldsymbol{p}_{C_i} \times {}^{i}\boldsymbol{f}_{C_i} \tag{9.4-38} $$

式（9. 4-38）右端的后两项为连杆间作用力在质心 C 处耦合的力矩之和。

重新整理式（9. 4-38），得

$$ {}^{i}\boldsymbol{m}_i = {}^{i}\boldsymbol{m}_{C_i} + {}_{i+1}^{i}\boldsymbol{R}\,{}^{i+1}\boldsymbol{m}_{i+1} + {}^{i}\boldsymbol{p}_{i+1} \times {}_{i+1}^{i}\boldsymbol{R}\,{}^{i+1}\boldsymbol{f}_{i+1} + {}^{i}\boldsymbol{p}_{C_i} \times {}^{i}\boldsymbol{f}_{C_i} \tag{9.4-39} $$

上述公式通常从末端开始，依次向内递推至基座，从而得到机器人各杆对相邻杆施加的力/力矩。与静力学分析的情况类似，各关节处所需的转矩等于连杆作用在其邻杆上的力矩的 z 轴分量，即

$$ \tau_i = {}^{i}\boldsymbol{m}_i^{\mathrm{T}}\,{}^{i}\boldsymbol{z}_i \tag{9.4-40} $$

对于移动关节，关节驱动力可以写成

$$ \tau_i = {}^{i}\boldsymbol{f}_i^{\mathrm{T}}\,{}^{i}\boldsymbol{z}_i \tag{9.4-41} $$

注意递推的初始值满足如下规定：末端连杆处的力/力矩等于它与环境的接触力/力矩。特别当机器人自由运动时，有

$$ {}^{n+1}\boldsymbol{f}_{n+1} = {}^{n+1}\boldsymbol{m}_{n+1} = \boldsymbol{0} \tag{9.4-42} $$

3. 求解前置坐标系下机器人动力学模型的递推算法

下面给出前置坐标系下递推形式的牛顿-欧拉动力学算法，以求解串联机器人的逆动力学问题，即已知关节位移、速度、加速度，求所需的关节驱动力/力矩。

整个算法分为两个部分。第一部分为向外递推法，从基座开始，到杆 n，再到末端，计算得到各连杆的速度和加速度；第二部分为向内递推法，首先根据牛顿-欧拉公式计算出各杆的惯性力及惯性力矩，再从末端开始，到杆 n，再到基座，计算得到各连杆受到的内力，最终得到各关节的驱动力/力矩。

相关公式总结如下：

（1）计算速度与加速度的向外递推公式（i：$0 \to n$）

1）初始值：

$$ {}^{0}\boldsymbol{\omega}_0 = {}^{0}\boldsymbol{v}_0 = {}^{0}\dot{\boldsymbol{\omega}}_0 = \boldsymbol{0} $$

2）角速度：

$$ {}^{i+1}\boldsymbol{\omega}_{i+1} = \begin{cases} {}_{i}^{i+1}\boldsymbol{R}\,{}^{i}\boldsymbol{\omega}_i + {}^{i+1}z_{i+1}\dot{\theta}_{i+1} & \text{（对于转动关节）} \\ {}_{i}^{i+1}\boldsymbol{R}\,{}^{i}\boldsymbol{\omega}_i & \text{（对于移动关节）} \end{cases} $$

3）角加速度：

$$ {}^{i+1}\dot{\boldsymbol{\omega}}_{i+1} = \begin{cases} {}_{i}^{i+1}\boldsymbol{R}\,{}^{i}\dot{\boldsymbol{\omega}}_i + {}^{i+1}z_{i+1}\ddot{\theta}_{i+1} + {}_{i}^{i+1}\boldsymbol{R}\,{}^{i}\boldsymbol{\omega}_i \times {}^{i+1}z_{i+1}\dot{\theta}_{i+1} & \text{（对于转动关节）} \\ {}_{i}^{i+1}\boldsymbol{R}\,{}^{i}\dot{\boldsymbol{\omega}}_i & \text{（对于移动关节）} \end{cases} $$

4）线速度：

$$
{}^{i+1}\boldsymbol{v}_{i+1}=\begin{cases}{}^{i+1}_{i}\boldsymbol{R}({}^{i}\boldsymbol{v}_i+{}^{i}\boldsymbol{\omega}_i\times{}^{i}\boldsymbol{p}_{i+1}) & \text{（对于转动关节）}\\ {}^{i+1}_{i}\boldsymbol{R}({}^{i}\boldsymbol{v}_i+{}^{i}\boldsymbol{\omega}_i\times{}^{i}\boldsymbol{p}_{i+1})+\dot{d}_{i+1}\,{}^{i+1}\boldsymbol{z}_{i+1} & \text{（对于移动关节）}\end{cases}
$$

5）线加速度：

$$
{}^{i+1}\dot{\boldsymbol{v}}_{i+1}=\begin{cases}{}^{i+1}_{i}\boldsymbol{R}[{}^{i}\dot{\boldsymbol{v}}_i+{}^{i}\dot{\boldsymbol{\omega}}_i\times{}^{i}\boldsymbol{p}_{i+1}+{}^{i}\boldsymbol{\omega}_i\times({}^{i}\boldsymbol{\omega}_i\times{}^{i}\boldsymbol{p}_{i+1})] & \text{（对于转动关节）}\\ {}^{i+1}_{i}\boldsymbol{R}[{}^{i}\dot{\boldsymbol{v}}_i+{}^{i}\dot{\boldsymbol{\omega}}_i\times{}^{i}\boldsymbol{p}_{i+1}+{}^{i}\boldsymbol{\omega}_i\times({}^{i}\boldsymbol{\omega}_i\times{}^{i}\boldsymbol{p}_{i+1})]+2\,{}^{i+1}\boldsymbol{\omega}_{i+1}\times{}^{i+1}\boldsymbol{z}_{i+1}\dot{d}_{i+1}+{}^{i+1}\boldsymbol{z}_{i+1}\ddot{d}_{i+1} & \text{（对于移动关节）}\end{cases}
$$

6）质心的加速度：

$$
{}^{i+1}\dot{\boldsymbol{v}}_{C_{i+1}}={}^{i+1}\dot{\boldsymbol{v}}_{i+1}+{}^{i+1}\dot{\boldsymbol{\omega}}_{i+1}\times{}^{i+1}\boldsymbol{p}_{C_{i+1}}+{}^{i+1}\boldsymbol{\omega}_{i+1}\times({}^{i+1}\boldsymbol{\omega}_{i+1}\times{}^{i+1}\boldsymbol{p}_{C_{i+1}})
$$

（2）计算关节力与力矩的向内递推公式（i：$n\to1$）

$$
{}^{i}\boldsymbol{f}_{C_i}=m_i\dot{\boldsymbol{v}}_{C_i}
$$

$$
{}^{i}\boldsymbol{m}_{C_i}={}^{C}\boldsymbol{I}_i\,{}^{i}\dot{\boldsymbol{\omega}}_i+({}^{i}\boldsymbol{\omega}_i\times{}^{C}\boldsymbol{I}_i\,{}^{i}\boldsymbol{\omega}_i)
$$

$$
{}^{i}\boldsymbol{f}_i={}^{i}\boldsymbol{f}_{C_i}+{}^{i}_{i+1}\boldsymbol{R}\,{}^{i+1}\boldsymbol{f}_{i+1}
$$

$$
{}^{i}\boldsymbol{m}_i={}^{i}\boldsymbol{m}_{C_i}+{}^{i}_{i+1}\boldsymbol{R}\,{}^{i+1}\boldsymbol{m}_{i+1}+{}^{i}\boldsymbol{p}_{i+1}\times{}^{i}_{i+1}\boldsymbol{R}\,{}^{i+1}\boldsymbol{f}_{i+1}+{}^{i}\boldsymbol{p}_{C_i}\times{}^{i}\boldsymbol{f}_{C_i}
$$

$$
\tau_i=\begin{cases}{}^{i}\boldsymbol{m}_i^{\mathrm{T}}\,{}^{i}\boldsymbol{z}_i & \text{（对于转动关节）}\\ {}^{i}\boldsymbol{f}_i^{\mathrm{T}}\,{}^{i}\boldsymbol{z}_i & \text{（对于移动关节）}\end{cases}
$$

注意：当机器人自由运动时，末端受力为0，即${}^{n+1}\boldsymbol{f}_{n+1}={}^{n+1}\boldsymbol{m}_{n+1}=\boldsymbol{0}$。

【例 9-6】 平面 2R 机器人各参数如图 9-13 所示，利用递推法求出机器人的牛顿-欧拉动力学方程（假设两杆的质量集中在连杆末端）。

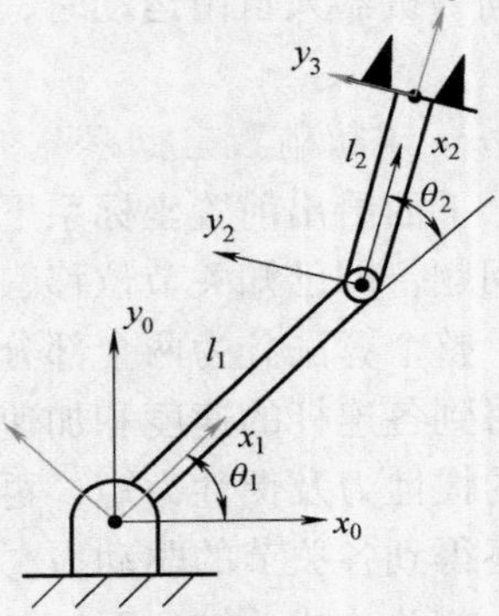

图 9-13 平面 2R 机器人

解：1）向外递推，计算各连杆的速度和加速度。

各杆质心在其连杆坐标系下的表示如下：

$$
{}^{i}\boldsymbol{p}_{C_i}=\begin{pmatrix}l_i\\0\\0\end{pmatrix}\quad(i=1,2)\qquad(9.4\text{-}43)
$$

由于各杆质量集中在一点，因此各杆相对其质心坐标系的惯性张量均为0，即

$$
{}^{C}\boldsymbol{I}_i=\boldsymbol{0}\quad(i=1,2)\qquad(9.4\text{-}44)
$$

注意到：

$$
{}^{i+1}\boldsymbol{z}_{i+1}=(0,0,1)^{\mathrm{T}},\quad {}^{i}_{i+1}\boldsymbol{R}=\begin{pmatrix}\cos\theta_{i+1} & -\sin\theta_{i+1} & 0\\ \sin\theta_{i+1} & \cos\theta_{i+1} & 0\\ 0 & 0 & 1\end{pmatrix},\quad {}^{i+1}_{i}\boldsymbol{R}=\begin{pmatrix}\cos\theta_{i+1} & \sin\theta_{i+1} & 0\\ -\sin\theta_{i+1} & \cos\theta_{i+1} & 0\\ 0 & 0 & 1\end{pmatrix}\quad(i=0,1)
$$

由于基座静止，因此有

$$
{}^{0}\boldsymbol{\omega}_0={}^{0}\boldsymbol{v}_0={}^{0}\dot{\boldsymbol{\omega}}_0=\boldsymbol{0}
$$

考虑重力的影响，有

$$
{}^{0}\dot{\boldsymbol{v}}_0={}^{0}\boldsymbol{g}=(0,g,0)^{\mathrm{T}}
$$

对于杆 1：

$$^1\boldsymbol{\omega}_1={}_0^1\boldsymbol{R}\,{}^0\boldsymbol{\omega}_0+{}^1z_1\dot{\theta}_1=\begin{pmatrix}0\\0\\\dot{\theta}_1\end{pmatrix}$$

$$^1\dot{\boldsymbol{\omega}}_1={}_0^1\boldsymbol{R}\,{}^0\dot{\boldsymbol{\omega}}_0+{}^1z_1\ddot{\theta}_1+{}_0^1\boldsymbol{R}\,{}^0\boldsymbol{\omega}_0\times{}^1z_1\dot{\theta}_1={}^1z_1\ddot{\theta}_1=\begin{pmatrix}0\\0\\\ddot{\theta}_1\end{pmatrix}$$

$$^1\boldsymbol{v}_1={}_0^1\boldsymbol{R}({}^0\boldsymbol{v}_0+{}^0\boldsymbol{\omega}_0\times{}^0\boldsymbol{p}_1)=\boldsymbol{0}$$

$$^1\dot{\boldsymbol{v}}_1={}_0^1\boldsymbol{R}[{}^0\dot{\boldsymbol{v}}_0+{}^0\dot{\boldsymbol{\omega}}_0\times{}^0\boldsymbol{p}_1+{}^0\boldsymbol{\omega}_0\times({}^0\boldsymbol{\omega}_0\times{}^0\boldsymbol{p}_1)]={}_0^1\boldsymbol{R}\,{}^0\dot{\boldsymbol{v}}_0=\begin{pmatrix}\cos\theta_1&\sin\theta_1&0\\-\sin\theta_1&\cos\theta_1&0\\0&0&1\end{pmatrix}\begin{pmatrix}0\\g\\0\end{pmatrix}=\begin{pmatrix}g\sin\theta_1\\g\cos\theta_1\\0\end{pmatrix}$$

$$\begin{aligned}^1\dot{\boldsymbol{v}}_{C_1}&={}^1\dot{\boldsymbol{v}}_1+{}^1\dot{\boldsymbol{\omega}}_1\times{}^1\boldsymbol{p}_{C_1}+{}^1\boldsymbol{\omega}_1\times({}^1\boldsymbol{\omega}_1\times{}^1\boldsymbol{p}_{C_1})\\&=\begin{pmatrix}g\sin\theta_1\\g\cos\theta_1\\0\end{pmatrix}+\begin{pmatrix}0\\0\\\ddot{\theta}_1\end{pmatrix}\times\begin{pmatrix}l_1\\0\\0\end{pmatrix}+\left[\begin{pmatrix}0\\0\\\dot{\theta}_1\end{pmatrix}\times\left(\begin{pmatrix}0\\0\\\dot{\theta}_1\end{pmatrix}\times\begin{pmatrix}l_1\\0\\0\end{pmatrix}\right)\right]=\begin{pmatrix}g\sin\theta_1-l_1\dot{\theta}_1^2\\g\cos\theta_1+l_1\ddot{\theta}_1\\0\end{pmatrix}\end{aligned}$$

对于杆 2：

$$^2\boldsymbol{\omega}_2={}_1^2\boldsymbol{R}\,{}^1\boldsymbol{\omega}_1+{}^2z_2\dot{\theta}_2=\begin{pmatrix}\cos\theta_2&\sin\theta_2&0\\-\sin\theta_2&\cos\theta_2&0\\0&0&1\end{pmatrix}\begin{pmatrix}0\\0\\\dot{\theta}_1\end{pmatrix}+\begin{pmatrix}0\\0\\\dot{\theta}_2\end{pmatrix}=\begin{pmatrix}0\\0\\\dot{\theta}_1+\dot{\theta}_2\end{pmatrix}$$

$$\begin{aligned}^2\dot{\boldsymbol{\omega}}_2&={}_1^2\boldsymbol{R}\,{}^1\dot{\boldsymbol{\omega}}_1+{}^2z_2\ddot{\theta}_2+{}_1^2\boldsymbol{R}\,{}^1\boldsymbol{\omega}_1\times{}^2z_2\dot{\theta}_2\\&=\begin{pmatrix}\cos\theta_2&\sin\theta_2&0\\-\sin\theta_2&\cos\theta_2&0\\0&0&1\end{pmatrix}\begin{pmatrix}0\\0\\\ddot{\theta}_1\end{pmatrix}+\begin{pmatrix}0\\0\\\ddot{\theta}_2\end{pmatrix}+\left[\begin{pmatrix}\cos\theta_2&\sin\theta_2&0\\-\sin\theta_2&\cos\theta_2&0\\0&0&1\end{pmatrix}\begin{pmatrix}0\\0\\\dot{\theta}_1\end{pmatrix}\times\begin{pmatrix}0\\0\\\dot{\theta}_2\end{pmatrix}\right]=\begin{pmatrix}0\\0\\\ddot{\theta}_1+\ddot{\theta}_2\end{pmatrix}\end{aligned}$$

$$^2\boldsymbol{v}_2={}_1^2\boldsymbol{R}({}^1\boldsymbol{v}_1+{}^1\boldsymbol{\omega}_1\times{}^1\boldsymbol{p}_2)=\begin{pmatrix}\cos\theta_2&\sin\theta_2&0\\-\sin\theta_2&\cos\theta_2&0\\0&0&1\end{pmatrix}\left[\begin{pmatrix}0\\0\\\dot{\theta}_1\end{pmatrix}\times\begin{pmatrix}l_1\\0\\0\end{pmatrix}\right]=\begin{pmatrix}l_1\dot{\theta}_1\sin\theta_2\\l_1\dot{\theta}_1\cos\theta_2\\0\end{pmatrix}$$

$$\begin{aligned}^2\dot{\boldsymbol{v}}_2&={}_1^2\boldsymbol{R}[{}^1\dot{\boldsymbol{v}}_1+{}^1\dot{\boldsymbol{\omega}}_1\times{}^1\boldsymbol{p}_2+{}^1\boldsymbol{\omega}_1\times({}^1\boldsymbol{\omega}_1\times{}^1\boldsymbol{p}_2)]\\&=\begin{pmatrix}\cos\theta_2&\sin\theta_2&0\\-\sin\theta_2&\cos\theta_2&0\\0&0&1\end{pmatrix}\left[\begin{pmatrix}g\sin\theta_1\\g\cos\theta_1\\0\end{pmatrix}+\begin{pmatrix}0\\0\\\ddot{\theta}_1\end{pmatrix}\times\begin{pmatrix}l_1\\0\\0\end{pmatrix}+\begin{pmatrix}0\\0\\\dot{\theta}_1\end{pmatrix}\times\left(\begin{pmatrix}0\\0\\\dot{\theta}_1\end{pmatrix}\times\begin{pmatrix}l_1\\0\\0\end{pmatrix}\right)\right]\\&=\begin{pmatrix}l_1(\ddot{\theta}_1\sin\theta_2-\dot{\theta}_1^2\cos\theta_2)+g\sin(\theta_1+\theta_2)\\l_1(\ddot{\theta}_1\cos\theta_2+\dot{\theta}_1^2\sin\theta_2)+g\cos(\theta_1+\theta_2)\\0\end{pmatrix}\end{aligned}$$

$$
{}^2\dot{\boldsymbol{v}}_{C_2}={}^2\dot{\boldsymbol{v}}_2+{}^2\dot{\boldsymbol{\omega}}_2\times{}^2\boldsymbol{p}_{C_2}+{}^2\boldsymbol{\omega}_2\times({}^2\boldsymbol{\omega}_2\times{}^2\boldsymbol{p}_{C_2})
$$

$$
=\begin{pmatrix} l_1(\ddot{\theta}_1\sin\theta_2-\dot{\theta}_1^2\cos\theta_2)+g\sin(\theta_1+\theta_2)\\ l_1(\ddot{\theta}_1\cos\theta_2+\dot{\theta}_1^2\sin\theta_2)+g\cos(\theta_1+\theta_2)\\ 0\end{pmatrix}+\begin{pmatrix}0\\0\\ \ddot{\theta}_1+\ddot{\theta}_2\end{pmatrix}\times\begin{pmatrix}l_2\\0\\0\end{pmatrix}+\begin{pmatrix}0\\0\\ \dot{\theta}_1+\dot{\theta}_2\end{pmatrix}\times\left(\begin{pmatrix}0\\0\\ \dot{\theta}_1+\dot{\theta}_2\end{pmatrix}\times\begin{pmatrix}l_2\\0\\0\end{pmatrix}\right)
$$

$$
=\begin{pmatrix} l_1(\ddot{\theta}_1\sin\theta_2-\dot{\theta}_1^2\cos\theta_2)+g\sin(\theta_1+\theta_2)-l_2(\dot{\theta}_1+\dot{\theta}_2)^2\\ l_1(\ddot{\theta}_1\cos\theta_2+\dot{\theta}_1^2\sin\theta_2)+g\cos(\theta_1+\theta_2)+l_2(\ddot{\theta}_1+\ddot{\theta}_2)\\ 0\end{pmatrix}
$$

2）向内递推，计算各连杆的内力。

首先计算惯性力/力矩：

$$
{}^1\boldsymbol{f}_{C_1}=m_1\dot{\boldsymbol{v}}_{C_1}=m_1\begin{pmatrix} g\sin\theta_1-l_1\dot{\theta}_1^2\\ g\cos\theta_1+l_1\ddot{\theta}_1\\ 0\end{pmatrix}
$$

$$
{}^2\boldsymbol{f}_{C_2}=m_2\dot{\boldsymbol{v}}_{C_2}=m_2\begin{pmatrix} l_1(\ddot{\theta}_1\sin\theta_2-\dot{\theta}_1^2\cos\theta_2)+g\sin(\theta_1+\theta_2)-l_2(\dot{\theta}_1+\dot{\theta}_2)^2\\ l_1(\ddot{\theta}_1\cos\theta_2+\dot{\theta}_1^2\sin\theta_2)+g\cos(\theta_1+\theta_2)+l_2(\ddot{\theta}_1+\ddot{\theta}_2)\\ 0\end{pmatrix}
$$

$$
{}^1\boldsymbol{m}_{C_1}={}^C\boldsymbol{I}_1\,{}^1\dot{\boldsymbol{\omega}}_1+({}^1\boldsymbol{\omega}_1\times{}^C\boldsymbol{I}_1\,{}^1\boldsymbol{\omega}_1)=\boldsymbol{0}
$$

$$
{}^2\boldsymbol{m}_{C_2}={}^C\boldsymbol{I}_2\,{}^2\dot{\boldsymbol{\omega}}_2+({}^2\boldsymbol{\omega}_2\times{}^C\boldsymbol{I}_2\,{}^2\boldsymbol{\omega}_2)=\boldsymbol{0}
$$

对于杆 2：

由于${}^3\boldsymbol{f}_3={}^3\boldsymbol{m}_3=\boldsymbol{0}$，代入相关公式得

$$
{}^2\boldsymbol{f}_2={}^2\boldsymbol{f}_{C_2}+{}^2_3\boldsymbol{R}\,{}^3\boldsymbol{f}_3={}^2\boldsymbol{f}_{C_2}=m_2\begin{pmatrix} l_1(\ddot{\theta}_1\sin\theta_2-\dot{\theta}_1^2\cos\theta_2)+g\sin(\theta_1+\theta_2)-l_2(\dot{\theta}_1+\dot{\theta}_2)^2\\ l_1(\ddot{\theta}_1\cos\theta_2+\dot{\theta}_1^2\sin\theta_2)+g\cos(\theta_1+\theta_2)+l_2(\ddot{\theta}_1+\ddot{\theta}_2)\\ 0\end{pmatrix}
$$

$$
{}^2\boldsymbol{m}_2={}^2\boldsymbol{m}_{C_2}+{}^2_3\boldsymbol{R}\,{}^3\boldsymbol{m}_3+{}^2\boldsymbol{p}_3\times{}^2_3\boldsymbol{R}\,{}^3\boldsymbol{f}_3+{}^2\boldsymbol{p}_{C_2}\times{}^2\boldsymbol{f}_{C_2}={}^2\boldsymbol{p}_{C_2}\times{}^2\boldsymbol{f}_{C_2}
$$

$$
=m_2\begin{pmatrix}l_2\\0\\0\end{pmatrix}\times\begin{pmatrix} l_1(\ddot{\theta}_1\sin\theta_2-\dot{\theta}_1^2\cos\theta_2)+g\sin(\theta_1+\theta_2)-l_2(\dot{\theta}_1+\dot{\theta}_2)^2\\ l_1(\ddot{\theta}_1\cos\theta_2+\dot{\theta}_1^2\sin\theta_2)+g\cos(\theta_1+\theta_2)+l_2(\ddot{\theta}_1+\ddot{\theta}_2)\\ 0\end{pmatrix}
$$

$$
=\begin{pmatrix}0\\0\\ m_2l_2^2(\ddot{\theta}_1+\ddot{\theta}_2)+m_2l_1l_2\ddot{\theta}_1(\cos\theta_2+\dot{\theta}_1^2\sin\theta_2)+m_2l_2g\cos(\theta_1+\theta_2)\end{pmatrix}
$$

因此，关节 2 的关节力矩为

$$
{}^2\tau_2={}^2\boldsymbol{m}_2^{\mathrm{T}}\,{}^2\boldsymbol{z}_2=m_2l_2^2(\ddot{\theta}_1+\ddot{\theta}_2)+m_2l_1l_2\ddot{\theta}_1(\cos\theta_2+\dot{\theta}_1^2\sin\theta_2)+m_2l_2g\cos(\theta_1+\theta_2) \tag{9.4-45}
$$

对于杆 1：

$$
{}^1\boldsymbol{f}_1={}_2^1\boldsymbol{R}\,{}^2\boldsymbol{f}_2+{}^1\boldsymbol{f}_{C_1}
$$

$$
=m_2\begin{pmatrix}\cos\theta_1 & \sin\theta_1 & 0\\ -\sin\theta_1 & \cos\theta_1 & 0\\ 0 & 0 & 1\end{pmatrix}\begin{pmatrix} l_1(\ddot{\theta}_1\sin\theta_2-\dot{\theta}_1^2\cos\theta_2)+g\sin(\theta_1+\theta_2)-l_2(\dot{\theta}_1+\dot{\theta}_2)^2\\ l_1(\ddot{\theta}_1\cos\theta_2+\dot{\theta}_1^2\sin\theta_2)+g\cos(\theta_1+\theta_2)+l_2(\ddot{\theta}_1+\ddot{\theta}_2)\\ 0\end{pmatrix}+m_1\begin{pmatrix} g\sin\theta_1-l_1\dot{\theta}_1^2\\ g\cos\theta_1+l_1\ddot{\theta}_1\\ 0\end{pmatrix}
$$

$$
=\begin{pmatrix} m_2l_1\ddot{\theta}_1\sin(\theta_1+\theta_2)-m_2l_1\dot{\theta}_1^2\cos(\theta_1+\theta_2)+m_2g\sin\theta_2+m_2l_2(\dot{\theta}_1+\dot{\theta}_2)^2(\sin\theta_1-\cos\theta_1)+m_1g\sin\theta_1-m_1l_1\dot{\theta}_1^2\\ m_2l_1\ddot{\theta}_1\cos(\theta_1+\theta_2)+m_2l_1\dot{\theta}_1^2\sin(\theta_1+\theta_2)+m_2g\cos\theta_2+m_2l_2(\dot{\theta}_1+\dot{\theta}_2)^2(\sin\theta_1+\cos\theta_1)+m_1g\cos\theta_1+m_1l_1\ddot{\theta}_1\\ 0\end{pmatrix}
$$

$$
{}^1\boldsymbol{m}_1={}_2^1\boldsymbol{R}\,{}^2\boldsymbol{m}_2+{}^1\boldsymbol{p}_{C_1}\times{}^1\boldsymbol{f}_{C_1}+{}^1\boldsymbol{p}_2\times{}_2^1\boldsymbol{R}\,{}^2\boldsymbol{f}_2
$$

$$
=\begin{pmatrix}0\\0\\ m_2l_2^2(\ddot{\theta}_1+\ddot{\theta}_2)+m_2l_1l_2\ddot{\theta}_1(\cos\theta_2+\dot{\theta}_1^2\sin\theta_2)+m_2l_2g\cos(\theta_1+\theta_2)\end{pmatrix}+\begin{pmatrix}0\\0\\ m_1l_1^2\ddot{\theta}_1+m_1l_1g\cos\theta_1\end{pmatrix}+
$$

$$
\begin{pmatrix}0\\0\\ m_2l_1^2\ddot{\theta}_1-m_2l_1l_2(\dot{\theta}_1+\dot{\theta}_2)^2\sin\theta_2+m_2l_1g\sin(\theta_1+\theta_2)\sin\theta_2+m_2l_1l_2(\ddot{\theta}_1+\ddot{\theta}_2)\cos\theta_2+m_2l_1g\cos(\theta_1+\theta_2)\cos\theta_2\end{pmatrix}
$$

因此，关节 1 的关节力矩为

$$
\begin{aligned}{}^1\tau_1={}^1\boldsymbol{m}_1^{\mathrm{T}}\,{}^1z_1=&m_2l_2^2(\ddot{\theta}_1+\ddot{\theta}_2)+m_2l_1l_2(2\ddot{\theta}_1+\ddot{\theta}_2)\cos\theta_2+(m_1+m_2)l_1^2\ddot{\theta}_1-\\ &m_2l_1l_2\sin\theta_2(\dot{\theta}_2^2+2\dot{\theta}_1\dot{\theta}_2)+m_2l_2g\cos(\theta_1+\theta_2)+(m_1+m_2)l_1g\cos\theta_1\end{aligned}\tag{9.4-46}
$$

式（9.4-45）和式（9.4-46）共同组成了封闭形式的动力学方程，即

$$
\begin{cases}\tau_1=(m_1l_1^2+m_2l_2^2+m_2l_1^2+2m_2l_1l_2\cos\theta_2)\ddot{\theta}_1+(m_2l_2^2+m_2l_1l_2\cos\theta_2)\ddot{\theta}_2-\\ \qquad m_2l_1l_2\sin\theta_2(2\dot{\theta}_1\dot{\theta}_2+\dot{\theta}_2^2)+m_1gl_1\cos\theta_1+m_2gl_2\cos\theta_{12}+m_2gl_1\cos\theta_1\\ \tau_2=(m_2l_2^2+m_2l_1l_2\cos\theta_2)\ddot{\theta}_1+m_2l_2^2\ddot{\theta}_2+m_2l_1l_2\sin\theta_2\dot{\theta}_1^2+m_2l_2g\cos\theta_{12}\end{cases}\tag{9.4-47}
$$

9.4.3　后置坐标系下串联机器人的牛顿-欧拉公式

图 9-14 所示为后置坐标系（经典的 D-H 参数表示）下连杆坐标系与各参数的分布。按照与前置坐标系类似的方法，可以导出相关公式。具体过程从略，这里只给出结果。

（1）连杆速度和加速度的向外递推公式（i：$1\to n$）

初始值：${}^0\boldsymbol{\omega}_0={}^0\boldsymbol{v}_0={}^0\dot{\boldsymbol{\omega}}_0$，${}^0\dot{\boldsymbol{v}}_0=\boldsymbol{0}$ 或 ${}^0\dot{\boldsymbol{v}}_0=\boldsymbol{g}$

1）各杆角速度的递推公式：

$$
{}^i\boldsymbol{\omega}_i=\begin{cases}{}_{i-1}^{\;\;i}\boldsymbol{R}\,{}^{i-1}\boldsymbol{\omega}_{i-1}+{}^{i-1}z_{i-1}\dot{\theta}_i & （转动关节）\\ {}_{i-1}^{\;\;i}\boldsymbol{R}\,{}^{i-1}\boldsymbol{\omega}_{i-1} & （移动关节）\end{cases}
$$

式中，

$$
{}_{i-1}^{\;\;i}\boldsymbol{R}=\begin{pmatrix}\cos\theta_i & \sin\theta_i & 0\\ -\cos\alpha_i\sin\theta_i & \cos\alpha_i\cos\theta_i & \sin\alpha_i\\ \sin\alpha_i\sin\theta_i & -\sin\alpha_i\cos\theta_i & \cos\alpha_i\end{pmatrix},\quad {}^{i-1}z_{i-1}=(0,0,1)^{\mathrm{T}}
$$

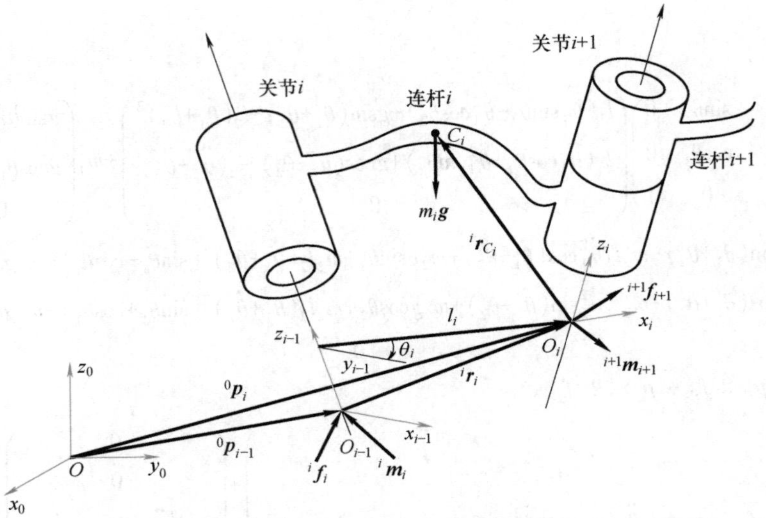

图 9-14　后置坐标系下连杆坐标系与各参数的分布

2）各杆角加速度的递推公式：

$$^i\dot{\boldsymbol{\omega}}_i=\begin{cases}{}_{i-1}^{i}\boldsymbol{R}\ {}^{i-1}\dot{\boldsymbol{\omega}}_{i-1}+{}^{i-1}z_{i-1}\ddot{\theta}_i+\dot{\theta}_i\ {}^{i-1}\boldsymbol{\omega}_{i-1}\times{}^{i-1}z_{i-1} & （转动关节）\\ {}_{i-1}^{i}\boldsymbol{R}\ {}^{i-1}\dot{\boldsymbol{\omega}}_{i-1} & （移动关节）\end{cases}$$

3）各杆线速度的递推公式：

$$^i\boldsymbol{v}_i=\begin{cases}{}_{i-1}^{i}\boldsymbol{R}\ {}^{i-1}\boldsymbol{v}_{i-1}+{}^i\boldsymbol{\omega}_i\times{}^i\boldsymbol{p}_i & （转动关节）\\ {}_{i-1}^{i}\boldsymbol{R}({}^{i-1}\boldsymbol{v}_{i-1}+{}^{i-1}z_{i-1}\dot{d}_i)+{}^i\boldsymbol{\omega}_i\times{}^i\boldsymbol{p}_i & （移动关节）\end{cases}$$

4）各杆线加速度的递推公式：

$$^i\dot{\boldsymbol{v}}_i=\begin{cases}{}_{i-1}^{i}\boldsymbol{R}\ {}^{i-1}\dot{\boldsymbol{v}}_{i-1}+{}^i\dot{\boldsymbol{\omega}}_i\times{}^i\boldsymbol{p}_i+{}^i\boldsymbol{\omega}_i\times({}^i\boldsymbol{\omega}_i\times{}^i\boldsymbol{p}_i) & （转动关节）\\ {}_{i-1}^{i}\boldsymbol{R}({}^{i-1}\dot{\boldsymbol{v}}_{i-1}+{}^{i-1}z_{i-1}\ddot{d}_i)+{}^i\dot{\boldsymbol{\omega}}_i\times{}^i\boldsymbol{p}_i+{}^i\boldsymbol{\omega}_i\times({}^i\boldsymbol{\omega}_i\times{}^i\boldsymbol{p}_i)+2\ {}^i\boldsymbol{\omega}_i\times({}_{i-1}^{i}\boldsymbol{R}\ {}^{i-1}z_{i-1}\dot{d}_i) & （移动关节）\end{cases}$$

5）各杆质心的加速度计算公式：

$$^i\dot{\boldsymbol{v}}_{C_i}={}^i\dot{\boldsymbol{v}}_{i-1}+{}^i\dot{\boldsymbol{\omega}}_i\times{}^i\boldsymbol{r}_{C_i}+{}^i\boldsymbol{\omega}_i\times({}^i\boldsymbol{\omega}_i\times{}^i\boldsymbol{r}_{C_i})$$

（2）关节力与力矩的向内递推公式（i：$(n-1)\to1$）

1）各杆的惯性力/力矩递推公式：

$$^i\boldsymbol{f}_{C_i}=m_i\ {}^i\dot{\boldsymbol{v}}_{C_i}$$

$$^i\boldsymbol{m}_{C_i}={}^C\boldsymbol{I}_i\ {}^i\dot{\boldsymbol{\omega}}_i+{}^i\boldsymbol{\omega}_i\times{}^C\boldsymbol{I}_i\ {}^i\boldsymbol{\omega}_i$$

2）各杆之间相互作用的力与力矩递推公式：

$$^i\boldsymbol{f}_i=\begin{cases}{}_{i+1}^{i}\boldsymbol{R}\ {}^{i+1}\boldsymbol{f}_{i+1}+{}^i\boldsymbol{f}_{C_i} & （不考虑重力）\\ {}_{i+1}^{i}\boldsymbol{R}\ {}^{i+1}\boldsymbol{f}_{i+1}+{}^i\boldsymbol{f}_{C_i}+m_i\ {}^i\boldsymbol{g} & （考虑重力）\end{cases}$$

$$^i\boldsymbol{m}_i=\begin{cases}{}_{i+1}^{i}\boldsymbol{R}\ {}^{i+1}\boldsymbol{m}_{i+1}+({}^i\boldsymbol{p}_i+{}^i\boldsymbol{r}_{C_i})\times{}^i\boldsymbol{f}_i-{}^i\boldsymbol{r}_{C_i}\times({}_{i+1}^{i}\boldsymbol{R}\ {}^{i+1}\boldsymbol{f}_{i+1})+{}^i\boldsymbol{m}_{C_i} & （不考虑重力）\\ {}_{i+1}^{i}\boldsymbol{R}\ {}^{i+1}\boldsymbol{m}_{i+1}+({}^i\boldsymbol{p}_i+{}^i\boldsymbol{r}_{C_i})\times{}^i\boldsymbol{f}_i-{}^i\boldsymbol{r}_{C_i}\times({}_{i+1}^{i}\boldsymbol{R}\ {}^{i+1}\boldsymbol{f}_{i+1}+m_i\ {}^i\boldsymbol{g})+{}^i\boldsymbol{m}_{C_i} & （考虑重力）\end{cases}$$

$$\tau_i=\begin{cases}{}^i\boldsymbol{m}_i^{\mathrm{T}}({}_{i}^{i-1}\boldsymbol{R}^{\mathrm{T}}\ {}^{i-1}z_{i-1}) & （转动关节）\\ {}^i\boldsymbol{f}_i^{\mathrm{T}}({}_{i}^{i-1}\boldsymbol{R}^{\mathrm{T}}\ {}^{i-1}z_{i-1}) & （移动关节）\end{cases}$$

【例 9-7】 基于牛顿-欧拉法的平面 2R 机器人（图 9-15）的动力学建模（后置坐标系）。

解：采用后置坐标系，首先利用外推公式求各杆的速度、加速度。

相邻杆之间的齐次变换矩阵如下：

$$ {}^{i-1}_{i}\boldsymbol{T}=\begin{pmatrix} \cos\theta_i & -\sin\theta_i & 0 & l_i\cos\theta_i \\ \sin\theta_i & \cos\theta_i & 0 & l_i\sin\theta_i \\ 0 & 0 & 1 & 0 \\ 0 & 0 & 0 & 1 \end{pmatrix} \quad (i=1,2) $$

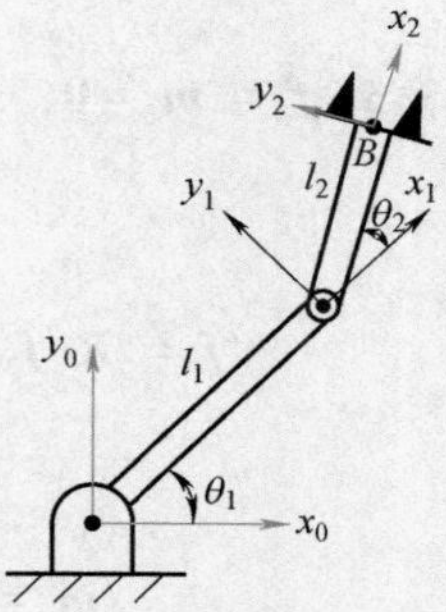

图 9-15　平面 2R 机器人（后置坐标系）

各杆质心的位置坐标为

$$ {}^{i}\boldsymbol{p}_i=\begin{pmatrix} l_i \\ 0 \\ 0 \end{pmatrix},\quad {}^{i}\boldsymbol{r}_{C_i}=\begin{pmatrix} -l_i/2 \\ 0 \\ 0 \end{pmatrix} \quad (i=1,2) $$

各杆的惯性矩阵为

$$ {}^{C}\boldsymbol{I}_i=\frac{m_i l_i^2}{12}\begin{pmatrix} 0 & 0 & 0 \\ 0 & 1 & 0 \\ 0 & 0 & 1 \end{pmatrix} \quad (i=1,2) $$

初始条件满足

$$ {}^{0}\boldsymbol{\omega}_0={}^{0}\boldsymbol{v}_0={}^{0}\dot{\boldsymbol{\omega}}_0={}^{0}\dot{\boldsymbol{v}}_0=\boldsymbol{0} $$

将上述参数代入外推公式，得

$$ {}^{1}\boldsymbol{\omega}_1=\begin{pmatrix} 0 \\ 0 \\ \dot{\theta}_1 \end{pmatrix},\quad {}^{1}\dot{\boldsymbol{\omega}}_1=\begin{pmatrix} 0 \\ 0 \\ \ddot{\theta}_1 \end{pmatrix},\quad {}^{1}\dot{\boldsymbol{v}}_1=l_1\begin{pmatrix} -\dot{\theta}_1^2 \\ \ddot{\theta}_1 \\ 0 \end{pmatrix},\quad {}^{1}\dot{\boldsymbol{v}}_{C_1}=\frac{l_1}{2}\begin{pmatrix} -\dot{\theta}_1^2 \\ \ddot{\theta}_1 \\ 0 \end{pmatrix} $$

$$ {}^{2}\boldsymbol{\omega}_2=\begin{pmatrix} 0 \\ 0 \\ \dot{\theta}_1+\dot{\theta}_2 \end{pmatrix},\quad {}^{2}\dot{\boldsymbol{\omega}}_2=\begin{pmatrix} 0 \\ 0 \\ \ddot{\theta}_1+\ddot{\theta}_2 \end{pmatrix},\quad {}^{2}\dot{\boldsymbol{v}}_2=\begin{pmatrix} l_1(\ddot{\theta}_1\sin\theta_2-\dot{\theta}_1^2\cos\theta_2)-l_2(\dot{\theta}_1+\dot{\theta}_2)^2 \\ l_1(\ddot{\theta}_1\cos\theta_2+\dot{\theta}_1^2\sin\theta_2)+l_2(\dot{\theta}_1+\dot{\theta}_2)^2 \\ 0 \end{pmatrix} $$

$$ \dot{\boldsymbol{v}}_{C_2}=\begin{pmatrix} l_1(\ddot{\theta}_1\sin\theta_2-\dot{\theta}_1^2\cos\theta_2)-\dfrac{l_2}{2}(\dot{\theta}_1+\dot{\theta}_2)^2 \\ l_1(\ddot{\theta}_1\cos\theta_2+\dot{\theta}_1^2\sin\theta_2)+\dfrac{l_2}{2}(\dot{\theta}_1+\dot{\theta}_2)^2 \\ 0 \end{pmatrix} $$

由此可得杆 2 的惯性力/力矩如下：

$$ {}^{2}\boldsymbol{f}_{C_2}=m_2\,{}^{2}\dot{\boldsymbol{v}}_{C_2}=m_2\begin{pmatrix} l_1(\ddot{\theta}_1\sin\theta_2-\dot{\theta}_1^2\cos\theta_2)-\dfrac{l_2}{2}(\dot{\theta}_1+\dot{\theta}_2)^2 \\ l_1(\ddot{\theta}_1\cos\theta_2+\dot{\theta}_1^2\sin\theta_2)+\dfrac{l_2}{2}(\dot{\theta}_1+\dot{\theta}_2)^2 \\ 0 \end{pmatrix} $$

$$
{}^2\boldsymbol{\tau}_{C_2}=\frac{m_2 l_2^2}{12}\begin{pmatrix}0\\0\\\ddot{\theta}_1+\ddot{\theta}_2\end{pmatrix}
$$

注意到${}^3\boldsymbol{f}_3={}^3\boldsymbol{m}_3=\boldsymbol{0}$，因此有

$$
{}^2\boldsymbol{f}_2={}^2_3\boldsymbol{R}\,{}^3\boldsymbol{f}_3+{}^2\boldsymbol{f}_{C_2}+m_2\,{}^0\boldsymbol{g}=m_2\begin{pmatrix}l_1(\ddot{\theta}_1\sin\theta_2-\dot{\theta}_1^2\cos\theta_2)-\dfrac{l_2}{2}(\dot{\theta}_1+\dot{\theta}_2)^2+g\sin\theta_{12}\\ l_1(\ddot{\theta}_1\cos\theta_2+\dot{\theta}_1^2\sin\theta_2)+\dfrac{l_2}{2}(\dot{\theta}_1+\dot{\theta}_2)^2+g\cos\theta_{12}\\0\end{pmatrix}
$$

$$
\begin{aligned}
{}^2\boldsymbol{m}_2&={}^2_3\boldsymbol{R}\,{}^3\boldsymbol{m}_3+({}^2\boldsymbol{p}_2+{}^2\boldsymbol{r}_{C_2})\times{}^2\boldsymbol{f}_2-{}^2\boldsymbol{r}_{C_2}\times({}^2_3\boldsymbol{R}\,{}^3\boldsymbol{f}_3+m_2\,{}^0\boldsymbol{g})\\
&=m_2\begin{pmatrix}0\\0\\\dfrac{1}{3}l_2^2(\ddot{\theta}_1+\ddot{\theta}_2)+\dfrac{1}{2}l_1l_2(\ddot{\theta}_1\cos\theta_2+\dot{\theta}_1^2\sin\theta_2)+\dfrac{1}{2}l_2g\cos\theta_{12}\end{pmatrix}
\end{aligned}
$$

类似地，可以导出

$$
{}^1\boldsymbol{f}_{C_1}=-\frac{m_1l_1}{2}\begin{pmatrix}-\dot{\theta}_1^2\\\ddot{\theta}_1\\0\end{pmatrix},\quad {}^1\boldsymbol{m}_{C_1}=-\frac{m_1l_1^2}{12}\begin{pmatrix}0\\0\\\ddot{\theta}_1\end{pmatrix}
$$

$$
{}^1\boldsymbol{f}_1=\begin{pmatrix}m_2\left[-l_1\dot{\theta}_1^2-\dfrac{1}{2}l_2(\dot{\theta}_1+\dot{\theta}_2)^2\cos\theta_2-\dfrac{1}{2}l_2(\ddot{\theta}_1+\ddot{\theta}_2)\sin\theta_2+g\sin\theta_1\right]+m_1\left(-\dfrac{1}{2}l_1\dot{\theta}_1^2+g\sin\theta_1\right)\\ m_2\left[l_1\ddot{\theta}_1-\dfrac{1}{2}l_2(\dot{\theta}_1+\dot{\theta}_2)^2\sin\theta_2+\dfrac{1}{2}l_2(\ddot{\theta}_1+\ddot{\theta}_2)\cos\theta_2+g\cos\theta_1\right]+m_1\left(\dfrac{1}{2}l_1\ddot{\theta}_1+g\cos\theta_1\right)\\0\end{pmatrix}
$$

$$
{}^1\boldsymbol{m}_1=\begin{pmatrix}0\\0\\\left(\dfrac{1}{3}m_1l_1^2+\dfrac{1}{3}m_2l_2^2+m_2l_1^2+m_2l_1l_2\cos\theta_2\right)\ddot{\theta}_1+\left(\dfrac{1}{3}m_2l_2^2+\dfrac{1}{2}m_2l_1l_2\cos\theta_2\right)\ddot{\theta}_2-\\ m_2l_1l_2\sin\theta_2\left(\dot{\theta}_1\dot{\theta}_2+\dfrac{1}{2}\dot{\theta}_2^2\right)+\dfrac{1}{2}m_1gl_1\cos\theta_1+\dfrac{1}{2}m_2gl_2\cos\theta_{12}+m_2gl_1\cos\theta_1\end{pmatrix}
$$

由此可求得平面2R机器人的动力学方程：

$$
\begin{cases}
\tau_1=\left(\dfrac{1}{3}m_1l_1^2+\dfrac{1}{3}m_2l_2^2+m_2l_1^2+m_2l_1l_2\cos\theta_2\right)\ddot{\theta}_1+\left(\dfrac{1}{3}m_2l_2^2+\dfrac{1}{2}m_2l_1l_2\cos\theta_2\right)\ddot{\theta}_2-\\
\qquad m_2l_1l_2\sin\theta_2\left(\dot{\theta}_1\dot{\theta}_2+\dfrac{1}{2}\dot{\theta}_2^2\right)+\dfrac{1}{2}m_1gl_1\cos\theta_1+\dfrac{1}{2}m_2gl_2\cos\theta_{12}+m_2gl_1\cos\theta_1\\
\tau_2=\left(\dfrac{1}{3}m_2l_2^2+\dfrac{1}{2}m_2l_1l_2\cos\theta_2\right)\ddot{\theta}_1+\dfrac{1}{3}m_2l_2^2\ddot{\theta}_2+\dfrac{1}{2}m_2l_1l_2\sin\theta_2\dot{\theta}_1^2+\dfrac{1}{2}m_2l_2g\cos\theta_{12}
\end{cases}
$$

不妨对比一下前置坐标系与后置坐标系下平面 2R 机器人动力学方程的异同。

本章小结

1）动力学分析是机器人控制、结构设计与驱动器选型的基础。分析机器人动力学的常用方法主要有拉格朗日法、牛顿-欧拉法、凯恩方程等，最为经典的是前两种。

2）与机器人运动学不同的是，机器人动力学研究中必须考虑惯性的影响。影响惯性的参数主要包括质心、惯性张量等。

3）刚体惯性张量 $\boldsymbol{I}$ 及刚体广义惯性矩阵 $\boldsymbol{M}$ 的表达均与所选择的参考坐标系有直接关系。不过，由于该矩阵为正定阵，因此可以对角化。当惯性积为零时，刚体惯性张量 $\boldsymbol{I}$ 退化成对角阵，$\boldsymbol{I}$ 的特征向量为惯性主轴，与 3 个惯性主轴相对应的惯性矩为主惯性矩。

4）利用拉格朗日法建立串联机器人动力学方程的一般过程：①选取系统的广义坐标；②通过计算各杆件的广义质量矩阵，得到系统的广义质量矩阵 $\boldsymbol{M}(\boldsymbol{q})$；③计算系统的科氏力与向心力项 $\boldsymbol{V}(\boldsymbol{q},\dot{\boldsymbol{q}})$；④计算系统的重力项 $\boldsymbol{G}(\boldsymbol{q})$；⑤计算系统的驱动力 $\boldsymbol{\tau}_{\mathrm{d}}$；⑥最终建立系统的动力学方程 $\boldsymbol{M}(\boldsymbol{q})\ddot{\boldsymbol{q}}+\boldsymbol{V}(\boldsymbol{q},\dot{\boldsymbol{q}})+\boldsymbol{G}(\boldsymbol{q})=\boldsymbol{\tau}_{\mathrm{d}}$。

5）可以采用前置（或后置）坐标系下递推形式的牛顿-欧拉动力学算法，来求解串联机器人的逆动力学问题，即已知关节位移、速度、加速度，求得所需的关节力矩或者关节力。整个算法分为两个部分：第一部分为向外递推法，计算得到各连杆的速度和加速度，再由牛顿-欧拉公式计算出各连杆的惯性力及惯性力矩；第二部分为向内递推法，计算得到各杆受到的内力，进而得到关节驱动力或力矩。

扩展阅读文献

本章重点对两种典型的机器人动力学建模方法进行了介绍，读者还可阅读下述文献更深入地了解相关知识。

[1] CRAIG J J. 机器人学导论［M］. 4 版. 贠超，王伟，译. 北京：机械工业出版社，2018.

[2] LYNCH K M，PARK F C. 现代机器人学机构、规划与控制［M］. 于靖军，贾振中，译. 北京：机械工业出版社，2019.

[3] TSAI L W. Robot Analysis：The Mechanics of Serial and Parallel Manipulators［M］. New York：Wiley-Interscience Publication，1999.

[4] 战强. 机器人学：机构、运动学、动力学及运动规划［M］. 北京：清华大学出版社，2019.

[5] 熊有伦，李文龙，陈文斌，等. 机器人学：建模、控制与视觉［M］. 武汉：华中科技大学出版社，2018.

[6] 于靖军，刘辛军，丁希仑. 机器人机构学的数学基础［M］. 2 版. 北京：机械工业出版社，2016.

[7] 张策. 机械动力学［M］. 2 版. 北京：科学出版社，2015.

习题

9-1　求解串联机器人动力学方程的意义是什么？

9-2　求一均质、截面为圆（半径为 r）、长度为 l 的圆柱体的惯性矩阵（相对其质心）。

9-3　试证明：${}^{A}\boldsymbol{I}={}_{B}^{A}\boldsymbol{R}\,{}^{B}\boldsymbol{I}\,{}_{B}^{A}\boldsymbol{R}^{\mathrm{T}}$。

9-4　有人用拉格朗日法推导的 2 自由度 RP 机器人动力学方程如下：

$$\begin{cases}\tau_1=m_1(l_1^2+r)\ddot{\theta}+m_2r^2\ddot{\theta}+2m_2\dot{r}\dot{\theta}+[m_1(l_1+r\dot{\theta})+m_2(r+\dot{r})]g\cos\theta\\ f_2=m_1\dot{r}\ddot{\theta}+m_2\ddot{r}-m_1l_1\dot{r}-m_2r\dot{\theta}^2+m_2(r+1)g\sin\theta\end{cases}$$

其中有些项显然是错误的，请指出。

9-5　有人用拉格朗日法推导的平面 RR 机器人动力学方程如下：

$$\begin{cases}\tau_1=-m_1l_1^2\ddot{\theta}_1+m_2(l_1^2+l_2^2)\ddot{\theta}_1+2m_2l_1l_2\cos\theta_2\ddot{\theta}_1-2m_2l_1l_2\sin\theta_2\dot{\theta}_1\dot{\theta}_2+m_2(l_1l_2\cos\theta_2+l_2^2)\ddot{\theta}_2- \\ \quad m_2l_1l_2\sin\theta_2\dot{\theta}_2^2+m_1gl_1\cos\theta_1+m_2g[l_1\cos\theta_1+l_2\cos(\theta_1+\theta_2)] \\ \tau_2=-m_2l_2^2\ddot{\theta}_2+m_2(l_1l_2\cos\theta_2+l_2^2)\ddot{\theta}_1+m_1\cos\theta_1\dot{\theta}_2+m_2l_1l_2\sin\theta_2\dot{\theta}_1^2+m_1gl_1\cos\theta_1+m_2gl_2\cos(\theta_1+\theta_2)\end{cases}$$

1）其中部分项是不正确的，请指出（仅存在多余项与正负号错误）。

2）去掉多余项并修正正负号后，将其写为机器人动力学方程通式形式（矩阵乘积形式），并指出惯性力项、科氏力项、向心力项和重力项。

9-6　试利用拉格朗日法求解 SCARA 机器人（图 5-17）的动力学方程。

9-7　就计算效率而言，求解机器人动力学方程的牛顿-欧拉迭代法是否一定比拉格朗日法高？

9-8　利用 POE 公式推导图 9-5 所示的 RP 机器人的动力学方程，假设每根杆的质量均集中在杆的质心处，分别为 m_1 和 m_2。

9-9　利用牛顿-欧拉法推导图 9-5 所示的 RP 机器人的动力学方程，假设每根杆的质量均集中在杆的质心处，分别为 m_1 和 m_2。

9-10　利用牛顿-欧拉法推导图 9-16 所示的空间 2R 机器人的动力学方程，假设每根杆的质量均集中在杆的末端，分别为 m_1 和 m_2，连杆长度分别为 l_1 和 l_2（不考虑摩擦和阻尼的影响）。

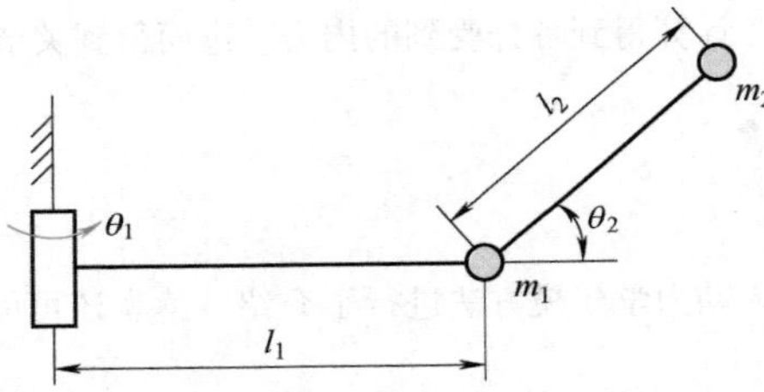

图 9-16　空间 2R 机器人

9-11　试分别应用拉格朗日法和牛顿-欧拉法推导平面 3R 串联机器人（图 5-11）的动力学方程，假设各杆的质量集中在杆的末端。

9-12　试推导后置坐标系下的牛顿-欧拉递推公式，并以平面 2R 串联机器人为例对模型进行验证。

第 10 章 机器人机构的设计

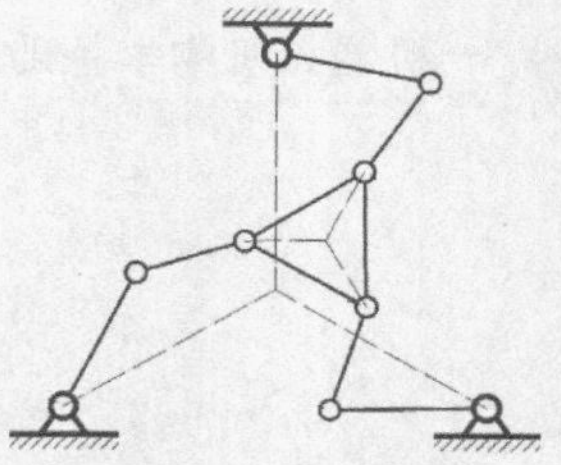

3-RRR机构

【本章内容导读】

一个完整的机器人系统包括机器人结构本体（含驱动与传动系统）、末端执行器、内外部感测装置、控制器等。机器人机构的设计是机器人系统设计的关键。

本章在给出机器人机构设计流程的基础上，通过一个设计实例（XY 柔性精密定位台），介绍前面各章节知识在机器人机构设计中的综合应用。

10.1 一般设计流程

一个完整的机器人系统包括机器人结构本体（含驱动与传动系统）、末端执行器、内外部感测装置、控制器等元素。因此，对整个系统的完整设计是一项相对困难而繁杂的工程。本章将重点放在机器人结构本体设计特别是机器人机构的设计上，它也是机器人系统设计的重要环节。

图 10-1 所示为机器人系统结构设计的一般过程。

1. 明确设计目标与性能指标

设计的第一步就是根据应用背景或任务需求，提出功能需求，进而确定设计目标及性能指标。例如，对自由度（数目）的需求，工作空间、负载的大小，对工作速度、加速度的限制，以及对精度（含绝对精度、重复精度等）的要求等。

2. 功能分析与设计原理

对功能及性能指标进行分析、分解，进而给出与之相适应的设计原理。鉴于机器人结构设计往往是一个不断反复的过程，遵循特定的设计原理可以限定构型设计及优选的范畴，从而加快设计的进程，同时保证设计结果的有效性和实用性。不过，尽管该阶段在设计过程中相当重要，但往往被设计者忽视。通常应遵循的基本设计原则包括：①实用性原则；②经济性原则；③高能效原则。

3. 构型设计

机器人本体设计的首要任务就是确定合适的构型，即构型设计。构型设计包括构型综合与优选，是机器人结构设计过程中的重要一环，是实现原始创新的重要手段之一。10.2 节将展开介绍这方面内容。

4. 运动学/静力学/动力学分析建模与性能分析

对优选的机器人机构进行运动学分析与建模，是实现运动学优化设计的基础。有时根据任务要求，还需要做必要的静力学甚至动力学的分析与建模。其中，有关串联机器人的运动

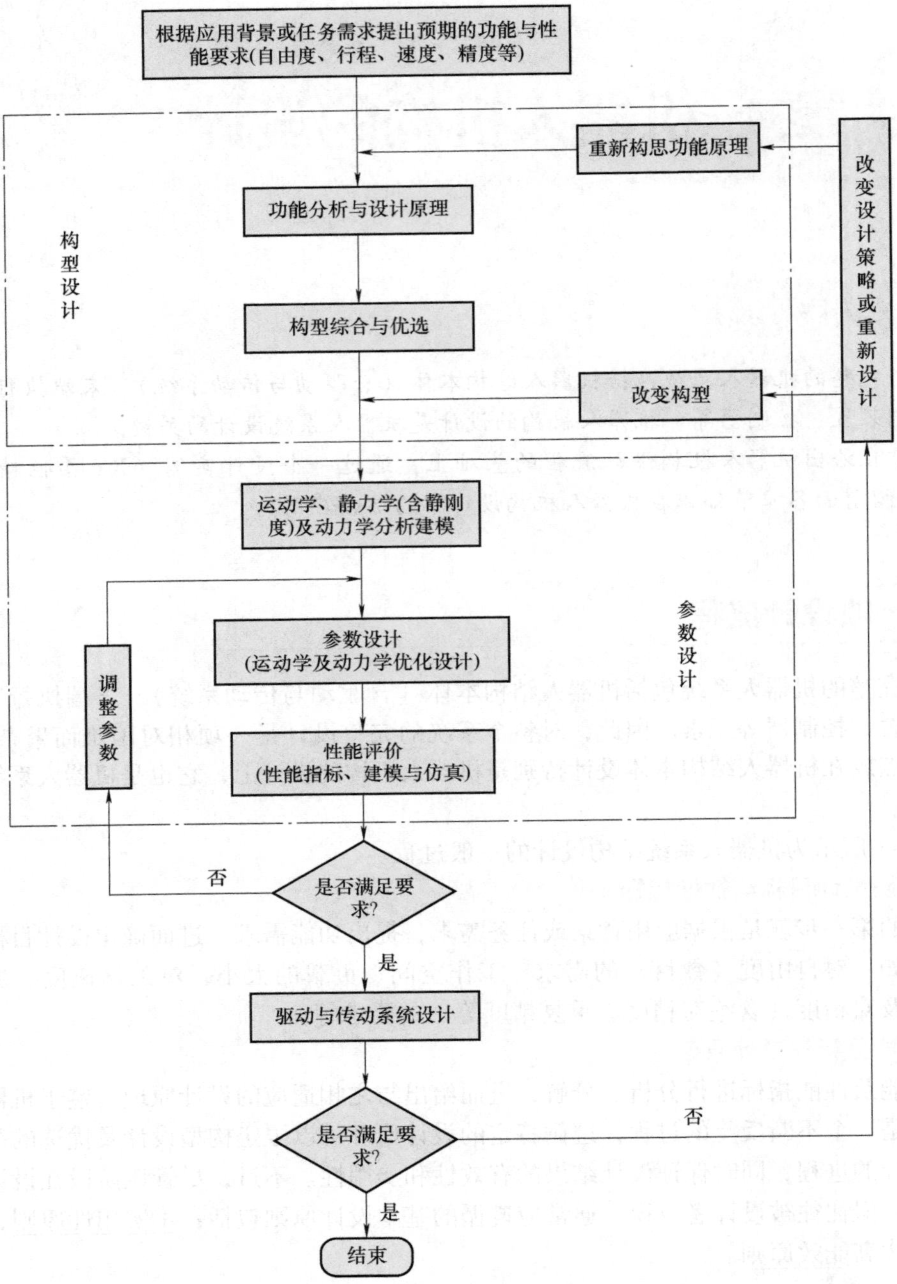

图 10-1　机器人系统结构设计的一般过程

学建模及性能评价可参考第 5~6 章，有关并联机器人的运动学建模及性能评价可参考第 7 章，机器人的静力学与静刚度的建模可参考第 8 章，而机器人的动力学建模可参考第 9 章。

5. 运动学优化设计

在确定了机器人的构型之后，还需要确定机器人本体的结构参数（运动参数），即进行参数设计。为保证机器人的运动学性能最优，有必要对结构参数进行运动学优化。这一过程属于根据机器人的性能指标进行尺寸综合或运动学优化的研究范畴。10.3 节将展开介绍这方面内容。

6. 驱动、传动系统设计

当机器人本体的构型、尺寸都确定后，下一步需要考虑的就是如何设计出适合的驱动与传动系统方案。当前，大多数驱动系统都有商用解决方案，关键是如何选型。这部分内容在第 4 章和第 9 章有所涉及，但不是本书的重点，详细内容可查阅相关文献。

7. 改进设计或重新设计

前面已经提到，设计是一个循环反复的过程，直到用户满意为止。而这种满意度是相对的，现实中，众多实用机构或机器在性能、功能上的不断改善有力地说明了这一点。这时，在原设计基础上的改进设计或者“推翻”原设计的重新设计都是设计者通常考虑的技术路线。

10.2 构型设计

增强自主创新特别是原始创新能力是 21 世纪科学技术发展的战略基点。机械产品设计过程中最能体现原始创新能力的阶段在于机构设计阶段。对产品的创新而言，机构构型的创新设计具有原创的特质，是机械发明中最具有挑战性和发明性的核心内容。机器人机构也是如此。构型综合作为构型创新的重要手段，可纳入系统方法论的范畴。

关于机器人机构的构型综合理论及方法，根据所应用的数学工具与表达方法不同，可分为基于机构自由度计算公式的枚举法、构型演化法、基于图论等数学工具的拓扑综合或模块组合法、基于位移群或位移流形的运动综合方法，以及基于旋量系及线几何的约束综合法等。学者们利用这些方法综合得到了诸多新的机器人机构，从而证明了这些方法的有效性。与此同时，在应用这些方法时，也感受到了各种方法的局限性。

10.2.1 枚举法

顾名思义，枚举法的主要思路就是进行分类枚举，是数综合基本思路的来源，通过建立数与型之间的联系，进而达到构型综合的目的。因此，该方法也称作数型综合。

1. 对已有机构的分类枚举

通过文献检索，对已知（机器人）机构进行分类枚举。该方法虽无创新可言，但在概念设计阶段应用非常广泛，因为已有机构往往是人类智慧的结晶，它们源于天才的想象，并且已经经历了时间的考验，往往简单实用。另外，已有机构往往能赋予人发明新机构的灵感。

2. 基于自由度计算公式的枚举法

对于机器人机构，枚举法主要基于传统的机构自由度计算公式（G-K 公式）。澳大利亚莫纳什大学的亨特（Hunt）教授是该流派最早的代表人物，而后蔡伦文等人完善了该方法。

该方法的基本思路：当给定机构所需的自由度数后，根据 G-K 公式可导出每个分支运动链（或支链）的运动副数，即

$$F = d(N-1) - \sum_{i=1}^{g}(d-f_i) = d(N-g-1) + \sum_{i=1}^{g} f_i \tag{10.2-1}$$

$$L = g - n + 1 \tag{10.2-2}$$

$$L=F-1 \tag{10.2-3}$$

对于支链结构相同，且支链数等于机构自由度数的对称型并联机构，可以由以上各式导出每个支链的自由度数 s，即

$$F=-(F-1)d+Fs \tag{10.2-4}$$

$$s=d-\frac{d}{F}+1 \tag{10.2-5}$$

因此，一旦已知 d 和 F，就可得到支链的自由度数 s，进而可以枚举分支运动链。例如：当 $d=F=3$ 时，$s=3$，支链的运动链可以是 RRR、RPR、PPR、PRR 等；当 $d=6$，$F=3$ 时，$s=5$，支链的运动链可以是 RPS、PRS、RRS、UPU 等。

但随着研究的深入，人们发现这种枚举法存在一些明显的问题。对于过约束机构以及复杂的空间机器人机构而言，问题尤为突出。例如，法国著名的机构学专家梅尔莱特（Merlet）在 2002 年 ASME（美国机械工程师协会）年会的特邀主题报告中指出，枚举法“未考虑运动副的几何布置，容易得出无效的结果”。这些问题突出体现在：①由于该公式没有考虑机构的自由度性质（如三维移动与三维转动机构的综合不能利用此方法区分开来），基本属于数综合的范畴；②无法考虑冗余约束；③对综合得到的机构只提供了支链的数目以及组成支链的运动副数目，无法给出综合出的支链运动链中各运动副间的相对几何关系和所有支链间的几何关系，事实上，后者对机构自由度性质的影响是至关重要的。

10.2.2 演化法

演化法是指以某种机构为原始机构，通过对原始机构的构件和运动副进行各种性质的改变或变换，演变发展出新机构的设计方法。

演化法是最为人们所熟悉的一种构型综合方法，机械原理中有关平面四杆机构的演化法就涉及此类，其中包括机构的倒置、运动学等效置换等具体手段。作者所编的《机械原理》教材中对该方法进行了详细介绍。

同时，构型演化法也是目前工程上最为实用的方法之一。其原因在于，早期发明的且时至今日仍具生命力的机构无一例外地蕴涵着发明者对机构学基本原理的正确认识，特别是对其工程实用价值的认真考虑。事实上，如果说著名的瓦特直线机构、Stewart 平台、Delta 机构等原始创新均与其发明者的直觉与灵感有关的话，那么这种直觉与灵感无一不是与具体的工程需求密切联系的。例如，瑞士苏黎世联邦高等工业学院开发的 Hexaglide 机械手是将 Stewart 平台的移动副驱动改为水平平行布置；法国 Renault Automation 公司开发的 Urane SX 高速卧式钻铣床，以及德国 Reichenbacher 公司开发的 Pegasus 型木材加工机床均利用平行四边形原理来实现动平台的三维平动，其实质是对 Delta 机构的变异。

由演化法得到的新构型虽不属于“原始创新”，但却符合人类对客观世界循序渐进的认识规律，且通常具有较强的工程实用价值。

1. 运动学等效置换

有些机构，即使类型不同，也可以实现同样的运动，如曲柄滑块机构、偏心轮机构以及直动凸轮机构等。因为从运动学的角度来看，它们属于运动学等效机构。

平面机构运动学等效的典型例子是高副低代，而空间机构中多采用运动副或运动链的等效替换方式。如球铰链可用 3 个轴线相交的转动副代替，由 3 个轴线平行的转动副所组成的

运动链可用 2 个平行转动副加上一个与之正交的移动副所组成的运动链来代替，等等。

2. 局部结构变异法

采用这种方法时，以现有成功机构的原型为蓝本，通过各种不同的演化方法，如对机构中某一构件或运动副的形状进行变异，或者为改变机构的灵活性，增加局部自由度。对于并联机器人机构，可以：①改变支链数目；②改变支链中主动副的数目和类型（外转动副、外移动副、内移动副，及其各种组合）；③变换机架以及机架的布局形式（立式、卧式及其各种可能组合），等等，以得到满足特定需求的新构型。

下面用实例说明上述方法是如何具体应用的。

【例 10-1】 **6 自由度 Stewart 平台机构的演化。**

并联机构与普通机构一样，主要由机架、主动副和运动链（含运动副）三部分组成，不同之处在于并联机构中还存在着支链。因此，机构的自由度及运动特性完全由这些因素来决定。由此得到了采用演化法来发明新并联机构的基本思路，即以现有成功机构的原型为蓝本，利用各种不同的演化方法：①改变杆件的分布方式；②改变铰链型式，将其中一个球铰换成虎克铰（由球铰连接的二力杆中存在 1 个局部自由度）；③改变支链中铰链的分布顺序；④在运动学等效的前提下，将多自由度运动副拆解为单自由度运动副或将单自由度运动副组合成多自由度运动副；⑤上述几种演化方法的组合。

最早出现的并联机构是著名的 Gough-Stewart 机构（图 10-2a），基于这种 6-SPS 平台型机构，利用不同的演化方法，可演变为各式各样的 6 自由度并联机构。

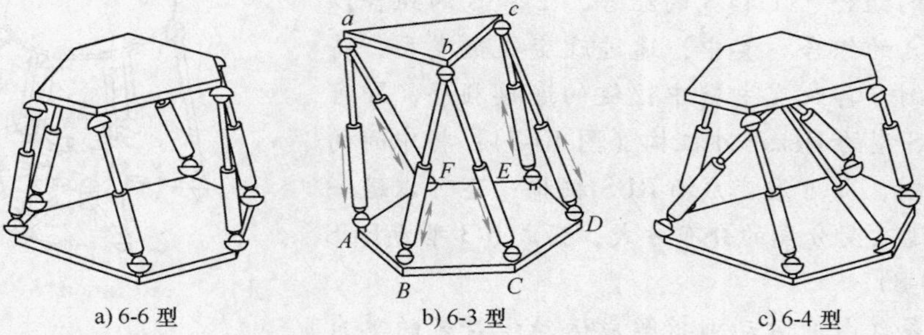

a) 6-6 型　　b) 6-3 型　　c) 6-4 型

图 10-2　Stewart 平台

理论上讲，连接动平台和定平台的 6 个支链可以任意布置，因此在原有 6-6 型 Stewart 平台基础上又出现了许多种不同结构型式的 6 自由度并联机构，如 3-3 型、6-3 型（图 10-2b）、6-4 型（10-2c）等结构，以及 2-2-2、3-2-1 等正交结构（图 10-3）等。

通过改变铰链类型，如将每条支链中的 1 个球铰换成虎克铰，即演化成了如图 10-4 所示的 6-UPS 并联机构，该机构具有更大的承载能力。

通过改变支链中铰链的分布顺序，也可达到同样的目的。这里即将 SPS 支链改为 PSS 支链型式（图 10-5）。进一步把该类型的 6 自由度并联机构的驱动改为滑块的水平滑动，就可以使 6 自由度并联机构在某个方向出现运动优势方向，这类机构在机床等行业有重要应用，如瑞士苏黎世联邦高等工业学院研制的六平行滑轨型（Hexaglide）并联操作手（图 10-6）就是其中一种。

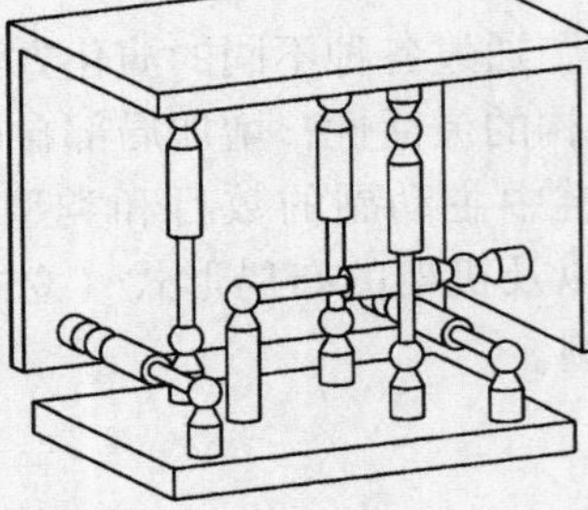

图 10-3　3-2-1 型正交结构

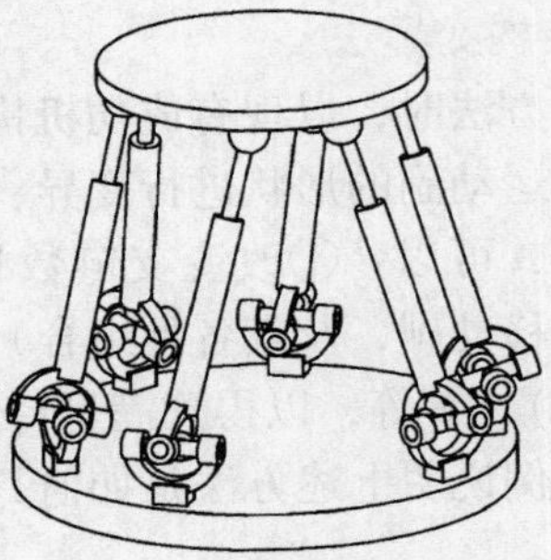

图 10-4　6-UPS Stewart 平台

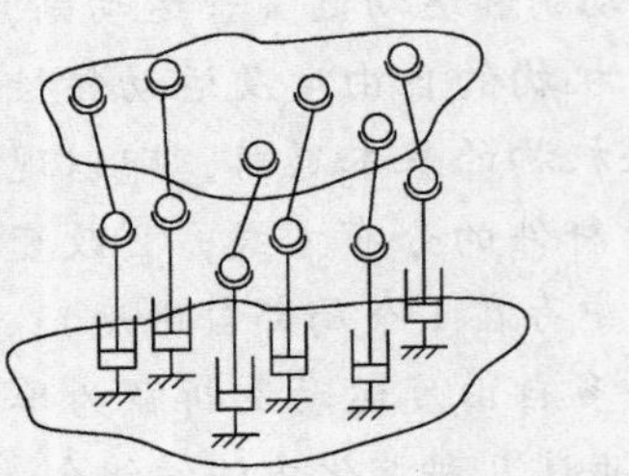

图 10-5　6-PSS Stewart 平台

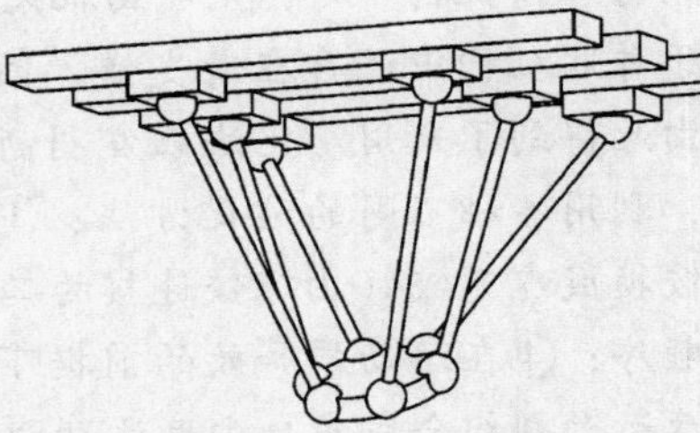

图 10-6　Hexaglide 并联操作手

当然，演化的方法也可以是上述几种方法的组合，包括①和②的组合、①和③的组合、②和③的组合以及①、②和③的组合。其中，通过改变铰链类型，将 P 副换成 R 副，再改变支链中铰链的连接顺序，即可演变成 6-RSS 型的 Hexapod 机构（图 10-7）；将中间的 S 副换成 U 副，即可演变成 6-RUS 机构；还可以进一步演化，通过改变分支的分布方式，变成 6-3 型 6-RUS 机构（图 10-8）。

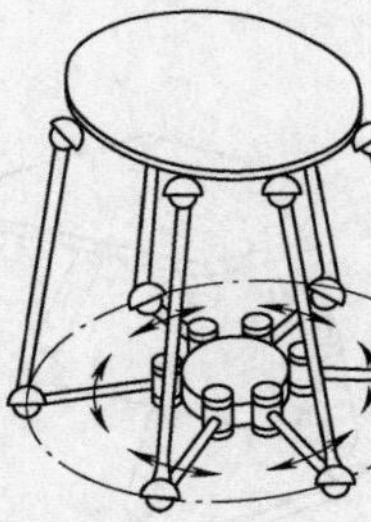

图 10-7　Hexapod(6-RSS) 机构

通过将多自由度运动副拆解成运动学等效的单自由度运动副，可以达到同样机构构型创新的目的（图 10-9～图 10-11）。如将 U 副拆成两个相互垂直的 RR 副，而 R 副与同轴的 P 副可以组合成 C 副等。

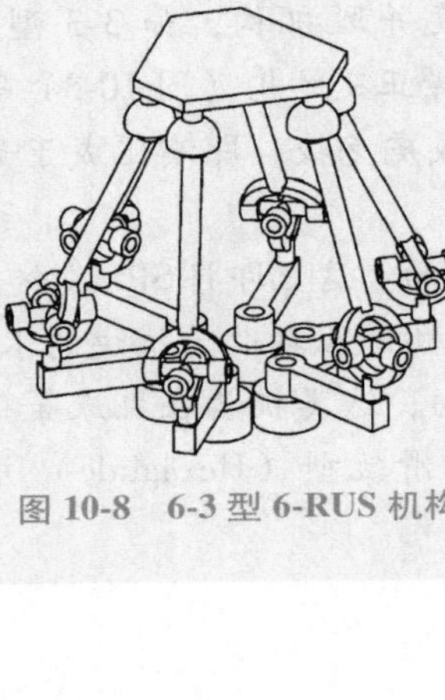

图 10-8　6-3 型 6-RUS 机构

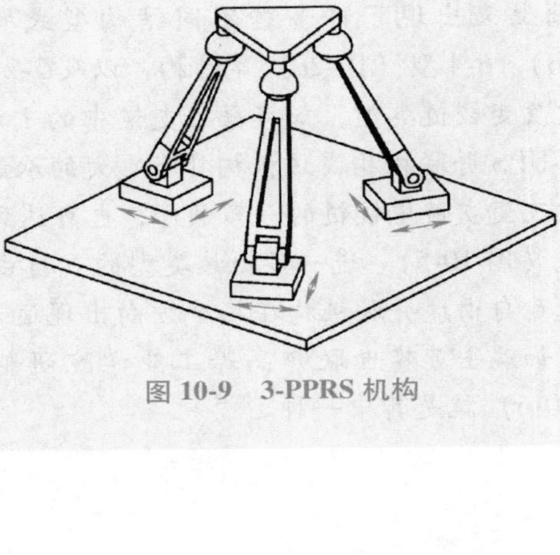

图 10-9　3-PPRS 机构

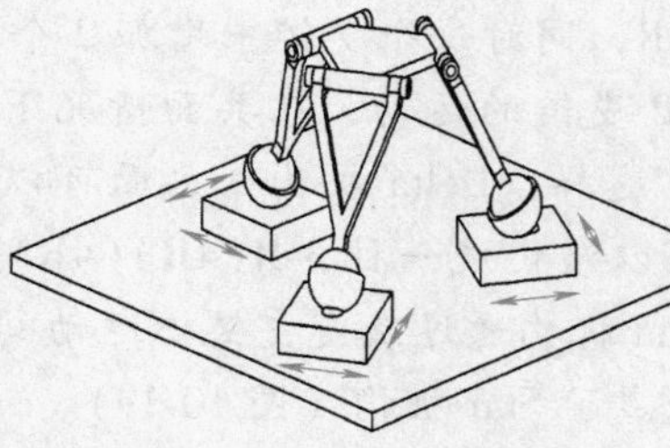

图 10-10　3-PPSR 机构

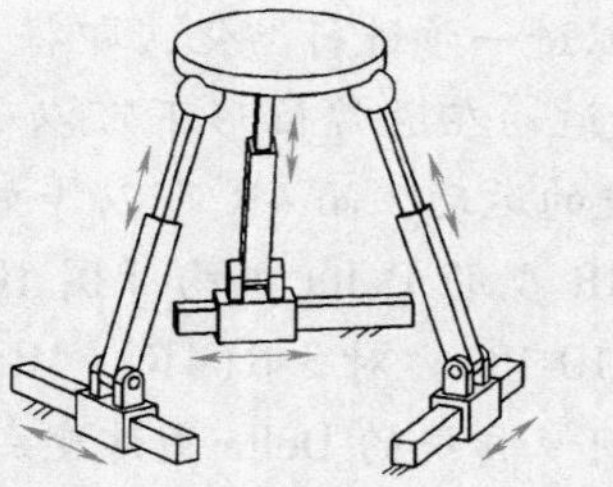

图 10-11　3-PRPS 机构

【例 10-2】　**Delta 机构的演化。**

对于图 10-2a 所示的 6 自由度并联机构，如果连接动平台的六个球铰链和连接定平台的六个球铰链之间的距离两两相等的话，就变成图 10-12 所示的并联机构。变内移动副驱动为转动式摇臂驱动，就可以演化为类似 Pierrot 提出的 Hexa 类型的并联机构，如图 10-13 所示。如果令图 10-12 所示并联机构的相邻两伸缩杆件的伸缩长度保持相等（即驱动一致），那么该并联机构的动平台相对于定平台的自由度数就会发生变化，其运动自由度变为 3 个移动，这样，6 个驱动就可以改为 3 个。改变驱动方式，就变为我们熟知的在轻工业中应用的 Delta 机构类型，如图 10-14 所示。可以说，Delta 并联机构是目前在工业领域中使用最广泛的并联机构。Delta 机构有很多版本，如 Pollard 机构、Mitova 机构等。

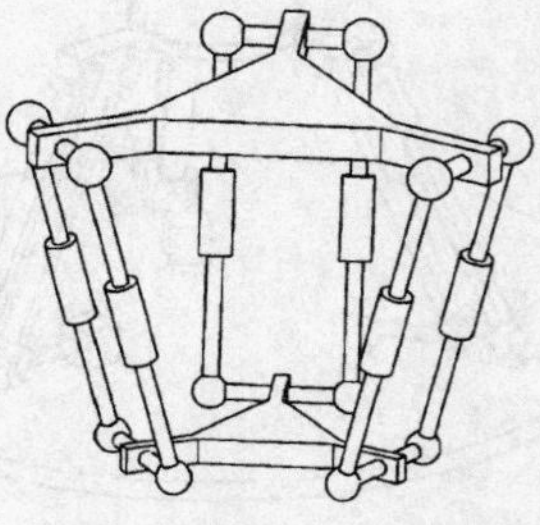

图 10-12　两球铰间距相等的机构

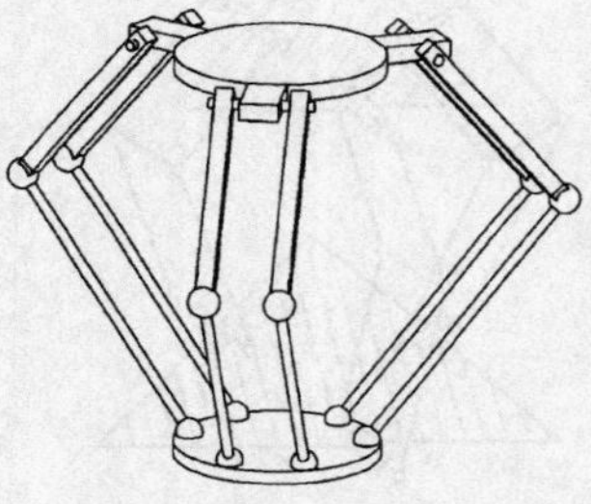

图 10-13　Hexa 机构

通过研究 Delta 机构的运动机理发现：将 Delta 机构中每个支链上的 R 副换成 P 副，同样可以产生空间的三维移动运动（图 10-15）。另外，也可以将 Delta 机构每个支链中空间四杆机构的 4 个球铰用 4 个虎克铰代替（即 4S 变成 4U），这样可演化成另一种型式的 Delta 机构（图 10-16）。

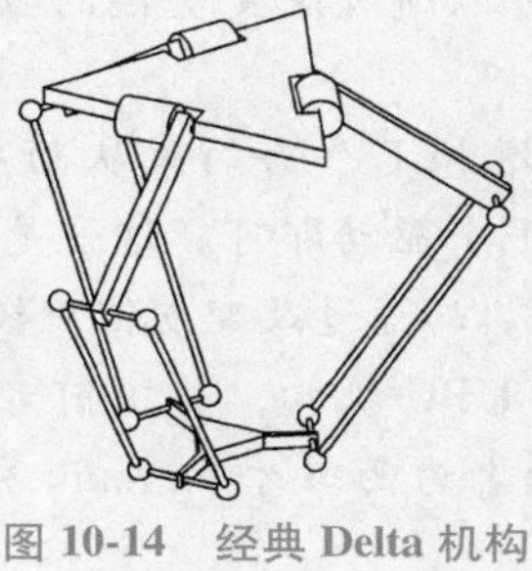

图 10-14　经典 Delta 机构

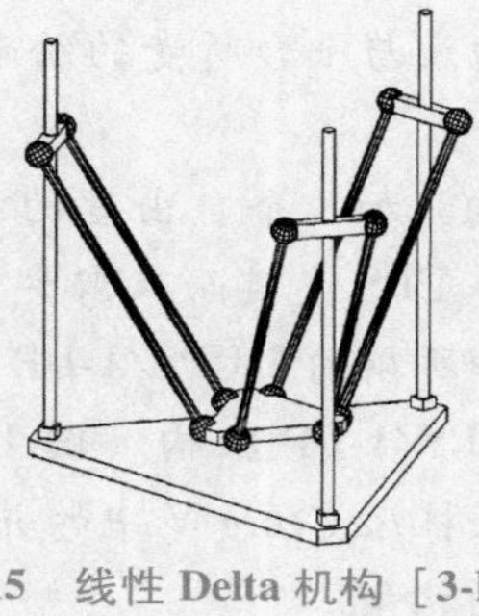

图 10-15　线性 Delta 机构［3-P(4S)］

还可以进一步进行演化，即将4S替换成4R，同时每个支链中增加2个R副（这是由于4S的运动在通常位形下可以等效为RRRP支链的运动，在共面情况下可以等效为RRPP支链的运动，而4R可以等效为P副），这样，Delta机构一方面可以演化成一种3-R(4R)RR型的Delta机构（图10-17），还可以演化成一种3-R(4R)(4R)R型的Delta机构（图10-18）。对3-R(4R)(4R)R型的Delta机构通过改变支链中运动副的结构及分布型式，可从传统的Delta型演变成星型，即变成了Star机构（图10-19）。

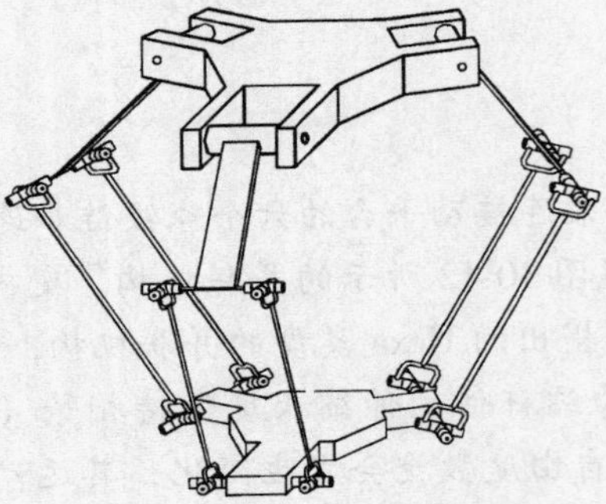

图10-16　3-R(4U)机构

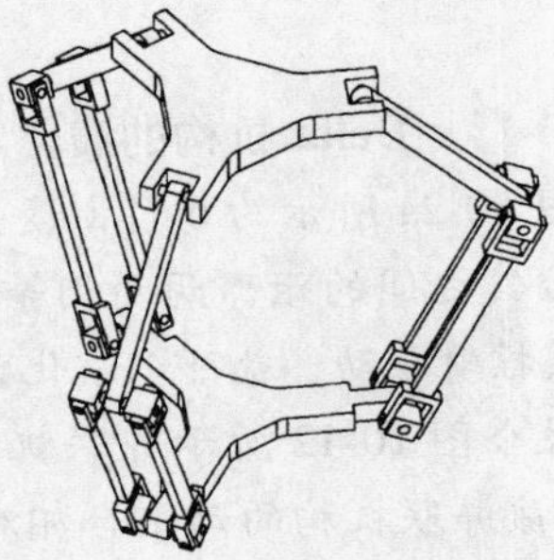

图10-17　3-R(4R)RR机构

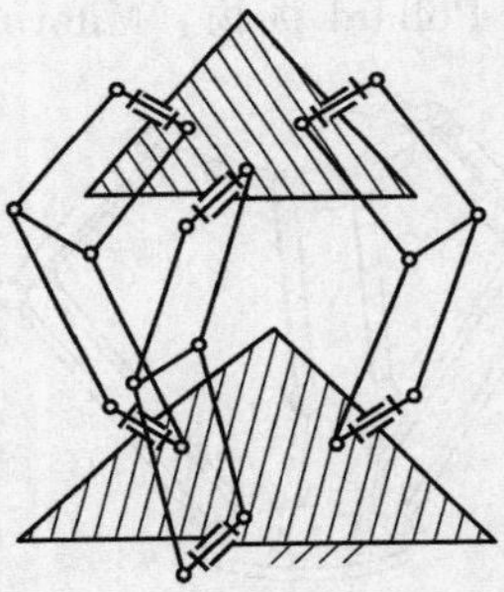

图10-18　3-R(4R)(4R)R机构

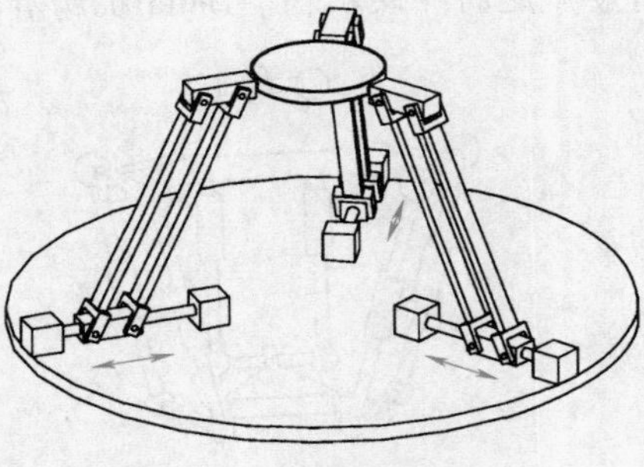

图10-19　Star机构

【例10-3】　**Tricept机械手中并联模块的演化。**

该机械手的演化机理在于：无约束支链只提供驱动而不对并联机构产生约束，而恰约束支链产生的约束与平台所受的约束相同。这样，可以通过改变支链的数目达到机构演化的目的。

对6-UPS机构施加3个自由度的约束，可以通过增加1个恰约束从动支链来实现，当然这时无需6个UPS支链而只需要3个支链各提供1个驱动即可。这就是Tricept机械手的组成原理，即所谓的3-UPS/1-UP机构（图10-20）。而通过改变支链中铰链的连接顺序，可演化出3-PUS/1-UP机构（图10-21）和3-UPS/1-PU机构，其中前者是德国汉诺威大学研制的并联机床Georg V中的并联模块部分，后者为西班牙Fatronik公司的Ulyses ZAB三坐标机床的构型。

进一步考察 Tricept 机械手中 3 自由度并联模块各支链的功能发现：UPS 支链的功能在于对动平台提供驱动，而 UP 支链为动平台提供约束，且其末端的自由度及类型恰与动平台的自由度和类型相同。可以设想：若保持 UP 支链提供约束的功能不变，而将一线性驱动单元集成到该支链中而使其由“从动”变为“主动”，则可省去一条 UPS 支链。原有机构变成了 2-UPS/1-UP 构型（图 10-22），从而使 Tricept 机械手演化成了 TriVariant 机械手。

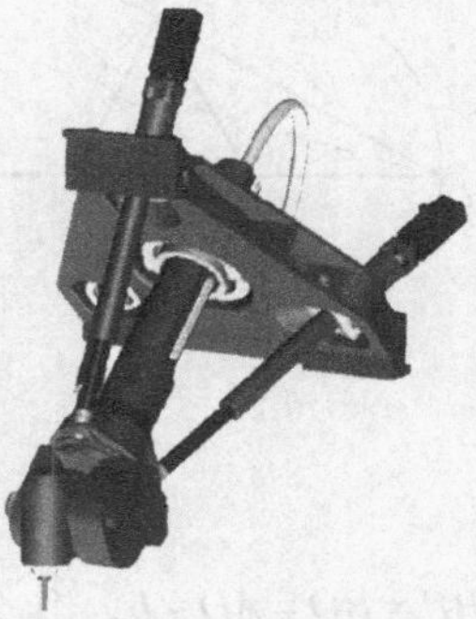

图 10-20　Tricept 机械手

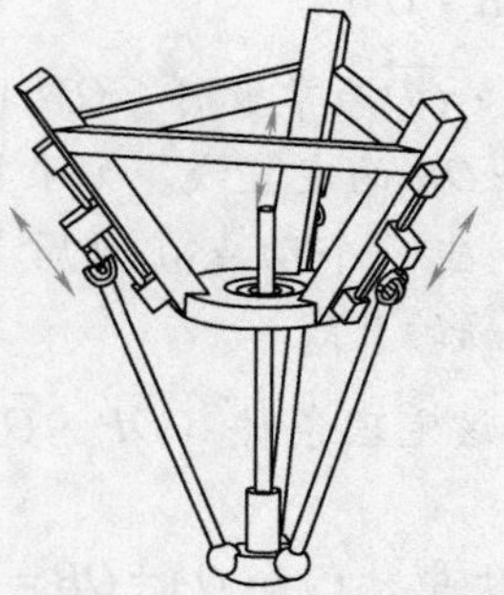

图 10-21　3-PUS/1-UP 机构

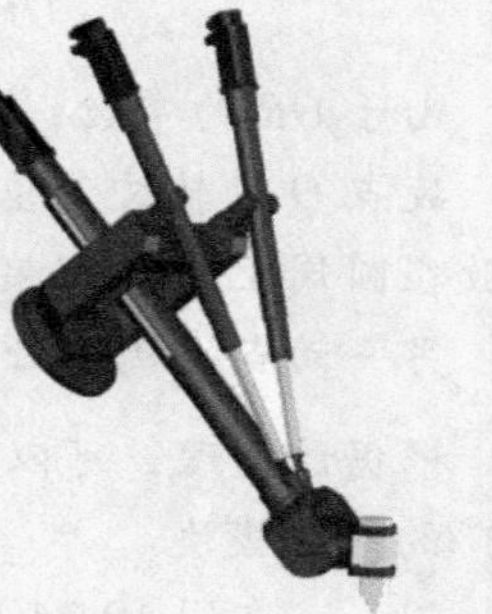

图 10-22　TriVariant 机械手

10.2.3　组合法

组合法的实质在于研究两种及两种以上基本机构的组合机理。对于由两种基本机构组合而成的简单型组合机构，组合方法相对简单；而对于由更多基本机构组合而成的复杂机构系统而言，往往需要借助图论等数学工具进行构型综合。

1. 基于不同方式的简单组合

实现机构创新的一种简捷途径是将两个及以上基本机构按照一定的原则和规律进行组合，具体可分为串联式组合、并联式组合、混联式组合、反馈式组合和叠联式组合等。几乎所有《机械原理》教材中都对这些组合方式已有详细介绍，这里不再赘述。

2. 借助数学工具的模块组合

对于含有若干基本机构、运动功能较为复杂的机器人系统而言，其组合方式也比较复杂。在这种情况下，往往需要借助数学工具来实现复杂机构系统的创新设计。具体而言，将系统按功能划分为多个子系统，每个子系统作为一个基本模块。通过建立各模块之间的联系（包括输入输出、约束等信息），然后借助图论等数学工具实现对模块的有机组合，这种方法通常称为模块组合法。如一些可重构机器人（reconfigurable robot）的构型综合问题就非常适合采用模块组合法来实现。

10.2.4　其他方法

引入先进的数学工具、力学及生物学或仿生原理等理念，也可有效实现机构的原始创新。

【例 10-4】 应用几何定理设计直线导向机构。

【定理】点 O 和 P 分别为圆上的定点和动点，点 Q 在 OP 延长线上，当动点 P 沿该圆做圆周运动时，如果保持 $\overrightarrow{OP}\cdot\overrightarrow{OQ}$ 为常数，则点 Q 的轨迹为垂直于半径 OR 的定直线（图 10-23）。

证明：根据三角形相似定理（$\triangle OPR \backsim \triangle OQM$）可以得到

$$\overrightarrow{OP}\cdot\overrightarrow{OQ}=\overrightarrow{OR}\cdot\overrightarrow{OM}$$

由于 OR 为常数，因此当 $\overrightarrow{OP}\cdot\overrightarrow{OQ}$ 为常数时，OM 也为常数。故点 Q 的轨迹为垂直于半径 OR 的定直线。如果将一定点放在圆周上一个确定的位置，当一个动点在圆周上运动时，另一动点的轨迹必然为一精确的直线。

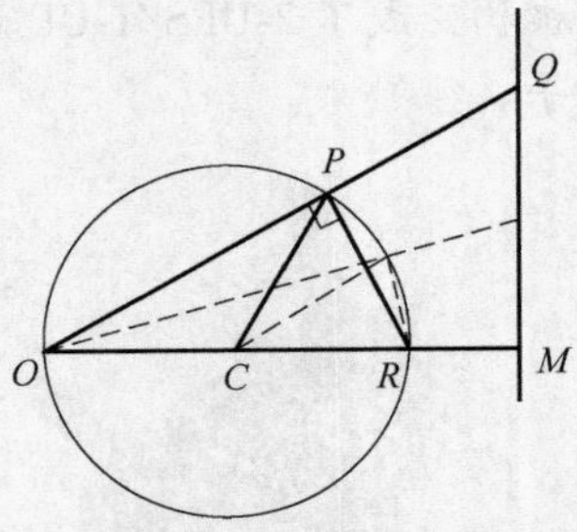

图 10-23 割线定理

根据该定理，可以导出满足该定理条件（$\overrightarrow{OP}\cdot\overrightarrow{OQ}$ 为常数）的基本模块。

例如，在图 10-24 所示的模块中，已知 $OA=OB=a$，$AP=BP=BQ=AQ=b$，作如图所示的辅助线。可以很容易地证明：

$$\overrightarrow{OP}\cdot\overrightarrow{OQ}=a^2-b^2=\text{const} \quad \text{（割线定理）}$$

然后，借助该基本模块可以构造一个精确直线运动机构，即 Peaucellier 精确直线机构（法国军官 Peaucellier 于 1864 年提出），如图 10-25 所示。

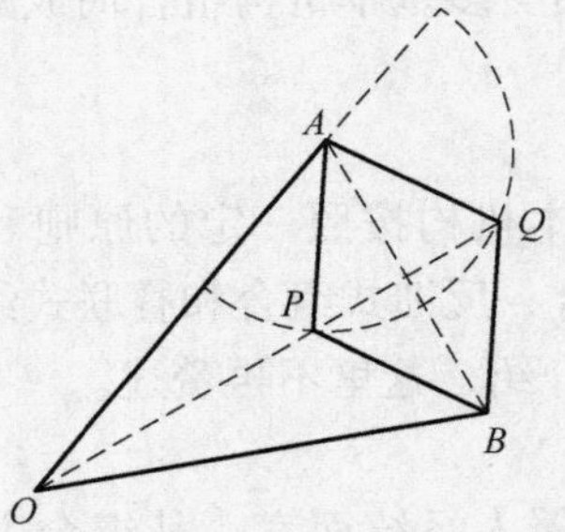

图 10-24 基本模块

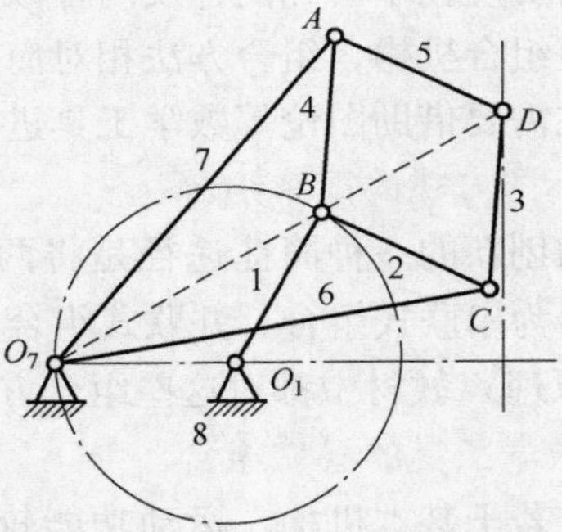

图 10-25 Peaucellier 精确直线机构

【例 10-5】 高灵活性的 1T2R 并联 VCM 机构的创新设计。

并联 VCM 机构族中，2R 机构最为普遍。除此之外，还有一类 1T2R 并联 VCM 机构。该类机构的特点是：VCM 点在机构运动过程中或者不动，或者只沿一固定直线移动。最早提出这种机构类型的是瑞士著名机构学家、Delta 机构的发明者 Clavel 教授。他利用相似三角形的思想设计了一种由 2 个线性 Delta 机构等差驱动来实现这种特殊类型运动的 1T2R 并联 VCM 机构。该机构从数学定理到机械实现的演化过程如图 10-26 所示。

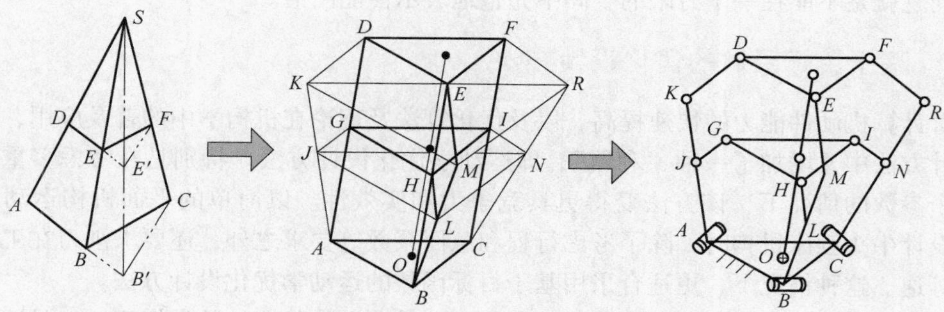

图 10-26　Delta Thales 机构的结构演化示意

以上介绍的几种构型综合方法都有其各自的优点与局限性。就数学表达与理论体系的严谨性而言，旋量法的优点更为突出。但我们并不能通过简单比较就得出孰优孰劣的结论，而是遵循着哲学理论中人们认识事物的规律。例如，很多经典而实用的机构最初提出完全基于个人的灵感与经验，提出以后演化法起到了很重要的作用，随着相关理论研究的深入，一些数学方法参与其中，形成了有关机构数综合及型综合的系统理论，而借助计算机技术可以实现构型综合的自动化过程。即使如此，也无人敢说机构的构型综合问题已经得到了彻底的解决。随着对机构自身认识的深入（也可能来源于实践），上述的各种方法又开始起作用，从而推动新一轮的构型综合发展。这完全符合人们认识事物时螺旋式上升的规律。例如，并联机构构型的发展过程中有几个标志性的突破：以 Delta 机构为代表的并联机构中引入了诸如平行四边形机构的复杂铰链，自由度为 4 和 5 的对称并联机构构型综合的实现，以及广义并联机构等。

10.3 参数设计及优化

参数设计是机器人开发最主要的环节之一，直接影响整机性能。由于机器人特别是并联机器人多闭环结构和多参数的特点，参数设计变成一个颇具挑战性的难题。这一主题下，通常需要探讨两方面的问题：性能评价和尺度综合。尺度综合的目的是通过一定的方法来确定所设计机构的几何参数，而性能评价则是尺度综合的前提和先决条件。有关性能评价方面的基础知识在第 6 章有所介绍。

以运动学参数设计为例。运动学优化设计（或尺度综合）中，最常用的就是基于目标函数的优化设计方法，但是由于每一个设计参数都没有明确的范围限制，理论上可以是零到正无穷之间的任意数值，并且多个优化目标之间通常是相互矛盾的，导致该方法非常耗时，而且很难找到一个全局范围内的最优解。另外一种常用的方法是性能图谱（performance chart）法。该方法可以在一个有限的设计空间内直观地表达出设计指标和相关设计参数之间的关系，还能表达出所涉及性能指标之间的相互关系。相比基于目标函数的优化设计方法，基于性能图谱的优化设计方法的优化结果比较灵活，对于一个特定的优化设计任务，该方法可以得到不止一个优化结果，因此设计人员可以根据自己的设计条件对优化结果灵活地进行调整。但是由于每一个设计参数都可以是从零到正无穷之间的任意数值，因此，该方法的最大问题就是不能在一个有限的空间中完整地表示性能图谱。

10.3.1 基于目标函数的优化设计方法

随着计算机硬件能力的快速提高，以及优化算法及理论在机构学中的普及应用，机构运动学设计方法中又增加了一种“利器”，即运动学优化设计方法。特别是在考虑多重影响因素或多个参数的情况下，该方法变得更具竞争力和实效性。以简单的平面机构运动设计为例，在设计牛头刨床机构时，除了考虑行程和急回系数等要求之外，还要求刨刀在工作行程中接近等速。这种情况下，更适合采用基于目标函数的运动学优化设计方法。

运动学优化设计主要包括两个方面的内容：一是建立待优化的数学模型；二是选择合适的优化方法对模型进行求解。

下面以一具体的机构轨迹综合实例来介绍优化设计方法。如图 10-27 所示，试设计一铰链四杆机构，使连杆上的 C 点轨迹逼近表 10-1 所列的 10 个坐标点定义的预期轨迹 mm，要求机构传动角不小于 30°。

坐标系设置如图 10-27 所示，铰点 A 的坐标为 (x_A, y_A)，连杆上的 C 点位置由 l_1、l_2、l_3、l_4、l_5、x_A、y_A、α、φ_0 共 9 个参数确定。该轨迹生成机构的设计问题实质上可归结为如何采用优化设计方法确定这些参数。下面介绍具体过程。

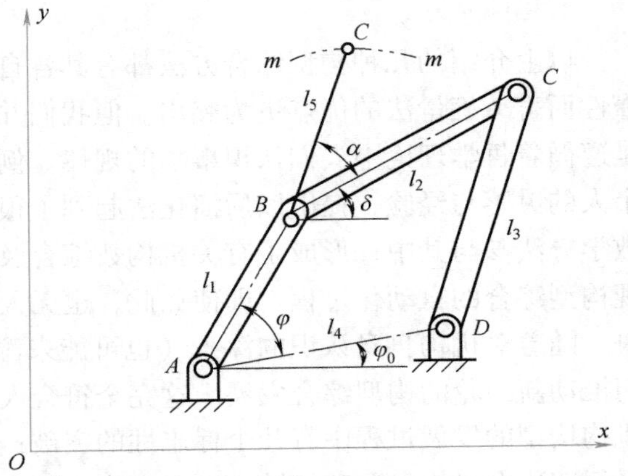

图 10-27 轨迹生成机构的优化设计

表 10-1 C 点预期轨迹 mm 上点的坐标值

坐标	1	2	3	4	5	6	7	8	9	10
x_{di}	9.50	9.00	7.96	9.65	4.36	3.24	3.26	4.79	6.58	9.12
y_{di}	8.26	8.87	9.51	9.94	9.70	9.00	8.36	8.11	8.00	7.89

1. 建立优化设计的数学模型

设计变量、目标函数与约束条件是建立优化设计数学模型的三要素。

(1) 确定设计变量　根据设计要求，确定设计变量。例如，上述轨迹生成机构中，C 点的位置由 l_1、l_2、l_3、l_4、l_5、x_A、y_A、α、φ_0 9 个参数决定，这组参数就可以作为设计变量。

含有 n 个参数的设计变量组常用 n 维向量来表示，即

$$\boldsymbol{X}=(x_1, x_2, \cdots, x_n)^{\mathrm{T}} \quad (\boldsymbol{X}\in \mathbb{R}^n) \tag{10.3-1}$$

因此，上述轨迹生成机构优化设计问题中，设计变量可以写成

$$\boldsymbol{X}=(l_1, l_2, l_3, l_4, l_5, x_A, y_A, \alpha, \varphi_0)^{\mathrm{T}} \tag{10.3-2}$$

(2) 建立目标函数　优化设计的任务就是根据预定的设计目标，寻求最优的设计方案。而设计目标一般表达成设计变量的函数，称为目标函数，即

$$f(\boldsymbol{X})=f(x_1, x_2, \cdots, x_n) \tag{10.3-3}$$

机构优化设计的目标函数主要根据性能指标等来确定，如行程、速度、压力角等。上述轨迹生成机构优化设计问题的设计目标是使 C 点轨迹逼近给定的预期轨迹 mm。具体而言，假设 m 个预期点的坐标写成（$x_{\mathrm{d}i},y_{\mathrm{d}i}$），$i=1,2,\cdots,m$，对应的 C 点实际轨迹上的 m 个点的坐标写成（x_i,y_i），$i=1,2,\cdots,m$，为满足轨迹逼近，设计目标应定位在对应点的距离之和最小，即目标函数为

$$\min f(\boldsymbol{X})=\sum_{i=1}^{m}\sqrt{(x_i-x_{\mathrm{d}i})^2+(y_i-y_{\mathrm{d}i})^2} \tag{10.3-4}$$

式中，C 点的坐标可由式（10.3-5）计算得到，即

$$\begin{cases} x_i=x_A+l_1\cos(\varphi_0+\varphi)+l_5\cos(\delta+\alpha) \\ y_i=y_A+l_1\sin(\varphi_0+\varphi)+l_5\sin(\delta+\alpha) \\ \delta=\varphi_0+\arctan\dfrac{l_1^2+l_2^2-l_3^2+l_4^2-2l_1l_4\cos\varphi}{2l_2\sqrt{l_1^2+l_4^2-2l_1l_4\cos\varphi}}-\arctan\dfrac{l_1\sin\varphi}{l_4-l_1\cos\varphi} \end{cases} \tag{10.3-5}$$

需要注意如下两点：

1）待优化的设计目标一般表示成目标函数最小化形式。当目标函数为最大化形式时，根据实际情况不同可写成相反数或倒数的形式，将问题转化为最小化问题。

2）若优化设计目标只有一个目标函数，则为单目标优化设计问题；若涉及多目标优化设计，这时，通常的做法是利用线性加权法将各目标函数相加，得到一个总目标函数，再进行优化设计。

（3）确定约束条件　设计变量的取值往往需要满足某种限制条件，如构件尺寸的取值范围、最小传动角等。这些限制条件就构成了优化设计问题中的约束条件。其中，设计变量的变化范围约束称为边界约束，而类如最小传动角的约束称为性能约束。约束条件通常有两种表达形式：

1）等式约束：　$g_j(\boldsymbol{X})=0\quad(j=1,2,\cdots,p)$。　　(10.3-6)

2）不等式约束：　$h_j(\boldsymbol{X})\leqslant 0\quad(j=1,2,\cdots,q)$。　　(10.3-7)

对于图 10-27 所示的轨迹生成机构（曲柄摇杆机构），需要满足以下约束条件：

1）杆长大于零条件。由曲柄是最短杆，得

$$h_1(\boldsymbol{X})=-l_1\leqslant 0 \tag{10.3-8}$$

2）曲柄存在条件。由曲柄存在条件，得

$$\begin{aligned} h_2(\boldsymbol{X})&=l_1+l_2-l_3-l_4\leqslant 0 \\ h_3(\boldsymbol{X})&=l_1-l_2+l_3-l_4\leqslant 0 \\ h_4(\boldsymbol{X})&=l_1-l_2-l_3+l_4\leqslant 0 \end{aligned} \tag{10.3-9}$$

3）最小传动角条件。由几何关系，得

$$\begin{aligned} h_5(\boldsymbol{X})&=\frac{l_2^2+l_3^2-(l_4-l_1)^2}{2l_2l_3}-\cos 30^\circ\leqslant 0 \\ h_6(\boldsymbol{X})&=\cos 150^\circ-\frac{l_2^2+l_3^2-(l_4+l_1)^2}{2l_2l_3}\leqslant 0 \end{aligned} \tag{10.3-10}$$

约束条件将设计空间分为两部分：满足约束条件的部分称为可行域，不满足约束条件的部分称为非可行域。对于有约束条件的优化问题，实质上就是在可行域内找到一组设计变量

使目标函数最优。

按照约束优化求解惯例，一般将优化设计的数学模型表示成如下标准形式：

$$\begin{aligned} &\min f(\boldsymbol{X}) \quad (\boldsymbol{X} \in \mathbb{R}^n) \\ \text{S. T.} \quad & g_i(\boldsymbol{X}) = 0 \quad (i=1,2,\cdots,p) \\ & h_j(\boldsymbol{X}) \leqslant 0 \quad (j=1,2,\cdots,q) \end{aligned} \tag{10.3-11}$$

因此，上述轨迹生成机构优化设计问题的数学模型可以写成含 9 个设计变量、1 个目标函数和 6 个约束条件（方程与不等式）的形式，即

$$\begin{aligned} &\min f(\boldsymbol{X}) = \sum_{i=1}^{m} \sqrt{(x_i - x_{di})^2 + (y_i - y_{di})^2} \\ \text{S. T.} \quad & h_1(\boldsymbol{X}) = -l_1 \leqslant 0 \\ & h_2(\boldsymbol{X}) = l_1 + l_2 - l_3 - l_4 \leqslant 0 \\ & h_3(\boldsymbol{X}) = l_1 - l_2 + l_3 - l_4 \leqslant 0 \\ & h_4(\boldsymbol{X}) = l_1 - l_2 - l_3 + l_4 \leqslant 0 \\ & h_5(\boldsymbol{X}) = \frac{l_2^2 + l_3^2 - (l_4 - l_1)^2}{2l_2 l_3} - \cos 30° \leqslant 0 \\ & h_6(\boldsymbol{X}) = \cos 150° - \frac{l_2^2 + l_3^2 - (l_4 + l_1)^2}{2l_2 l_3} \leqslant 0 \\ & \boldsymbol{X} = (l_1, l_2, l_3, l_4, l_5, x_A, y_A, \alpha, \varphi_0)^{\mathrm{T}} \end{aligned} \tag{10.3-12}$$

2. 选择合适的优化方法

优化方法的种类繁多，可分为无约束优化和约束优化两类。一般工程中的优化问题为约束优化问题，故这里只介绍与之相关的优化设计方法，包括惩罚函数法、增广乘子法等。它们各自的优缺点及选用原则请读者参阅相关书籍。此外，很多算法已有成熟的软件包可以直接调用或使用。

对于上面的例子，若选用惩罚函数法进行优化，最后可得一组最优的设计方案如下：

$$\boldsymbol{X}^* = (1.68, 5.82, 5.41, 7.03, 7.97, 2.07, 2.25, 79.02°, -70.29°)^{\mathrm{T}} \tag{10.3-13}$$

10.3.2 基于性能图谱的优化设计方法

如前所述，基于性能图谱的优化方法，是将机构的所有尺寸类型纳入到一个有限的空间区域内，在此空间区域的三坐标平面图形上绘制各种性能指标的曲线族，即性能图谱，再根据给定的设计要求在空间区域内确定出优质尺度域。该方法的关键是在一个有限的区域内表达出机构的性能与尺寸之间的关系，进而得到机构的性能图谱。

目前在绘制性能图谱的工具中，空间模型（space model）是应用较为广泛的一种。所谓空间模型，是以机构的尺寸参数为坐标，将多维无限的尺寸参数变换到有限的二维或三维空间中，为研究机构性能与尺寸之间的关系提供有效的图形表达方式。

一般情况下，一个机构中有多个特征参数，每个特征参数可以是从零到正无穷之间的任意数值，机构的性能评价指标会随着参数的变化而变化。为了使机构能够执行既定任务，必须对其尺寸参数进行优化设计，选出合理的尺寸参数。假设一个机构有 n 个特征参数，用

L_i（$1 \leqslant i \leqslant n$）表示，那么机构的工作空间等性能均与这 n 个参数密切相关。机构优化设计就是根据给定任务与需要机构表现出的性能来确定这些特征参数。

使用性能图谱法进行机构的运动学优化设计，设计参数的无限性是最具挑战性的困难。该困难可以总结为以下几点：①如何减少设计参数的数量；②如何合理地限制设计参数的范围；③如何定义参数设计空间，在该空间中可以合理地进行优化设计；④如何处理设计空间内有上确界和无上确界的设计参数之间的关系。

为了解决上述问题，必须采用合理的方法来定义每一个设计参数的范围，并且保持机构在性能上的相似性。参数无量纲化可以解决上述问题。

假设一个机构有 n 个特征参数，用 L_i（$i=1,2,\cdots,n$）表示。令

$$D = \sum_{i=1}^{n} \frac{L_i}{d} \tag{10.3-14}$$

式中，d 可以是任意正数。此处 D 是机构的无量纲化因子，从而可以将 n 个特征参数表示为

$$l_i = \frac{L_i}{D} \tag{10.3-15}$$

因此

$$\sum_{i=1}^{n} l_i = d \tag{10.3-16}$$

式（10.3-16）不仅将参数数量从 n 减少到 $n-1$，而且给每一个参数增加了一个范围限制，即

$$l_n = d - \sum_{i=1}^{n-1} l_i \tag{10.3-17}$$

和

$$0 \leqslant l_i \leqslant d \tag{10.3-18}$$

需要注意的是，在实际情况中还会有其他参数约束条件。式（10.3-16）、式（10.3-18）和实际情况中的其他约束条件共同定义了一个 $n-1$ 维参数设计空间（parameter design space，PDS）。

从式（10.3-16）和式（10.3-18），可以得到 PDS 的空间范围取决于 d 的值。为了更好地描述每一个无量纲化参数的范围，并在一个有限的空间内表示 PDS，理论上 d 可以是任何正数。为此，可以令 d 为一个整数，通常令 $d=1$ 或 n。需要注意的是，参数 d 只能决定 PDS 的尺寸，不会对 PDS 的形状和最终优化结果产生影响。若 $d=1$，D 是所有特征参数之和；若 $d=n$，D 是所有特征参数的平均值。无论 d 的数值如何设置，通过式（10.3-14）~式（10.3-18），都可以将机构的尺寸参数改变为无量纲参数。最为重要的是，通过该方法可以将 n 维优化问题变成 $n-1$ 维优化问题，同时可以得出每一个无量纲参数的范围，因此，该方法可以定义为无量纲化方法（parameter-finiteness normalization method，PFNM）。

通过以上分析，特征参数为 Dl_i 的机构和特征参数为 l_i 的机构在性质上具有相似性，给定不同的 D，可以得到不同的机构。此处，可以定义特征参数为 Dl_i（D 为变量）的机构为相似机构（similarity mechanisms，SMs），特征参数为 l_i 的机构为基相似机构（base similarity mechanism，BSM）。所有 SMs 的特征参数 Dl_i 之间具有相同的比例，该比例不随参数 d 的变化而变化。例如，一个机构的特征参数为 $L_1=6\text{mm}$，$L_2=4\text{mm}$，如果 $d=1$，则有 $l_1/l_2=$

0.6/0.4=1.5，如果 $d=5$，则有 $l_1/l_2=3/2=1.5$，因此参数 d 的选择不会影响 PFNM 在优化设计中的应用，也不会影响优化结果。

机构的特征参数 $L_i=Dl_i$ 组成一个 n 维空间，而每一个参数的范围为 $[0,+\infty]$，因此由 $C^n=(L_1,L_2,\cdots,L_n)$ 组成的有量纲机构空间 $\Pi=[C_1^n,C_2^n,C_3^n,\cdots]$ 为无界空间。而所有无量纲参数 l_i 是有界的，故由 $c^n=(l_1,l_2,\cdots,l_n)$ 组成的无量纲机构空间 $\pi=[c_1^n,c_2^n,c_3^n,\cdots]$ 是有界空间，该空间也是实际的 PDS。因此，PFNM 在有界空间 π 中的元素 c^n 和无界空间 Π 中的元素 C^n 之间建立起确定的关系，Π 中的每一个元素 C^n 都可以在 π 中找到唯一确定的元素 c^n 与之对应。

特征参数的数量决定了机构优化设计的难度。以下根据特征参数数量给出了几个采用 PFNM 进行优化设计的例子，在以下例子中，均取 $d=1$。

【例 10-6】 **特征参数 $n=3$ 的机构实例。**

2 自由度平面 5R 并联机构（图 10-28a）、Delta 机构、3-PRS 机构（图 10-28b）、6-PUS 并联机构（图 10-28c）和 HALF 机构（图 10-28d）特征参数数量为 3。对于此类机构，有 $l_1+l_2+l_3=1$，这些无量纲化参数满足 $0\leqslant l_1,l_2,l_3\leqslant 1$，并且 $l_2\geqslant|l_1-l_3|$，对于 3-PRS 机构和 HALF 机构，还应该满足 $l_1>l_3$ 这一附加约束。此时，该类机构的 PDS 实际上是一个封闭的平面空间，例如 3-PRS 机构的 PDS 为图 10-29 所示的等腰三角形 ABC。

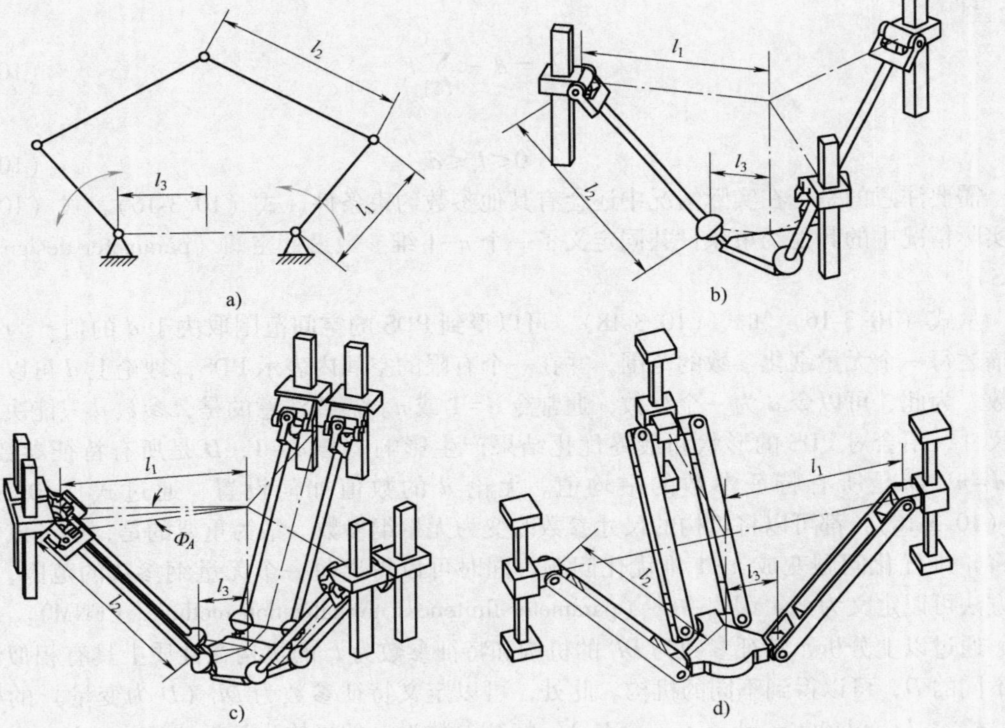

图 10-28 特征参数数量为 3 的机构

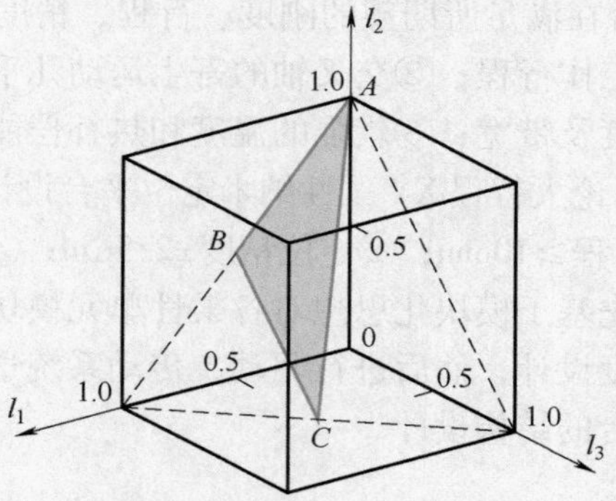

图 10-29　3-PRS 机构的 PDS

【例 10-7】　**特征参数 $n=4$ 的机构实例。**

很多并联机构是通过旋转型驱动器驱动的，如 6-RRRS 机构、Hexa 机构、平面 3-RRR 并联机构等，这些机构有 4 个特征参数。当 $n=4$ 时，有 $l_1+l_2+l_3+l_4=1$，该式定义了一个单位立方体，由于机构存在其他参数约束，该类机构的 PDS 通常为一个三维多面体。例如，对于图 10-30 所示的 3-RRR 机构，还必须满足 $l_2+l_3+l_4 \geqslant l_1$（$l_1 \leqslant 0.5$）和 $l_1+l_2+l_3 \geqslant l_4$（$l_4 \leqslant 0.5$）。因此，该机构的 PDS 为图 10-31 所示的多面体 $ABCDEFG$。

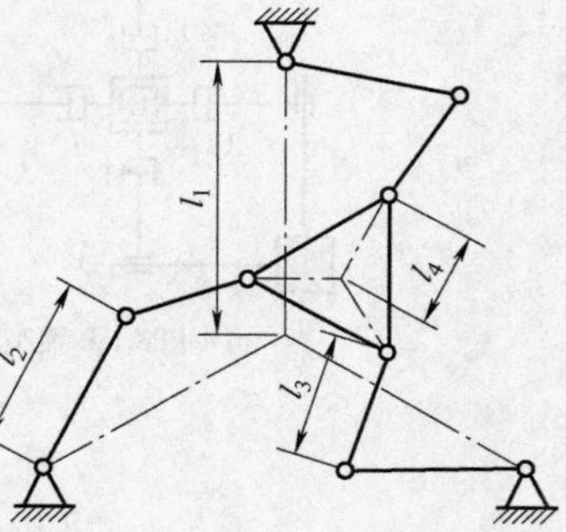

图 10-30　3-RRR 机构及其结构参数

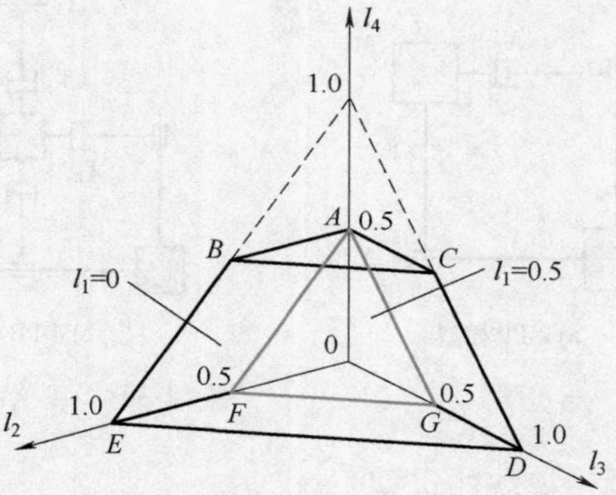

图 10-31　3-RRR 机构的 PDS

10.4　设计实例：大行程 XY 柔性纳米定位平台的设计

10.4.1　平台的应用背景及性能指标

XY 工作台是指可实现平面二维移动的精密定位系统，是并联机器人在精密工程中的典型应用。同时，结合柔性机构无摩擦、无磨损、无间隙、免润滑等特点，设计得到的 XY 柔性定位平台具有纳米级的定位精度。

在某些特殊场合，如电子探针纳米印刷技术、原子力显微镜、半导体封装、数据存储等应用中，要求 XY 柔性工作台在满足所期望的刚度、行程、精度等性能同时，还具有如下特性：①功能方向具有较大的工作行程；②交叉轴的寄生运动几乎不存在；③输入位移和输出位移解耦；④较大的驱动刚度及带宽；⑤较强的温度和热补偿能力。

基于上述指标，下面来讨论大行程 XY 柔性纳米定位平台设计问题。以光电子封装行业的应用指标作为设计目标：①行程≥10mm；②定位精度±2.5μm；③分辨率≤100nm。

整个设计过程如下：首先基于模块化思想对各柔性单元模块进行设计比较，完成构型设计；再进行基于参数的静刚度设计，然后进行驱动、传动系统选型设计，最终完成一种 2 自由度运动解耦型纳米定位平台的结构设计。

10.4.2 平台的构型设计

一些学者对大行程 XY 柔性工作台进行了系统研究，从中可以总结出现有 XY 工作台构型的变化规律：基本都采用单轴柔性移动模块的串并联组合形式。最基本、最简单的并联构型是 2-PP 模型，该模型如图 10-32a 所示。它具有并联机构最简单的两支链形式，虽然 2-PP 模型运动解耦，但是系统刚度较低且因非对称结构不能很好地约束掉面内（in-plane）旋转和寄生移动。4-PP 模型（图 10-32b）通过对称支链提供的冗余约束很好地解决了上述问题。为了提高面外（out-of-plane）约束刚度，在 4-PP 基础上进一步添加冗余约束 E（平面约束单元），构建了如图 10-32c 所示的 4-PP&1-E 模型。该机构在继承了 4-PP 机构运动解耦特性的同时，冗余约束单元 E 提高了面外的运动刚度，且不影响整体自由度类型。

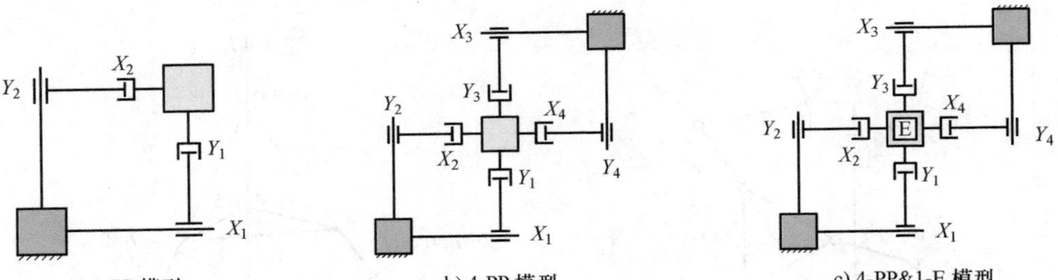

a) 2-PP 模型　b) 4-PP 模型　c) 4-PP&1-E 模型

图 10-32　XY 平动机构的三种模型

1. 柔性模块的选型

单轴柔性移动模块可通过直线机构或直线导向机构构造实现。

刚性机构中，直线及直线导向机构种类繁多，可以用柔性单元通过运动或约束等效替换其中相应的刚性铰链，以获得想要的柔性直线及直线导向机构。常见的直线机构有 Hoeken 机构、Chebyshev 机构、Roberts 机构和 Watt 机构等（图 10-33）。其中，Watt 机构的直线特征点在连杆中间且位于机构空间内侧，难以设计成柔性直线机构；Chebyshev 机构存在杆件交叉，不能实现一体化加工柔性单元；而由 Hoeken 机构和 Roberts 机构可衍生出柔性直线机构，如图 10-34 所示。

可将柔性直线单元通过简单并联得到柔性直线导向单元，也可以通过串联后再并联获得行程更大的直线导向单元。图 10-35 所示为几种典型的由柔性直线单元组合后得到的大行程柔性直线导向单元。

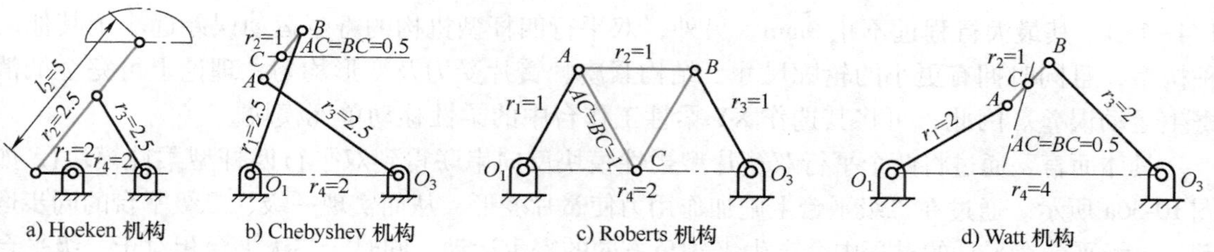

图 10-33　刚性直线机构

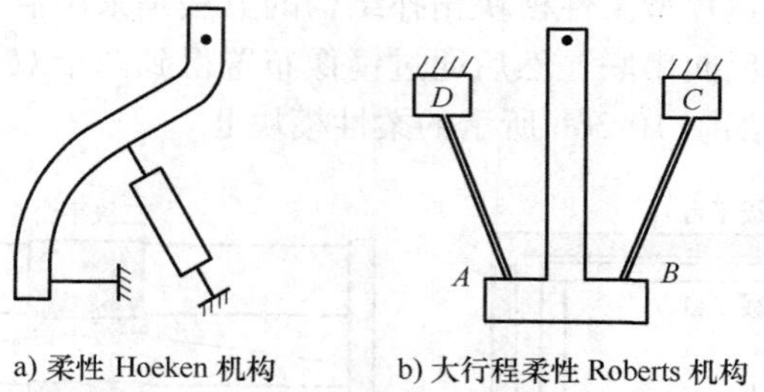

图 10-34　柔性直线机构

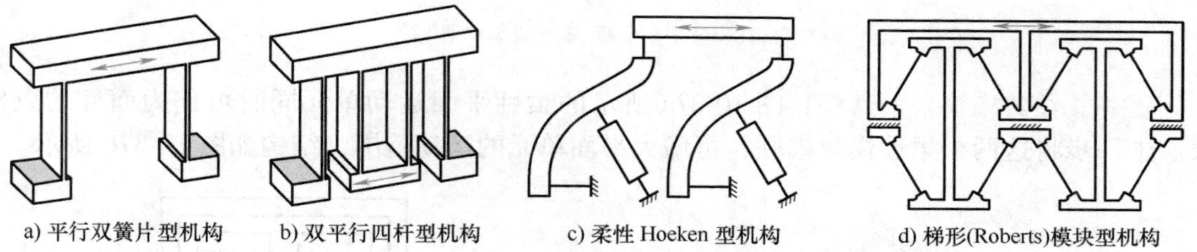

图 10-35　柔性直线导向单元

通过 ANSYS 有限元仿真比较柔性平行双簧片型机构（图 10-35a）、柔性双平行四杆型机构（图 10-35b）、柔性 Hoeken 型机构（图 10-35c），以及梯形（Roberts）模块型机构（图 10-35d），综合性能比较结果见表 10-2。

表 10-2　不同柔性移动单元的综合性能比较

柔性移动单元	行程 /mm	最大应力 /MPa	寄生运动误差 /μm	轮廓尺寸 /(mm×mm)
平行双簧片型	8	155	656	60×40
双平行四杆型	8	74.9	0.186	60×40
梯形（Roberts）模块型	8	279	10.82	60×89
柔性 Hoeken 型	8	263.9	11.53	64×105

从表 10-2 的比较结果可以看出，在运动刚体输出相同行程位移的情况下，梯形（Roberts）模块型和柔性 Hoeken 型移动单元的簧片由于过度弯曲，最大应力值较大，过早地趋近应力极限；而柔性平行双簧片型和双平行四杆型移动单元簧片变形均匀，最大应力值较小，距离应力极限还有很大余量，且双平行四杆型的最大应力仅为其他构型移动单元的

1/4~1/3，其最大行程远不止 8mm。另外，双平行四杆型机构的寄生运动误差远小于其他三种构型，且同时拥有更小的轮廓尺寸，结构紧凑，簧片受力及变形均匀，理论上可完全抵消寄生运动误差。因此，可将其选作 XY 柔性工作台中的柔性移动单元模块。

具体而言，通过将两个平行双簧片型柔性模块反向串联得到双平行四杆型柔性模块Ⅰ，如图 10-36a 所示。通过在二级平台上施加作用力使簧片变形，从而实现一级、二级平台的同步运动。一级平台在平动的过程中会产生 Y 轴负方向的寄生运动，同时，二级平台相对于一级平台也会产生沿 Y 轴负方向的寄生运动，两种寄生运动通过反向串联设计而相互抵消。

另外一种改变平行双簧片型柔性模块拓扑结构的方法是采用混联的方式。首先将两个平行双簧片型柔性模块进行反向串联，然后通过镜像布置得到两个双平行四杆型柔性模块，最后将两个分支并联，得到如图 10-36b 所示的柔性模块Ⅱ。

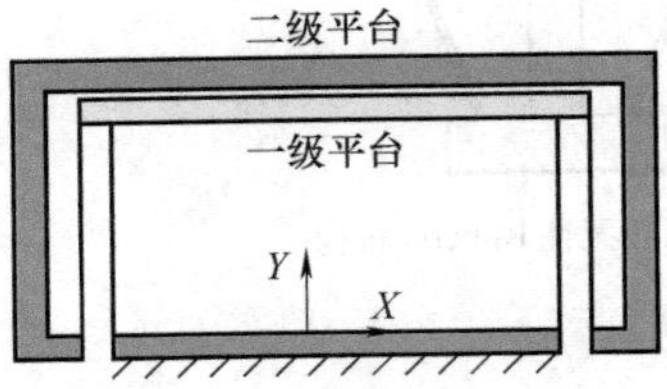

a) 模块Ⅰ

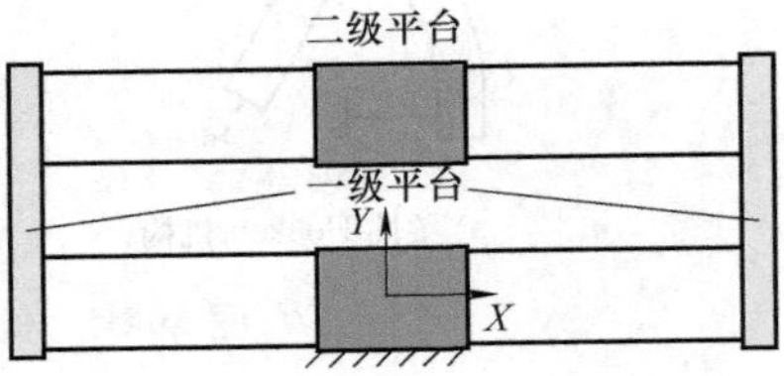

b) 模块Ⅱ

图 10-36 双平行四杆型柔性模块

面外柔性约束模块的选型：图 10-37a 所示的柔性平面运动单元同时可作为面外约束模块。进一步将这两个柔性模块串联，可增大平面单元的运动范围，结构如图 10-37b 所示。

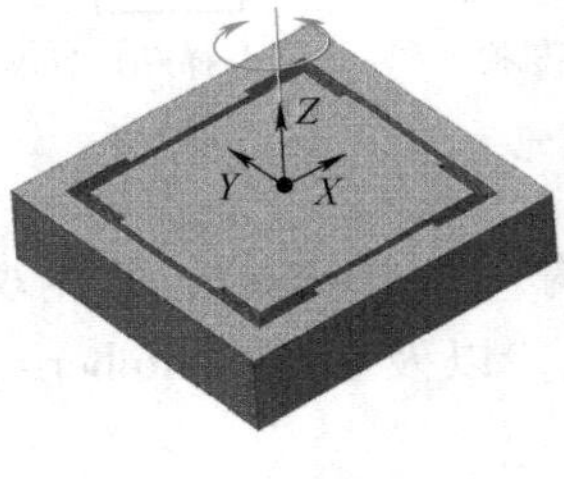

a) 平面运动单元

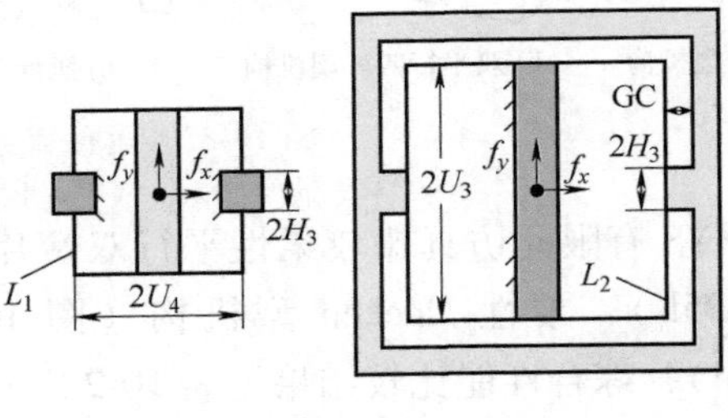

b) 串联式平面 E 副

图 10-37 柔性平面 E 副

2. 柔性 XY 工作台的构型设计

典型的 4-PP 型柔性并联工作台结构如图 10-38a 所示，即将刚性 4-PP 模型每条支链的移动副用上面提出的双平行四杆型柔性模块替换可以得到 XY 工作台整体结构。为了提高工作台系统刚度，增加冗余约束度，可以再增加 4 条冗余支链，得到图 10-38b 所示的 8-PP 型旋转对称结构。

由 4-PP 模型还可以衍生出类 4-PP 模型，如 4-P-2P、4-2P-P（2P-P：两个移动副并联后再和一个移动副串联）和 16-P 模型，如图 10-39 所示。

如图 10-39a 所示，该模型由 12 个双平行四杆型柔性模块通过串并混联而得到。柔性模块的并联可以提高平台的整体刚度，在一定程度上可以提升系统抗外界干扰的能力，而且运动平台与四条支链的连接部分共有 8 个，极大地提高了平台绕 X/Y 轴的面外旋转刚度。通

过在 X、Y 向分别施加载荷 F_x、F_y，可以使运动平台在 XY 平面上运动。但是考虑到载荷分布的位置，该模型的驱动安装是个很麻烦的问题。

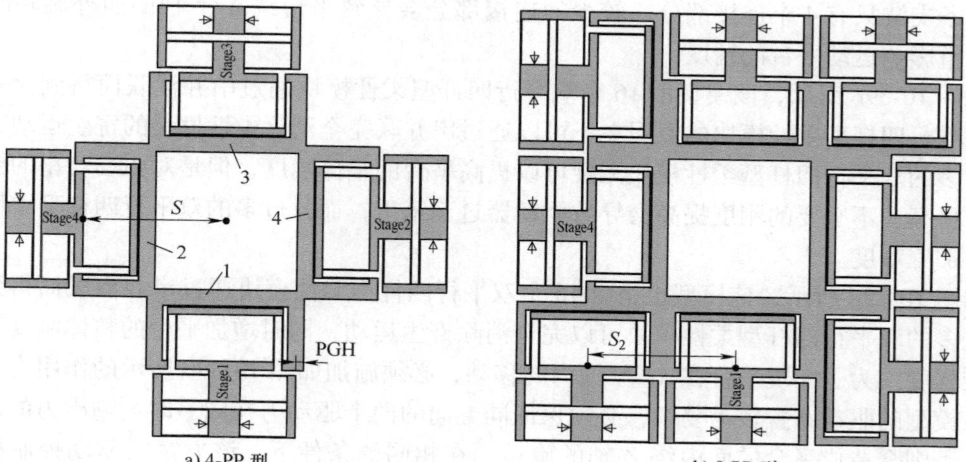

图 10-38　大行程柔性 XY 并联工作台

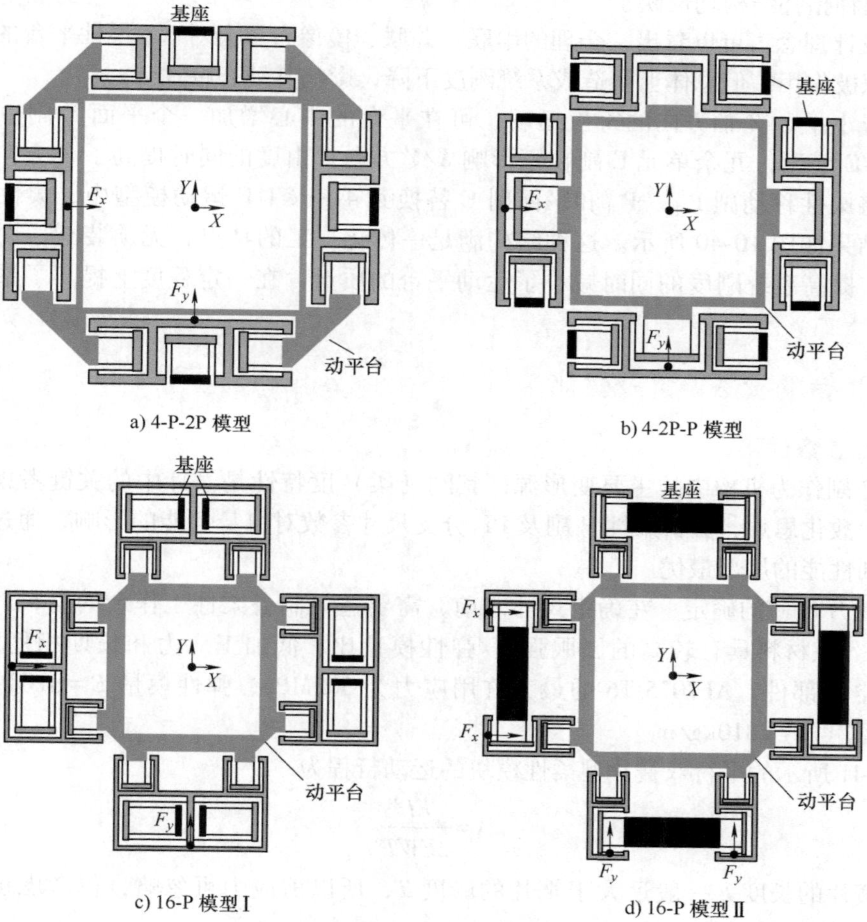

图 10-39　四种类 4-PP 工作台模型

如图 10-39b 所示，该模型也是由 12 个双平行四杆型柔性模块通过串并混联而得到。该模型的驱动可以放置在平台外，从而解决了 4-P-2P 模型驱动安装的位置问题。但是运动平台和四条支链只有 4 个连接部分，较少的连接部分会导致平台绕 X/Y 轴的面外旋转刚度较低，严重影响运动平台的精度。

如图 10-39c 所示，该模型由 16 个双平行四杆型柔性模块通过串并混联而得到。采用更多的双平行四杆型柔性模块的原因在于可以通过串并联完全消除柔性模块的寄生运动，而且采用更多的双平行四杆型柔性模块无疑可以提高平台的整体刚度，但是对驱动功率的要求也会相应提高。不必要的刚度提高会导致驱动器过于笨重，而且过多的双平行四杆型柔性模块会增加加工难度。

如图 10-39d 所示，该模型也是由 16 个双平行四杆型柔性模块通过串并混联而得到。同样，更多的双平行四杆型柔性模块可以完全消除寄生运动，同时增加平台的整体刚度和结构的复杂程度。为了实现平台在 XY 平面内的移动，必须施加如图 10-39d 所示的作用力，可以看出该模型的驱动布置较为复杂，必须保证同方向的两个驱动力在同一时刻输出力的值大小相同，否则会造成平台的面内绕 Z 轴的旋转。在相同的条件下，该方案对驱动控制精度的要求更高。

以上四种拓扑结构均反映了“**串联增大行程、并联提高刚度、镜像布置提高面内旋转刚度**”的设计理念。可以看出，合理的串联、并联、镜像布置会对 XY 柔性平台的静态工作特性起到积极作用，但总体上会造成系统刚度下降，影响其动态特性。

为了减小平台 Z 轴方向的寄生运动，可在平台的中心增加一个平面 E 副，从而构建出 4-PP&1-E 模型，冗余单元 E 副在不影响 X/Y 方向自由度的同时提高了 Z 方向的运动刚度。具体将柔性移动副 P_{I}、P_{II} 和平面副 E 替换到 4-PP&1-E 运动模型中，柔性平台的构建过程及结果如图 10-40 所示。这种结构满足一体化加工的特点，无须装配，同时平面副 E 的使用在提高系统刚度的同时减小了运动平台的质量，在一定程度上提高了系统的动态性能。

10.4.3 平台的参数设计及优化

1. 局部参数优化

考虑 P 副作为机构中的主要变形源，其刚（柔）度特性是设计中的关键考虑因素。为此，运用参数化思想，分析柔性 P 副及 PP 分支尺寸参数对自身性能的影响，通过选取合适的参数达到性能的局部最优。

(1) 簧片尺寸的确定　在确定尺寸之前，需要选择制备柔性工作台的材料。具体选用 AL7075-T6。该材料具有较高的屈服强度/弹性模量比、低加工应力和长期相稳定等特点，常用于航空零部件。AL7075-T6 的最大许用应力为 505MPa，弹性模量 $E=81\text{GPa}$，泊松比 $\mu=0.33$，密度 $\rho=2810\text{kg/m}^3$。

图 10-41 所示的平行双簧片型柔性模块的运动行程为

$$\Delta=\frac{FL^3}{2EWT^3} \tag{10.4-1}$$

由于簧片的长度 L 一般远大于簧片的厚度 T，所以剪应力可忽略，仅考虑正应力的作用，则有

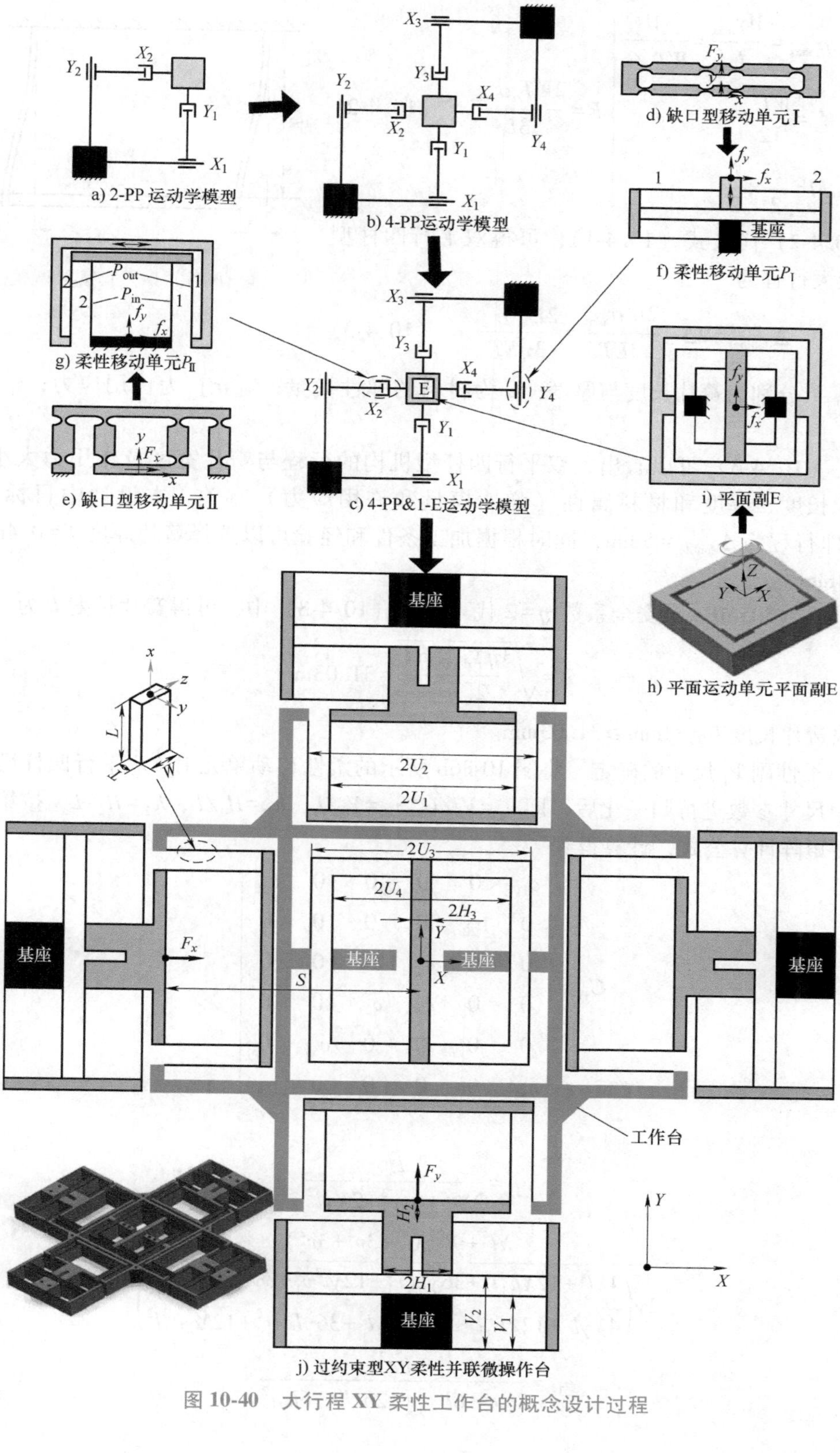

图 10-40　大行程 XY 柔性工作台的概念设计过程

$$\left.\begin{aligned}\sigma_{\max}&=\frac{My_{\max}}{I_z}=\frac{M}{WT^2/6}\\ I_z&=\frac{WT^3}{12}\\ M&=\frac{F}{2}\times\frac{L}{2}\end{aligned}\right\}F=\frac{2WT^2\sigma_{\max}}{3L} \tag{10.4-2}$$

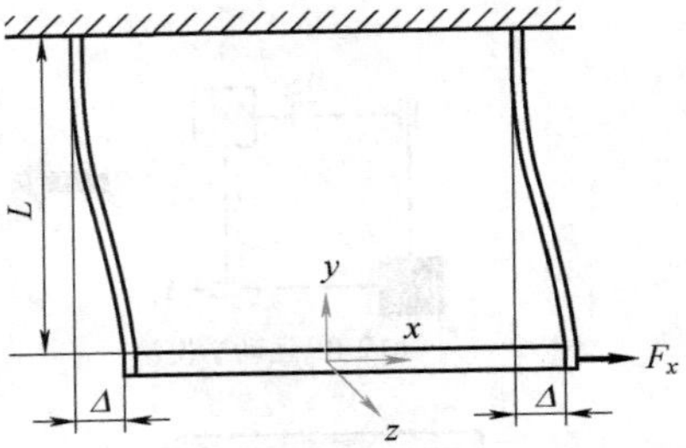

图 10-41　平行双簧片型柔性模块的载荷与变形

将式（10.4-2）代入式（10.4-1），可得双平行四杆型机构的最大行程为

$$\Delta_{\text{double}}=2\Delta=\frac{2L^2\sigma_{\max}}{3ET}=\frac{2L^2[\sigma]}{3\eta ET} \tag{10.4-3}$$

式中，L、T 分别为簧片长度与厚度；E 为材料的弹性模量；$[\sigma]$ 为许用应力；η 为安全系数。

由式（10.4-3）可以看出，双平行四杆型机构的行程与簧片宽度及作用力大小无关，仅与簧片长度、厚度和材料属性（弹性模量和许用应力）有关。本设计中目标行程为 10mm，即行程为 $\Delta_{\text{double}}=5\text{mm}$，同时根据加工条件和经验可以选择簧片厚度 $T=0.4\text{mm}$，宽度 $W=24\text{mm}$。

将 $[\sigma]=505\text{MPa}$ 及安全系数 $\eta=2$ 代入到式（10.4-3）中，可得簧片长度 L 为

$$L=\sqrt{\frac{3\eta\Delta_{\text{double}}ET}{2[\sigma]}}=31.03\text{mm} \tag{10.4-4}$$

因此，取簧片长度 $L=33\text{mm}\geqslant 31.03\text{mm}$。

（2）柔性副 P_{I} 尺寸的确定　将图 10-36b 所示的柔性移动单元 P_{I}（双平行四杆型柔性模块Ⅱ）中尺寸参数进行归一化后，即 $v_1=V_1/L$，$v_2=V_2/L$，$h_1=H_1/L$，$h_2=H_2/L$，按第 8 章所给的柔度矩阵计算公式，计算得到

$$\boldsymbol{C}_{P_{\text{I}}}=\begin{pmatrix} c_{11} & 0 & 0 & 0 & 0 & c_{16}\\ 0 & c_{22} & 0 & 0 & 0 & 0\\ 0 & 0 & c_{33} & c_{34} & 0 & 0\\ 0 & 0 & c_{43} & c_{44} & 0 & 0\\ 0 & 0 & 0 & 0 & c_{55} & 0\\ c_{61} & 0 & 0 & 0 & 0 & c_{66}\end{pmatrix} \tag{10.4-5}$$

式中，

$$c_{11}=\frac{l^2}{2\chi l^2+6\gamma v_1^2+2\chi\gamma l^2}$$

$$c_{22}=\frac{\chi l^4+\gamma l^2(\chi l^2+3v_1^2+3v_2^2)}{2\gamma\begin{pmatrix}4\chi l^4+12\chi h_1^2l^2+36\gamma h_1^2v_1^2+12\gamma l^2v_1^2+3\gamma l^2v_2^2+\\ 4\chi\gamma l^4+12\chi h_1l^3+12\chi\gamma h_1l^3+36\gamma h_1lv_1^2+12\chi\gamma h_1^2l^2\end{pmatrix}}$$

$$c_{33}=\frac{l^2t^2}{8l^2t^2+6l^2v_1^2+12h_1lt^2+6h_1t^2}$$

$$c_{44}=\frac{t^2\begin{pmatrix}12h_1^2t^4+36h_1^2t^2v_1^2+36h_1^2t^2v_2^2+12h_1lt^4+36h_1lt^2v_1^2+36h_1lt^2v_2^2+12h_2^2l^2t^2+\\36h_2^2l^2v_1^2+12h_2l^2t^2v_1+12h_2l^2t^2v_2+36h_2l^2v_1^3+36h_2l^2v_1^2v_2+4l^2t^4+18l^2t^2v_1^2+\\6l^2t^2v_1v_2+15l^2t^2v_2^2+18l^2v_1^4+18l^2v_1^3v_2+18l^2v_1^2v_2^2\end{pmatrix}}{24(t^2+3v_1^2)(12h_1^2t^2+12h_1lt^2+4l^2t^2+3l^2v_1^2)}$$

$$c_{55}=\frac{l^2}{24}$$

$$c_{66}=\frac{\chi l^4+\gamma l^2(12h_2^2+12h_2v_1+12h_2v_2+\chi l^2+6v_1^2+6v_1v_2+6v_2^2)}{24\gamma(\chi l^2+3\gamma v_1^2+\chi\gamma l^2)}$$

已知簧片尺寸为 $T=0.4$mm，$L=33$mm，$W=24$mm，设计参数包括 V_1、V_2、H_1、H_2（或 v_1、v_2、h_1、h_2）。下面讨论这 4 个参数对柔性移动单元 P_I 功能方向柔度（c_{55}）的影响。为了方便各参数下不同功能方向柔度之间的比较，需要再将移动柔度（后三项）进行无量纲化（除以 L^2）。然后都除以功能方向柔度 c_{55}。其中，功能方向的柔度 c_{55} 仅与簧片长度和材料属性有关。

柔性移动单元 P_I 结构由 4 个尺寸参数（v_1、v_2、h_1 和 h_2）确定。图 10-42a~d 所示分别为尺寸参数 v_1、v_2、h_1、h_2 对柔度各参数的影响。从图中可以看出，为了优化功能方向的柔度性能（即 c_{55}），应使参数 v_1 和 h_1 尽可能大，而参数 v_2 和 h_2 尽可能小。

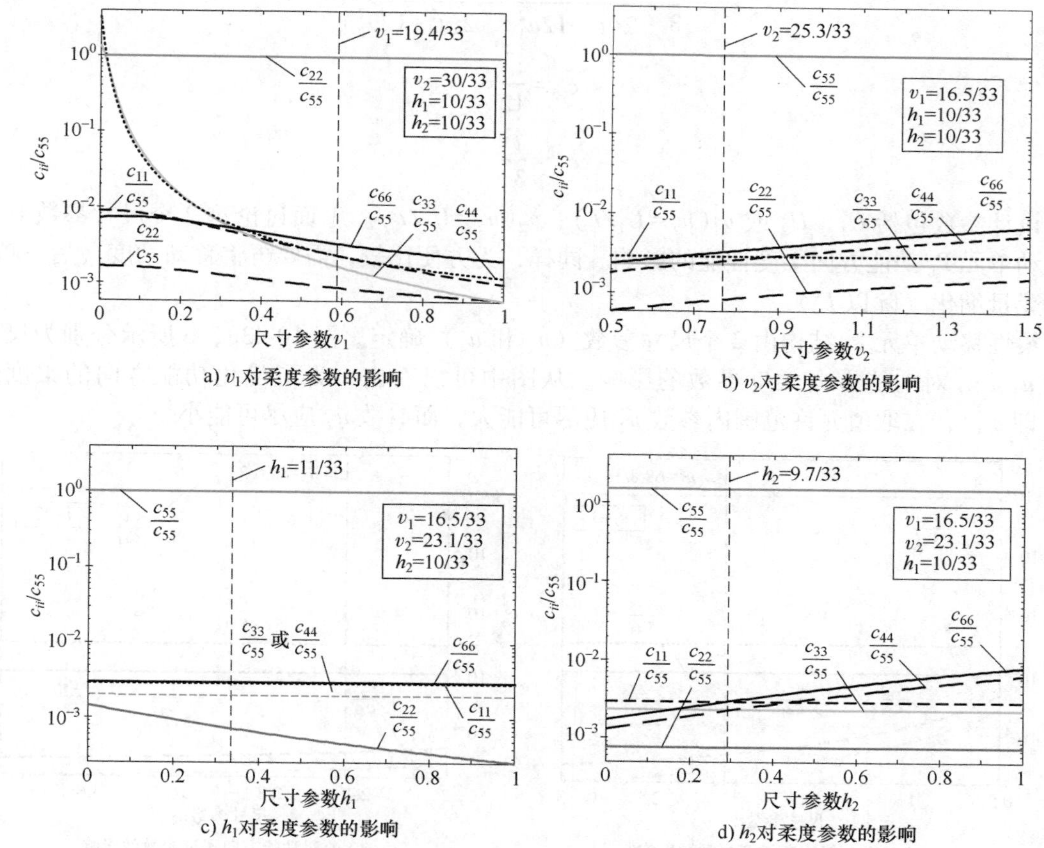

a) v_1对柔度参数的影响　b) v_2对柔度参数的影响

c) h_1对柔度参数的影响　d) h_2对柔度参数的影响

图 10-42　设计参数对 P_I 柔度参数的影响

（3）柔性移动单元 P_{II} 尺寸的确定　图 10-36a 所示的柔性移动单元 P_{II}（双平行四杆型柔性模块Ⅰ）中尺寸参数进行归一化后，即 $u_1=U_1/L$，$u_2=U_2/L$，按第 8 章所给的柔度矩阵计算公式，计算得到

$$
\boldsymbol{C}_{P_{II}}=\begin{pmatrix} c_{11} & 0 & 0 & 0 & 0 & c_{16}\\ 0 & c_{22} & 0 & 0 & 0 & 0\\ 0 & 0 & c_{33} & c_{34} & 0 & 0\\ 0 & 0 & c_{43} & c_{44} & 0 & 0\\ 0 & 0 & 0 & 0 & c_{55} & 0\\ c_{61} & 0 & 0 & 0 & 0 & c_{66}\end{pmatrix} \tag{10.4-6}
$$

式中，

$$c_{11}=\frac{1}{\gamma}$$

$$c_{22}=\frac{l^2}{2\chi l^2+24\gamma u_1^2+2\chi\gamma l^2}+\frac{l^2}{2\chi l^2+24\gamma u_2^2+2\chi\gamma l^2}$$

$$c_{33}=\frac{t^2}{2t^2+24u_1^2}+\frac{t^2}{2t^2+24u_2^2}$$

$$c_{44}=\frac{l^2}{3}-\frac{3l^2u_1^2}{2(t^2+12u_1^2)}-\frac{3l^2u_2^2}{2(t^2+12u_2^2)}$$

$$c_{55}=\frac{t^2}{12}$$

$$c_{66}=\frac{l^2}{3\gamma}$$

设计参数包括 U_1、U_2 或 $u_1(u_1=U_1/L)$、$u_2(u_2=U_2/L)$。下面讨论这 2 个尺寸参数对柔性移动单元 P_{II} 功能方向柔度性能的影响。同样，为方便比较，需要再将移动柔度（后三项）进行无量纲化（除以 L^2）。

柔性移动单元 P_{II} 结构由 2 个尺寸参数（u_1 和 u_2）确定。图 10-43a、b 所示分别为尺寸参数 u_1、u_2 对功能方向柔度参数的影响。从图中可以看出，为了优化功能方向的柔度性能（即 c_{44}），在取值允许范围内参数 u_1 应尽可能大，而参数 u_2 应尽可能小。

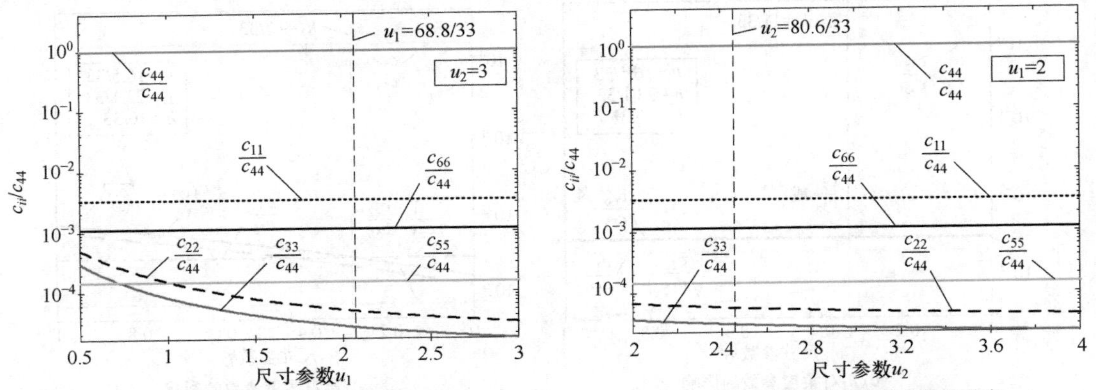

a) u_1 对功能方向柔度参数的影响　　b) u_2 对功能方向柔度参数的影响

图 10-43　设计参数对 P_{II} 功能方向柔度参数的影响

（4）柔性 PP 分支的尺寸确定　柔性副 P_{I} 和 P_{II} 的尺寸确定后，将 P_{I} 和 P_{II} 串联得到 PP 支链。为了确定 PP 支链的尺寸参数，还需引入设计变量 B 和其他结构常量，具体如图 10-44 所示。

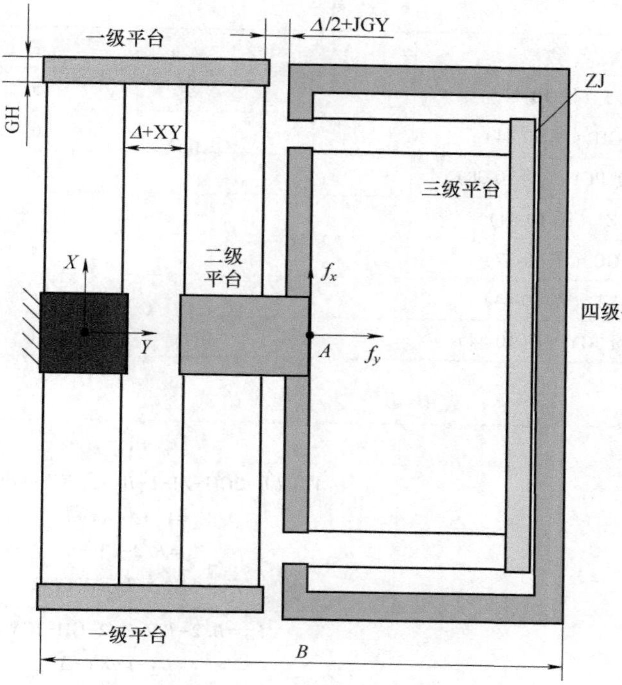

图 10-44　**PP** 分支结构示意图

考虑到平台整体尺寸的要求，设计变量 B 的取值限定在 0.08~0.15m。图 10-45 所示为尺寸参数 B 对 PP 支链功能方向柔度的影响。可以看出，参数 B 在 0.092~0.15m 范围内选取 B=0.1m，此时，非功能方向柔度 c_{ii} 均小于功能方向柔度 c_{55} 的 1/100，足够小可以忽略。

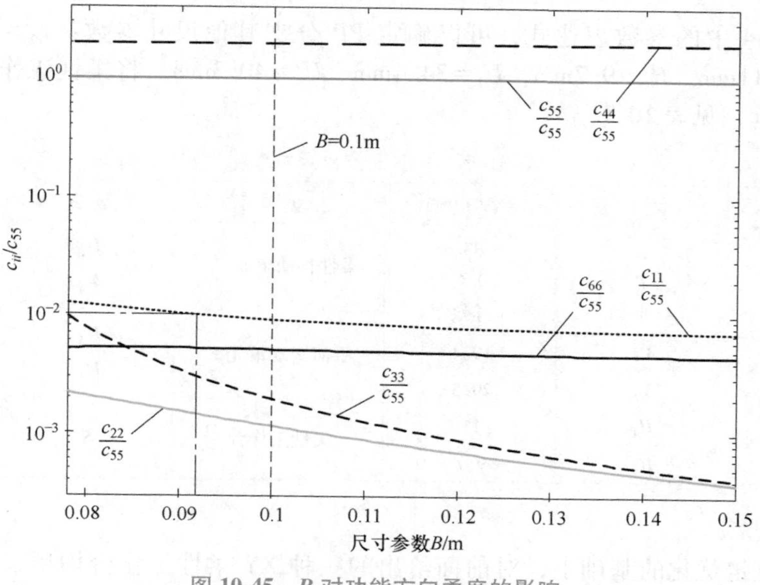

图 10-45　***B*** 对功能方向柔度的影响

其他结构参数（常量）的取值见表 10-3，而结构变量按表 10-4 所给的参数表达式来计算。

表 10-3　结构参数（常量）

参数名称	参数值/mm
单向行程 Δ（图 10-44）	5
刚体厚度 GH（图 10-44）	6
平台刚体厚度 PGH（图 10-38）	5.5
指定间隙 ZJ（图 10-44）	0.4
刚体长度 GC（图 10-37）	4
行程余量 XY（图 10-44）	0.5
间接刚体余量 JGY（图 10-44）	1

表 10-4　结构变量表达式

模块单元	参数变量表达式
柔性移动单元 P_{I}	$V_1=(B-2GH-ZJ-L-H_2-\Delta-XY-3T/2)/2$ $V_2=V_1+\Delta+XY+T$ $H_1=B/2-GH-L$ $H_2=GH+\Delta/2+JGY+T/2$
柔性移动单元 P_{II}	$U_2=B/2-T/2-\Delta/2-GH-JGY$ $U_1=U_2-T-XY-\Delta$
柔性工作台	$S=B/2+PGH+2GH+ZJ+L$（图 10-40） $S_2=B+PGH$（图 10-38）
平面运动单元 E	$H_3=GH$ $U_3=B/2-T/2-GC$（图 10-40） $U_4=U_3-\Delta-JGY-T$（图 10-40）

根据表 10-4 中的参数表达式，可以确定 PP 分支其他尺寸参数：$V_1=19.4$mm，$V_2=29.3$mm，$H_1=11$mm，$H_2=9.7$mm，$U_1=34.4$mm，$U_2=40.3$mm。将柔性工作台的所有尺寸参数综合在一起，见表 10-5。

表 10-5　柔性工作台尺寸参数

模块单元	参数变量	参数值/mm	模块单元	参数变量	参数值/mm
柔性簧片	L T W	33 0.4 24	柔性移动单元 P_{II}	U_1 U_2	34.4 40.3
柔性移动单元 P_{I}	V_1 V_2 H_1 H_2	19.4 29.3 11 9.7	平面运动单元 E	U_3 U_4	49.8 39.4
			柔性工作台	S	100.9

2. 性能评价

在对 PP 支链优化的基础上，对前面给出的三种 XY 柔性工作台构型（4-PP 型、8-PP

型、4-PP&1-E 型），按第 8 章所给的柔度矩阵计算公式分别进行全局柔度建模。通过比较它们的性能差异，从中找到更优的结构。相关柔性单元的尺寸参数见表 10-6。

表 10-6　尺寸参数

模块单元	参数变量	参数值/mm	模块单元	参数变量	参数值/mm
柔性簧片	L	33	柔性移动单元 P_{II}	U_1	34.4
	T	0.4		U_2	40.3
	W	24	平面运动单元 E	U_3	49.8
柔性移动单元 P_I	V_1	19.4		U_4	39.4
	V_2	29.3		H_3	6
	H_1	11	柔性工作台	S	100.9
	H_2	9.7		S_2	105.5

4-PP 型柔性工作台（图 10-38a）的全局柔度矩阵如下：

$$C_{S\_4\text{-PP}}=\begin{pmatrix}2.4289 & 0.0000 & 0.0000 & 0.0000 & 0.0000 & 0.0000\\0.0000 & 2.4289 & 0.0000 & 0.0000 & 0.0000 & 0.0000\\0.0000 & 0.0000 & 6.3307 & 0.0000 & 0.0000 & 0.0000\\0.0000 & 0.0000 & 0.0000 & 4.8276 & 0.0000 & 0.0000\\0.0000 & 0.0000 & 0.0000 & 0.0000 & 4.8276 & 0.0000\\0.0000 & 0.0000 & 0.0000 & 0.0000 & 0.0000 & 0.0179\end{pmatrix}\times10^{-5}\mathrm{m/N}$$
$$=\mathrm{diag}(2.4289\quad 2.4289\quad 6.3307\quad 4.8276\quad 4.8276\quad 0.0179)\times10^{-5}\mathrm{m/N}\tag{10.4-7}$$

8-PP 型柔性工作台（图 10-38b）的全局柔度矩阵如下：

$$C_{S\_8\text{-PP}}=\begin{pmatrix}0.8819 & 0.0000 & 0.0000 & 0.0000 & 0.0000 & 0.0000\\0.0000 & 0.8819 & 0.0000 & 0.0000 & 0.0000 & 0.0000\\0.0000 & 0.0000 & 3.1348 & 0.0000 & 0.0000 & 0.0000\\0.0000 & 0.0000 & 0.0000 & 2.4138 & 0.0000 & 0.0000\\0.0000 & 0.0000 & 0.0000 & 0.0000 & 2.4138 & 0.0000\\0.0000 & 0.0000 & 0.0000 & 0.0000 & 0.0000 & 0.0090\end{pmatrix}\times10^{-5}\mathrm{m/N}$$
$$=\mathrm{diag}(0.8819\quad 0.8819\quad 3.1348\quad 2.4138\quad 2.4138\quad 0.0090)\times10^{-5}\mathrm{m/N}\tag{10.4-8}$$

4-PP&1-E 型柔性工作台（图 10-40）的全局柔度矩阵如下：

$$C_{S\_4\text{-PP\&1-E}}=\begin{pmatrix}2.1846 & 0.0000 & 0.0000 & 0.0000 & 0.0000 & 0.0000\\0.0000 & 2.1846 & 0.0000 & 0.0000 & 0.0000 & 0.0000\\0.0000 & 0.0000 & 6.3260 & 0.0000 & 0.0000 & 0.0000\\0.0000 & 0.0000 & 0.0000 & 4.2004 & 0.0000 & 0.0000\\0.0000 & 0.0000 & 0.0000 & 0.0000 & 4.2004 & 0.0000\\0.0000 & 0.0000 & 0.0000 & 0.0000 & 0.0000 & 0.0119\end{pmatrix}\times10^{-5}\mathrm{m/N}$$
$$=\mathrm{diag}(2.1846\quad 2.1846\quad 6.3260\quad 4.2004\quad 4.2004\quad 0.0119)\times10^{-5}\mathrm{m/N}\tag{10.4-9}$$

为了方便比较转动柔度和移动柔度，对式（10.4-7）~式（10.4-9）进行无量纲化处理（将转动柔度除以 L/EI_y，移动柔度除以 L^3/EI_y），并进行简化可得

$$C'_{S\_4\text{-PP}} \approx \mathrm{diag}(0 \quad 0 \quad 0 \quad 1 \quad 1 \quad 0) \times 4.8276 \times 10^{-5} \times \frac{EI_y}{L^3} \tag{10.4-10}$$

$$C'_{S\_8\text{-PP}} \approx \mathrm{diag}(0 \quad 0 \quad 0 \quad 1 \quad 1 \quad 0) \times 2.4138 \times 10^{-5} \times \frac{EI_y}{L^3} \tag{10.4-11}$$

$$C'_{S\_4\text{-PP\&1-E}} \approx \mathrm{diag}(0 \quad 0 \quad 0 \quad 1 \quad 1 \quad 0) \times 4.200 \times 10^{-5} \times \frac{EI_y}{L^3} \tag{10.4-12}$$

可以看出，在上述三种柔度矩阵模型中，两个功能方向的移动柔度是其他柔度值的100倍以上，因此可将其他柔度值近似忽略。三种柔性工作台均只有2个移动自由度，为平台中心坐标系下的 X 轴移动和 Y 轴移动。同时，对比柔度矩阵的数值可以得到如下结论：

1）4-PP 型具有明显的 X 轴移动和 Y 轴移动自由度。

2）8-PP 型相对 4-PP 型在整体柔度上减小了一半，对3个旋转刚度都起到较好的提升作用。

3）4-PP&1-E 型同样具有2个移动自由度及解耦特性，整体刚度提高了9.0%，同时对面外刚度起到了一定的提升作用，2个面外旋转和1个面外移动刚度分别提高了10.1%、10.1%和23.4%。

为了验证前面三种柔性工作台理论建模的正确性，再采用有限元法分析平台的特性，并将仿真结果与理论数据进行对比。有限元仿真采用通用有限元分析软件 ANSYS 9.0，实体单元选择 SOLID186，网格单元最小尺寸为0.2mm，分析类型为大变形静态分析，固定位移约束施加在基座上，X 向驱动载荷施加在二级平台上，Y 向驱动载荷施加在二级平台上。

首先进行模态分析，仿真分析结果见表10-7。从仿真结果可看出，三种构型所对应工作台的一、二阶固有频率大体相同，都在20Hz左右，且均明显低于更高阶次模态频率，验证说明了柔性工作台在这两阶模态下更容易发生移动变形，表明工作台具有2个移动自由度。

表 10-7 XY 柔性工作台的固有频率对比 （单位：Hz）

振型阶数	4-PP	8-PP	4-PP&1-E
1	23.945	26.386	25.124
2	23.945	26.386	25.158
3	98.520	98.480	73.335
4	98.655	98.557	79.992
5	99.681	98.586	98.520
6	99.681	98.604	98.655

进一步分析其他性能，包括功能方向柔度、交叉轴解耦、面内寄生转动等，并对有限元仿真结果和理论结果进行对比。

图10-46所示为在给定“Y 轴方向驱动力 $F_y=0$、X 轴方向加载驱动力”条件下“驱动力-位移”的理论计算与有限元分析仿真曲线。可以看出，“驱动力-位移”关系近似为直线。说明这三种柔性工作台功能方向柔度值波动很小，均可认为是常值柔度：4-PP 型的平均柔度为50.48mm/kN；8-PP 型的平均柔度为29.27mm/kN；而 4-PP&1-E 型的平均柔度为44.99mm/kN。

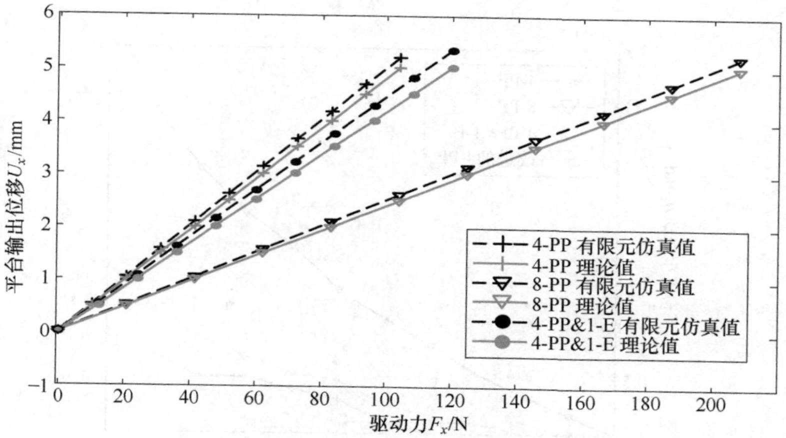

图 10-46　功能方向的柔度比较

驱动刚体沿 Y 轴方向输入恒定位移 $D_y=5\text{mm}$，X 轴方向输入不同位移量（$D_x=0\sim5\text{mm}$）时，动平台沿 Y 轴的位移输出情况如图 10-47a 所示，X 轴的位移输出情况如图 10-47b 所示。理想情况下，动平台输出位移 U_x 初值和 U_y 波动量均应为 0。仿真结果反映了 X 轴和 Y 轴间的交叉耦合性能。可以看出，4-PP 型的动平台（U_x 初始值为 0.002489mm，U_y 的波动量为 0.1393mm）的交叉轴解耦性明显优于 8-PP 型（U_x 初始值为 0.002445mm，U_y 的波动量为 0.305225mm），略好于 4-PP&1-E 型（U_x 初始值为 0.002528mm，U_y 的波动量为 0.16275mm）。

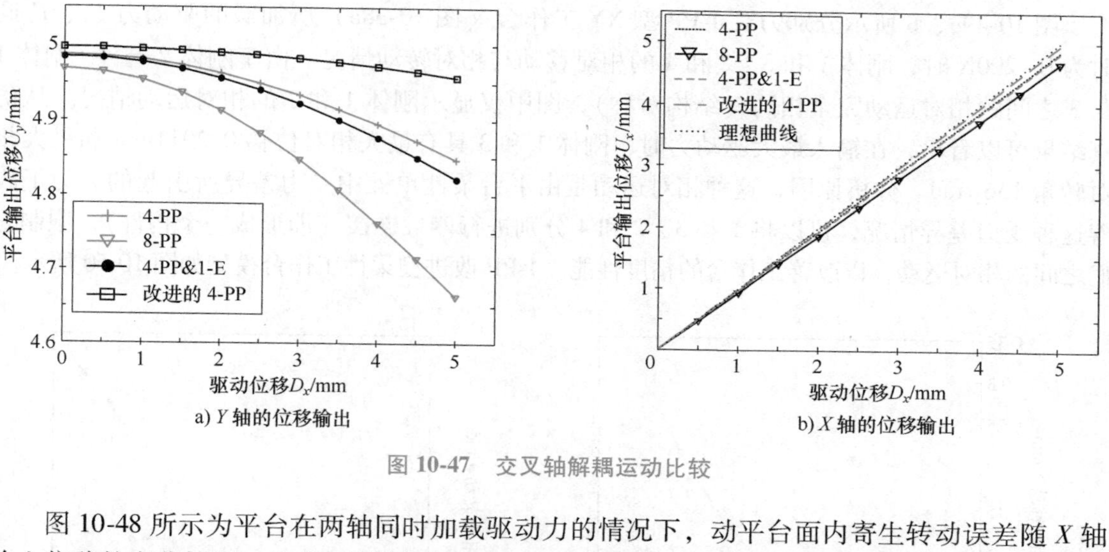

图 10-47　交叉轴解耦运动比较

图 10-48 所示为平台在两轴同时加载驱动力的情况下，动平台面内寄生转动误差随 X 轴输入位移的变化情况。从仿真结果可以看出，8-PP 型具有最大的转动角度，为 29.5μrad，这一结果也说明所采用的旋转对称构型，并不能很好地约束面内旋转，与理论分析相一致；而 4-PP 基本型的镜像对称分布构型能较好地约束寄生转动误差，旋转角度为 7μrad；4-PP&1-E 型添加的 E 副并没有对寄生转动误差进行改善约束，所以旋转角度与 4-PP 型相近，为 11.22μrad。

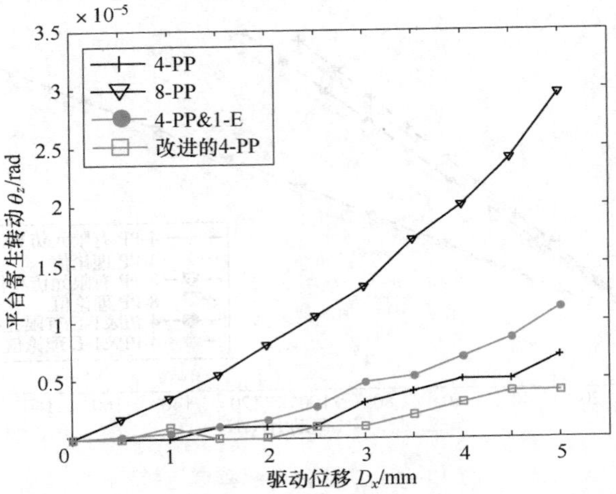

图 10-48　面内寄生转角比较

3. 改进设计

尽管 8-PP 型、4-PP&1-E 型都对传统 4-PP 型的性能进行了不同程度的改善，如 8-PP 型的柔度波动范围更小，通过并联冗余约束获得了更高的刚度；4-PP&1-E 型相比 4-PP 型显著提高了面外刚度。但是，8-PP 型旋转对称形式对面内旋转误差的约束能力较差，4-PP&1-E 型对面内寄生误差也没有起到实质性的约束效果。因此，综合功能方向柔度值的稳定性、交叉轴运动解耦性，以及面内寄生转动等性能，4-PP 型反而具有更好的综合性能。

图 10-49a、b 所示分别为对 4-PP 型 XY 工作台（图 10-38a）所加载的驱动力 F_x、F_y 同时为 0~200N 时，刚体 1 和 3、2 和 4 的相对移动与相对转动情况。由于刚体 2 与 4、刚体 1 与 3 之间的相对运动完全相同（结构对称），图中仅显示刚体 1 和 3 的相对运动情况。从仿真结果可以看出，在输入最大驱动力时，刚体 1 和 3 具有最大相对位移 0. 2911mm 和最大相对转角 136μrad。分析原因，这种相对运动是由平台柔性单元中受力差异所引起的。为了改善这种受力差异情况，可以将 1 和 3、2 和 4 分别进行**刚性连接**（即形成一个构件），限制它们之间的相对运动，以改善工作台的精度性能。4-PP 改进型柔性工作台模型如图 10-50 所示。

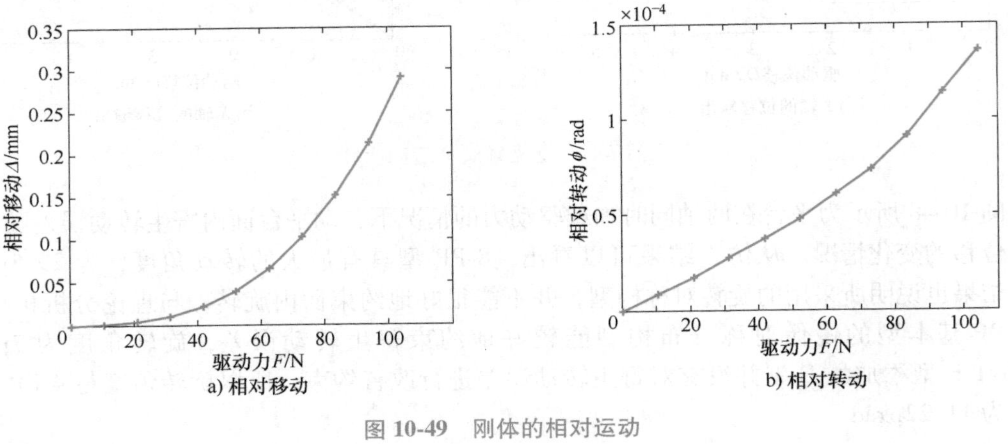

a) 相对移动　　b) 相对转动

图 10-49　刚体的相对运动

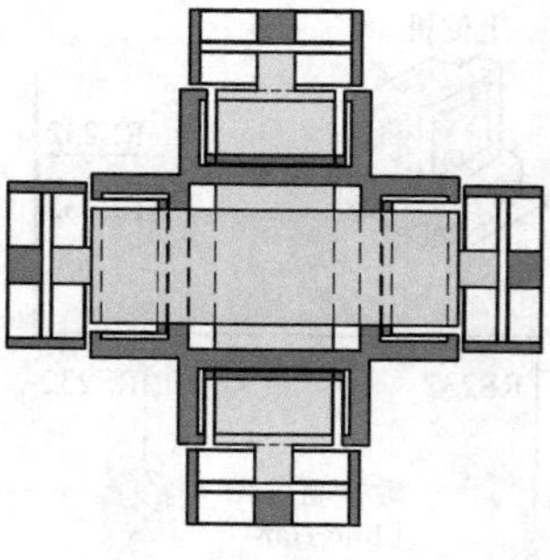

a) 平面结构图

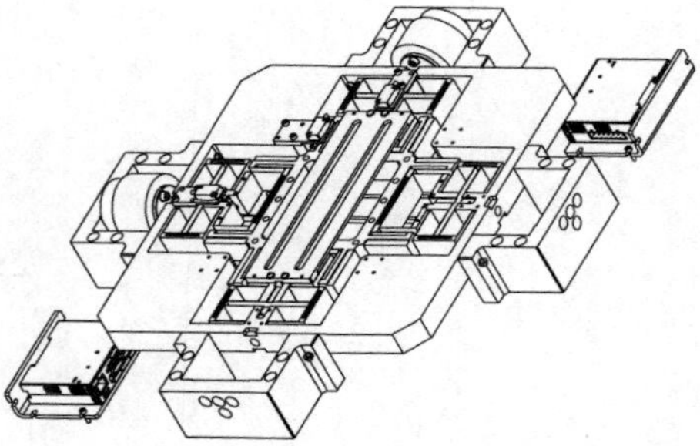

b) 三维 CAD 模型

图 10-50　4-PP 改进型柔性工作台

4-PP 改进型柔性工作台的结构参数见表 10-8。

表 10-8　4-PP 改进型柔性工作台的结构参数　　（单位：mm）

结构参数	柔性平台的结构尺寸	XY 工作台的整体尺寸
长	311	492
宽	311	492
高	24	76
簧片长	33	
簧片厚	0.4	
X 方向行程	10	
Y 方向行程	10	

针对 4-PP 改进型柔性工作台，对前面提到的几种性能做了分析比较。结果表明，改进后的柔性工作台的性能得到明显改善。如 4-PP 改进型动平台 U_x 的初始值为 0.000119mm，U_y 的初始值为 4.997mm，加载过程中 U_y 的波动量为 0.03915mm，说明其交叉轴解耦性明显优于其他三种构型。另外，4-PP 改进型动平台的面内寄生转动误差明显减小。

综上所述，4-PP 改进型工作台在交叉轴解耦性、约束面内寄生转动误差性能上都明显优于之前的三种构型，整体精度更高，而且柔度波动范围更小，满足线性加载要求。

10.4.4　样机开发与性能测试

在对 4-PP 改进型工作台进行结构本体设计的基础上，进一步搭建机器人系统（图 10-51a），包括选配驱动器、控制器及传感器等（图 10-51b）。

柔性工作台系统的驱动元件精度直接关系到系统整体的精度，为了满足纳米精度的设计要求，必须选择高精度驱动方式，目前较常见的有压电陶瓷和音圈电机。压电陶瓷可以达到纳米级的驱动精度，但可实现的最大行程通常为其长度的 1/1000，行程较小，需要配合位移放大器使用，导致结构复杂、成本加大。音圈电动机具有高频响、高精度、推力大、无滞

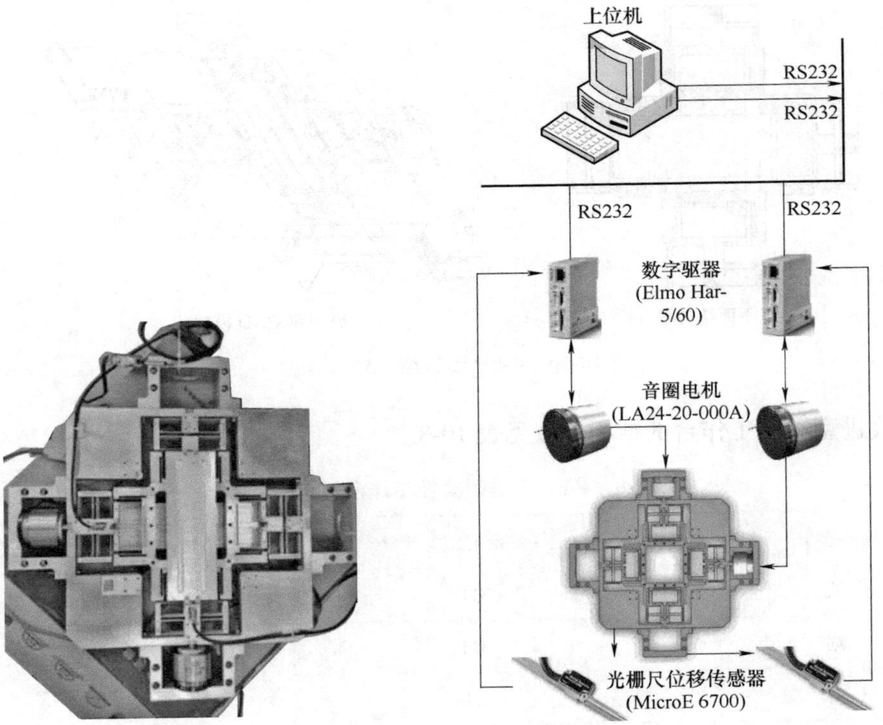

a) 机器人系统样机　　b) 包含驱动器、传感器在内的控制系统体系结构

图 10-51　柔性工作台的实物样机及其组成

后等特点，可实现高速往复运动，同时具有较大的运动行程（可达 50mm），采用闭环控制模式也可以达到纳米级的精度。对比两种驱动方式，音圈电机无论从行程还是从精度方面都比较适合作为此大行程柔性平台的驱动器。根据工作行程的要求，驱动电动机确定为直线型音圈电机，该音圈电机具有 16mm 行程及 111. 2N 峰值输出力，可直接用于柔性平台驱动。

平台的精度还取决于传感器的测量精度。电容式、电感式、电涡流式、应变式传感器虽然均可以达到亚微米级精度，但是由于不能满足大测量范围的要求而无法使用。相反，直线光栅及磁栅等位置传感器可同时满足精度和测量范围要求。最终选择了增量式光栅位移传感器，同时配备光栅尺，该传感器最高可实现 5nm 的分辨率，短行程定位精度为±20nm，测量行程为 30mm。

基于 LabVIEW 开发了上位机控制软件界面。通过控制界面可以实现工作台系统单轴运动和两轴联动，完成多种轨迹功能操作，包括定点控制、直线、倾斜直线、正方形轨迹以及圆形轨迹等。

以圆形轨迹为例，工作台 X 轴方向的驱动位移为 $\sin x$ 曲线（图 10-52a），Y 轴方向的驱动位移为 $\cos x$ 曲线，则动平台的运动轨迹为图 10-52b 所示的圆形轨迹，轨迹半径为 3. 5mm。其中蓝色为指令（命令位置）曲线，黑色为试验（实际位置）曲线，可以看出两条曲线吻合较好。

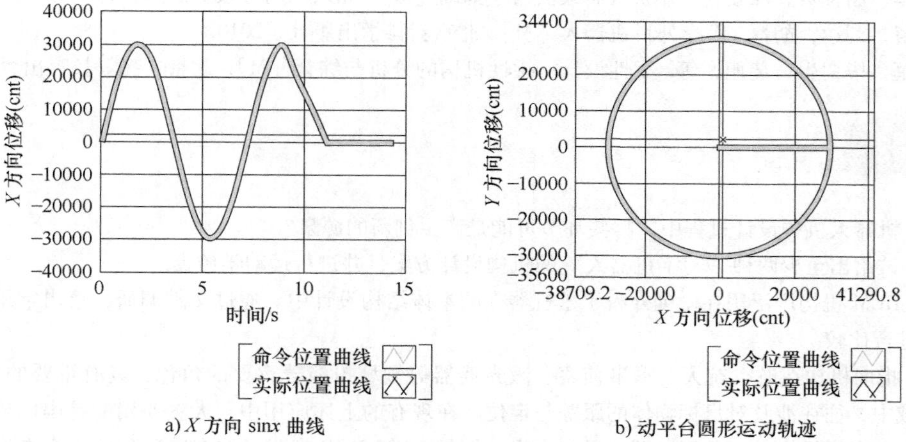

a) X 方向 sinx 曲线　　b) 动平台圆形运动轨迹

图 10-52 运动轨迹曲线

本章小结

1）一个完整的机器人系统包括机器人结构本体（含驱动与传动系统）、末端执行器、内外部感测装置、控制器等，其中，机器人结构本体设计（机器人机构设计）是机器人系统设计的关键环节之一。

2）机器人机构设计的一般过程包括以下几个步骤：①明确设计目标与性能指标；②功能分析与设计；③构型综合与优选；④运动学/静力学/动力学分析与建模；⑤运动性能评价与优化设计；⑥驱动与传动系统设计；⑦改进设计或重新设计。

3）关于机器人机构的构型综合理论及方法，根据所应用的数学工具与表达方法不同，可分为基于机构自由度计算公式的枚举法、构型演化法、基于图论等数学工具的拓扑综合或模块组合法、基于位移群或位移流形的运动综合方法，以及基于旋量系及线几何的约束综合法等。学者们利用这些方法综合得到了许多新型机器人机构。

4）参数设计是机器人开发最主要的环节之一，直接影响整机性能。由于机器人特别是并联机器人多闭环结构和多参数特点，参数设计是一个具有挑战性的难题。这一主题下，通常需要探讨两方面的问题：性能评价和尺度综合。尺度综合的目的是通过一定的方法来确定所设计机构的几何参数，而性能评价则是尺度综合的前提和先决条件。运动学优化设计（或尺度综合）中，最常用的就是基于目标函数的优化设计方法，另外一种常用的方法是性能图谱法。

扩展阅读文献

本章通过实例介绍了机器人系统结构本体设计的一般过程。除了本章所给的综合设计实例之外，读者还可阅读其他文献，以获得其他机器人系统的结构设计经验：文献［1］介绍了一般性的操作臂机构设计考虑；文献［2］系统介绍了月球车移动系统的设计；文献［3］和［5］分别介绍了拟人机械臂和医疗机器人的具体设计方法；文献［4］和［6］分别系统介绍了并联机器人和柔性机器人（机构）的设计，同时给出了丰富的设计实例。

［1］CRAIG J J. 机器人学导论［M］. 负超，王伟，译. 4 版. 北京：机械工业出版社，2018.
［2］邓宗全，高海波，丁亮. 月球车移动系统设计［M］. 北京：高等教育出版社，2015.
［3］丁希仑. 拟人双臂机器人技术［M］. 北京：科学出版社，2011.

[4] 刘辛军，谢福贵，汪劲松. 并联机器人机构学基础 [M]. 北京：高等教育出版社，2018.
[5] 王田苗，刘达，胡磊. 医疗外科机器人 [M]. 北京：科学出版社，2010.
[6] 于靖军，毕树生，裴旭，等. 柔性设计：柔性机构的分析与综合 [M]. 北京：高等教育出版社，2018.

习题

10-1 机器人机构设计过程中，哪些环节可能是产生创新的源泉？

10-2 试给出至少两种"写字机器人"的机构设计方案，并进行运动学仿真。

10-3 RCM 机构广泛用在微创外科手术机器人的本体结构设计中。通过文献调研，给出常用的类型及分类，并进行比较。

10-4 指向机构在航空航天、军事侦察、激光武器等领域扮演着重要的角色，具有重要的应用价值。在这些领域中，往往涉及对目标物体的跟踪与定位。在现有的上述应用中，大量使用的是串联机构。在其应用过程中，串联机构的一些问题开始显露出来，例如：①2-DOF 串联机构在特殊位置上存在奇异点，使得控制系统更加复杂；②串联机构速度低、加速度小，难以满足在一些极端环境中的应用要求。随着某些特殊应用场合对指向精度要求越来越高，并联机构开始崭露头角。试给出一种并联指向平台设计方案，并满足表 10-9 所列出的技术指标。

表 10-9 高精度并联指向机构技术指标

序号	参数	技术指标
1	运动自由度	≥2
2	重复转角定位精度	≤10μrad
3	角位移行程	$\theta_x \geqslant 1$rad，$\theta_y \geqslant 1$rad
4	运动分辨率	≤2μrad

10-5 （背景同 10-4 题）随着某些特殊应用场合（如光学平台的精密指向等）对指向精度要求越来越高，柔性设计引入其中。试给出一种柔性指向平台设计方案，并满足表 10-10 所列出的技术指标。

表 10-10 高精度柔性指向机构技术指标

序号	参数	技术指标
1	运动自由度	≥2
2	重复转角定位精度	≤1μrad
3	角位移行程	$\theta_x \geqslant 2$mrad，$\theta_y \geqslant 2$mrad
4	运动分辨率	≤0. 5μrad